420

Silur

Zeitalter von Panzerfischen und ersten Landpflanzen

400

Devon

Zeitalter der Nacktpflanzen und Fische

330

Karbon

Zeitalter der Farnpflanzen, Urinsekten und Lurche

Erdaltertum

BIOLOGIE HEUTE 2

aktuell

Ein Lehr- und Arbeitsbuch

Schroedel

BIOLOGIE HEUTE 2
aktuell

Herausgegeben von
Joachim Dobers
Tanja Schulz

Bearbeitet von
Hans-Günther Beuck, Joachim Dobers, Horst Groth, Fritz Klöckner,
Axel Knippenberg, Siegfried Schulz, Tanja Schulz, Uwe Leiding

Unter Mitarbeit der Verlagsredaktion

Druck A 7 / Jahr 2010
Alle Drucke der Serie A sind im Unterricht parallel verwendbar.

Illustrationen: Brigitte Karnath, Liselotte Lüddecke,
Karin Mall, Tom Menzel, Heike Möller, Ingrid Schobel
Gestaltung und Satz: Jesse Konzept & Text GmbH, Hannover
Druck und Bindung: westermann druck GmbH, Braunschweig

ISBN 978-3-507-**76981**-6

Die Zelle – Grundbaustein aller Lebewesen

Wirbellose in ihren Lebensräumen

Grüne Pflanzen – Grundlage des Lebens

Leben in Ökosystemen

Stoff- und Energiewechsel beim Menschen

Mensch und Gesundheit

Sinnesorgane und Regelungsvorgänge

Sexualität und Partnerschaft

Verhalten bei Tier und Mensch

Grundlagen der Vererbung

Stammesgeschichtliche Entwicklung der Lebewesen

Mensch und Umwelt

Die Zelle – Grundbaustein aller Lebewesen

1 **Insektenflügel – mit dem Auge betrachtet**

2 **Insektenflügel – mit der Lupe betrachtet**

3 **Insektenflügel – unter dem Mikroskop**

1 Mikroskope erschließen uns die Welt des Winzigen

Steffi hat einen toten Schmetterling mitgebracht. Nun soll der Aufbau der Flügel untersucht werden. Mit bloßem Auge kann man den Feinbau des Flügels nicht erkennen. Man sieht nur die typische Flügelform, die von farbigen Flächen bedeckt ist. Erst wenn wir den Flügel mithilfe einer Lupe und eines Mikroskops betrachten, sind genauere Aussagen zum Feinbau möglich.

Häufig sind Objekte aus der Natur so klein, dass man sie mit bloßem Auge kaum oder überhaupt nicht mehr erkennen kann. Das Auflösungsvermögen des menschlichen Auges beträgt ca. 0,2 Millimeter. Es kann also zwei getrennte Punkte nur noch als solche wahrnehmen, wenn sie mindestens 0,2 Millimeter Abstand voneinander haben. Punkte, deren Durchmesser kleiner als 0,1 Millimeter ist, sieht unser Auge nicht mehr. Zur Betrachtung und Untersuchung solch winziger Gebilde benötigt man optische Hilfsmittel wie Lupen und Mikroskope. Sie vergrößern Objekte um ein Vielfaches und machen auch kleinere Strukturen sichtbar.

Lupen vergrößern bis zum 25fachen, leistungsstarke Lichtmikroskope bis zum 2000fachen der Originalgröße. So können zwei Punkte, die nur 0,2 Mikrometer – das ist ein fünfhundertstel Millimeter – voneinander entfernt sind, noch als getrennte Punkte wahrgenommen werden.

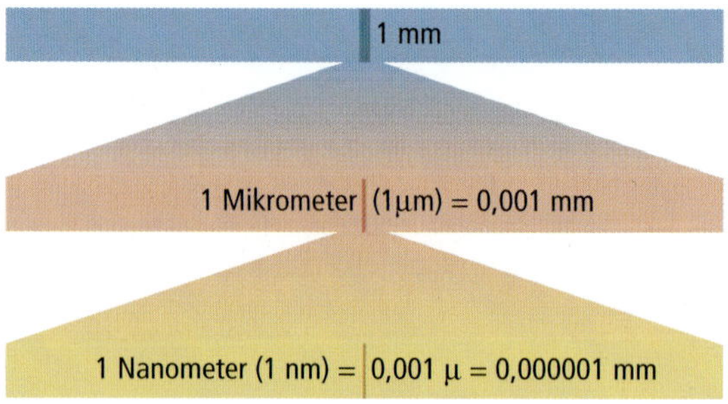

4 **Maßeinheiten in der Mikroskopie**

2 Alle Lebewesen bestehen aus Zellen

2.1 Bau einer Pflanzenzelle

Untersucht man Pflanzenbestandteile mit dem Mikroskop, so sieht man, dass alle Pflanzen aus gleichartigen Bausteinen bestehen, den **Zellen**. Den Aufbau einer Pflanzenzelle kann man erkennen, wenn man z. B. die zarten Blätter der Wasserpest mikroskopisch betrachtet.

Jede Pflanzenzelle wird von einer **Zellwand** aus Zellulose umgeben. Diese verleiht der Zelle Festigkeit und eine charakteristische Form. Das Zellinnere wird vom zähflüssigen **Zellplasma** ausgefüllt. Es besteht hauptsächlich aus Wasser und Proteinen. Ein dünnes Häutchen, die **Zellmembran**, grenzt das Plasma gegen die Zellwand ab. Der meist kugelförmige **Zellkern** liegt gut sichtbar im Zellplasma. Er steuert alle Lebensvorgänge in der Zelle.
In jungen Zellen wird das Zellinnere fast vollständig vom Zellplasma ausgefüllt. Bei älteren Zellen kann man eine Besonderheit der Pflanzenzelle beobachten. Es sind die *Zellsafträume*, die **Vakuolen**. In diesen blasenähnlichen Räumen befindet sich *Zellsaft*. Er enthält Kohlenhydrate, Fette und Proteine. Sie werden als Reservestoffe gespeichert. Manchmal sind auch Farbstoffe im Zellsaft enthalten, z. B. die rote Farbe in den Kronblättern der Tulpe.
Der grüne Blattfarbstoff *Chlorophyll* dagegen liegt in den *Blattgrünkörnern*, den **Chloroplasten**. Dies sind linsenförmige, grüne Zellbestandteile im Zellplasma grüner Pflanzenteile. Man kann sie auch in den Zellen der Wasserpest gut erkennen. Chloroplasten sind unentbehrlich für die Fotosynthese und somit für den Aufbau von Nährstoffen.

1. Ordne den Ziffern in Abbildung 1D die entsprechenden Zellbestandteile zu und schreibe die Begriffe in dein Heft.
2. Nenne die Zellbestandteile einer Pflanzenzelle und beschreibe ihre Funktion. Lege dazu in deinem Heft eine Tabelle an.
3. Betrachte die Zellen der Zwiebelhaut unter dem Mikroskop. Vergleiche mit der Wasserpest. Erkläre und beschreibe.

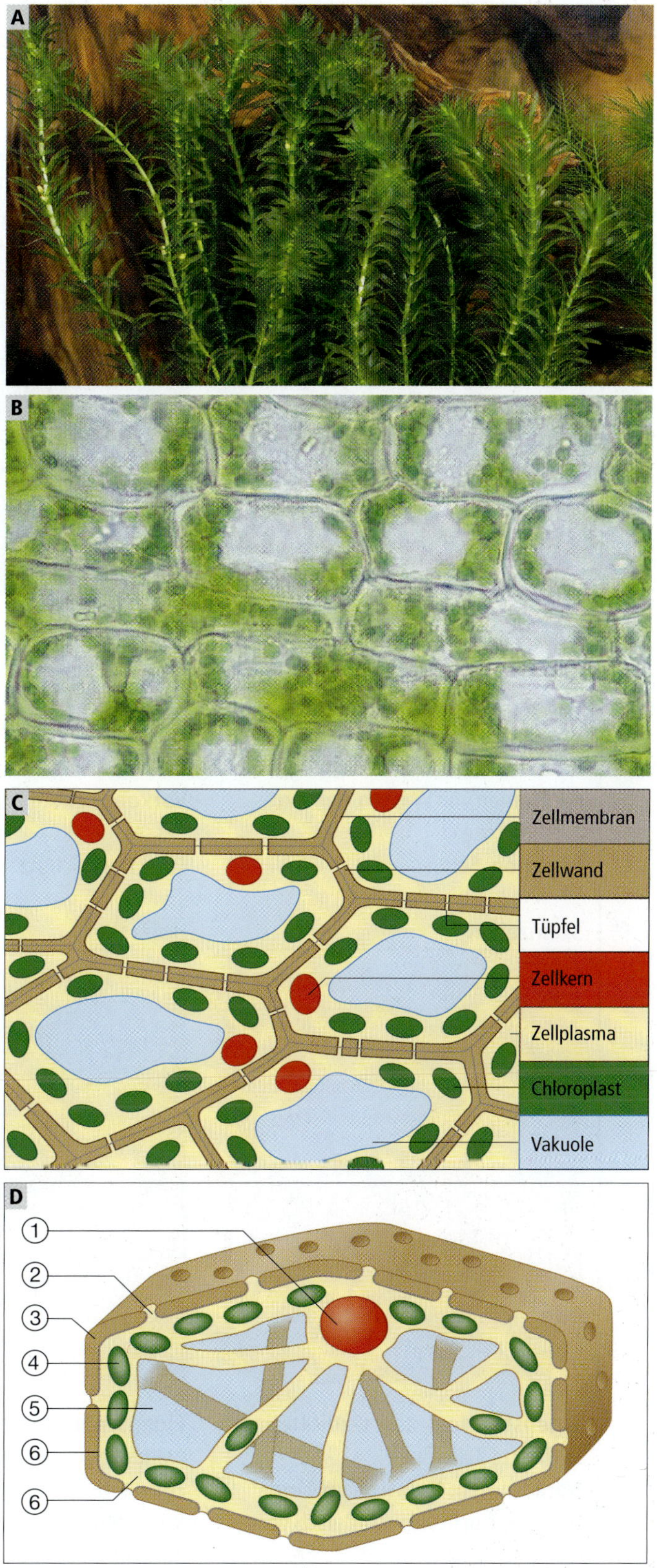

1 Wasserpest. **A** Pflanze; **B** Blattzellen (Mikrofoto); **C** Blattzellen (Schema); **D** Blattzelle (Modell)

Pflanzenzellen

Korkzellen

Eigenschaften: tote Zellen; Zellwände aus Zellulose und wachshaltigem Material; wasserundurchlässig
Vorkommen: Rindenschicht von Bäumen, z. B. Korkeichen; umgeben den Samen von Wasserpflanzen, z. B. Seerose
Funktion: Schutz

Brennhaarzelle

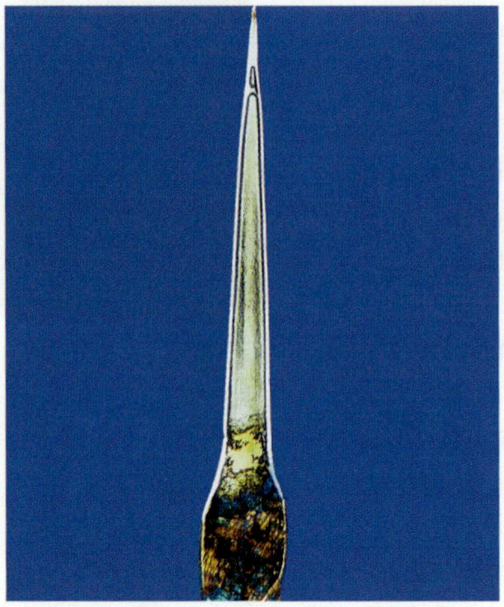

Eigenschaften: nadelförmige Zellen; stehen in einem aus vielen Zellen bestehenden Sockel; mit ätzender Flüssigkeit gefüllt; Nadelspitze bricht bei Berührung ab
Vorkommen: Blätter der Brennnessel
Funktion: Schutz

Wurzelhaarzelle

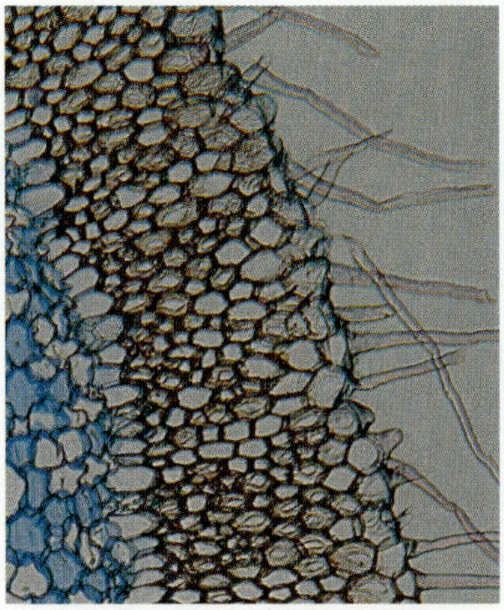

Eigenschaften: Ausstülpung der Zellwand; Vergrößerung der äußeren Wurzeloberfläche; leben nur wenige Tage; werden immer wieder neu gebildet
Vorkommen: Wurzelspitzen
Funktion: Aufnahme von Wasser und gelösten Mineralstoffen

Steinzellen

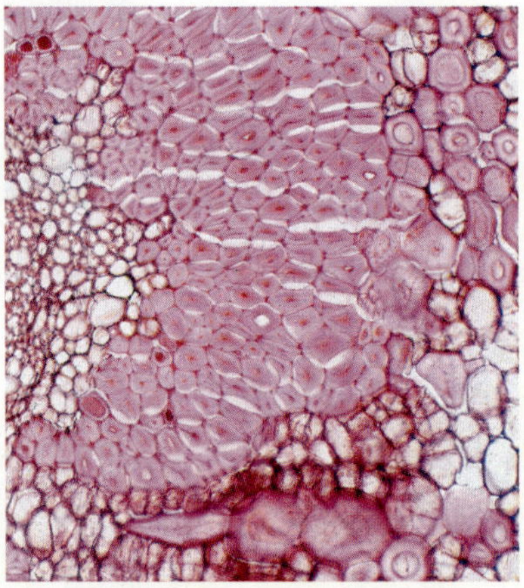

Eigenschaften: stark verdickte, meist verholzte Zellwände
Vorkommen: Nussschalen; Kerne der Steinfrüchte; Fruchtfleisch von Birnen
Funktion: Schutz; Festigung

Holzzellen

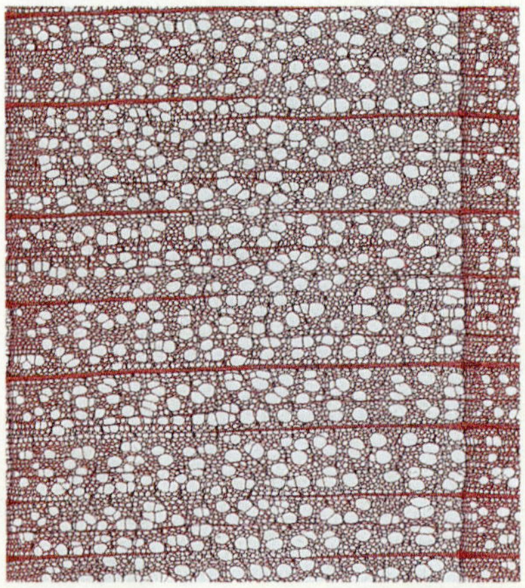

Eigenschaften: stark verdickte Zellwände; erhöhte Druckfestigkeit der Zellwand
Vorkommen: Holzteil des Sprosses bei Bäumen und Sträuchern
Funktion: Stütze

Schraubenzellen

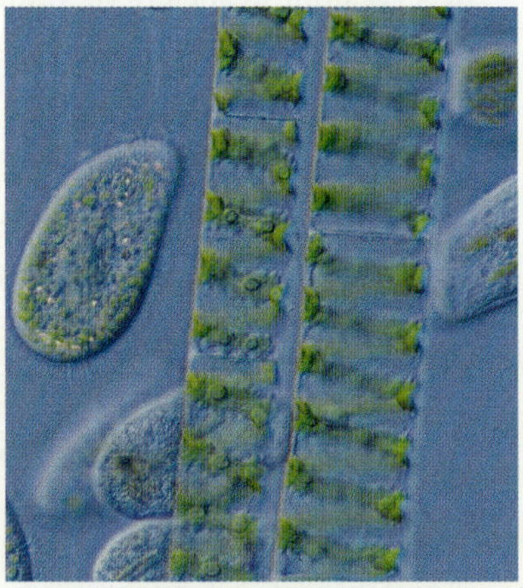

Eigenschaften: große, tonnenförmige Zellen mit bandförmigen, spiralig aufgerollten Chloroplasten
Vorkommen: Algen
Funktion: gute Ausnutzung des Sonnenlichts (Fotosynthese)

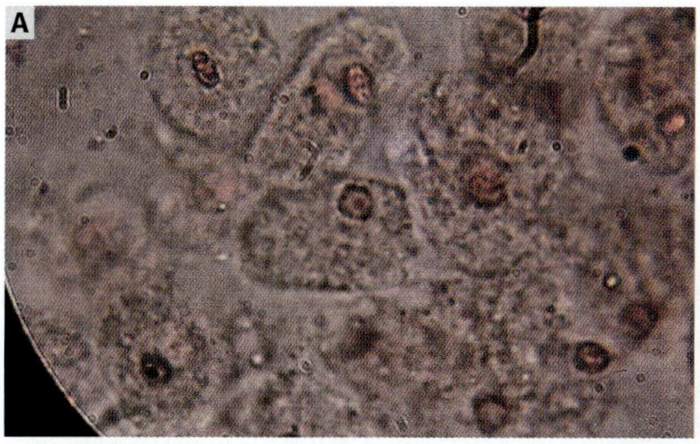

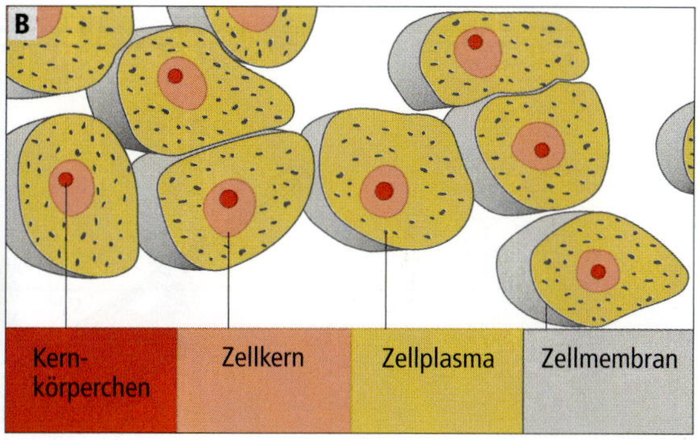

1 Leberzellen. A Mikrofoto; **B** Schemazeichnung

2.2 Bau einer Tierzelle

Tierische Zellen und auch Zellen des Menschen können nicht so einfach unter dem Mikroskop betrachtet werden wie Pflanzenzellen. Woran liegt das?

Tierische Zellen sind meistens etwas kleiner als Pflanzenzellen. Außerdem werden ihre Bestandteile erst deutlich sichtbar, wenn man die Zelle angefärbt hat. Im Gegensatz zu Pflanzenzellen haben tierische Zellen keine feste Zellwand, sondern sind nur von einer dünnen, elastischen **Zellmembran** umgeben. Sie sind deshalb weich und leicht verformbar. Hätten Muskelzellen z. B. eine feste Zellwand, wären Bewegungen kaum möglich oder die Zellwände würden bei jeder Bewegung brechen. Zellvakuolen und Chloroplasten fehlen. Das Innere der Zelle ist vom **Zellplasma** vollständig ausgefüllt. Hier können z. B. Fette, tierische Stärke oder Drüsensekrete gespeichert sein. Im Zellplasma liegt der **Zellkern**, der alle Lebensvorgänge steuert.

1. Vergleiche die Merkmale von Pflanzen- und Tierzellen in einer Tabelle. Gib auch die Funktion der Zellbestandteile an.
2. Warum brauchen Tiere im Gegensatz zu Pflanzen spezielle Stützsysteme wie beispielsweise Skelett oder Außenpanzer? Erkläre.

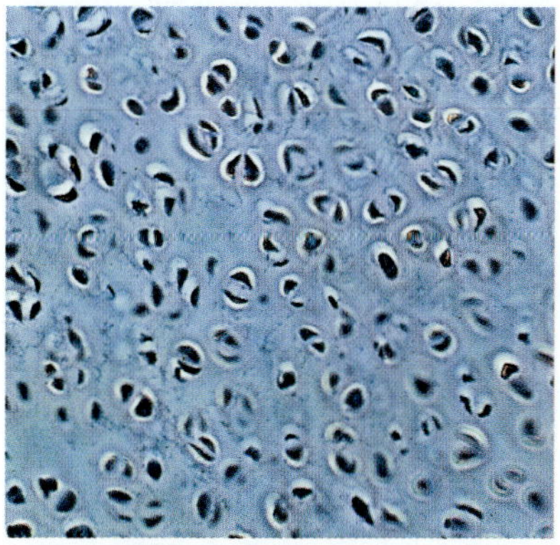

Knorpelzellen findet man z. B. in den Bandscheiben der Wirbelsäule, der Nasenscheidewand und der Ohrmuschel. Die Zellen sind in eine gallertige Masse, die Knorpelsubstanz, eingebettet. Sie besitzen eine hohe Druckfestigkeit bei gleichzeitiger Elastizität.

2 Knorpelzellen

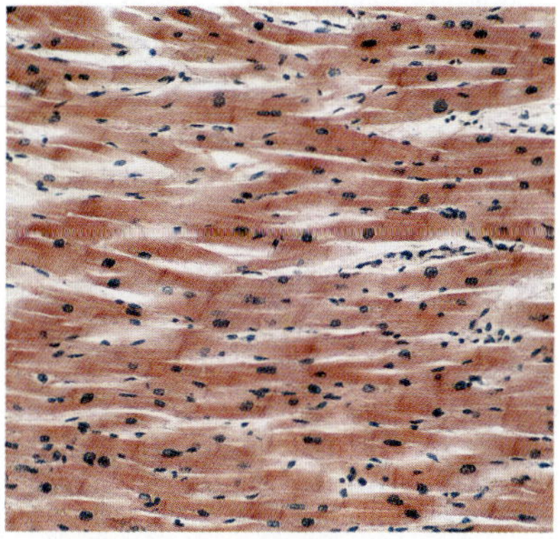

Muskelzellen sind spindelförmig und haben einen länglichen Zellkern. Sie können ihre Länge und Form verändern und ermöglichen so die Muskelbewegung.

3 Muskelzellen

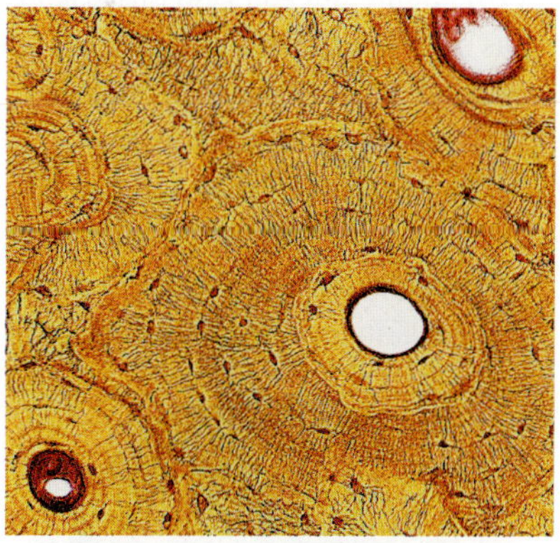

Knochenzellen sind durch feine Fortsätze miteinander verbunden. Sie sind in eine knorpelartige Grundsubstanz eingebettet, die durch die Einlagerung von Mineralstoffen verhärtet ist.

4 Knochenzellen

Geschichte der Mikroskopie und Zellforschung

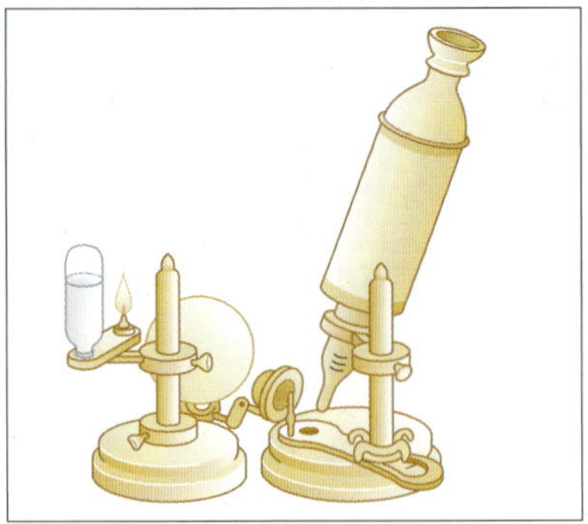

HOOKEs Mikroskop

VAN LEEUWENHOEKs Vergrößerungsgerät

Schon vor 2000 Jahren vermutete man, dass Pflanzen und Tiere aus ähnlichen „Grundbausteinen" aufgebaut seien. Erst die Entwicklung von Mikroskopen ermöglichte jedoch eine genaue Untersuchung des Feinbaus von Pflanzen und Tieren.

Die ersten Mikroskope wurden vor ca. 400 Jahren gebaut. Sie waren bereits sehr leistungsfähig. Aber keiner konnte das Gesehene deuten. Der Engländer Robert HOOKE (1635 – 1702) baute um 1665 ein Mikroskop, das bereits aus mehreren Linsen bestand. Er untersuchte damit z. B. Schnitte der Rinde der Korkeiche. HOOKE fand ein Muster aus hohlen Kämmerchen, das ihn an die Zellen von Bienenwaben erinnerte. Er nannte diese Kämmerchen daher Zellen.

Der Holländer LEEUWENHOEK (1632 –1723) baute 1675 ein einlinsiges Vergrößerungsgerät. Es bestand aus einer Metallplatte, in die eine Linse aus geschliffenem Bleikristall eingelassen war. Er konnte damit eine bis zu 270fache Vergrößerung erreichen. Van LEEUWENHOEK entdeckte damit beispielsweise winzige Tiere, Spermien, rote Blutkörperchen und sogar Bakterien im Zahnbelag.

Mikroskope wurden in den nachfolgenden Jahrzehnten ständig verbessert. Um 1840 wiesen dann Matthias SCHLEIDEN und Theodor SCHWANN nach, dass Pflanzen und Tiere aus Zellen aufgebaut sind. Die Erkenntnisse von SCHWANN und SCHLEIDEN wurden durch die Untersuchungen von Robert VIRCHOW ergänzt.

Er entdeckte die Zellteilung und formulierte 1855 einen Satz, der noch heute Gültigkeit hat: „ Jede Zelle stammt von einer Zelle ab."

Aber erst mit dem Bau des Elektronenmikroskops um ca. 1930 konnten KNOLL und RUSKA genaue Aussagen zum Feinbau der Zelle machen.

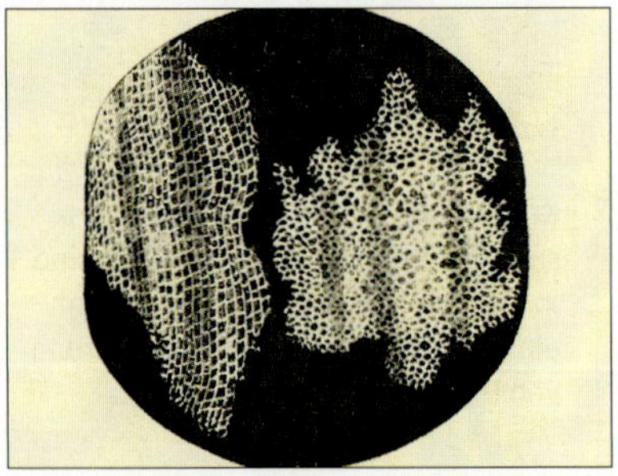

HOOKEs Zeichnungen von Korkzellen

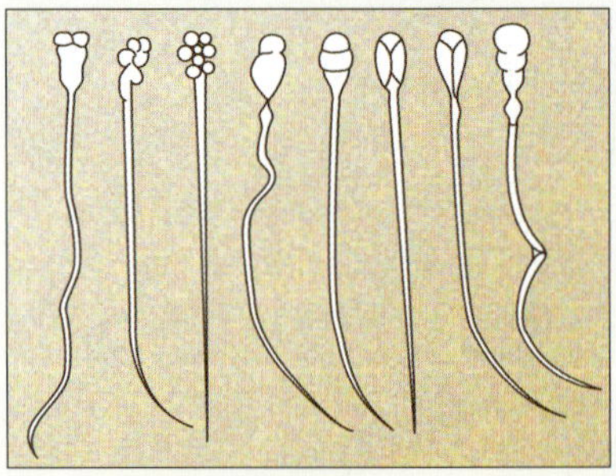

Van LEEUWENHOEKs Zeichnungen von Spermien

Um 1600:
Erste Mikroskope werden gebaut.

ca. 1665:
HOOKE entdeckt Zellen im Kork.

1675:
VAN LEEUWENHOEK entdeckt Rote Blutkörperchen, Spermazellen, Einzeller und Bakterien.

Um 1840:
SCHLEIDEN und SCHWANN weisen nach, das Pflanzen und Tiere aus Zellen bestehen.

Um 1840:
VIRCHOW entdeckt: Zellen entstehen aus Zellen.

1931:
KNOLL und RUSKA untersuchen den Feinbau der Zelle mithilfe des Elektronenmikroskops.

1983:
BINNING und BOHRER entwickeln das Rastertunnelelektronenmikroskop. Dreidimensionale Abbildungen von Molekülen und Atomen werden möglich.

Wichtige Daten in der Zellforschung

Von der Zelle zum Organismus

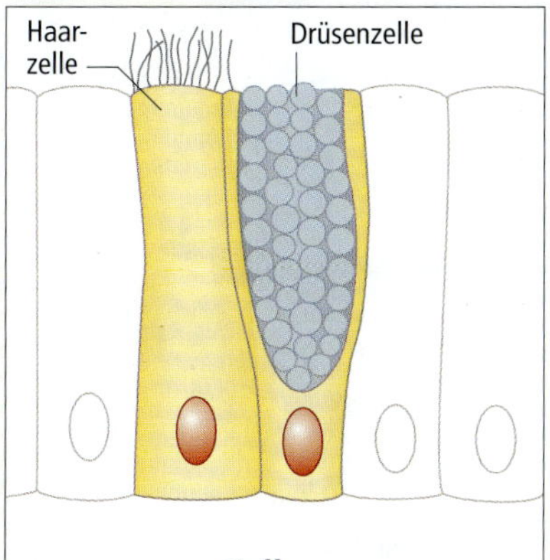

Zellen

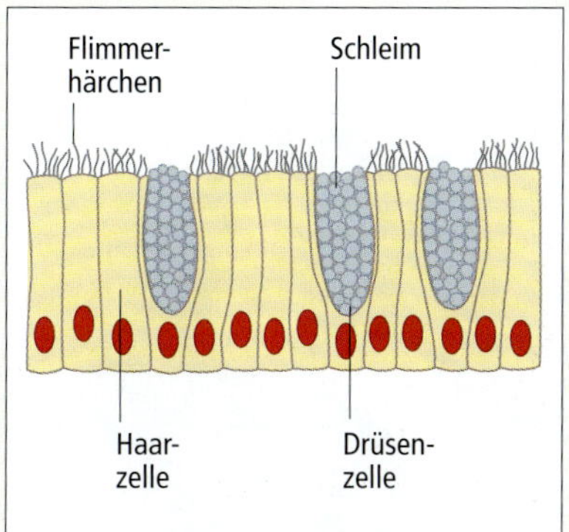

Gewebe

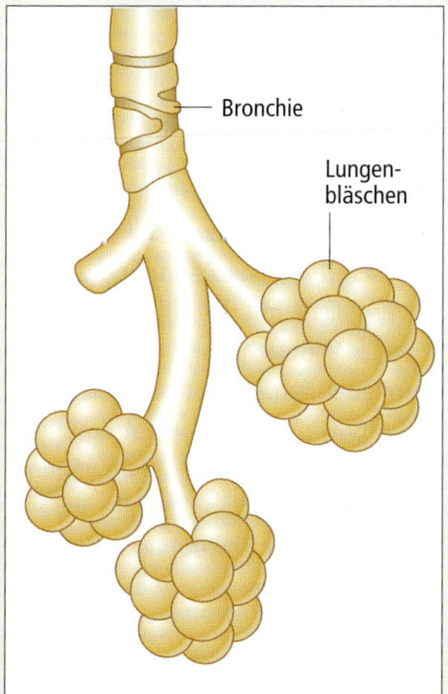

Organ (Ausschnitt)

Alle Lebewesen sind aus Zellen aufgebaut. Der Grundbauplan der Zellen und die Art und Weise ihrer Vermehrung ist bei allen Mehrzellern ähnlich. Bei höher entwickelten Pflanzen und Tieren findet man aber auch Zellen, die Abweichungen vom Grundbauplan zeigen.
Zellen haben sich bei diesen Lebewesen auf bestimmte Leistungen spezialisiert. So findet man in den Bronchien des Menschen spezielle *Drüsenzellen,* die Schleim absondern, sowie Haarzellen, deren Flimmerhärchen Fremdkörper nach außen transportieren. Die Schleimhaut in den Bronchien setzt sich aus einer Vielzahl von Haarzellen zusammen, in die Drüsenzellen eingelagert sind. Einen Zellverband aus gleichartigen Zellen, die gleiche Aufgaben erfüllen, nennt man **Gewebe.**

Viele Aufgaben im menschlichen Körper lassen sich aber nur durch die Zusammenarbeit unterschiedlicher Gewebe erfüllen. Diese Einheit, in der verschiedenartige Gewebe zusammenarbeiten, heißt **Organ.** So findet man im Organ *Lunge* zusätzlich Muskelgewebe und Knorpel. Sie umhüllen die Schleimhaut der Bronchien. Außerdem befinden sich Lungenbläschen am Ende der feinsten Bronchienverästelungen.

Die Organe Nase, Rachen, Luftröhre und die Lunge mit den Bronchien bilden das *Atmungssystem,* ein **Organsystem.**

In einem **Organismus** wie dem Menschen arbeiten viele Organe und Organsysteme zusammen. Sie stellen sicher, dass die Lebewesen lebensfähig sind.

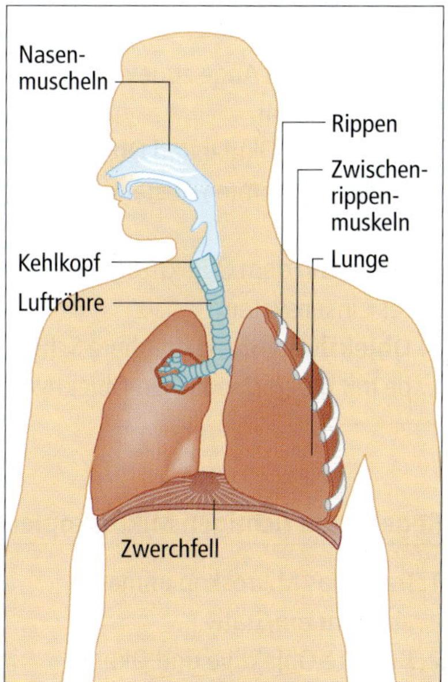

Organsystem

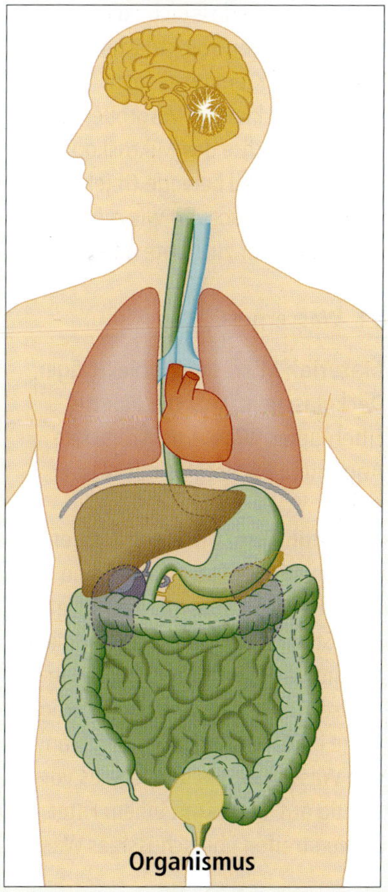

Organismus

EXKURS

Zellen – mikroskopisch betrachtet

Aufbau des Mikroskops

① **Okular:** dem Auge zugewandtes Linsensystem
② **Tubus:** hält Okular und Objektiv in einem bestimmten Abstand voneinander
③ **Objektiv:** dem Objekt zugewandtes Linsensystem
④ **Objektivrevolver:** drehbare Scheibe mit unterschiedlichen Objektiven
⑤ **Objekttisch:** dient als Auflage für das Präparat
⑥ **Blende:** Helligkeit und Kontrast können hier reguliert werden
⑦ **Grob- und Feintrieb:** mit dem *Grobtrieb* wird die Schärfe eingestellt; mit dem *Feintrieb* reguliert man die Schärfe unterschiedlicher Bildebenen
⑧ **Lichtquelle:** durchleuchtet das Objekt

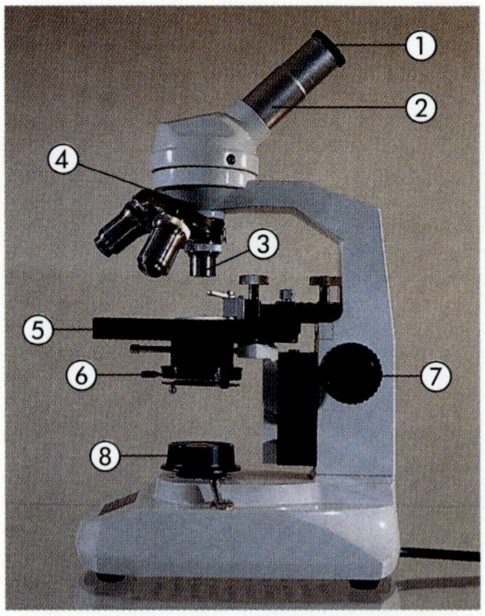

Regeln zum richtigen Mikroskopieren

1. Trage das Mikroskop immer aufrecht am Stativ.
2. Berühre Objektive und Okular nie mit den Fingern.
3. Lege das Präparat so auf den Objekttisch, dass sich das Objekt in der Mitte der Objekttischöffnung befindet. Klemme es fest.
4. Stelle die kleinste Vergrößerung ein. Betrachte das Mikroskop von der Seite und bewege Objektiv und Objekttisch so weit wie möglich aufeinander zu. Achte darauf, dass das Objektiv das Präparat nicht berührt.
5. Schalte das Licht ein und schaue durch das Okular. Drehe mit dem Grobtrieb den Objekttisch langsam nach unten, bis das Bild scharf ist. Regele mit dem Feintrieb nach.
6. Schraube zum Wechseln der Vergrößerung den Objekttisch nach unten. Wechsle dann das Objektiv.
7. Schalte nach dem Mikroskopieren die Lampe aus und stelle wieder die kleinste Vergrößerung ein.

V1 Wasserpest

Material: Mikroskop; Objektträger; Deckgläschen; Pinzette; Pipette; Filterpapier; Wasserpest aus dem Aquarium; Becherglas mit Wasser

Durchführung: Gib einen Wassertropfen mit der Pipette auf einen Objektträger. Zupfe mit der Pinzette vom Stängel der Wasserpest vorsichtig ein Blättchen ab und lege es in den Wassertropfen auf dem Objektträger. Halte ein Deckgläschen seitlich an den Wassertropfen und lege es vorsichtig auf. Sauge mit einem Filterpapierstreifen überschüssiges Wasser ab.

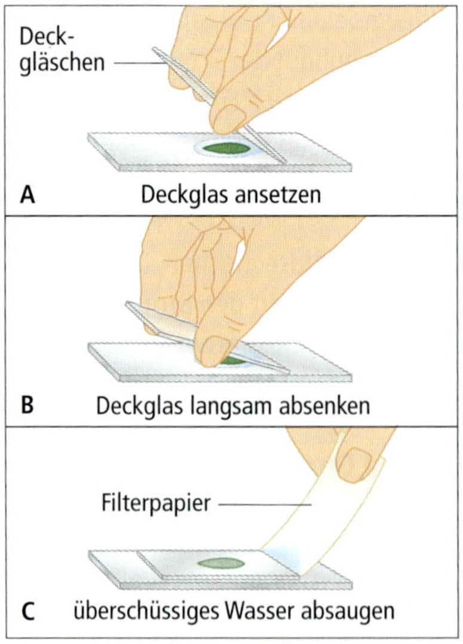

Aufgaben:

a) Zeichne bei etwa 200facher Vergrößerung einige Zellen und beschrifte deine Zeichnung. Vergleiche mit der Abbildung 1 auf S. 9. Berichte.

b) In lebenden Zellen bewegt sich das Zellplasma. Die Plasmaströmung erkennt man gut an der Bewegung der Chloroplasten. Zeichne die Richtung der Bewegung in deine Zeichnung ein.

V2 Schnittpräparat

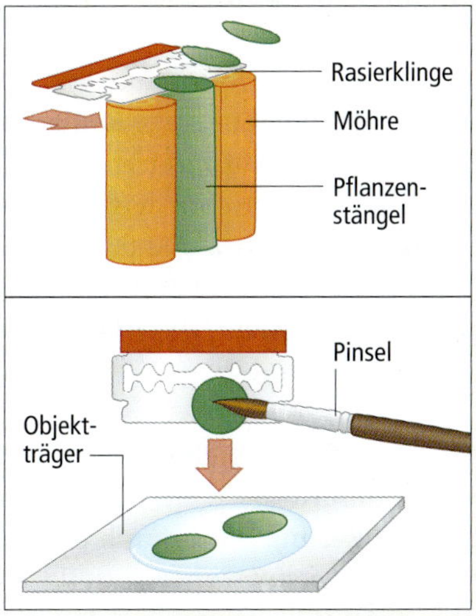

Material: Mikroskop; Objektträger; Deckgläschen; Pipette; Filterpapier; Küchenmesser; Haarpinsel; abgeklebte Rasierklinge; Wasser; Möhre (oder Styropor); Sprossabschnitte der Ampelpflanze (oder Begonie)

Durchführung: Stelle zunächst eine Haltevorrichtung her. Schneide dazu mit dem Messer aus einer Möhre (oder aus dem Styropor) zwei etwa 8 cm lange Säulen. Klemme einen etwa 3 bis 4 cm langen Sprossabschnitt so zwischen die Möhrenstücke, dass er etwa 1 bis 2 mm über die Enden ragt. Feuchte nun die Rasierklinge und das Objekt mit Wasser an. Schneide mit der Rasierklinge mehrere hauchdünne Scheiben vom Stängel ab. Schiebe die Scheiben vorsichtig mit dem Pinsel in einen Wassertropfen auf einem Objektträger. Lege ein Deckgläschen mit jeweils 2 Scheibchen auf.

Aufgaben: Suche dir – bei kleinster Vergrößerung – die dünnste Scheibe aus. Vergrößere nun stärker und schaue dir verschiedene Bereiche des Stängelquerschnitts an. Zeichne einen Ausschnitt vom Rand der Scheibe.

V3 Untersuchung der Kartoffel

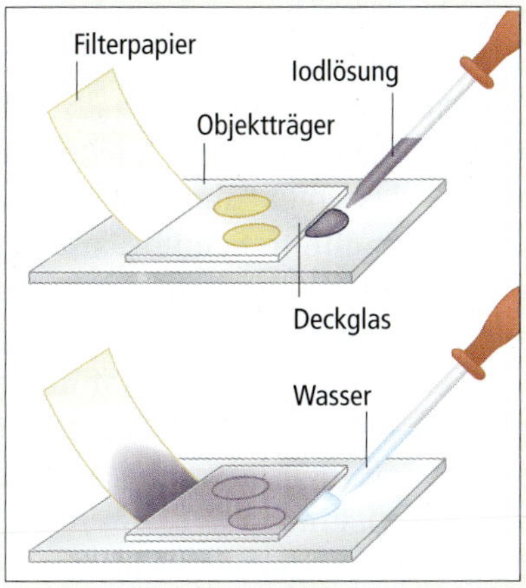

Material: wie V2; Kartoffel; Iodlösung; Haltevorrichtung aus V2

Durchführung: Schneide mit dem Messer aus der Kartoffel bleistiftdicke, etwa 3 cm lange Stückchen aus. Stelle wie in V2 beschrieben zwei dünne Schnittpräparate mit jeweils 2 Scheibchen her. Färbe eines der beiden Präparate an. Gib dazu einen Tropfen Iodlösung an den Rand des Deckgläschens. Halte einen Streifen Filterpapier an den gegenüber liegenden Rand des Deckgläschens. Sauge so die Iodlösung unter das Deckgläschen. Wiederhole diesen Vorgang so oft, bis das Präparat eine deutliche Verfärbung aufweist. Dann sauge noch einen Tropfen Wasser durch das Präparat.

Aufgaben: Betrachte nacheinander beide Präparate unter dem Mikroskop. Vergleiche und erkläre. Zeichne zwei bis drei Zellen des gefärbten Präparates.

V4 Untersuchung der Mundschleimhaut

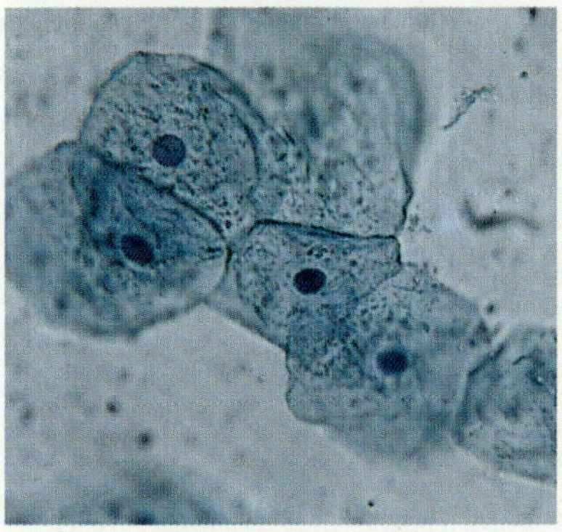

Material: wie V2; zusätzlich Glasstäbchen; Teelöffel; Wasser; Methylenblaulösung (verdünnt)

Durchführung: Gib einen Tropfen Wasser auf einen Objektträger. Schabe mit dem Stiel eines sauberen Teelöffels von den Innenseiten deiner Wangen etwas Mundschleimhaut ab. Übertrage sie in den Wassertropfen auf deinem Objektträger. Vermische mit dem Glasstäbchen. Lege ein Deckgläschen auf.

Aufgaben:

a) Mikroskopiere bei starker Vergrößerung. Zeichne.

b) Färbe das Präparat mit Methylenblaulösung wie in V3 an. Mikroskopiere und zeichne. Beschreibe den Unterschied zwischen ungefärbtem und gefärbtem Präparat.

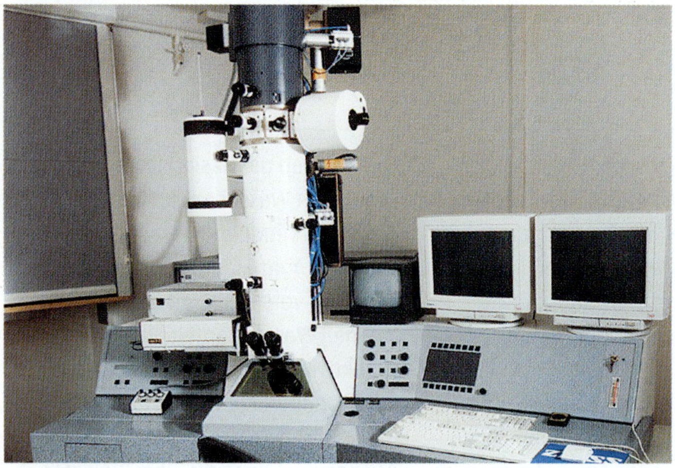

1 Elektronenmikroskop

2 **Insektenauge.** **A** Stereolupe; **B** Elektronenmikroskop

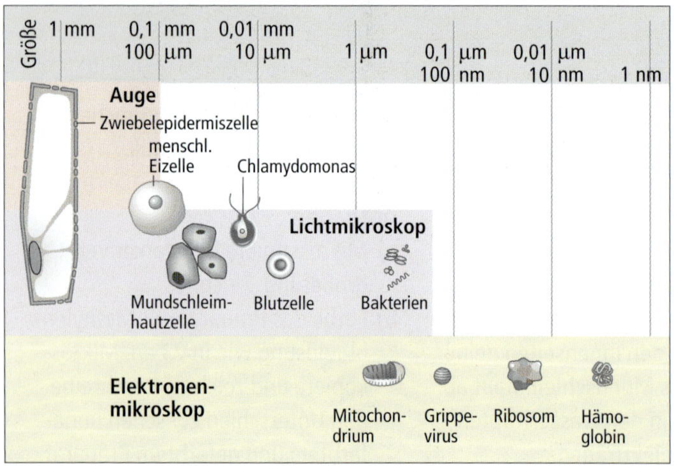

3 **Auflösungsvermögen von Mikroskopen**

3 Elektronenmikroskope eröffnen neue Dimensionen

3.1 Elektronenmikroskopie

Ein Staubkorn hat etwa einen Durchmesser von 0,03 Millimetern. Mit bloßem Auge kann man es nicht mehr erkennen. Mit modernen **Elektronenmikroskopen (EM)** sind wir dagegen heute in der Lage, es bis zu 2 000 000fach zu vergrößern. Wir könnten also noch Einzelheiten des Staubkorns erkennen, die nur 1 millionstel Millimeter groß sind.

Ein EM kann biologische Objekte bis zu 1000-fach stärker vergrößern als Lichtmikroskope. Die enorme Vergrößerung wird durch die Verwendung von *Elektronenstrahlen* anstelle von Licht erreicht. Statt Linsen verwendet man *Magnete* und das vergrößerte Objekt erscheint auf einem Bildschirm.
Elektronenstrahlen verhalten sich ähnlich wie Lichtstrahlen, haben jedoch eine wesentlich kürzere Wellenlänge. Sie können deshalb nicht so tief in die zu untersuchenden Objekte eindringen. Damit sie das Objekt durchdringen, ist es erforderlich, sehr dünne Schnitte anzufertigen. Geeignete Dünnschnitte müssen dünner als 0,001 mm sein. Man bettet dazu die biologischen Objekte in Kunstharz oder Paraffin ein. Anschließend schneidet man mit einem speziellen Schneidegerät, dem *Mikrotom*, hauchdünne Scheibchen ab. Eine Seite dieses Buches könnte beim heutigen Stand der Technik in bis zu 2000 Scheiben geschnitten werden.

Da bereits Luft oder auch ein Staubkörnchen Elektronenstrahlen bremsen oder ablenken, besteht innerhalb des EM ein *Vakuum*. In diesem Vakuum würde Wasser in den Objekten sofort verdampfen und das Präparat wäre zerstört. Daher kann man mit dem EM nur entwässerte, nicht lebende Objekte untersuchen.

1. Nenne Gemeinsamkeiten und Unterschiede zwischen einem Lichtmikroskop und einem Elektronenmikroskop.
2. Mit dem EM kann man nur nicht lebende Objekte untersuchen. Begründe.

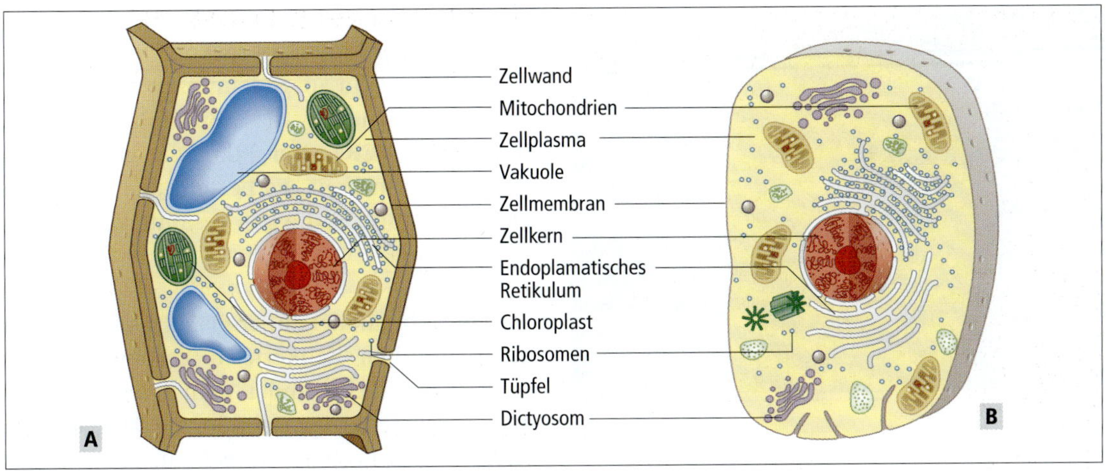

1 Zellen unter dem Elektronenmikroskop (Schema). **A** Pflanzenzelle; **B** Tierzelle

3.2 Biomembranen ordnen das Leben in der Zelle

Mit dem Lichtmikroskop kann man nur die Hauptbestandteile der Zelle wie Zellwand, Zellmembran, Zellkern, Plasma, Vakuolen und Chloroplasten erkennen. Erst die Entwicklung der Elektronenmikroskope ermöglichte einen Einblick in den Feinbau der Zellen.

In einer Zelle laufen viele Vorgänge nebeneinander ab. Wie in einer gut funktionierenden Stadt sind die Zuständigkeiten auf einzelne Bereiche verteilt und Abläufe gut aufeinander abgestimmt. Damit beispielsweise Auf- und Abbauprozesse in einer Zelle gleichzeitig ablaufen können, sind Zellbereiche durch Membranen voneinander getrennt. Diese **Biomembranen** bestehen aus Proteinen und fettähnlichen Substanzen und setzen sich aus mehreren Schichten zusammen. Sie können Stoffe durchlassen oder auch zurückhalten. Man kann die Membranen mit einer Wand mit Türen vergleichen. An den Türen wird kontrolliert, wer ein- und ausgeht. Durch Biomembranen abgegrenzte Räume nennt man **Zellorganellen**.

Das wichtigste Zellorganell ist der **Zellkern**. Er ist etwa 0,003 mm groß. Untersuchungen mit dem Elektronenmikroskop haben gezeigt, dass eine doppelte Biomembran, die *Kernmembran*, den meist kugeligen Zellkern umgibt. Kleine Öffnungen in der Kernmembran, die *Kernporen*, ermöglichen einen Stoffaustausch mit dem Zellplasma. So steht der Zellkern mit den übrigen Zellorganellen in Verbindung. Im Inneren des Kerns werden durch Anfärben das *Kernkörperchen* und ein Netz aus dünnen Fäden, das *Chromatin*, sichtbar. Chromatin besteht hauptsächlich aus der *Desoxyribonukleinsäure DNA* (A wie Acid, engl. für Säure). Die DNA enthält die *Erbinformationen*, die bei der Zellteilung von Zelle zu Zelle weitergegeben werden. Gleichzeitig steuert die DNA Entwicklung, Wachstum und alle Stoffwechselprozesse der Zelle. So koordiniert und kontrolliert der Zellkern – wie die Verwaltung einer Stadt – die unterschiedlichen Funktionen in einer Zelle.

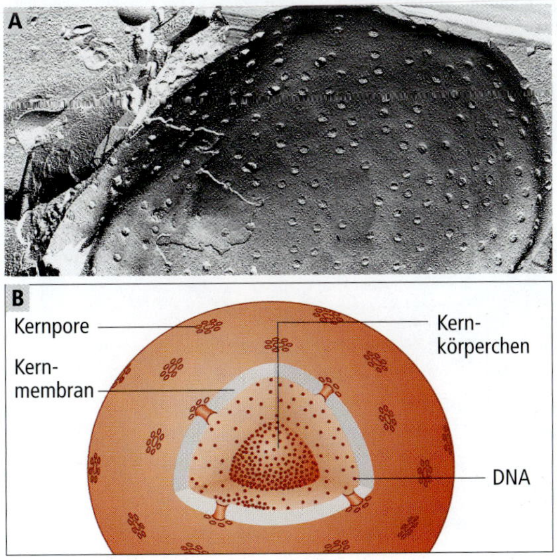

2 Zellkern. A Mikrofoto; **B** Schema

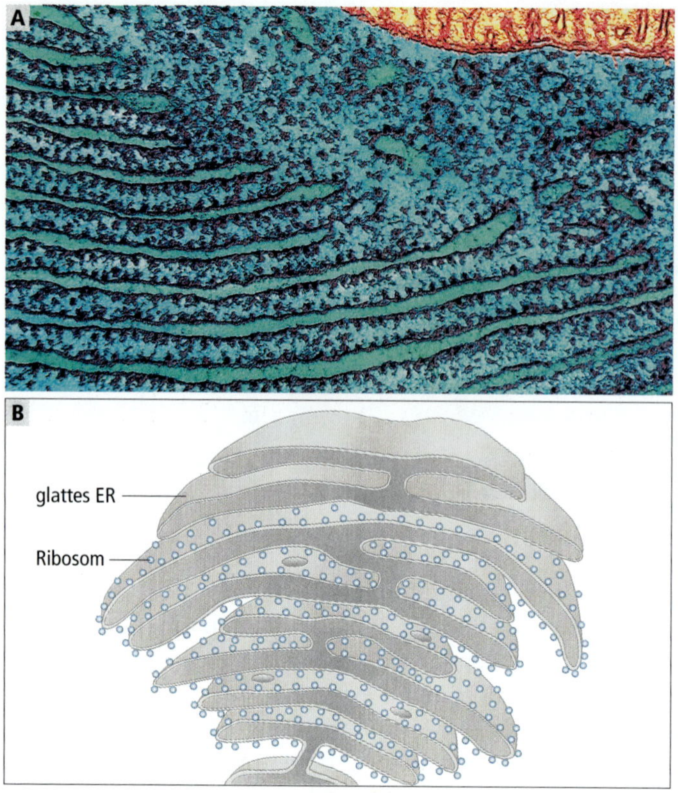

3 Endoplastisches Reticulum. **A** Mikrofoto; **B** Schema

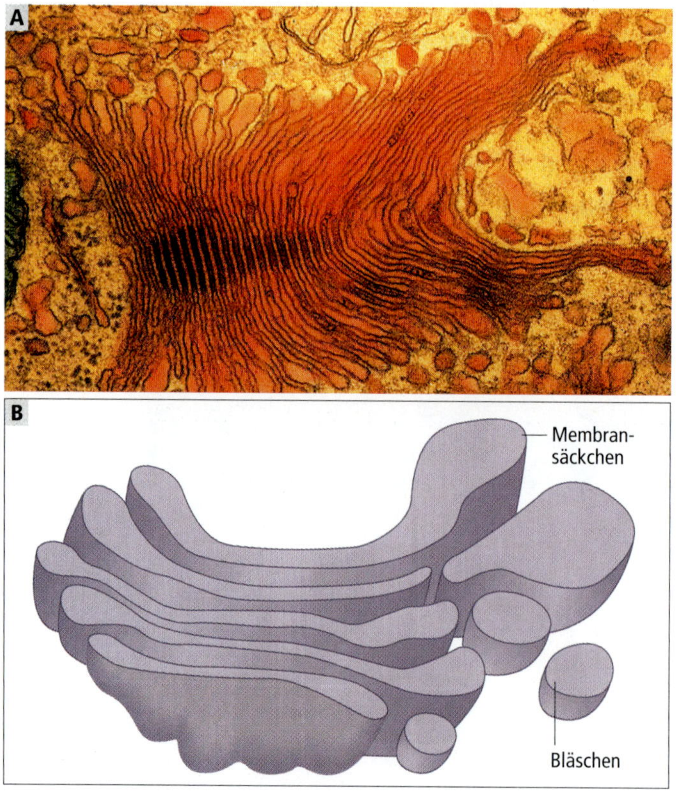

4 Dictyosomen. **A** Mikrofoto; **B** Schema

Schon bei der ersten Betrachtung von Zellen mit dem Elektronenmikroskop fiel den Wissenschaftlern ein ausgedehntes „Kanalsystem" in den Zellen auf, das **Endoplasmatische Reticulum (ER).** Bei Pflanzen ist es etwa 0,000025 mm breit. Es besteht aus kanalartigen Hohlräumen, die das gesamte Zellplasma durchziehen.

Das ER steht mit der äußeren Zellmembran und auch mit dem Zellkern in Verbindung. An seiner Oberfläche findet man teilweise winzige, körnchenartige Gebilde, die **Ribosomen.** Hier werden Proteine aufgebaut. Feine Membranen bilden die Wände des ER. In ihnen werden z. B. bestimmte Hormone hergestellt. Diese und auch die in den Ribosomen aufgebauten Proteine werden in die Membranen des ER eingebaut. Membranteile gelangen dann in Form kleiner, abgeschnürter Bläschen zu ihren Bestimmungsorten.

Durch den Einbau neuer Stoffe und die Abgabe von Membranteilen ändert das ER ständig seine Form. Das ER ist also zum einen Bildungsort für die Membranen der meisten anderen Zellorganellen. Zum anderen ist es ein wichtiges Transportsystem für Stoffe innerhalb einer Zelle.

Die **Dictyosomen** setzen sich aus 3 bis 12 abgeflachten Membransäckchen zusammen, die aus Biomembranen bestehen. Beim Menschen haben sie etwa eine Größe von 0,0003 mm. Alle Dictyosomen einer Zelle bilden den *GOLGI-Apparat* – genannt nach dem Entdecker GOLGI. Dictyosomen sind wichtig für den Umbau, die Verpackung und den Transport von Stoffen innerhalb einer Zelle. So erzeugen sie zum Beispiel Drüsenflüssigkeiten wie den Fangschleim beim Sonnentau oder Bausteine für den Aufbau der Zellwand. Diese Stoffe sammeln sich in den kleinen Bläschen am Ende der Scheibchen. Ist ein Bläschen gefüllt, wird es abgeschnürt und die darin enthaltenen Stoffe werden beispielsweise zur Zelloberfläche transportiert. Hierbei arbeiten ER und Dictyosomen eng zusammen. Das ER liefert immer wieder neue Substanzen zum Aufbau neuer Stoffe oder zum Transport innerhalb der Zelle.

Im Plasma von tierischen und pflanzlichen Zellen findet man stäbchenförmige und ovale Körperchen, die **Mitochondrien**. Sie sind aus zwei Membranen aufgebaut. Die *Außenmembran* bildet die äußere Abgrenzung. Die *Innenmembran* ist schlauchförmig, faltenförmig oder unregelmäßig in den Innenraum gestülpt. Die Einstülpungen vergrößern die innere Oberfläche sehr stark, sodass viele Vorgänge nebeneinander ablaufen können.

Jede Zelle benötigt für ihre Leistungen Energie. Diese stellen die Mitochondrien zur Verfügung. Man nennt sie deshalb auch „Kraftwerke" der Zelle. Mitochondrien sind an der *Zellatmung* beteiligt. Dabei wird in einer komplizierten Reaktionskette Traubenzucker mithilfe von Sauerstoff zu den energiearmen Stoffen Wasser und Kohlenstoffdioxid abgebaut. Die dabei frei werdende Energie wird in Form einer chemischen Verbindung, dem ***A****denosin****t****ri****p****hosphat* (**ATP**), gespeichert. Die gespeicherte Energie steht dann der Zelle für Energie verbrauchende Lebensvorgänge zur Verfügung.

Nur in den Zellen grüner Pflanzenteile entdeckt man kleine, linsenförmige Zellorganellen, die **Chloroplasten**. Sie haben eine Größe von etwa 0,006 mm und sind von einer Doppelmembran begrenzt. Im Inneren findet man zahlreiche, lamellenartige Biomembranen, die teilweise den grün erscheinenden Farbstoff **Chlorophyll** enthalten. Sie sind an vielen Stellen geldrollenartig gestapelt. Belichtet man Chloroplasten über einen längeren Zeitraum, kann man in ihnen außerdem Stärkekörner nachweisen. Vor ca. 160 Jahren entdeckte man die grundlegende Aufgabe der Chloroplasten. Nur mit ihrer Hilfe können Pflanzen aus Lichtenergie, Kohlenstoffdioxid und Wasser Nährstoffe aufbauen. Bei dieser **Fotosynthese** entsteht zuerst Traubenzucker, der anschließend u. a. zu Stärke umgebaut wird.

1. Beschreibe die Aufgaben der einzelnen Zellorganellen. Lege dazu in deinem Heft eine Tabelle an.
2. Erkläre und beschreibe, warum in einer Zelle auf engstem Raum Auf- und Abbauprozesse nebeneinander ablaufen können.

A

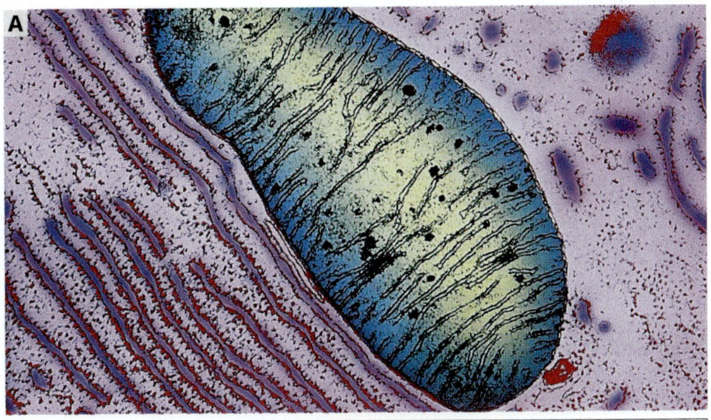

B

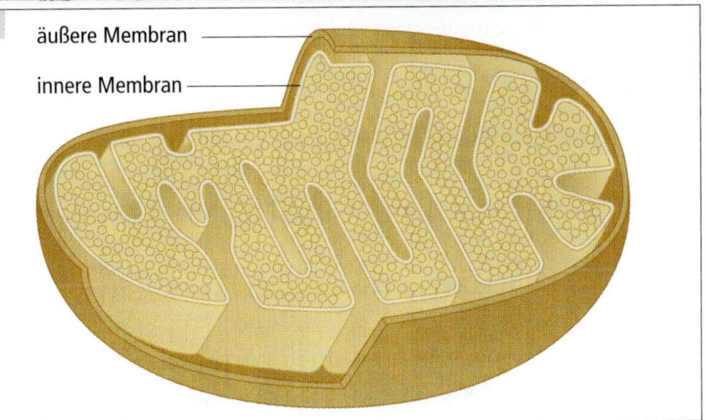

5 Mitochondrien. **A** Mikrofoto; **B** Schema

A

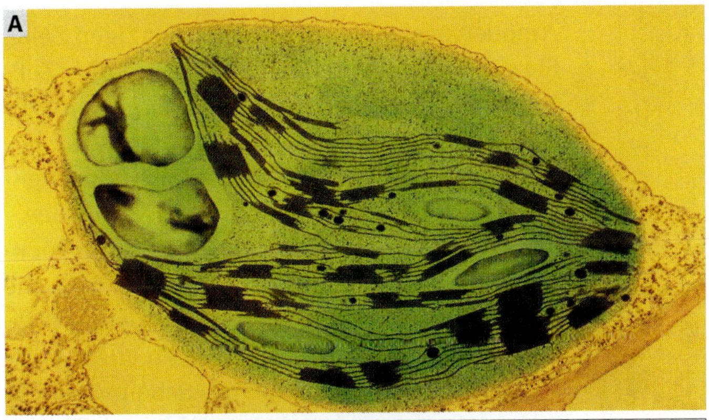

B

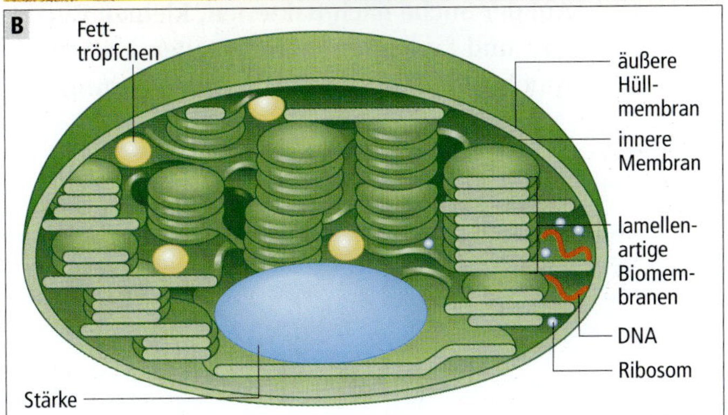

6 Chloroplasten. **A** Mikrofoto; **B** Schema

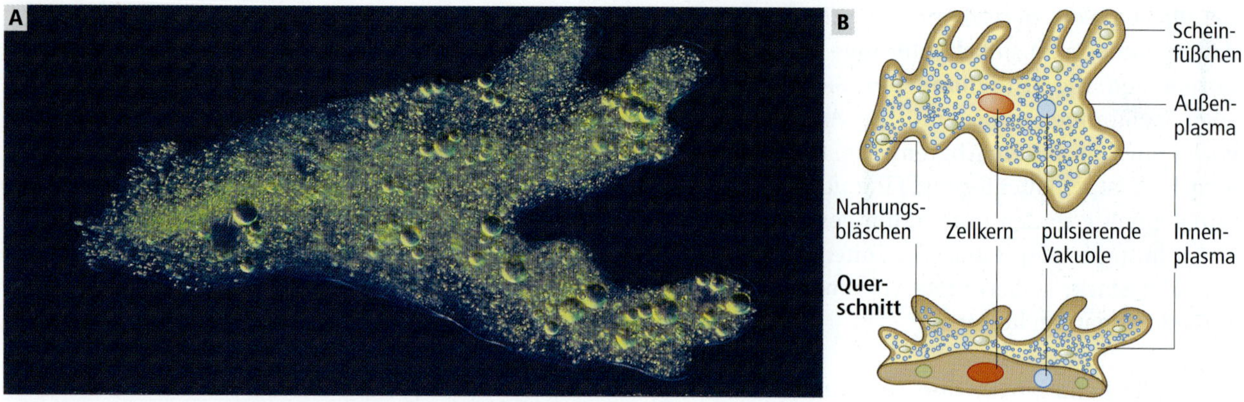

1 **Amöbe.** **A** lichtmikroskopische Aufnahme; **B** Schema

4 Einzellige Lebewesen

4.1 Amöben – Einzeller ohne feste Gestalt

Untersucht man mit dem Mikroskop eine Wasserprobe vom Teichgrund, kann man manchmal etwa 0,2 Millimeter große „Schleimklümpchen“ entdecken. Sie bewegen sich und verändern dabei ständig ihre Gestalt. Es sind **Amöben,** auch *Wechseltierchen* genannt.

Amöben bestehen nur aus einer einzigen Zelle. Sie gehören daher zu den **Einzellern**. Der Zellkern liegt im beweglichen *Innenplasma*. Es wird vom zähen *Außenplasma* begrenzt.
Zur Fortbewegung stülpt die Amöbe in Fließrichtung Plasmafortsätze – die *Scheinfüßchen* – aus und zieht sich dabei gleichzeitig im rückwärtigen Teil der Zelle zusammen. Trifft die Amöbe auf ein Hindernis, zieht sich das Plasma an dieser Stelle zurück, und an einer anderen Stelle bildet sich ein neues Scheinfüßchen. Auf der Suche nach Bakterien, kleinen Einzellern und faulenden Pflanzenteilen kriecht die Amöbe vorwärts. Berührt sie ein Nahrungsteilchen, umfließt sie es mit dem gesamten Zellplasma. Die Nahrung wird von kleinen Bläschen umschlossen. Diese *Nahrungsbläschen* wandern langsam durch das Zellinnere. Dabei wird die Nahrung verdaut. Unverdauliche Stoffe werden durch das Außenplasma abgestoßen. Überschüssiges Wasser sammelt sich in einer *pulsierenden Vakuole*. Sie schwillt an, öffnet sich und gibt das Wasser nach außen ab.

Bei Trockenheit, Kälte oder Nahrungsmangel bilden Amöben Dauerformen, die **Zysten**. Sie scheiden Wasser aus, nehmen eine kugelige Form an und umgeben sich mit einer festen Hülle. Ändern sich die Bedingungen, kehrt die Amöbe in den beweglichen Zustand zurück.

1. Beschreibe Fortbewegung und Nahrungsaufnahme bei der Amöbe.
2. Zeige anhand von Beispielen, dass die Amöbe die fünf Kennzeichen des Lebens aufweist.
3. Erläutere die Aussage: Amöben, die nicht gefressen werden, sind unsterblich.

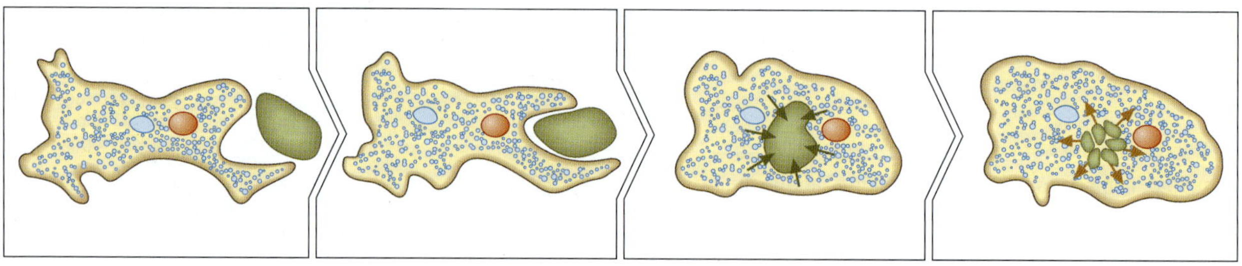

2 **Nahrungsaufnahme und Verdauung bei der Amöbe.** → = Verdauungssäfte, → = Nahrungsteilchen

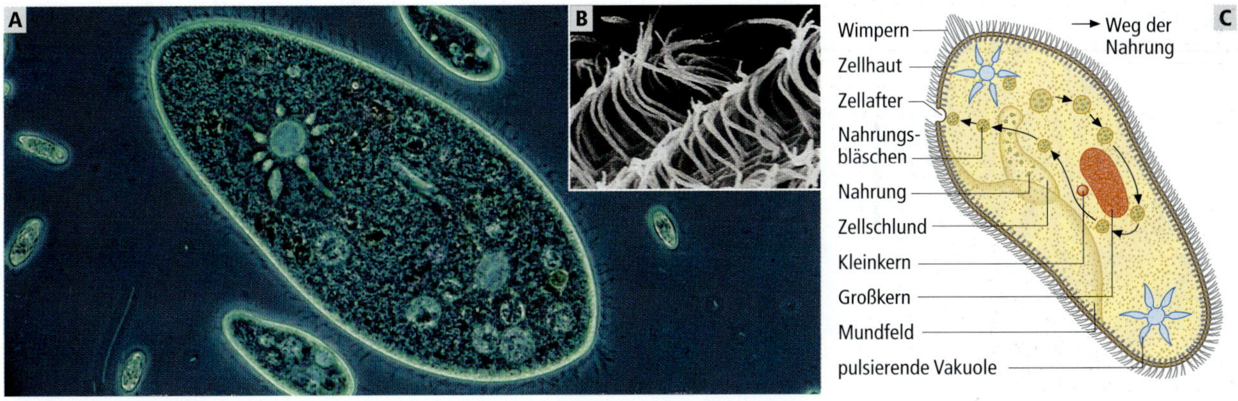

1 Pantoffeltierchen. **A** lichtmikroskopische Aufnahme; **B** Wimpern (elektronenmikroskopische Aufnahme); **C** Schema

4.2 Pantoffeltierchen – spezialisierte Einzeller

Betrachtet man das unangenehm riechende, faulige Wasser aus einer Blumenvase oder eines Heuaufgusses unter dem Mikroskop, entdeckt man kleine Einzeller. Manche bewegen sich schnell durch das Wasser und ändern ruckartig ihre Bewegungsrichtung. Ihre Gestalt erinnert an einen Pantoffel. Deshalb nennt man diese Einzeller **Pantoffeltierchen**.

Ihre charakteristische Gestalt erhalten Pantoffeltierchen durch eine elastische *Zellhaut*. Diese ist mit kurzen Plasmafäden, den *Wimpern*, bedeckt. Die Wimpern schlagen in einem aufeinander abgestimmten Rhythmus und treiben damit das Tierchen auf einer schraubenförmigen Bahn vorwärts. Schlaggeschwindigkeit und Schlagrichtung können rasch geändert werden. So ist das Tier in der Lage, vorwärts, rückwärts und unterschiedlich schnell zu schwimmen.
Die in der Mitte sichtbare Einsenkung in der Zelloberfläche ist das *Mundfeld*. Hier strudeln die Wimpern ständig kleine Nahrungsteilchen wie z. B. Bakterien und kleine Einzeller in den *Zellmund*. In Nahrungsbläschen eingeschlossen wandern sie durch den Körper. Dabei erfolgt die Verdauung. Unverdauliche Reste gelangen über den *Zellafter* nach außen. Wasser wird in den beiden *pulsierenden Vakuolen* gesammelt und ausgeschieden.
Obwohl Pantoffeltierchen keine Sinnesorgane besitzen, reagieren sie sehr empfindlich auf mechanische und chemische Reize. Aber auch Temperaturschwankungen und die Richtung der Schwerkraft werden wahrgenommen.
Pantoffeltierchen können sich bis zu sieben Mal am Tag teilen. Durch diese ungeschlechtliche Fortpflanzung entstehen aus einer Mutterzelle jeweils zwei kleinere Tochterzellen.

1. Beschreibe Nahrungsaufnahme und Verdauung beim Pantoffeltierchen.
2. Pantoffeltierchen besitzen spezielle Einrichtungen zur Fortbewegung, Nahrungsaufnahme und Ausscheidung. Erkläre und begründe.
3. Beschreibe und erkläre mithilfe der Abb. 2 die Fortpflanzung beim Pantoffeltierchen.

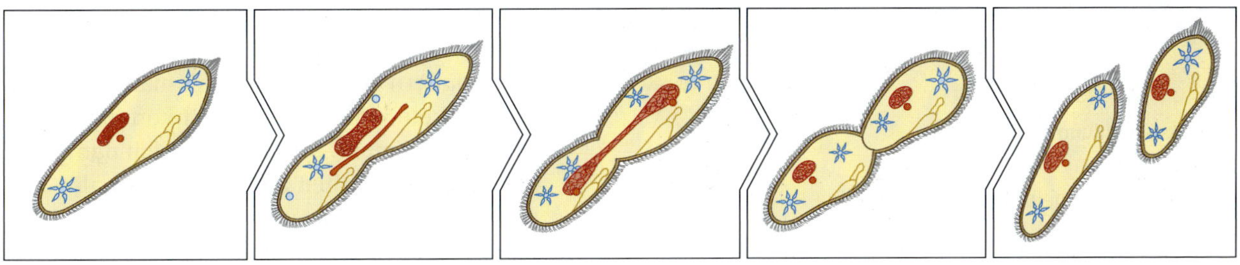

2 Ungeschlechtliche Fortpflanzung beim Pantoffeltierchen

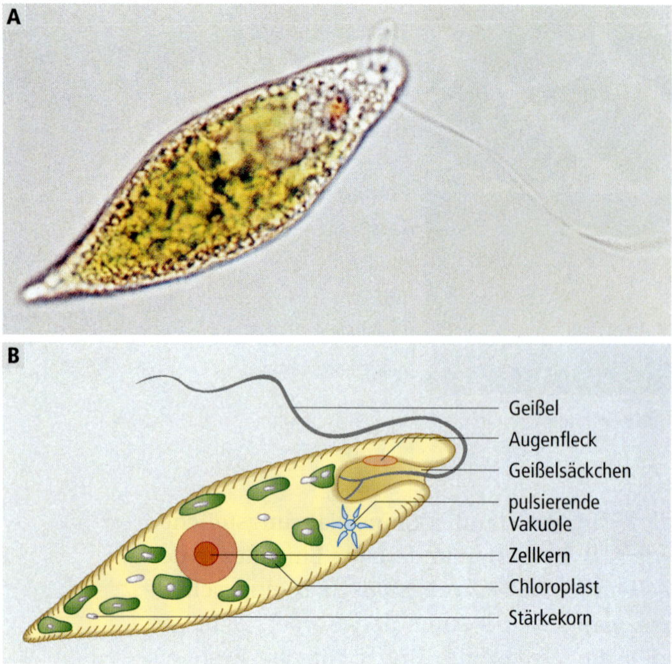

1 Euglena. **A** Mikrofoto; **B** Schema

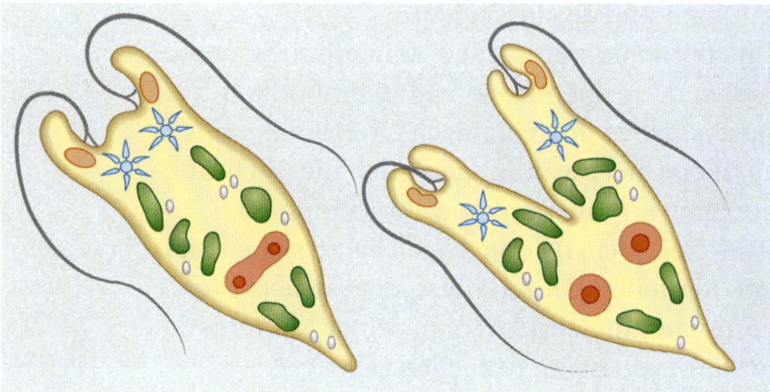

2 Fortpflanzung bei Euglenen

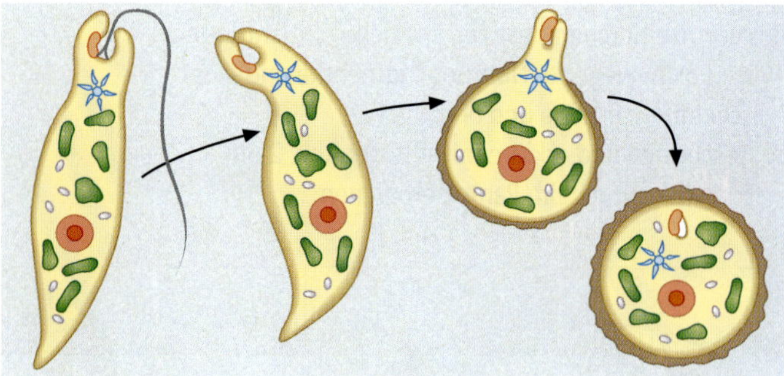

3 Zystenbildung bei Euglenen

1. Euglenen sammeln sich im Licht. Erkläre.
2. Zeige, dass Euglenen sowohl tierische als auch pflanzliche Merkmale besitzen. Lege dazu eine Tabelle an.

4.3 Euglena – Tier oder Pflanze?

Kleine, stehende Gewässer mit faulig riechendem Wasser sind im Frühsommer oft von einer grünen Schicht überzogen. In einer Gewässerprobe entdeckt man unzählige grün gefärbte Einzeller, darunter auch solche der Gattung **Euglena.**

Das *Zellplasma* mit dem *Zellkern* ist bei Euglena von einer stabilen *Zellmembran* umgeben. Die Membran enthält elastische Fasern, die schraubenartig um die Zelle verlaufen. Hierdurch kann der Einzeller seine spindelförmige Gestalt leicht verändern.

Euglenen bewegen sich schnell auf schraubenförmigen Bahnen vorwärts. Eine *Geißel*, die am stumpfen Vorderende des Körpers sitzt, ermöglicht diese Fortbewegung. Durch Hin- und Herschlagen sowie durch kreisende Bewegungen zieht sie den Körper vorwärts.

Die Geißel entspringt einer sackartigen Vertiefung am Vorderende des Körpers, dem *Geißelsäckchen*. Hier sieht man über der Geißelwurzel einen kleinen rötlichen Fleck, den sogenannten *Augenfleck*. Nach ihm werden Euglenen auch *Augentierchen* genannt. Eine Verdickung an der Geißelwurzel ist lichtempfindlich. Fällt Licht von der Seite auf den darüber liegenden Augenfleck, wird die lichtempfindliche Stelle beschattet. Auf diese Weise können Euglenen Hell und Dunkel und die Richtung des Lichteinfalls wahrnehmen.

Untersucht man Euglenen genauer, macht man eine erstaunliche Entdeckung. Ihre grüne Farbe stammt von zahlreichen **Chloroplasten**. Mit ihnen kann der Einzeller wie die Pflanzen *Fotosynthese* betreiben und die lebensnotwendigen Nährstoffe selbst bilden. Man sagt, er ernährt sich *autotroph*. Ist Euglena also kein Tier, sondern eine Pflanze? Hält man Euglenen im Dunkeln, bilden ihre Nachkommen kein Chlorophyll mehr. Sie ernähren sich dann von gelösten organischen Stoffen – gehen also zur tierischen, *heterotrophen* Ernährungsweise über. Euglenen zeigen also sowohl tierische als auch pflanzliche Merkmale.

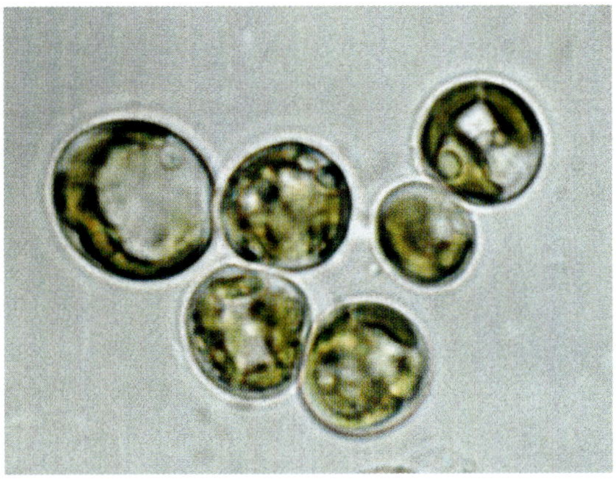

1 Chlorella

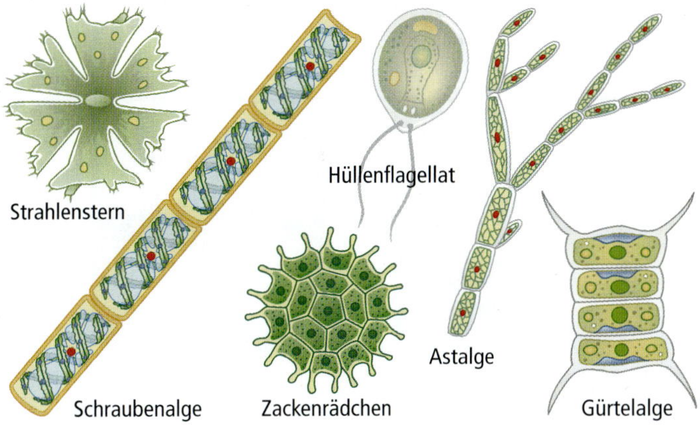

2 Grünalgen

4.4 Algen kommen in allen Lebensräumen vor

In den Sommermonaten verfärbt sich das Wasser in vielen Teichen grünlich. Auch in Aquarien, die dem Sonnenlicht direkt ausgesetzt sind, findet man grünliche Beläge. Untersucht man eine Teichwasserprobe oder die grünlichen Beläge aus dem Aquarium unter dem Mikroskop, findet man eine große Zahl einzelliger **Grünalgen**. Ihre Zellen sind kugelig, oval, lang, faden- oder sternförmig. Alle besitzen einen oder mehrere Chloroplasten. Mit deren Hilfe betreiben sie Fotosynthese und bauen ihre Nährstoffe selbst auf.

Häufig findet man die 0,005 mm kleine, grüne, kugelige Grünalge **Chlorella**. Sie ist von einer festen Zellwand umgeben. Im Zellplasma liegt ein glockenförmiger Chloroplast. Er verleiht der Alge die grünliche Farbe. In der Mitte der Vertiefung des Chloroplasten liegt der Zellkern. Da sie keine Wimpern oder Geißeln besitzt, kann Chlorella sich nicht selbstständig bewegen. Im Sommer vermehrt sich Chlorella unter günstigen Bedingungen explosionsartig und verursacht so mit anderen Algen die Grünfärbung des Wassers. Für Wasserflöhe, Hüpferlinge und andere Kleinlebewesen ist Chlorella die Hauptnahrung. Aber auch zur Ergänzung des Speiseplanes für den Menschen wird die Grünalge Chlorella genutzt.

Auf dem Schlamm, auf Wasserpflanzen oder in Regentonnen leben **Kieselalgen**. Sie bilden auch den braunen Überzug auf Steinen im Wasser oder den Scheiben eines Aquariums. Bei Kieselalgen überdeckt ein brauner Farbstoff das Chlorophyll. Ihr Plasma bildet eine feste *Kieselschale* aus. Diese ist zweiteilig und sieht aus wie Boden und Deckel einer Schachtel. Am Muster des Deckels können Fachleute die einzelnen Arten unterscheiden. Unter dem Mikroskop kann man einen feinen Längsspalt im Boden und im Deckel der Schale sehen. An dessen Ende tritt aus vielen Poren Zellplasma aus. Es fließt den Spalt entlang und tritt am anderen Ende wieder ins Zellinnere zurück. Mithilfe dieser Plasmaströmung gleiten Kieselalgen auf festem Untergrund vorwärts.

1. Nenne Gemeinsamkeiten und Unterschiede zwischen einzelligen Grünalgen und Kieselalgen.
2. Finde heraus, was Kieselalgen mit dem Nobelpreis zu tun haben.
3. Informiere dich im Lexikon über Kieselgur. Berichte darüber.

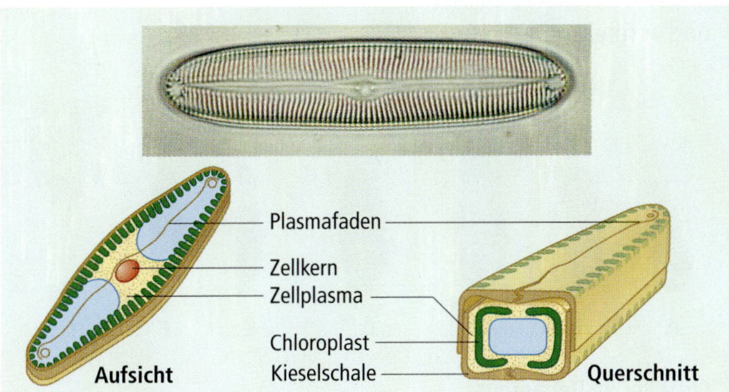

3 Kieselalge

Einzeller

Heuaufguss

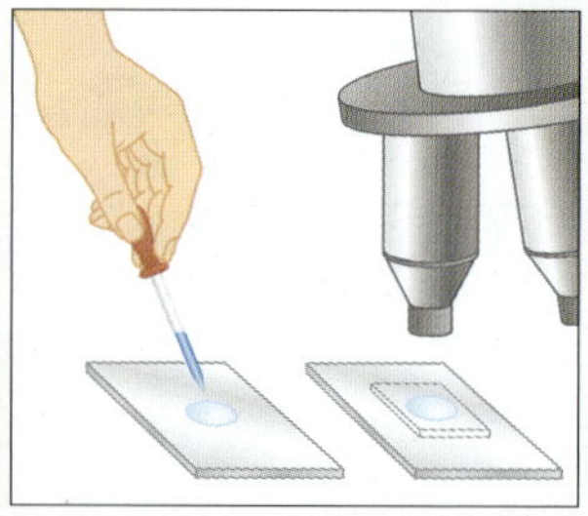

V1 Wir untersuchen einen Heuaufguss

Material: Heu oder Möhrenschnitzel; Leitungswasser; Tümpelwasser oder abgestandenes Blumenwasser; Glasgefäß; Pappkarton; Mikroskop; Objektträger; Deckgläschen; Pipette; Zeichenmaterial

Durchführung: Gib etwas Heu oder Möhrenschnitzel in das Gefäß. Gieße 1/2 Liter Leitungswasser darüber und fülle dann mit Tümpelwasser oder Blumenwasser soweit auf, dass ein etwa 5 cm hoher Luftraum bis zum Glasrand frei bleibt. Decke das Glas mit einer Pappscheibe ab. Wähle einen hellen Standplatz ohne direkte Sonneneinstrahlung.
Hinweis: Nach ca. 3 Tagen bildet sich auf der Wasseroberfläche eine **Kahmhaut.** Diese milchig-trübe Schicht besteht hauptsächlich aus Bakterien und Pilzen. Von ihnen ernähren sich verschiedene Einzeller und vermehren sich stark.

Aufgaben:

a) Entnimm nach etwa 3 Tagen mit einer Pipette Wasserproben aus verschiedenen Wassertiefen des Heuaufgusses. Stelle von jeder Probe ein Präparat her. Mikroskopiere mit etwa 50–100facher Vergrößerung. Welche Lebewesen findest du? Vergleiche und benenne diese mithilfe der Abbildung auf dieser Seite.

b) Beschreibe Körperform und Fortbewegung einiger Einzeller. Benutze dazu eine ca. 50fache Vergrößerung.

c) Führe nach etwa 8 Tagen eine zweite Probenentnahme durch. Mikroskopiere und vergleiche die entdeckten Einzeller mit denen der ersten Probe.

d) Woher kommen die verschiedenen Einzeller im Heuaufguss?

V2 Pantoffeltierchen reagieren auf Reize

Material: Heuaufguss aus V1; Pinzette; Glassplitter von einem Deckgläschen und Kochsalzkristalle

Durchführung: Gib auf zwei Objektträger je eine Wasserprobe aus dem Heuaufguss mit Pantoffeltierchen. Lege mit der Pinzette in die Mitte des ersten Wassertropfens einen Kochsalzkristall, in den zweiten Tropfen einen kleinen Glassplitter. Mikroskopiere mit ca. 50facher Vergrößerung.

Aufgaben:

a) Skizziere und beschreibe das Verhalten der Pantoffeltierchen auf dem ersten Objektträger bei Versuchsbeginn und nach ca. 10 Minuten.

b) Beschreibe das Verhalten der Tiere auf dem zweiten Objektträger. Erkläre.

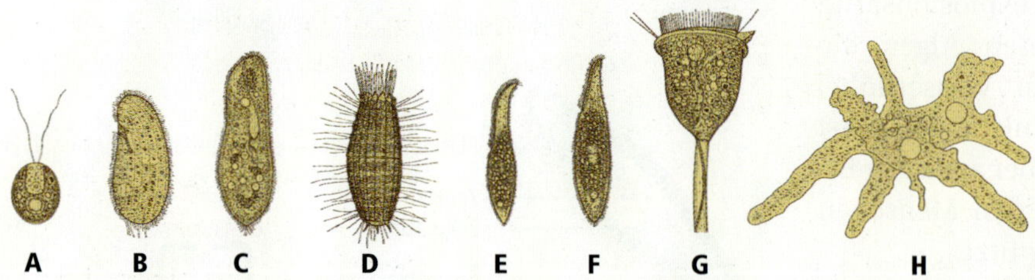

A Hüllenflagellat
B Nierentierchen
C Ohrenpantoffeltierchen
D Tonnentierchen
E Kleines Zuckerrüsseltierchen
F Großes Zuckerrüsseltierchen
G Glockentierchen
H Schlammamöbe

Einzeller im Heuaufguss

Einzeller

Man kennt heute ca. 40 000 Arten einzelliger Lebewesen. Diese sind dadurch gekennzeichnet, dass sie nur aus einer Zelle bestehen und einen Zellkern besitzen. Einzeller leben hauptsächlich im Wasser. Bei ungünstigen Lebensbedingungen scheiden viele Wasser aus und bilden eine kugelige Zyste. Eine dicke Wand verhindert Austrocknung und Erfrierung. Bei verbesserten Lebensbedingungen entschlüpfen den Zysten wieder lebensfähige Einzeller.

Schirmalgen

Vorkommen: tropische und subtropische Meere; eine der 20 Arten ist auch im Mittelmeer heimisch
Aussehen: der Körper ist in einen schirmförmigen Hut und einen Stiel gegliedert; Gesamtlänge bis 8 cm

Kieselalgen

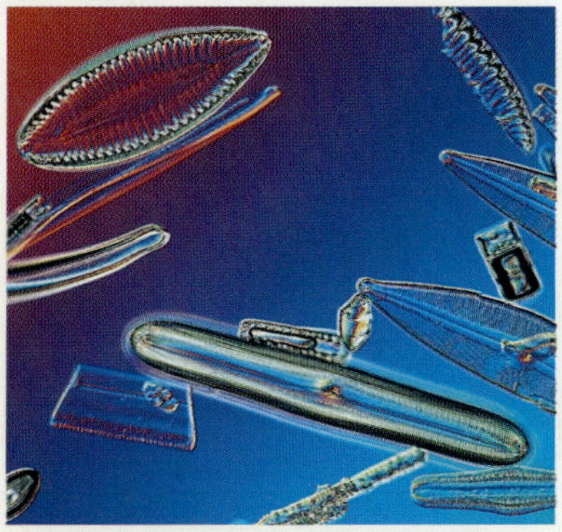

Vorkommen: Süß- und Meerwasser
Aussehen: ein schachtelartiger Panzer aus Kieselsäure umgibt die Zelle
Besonderheit: Ablagerungen der Schalenreste werden Kieselgur genannt; Kieselgur wird als Filter- und Isoliermaterial verwendet

Sonnentierchen

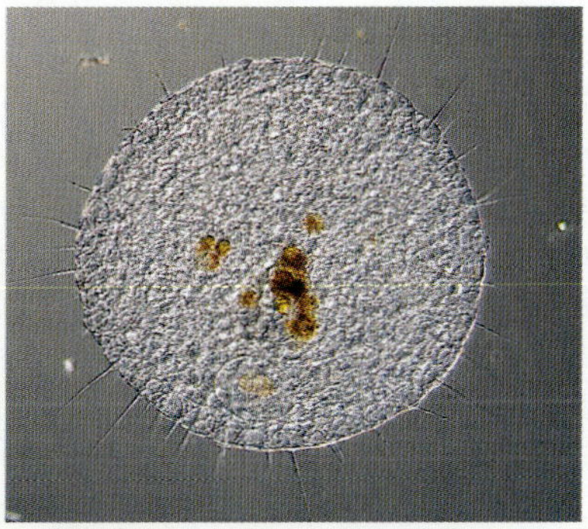

Vorkommen: in allen Meeren
Aussehen: den Amöben ähnlicher Wurzelfüßer; das kugelige oder helmförmige Gehäuse besteht aus Kieselsäure; es hat zahlreiche Öffnungen, aus denen fadenförmige Scheinfüßchen gestreckt werden

Trompetentierchen

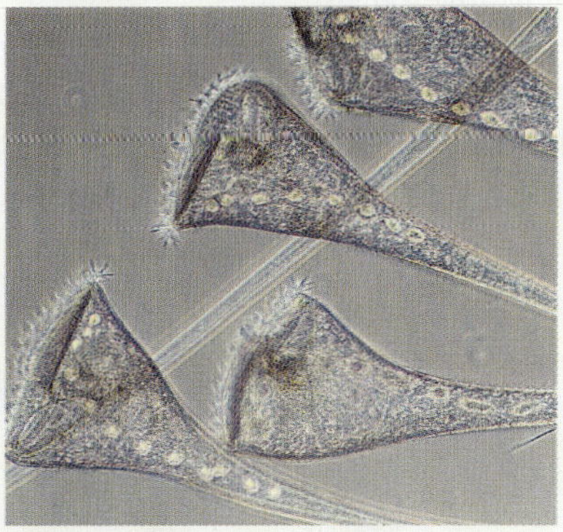

Vorkommen: leben meist in nährstoffreichen Süßgewässern
Aussehen: ca. 1 Millimeter langes, trichterförmiges Wimperntierchen; farblos oder blaugrün; meistens an festem Untergrund haftend

Trypanosoma

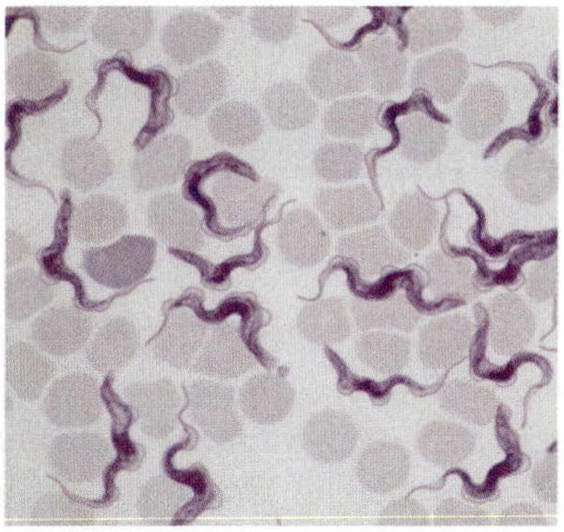

Vorkommen: dieses Geißeltierchen lebt parasitisch z. B. in der Blutflüssigkeit von Wirbeltieren, in Insekten oder Blutegeln
Aussehen: besitzt eine Geißel zur Fortbewegung
Besonderheit: unter den mehr als 200 Arten sind auch die Erreger der in Afrika weit verbreiteten Schlafkrankheit; sie werden durch die blutsaugende Tsetsefliege verbreitet

Weißt du, dass …

… pflanzliche Einzeller wichtige Sauerstoffproduzenten sind?
… sowohl pflanzliche als auch tierische Einzeller die Nahrungsgrundlage für viele Wassertiere bilden?
… Einzeller bei der biologischen Selbstreinigung von Gewässern beteiligt sind?
… die in warmen Ländern weit verbreitete Amöbenruhr durch mit Ruhramöben verunreinigtes Wasser ausgelöst wird?
… Einzeller bei der Verdauung von Kohlenhydraten im Pansen des Rindes mitwirken?

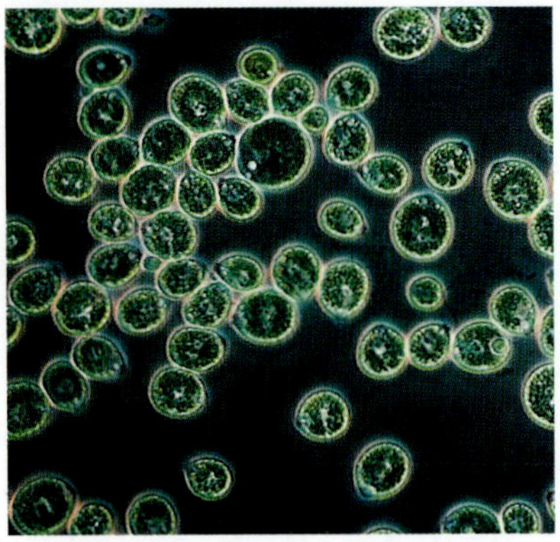

1 Clamydomonas

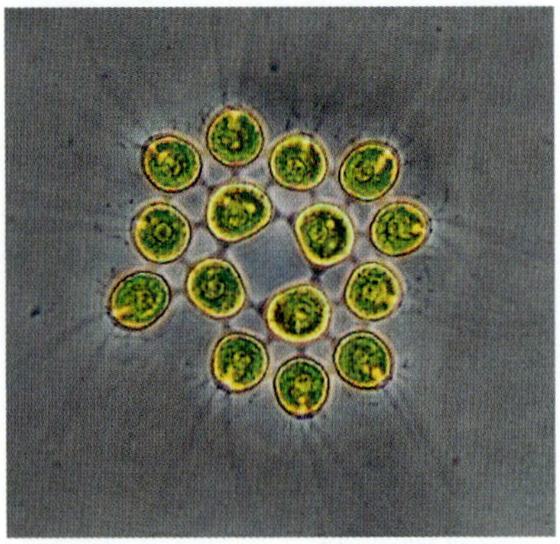

2 Gonium

3 Volvox

5 Vom Einzeller zum Vielzeller

Waren Einzeller die ersten Lebewesen auf der Erde? Wie haben sich dann aber die vielzelligen Lebewesen entwickelt? Bei den Grünalgen z. B. kann man anhand heutiger Arten diese Entwicklung nachvollziehen.

Chlamydomonas, eine birnenförmige, einzellige Grünalge, ist von einer festen Zellwand umgeben. Sie besitzt zwei Geißeln zur Fortbewegung. Mithilfe eines Augenflecks kann sie Hell und Dunkel unterscheiden. Bei der Fortpflanzung teilt sich die Zelle innerhalb der festen Zellwand zweimal. Nach kurzer Zeit platzt die Hülle und gibt die vier Tochterzellen frei. Die Entwicklung zum Vielzeller hat wahrscheinlich damit begonnen, dass die vier Tochterzellen sich nicht getrennt haben, sondern in einer Gallerthülle zusammen geblieben sind. Bleiben gleichartige Zellen als Zusammenschluss erhalten, entstehen **Zellkolonien**.

Ein Beispiel dafür ist die Grünalge **Gonium**. Bis zu 16 Einzelzellen sind von einer flachen Gallerthülle umgeben. Jede Zelle ist gleich aufgebaut. Sie hat eine Geißel und besitzt Zellwand, Zellmembran, Zellkern und einen Chloroplasten. Wird die einzelne Zelle vom Zellverband gelöst, ist sie weiterhin lebensfähig.

Die Kugelalge **Volvox** besteht aus mehreren tausend Einzelzellen, die eine Hohlkugel bilden. Die Einzelzellen sind durch Plasmabrücken miteinander verbunden. In der Wand findet man zwei unterschiedliche Zellformen: Die vielen *Körperzellen* besitzen Geißeln und einen Chloroplasten. Ihre Aufgabe ist die Fortbewegung und Ernährung. Daneben entdeckt man einige größere Zellen ohne Chloroplasten. Diese *Fortpflanzungszellen* können sich teilen. Dabei bilden sich *Tochterkugeln*, die in der *Mutterkugel* heranwachsen. Die Plamabrücken zwischen den Einzelzellen und die Arbeitsteilung sind typische Merkmale für **Vielzeller**.

1. Nenne Vorteile, die der Zusammenschluss von Zellen zu einer Kolonie hat.
2. Erkläre die Arbeitsteilung der Zellen bei der Kugelalge Volvox.

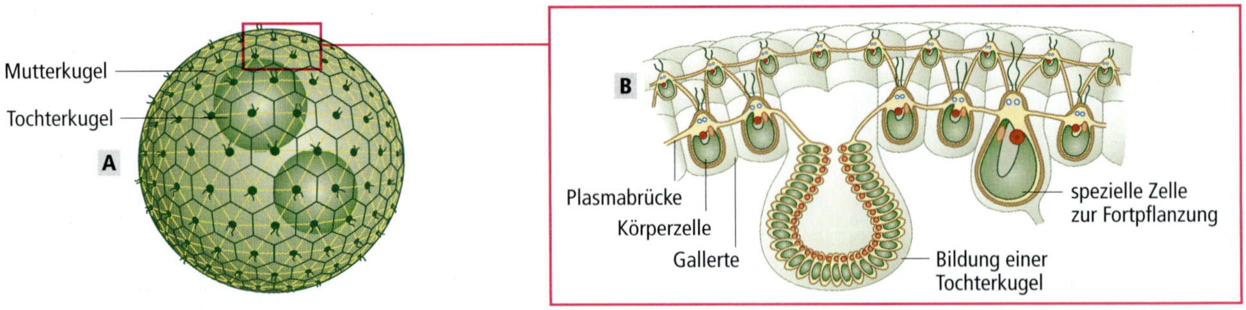

4 **Bau der Kugelalge Volvox** (Schema). **A** Gallertkugel; **B** Wandausschnitt

Die Zelle – Grundbaustein aller Lebewesen

Mikroskopie

- Der Engländer HOOKE und der Niederländer van LEEUWENHOEK bauten vor ca. 400 Jahren die ersten Mikroskope.
- HOOKE entdeckte erstmals Zellen. Van LEEUWENHOEK fand und beschrieb rote Blutkörperchen und Bakterien im Zahnbelag.
- KNOLL und RUSKA bauten 1930 das erste Elektronenmikroskop.
- Elektronenmikroskope ermöglichen Einblicke in den Feinbau der Zelle.
- Lichtmikroskope vergrößern bis 2 000-fach, Elektronenmikroskope bis 2 000 000-fach.

Aufbau einer Pflanzenzelle

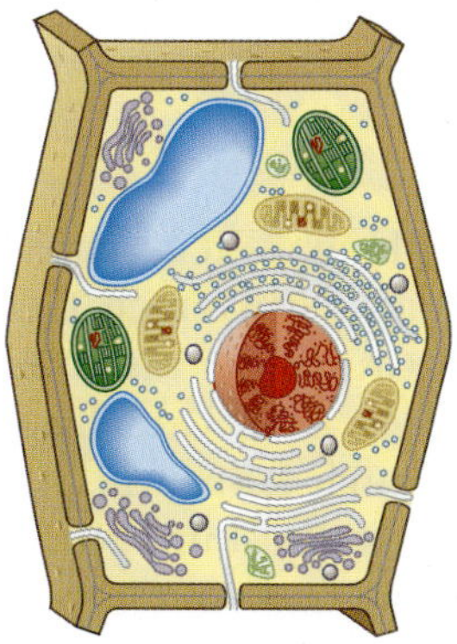

- Eine feste Zellwand ist typisch für alle Pflanzenzellen. Sie gibt der Zelle Festigkeit und eine charakteristische Form.
- Unter dem Lichtmikroskop sieht man, dass eine Zellmembran das Zellplasma, Zellkern, Vakuolen und Chloroplasten umschließt.
- In den Vakuolen liegen Reservestoffe wie z. B. Proteine, Fette, Kohlenhydrate oder Farbstoffe.
- Chloroplasten enthalten den grünen Blattfarbstoff Chlorophyll. Dieser ist unentbehrlich für den Aufbau von Nährstoffen mithilfe der Fotosynthese.

Bau einer Tierzelle

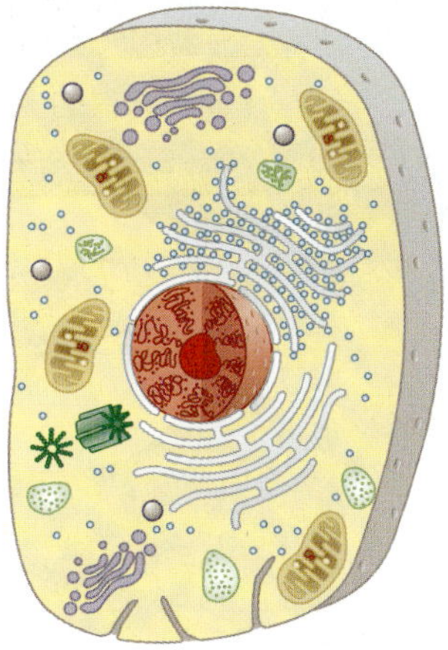

- Tierische Zellen sind kleiner als Pflanzenzellen und nur von einer dünnen, elastischen Zellmembran umgeben. Sie sind deshalb leicht verformbar.
- Das Zellinnere ist ganz vom Zellplasma ausgefüllt. Im Zellplasma liegt der Zellkern.
- In allen tierischen Zellen fehlen Vakuolen und Chloroplasten.

Biomembranen

- Biomembranen setzen sich aus mehreren Schichten zusammen. Sie bestehen aus Proteinen und fettähnlichen Substanzen.
- Durch Biomembranen entstehen in der Zelle abgegrenzte Räume, die man Zellorganellen nennt.
- Der Zellkern ist das wichtigste Zellorganell. Er enthält die DNA, die alle Stoffwechselprozesse in der Zelle steuert und die Erbinformationen enthält.
- Kernporen in der Kernmembran ermöglichen den Stoffaustausch mit dem Zellplasma.
- Das Endoplasmatische Reticulum dient dem Stofftransport und begünstigt Stoffwechselvorgänge in der Zelle.
- Mitochondrien sind an der Zellatmung beteiligt und liefern Energie für alle Vorgänge in der Zelle.
- Dictyosomen erzeugen Sekrete, die sie zur Zelloberfläche transportieren.

Einzeller

- Tierische und pflanzliche Lebewesen, die nur aus einer Zelle bestehen, nennt man Einzeller. Sie zeigen die fünf Kennzeichen des Lebendigen.
- Amöben sind tierische Einzeller. Sie bestehen aus zähem Außenplasma und beweglichem Innenplasma. So können sie ständig ihre Gestalt verändern.
- Pantoffeltierchen haben eine feste Zellhaut. Sie besitzen Wimpern zur Fortbewegung, ein Mundfeld zur Nahrungsaufnahme und einen Zellafter zur Abgabe der unverdaulichen Reste.
- Euglenen zeigen pflanzliche und tierische Merkmale. Sie können sich wie Tiere ernähren, mithilfe der Chloroplasten aber auch Fotosynthese betreiben.

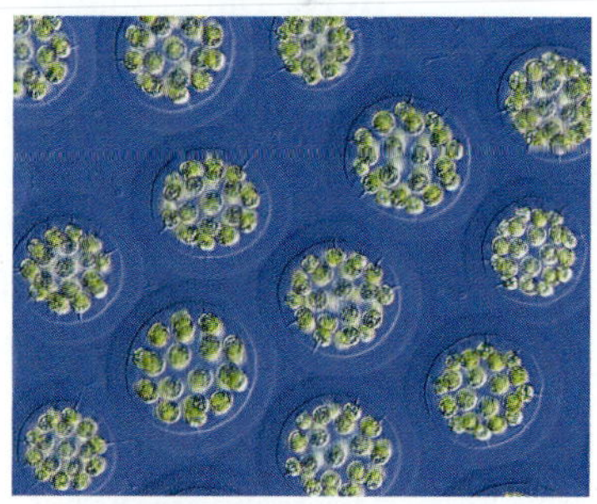

- Einzellige Algen kommen in vielen unterschiedlichen Formen – auch als Zellkolonien – und in allen Lebensräumen vor. Bei den Kieselalgen wird die grüne Farbe des Chlorophylls durch einen braunen Farbstoff überdeckt.

Wirbellose in ihren Lebensräumen

1 Wirbellose. ① Aurorafalter; ② Hummel; ③ Grashüpfer; ④ Laufkäfer; ⑤ Kreuzspinne; ⑥ Weinbergschnecke; ⑦ Regenwurm

1 Wirbellose kommen in allen Lebensräumen vor

Wenn man von Tieren spricht, die uns zum Beispiel bei einem Spaziergang begegnen, so denken viele zunächst beispielsweise an Rehe, Kaninchen, Eichhörnchen, Füchse, Bussarde oder Frösche. Diese Tiere sind alle durch ein knöchernes Innenskelett mit einer beweglichen *Wirbelsäule* gekennzeichnet. Es sind **Wirbeltiere**. Dabei machen die Wirbeltiere nur etwa 5 % aller Tierarten auf der Erde aus. Die anderen 95 % gehören zu den **Wirbellosen**, denen ein Innenskelett fehlt. Wenn wir sie näher betrachten, erkennen wir eine erstaunliche Vielfalt von Größen, Formen und Farben. Wirbellose besiedeln alle Lebensräume unserer Umwelt.

Die farbenfrohen *Falter* flattern über die Wiese, setzen sich auf Blüten und saugen Nektar. *Bienen* und *Hummeln* bestäuben die Blüten bei ihrem Flug von Blüte zu Blüte. Kleine, grünbraune Tierchen springen davon. Es sind *Feldheuschrecken* oder *Grashüpfer*, die mit ihren kräftigen Sprungbeinen flüchten und dabei auch kurze Strecken fliegen können. Ein schwarzer *Laufkäfer* kreuzt auf der Jagd nach Kleintieren den Weg. Die genannten Tiere gehören zu der großen Gruppe der **Insekten** und besitzen einen gemeinsamen Grundbauplan. Der Körper ist wie durch Kerben in drei Abschnitte unterteilt: Kopf, Brust und Hinterleib. Sechs gegliederte Beine und ein *Chitinpanzer* als *Außenskelett* sind weitere Kennzeichen dieser Tiergruppe.

Am Waldrand sitzt eine *Kreuzspinne* in ihrem kunstvollen Radnetz und wartet auf Beute. Mit ihren acht Beinen gehört sie zu den **Spinnentieren**.

An einem schattigen und feuchten Ort kriecht eine *Weinbergschnecke* über den Boden. Sie besitzt ein Schneckenhaus, während die *Rote Wegschnecke* zu den Nacktschnecken gehört. Beide Tiere zählen zu den **Weichtieren**.

Auch in der Erde leben Wirbellose. Der *Regenwurm* lockert den Boden auf, indem er zahlreiche Gänge gräbt. Sein mineralstoffhaltiger Kot ist ein wichtiger Dünger für das Pflanzenwachstum. Regenwürmer gehören zu den **Ringelwürmern**.

2 Wirbellose im Wasser. ① Teichmuschel; ② Flusskrebs; ③ Wasserfloh; ④ Wasserschnecke; ⑤ Qualle; ⑥ Tintenfisch; ⑦ Seestern

Auch unsere Gewässer werden von zahlreichen Wirbellosen besiedelt. Am Teichboden lebt die *Teichmuschel*. Sie filtriert das Wasser und ernährt sich von Kleinstlebewesen. *Flusskrebse* fangen mit ihren kräftigen Zangen allerlei Kleintiere, während ihre kleinen Verwandten, die *Wasserflöhe*, von eingestrudelten Nahrungsteilchen leben. *Wasserschnecken* weiden die Oberflächen von Steinen und Wasserpflanzen ab.

Im Meer treiben verschiedene Quallen, wie die *Ohrenquallen*. Sie bestehen fast nur aus Wasser und besitzen weder Innen- noch Außenskelett. Es sind **Hohltiere**. Seesterne kriechen mit ihren fünf Armen über den Meeresboden. Die Hauptnahrung dieser **Stachelhäuter** sind Miesmuscheln. Vom *Tintenfisch* findet man am Meeresstrand oft nur noch seine kalkhaltige Körperstütze, den Schulp.

Die Vielfalt der wirbellosen Tiere bildet keine einheitliche Tiergruppe. Die Zuordnung zu **Tierstämmen** erfolgt nach bestimmten gleichartigen Körpermerkmalen. So werden Insekten, Spinnentiere und Krebse zum Stamm der **Gliedertiere** gezählt. Schnecken, Muscheln, Tintenfische und Kraken gehören zum Stamm der **Weichtiere**.

1. Nenne Beispiele für Wirbellose und ihre Lebensräume.

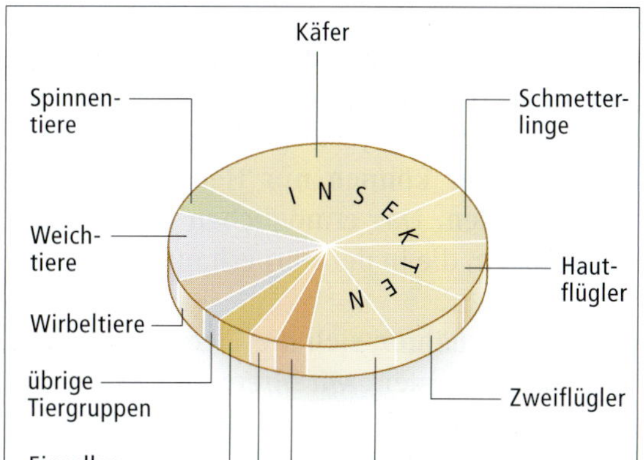

3 Anzahl der Arten bei den Tierstämmen

1 **Regenwürmer im Lebensraum.** **A** in der Wohnröhre; **B** ruhend; **C** aus dem Ei schlüpfend

2 Regenwürmer sind Bodenbewohner

Zur Pflege des Bodens gehören eine gute Durchlüftung des Erdreichs, Düngung und genügend Feuchtigkeit, damit die Pflanzen gedeihen. Im Waldboden zum Beispiel übernehmen diese Aufgabe unter anderem die **Regenwürmer.** In einem Laubwald von der Fläche eines Fußballfeldes (7500 Quadratmeter) können bis zu 190 000 Regenwürmer leben. Sie bleiben für uns meist unsichtbar, denn ihr Lebensraum ist der Boden. So umgibt sie in der Regel ständige Dunkelheit. Ihr Sehvermögen ist daher schwach ausgebildet. Regenwürmer können nur Hell und Dunkel unterscheiden. Das ermöglichen ihnen *Lichtsinneszellen,* die in der Körperhaut liegen.

Im Boden ernähren sich die Tiere vorwiegend von Pflanzenresten. Mit ihrem guten *Geruchs-* und *Geschmackssinn* können sie sogar unter den Pflanzenresten eine Auswahl treffen. Regenwürmer sind in der Lage, Laubblätter mit dem Mund zu fassen und mit der Spitze voran in ihre unterirdischen Röhren zu ziehen.

Am Kopfende und am Schwanzende liegen *Tastsinneszellen.* Sie unterstützen die Regenwürmer bei der Suche nach geeigneter Nahrung.
Alle durch Sinneszellen aufgenommenen Reize werden durch Nerven weitergeleitet. Sie gelangen schließlich zum Hauptteil des *Nervensystems,* dem **Bauchmark.** Es besteht aus zwei Nervensträngen, die den ganzen Körper auf der Bauchseite durchziehen. Beide Nervenstränge werden in jedem Körperring (Segment) durch zwei *Nervenknoten* miteinander verbunden. Der vorderste Nervenknoten bildet das sogenannte „Gehirn". Nach seiner Bauweise wird dieses Nervensystem als **Strickleiternervensystem** bezeichnet.

Pflanzenteile in der Erde, die weitgehend vermodert sind, werden von den Regenwürmern zusammen mit Mineralteilen des Bodens gefressen. Die Nahrung gelangt in den Darm, der den ganzen Körper durchzieht. Sie wird dort verdaut, und die Nährstoffe treten durch die Darmwand ins Blut über. Es strömt in einem *geschlossenen Blutgefäßsystem:* im *Rückengefäß* nach vorn, im *Bauchgefäß* von vorn nach hinten. Beide Gefäße sind durch je ein Ringgefäß in jedem Segment verbunden. Ringgefäße in den ersten Segmenten können sich rhythmisch zusammenziehen und das Blut dadurch in Bewegung halten. Die unverdaulichen Nahrungsreste werden ausgeschieden und in den Gängen des Röhrensystems abgelagert oder an die Erdoberfläche gedrückt. Der Wurmkot ist ein wertvoller mineralstoffhaltiger Dünger. Diese Mineralstoffe stehen den Pflanzen für ihr Wachstum zur Verfügung. Regenwürmer tragen also wesentlich zur „Düngung" des Bodens bei.

Beim „Unterpflügen" der Pflanzenreste legen die Regenwürmer ein weit verzweigtes Röhrensystem an, das mehrere Meter tief reichen kann. Obwohl die Regenwürmer keine Gliedmaßen besitzen, bewegen sie sich in ihrem Gangsystem rasch fort. Dabei verkürzen und strecken sie abwechselnd einige Körperabschnitte. Für diese Fortbewegung sorgt ein zweischichtiger **Hautmuskelschlauch,** der aus äußeren Ringmuskeln und aus darunter

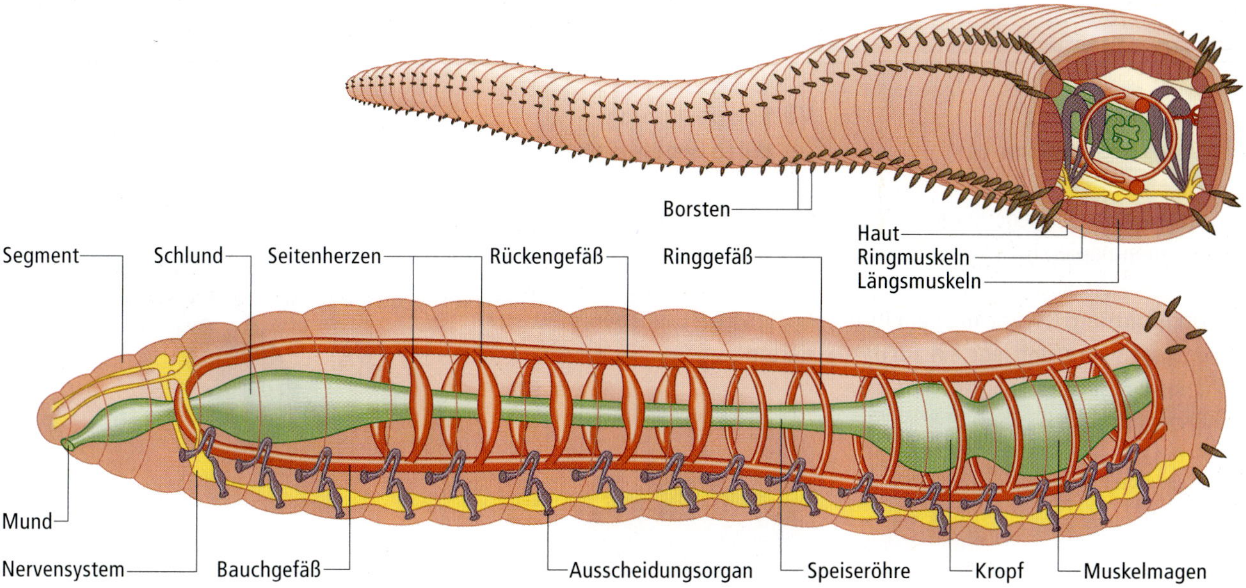

2 Bauplan des Regenwurmes

liegenden Längsmuskeln besteht. Ziehen sich die Ringmuskeln zusammen, wird der Wurm lang und dünn. Verkürzen sich dagegen die Längsmuskeln, wird er kurz und dick. Beim Kriechen auf dem Erdboden und bei der Fortbewegung im unterirdischen Gangsystem unterstützen das Tier *vier Paar Borsten*, die an jedem Segment sitzen.

Regenwürmer lockern also das Erdreich auf und ermöglichen so eine ausreichende Durchlüftung. Sie sorgen für eine gute Düngung und machen den Boden für Regenwasser besonders aufnahmefähig. Für Regenwürmer ist feuchter Boden lebensnotwendig. Sie sind **Hautatmer**, die nur bei feuchter Körperoberfläche atmen können.

Regenwürmer haben eine ungewöhnliche Fortpflanzung. Sie besitzen sowohl männliche als auch weibliche Geschlechtsorgane. Sie sind **Zwitter**. Bei der Paarung liegen jeweils zwei Würmer nebeneinander und begatten sich wechselseitig. Der Regenwurm legt bis zu 12 Eier in eine gemeinsamen Hülle, den *Kokon*. Daraus schlüpfen die jungen Würmer.

1. Erläutere, auf welche Weise der Regenwurm den Boden verbessert.
2. Beschreibe, wie der Körperbau die Fortbewegung des Regenwurms ermöglicht.

3 Fortpflanzung des Regenwurms. **A** Paarung; **B** Eikokon; **C** schlüpfender Wurm

Regenwürmer

V1 Fortbewegung des Regenwurms

Material: Großer Regenwurm; Pergamentpapier; Tuch

Durchführung: Trockne mit dem Tuch den Regenwurm und lege ihn auf das Papier. Beobachte die Fortbewegung. Horche nahe am Papier.

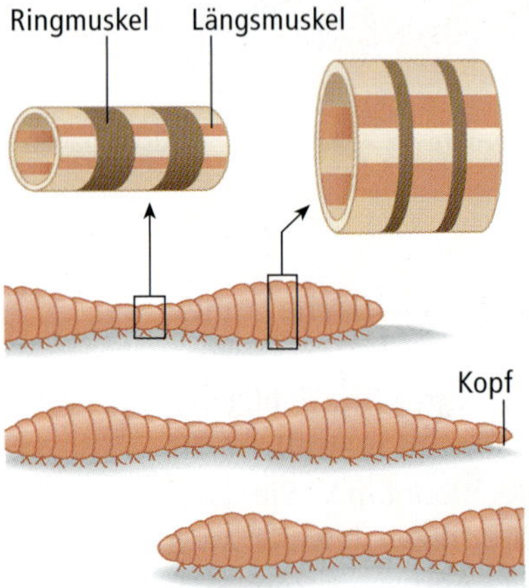

Aufgaben:

a) Beobachte und beschreibe die Fortbewegung des Regenwurmes. Nimm dazu auch die Abbildungen zur Hilfe.

b) Prüfe, ob du bei der Bewegung des Regenwurmes Geräusche auf dem Papier hörst. Erläutere, wie sie zustande kommen.

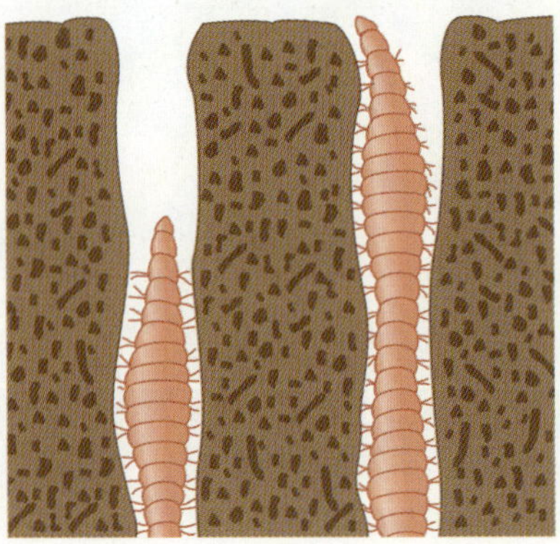

V2 Kompostierung durch Regenwürmer

Material: etwa 10 Regenwürmer; größeres Einmachglas oder Gurkenglas; heller Sand; Kieselsteine; Gartenerde; Laubstreu; schwarzer Karton

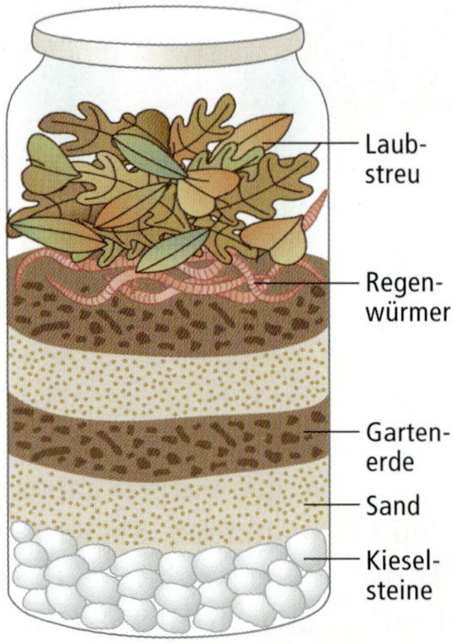

Durchführung: Gib zunächst eine etwa zwei Zentimeter hohe Schicht Kies in das Glas. Fülle im Wechsel drei weitere Schichten Sand und Gartenerde auf und gib zum Schluss etwas Laubstreu und die Regenwürmer hinzu. Hülle dann das Glas mit schwarzem Karton ein. Während der Versuchszeit musst du die Erde im Glas feucht halten.

Aufgabe: Skizziere die Schichtung im Glas zu Beginn des Versuches und jeweils nach einer Woche über drei Wochen hinweg. Erkläre deine Beobachtungen.

V3 Reaktion auf Licht

Material: Regenwurm; Glasröhre; schwarzer Karton; Schere; Klebstoff; Taschenlampe; Papiertaschentuch

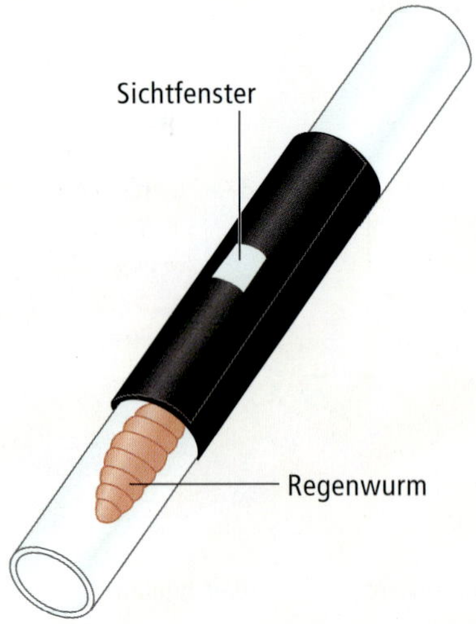

Durchführung: Säubere einen Regenwurm, tupfe ihn mit einem Papiertaschentuch ab und halte ihn im Dunkeln.
Fertige aus dem schwarzen Karton eine Hülle für die Glasröhre. Schneide ein Fenster von einem Quadratzentimeter hinein. Lege die Hülle um die Glasröhre und klebe sie so zusammen, dass die Hülle eng anliegt, aber verschiebbar bleibt.
Gib den Regenwurm in die mit der Papphülse abgedunkelte Röhre. Der Regenwurm soll sich in der Röhre gut bewegen, aber sich nicht umdrehen können. Verschiebe nun die Pappröhre so, dass du mit der Taschenlampe zuerst das Vorderende und dann das Hinterende des Wurmes beleuchten kannst. Zum Schluss beleuchte durch das Fenster die Mitte des Wurmes.

Aufgaben:

a) Miss die Zeit vom Einschalten der Lampe bis zur Reaktion für die einzelnen Körperzonen.

b) Vergleiche die unterschiedlichen Reaktionszeiten.

c) Erläutere die biologische Bedeutung der Reaktionszeiten.

Ringelwürmer

Kennzeichen der Ringelwürmer

Der Stamm der *Ringelwürmer* umfasst etwa 20 000 Arten. Alle Ringelwürmer besitzen eine gleichförmige Einteilung in Körperabschnitte (Segmente), die oft äußerlich als Ringelung zu erkennen ist.

Ringelwürmer werden in drei Klassen untergliedert. *Wenigborster* wie der Regenwurm haben wenige Borsten an den Segmenten und werden wegen des in der Paarungszeit gebildeten Gürtels auch *Gürtelwürmer* genannt.

Vielborster wie der Seeringelwurm besitzen an den einzelnen Segmenten paarige Anhänge, die mit vielen Borsten besetzt sind.
Egel wie der Blutegel haben keine Borsten.

Medizinischer Blutegel

Im Süßwasser lebende Blutegel heften sich mit den vorderen Saugnäpfen auf die Haut und „sägen" sie mit den drei sternförmig angeordneten Kiefern auf. Gerinnungshemmende Sekrete halten das Blut flüssig, das vom Egel aufgesaugt wird. In der Medizin wird er zur „Blutabnahme" eingesetzt.

Riesenregenwurm

Der Riesenregenwurm lebt in Australien. Er wird etwa 3 cm dick und kann bis 3m lang werden. Über seinen Gängen wirft er Hügel auf, die bis zu einem halben Meter hoch werden können. Seine Grabgeräusche hört man noch auf dem Boden. Die Kokons mit den Eiern erreichen die Größe einer Aubergine.

Fiederwurm

Fiederwürmer siedeln auf Korallenriffen. Von ihnen sieht man nur die feinen, bunten, fächerförmigen Tentakel, ihre Kiemen. Der Wurm selbst sitzt in einer selbstgebauten Röhre aus Kalk. Mit den Kiemen nimmt er Sauerstoff auf, filtert aber auch Nahrungspartikel aus dem Wasser, die von feinen Härchen in die Mundöffnung gestrudelt werden.

Schlammröhrenwurm

Schlammröhrenwürmer (Tubifex), als Futtertiere für Fische bekannt, leben in Kolonien am Grund schlammiger Gewässer. Sie sitzen in einer mit Schleim ausgekleideten Röhre. Die hohe Konzentration an rotem Blutfarbstoff ermöglicht es ihnen auch in verschmutztem Wasser ausreichend Sauerstoff zu binden.

Seeringelwurm

Die mit zahlreichen paarig angeordneten Stummelfüßen entlang der Körperseiten versehenen Seeringelwürmer leben an den Küsten von Nord- und Ostsee. Mit ihren zwei Kieferzangen erbeuten sie kleine Watttiere in der Nähe ihrer Wohnröhre. Dabei bleiben sie stets mit ihrem Körperende in der Röhre, um sich bei Gefahr schnell zurückzuziehen.

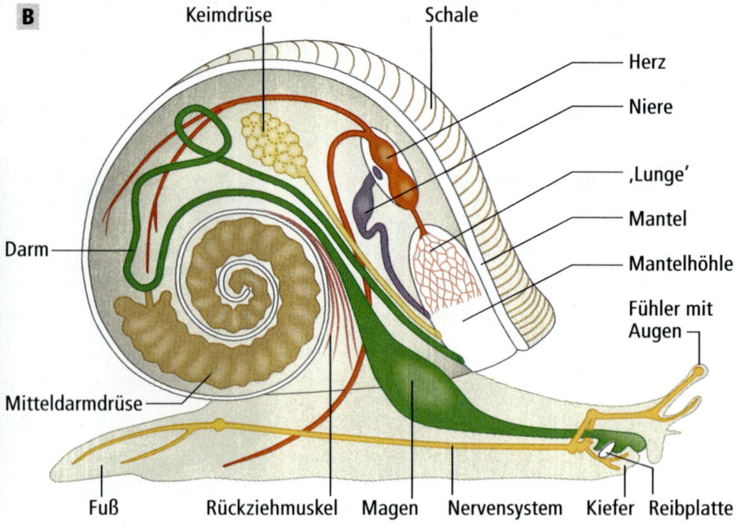

1 Weinbergschnecke. A Foto; B Körperbau (Schema)

3 Weichtiere haben oft eine feste Schale

3.1 Schnecken lieben feuchte Plätze

Es hat geregnet. Der feuchte Gartenboden, das nasse Gras und die feuchte Luft haben eine **Weinbergschnecke** aus ihrem Schneckenhaus gelockt. Sehen wir uns das Tier einmal an.
Langsam gleitet die Weinbergschnecke durch das Gras. Am Kopf sind deutlich *zwei Paar Fühler* zu erkennen. Plötzlich werden beide Paare wie Handschuhfinger eingestülpt. Kurz darauf treten sie zögernd wieder hervor. Es hat den Anschein, als ob das Tier sich damit orientiert. Das längere Paar enthält zwei Augen. Sie vermitteln nur Umrisse der nahen Umgebung. Die kurzen Fühler haben für die Orientierung und das Überprüfen der Nahrung größere Bedeutung, da sie Tast-, Geruchs- und Geschmacksorgane enthalten.

Die Schnecke setzt ihren Weg fort. Dabei hinterlässt der **Fuß** mit seiner breiten Kriechsohle eine glänzende Spur aus Schleim. Er überzieht alle Unebenheiten des Bodens. Außer dem Schleim gibt die nackte Haut des Schneckenfußes noch viel Feuchtigkeit an die Umgebung ab. Je trockener die Luft ist, desto stärker ist auch die Verdunstung von der Hautoberfläche. Wir können daher Weinbergschnecken tagsüber meist nur im Schatten sehen und dies auch nur, wenn Luft und Boden feucht sind.

Schnecken zählt man zu den **Feuchtlufttieren.** Bei Trockenheit zieht sich die Weinbergschnecke in ihr Haus zurück und verschließt es mit einem „Deckel" aus verfestigtem Schleim.

Zum Fressen hält die Schnecke an. Mit ihrer beweglichen Zunge drückt sie Blatteile gegen ihren Kiefer. Auf der Zunge sind Tausende nach hinten gerichteter Chitinzähnchen angeordnet. Dadurch entsteht eine Reibplatte, die als **Radula** bezeichnet wird. Zwischen ihr und dem Kiefer wird die Nahrung zerraspelt. Die Nahrung gelangt dann in den Verdauungskanal, der mit anderen Organen im *Eingeweidesack* im Innern des Gehäuses liegt.

Der Eingeweidesack wird von einer Hautfalte bedeckt. Sie heißt **Mantel** und scheidet Kalk für den Gehäuseaufbau ab. – Bei genauem Hinsehen kann man am *Mantelrand* eine Öffnung entdecken, die sich abwechselnd schließt und öffnet. Sie führt in die *Mantelhöhle,* einen Hohlraum zwischen Mantel und Eingeweidesack. In der Wand der Mantelhöhle verlaufen zahlreiche Blutgefäße. Das Blut wird in dieser „Lunge" mit Sauerstoff angereichert und strömt anschließend zum Herzen. Dieses pumpt das Blut in die Körperhohlräume, wo es alle Organe umspült. Schnecken haben also einen *offenen Blutkreislauf*.

2 Fortpflanzung der Weinbergschnecke. **A** Paarung; **B** Eiablage; **C** junge Schnecken

Weinbergschnecken besitzen sowohl männliche als auch weibliche Fortpflanzungsorgane. Sie sind **Zwitter.** In ihrer *Zwitterdrüse* bilden sich im Frühsommer *Samenzellen* und *Eizellen.* Wenn sich zwei paarungsbereite Schnecken treffen, pressen sie ihre Kriechsohlen aneinander und richten dabei ihre Körper auf. Bei der *Begattung* überträgt jedes Tier Samenzellen in die Geschlechtsöffnung des Partners. Diese gelangen in die *Samentasche* und werden dort gespeichert. Erst nach etwa einem Monat sind die Eizellen reif und werden durch Samenzellen aus der Samentasche befruchtet. Dann gräbt jede der Schnecken ein etwa 10 cm tiefes Erdloch und legt dort 40 bis 60 kaum erbsengroße, pergamentschalige Eier ab. Sie werden durch die Geschlechtsöffnung hinter den Augenfühlern abgegeben. Nach rund vier Wochen schlüpfen die jungen Schnecken.

Neben den *Gehäuseschnecken* wie der Weinbergschnecke leben bei uns auch Nacktschnecken, deren Schale nur aus wenigen unter der Haut verborgenen Kalkresten besteht. Am auffälligsten ist die Große Wegschnecke, die in einer roten und in einer schwarzen Form vorkommt.

1. Beschreibe den Bauplan einer Gehäuseschnecke.
2. Schnecken sind Feuchtlufttiere. Erläutere diese Bezeichnung.
3. Erläutere den Begriff „Offener Blutkreislauf".
4. Beschreibe die Fortpflanzung der Weinbergschnecke mithilfe der Abbildung 2.

3 Wegschnecke

4 Schnirkelschnecken

Gehäuseschnecken

Über die Arbeit mit Schnecken

- Schnecken sind empfindliche Lebewesen. Gehe deshalb vorsichtig mit ihnen um.
- Habe Geduld und vermeide es, an den Arbeitstisch zu stoßen, da die Tiere empfindlich reagieren.
- Reinige zwischen den Versuchen die Glasscheibe und wasche dir zum Schluss der Versuche die Hände.
- Nach Abschluss der Versuche müssen die Schnecken wieder an ihren Fundort zurückgebracht werden.

V1 Schneckengehäuse

Material: leere Gehäuse der Weinbergschnecke; grobkörniges Schmirgelpapier; Zeichenmaterial

Durchführung: Lege das Schmirgelpapier auf den Tisch. Setze das leere Schneckengehäuse mit der Öffnung nach oben auf und schmirgele es bis zur Hälfte ab.

Aufgabe: Betrachte den Längsschnitt und beschreibe. Vergleiche mit Abbildung 1 auf Seite 34.

V2 Fortbewegung

Material: Schnecke; Glasscheibe; Schmirgelpapier; Lineal; Uhr mit Sekundenzeiger

Durchführung: Lass eine Schnecke auf einer Glasscheibe und auf Schmirgelpapier kriechen.

Aufgaben:

a) Stelle fest, wie viel Zentimeter die Schnecke in einer Minute schafft.

b) Beobachte die Kriechsohle von unten durch die Scheibe und beschreibe die Fortbewegung der Schnecke.

c) Beobachte die Fortbewegung auf dem Sandpapier. Schau dir die hinterlassene Spur an. Erläutere, warum die Schnecke sich nicht verletzt.

V3 Reaktion auf Berührungsreize

Material: Schnecke; Glasplatte; Strohhalm

Durchführung: Berühre die Schnecke mit dem Strohhalm vorsichtig an den in der Zeichnung angegebenen Punkten. Puste danach die Stellen an.

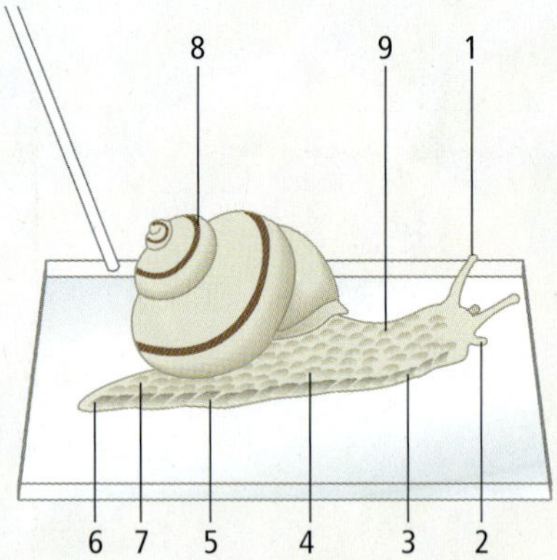

Aufgabe : Beschreibe das Verhalten der Schnecke. Achte dabei auch auf Ablauf und Stärke der Reaktion.

V4 Schmecken und Riechen

Material: Schnecke; Spiritus, Essig oder Senf; Löschpapier; Pipette; Glasscheibe

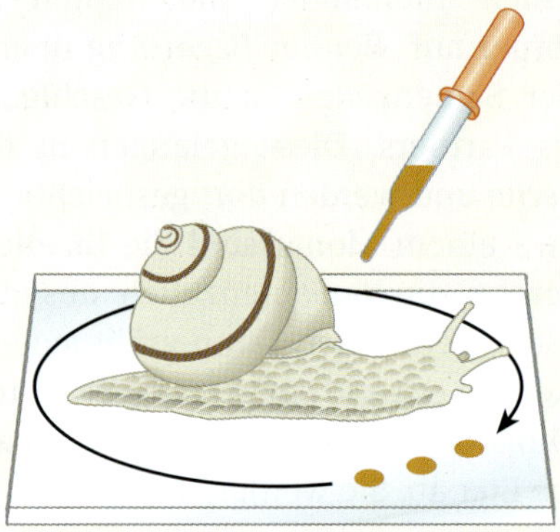

Durchführung: Setze eine Schnecke auf eine Glasscheibe und ziehe in einem Abstand von etwa fünf Zentimetern einen Senf- oder Essigring herum. Tränke danach Löschpapier mit Spiritus und puste die Dämpfe vorsichtig in Richtung der Schnecke.

Aufgaben: Beschreibe das Verhalten der Schnecke bei den beiden Versuchen. Erläutere, was du aus den Ergebnissen schließen kannst.

1 **Teichmuschel** (bis 20 cm lang)

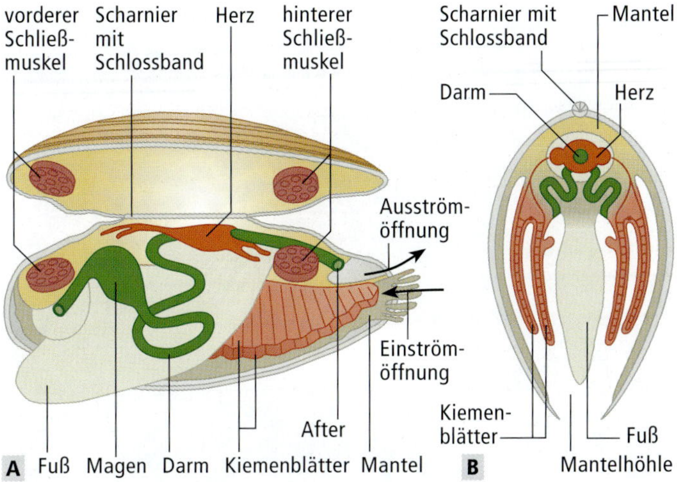

2 **Bauplan einer Muschel.** A Längsschnitt, B Querschnitt

3.2 Die Teichmuschel – Bewohnerin des Süßwassers

Am Grunde von stehenden und langsam fließenden Gewässern leben **Teichmuscheln.** Nur ihr Hinterende ragt aus dem schlammigen Grund. Der größte Teil der Schalen steckt im Boden. Nimmt man eine Muschel heraus, zieht sie sofort ihren weichen Fuß zurück. Mithilfe von zwei Schließmuskeln zieht sie dann beide Schalenhälften so fest aneinander, dass man sie mit den Fingern allein nicht öffnen kann.

Bei einer aufgeklappten Muschel erkennt man eine wenig gegliederte, weiche Masse, den *Rumpf* mit dem *Fuß*. An Stelle eines Kopfes findet man lediglich am breiteren Ende zwischen den dünnhäutigen *Mundsegeln* die Mundöffnung. Auf jeder Seite des Rumpfes fallen zwei *Kiemenblätter* auf. Alle Weichteile werden von dem hautartigen *Mantel* umhüllt, der nach außen Kalk an die beiden *Schalen* absondert. Die im Boden steckende Muschel steht nur über zwei Öffnungen mit der Außenwelt in Verbindung. Sie werden vom hinteren Mantelrand gebildet. Feine Wimperhärchen auf den Kiemenblättern und Mantelflächen erzeugen einen Wasserstrom. Dieser tritt durch die gefranste Einströmöffnung in die Mantelhöhle ein, fließt an den Kiemen vorbei und gelangt durch die glattrandige Ausströmöffnung wieder nach außen. Das Wasser führt den Sauerstoff für die **Kiemenatmung** heran und nimmt das abgegebene Kohlenstoffdioxid auf.

Das herbei gestrudelte Atemwasser dient gleichzeitig der Ernährung. An den schleimbedeckten Kiemen bleiben Zerfallstoffe von Pflanzen und Tieren hängen, aber auch kleinste Organismen wie Bakterien, Algen und tierische Einzeller. Die ständig schlagenden Wimperhärchen transportieren alle Nahrungsteilchen bis zur Mundöffnung weiter. Die unverdaulichen Reste werden schließlich mit dem verbrauchten Atemwasser ausgestoßen. Die Teichmuschel nimmt ihre Nahrung also als **Strudler** auf. Sie kann pro Stunde etwa 40 l Wasser filtern und damit das Wasser reinigen.

Teichmuscheln sind getrennt geschlechtlich. Im Kiemenraum der Weibchen entwickeln sich im Sommer aus den befruchteten Eiern zunächst Larven. Diese werden mit dem Atemwasser ausgestoßen. Mit einer Länge von 0,1 bis 0,4 mm sind die Larven mikroskopisch klein. Sie haben aber bereits zwei Schalenhälften. Die Larven heften sich an die Kiemen vorbeischwimmender Fische an. Dort ernähren sie sich zunächst von den Nährstoffen aus dem Blut des Wirtstieres, ohne diesem zu schaden. Im kommenden Frühjahr verlassen die Larven den Fisch und beginnen ein selbständiges Leben.

1. Beschreibe anhand der Abbildung 2 den Körperbau der Teichmuschel.
2. Erläutere, auf welche Weise Muscheln zur Wasserreinigung beitragen.

1 Tintenfische

3.3 Der Tintenfisch – ein Rückstoßschwimmer

Im Spülsaum an der Nordseeküste kann man hin und wieder bis zu 15 cm lange, flache, ovale weiße Scheiben finden. Es sind *Schulpe* vom Sepia-**Tintenfisch.** Der kalkhaltige Schulp ist die einzige Körperstütze des Tintenfisches. Wenn ein Tier stirbt, bleibt nur noch diese Rückenschale vom weichen Körper übrig und wird manchmal an den Strand gespült. Man verwendet ihn als Wetzstein und Kalkquelle bei Käfigvögeln.

Der etwa 30 cm große Tintenfisch liegt meist am Meeresgrund und lauert dort auf vorbeischwimmende Fische. Durch seine *Tarnfärbung* hebt er sich nur wenig vom Untergrund ab, so dass ihn seine Beutetiere kaum entdecken. Die großen *Linsenaugen* am Kopfteil des Körpers erspähen die Beute schon von weitem. Am Kopf sitzen auch zwei lange und acht kürzere *Fangarme,* die mit *Saugnäpfen* versehen sind. Ein Fisch wird mit diesen Fangarmen blitzschnell gepackt, umschlungen und der Mundöffnung zugeführt. Der Tintenfisch gehört wegen seines Körperbaus zu den *Kopffüßern.*

Tintenfische können sowohl vorwärts als auch rückwärts schwimmen. Wenn ein Tintenfisch seinen breiten *Flossensaum* wellenartig bewegt, schwimmt er langsam vorwärts. Pfeilschnell kann er jedoch rückwärts durch das Wasser schießen. Der Antrieb erfolgt dabei nach dem *Rückstoßprinzip:* Wenn sich die *Mantelhöhle* erweitert, tritt durch einen Spalt Wasser ein. Anschließend wird der Spalt verschlossen. Durch Muskeldruck verengt sich die Mantelhöhle. Dabei wird das Wasser aus der Mantelhöhle durch den rohrförmigen *Trichter* ausgestoßen. Der Wasserstrahl erzeugt einen Rückstoß, und der Körper schnellt raketenartig zurück. Tintenfische können sogar kopfabwärts auf den Armen schreiten. Geraten sie in Gefahr, stoßen sie aus ihrem *Tintenbeutel* einen dunklen Farbstoff aus und „nebeln" sich auf diese Weise ein.

1. Beschreibe die Fortbewegungsweise des Tintenfisches.
2. Begründe, warum der Tintenfisch nicht zu den Fischen gehört.

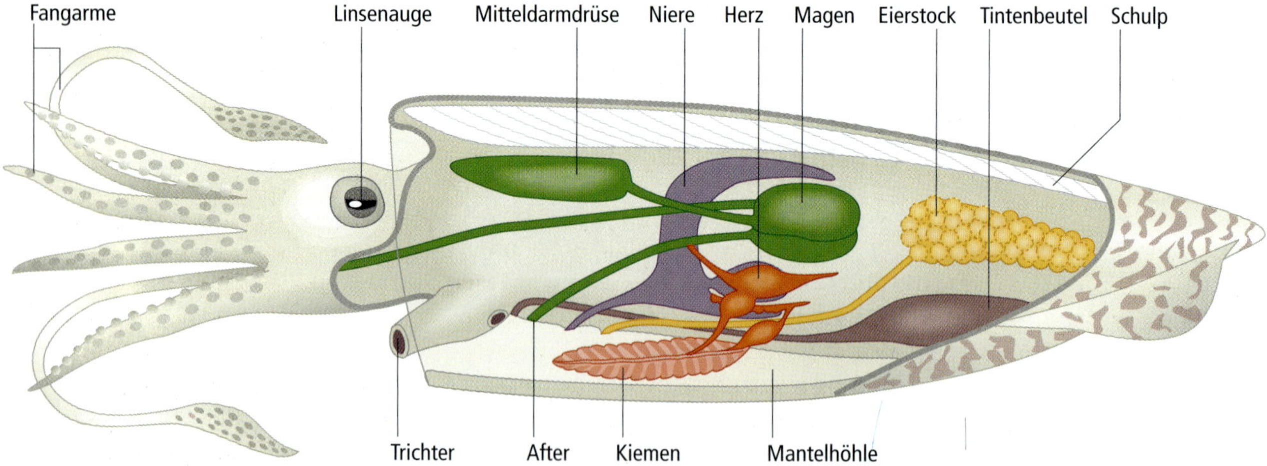

2 Bauplan eines Tintenfisches

Weichtiere

Kennzeichen der Weichtiere

Tiere dieses mit 130 000 Arten sehr artenreichen Tierstammes sind durch einen einfachen, überwiegend gliedmaßenlosen Körperbau gekennzeichnet. Zu den Weichtieren mit Schalen gehören Schnecken und Muscheln. Tintenfische haben keine Schale. Sie besitzen am Kopf Fangarme oder Kopffüße.

Eines der größten Weichtiere

Kraken sind intelligente, hochentwickelte Kopffüßer. Sie können ihre Farbe verändern und damit Stimmungen ausdrücken oder zur Tarnung die Farbe des Untergrundes annehmen. Ihre acht Fangarme sind mit Saugnäpfen besetzt, mit denen sich ein Krake am Untergrund verankern oder die Beute festhalten kann. Diese führt er zum Mund und zerkleinert sie mit einem kräftigen Hornschnabel. Gepanzerten Tieren wie Krebsen beißt er damit ein Loch in den Panzer. Dann entleert er Verdauungssaft in das Tier und saugt die vorverdauten Weichteile auf. Riesenkraken erreichen eine Spannweite bis zu 9 m.

Giftige Schnecke

Einige Arten der im Pazifischen Ozean räuberisch lebenden **Kegelschnecken** können mit ihrem Gift sogar Menschen töten. Bei diesen Tieren ist die übliche Raspelzunge der Schnecken in eine Giftharpune umgewandelt, die aus dem Schlundrohr auf die Beute geschossen wird.

Bohrende Muschel

Schiffsbohrmuscheln haben einen wurmartigen Körper mit Schalenresten am Vorderende. Sie saugen sich mit dem Fuß am Holz fest und feine Zähnchen am Vorderende graben sich beim Schließen der Schalen ein. Durch ständige Drehung wird ein Gang ins Holz „gebohrt".

Die größte Muschel

Die gewellte, 10 cm dicke Schale der **Riesenmuschel** kann bis 140 cm lang und über 200 kg schwer werden. Angeblich hält die „Mördermuschel" Taucher in der Tiefe fest. Sie lebt jedoch von Plankton. Allerdings können sich die Schalenhälften mit enormer Kraft schließen.

Die bunteste Schnecke

Unter den Meeresschnecken gibt es Arten, die zu den buntesten Schnecken der Welt gehören. Am Kopfteil der schalenlosen Tiere sitzen die beiden Riechfühler zur Wahrnehmung chemischer Signalstoffe im Wasser. Die Schnecken atmen mit den außen liegenden Kiemen am Hinterende.

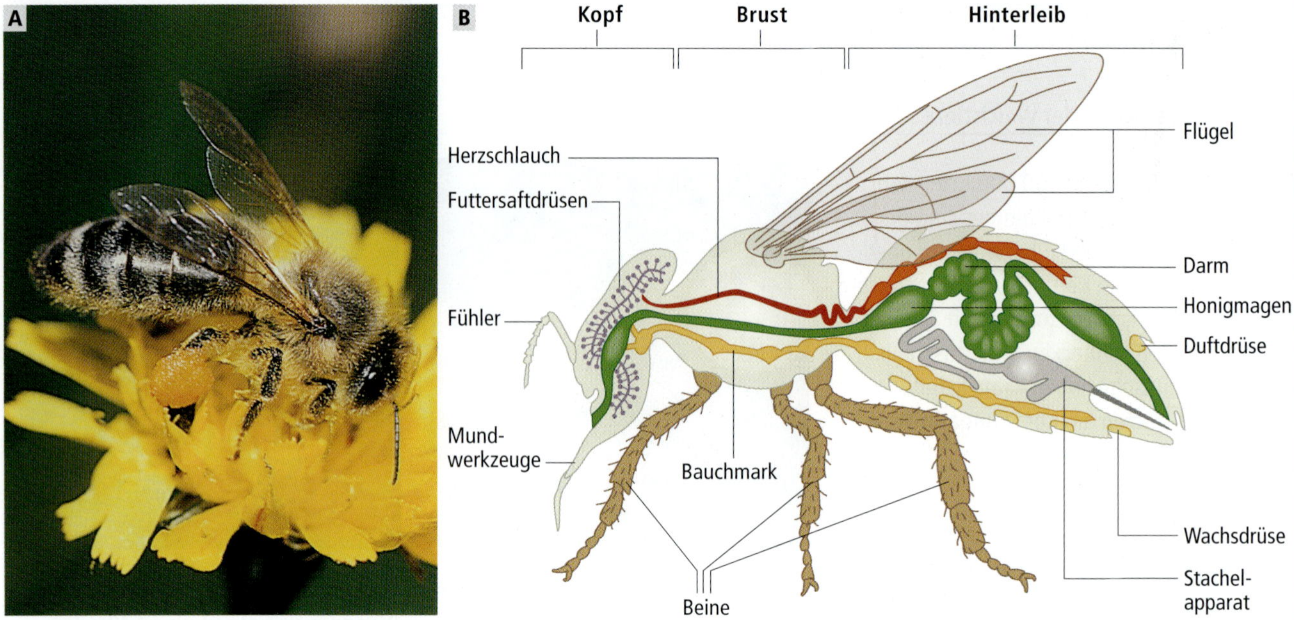

1 Honigbiene. **A** Foto; **B** Bauplan

4 Insekten und Spinnentiere sind Gliederfüßer

4.1 Honigbienen zeigen Merkmale eines Insekts

Bienen gehören zu den häufigen blütenbesuchenden **Insekten.** Bei genauerer Betrachtung erkennt man, dass ihr Körper in drei Abschnitte gegliedert ist: in *Kopf, Brust* und *Hinterleib.* Diese Körperteile sind durch Einschnürungen – Kerben – voneinander abgesetzt. Deshalb nennt man die Insekten auch **Kerbtiere.** Den Körper umgibt eine harte *Chitinhülle.* Sie bildet das **Außenskelett,** das alle Körperteile des Insekts zusammenhält und stützt.

Die **Mundwerkzeuge** sind zum Lecken und Saugen von Nektar gut geeignet. Der *Rüssel* besteht aus einem etwa 1 cm langen Rohr, das aus den *Unterkiefern* und aus der *Unterlippe* gebildet wird. In diesem Rohr kann sich die behaarte Zunge wie ein Kolben auf- und abbewegen. Mit der verbreiterten Zungenspitze, dem *Löffelchen,* leckt die Biene den Nektar aus den Blüten. Die breiten *Oberkiefer* schaben von Blüten das klebrige Kittharz ab. Auch zum Kneten des Wachses brauchen sie ihre Oberkiefer. Die Biene hat also *beißend-leckend-saugende Mundwerkzeuge.*

Kennzeichen der Insekten sind auch ihre *Netzaugen* oder **Facettenaugen.** Diese bestehen aus 5000 keilförmigen Einzelaugen. Jedes Einzelauge ist ein funktionsfähiges Auge mit Linse, Glaskörper, stabförmigem Netzhautgebilde und ableitendem Sehnerv. Das Gesamtbild setzt sich mosaikartig aus der Summe der Einzelbilder zusammen. So kann die Biene Bewegungen erkennen und auch Blütenfarben voneinander unterscheiden.

Mit den beiden **Fühlern** ertastet sie die einzelnen Blütenteile. Auffälliges Merkmal bei Insekten ist ihr Flugvermögen. So haben die Bienen am Brustabschnitt vier dünnhäutige **Flügel.** Diese durchziehen feine Chitinröhrchen, die mit Luft gefüllt sind. Beim Flug verhaken die Vorderflügel mit den Hinterflügeln, so dass sie gemeinsam schlagen. Am Brustabschnitt sitzen außerdem noch die sechs deutlich **gegliederten Beine.** Sie sind typisch für alle **Gliederfüßer.**

Die behaarten Hinterbeine der Biene haben eine wichtige Aufgabe zu erfüllen. Sie kämmen mit dem Borstenkamm am ersten Fußglied den Pollen aus dem Haarpelz und schieben ihn in eine Delle an der Außenseite der Hinterbeine, die

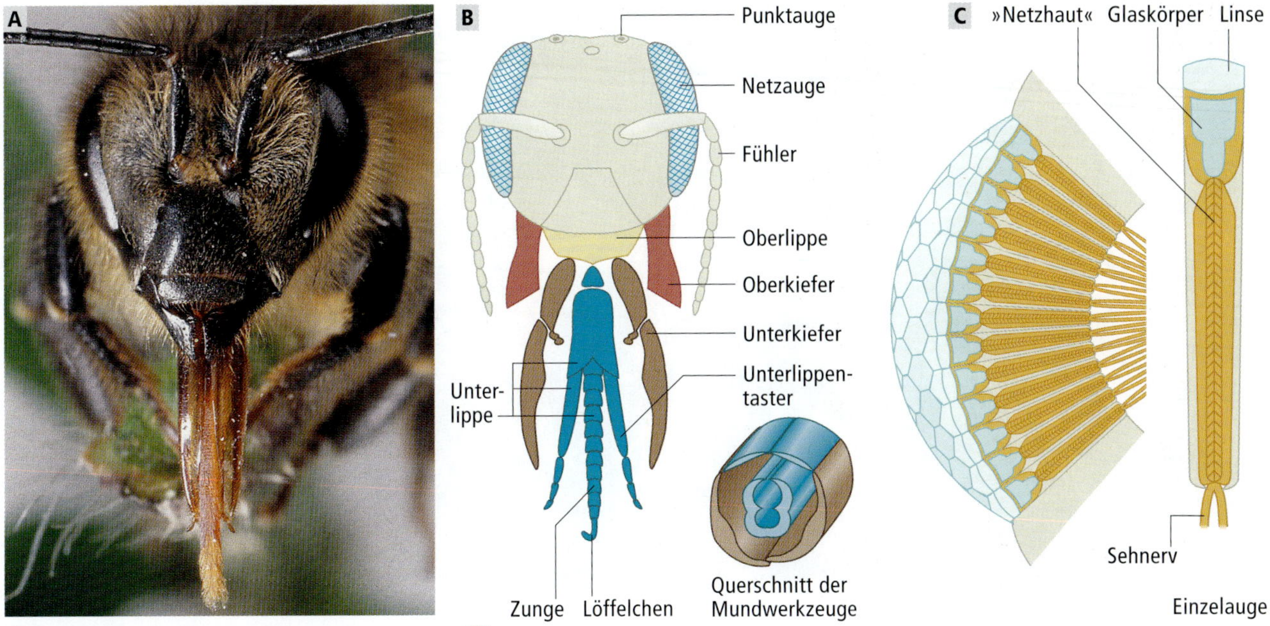

2 Bienenkopf. **A** Foto; **B** Mundwerkzeuge; **C** Facettenauge

von Borsten umgeben ist. Dies alles nennt man *Körbchen*. Es dient zum Transport des Pollens in den Stock. Die Biene, die in Abbildung 1 zu sehen ist, war schon einige Zeit zum Pollensammeln unterwegs. Sie hat daher gelbe „Höschen" an.

Im Hinterleib der Biene liegen wichtige Organe wie Honigmagen, Darm, Wachsdrüsen und Stachelapparat. Auffällig sind die einzelnen Abschnitte oder *Segmente*, aus denen der Hinterleib zusammengesetzt ist. Zu beiden Seiten liegen die *Atemöffnungen*. Durch diese gelangt die Luft in die Atemröhren, die **Tracheen.** Dieses Tracheensystem durchzieht den Körper des Insektes und versorgt die Organe mit Sauerstoff. Insekten atmen mithilfe des *Tracheensystems*.

Zur Verteidigung besitzt die Biene einen **Giftstachel.** Mit ihm verteidigt sie sich gegen Wespen oder Hornissen. Beim Herausziehen der mit Widerhaken besetzten Stechborsten aus der elastischen menschlichen Haut aber „verhakt" sich der Stachel und bleibt stecken. Beim Fortfliegen wird der gesamte Stachelapparat aus dem Körper der Biene herausgerissen und die Biene stirbt. Die am Stachel anhängende Giftblase pumpt weiter Gift in die Haut.

1. Nenne die Kenzeichen eines Insektes am Beispiel der Honigbiene.
2. Beschreibe die Funktion der Mundwerkzeuge der Biene.
3. Warum solltest du bei einem Bienenstich schnell den Stachel entfernen?

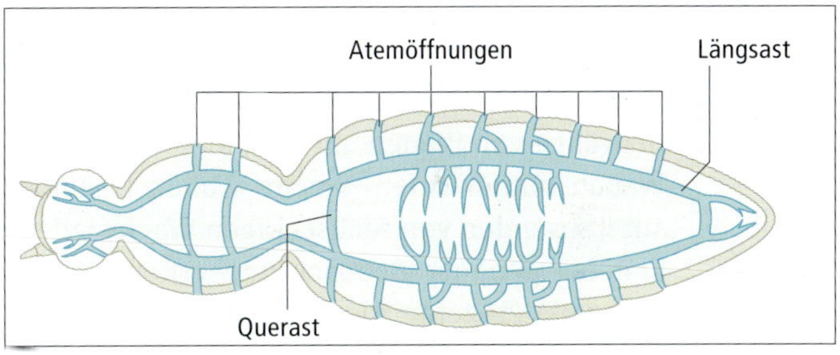

3 Tracheensystem

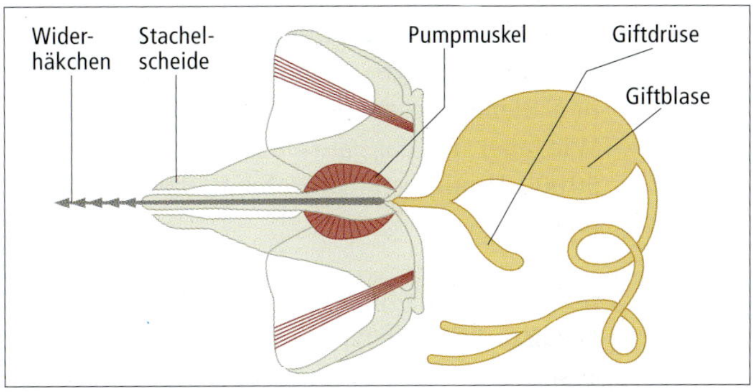

4 Stachelapparat der Biene

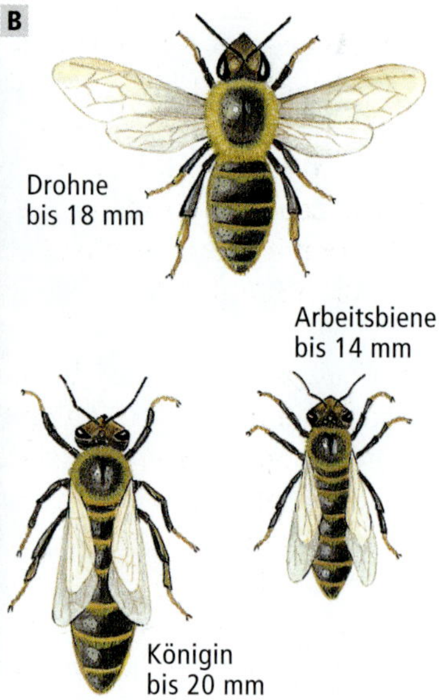

1 Honigbiene. **A** Königin (markiert); **B** Bienenformen

4.2 Honigbienen sind Staaten bildende Insekten

Es ist Sommer. Unentwegt fliegen **Honigbienen** tagsüber zum Bienenstock; aber ebenso verlassen Bienen auch den Stock. Dieser rege Flugbetrieb, das ständige Kommen und Gehen, macht neugierig. Wie sieht es wohl im Inneren eines Bienenstockes aus?

Es zeigt sich ein andauerndes Getümmel und Gedränge von Bienen, die scheinbar ziellos auf Waben umherlaufen. Solche Waben bestehen aus Tausenden von sechseckigen Wachszellen. Erst bei genauer Beobachtung erkennt man, dass jede einzelne Biene ungestört von ihren Nachbarn stets die gleiche Tätigkeit ausführt. Einige kriechen für kurze Zeit kopfüber in die Zellen. Andere betasten ihre Nachbarn, und einige umgeben ständig eine besonders große Biene, die *Königin.* Offenbar haben die einzelnen Bienen bestimmte Aufgaben zu erfüllen. Wie aber ist das Zusammenleben der etwa 50000 Honigbienen in einem *Bienenvolk* geregelt?

Im Bienenstock findet man drei Bienenformen. Die **Königin** ist das einzige vollentwickelte Weibchen. Etwa Anfang Mai werden einige große Königinnenbrutzellen, die *Weiselzellen,* angelegt. In sie legt die Königin befruchtete Eier. Daraus entwickeln sich in nur 18 Tagen die jungen Königinnen. Die Königinnenlarven werden mit speziellem Futtersaft gefüttert.

Auf den Waben werden zur Sicherheit mehrere Weiselzellen angelegt. Allerdings versucht die erste ausschlüpfende Königin alle anderen zu töten, die sich noch in den Weiselzellen befinden. Die Bienen dulden jedoch nur *eine* Königin im Stock. So verlässt zu einem bestimmten Zeitpunkt die alte Königin mit Tausenden anderen Bienen den Stock, um sich eine neue Behausung zu suchen. Der Imker nennt diesen Vorgang *Schwärmen.*

Die Königin allein legt von etwa Mai bis Juni täglich bis zu 1500 Eier in die Zellen der Brutwaben. Dabei wird sie ständig von einzelnen Bienen, ihrem „Hofstaat“, umsorgt und gefüttert. Die Königin geht bei der Eiablage nicht wahllos vor. Sie legt Eier nur in die mittleren Waben des Stockes und lässt die Randbezirke für Honig und Pollen frei.

In den größeren Waben entwickeln sich aus unbefruchteten Eizellen die **Drohnen.** Es sind die männlichen Mitglieder des Bienenvolkes, von denen es etwa 400 im Stock gibt. Sie begatten junge Königinnen.

Die **Arbeitsbienen** wachsen aus befruchteten Eizellen in einer kleineren Wabe heran und bekommen wie die Drohnen normalen Futtersaft. Es werden unfruchtbare Weibchen. Im Verlauf ihres Lebens verrichten die Arbeitsbienen in einer zeitlich festgelegten Reihenfolge ganz bestimmte Tätigkeiten.

Frisch geschlüpfte Arbeitsbienen reinigen Wabenzellen und füttern ältere Larven mit Pollen und Honig. Nach dem Heranreifen einer besonderen Kopfdrüse, der *Futtersaftdrüse,* versorgen sie vom 5. Lebenstag an junge Larven mit eiweißreichem Futtersaft. Vom 10. bis zum 20. Tag übernehmen sie unterschiedliche Aufgaben im Stock. Sind die *Wachsdrüsen* am Hinterleib voll entwickelt, bauen die Arbeitsbienen aus Wachs neue Waben oder verschließen Zellen mit Wachsdeckeln. Durch Drüsensäfte im *Honigmagen* bereiten sie aufgenommenen Nektar zu Honig auf und füllen diesen in Vorratszellen. Auch stampfen sie zur Eiweißversorgung der Larven Pollen in Zellen ein. Sie beseitigen Abfälle oder regeln bei zu großer Hitze durch schnelle Flügelschläge vor dem Eingang die Temperatur im Stock.

Ihren Lebensabschnitt als **Stockbienen** beenden sie am Flugloch. Sie versehen zum Beispiel den Wächterdienst; denn erst jetzt ist ihr *Giftstachel* ausgebildet. Vom 21. Lebenstag an versorgen sie als **Trachtbienen** das Volk mit Nektar, Pollen und Wasser. Den Nektar tragen sie im Honigmagen heim. Den Pollen transportieren sie in einer mit Härchen umstandenen Vertiefung an den Hinterbeinen. Mit diesen *Sammelbeinen* können sie den Pollen aus dem Haarpelz herauskämmen.

Im Sommer leben die Trachtbienen nur etwa 30 Tage, überwinternde Bienen dagegen 5–6 Monate. Das Verhalten der Bienen in den einzelnen Lebensabschnitten ist angeboren. Es erfolgt *instinktiv.* Aufgaben und angeborenes Verhalten aller Bienen eines Volkes sind aufeinander abgestimmt. Eine solche Gemeinschaft von Insekten bezeichnet man als **Insektenstaat.**

1. Nenne die drei Bienenformen im Bienenstaat und beschreibe ihre Aufgaben.
2. Erläutere, in welcher Weise die Tätigkeiten der Arbeitsbiene ihrer jeweiligen körperlichen Entwicklung angepasst ist.

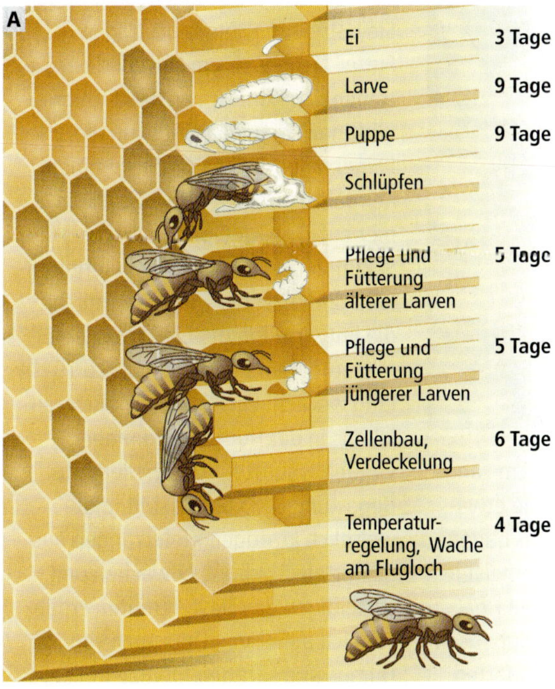

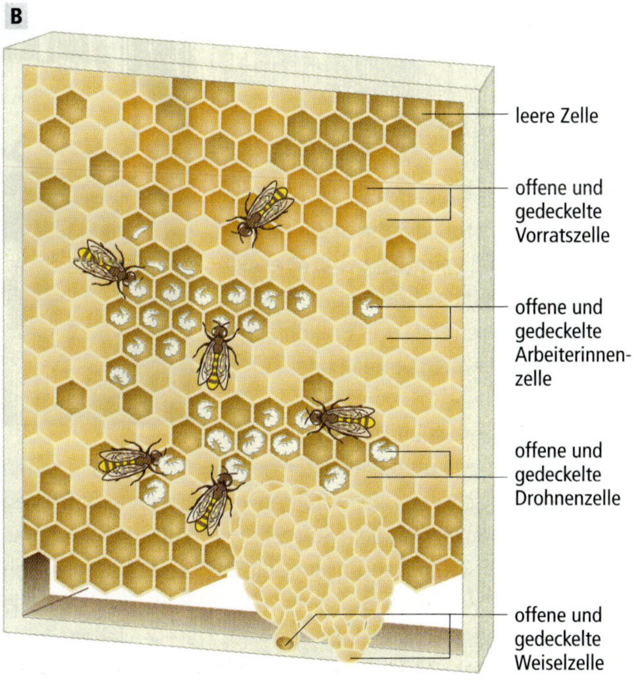

2 Bienenwabe. A Lebenslauf der Arbeitsbiene; **B** Aufsicht

Staaten bildende Insekten

Deutsche Wespe

Wespen leben in Völkern. Ein Wespenvolk besteht nur einen Sommer lang. Lediglich einige begattete Königinnen überwintern und gründen im Frühjahr neue Völker. Das kugelige Nest mit den ersten Zellen muss von der Königin selbst gebaut werden, bis die ersten Arbeiterinnen geschlüpft sind. Im Laufe des Sommers können bei der Deutschen Wespe bis über 1000 Staatenmitglieder heranwachsen. Etwa zum Oktober hin sterben die Arbeiterinnen und der Staat erlischt.

Die Nester bestehen aus einem papierartigen Stoff, der durch Zerkauen von Holz und Vermischen mit Speichel entsteht. Manche Arten legen ihre kugelförmigen Nester in Erdhöhlen an, andere in Baumhöhlen oder auf Dachböden.

Wespen leben räuberisch. Die Larven werden mit erbeuteten Insekten gefüttert. Erwachsene Tiere ernähren sich auch von Nektar, dem Saft reifer Früchte und süßen Nahrungsmitteln.

Wespen sind geschützt. Ihre Nester dürfen nicht zerstört werden.

Erdhummel

Die verschiedenen Arten der Hummeln leben in einjährigen Völkern. Es überwintert nur die Königin, die im Frühjahr einen Staat mit 300 bis 500 Tieren aufbaut. Hummeln saugen Nektar und sammeln als Eiweißnahrung Pollen. Ihre Nester bauen sie aus Moos und Wachs in Erdhöhlen.

Hornisse

Die Hornisse ist mit bis zu 3 cm Länge unsere größte Wespenart. Die etwa 500 Tiere des Sommerstaates bauen in geräumigen Hohlräumen, meist in Baumhöhlen. Die geschützten Hornissen leben überwiegend räuberisch und erbeuten andere Insektenarten.

Termiten

Termiten leben in Völkern mit häufig mehreren Millionen Staatenmitgliedern. Ihre Bauten sind nicht selten mehrere Meter hoch und mit harten Außenwänden versehen. Im Inneren haben sie ein ausgeklügeltes System von Gängen und Etagen angelegt. Die meisten dieser Tiere sind etwa 1 cm große blinde, flügellose Arbeiter. Sie betreiben Brutpflege, tragen Futter ein, bauen am Nest und betreuen das Königspaar. Ihre Königin wirft nach dem Paarungsflug die Flügel ab und hält sich die kommenden Jahre nur in der Hochzeitskammer auf. Dort legt sie alle zwei bis drei Sekunden ein Ei. Bei einigen Termitenköniginnen ist der Hinterleib durch die Entwicklung der Eierstöcke unförmig aufgebläht und kann bis zu 10 cm lang werden. Ein König, der auch zeitlebens in der Hochzeitskammer verbleibt, sorgt für die wiederholte Begattung der Königin. Mit ungewöhnlich kräftigen Kieferzangen ausgestattete Soldaten bewachen und verteidigen das Nest. Termiten ernähren sich außer von Holz auch von Humus und saftigen Pflanzenteilen.

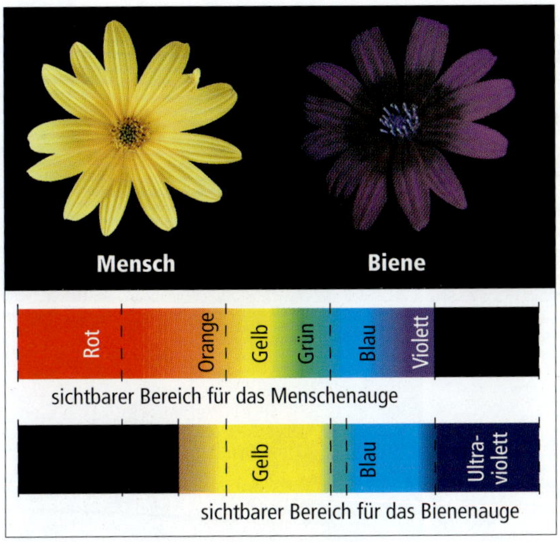

1 **Sehsinn von Mensch und Biene**

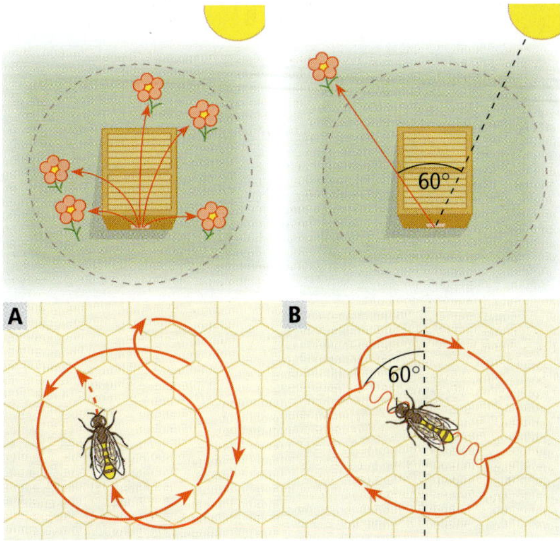

2 **Bienentänze.** **A** Rundtanz; **B** Schwänzeltanz

4.3 Orientierung bei Honigbienen

Bei der Verständigung im dunklen Bienenstock nutzen die Insekten hauptsächlich ihren **Tast-** und **Geruchssinn.** Bienen tasten und riechen mit ihren beiden **Fühlern.**

Außerhalb des Stockes orientieren sich die Bienen auch mit den **Netzaugen.** Der Gesamtbildeindruck setzt sich aus den Bildern von jeweils 5000 Einzelaugen zusammen. Jedes dieser Augen sieht allerdings 100fach schlechter als das Linsenauge des Menschen. Dennoch vermögen Bienen auch verschiedene Formen und Farben der Gegenstände zu erkennen.
Allerdings ist ihre Farbempfindung in den Bereich des kurzwelligeren Lichtes verschoben. Rot zum Beispiel erscheint ihnen dunkelgrau. Dafür können sie verschiedene Weißtöne unterscheiden und nehmen Markierungen, die Saftmale, der Blüte wahr, die im Bereich des ultravioletten Lichtes liegen. Bienen sehen also das für den Menschen unsichtbare ultraviolette Licht der Sonne. Dieses durchdringt die Wolkenschicht, so dass sich Bienen auch bei bedecktem Himmel nach dem Sonnenstand orientieren können.
Haben die Insekten eine lohnende Futterquelle entdeckt, geben sie die Information über Körperbewegungen – Tänze genannt – an ihre Stockgenossinnen weiter. Diese ertasten die Tanzbewegungen mit ihren Fühlern.

Liegt eine Futterquelle im Umkreis von etwa 100 m des Stockes, dann tanzt die Biene einen **Rundtanz.** Ist die Futterquelle weiter entfernt, tanzt sie einen **Schwänzeltanz.** Dabei „schwänzelt" die Biene mit dem Hinterleib, während sie eine gerade Strecke durchläuft.

Alle Tänze finden in der Dunkelheit des Stockes auf den senkrecht hängenden Waben statt. Der Winkel zwischen Schwerkraftachse und Schwänzelstrecke gibt die Flugrichtung an. Da sich Bienen nach dem Sonnenstand orientieren, entspricht der „getanzte" Winkel beim Flug dem Winkel zwischen Sonnenstand und Futterquelle. Weist die Schwänzelstrecke zum Beispiel senkrecht nach oben, liegt die Futterquelle genau in Richtung Sonne. Weicht die Schwänzelstrecke von der Senkrechten ab, zum Beispiel um 60° nach links, so müssen sich die ausfliegenden Trachtbienen 60° links von der Sonne halten.
Die Art der Schwänzelbewegungen sowie die Intensität des Schwänzeltanzes geben zusätzliche Informationen über die Futterquelle. Je geringer die Intensität desto weiter ist die Futterquelle vom Stock entfernt.

1. Stelle zusammen, auf welche Weise die Honigbienen sich orientieren.
2. Eine Biene hat in 800 m Entfernung vom Stock und 45° rechts von der Richtung zur Sonne eine neue Futterquelle entdeckt. Zeichne die Tanzform.

1 **Entwicklung des Kartoffelkäfers.** **A** Kopulation; **B** Eiablage; **C** Gelege; **D** Schlüpfen; **E** Larve; **F** Puppe

4.4 Die Verwandlung der Insekten bei ihrer Entwicklung

Wenn sich im Mai die obere Schicht des Erdbodens auf etwa 10 °C erwärmt hat, erwachen die **Kartoffelkäfer** aus ihrer *Winterstarre* im Erdboden und verlassen die Winterquartiere. Sie suchen ein nahe gelegenes Kartoffelfeld auf und leben vom Laub der jungen Kartoffelpflanzen.

Schon etwa 14 Tage nach ihrem Erscheinen heften die weiblichen Käfer ihre befruchteten Eier an die Unterseite der Kartoffelblätter. Ein einziges Weibchen legt im Laufe eines Jahres 700 bis 1000 dottergelbe **Eier** in etwa 35 bis 40 kleinen Häufchen auf der Unterseite von Kartoffelblättern ab.

Je nach Witterung schlüpfen nach drei bis 20 Tagen die rötlich gefärbten **Larven**. Ihr deutlich gegliederter Körper besitzt dicht hinter dem Kopf drei Beinpaare, mit denen sich die Tiere an den Blättern festhalten. Die Larven fressen unentwegt und fügen somit der Kartoffelpflanze großen Schaden zu. – Die Kartoffelkäferlarve ist ringsum von einer nicht dehnbaren *Chitinhaut* umgeben, die nicht mitwächst. Daher kommt es während des Wachstums der Larven zu mehrmaligen **Häutungen**. Sobald die Tiere eine bestimmte Größe erreicht haben, reißt die Haut auf dem Rücken, und die Larven schlüpfen aus der Hülle. Solange die neue Haut noch jung und dehnbar ist, nehmen die Larven rasch an Größe zu. Auf diese Weise kommt es zu mehreren *Wachstumsschüben*. Bei

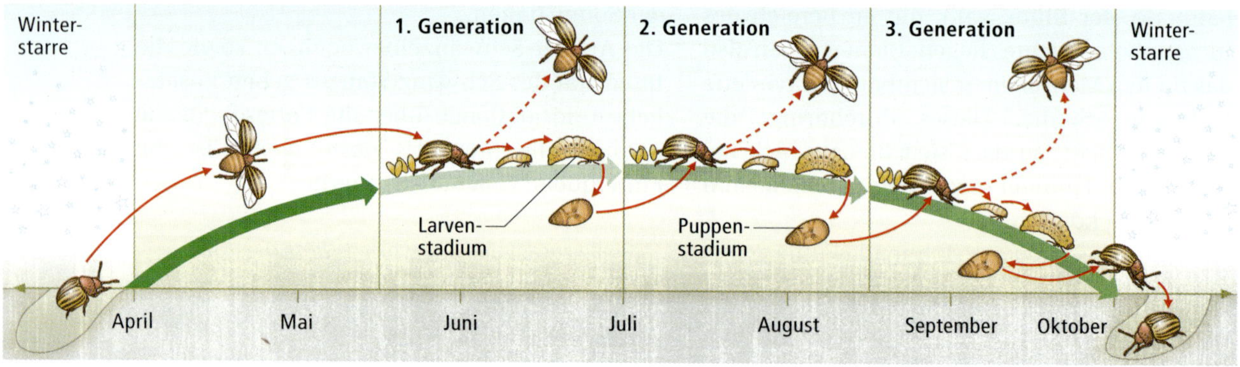

2 **Generationsfolge beim Kartoffelkäfer**

einer Länge von ungefähr 15 mm sind die Larven ausgewachsen. Der auffallend dicke Hinterleib ist anfangs blutrot gefärbt. Nach 3 bis 4 Wochen verkriechen sich die Larven im Erdboden, um sich dort zu *verpuppen*. In einer Bodentiefe von 10 bis 15 cm entwickelt sich eine rotbraune **Puppe**, die mehr einem Käfer als einer Larve ähnelt. In der Puppe vollzieht sich innerhalb weniger Tage ein völliger Neu- und Umbau. Die *Puppenruhe* dauert bei warmem Wetter etwa eine Woche. Danach sprengt der neu entstandene Kartoffelkäfer, das **Vollinsekt**, die Puppenhülle und schlüpft aus. Es arbeitet sich aus dem Erdboden heraus und sucht sofort wieder eine Kartoffelpflanze auf. Die 2. *Generation* der Kartoffelkäfer erscheint also schon 4 bis 5 Wochen nach der *1. Generation*.

Die Entwicklung des Kartoffelkäfers vom Ei über Larve und Puppe zum Vollinsekt bezeichnet man als **vollkommene Verwandlung**, die *vollkommene Metamorphose*. Unter klimatisch günstigen Bedingungen pflanzen sich auch die Käfer der 2. Generation erneut fort. Da Kartoffelkäfer zwei Jahre alt werden können, leben auf manchen Feldern mehrere Generationen gleichzeitig.

Die Entwicklung der **Feldheuschrecke** vollzieht sich auf andere Weise als beim Kartoffelkäfer. Betrachtet man die Tiere am Wegesrand, so kann man erkennen, dass sie verschieden groß sind und auch unterschiedlich aussehen. Die kleinsten haben keine Flügel, sehen aber sonst den größeren sehr ähnlich. Wie kann man sich das erklären? Nach der Paarung im Spätsommer legt das Heuschreckenweibchen

4 **Feldheuschrecken bei der Paarung**

Eier in kleine Erdgruben ab. Im Frühjahr schlüpfen aus ihnen etwa 3 mm zierliche Heuschreckenjunge aus. Sie sind flügellos, besitzen aber schon kräftige Sprungbeine. Die Tiere wachsen heran und führen dabei etwa fünf bis sechs **Häutungen** durch, bei denen sich auch die Flügel entwickeln. Nach der letzten Häutung ist das etwa 3 cm große **Vollinsekt** ausgewachsen. Eine Puppe als Ruhe- und Umwandlungsform fehlt also bei diesen Insekten. Sie machen eine **unvollkommene Verwandlung**, die *unvollkommene Metamorphose*, durch.

1. Beschreibe die Entwicklungsstadien des Kartoffelkäfers anhand der Abbildung1.
2. Erläutere, warum der Schaden durch Kartoffelkäferbefall besonders hoch ausfallen kann.
3. Vergleiche die Entwicklung vom Ei bis zum Vollinsekt bei verschiedenen Insekten, zum Beispiel bei Biene, Käfer, Heuschrecke, Libelle, Stechmücke.

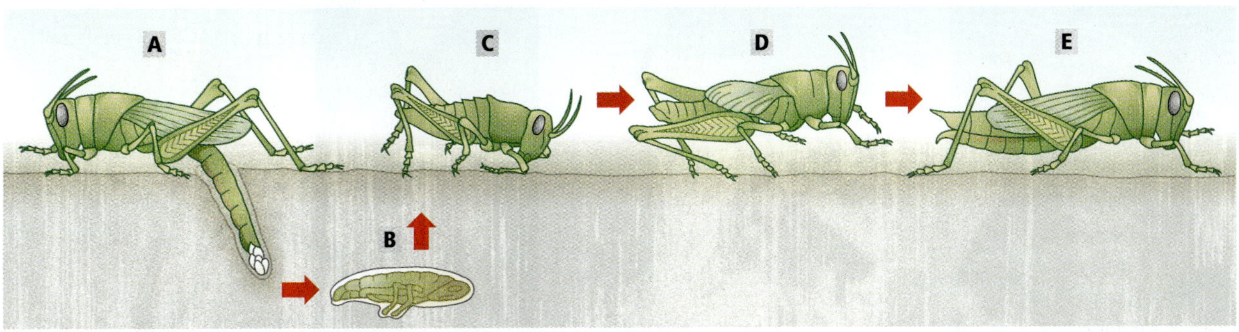

3 **Entwicklung der Feldheuschrecke.**
A Eiablage; **B** Ei mit Larve; **C** Jungheuschrecke; **D** Jungheuschrecke mit Flügeln; **E** ausgewachsenes Insekt

1 Insektenvielfalt auf einer Blütendolde des Wiesen-Bärenklau

4.5 Blüte und Insekt sind aufeinander angewiesen

Die weißen Dolden des Wiesen-Bärenklau locken eine Vielzahl verschiedener Insekten an. Pollen und Nektar liegen bei diesen Blüten offen. Die Insekten benötigen hier keine besonderen Mundwerkzeuge, um an die begehrte Nahrung zu gelangen.

Andere Pflanzen besitzen für die Bestäubung durch bestimmte Insekten raffinierte Mechanismen. Beim *Salbei* zum Beispiel sind die Blütenblätter im unteren Abschnitt zu einer Röhre verwachsen. An der Öffnung der Röhre haben die Blütenblätter eine besondere Form. Sie bilden eine Art „Mund" mit einer Oberlippe und einer Unterlippe. Staubgefäße und Narbe liegen geschützt unter der helmartigen Oberlippe. Die Unterlippe ist der „Landeplatz" einer Hummel. Von dort aus versucht sie mit ihrem Rüssel an den Nektar am Grund der Blüte zu gelangen. Dabei drückt dieser auf eine Art Platte, die über einen „Hebel" die Staubgefäße nach vorn schnellen lässt. Durch diesen **Schlagbaummechanismus** wird der Pollen regelrecht auf den Rücken des Insektes„ herausgeklopft". Bei älteren Blüten verliert das Gewebe des Griffels an Wasser. Der Griffel erschlafft und biegt sich dabei nach unten aus dem Helm heraus. Eine Hummel muss nun beim Blütenbesuch mit ihrem Körper diesen Griffel beiseite schieben. Dabei bestäubt sie mit dem Pollen auf ihrem Rücken die Narben des Salbei.

Die *Rote Lichtnelke* „arbeitet" mit einer **Duftfalle.** Ihre Blütenöffnung ist sehr eng und der Nektar befindet sich tief am Blütengrund. Bienen und Hummeln gelangen mit ihren Mundwerkzeugen nicht zum Grunde der Röhre. Deshalb können nur langrüsslige Falter, wie zum Beispiel der Weinschwärmer, die Bestäu-

2 Bestäubung beim Salbei

3 Weinschwärmer und Lichtnelke

ber sein. Die Lichtnelke lockt ihn dazu nachts mit einem speziellen Duft an. Die Blüten der Lichtnelke sind eingeschlechtlich. Weinschwärmer nehmen den Pollen von männlichen Blüten auf ihrem Rüssel mit und bestäuben damit die Narben der weiblichen Blüten.

Im Frühjahr erhebt sich zwischen den Blättern des *Aronstabes* ein kurzer Spross mit einer tütenförmigen Blütenscheide. Diese ist unterhalb des Trichters eingeschnürt und erweitert sich darunter zu einem bauchigen *Kessel.* Ein aus der Blütenscheide herausragender violetter Kolben strömt einen nach Aas riechenden Duftstoff aus. Der Duft lockt vor allem Schmetterlingsmücken an. Sie lassen sich an den Innenwänden des Blütentrichters nieder und gleiten dabei an den glatten Wänden abwärts. Beim Abrutschen passieren sie einen Kranz glatter, nach unten gerichteter Reusenhaare. Die Insekten sind nun im Kessel gefangen. Bei den „Befreiungsversuchen“ aus diesem Gefängnis kriechen sie über die reifen Narben der im Kessel befindlichen Stempelblüten. Dabei bestäuben sie die Narben mit dem Pollen einer vorher besuchten Aronstabblüte. Erst nach dem Bestäubungsvorgang öffnen sich die über den Stempelblüten sitzenden Staubblüten und bepudern die Schmetterlingsmücken mit klebrigem Pollen. Danach welken die Reusenhaare und geben den Insekten den Fluchtweg frei. So sorgt beim Aronstab eine **Kesselfalle** für die Fortpflanzung.

Bei der *Fliegenragwurz,* einer heimischen Orchideenart, werden zum Beispiel Grabwespenmännchen durch Blütenfarbe oder Blütenform und mithilfe von Duftstoffen angelockt. Auf der Suche nach einem Weibchen landet das Männchen auf der Unterlippe und versucht, aus dem Sporn der Blüte Nektar zu saugen. Über der Öffnung des Sporns sitzt die Narbe und ein Staubblatt. In jedem seiner beiden Fächer steckt ein Pollenpaket an einem Stielchen. Das Ende des Stielchens läuft in eine klebrige Scheibe aus. Presst das Insekt den Kopf über die Öffnung des Sporns, heften sich die Klebscheiben am Kopf fest. Beim Verlassen der Blüte zieht die Grabwespe die Pollenkölbchen aus ihren Fächern.

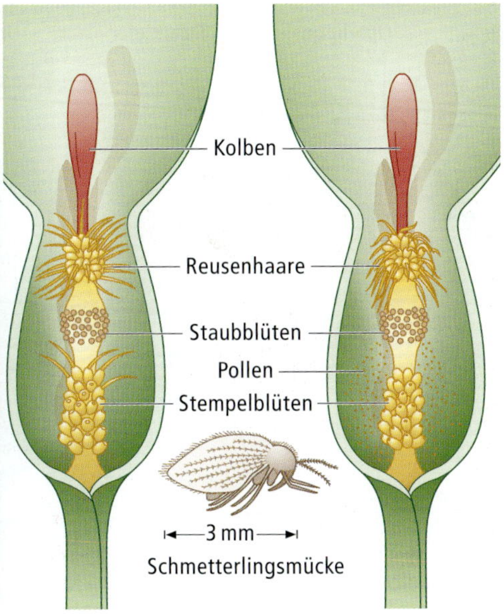

4 **Kesselfalle beim Aronstab**

Die Stielchen trocknen schnell aus, und die Pollenpakete neigen sich nach vorn. Beim Besuch der nächsten Ragwurzblüte berührt das Insekt mit den Pollenpaketen die Narbe. So sorgt ein **Klebemechanismus** für die Bestäubung.

1. Beschreibe den Bestäubungsmechanismus beim Salbei.
2. Wie funktioniert die Kesselfalle beim Aronstab?
3. Welchen „Trick“ benutzt die Fliegenragwurz zur Fremdbestäubung?

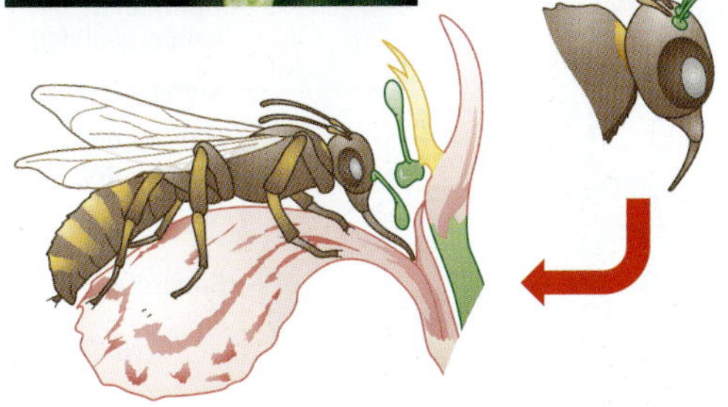

5 **Bestäubung bei der Fliegenragwurz**

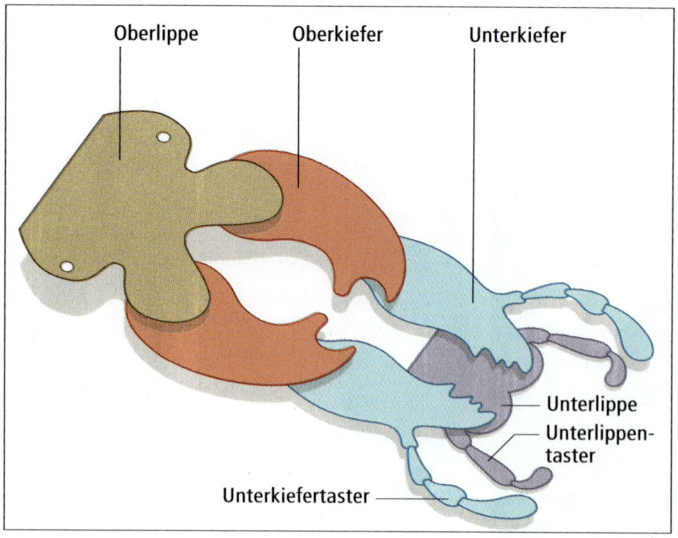

1 **Mundwerkzeuge des Maikäfers** (Modell)

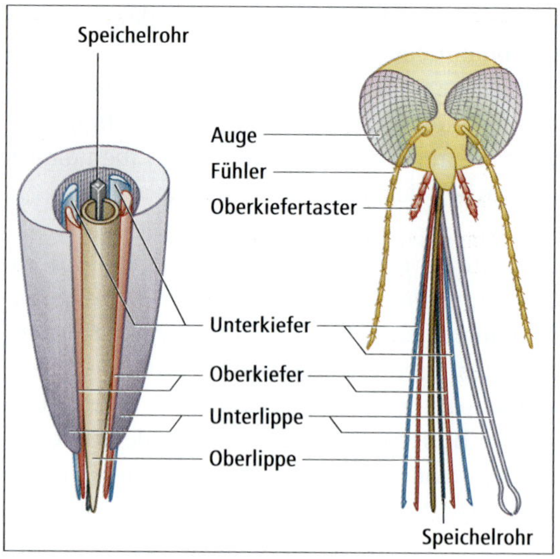

3 **Mundwerkzeuge der Stechmücke**

4.6 Insekten sind Nahrungsspezialisten

Insekten nutzen eine Vielfalt an Nahrungsquellen. Sie ernähren sich pflanzlich oder fressen andere Tiere, nehmen feste oder ausschließlich flüssige Nahrung zu sich. Entsprechend unterschiedlich sind ihre Mundwerkzeuge eingerichtet.

Die **beißenden Mundwerkzeuge** des *Maikäfers* bestehen aus *Oberlippe, Oberkiefer, Unterkiefer* und *Unterlippe*. Mit den Tastern an Unterkiefer und Unterlippe tastet der Käfer die Blattfläche ab. Dann trennt er mit dem verhornten, scharfen Ober- und Unterkiefer Blattteilchen ab und zerreibt sie.

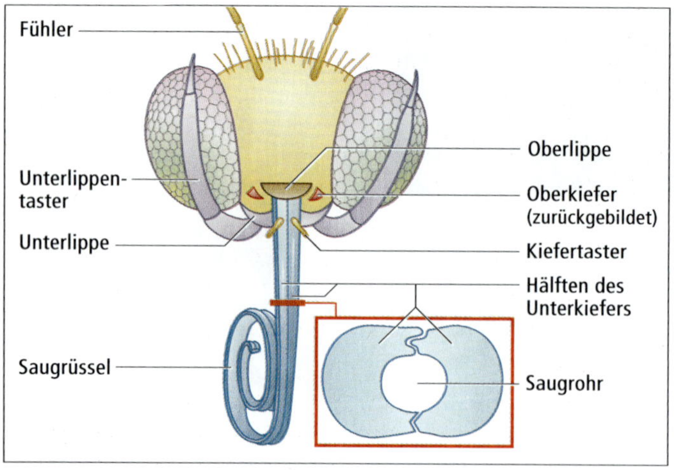

2 **Mundwerkzeuge des Kohlweißlings**

Um an den Nektar der Blüten zu gelangen, rollen Schmetterlinge wie der *Kohlweißling* ihre langen *Saugrüssel* aus und ertastet mit dessen Spitze den Zugang zur Nektarquelle. Der Saugrüssel besteht aus den beiden rinnenförmigen *Unterkiefern,* die zusammengelegt ein Saugrohr bilden. Durch pumpende Bewegungen der Speiseröhre saugt der Schmetterling den Nektar auf. In Ruhestellung rollt er seine **saugenden Mundwerkzeuge** unter dem Kopf ein.

Das Weibchen der *Stechmücke* tastet zunächst die Haut ab. Dann sticht sie die verlängerten **stechend-saugenden Mundwerkzeuge** ein und saugt Blut. Dabei schieben sich aus der rinnenförmigen *Unterlippe* wie aus einem Führungsrohr die beweglichen *Stechborsten* hervor: je zwei nadelspitze *Ober- und Unterkiefer* sowie die *Oberlippe* und das *Speichelrohr.* Durch das Speichelrohr gelangt eine winzige Menge Speichel in die Wunde. Dadurch unterbleibt die Gerinnung des Blutes. Durch die zu einem *Saugrohr* geformte Oberlippe, die den Rüssel nach oben abdeckt, saugt die Stechmücke dann Blut auf.

1. Stelle in einer Tabelle die unterschiedlichen Mundwerkzeuge der folgenden Insekten und deren Nahrung dar: Maikäfer, Borkenkäfer, Stechmücke, Honigbiene, Kohlweißling.

Insekten

V1 Körperbau der Biene

Material: tote Bienen; Marmeladenglas mit Schraubdeckel; Lupe; Pinzette; Nadel; Klebstoff; Zeichenmaterial

Durchführung: Besorge dir vom Imker tote Bienen und bewahre sie in dem Glas auf. Fasse die Bienen nur mit Pinzette und Nadel an.

Aufgaben:
- **a)** Lege die Biene auf ein Stück weißes Papier und betrachte sie mit der Lupe. Fertige eine Übersichtsskizze an.
- **b)** Zerlege die Biene mit Pinzette und Nadel in Kopf, Brust, Hinterleib, Flügel und Beine. Klebe die Einzelteile auf und beschrifte.
- **c)** Betrache Vorderbeine und Hinterbeine mit der Lupe. Vergleiche das Aussehen und erläutere den Bau der Vorder- und Hinterbeine.
- **d)** Betrachte die Flügel und beschreibe ihr Aussehen.

V2 Mundwerkzeuge eines Käfers

Material: Pappe (etwa 1 mm stark); dickeres Pappstück als Montagebrett (10x10 cm); Nagel; Schere; Briefklammern

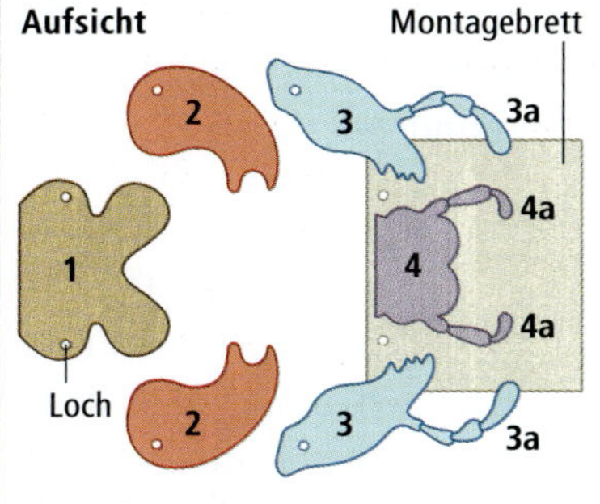

1 Oberlippe, 2 Oberkiefer
3 Unterkiefer, 3a Unterkiefertaster
4 Unterlippe, 4a Unterlippentaster

Durchführung: Lass dir eine dreifach vergrößerte Kopie der Abbildung geben. Übertrage die Einzelteile auf deine Pappe und schneide aus. Bohre mit dem Nagel Löcher in die Pappe an den bezeichneten Stellen. Setze die Bestandteile entsprechend der Abbildung 1 auf Seite 50 zusammen und stecke Briefklammern durch die Löcher.

Aufgabe: Beschreibe die Funktion der beißenden Mundwerkzeuge des Käfers anhand des Modells.

V3 Entwicklung von Mehlkäfern

Material: Einmachglas; Fliegendraht oder feinmaschiger Gardinenrest; Lappen; Gummiring; Mehl; Brotreste; Karottenscheiben; Haushaltssieb; Lupe; Zeichenmaterial

Durchführung: Besorge dir aus einem Zoofachgeschäft 10 – 20 „Mehlwürmer". Gib in das Einmachglas zur Hälfte Brotreste, einige Karottenscheiben und einen angefeuchteten Lappen. Setze die Tiere in das Glas und decke es mit dem Fliegendraht oder Gardinenrest ab. Befestige die Abdeckung mit einem Gummiring. Erneuere den Futteransatz alle zwei Wochen. Bei der Kontrolle deiner Zucht kippe den Inhalt des Glases über einem Haushaltssieb aus. Im Sieb verbleiben unter anderem die verschiedenen Entwicklungsstadien des Mehlkäfers.

Aufgabe: Betrachte die Entwicklungsstadien mit der Lupe und fertige davon Skizzen an.

V4 Entwicklung der Fruchtfliege

Material: Gurkenglas; Blatt Papier; Klebstoff; Pappstreifen; Banane; Perlonstrumpf; Gummiring

Durchführung: Lege in das Gurkenglas etwas zerdrückte Banane. Stelle den Pappstreifen aufrecht daneben. Stelle durch Einrollen und Verkleben des Papierblattes einen Fangtrichter mit kleiner unterer Öffnung her und setze ihn in die Glasöffnung.
Sind mehrere Fruchtfliegen ins Glas geflogen, verschließe die Öffnung mit Perlonstrumpf und Gummiband.

Aufgabe: Skizziere die Entwicklungsstadien und halte die Entwicklung der Fruchtfliege in einem Protokoll fest.

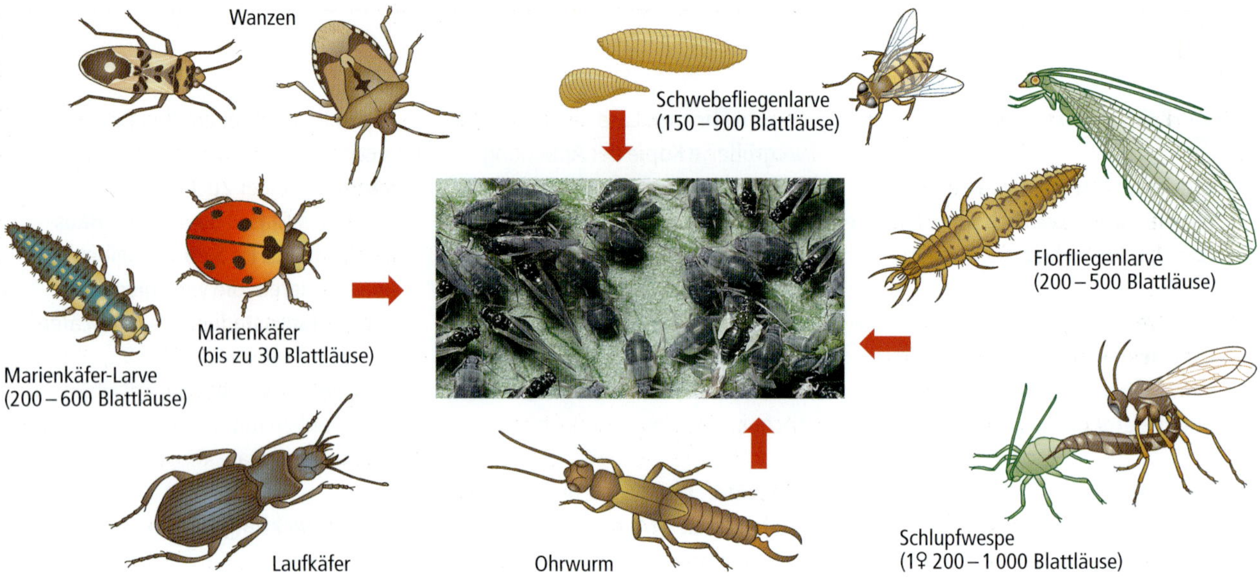

1 **Natürliche Feinde der Blattläuse**

4.7 Warum schützen wir Insekten?

Insekten können Krankheiten auf den Menschen übertragen und erhebliche Schäden an unseren Nutzpflanzen anrichten. Warum sollten wir sie trotzdem schützen?

Betrachtet man die Fülle der Arten, so findet sich eine Anzahl von Insekten, die für den Menschen nützlich sind. Außerdem bildet eine Vielzahl von Insektenarten die **Nahrungsgrundlage** für insektenfressende Tiere. Zum Beispiel bei der Aufzucht und Ernährung der Vögel sind sie lebensnotwendige Eiweißlieferanten. Insekten wie *Honigbienen* und *Hummeln* sind als **Bestäuber** der Blütenpflanzen bekannt. Aber nicht nur sie allein, sondern eine Vielzahl weiterer Insekten sichern die Bestäubung wichtiger Nutzpflanzen. Eingriffe des Menschen, zum Beispiel durch Versprühen von Giften in Obstplantagen oder auf Feldern, führen zu einer *Artenverarmung.* Zahlreiche Wild- und Kulturpflanzen würden nicht mehr bestäubt werden.

Unter den Insekten gibt es auch viele Arten, die sich von anderen Insekten ernähren. Solche *Raubinsekten* sind die **natürlichen Feinde** vieler Pflanzenschädlinge. Bekannte Räuber sind *Marienkäfer.* Sie vertilgen *Blattläuse,* die den Saft von Pflanzen saugen und ihnen damit wichtige Aufbaustoffe entziehen, sodass sie verkümmern.
Die zartgrüne *Florfliege* legt ihre Eier bevorzugt an von Blattläusen besiedelten Pflanzen ab. Die sich entwickelnden Larven verzehren diese Schadinsekten. Auch die Larven der schwarzbraun gebänderten *Schwebfliege* sind sehr gefräßig und auf Blattläuse spezialisiert. Die Weibchen bestimmter *Schlupfwespen* legen ihre Eier in den Körper von Blattläusen. Die sich entwickelnde Larve ernährt sich vom Körperinhalt der Laus. So können Schlupfwespen große Blattlausbestände vernichten.
Auch *Blumenwanzen* und *Laufkäfer* leben räuberisch und verzehren unter anderem Blattläuse. Die natürlichen Feinde können so eine massenhafte Ausbreitung von Schädlingen verhindern. Solche Schädlingsvertilger können zu Helfern und Verbündeten der Landwirte und Gärtner werden.

Wenn wir Hecken und natürliche Wegränder erhalten oder neu anlegen, schaffen wir Lebensraum für viele Insekten und tragen dadurch zum Schutz der natürlichen Feinde von Schadinsekten bei. Auch die Bereitstellung von Brutplätzen für höhlen- und spaltenbewohnende Insekten ist ein weiterer Beitrag zum **biologischen Pflanzenschutz.**

Insektenschutz

V1 Bruthilfen für Insekten

Material: Hohle Pflanzenstängel von etwa 15 cm Länge, z. B. Bambus, Schilfrohr, Strohhalme; leere Konservendose; Blumendraht; Hartholzblock; Holzbohrer 4mm bis 10 mm Ø; passende Glasröhrchen (Backaroma, Parfümproben); Nägel; Hammer; Lochziegelstein

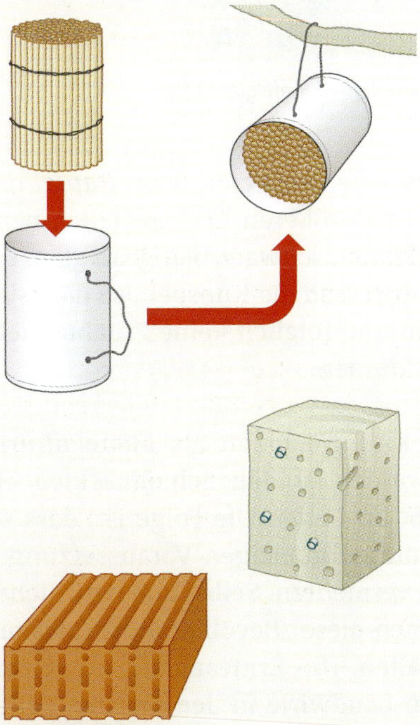

Durchführung: Umwickle die Pflanzenhalme mit Draht und stelle so ein Bündel her, das in die leere Konservendose passt. Schlage mit einem Nagel zwei Löcher in den Mantel der Dose und ziehe etwas Draht als Aufhänger durch die Löcher. Hänge die Bruthilfe an einem sonnigen, trockenen Platz auf. Befestige die Dose mit der Öffnung schräg nach unten, damit kein Regenwasser eindringt.
Du kannst auch einen Lochziegelstein als Bruthilfe verwenden.
Bohre mit dem Holzbohrer mit mehreren Bohrstärken schräg Löcher in den Hartholzblock. Die Löcher sollten einen Mindestabstand von 2 cm haben und den Block nicht durchstoßen. Stecke in einige Bohrlöcher passende Glasröhrchen. Lass das Ende des Röhrchens etwas überstehen.

Aufgaben:
- **a)** Beobachte, wann die Bruthilfen besiedelt werden und welche Insekten sie annehmen.
- **b)** Sieh nach, was in den Glasröhrchen passiert und beschreibe deine Beobachtungen.

V2 Unterschlupf für Ohrwürmer

Material: Blumentopf aus Ton; Blumendraht; Holzstück (5 cm); Holzstab (35 cm); Heu oder Holzwolle

Durchführung: Binde den Draht um das Stöckchen. Umwickle ein Knäuel von Heu oder Holzwolle mit dem Bindedraht und stecke das Drahtende durch das Loch des Topfes von innen nach außen. Zieh den Draht straff. Hänge den Blumentopf mit der Öffnung nach unten dicht an einen Obstbaum, damit die Ohrwürmer hineingelangen können. Du kannst den Topf auch umgestülpt an einem Holzstab befestigen und ihn in ein Gartenbeet stecken.

Aufgaben:
- **a)** Stelle fest, ob sich Ohrwürmer eingefunden haben.
- **b)** Erläutere, welche Bedeutung Ohrwürmer im Naturhaushalt haben.

V3 Brutplatz für Erdhummeln

Material: Blumentopf (12–15 cm Ø); trockenes Moos; großer, flacher Stein; 2–4 kleine Steine; Schaufel; Feile

Durchführung: Erweitere mit der Feile das Bodenloch des Blumentopfes auf 1,5 cm Ø. Fülle ihn zu Dreiviertel mit Moos. Grabe den Topf an einem geschützten Platz mit dem Bodenloch nach oben ein und decke ihn mit Steinen ab (siehe Abbildung). So ist der Eingang für die Hummeln frei und vor Regen geschützt.

Aufgaben:
- **a)** Stelle fest, welche Hummelart den Brutplatz bezogen hat.
- **b)** Informiere dich über Aussehen, Vorkommen und Fortpflanzung deiner beobachteten Hummelart.

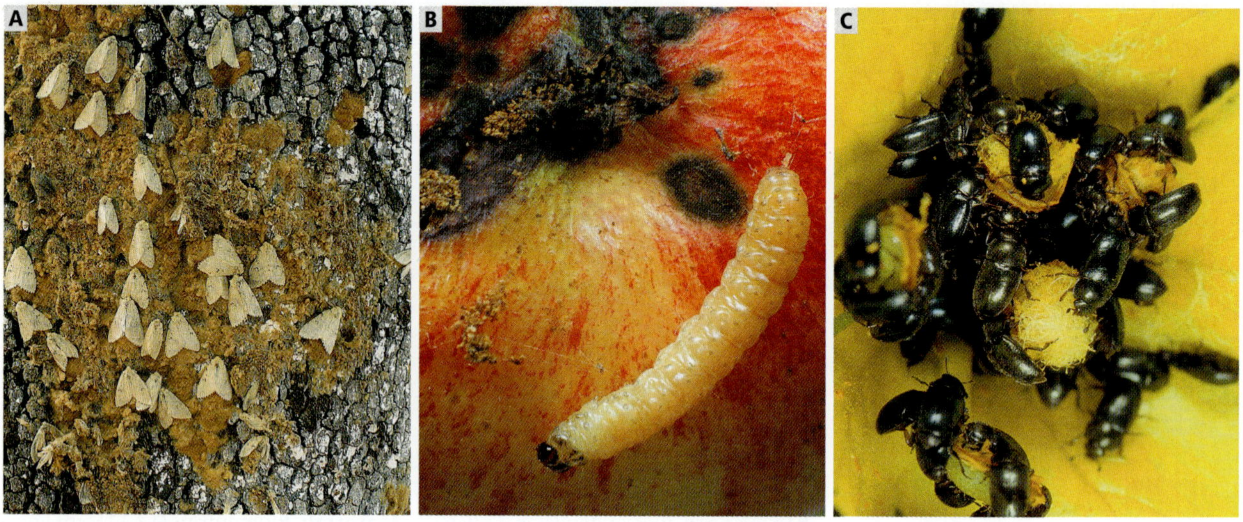

1 Pflanzenschädlinge. **A** Schwammspinner-Weibchen bei der Eiablage; **B** Apfelwickler-Larve; **C** Rapsglanzkäfer

4.8 Weshalb bekämpfen wir bestimmte Insektenarten?

In unseren Wäldern, Gärten und Feldern leben zahlreiche Insektenarten, die sich von unseren Kulturpflanzen ernähren. Dabei kann es zu beträchtlichen *wirtschaftlichen Schäden* und *Ernteeinbußen* kommen. Diese Insektenarten bezeichnen wir als **Schadinsekten.**

Bei der Massenvermehrung des *Schwammspinners* im Jahr 1993 fraßen seine Raupen 80 000 ha Wald im Süden Deutschlands kahl. Hauswände waren mit Raupen bedeckt und sogar in die Wohnungen drangen sie ein. Das Weibchen dieses Nachtfalters legt 400 bis 800 Eier an Baumstämmen ab und bedeckt sie mit braunen Schuppenhaaren. Nach der Überwinterung schlüpfen im Frühjahr die Raupen und fressen die Blätter fast aller Laubhölzer, bis diese kahl sind. Eine solche Massenvermehrung tritt beim Schwammspinner etwa alle 10–12 Jahre auf.

In manchem Apfel ist „der Wurm drin". Beim Aufschneiden eines solchen Apfels sieht man den mit Kotkrümeln gefüllten Fraßgang der Raupe des *Apfelwicklers*. Die Raupe sitzt im Kerngehäuse. Im Mai legt der Falter seine Eier an die noch jungen Früchte. Die ausgeschlüpften Raupen bohren sich in die Äpfel, machen die Frucht zum Verzehr ungeeignet und lassen die Früchte vorzeitig vom Baum abfallen.

Das massenhafte Auftreten von *Rapsglanzkäfern* führt zu größeren Ernteausfällen beim Raps. Die kleinen, schwarz-blaugrün glänzenden Käfer zerfressen die Knospen, so dass sich keine Blüten und folglich keine Früchte mehr entwickeln können.

Da unsere Kulturpflanzen als *Monokulturen* angebaut werden, finden Schadinsekten ein Überangebot an Futter. Die Folge ist, dass sie sich unter diesen günstigen Voraussetzungen massenhaft vermehren. Selbst ihre natürlichen Feinde können diese „Bevölkerungsexplosion" kaum aufhalten. Um Ernteausfälle zu verhindern, setzen Landwirte in den meisten Fällen *Insektizide* in Form chemischer Spritzmittel ein. Dieser wirksame **chemische Pflanzenschutz** darf die Gesundheit von Menschen und Tieren jedoch nicht gefährden. Landwirte, die die Umwelt schonen und dabei gleichzeitig Geld sparen wollen, führen vor jeder Spritzung eine Feldkontrolle durch. Erst wenn die Menge der Schädlinge eine bestimmte Schadensschwelle überschreitet, werden chemische Mittel eingesetzt.

1. Informiere dich in diesem Buch über Insekten, die Pflanzen schädigen. Stelle in einer Tabelle Insektenart, Aussehen, Vorkommen und Art der Schädigung zusammen.

Hausschädlinge

Mehlkäfer

Der etwa 15 mm lange braunschwarze Käfer ernährt sich von Getreide, Mehl, Kleie und Brot. Auch seine Larve, der sog. „Mehlwurm", lebt davon. Wenn Mehlkäfer in größerer Anzahl auftreten, kann dieser Vorratsschädling zum Problem werden. Schutz vor Befall: Mehl und Brot in fest verschließbaren Gefäßen aufbewahren.

Silberfisch

Das etwa 10 mm große Weibchen legt etwa 100 Eier in Bodenritzen ab. Silberfischchen ernähren sich zum Beispiel von stärkehaltigen Abfällen, von Tapete, Tapetenkleister, Baumwolle und können monatelang hungern. Sie werden am besten durch intensives Putzen bekämpft.

Küchenschabe

Die Schabe lebt an dunklen, feucht-warmen Orten. Aus Eikapseln mit etwa 16 Eiern schlüpfen Larven, die in 6–8 Monaten erwachsen werden. Sie ernähren sich von Nahrungsabfällen aller Art. Saubere, trockene Räume ohne Mauerrisse oder offene Kabelschächte beugen dem Befall vor.

Wollkraut-Blütenkäfer

Die 2 bis 3 mm langen Käfer leben im Frühjahr und Sommer als Pollenfresser an Blüten. Zur Eiablage fliegen die Weibchen in Wohnungen ein und legen etwa 20 Eier. Die schon nach wenigen Tagen schlüpfenden behaarten Larven fressen trockene tierische Produkte wie zum Beispiel Wollstoffe oder Pelze. Schutz bieten Plastikverpackungen

Hausbock

Der Käfer legt seine Eier in Risse von Weichhölzern wie zum Beispiel Fichte und Kiefer. Die geschlüpften Larven fressen 10–12 mm dicke Gänge in das Holz. Bei starkem Befall werden die Balken ganzer Dachstühle ausgehöhlt, die dann zusammenbrechen. Imprägnierte Hölzer schützen vor Befall.

Kleidermotte

Kleidermotten legen bis zu 200 Eier. Die Larven der Motte, die sich im Schrank oder Fußbodenleisten verstecken, fressen tierische Textilien wie Wolle, Seide, Pelze, Felle und auch Leder. Zedernholzöl oder Lavendel im Kleiderschrank schützen vor dem Befall.

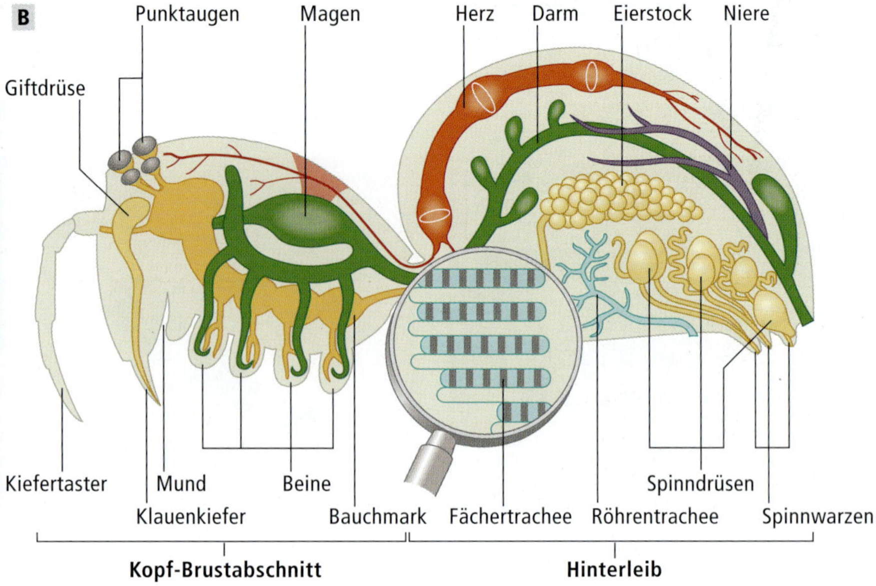

1 Kreuzspinne. **A** Foto; **B** Bauplan

4.9 Die Kreuzspinne geht mit ihrem Netz auf Insektenfang

Tautropfen haben ein Spinnennetz sichtbar gemacht. Es gehört der **Kreuzspinne.** Plötzlich verfängt sich eine Fliege im Netz. Trotz ihres heftigen Zappelns bleibt sie an den klebrigen Fäden haften. Die Spinne stürzt sich aus ihrem Versteck auf die Beute. Wie hat sie die Fliege bemerkt? Sicher nicht mit den wenig leistungsfähigen *Punktaugen.* Die Information erhielt sie über den Signalfaden. Die Spinne hält ihn mit den Vorderbeinen, in denen äußerst empfindliche *Tastsinnesorgane* liegen. Durch einen Biss mit den Klauenkiefern fließen lähmendes Gift und Verdauungssäfte in die Beute. Das Gift lähmt die Beute sofort. Für den Menschen ist es aber nicht gefährlich.
Durch die eingeflossenen Verdauungssäfte wird das Körperinnere verflüssigt. Den so vorverdauten Nahrungsbrei saugt die Spinne durch den schmalen Mundspalt auf. Es findet also eine *Außenverdauung* statt.

Auf der Beute sitzend lässt sich der Körperbau der Spinne gut erkennen. Am *Kopf- Brustabschnitt* befinden sich die vier Beinpaare. Das dünne Stielchen, das ihn mit dem *Hinterleib* verbindet, kann man von oben nicht erkennen. Neben anderen Organen liegen auch die Atemorgane im Hinterleib. Wie die Insekten atmen Spinnen mithilfe von *Tracheen,* deren Öffnungen im Hinterleib münden. Darüber hinaus führt eine äußere Atemöffnung in einen Hohlraum. In diesen Hohlraum ragen feine Blättchen, die Atemtaschen. Sie sehen wie die aufgefächerten Seiten eines Buches aus. An den Grenzschichten zwischen Atemtasche und Hohlraum findet der Gasaustausch statt. Diese Organe der Spinnen nennt man *Fächertracheen.*

Die Kreuzspinne fängt ihre Beute ausschließlich mit ihrem Netz. Wie baut sie ein solch kunstvolles Gebilde? Von ihrem Sitzplatz aus „schießt" die Kreuzspinne einen Spinnfaden in die Luft. Vom Wind erfasst, bleibt er schließlich an einem Zweig haften. Nun verstärkt sie diese *Seilbrücke* mit weiteren Fäden und lässt sich dann von der Mitte aus an einem Faden herunter. Sie verankert ihn und es entsteht eine Y-förmige Figur. Die ersten drei *Speichen* des *Radnetzes* sind fertig. Anschließend baut die Kreuzspinne einen *Rahmen* und fügt von der Mitte aus weitere Speichen ein. Im Mittelpunkt des künftigen Netzes legt sie enge Spiralen an, die *Warte.* Danach errichtet sie von innen nach außen die *Hilfsspirale.* Anschließend spinnt sie von außen nach innen die *Fangspirale,* die sie kunstvoll mit den Speichen des Netzes verknüpft. In regelmäßigen Abständen werden

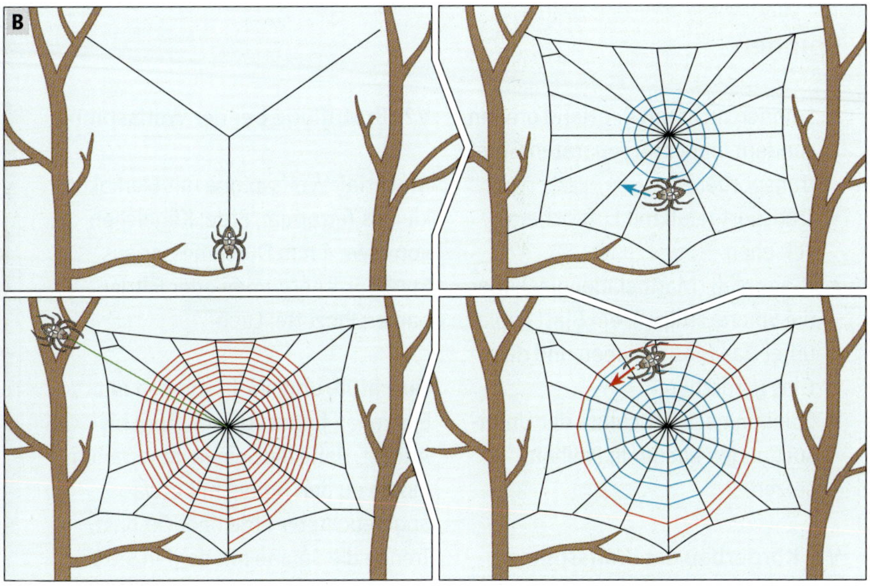

2 Netzbau. **A** Spinndrüsen; **B** Bau eines Radnetzes

dabei auf dem Spinnfaden klebrige Tröpfchen abgesondert. Gleichzeitig frisst sie die nun überflüssig gewordene Hilfsspirale auf. Etwa eine Stunde braucht die Kreuzspinne, um ein Netz von ca. 30 cm Durchmesser zu spinnen. Der dünne Seidenfaden kann das 4000fache des Körpergewichtes der Spinne tragen.
Das Netzmaterial wird von zahlreichen *Spinndrüsen* geliefert, die im Hinterleib liegen. Die aus *Spinnwarzen* austretende Spinnflüssigkeit erhärtet augenblicklich an der Luft. Die feinen, seidenartigen Fäden sind nur 0,00005 mm dick und sehr leicht. Würde man einen Spinnseidenfaden ziehen, der einmal um die Erde reicht, so brächte dieser nur etwa 200 g auf die Waage! Etwa 680 dünne Fädchen werden von den mit Häkchen und Krallen versehenen Spinnenfüßen zu dickeren Fäden versponnen. Das fertige Netz überwacht die Kreuzspinne von der Warte aus oder mithilfe eines *Signalfadens* von einem nahegelegenen Versteck.

Erwachsene Kreuzspinnen sind Einzelgänger. Nur während der Paarung finden das 12–17 mm große Weibchen und das nur 5–10 mm große Männchen kurz zusammen. Das Männchen saugt abgesondertes Sperma mit einem Kiefertaster auf. Bei der Besamung führt es den Kiefertaster in die paarigen Samentaschen des Weibchens ein. Dann entfernt es sich schnell, um nicht als Beute verspeist zu werden. Die Befruchtung der Eier erfolgt einige Wochen später, wenn die Eier bei der Ablage an dem Spermavorrat vorbeigleiten. Im September oder Oktober stellt das Weibchen mehrere Eikokons her. Dabei umgibt sie die Eier zum Schutz mit einer Hülle von gelblicher Fadenwatte. Die Jungspinnen schlüpfen erst im folgenden Frühjahr aus den Eiern.

3 Jungspinnen mit Kokon

1. Beschreibe den Netzbau der Kreuzspinne anhand der Abb. 2.
2. Berühre mit einem Grashalm vorsichtig das Netz einer Kreuzspinne. Beobachte ihr Verhalten.
3. Beschreibe den Körperbau der Spinne.

Spinnen

- Spinnen nicht mit der Hand greifen, sondern immer im separaten Gefäß transportieren.
- Transportgefäß mit Luftlöchern versehen.
- Fanggefäß (Marmeladenglas) über die Spinne stülpen, ein Blatt Papier unter das Glas schieben und das Glas umdrehen.
- Spinnen nach Abschluss der Untersuchungen wieder in Freiheit setzen.

V1 Körperbau der Wolfsspinne

Material: Wolfsspinne; Petrischale oder flache durchsichtige Plastikschale; Lupe; Zeichenmaterial

Durchführung: Wolfsspinnen findest du vom Frühjahr bis zum Spätherbst im Garten, auf Äckern oder Ödflächen. Fange eine Spinne ein, setze sie in die flache Schale mit Deckel und betrachte sie mit der Lupe.

Aufgaben:
a) Skizziere den Körperbau der Spinne und beschrifte deine Skizze.
b) Beschreibe die Fortbewegung der Wolfsspinne.

V2 Brutpflege bei der Wolfsspinne

Material: Wolfsspinne mit Eierkokon; kleines Terrarium; Erde; Kügelchen von etwa 4 mm Durchmesser aus Styropor, Knetgummi oder Filtrierpapier; Pinzette; Lupe

Durchführung: Wolfsspinnen mit Eierkokon findest du von April bis August. Halte die Spinne im Terrarium, indem du den Boden mit etwas angefeuchteter Erde bedeckt hast. Trenne die Spinne mit der Pinzette vorsichtig vom Eierkokon. Lege dafür die „Attrappen" aus Styropor, Papier und Knetgummi ins Terrarium.

Aufgaben:
a) Stelle fest, wie sich die Spinne nach Wegnahme des Kokons verhält. Gib eine Erläuterung dieses Verhaltens.
b) Untersuche den Kokon mithilfe der Lupe und beschreibe das Aussehen.
c) Beschreibe das Schlüpfen der Jungen und ihr Verhalten.

V3 Lebensweise der Zitterspinne

Material: Zitterspinne; größeres Gurkenglas mit Schraubdeckel; Kieselsteinchen; kleinere Aststückchen; Hammer; Nagel

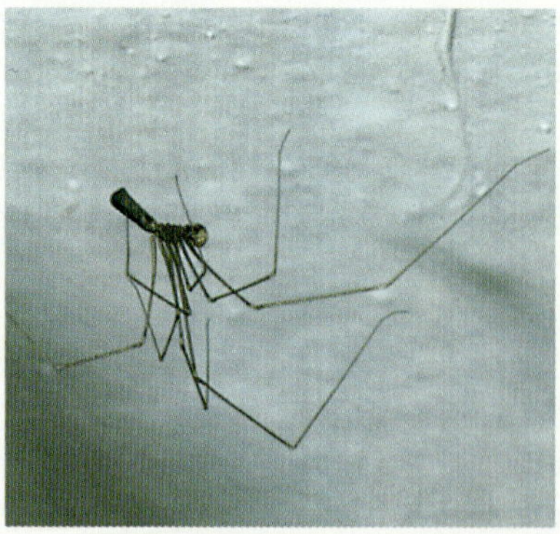

Durchführung: Zitterspinnen findest du zum Beispiel in Kellerräumen oder geschützten Gebäudeecken.
Verwende das Gurkenglas als Terrarium. Schlage in den Schraubdeckel mithilfe eines Hammers und eines Nagels kleine Luftlöcher. Ihr Durchmesser sollte nicht größer als drei bis vier Millimeter sein.
Lege auf den Boden des Glases ein paar Kieselsteinchen. Stelle schräg an die Wände zwei kleine Aststückchen als Hilfen für den Netzbau.
Setze die Spinne in das Glas. Füttere die Zitterspinne mit ein oder zwei Fliegen oder kleineren Insekten pro Woche.

Aufgaben:
a) Beschreibe das Aussehen der Zitterspinne.
b) Puste die Spinne vorsichtig an. Was passiert? Erkläre dabei den Namen der Spinne.
c) Welche Funktion hat das gezeigte Verhalten der Spinne bei Berührung?
d) Beobachte den Netzbau der Zitterspinne.
e) Beschreibe den Beutefang und das Fressverhalten.

Spinnentiere

Größte Spinne

Die farbenprächtigen **Vogelspinnen** können bis handgroß und fast 20 Jahre alt werden. Sie leben in Erdhöhlen oder sind Baumbewohner der Tropen. Vogelspinnen erbeuten Tiere bis zur Größe von Eidechsen. Zur Verteidigung „schießen" sie entzündungsauslösende Rückenhaare ab.

Meister der Tarnung

Die **Krabbenspinne** ist eine häufige Jagdspinne der Wiesen und Gärten. Sie lauert ihren Beutetieren auf Blüten auf. Dabei ist sie der Farbe ihres Untergrundes angepasst, so dass die blütenbesuchenden Insekten die räuberisch lebende Spinne kaum ausmachen können.

Taucherin

Die **Wasserspinne** lebt in einer „Taucherglocke". Dazu trägt sie mit der Behaarung des Hinterleibes Luftblasen unter Wasser und sammelt sie unter einer horizontalen Gespinstdecke zwischen Wasserpflanzen. Sie jagt Insektenlarven, Wasserasseln und sogar Kaulquappen.

Seilakrobat

Die etwa 5 bis 7 mm lange **Zebraspinne** besitzt 8 funktionstüchtige Augen, die gutes räumliches Sehen ermöglichen. An senkrechten Wänden überwältigt sie mit zielgenauem Sprung die Beute. Ein Sicherheitsfaden verhindert dabei das Abstürzen.

Tödlich giftig

Die **Bananenspinne** ist eine der giftigsten Spinnenarten der Tropen. Sie ist schnell, aggressiv und kann bis zu 50 cm weit einen vermeintlichen Feind anspringen. Bananenspinnen beißen mehrmals zu. Ihr Gift führt zur Lähmung des Atemsystems und ist auch für Menschen tödlich.

Wehrhaftes Spinnentier

Der in südlichen Ländern vorkommende **Skorpion** lauert am Boden auf Insekten, Spinnen und Kleinsäuger. Er packt die Beute mit den Scheren und lähmt oder tötet sie mit seinem Giftstachel am beweglichen Hinterleib. Das Gift einiger Arten kann auch dem Menschen gefährlich werden.

1 Zecke. **A** vor dem Saugen; **B** vollgesogen

5 Der Mensch – Lebensraum für Parasiten

5.1 Zecken – Blut saugende Spinnentiere

Birgit streichelt ihren Schäferhund. Dabei fühlt sie im Fell des Tieres eine Art Beule. Es ist eine Zecke, die sich mit dem Blut des Hundes vollgesogen hat.

Lebewesen, die sich von Blut oder von Gewebe größerer Lebewesen ernähren und dabei ihrem Wirt schaden, nennt man **Parasiten**. Parasiten, die wie die Zecken weitgehend auf ihrem Wirt leben, heißen **Außenparasiten.**

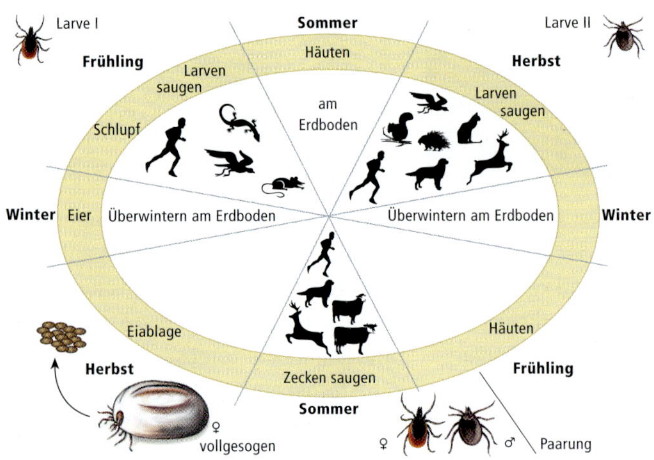

2 Vermehrungszyklus einer Zecke

Zecken sind Spinnentiere, die meist auf Büschen und in hohem Gras sitzen. Geht ein möglicher Wirt vorbei, werden sie vom Gras abgestreift und suchen sich eine geeignete Körperstelle, an der sie Blut saugen können. Zecken befallen Wirbeltiere und haben somit auch Menschen als Wirte. Zeckenweibchen benötigen das Blut für die Entwicklung ihrer Eier. Sie können beim Saugen bis zum 120-fachen des eigenen Körpergewichtes an Blut aufnehmen. Die Weibchen sägen ihre Mundwerkzeuge in die Haut. Mit ihrem Speichel geben sie blutungsstillende und schmerzhemmende Mittel in die Wunde, so dass ein Zeckenbiss oft nicht gleich bemerkt wird. Bei einem Zeckenbiss gehen nur wenige Milliliter Blut verloren. Trotzdem können solche Bisse gefährlich sein, denn Zecken können Krankheiten übertragen. In Mitteleuropa sind dies die **F**rüh**s**ommer-**M**eningo-**E**nzephalitis **FSME** und die **Borreliose.**

FSME ist eine durch Viren hervorgerufene Erkrankung des Nervensystems, die zu einer Gehirnhautentzündung führen kann. Bei etwa einem Prozent der Erkrankten verläuft die FSME tödlich, bei zehn Prozent bleiben Restschäden wie Lähmungen zurück. Seit einigen Jahren ist es möglich, sich gegen FSME impfen zu lassen.

Gegen die Borreliose gibt es bisher keinen Impfschutz. Diese Krankheit wird durch Bakterien hervorgerufen. Man kann sie mit Antibiotika bekämpfen. Um die Bissstelle bildet sich oft eine Hautrötung, die sich ringförmig ausbreitet, verbunden mit Gelenk- und Kopfschmerzen und einem Anschwellen der Lymphknoten. Meist verschwinden die Symptome von selbst. Es kann aber auch oft Jahre später zu Schädigungen von Nerven, Herz und Gelenken kommen. In Deutschland infizieren sich jährlich etwa 400 000 Menschen mit Borelliose.

1. Beschreibe anhand Abbildung 2 den Lebenszyklus einer Zecke.
2. Nenne mögliche Schutzmaßnahmen gegen Zeckenbisse und deren Folgen bei Wanderungen im Wald und auf Wiesen.

5.2 Malaria ist eine heimtückische Tropenkrankheit

„Malaria auf dem Rückzug" gab 1968 die Weltgesundheitsbehörde bekannt. Doch nun beobachten Mediziner erneut einen alarmierenden Anstieg der Erkrankungen in den Tropen und subtropischen Gebieten von Südamerika, Afrika und Asien bis in den Mittelmeerraum.

Bei einem Stich der Malariamücke **Anopheles** kann der Erreger der **Malaria**, ein Einzeller der Gattung *Plasmodium*, übertragen werden. Die Plasmodien gelangen zur Leber des Menschen, wachsen dort heran und teilen sich in viele Zellen. Während dieser Phase der Malariainfektion, die eine bis sechs Wochen dauert, treten noch keine Krankheitserscheinungen auf. Die ausgereiften Erreger befallen nun die roten Blutkörperchen. Sie vermehren sich dort erneut, bis die Blutkörperchen platzen. Dabei werden große Mengen giftiger Stoffwechselprodukte des Erregers frei. Der menschliche Körper reagiert darauf mit Schüttelfrost und Fieber bis 41 °C. Nach wenigen Stunden sinkt die Körpertemperatur unter starken Schweißausbrüchen. Inzwischen sind neue Blutkörperchen befallen worden, in denen sich der gleiche Vorgang wiederholt. In gleichmäßigen Abständen tritt dadurch Fieber auf. Ein alter Name für diese Krankheit ist daher auch *Dreitagefieber*.

Sticht ein Weibchen der Fiebermücke Anopheles einen infizierten Menschen, nimmt das Insekt Geschlechtszellen der Plasmodien mit dem Blut auf. Im Darm der Tiere wachsen die befruchteten Eizellen zu neuen Krankheitserregern heran, wandern in die Speicheldrüse und werden beim Stechen wieder auf Menschen übertragen. Parasiten, die innerhalb ihres Wirtes leben, nennt man **Innenparasiten**. Die Malaria-Erreger benötigen zwei Wirte, um sich entwickeln zu können, den Menschen und die Malaria-Mücke.

In jedem Jahr sterben mehr als zwei Millionen Menschen an den Folgen der Malaria, das entspricht 5000 bis 6000 Todesfällen an einem Tag. Es sind in der Mehrzahl Kinder. Will man sich vor einer solchen Erkrankung schützen, sollte man vor, während und nach einer Reise in Malariagebiete regelmäßig bestimmte Medikamente einnehmen. Sie können die Entwicklung des Erregers im Menschen verhindern. Auch versucht man seit Jahren, weltweit den Überträger Anophelesmücke zu vernichten. Dazu benutzt man unter anderem Insektizide wie das Gift DDT. Doch unter den unzähligen Mücken sind mit der Zeit auch solche herangewachsen, die auf diese chemischen Mittel nicht mehr ansprechen und die Behandlung überleben. Man sagt, sie sind gegen das Gift *resistent* geworden. So kann sich die Malaria, auch unterstützt durch weltweiten Massentourismus, weiterhin ausbreiten.

1. Erläutere den Vermehrungszyklus des Malaria-Erregers anhand Abbildung 1.

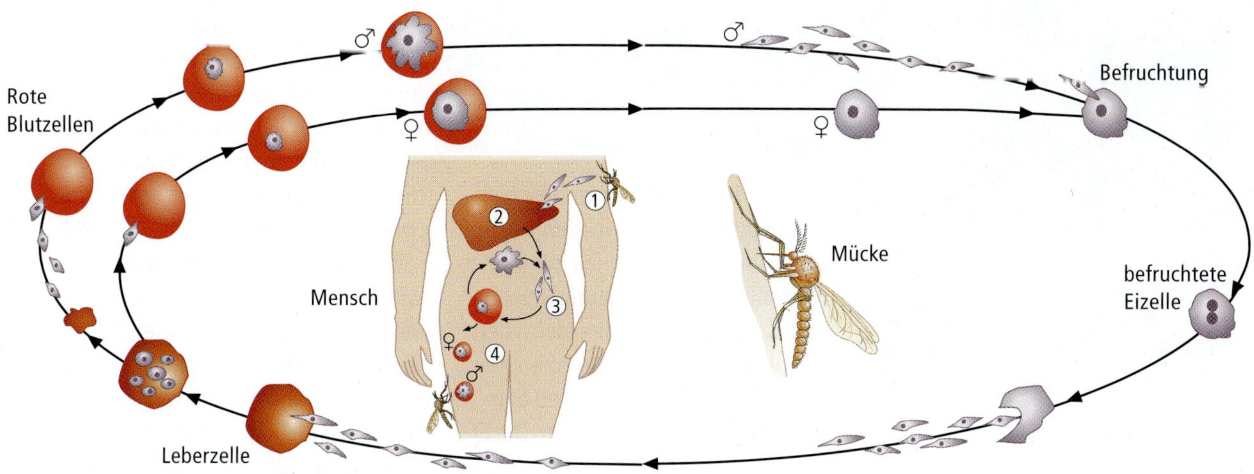

1 Vermehrungszyklus des Malaria-Erregers

Parasiten des Menschen

Kopflaus

Kopfläuse sind zwei bis drei Millimeter große, flügellose Insekten. Alle zwei bis drei Stunden stechen sie ihren Wirt, um Blut zu saugen, von dem sie sich ernähren. Mit ihren Klammerbeinen halten sie sich an den Haaren fest. Eine einzige Kopflaus legt während ihres dreiwöchigen Lebens 60 – 80 Eier. Die Eier der Kopfläuse heißen Nissen. Sie werden mit einem wasserunlöslichen Kitt an den Haaren befestigt. Ein erstes Anzeichen ist ein ungewöhnlich starker Juckreiz. Bei Körperkontakt können Läuse ihren Wirt wechseln.

Menschenfloh

Der ehemals häufige Menschenfloh gilt in Mitteleuropa als ausgestorben. Flohstiche werden bei uns meist von Katzenflöhen verursacht. Typisch bei Flohstichen sind mehrere, nah beieinander liegende Einstichstellen. Durch ihr großes Sprungvermögen können Flöhe leicht ihren Wirt wechseln. Die Pest, die im Mittelalter Millionen von Menschen tötete, wird von Rattenflöhen übertragen.

Krätzmilbe

Krätzmilben fressen die Hornschicht der Haut. Dabei graben diese Spinnentiere Gänge in die Haut und verursachen einen starken Juckreiz. Die Übertragung der Milben erfolgt meist durch Körperkontakt. Außerhalb des menschlichen Wirtes sind die Milben nur wenige Tage lebensfähig.

Madenwurm

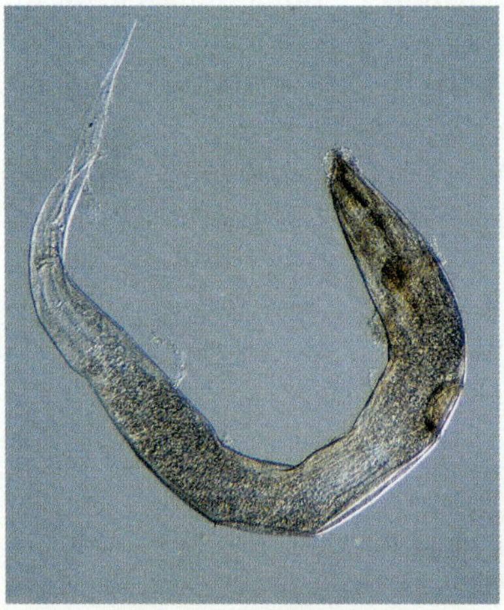

Der Madenwurm kann im Dickdarm von Menschen leben. In gemäßigten und kühleren Klimazonen gehört der Madenwurm zu den häufigsten parasitischen Würmern des Menschen. Vor allem Kinder sind betroffen. Die weiblichen Würmer verlassen den After, um ihre Eier abzulegen. Die Eiablage verursacht ein starkes Jucken. Madenwurmeier werden durch Berührung übertragen.

Fuchsbandwurm

Der geschlechtsreife, nur wenige Millimeter lange Fuchsbandwurm lebt im Dünndarm eines Fuchses oder eines anderen Wirtes. Die Bandwurmeier werden ausgeschieden. Über wild wachsende Beeren können sich Menschen mit den Würmern infizieren. Die Würmer befallen vor allem Leber und Lunge und zerstören sie. Eine Heilung ist kaum möglich. Wild wachsende Früchte oder Pilze sollten daher nie ungewaschen gegessen werden.

Pärchenegel

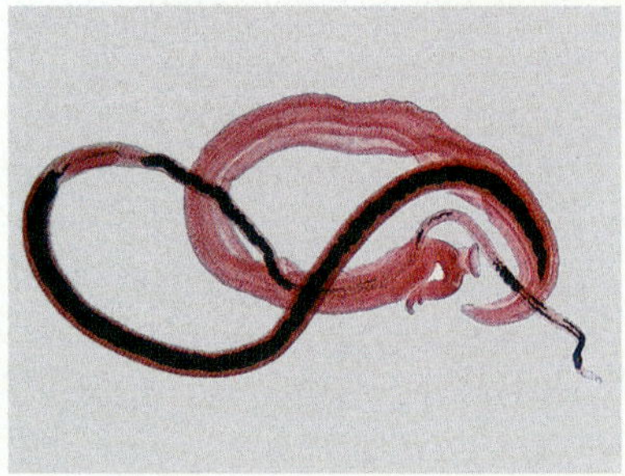

Die in tropischen Feuchtgebieten auftretende **Bilharziose** wird durch den Pärchenegel hervorgerufen. Die erwachsenen Tiere leben im Menschen vor allem in Blutgefäßen des Darmes und der Blase. Dort rufen sie Geschwüre und innere Blutungen hervor. Die Würmer geben täglich bis zu 3000 Eier ab, die die Kapillaren schädigen. Die Eier werden ausgeschieden und die geschlüpften Larven vermehren sich in Süßwasserschnecken. Von dort gelangen sie ins Wasser und dringen durch die Haut in den Körper des Menschen ein. Weltweit sind etwa 400 Millionen Menschen mit Bilharziose infiziert.

Wirbellose in ihren Lebensräumen

Wirbellose

- Zu den Wirbellosen gehören etwa 95% aller Tierarten.
- Zu den Wirbellosen zählen u. a. Tierstämme wie Einzeller, Hohltiere, Ringelwürmer, Gliedertiere, Weichtiere, Stachelhäuter.
- Wirbellose besitzen keine Wirbelsäule.

Ringelwürmer

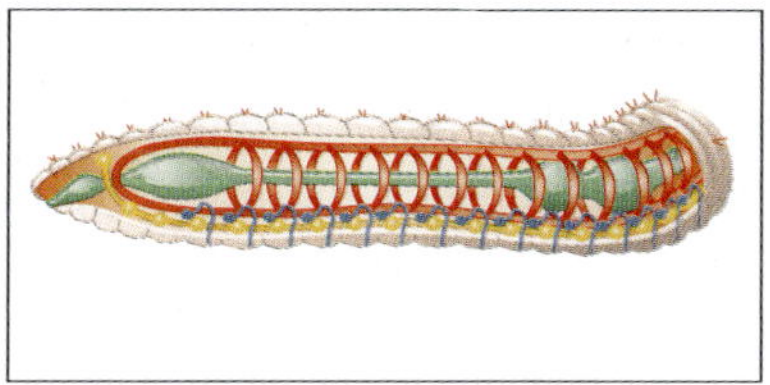

- Ringelwürmer besitzen einen wurmförmigen, in gleichartige Segmente gegliederten Körper.
- Zu den Wenigborstern gehören Regenwürmer; ein Vielborster ist der Seeringelwurm; Blutegel besitzen keine Borsten.
- Für die Fortbewegung sorgt ein Hautmuskelschlauch.
- Lebensvorgänge werden durch ein Strickleiternervensystem gesteuert.
- Regenwürmer haben eine große Bedeutung als Bodenverbesserer.

Weichtiere

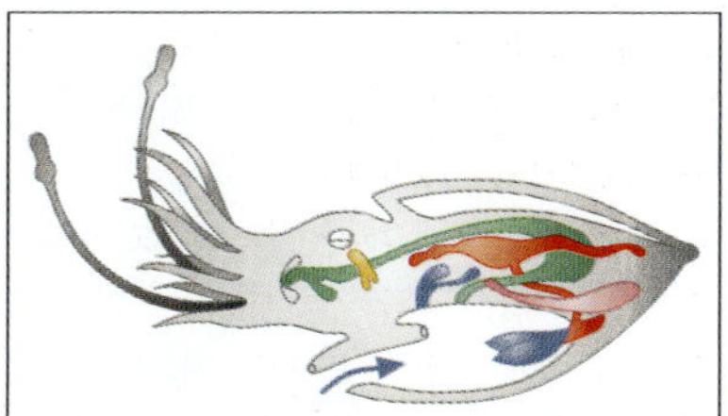

- Zu den Weichtieren gehören Schnecken, Muscheln, Tintenfische, Kraken.
- Der Körper ist in Fuß, Eingeweidesack und Mantel gegliedert.
- Gehäuseschnecken bestehen aus einem Gehäuse und einem weichen Körper.
- Die Mantelhöhle dient als Atemhöhle.
- Weichtiere besitzen einen offenen Blutkreislauf.
- Die Weinbergschnecke ist ein Zwitter.
- Muscheln leben in einer Schale aus zwei Hälften. Sie besitzen keinen Kopf.
- Muscheln sind Kiemenatmer.
- Tintenfische haben einen gut entwickelten Kopf mit ansitzenden Fangarmen.
- Tintenfische gehören zu den Kopffüßern.
- Der Tintenfisch bewegt sich nach dem Rückstoßprinzip fort.

Gliederfüßer

- Zu den Gliederfüßern gehören Tausenfüßer, Spinnentiere und Insekten.
- Gliederfüßer haben ein Außenskelett aus Chitin, viele von ihnen besitzen einTracheensystem zum Atmen, einen offenen Blutkreislauf, ein Strickleiternervensystem, gegliederte Beinpaare sowie Netzaugen.
- Insekten besitzen einen in Kopf, Brust und Hinterleib dreigeteilten Körper sowie drei Beinpaare.
- Zu den Insekten gehören u. a. Stechmücken, Heuschrecken, Käfer, Blattwanzen, Blattläuse, Bienen, Libellen und Schmetterlinge.
- Honigbienen, Hummeln, Wespen, Hornissen, Ameisen und Termiten sind Staaten bildende Insekten.
- Der Kartoffelkäfer entwickelt sich aus einem Ei über mehrere Larvenstadien und ein Puppenstadium zum Vollinsekt. Eine solche Entwicklung heißt vollständige Metamorphose.
- Insekten, deren Jugendformen dem Vollinsekt sehr ähnlich sehen und eine Entwicklung ohne Puppenstadium durchlaufen, haben eine unvollständige Metamorphose.
- Je nach Lebensweise besitzen Insekten entweder stechend-saugende, leckend-saugende, saugende oder beißende Mundwerkzeuge.
- Insekten sichern mit der Bestäubung die Fortpflanzung vieler Pflanzenarten und sind für die biologische Schädlingsbekämpfung wichtig.
- Spinnentiere kennzeichnet ein zweigeteilter Körper in Kopfbrustabschnitt und Hinterleib sowie vier Beinpaare.
- Webspinnen bauen Netze zum Beutefang.
- Wolfsspinnen jagen nach Beute, Krabbenspinnen lauern an Blüten auf Beutetiere.

Parasiten

- Man unterscheidet zwischen Außen- und Innenparasiten.
- Zecken sind blutsaugende Spinnentiere und Außenparasiten.
- Malaria wird durch Einzeller hervorgerufen, die von der Anopheles-Mücke übertragen werden. Es sind Innenparasiten.

Grüne Pflanzen – Grundlage des Lebens

1 **Tomatenpflanze**

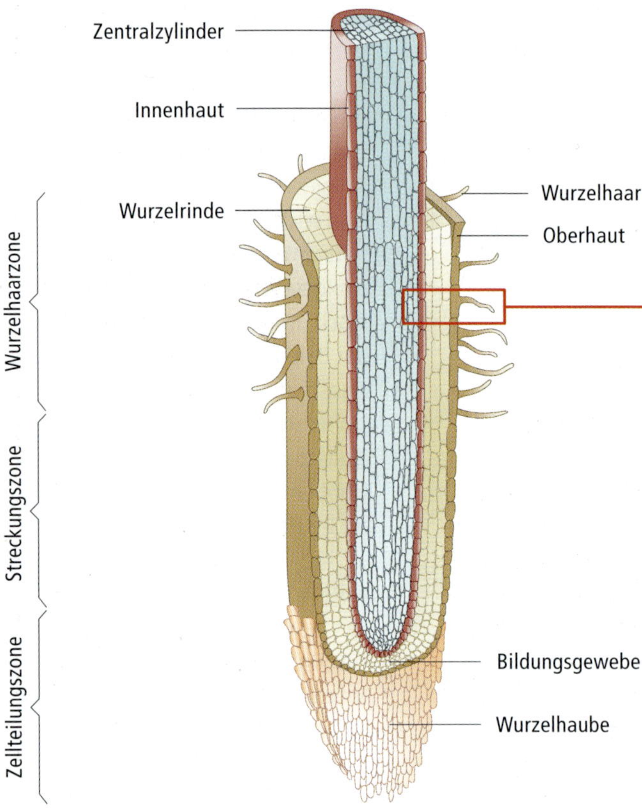

2 **Wurzelspitze im Schnitt**

1 Pflanzengewebe und ihre Leistungen

1.1 Stoffaufnahme und Stofftransport

Wenn keine Nachtfröste mehr zu befürchten sind, werden kleine Tomatenpflanzen im Garten gepflanzt. Schon nach zwei Monaten sind daraus große Exemplare geworden, die bereits reife Früchte tragen. Diese bestehen zu 94 % aus Wasser und enthalten neben Ballaststoffen geringe Anteile an Eiweißstoffen, Fetten, Kohlenhydraten und Mineralstoffen wie Natrium, Kalium, Calcium, Phosphor, Magnesium und Eisen. Wie gelangen diese Mineralstoffe in die Früchte?

Wasser und die darin gelösten Mineralstoffe werden über **Wurzeln** aufgenommen. Sie bestehen aus einer *Hauptwurzel,* von der viele *Seitenwurzeln* abzweigen. An ihren Spitzen liegt ein zartes *Bildungsgewebe,* in dem sich durch Zellteilungen ständig neue Zellen bilden. Das Gewebe wird von einer *Wurzelhaube* überdeckt. Deren äußere Zellen verschleimen und erleichtern so das Eindringen der Wurzeln in den Boden.

An diese *Zellteilungszone* schließt sich die *Streckungszone* an. In der nur wenige Millimeter schmalen Zone strecken sich die Zellen, so dass die Wurzeln in die Länge wachsen.

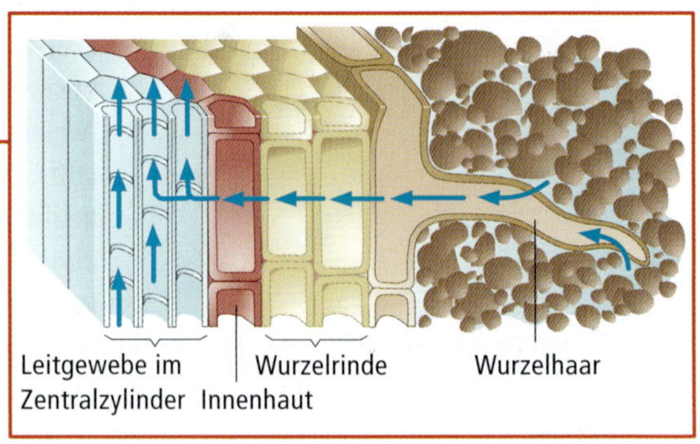

3 **Wasseraufnahme durch die Wurzel und Weg des Wassers in das Leitgewebe**

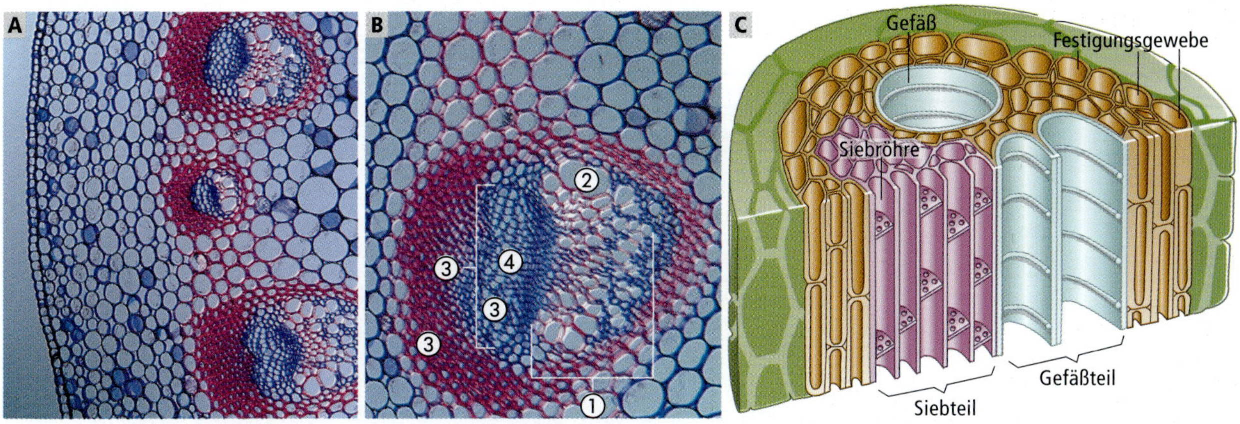

4 **Leitbündel.** **A** Anordnung im Stängel; **B** Querschnitt (angefärbt); **C** Leitbündel (Blockbild)

Die Streckungszone geht in die ebenfalls nur wenige Millimeter lange *Wurzelhaarzone* über. Hier zweigen viele schlauchartige, mikroskopisch kleine Ausstülpungen der Oberhaut ab: die **Wurzelhaare.** Die *Wurzelhaarzellen* nehmen Wasser mit gelösten Mineralstoffen auf. Der Zellsaft der Wurzelhaare besitzt eine höhere Konzentration an gelösten Stoffen als das Bodenwasser. So dringt dieses in die Wurzelhaarzellen ein. Dabei wirkt die Plasmahaut als halbdurchlässige Membran, die überwiegend Wassermoleküle durchlässt. Von dort gelangen sie zum *Zentralzylinder* in das *Leitgewebe,* auch **Leitbündel** genannt. In dessen *Gefäßteil* leiten röhrenförmige *Gefäße* das Wasser aus den Wurzeln in alle Teile der Pflanze. Da Wasser über die Blätter verdunstet, entsteht in den Gefäßen ein **Transpirationssog,** der ständig für Wassernachschub sorgt. In den *Siebröhren* des *Siebteils* dagegen werden Nährstoffe, die in den Blättern gebildet wurden, in das übrige Pflanzengewebe befördert.

1. Nenne die Gewebearten der Wurzel und deren Aufgaben.
2. Benenne die Teile des Leitbündels in Abb. 4B.
3. Beschreibe die Wege von Wasser und Nährstoffen in der Pflanze.

EXKURS

Diffusion und Osmose

A Gibt man eine Zuckerlösung vorsichtig in ein mit Wasser gefülltes Gefäß, gelangen die Zuckermoleküle nach und nach in das reine Wasser, während die Wassermoleküle in die andere Richtung wandern. Es kommt zu einer Durchmischung der Flüssigkeiten. Einen solchen Vorgang bezeichnet man als **Diffusion.**

B Werden dagegen in einem Gefäß zwei verschieden konzentrierte Lösungen wie Wasser und Zuckerlösung durch eine feinporige halbdurchlässige Membran voneinander getrennt, so passieren die „kleinen" Wassermoleküle die Membran und treten in die Zuckerlösung über. Die „großen" Zuckermoleküle dagegen können nicht durch die Membran dringen. Daher fließt mehr Wasser in Richtung Zuckerlösung als umgekehrt. Einen solchen einseitigen Diffusionsvorgang durch eine halbdurchlässige Membran bezeichnet man als **Osmose.**
Füllt man einen Trichter, der mit einer halbdurchlässigen Membran bespannt ist, mit Zuckerlösung und taucht diesen in Wasser, wird als Folge der Osmose die Lösung im Glasrohr hinaufgedrückt.

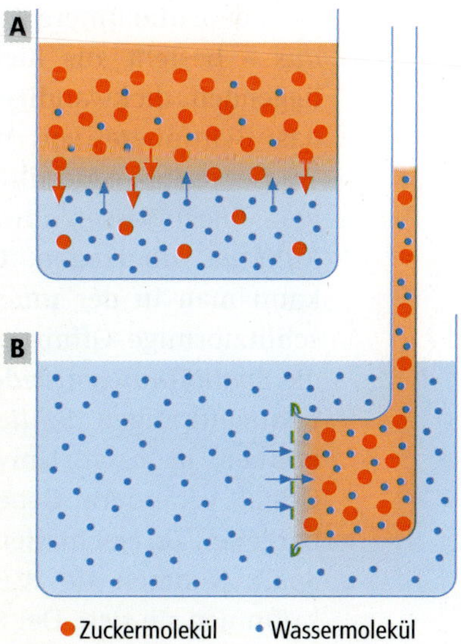

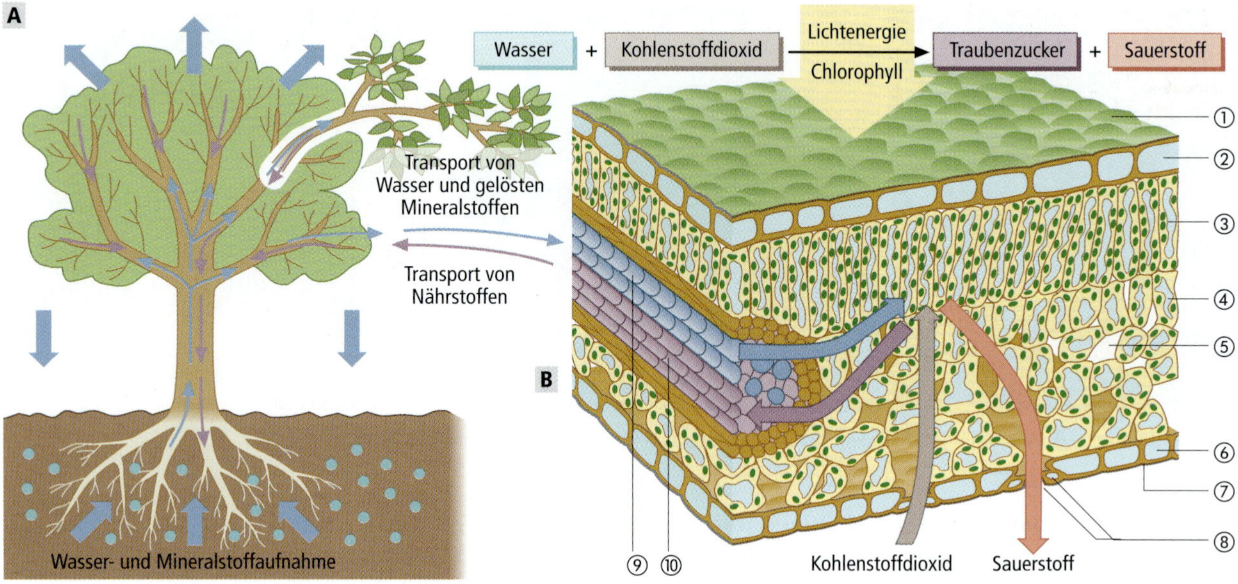

1 Fotosynthese und Stofftransport. **A** Stofftransport in der Pflanze; **B** Laubblatt als Ort der Fotosynthese (Blockschema) ① Kutikula, ② obere Epidermis, ③ Zelle im Palisadengewebe, ④ Zelle im Schwammgewebe, ⑤ Zwischenzellraum, ⑥ untere Epidermis, ⑦ Kutikula, ⑧ Schließzellen und Spaltöffnung, ⑨ Gefäße im Leitbündel, ⑩ Siebröhren im Leitbündel

1.2 Pflanzen bauen organische Stoffe auf

Wie gelingt es dem Apfelbaum, jedes Jahr Äpfel zu bilden, im Fruchtfleisch Zucker zu speichern und zusätzlich noch zu wachsen? Ort der Zuckeraufbaues und damit „Nährstofffabrik" sind die grünen Laubblätter. Sie sind die eigentlichen *Produzenten* der Nährstoffe. Betrachten wir daraufhin den Aufbau eines Laubblattes.

Die obere und untere Blattschicht – die *Epidermis* – besteht aus lückenlos nebeneinander liegenden, dickwandigen Zellen. Sie schützen das Blattinnere vor Verletzungen und vor Wasserverlust. Auf ihrer Außenseite ist sie von einer Wasser abweisenden Schicht, der *Kutikula,* überzogen. Unter dem Mikroskop kann man in der unteren Epidermis kleine, schlitzförmige Öffnungen sehen. Man nennt die *Spaltöffnungen*. Jede davon wird von zwei bohnenförmigen *Schließzellen* begrenzt. Sie können je nach Umweltverhältnissen ihre Gestalt verändern. Geben sie Wasser an Nachbarzellen ab, erschlaffen sie und schließen den Spalt. Nehmen sie Wasser auf, straffen und krümmen sie sich. Der Spalt wird dadurch geöffnet.

Über Spaltöffnungen dringt *Kohlenstoffdioxid* in das Blattgewebe ein. Dieses ist reich an *Blattgrünkörnern,* den **Chloroplasten**. Sie enthalten den grünen Blattfarbstoff, das **Chlorophyll.** *Gefäße* transportieren Wasser zu den Zellen. Die Chloroplasten nehmen Wasser und Kohlenstoffdioxid auf. Das *Sonnenlicht* trifft auf das Chlorophyll und liefert die Energie für die Bildung von Traubenzucker. Dabei wird in den Chloroplasten zunächst das Wasser in *Wasserstoff* und *Sauerstoff* „gespalten". Danach reagieren Wasserstoff und Kohlenstoffdioxid miteinander und bilden *Traubenzucker.* Gleichzeitig wird *Sauerstoff* frei, der durch die Spaltöffnungen entweicht. Einen solchen Aufbauvorgang, der nur mithilfe von Lichtenergie möglich ist, bezeichnet man als **Fotosynthese.**

Traubenzucker transportiert der Apfelbaum z. B. über die *Siebröhren* in fast alle Teile der Pflanze. Den Zucker verwenden Pflanzen wie der Apfelbaum auch zum Aufbau weiterer Stoffe wie Stärke, Holz, Zellulose, Fette und Eiweißstoffe.

1. Beschreibe den Vorgang der Fotosynthese anhand der Abbildung 1.
2. Wie kommt die Stärke in die Kartoffel?

1 Gewächshauskultur

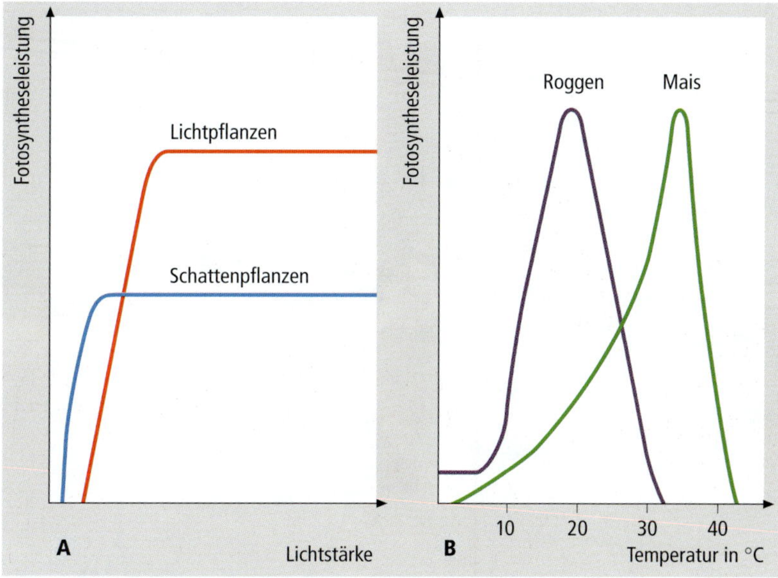

2 Abhängigkeit der Fotosynthese von Umweltfaktoren

1.3 Leistungen der Fotosynthese hängen von verschiedenen Umweltfaktoren ab

Zu jeder Jahreszeit kann man Tomaten kaufen, obwohl diese bei uns im Freien nur im Sommer Früchte bilden. Die meisten Tomaten stammen aus Kulturen in Gewächshäusern, wo den Pflanzen das ganze Jahr über optimale Wachstumsbedingungen geboten werden. Dazu muss man jedoch die Ansprüche dieser Pflanzen kennen, die sie an ihre Umwelt stellen. Diese Ansprüche sind für jede Pflanzenart verschieden.

Grüne Pflanzen benötigen zur Fotosynthese ausreichend **Licht.** Der Lichtbedarf ist jedoch bei den einzelnen Arten unterschiedlich. Bei einigen Arten lässt sich die Fotosyntheseleistung steigern, wenn man sie einer intensiveren Belichtung aussetzt. Diese lässt sich jedoch nicht beliebig erhöhen. Bei einer *Lichtsättigung* werden die Höchstleistungen erreicht. Der *Lichtsättigungspunkt* fällt bei jeder Art unterschiedlich aus. *Schattenpflanzen* wie Waldsauerklee und Wurmfarn erreichen diesen Punkt eher als *Lichtpflanzen* wie der Mais. Die Produktivität der Schattenpflanzen ist jedoch geringer als die bei Sonnenpflanzen. Eine zu starke Beleuchtung schadet ihnen sogar.
Aus Erfahrung wissen wir, dass bei niedrigen **Temperaturen** das Pflanzenwachstum gehemmt ist. Ein kaltes Frühjahr verzögert z. B. auf den Feldern das Wachstum von Getreide. Wird es wärmer, „schießt" es förmlich in die Höhe. Die volle Leistung bei der Fotosynthese erzielen die Pflanzen je nach Art nur in einem engen Temperaturbereich, dem *Optimum*. Sind die Temperaturen zu niedrig, laufen die chemischen Reaktionen langsamer ab. Sind sie zu hoch, werden die bei der Fotosynthese beteiligten Enzyme nicht aktiv.

Auch der Einfluss von **Kohlenstoffdioxid** auf Pflanzen spielt bei der Fotosyntheseleistung eine Rolle. Ist für die jeweilige Pflanze genügend Licht vorhanden, kann durch Erhöhung des Kohlenstoffdioxidgehalts der Luft in Gewächshäusern die Produktivität z. B. bei Tomaten auf das Dreifache des normalen Ertrags gesteigert werden.

Ebenso entscheidet auch das **Wasser** über die Leistungen der Pflanzen. Bei Trockenheit schließen sich die Spaltöffnungen, und die Fotosynthese ist eingeschränkt. Künstliche Bewässerung führt zum Öffnen der Spaltöffnungen und die Stoffproduktion nimmt zu.

1. Erläutere die Abbildung 2.
2. Beschreibe, wie sich der Umweltfaktor Wasser auf die Fotosyntheseleistung auswirkt.

1 **Lotosblume.** **A** am natürlichen Standort; **B** Temperaturregelung und Sauerstoffbedarf

1.4 Auch Pflanzen atmen

In Australien und Ostasien wächst die *Indische Lotosblume,* ein Seerosengewächs. Die Blüten entfalten sich einige Zentimeter über den auf dem Wasser schwimmenden Blättern. Kurz vor dem Aufblühen und Öffnen der Kronblätter heizen die Pflanzen das Innere der Blüten auf, sodass die Innenluft in der Regel viel wärmer ist als die Außenluft. Wissenschaftler haben die Temperatur der Lotosblüten während mehrerer Tage gemessen sowie dabei ablaufende Stoffwechselvorgänge untersucht. Sie kamen dabei zu erstaunlichen Ergebnissen.

Die Blüten halten die Temperatur von etwa 30 °C bis 37 °C zwei bis vier Tage, auch wenn die Lufttemperatur auf 10 °C abfällt. Die meiste Wärme erzeugt das schwammige Gewebe des Blütenbodens. Während dieser Zeit haben sich die Staubbeutel noch nicht geöffnet. Die Narben sind jedoch bereits reif. Insekten werden durch die Wärme in das Innere der Blüten gelockt und bestäuben die Narben mit dem Pollen anderer Lotosblüten. Eine Selbstbestäubung wird dadurch vermieden. Die Wärmebildung muss also in dieser Zeit von der Pflanze aktiv gesteuert werden. Wie aber gelingt es der Lotosblume, die nötige Wärme zu erzeugen?

Als „Heizmaterial“ dient der Lotosblume die bei der Fotosynthese gebildete Stärke. Um die in den Zellen gespeicherte Stärke zur Gewinnung von Energie nutzen zu können, muss diese zunächst mithilfe von Enzymen in Traubenzucker zerlegt werden. Hierbei werden Traubenzucker und Sauerstoff in mehreren Schritten zu *Kohlenstoffdioxid* und *Wasser* umgewandelt. Dabei wird viel *Energie* freigesetzt. Diesen Vorgang bezeichnet man auch als eine *biologische Oxidation.* Ein Teil der Energie geht als Wärme „verloren“ oder dient wie im Fall der Lotosblume zur Wärmebildung. Einen weiteren Teil der Energie verwendet die Pflanze zum Beispiel dazu, um neue Stoffe zu bilden, diese im Pflanzenkörper zu transportieren und um wachsen zu können.

Die Vorgänge der biologischen Oxidation vollziehen sich in den Zellen. Dieser als **Zellatmung** bezeichnete Vorgang lässt sich in einer Wortgleichung wie folgt darstellen:

Traubenzucker + Sauerstoff → Kohlenstoffdioxid + Wasser + Energie

Die Lotosblume – wie alle anderen Pflanzen auch – atmet also.

Die Zellatmung läuft in speziellen Organellen ab, den **Mitochondrien**. Sie bestehen aus einer doppelten Membran. Die äußere gibt ihnen die Gestalt. Die Innere ist durch mehrfache Einstülpungen aufgefaltet und vergrößert auf diese Weise den Reaktionsraum. Auf deren Oberfläche und in der Grundsubstanz laufen ständig Vorgänge der *Zellatmung* ab. Dabei steuern *Enzyme* den Abbau energiereicher Stoffe wie etwa des Traubenzuckers. Die frei werdende Energie steht der Zelle für Lebensvorgänge zur Verfügung. Da die Hauptaufgabe der Mitochondrien in der Energieumwandlung liegt, bezeichnet man diese Organellen auch als „Kraftwerke" der Zelle.

Auch Tiere und der Mensch erhalten Energie für ihre körpereigenen Vorgänge durch Zellatmung. Sie benötigen diese zum Beispiel zur Aufrechterhaltung einer gleichbleibenden Körperwärme oder für Muskeltätigkeiten. Sie können jedoch nicht wie Pflanzen mithilfe der Sonnenenergie energiereiche Stoffe selbst bilden, sondern müssen diese über die Nahrung aufnehmen und in körpereigene Stoffe umwandeln.

Der zum Abbau notwendige Sauerstoff stammt ebenfalls als „Abfallprodukt" aus der Fotosynthese. Er gelangt zum Beispiel über Atemwege bis in die Zellen. Somit liefern Pflanzen durch Fotosynthese die Grundlage für die Zellatmung auch bei Tieren und beim Menschen. Die dabei entstehenden Stoffe Kohlenstoffdioxid und Wasser sind gleichzeitig wieder Ausgangsstoffe für die Fotosynthese. Zellatmung und Fotosynthese führen daher als gegenläufige Vorgänge zu einem **Stoffkreislauf.**

1. Erläutere die Grafik in Abbildung 1A.
2. Beschreibe den Sauerstoffverbrauch in der Blüte der Lotosblume im Verlauf eines Tages und erläutere diesen.
3. Beschreibe den Vorgang der Zellatmung mithilfe der Abbildung 2.
4. Erläutere den in Abbildung 3 dargestellten Stoffkreislauf.
5. Begründe, weshalb Menschen und Tiere ohne Pflanzen nicht leben können.

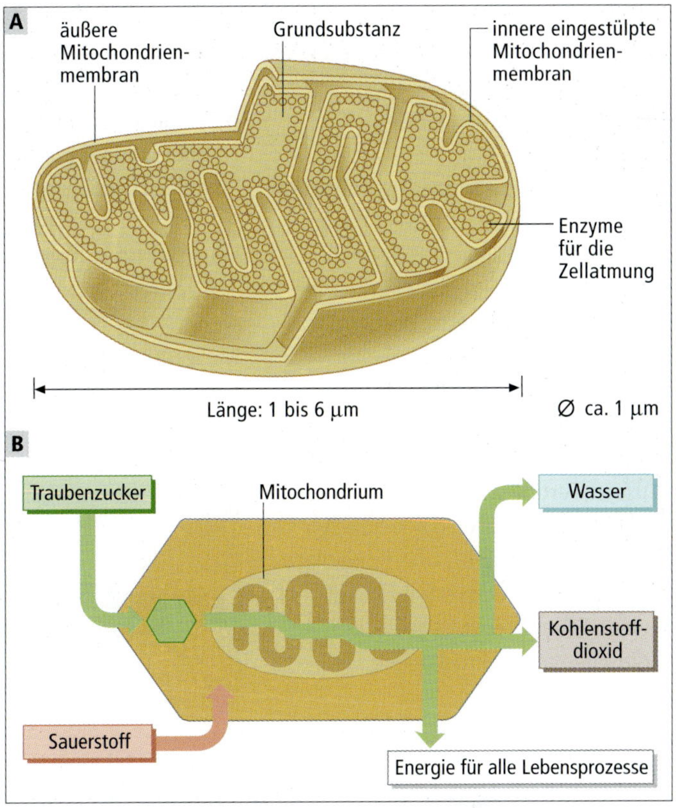

2 Zellatmung. A Mitochondrium (Schema); **B** Zelle mit Mitochondrium (Schema)

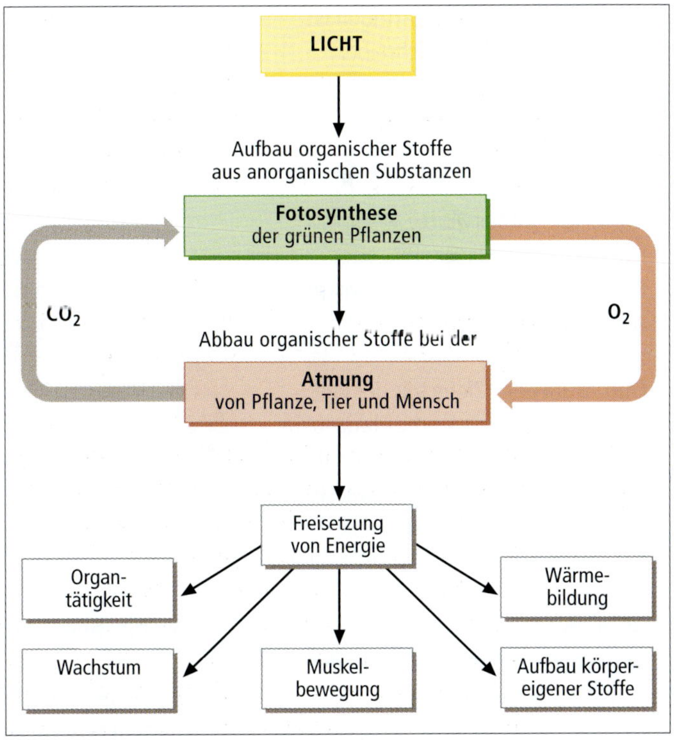

3 Zusammenhang zwischen Fotosynthese und Atmung

Stoffaufnahme und Stoffwechsel bei Pflanzen

V1 Stängelquerschnitte

Material: junge Sprossabschnitte von Einkeimblättrigen (z.B. Mais) und Zweikeimblättrigen (z.B. Sonnenblume); Rasierklinge mit Korkhalterung; Pinzette; Pipette; Becherglas; Wasser; Mikroskop mit Zubehör

Durchführung: Gib mit der Pipette einen Tropfen Wasser auf den Objektträger. Fertige von den Stängeln zwei verschiedener Arten einen hauchdünnen Querschnitt. Überführe diese jeweils in den Wassertropfen auf einen Objektträger. Lege Deckgläschen auf. Mikroskopiere.

Aufgaben:
a) Zeichne von den Querschnitten eine Übersicht. Beschrifte.
b) Vergleiche die Präparate und beschreibe die Unterschiede.
c) Die Anordnung der Leitbündel bei Ein- und Zweikeimblättrigen ist unterschiedlich. Beschreibe.

V2 Schließzellen und Spaltöffnungen

Material: grünes Blatt z.B. Tulpe, Flieder, Alpenveilchen; Pinzette; Pipette; Becherglas; Wasser; Mikroskop mit Zubehör

Durchführung: Ziehe mit der Pinzette von der Ober- und Unterseite je ein kleines Stück der Epidermis ab. Überführe diese in je einen Wassertropfen auf Objektträger. Decke diese mit Deckgläschen ab. Mikroskopiere.

Aufgaben:
a) Zeichne je einen Ausschnitt der Blattgewebe. Beschrifte.
b) Vergleiche die Epidermis von Blattober- und Blattunterseite. Erläutere deine Feststellungen.

V3 Funktionsmodell der Schließzellen

Material: Fahrradschlauch; Luftpumpe; Bindematerial

Durchführung:

Binde den Schlauch wie in der Abb. gezeigt luftdicht ab.
Pumpe nun Luft in den Schlauch.

Aufgaben
a) Beschreibe anhand des Modells die Funktion der Schließzellen. Informiere dich auch auf S.66.
b) Die beiden Fotos von Schließzellen entstanden zu verschiedenen Tageszeiten. Welches wurde am frühen Morgen, welches in der Mittagshitze gemacht? Begründe.

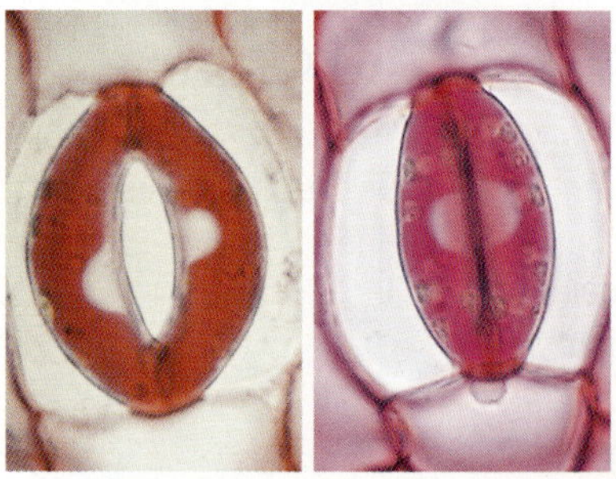

V4 Fotosynthese und Sauerstoff

Hinweis: Ein glimmender Holzspan entflammt in reinem Sauerstoff.

Material: Glasgefäß; Glastrichter; Reagenzglas; Wasser; Wasserpest; Draht; Holzspan oder lange Streichhölzer (Kaminhölzer); Kerze; 100-Watt-Tischlampe

Durchführung: Binde frische Sprosse der Wasserpest zusammen und bringe sie in das mit Wasser gefüllte Gefäß. Stülpe den Trichter unter Wasser so über die Pflanzen, dass dieser ganz mit Wasser bedeckt ist. Fülle das Reagenzglas randvoll mit Wasser. Verschließe es mit dem Daumen. Stülpe es über den Hals des Trichters und ziehe den Daumen weg. Es darf dabei kein Wasser aus dem Reagenzglas treten. Setze die Versuchsanordnung dem Licht aus.

Wenn sich das Reagenzglas etwa zur Hälfte mit „Luft" gefüllt hat, ziehe es unter Wasser (!) vom Trichter, verschließe es mit dem Daumen, hebe es aus dem Gefäß und drehe es um. Entzünde den Span an einer brennenden Kerze, blase die Flamme aus, so dass der Span nur noch glimmt. Ziehe den Daumen vom Reagenzglas und führe sofort den glimmenden Span in das Reagenzglas.

Aufgabe:
Beschreibe deine Beobachtungen und erläutere diese.

V5 Pflanzen erzeugen Stärke

Hinweis: Stärke wird mit Iod-Kaliumiodidlösung dunkelblau bis violett gefärbt.

Material: beblätterter Zweig, z.B. Flieder, Kapuzinerkresse; Alufolie; 2 Bechergläser (200 und 250 ml); Petrischale; Tiegelzange; Heizplatte; Brennspiritus; Siedesteinchen; Iod-Kaliumiodidlösung

Durchführung:

Decke einige Blätter der Pflanze mit einem Streifen Alufolie wie in der Abbildung ab. Die Folie muss an der Ober- und Unterseite dicht anliegen. Löse die Blätter am Mittag des nächsten Tages von der Pflanze ab und entferne die Folie. Tauche die Blätter kurz in kochendes Wasser. Fülle Brennspiritus in das kleine Becherglas. Bringe Wasser in dem großen Becherglas zum Sieden und setze das Becherglas mit dem Brennspiritus zusammen mit Siedesteinchen mithilfe der Tiegelzange hinein. Sobald der Spiritus heiß geworden ist, lege die Blätter hinein. Lasse sie in der Lösung, bis sie entfärbt sind. Spüle die Blätter mit Wasser ab und lege sie etwa 10 Minuten in eine Petrischale mit Iod-Kaliumiodidlösung. Spüle die Blätter danach mit Wasser ab.

Aufgabe: Beschreibe und erläutere das Ergebnis.

V6 Pflanzen atmen

Hinweis: Kohlenstoffdioxid wird durch Kalkwasser gebunden. Dieses trübt sich dabei milchig.

Material: 4 Waschflaschen; Gummischläuche; Handgebläse; Kalkwasser; keimende Erbsen

Durchführung:

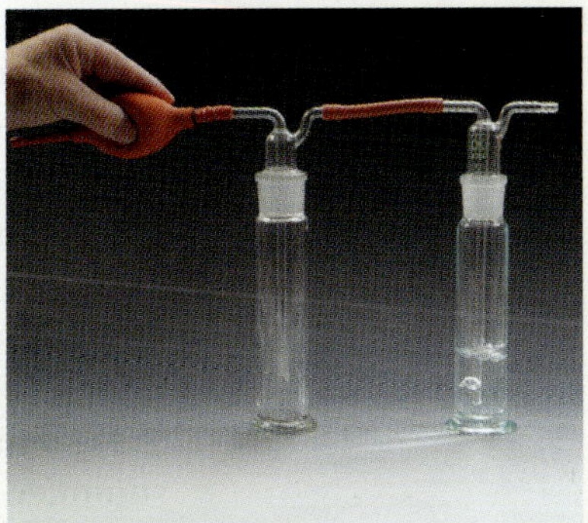

Gib in 2 Waschflaschen Kalkwasser, in die dritte gekeimte Erbsen, die vierte bleibt leer. Schließe jeweils 2 Flaschen entsprechend der Abbildungen an die Gummischläuche und das Handgebläse an. Beachte die Richtung der Anschlüsse! Baue die Versuchsanordnungen wie in den Abbildungen auf. Blase nun Luft durch die Waschflaschen wie in Abb. A gezeigt. – Beachte dabei, dass du **vor** die Waschflasche mit Kalkwasser zur Sicherheit die „leere" Waschflasche angeschlossen hast.

Pumpe danach Luft durch die Versuchsanordnung, wie in Abb. B dargestellt.

Aufgaben:

a) Vergleiche die Ergebnisse von A und B und erläutere diese.

b) Begründe, weshalb die keimenden Erbsen für den Versuch eher geeignet sind als Blätter von Erbsenpflanzen.

V7 Freisetzung von Energie durch Atmung

Material: Becherglas; gequollene keimende Erbsen oder Bohnen; Pappscheibe im Durchmesser des Becherglases; Schere; 2 Thermometer

Durchführung:

Fülle das Becherglas mit den gequollenen Samen. Bedecke das Glas mit der Pappscheibe, in die du vorher eine passende Öffnung für das Thermometer geschnitten hast. Führe ein Thermometer in das Glas.

Aufgaben:

a) Vergleiche nach 10 Minuten die Temperatur im Glas mit der Außentemperatur und erläutere das Ergebnis.

b) Welche Bedeutung hat die in den Samen gespeicherte Stärke für die keimende Pflanze?

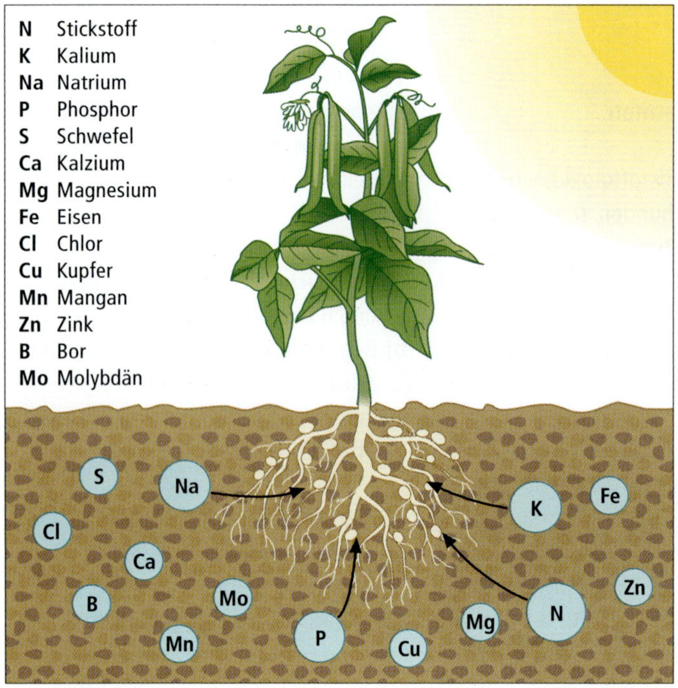

1 Mineralstoffbedarf der Pflanzen

2 Düngeversuch auf einem Feld

1.5 Ohne Mineralstoffe kein Pflanzenwachstum

Schon unsere Vorfahren wussten, dass Böden ertragsärmer werden, wenn man jedes Jahr dieselbe Kulturpflanze darauf anbaut. Jede Pflanzenart stellt nämlich bestimmte Ansprüche an die Versorgung mit Mineralstoffen. Sind diese nicht in ausreichendem Maße vorhanden, gehen die Erträge zurück. Durch Fruchtwechsel verhindert man den einseitigen Entzug von Mineralstoffen. Daher war früher die *Dreifelderwirtschaft* verbreitet. Auf jedem Feld wechselten in einem Rhythmus von drei Jahren Wintergetreide, Sommergetreide und Hackfrüchte.

Die Pflanzen benötigen an **Mineralstoffen** vor allem *Stickstoff, Kalium, Phosphor, Calcium, Schwefel* und *Magnesium*. Geringer ist der Bedarf an *Bor, Chlor, Kupfer, Eisen* oder *Zink*. Man bezeichnet diese Elemente daher als **Spurenelemente.**

In einer Naturlandschaft geben die abgestorbenen Pflanzen bei ihrer Zersetzung die Mineralstoffe an den Boden zurück. Auf Feldern dagegen werden Nutzpflanzen ständig geerntet. Dadurch verarmt der Boden zunehmend an Mineralstoffen. Sie müssen deswegen durch *Düngung* ersetzt werden. Dazu bringt man **organischen Dünger** als *Mist* oder *Gülle* auf die Felder. Pflügt man Klee oder Lupinen unter, wird der Boden mit Stickstoffverbindungen angereichert. Diese Art der Düngung heißt **Gründüngung.** Am häufigsten jedoch setzen Landwirte **Mineraldünger** in einer bestimmten Zusammensetzung ein.

Jede Pflanze braucht Mineralstoffe in einem bestimmten Mengenverhältnis. Ist im Boden auch nur ein Stoff in zu geringer Menge vorhanden, kann er nicht durch den Überschuss eines anderen ersetzt werden. Von den benötigten Mineralstoffen begrenzt der im *Minimum* vorhandene Stoff das Pflanzenwachstum. Wir bezeichnen diese Abhängigkeit als das **Gesetz des Minimums.**

1. Erläutere Abbildung 2.
2. Erläutere anhand der Abb. 3 das Gesetz des Minimums.

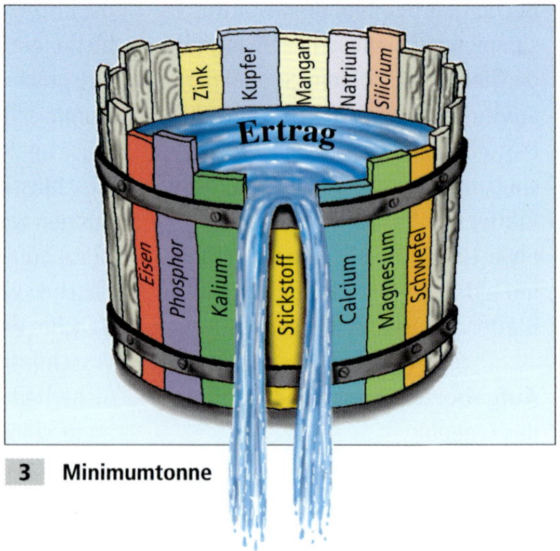

3 Minimumtonne

2 Pflanzen als Grundlage des Lebens

Pflanzen kommen überall auf dem Festland und in Gewässern vor. Es gibt sie als mikroskopisch kleine, im Wasser schwebende einzellige Organismen bis hin zu Baumriesen in tropischen Regenwäldern. Sie alle nutzen die Sonnenenergie und bauen durch **Fotosynthese** aus energiearmen anorganischen Stoffen energiereiche organische Stoffe wie Zucker, Stärke, Fette, Eiweiße oder Zellulose auf. Auf diese Weise entsteht durch die pflanzlichen **Produzenten** weltweit jährlich etwa eine halbe Billion Tonnen pflanzlicher **Biomasse.** Über die Hälfte davon benötigen die Pflanzen über ihre Zellatmung als Energie für die eigenen Lebensvorgänge. Daher wird nur der Rest als Zuwachs an Pflanzenmasse z. B. in Form von Blättern, Früchten und Holz sichtbar.

Will man die **Produktivität** verschiedener Lebensräume unabhängig von der Jahreszeit und vom Wassergehalt der Pflanzen vergleichen, gibt man den jährlichen Zuwachs als *Trockenmasse* der organischen Substanz an. Auf dieser Grundlage gehören z. B. Tropische Regenwälder zu den produktivsten Lebensräumen der Erde. Wüsten und Tundren dagegen weisen nur eine geringe Produktiviät auf. Weltweit entstehen so jährlich etwa 170 Mrd. Tonnen Trockensubstanz. Von dieser pflanzlichen Biomasse hängt das Leben aller Lebewesen ab, die selbst keine Fotosynthese betreiben können.

Der Mensch greift in den Naturhaushalt ein und nutzt zunehmend die weltweit verfügbare Biomasse zur *Ernährung, Rohstoff-* und *Energiegewinnung*. Nahrungsmittel liefernde Pflanzen sind z. B. Getreide, Kartoffeln, Zuckerrüben, Gemüse und Obst. Futterpflanzen kommen über Haustiere als Fleisch, Eier und Milcherzeugnisse auf den Speiseplan. Wichtige industrielle Rohstoffe sind Faserpflanzen wie Flachs, Baumwolle, Hanf und Brennnesseln, aus denen Textilien hergestellt werden. Holz besteht etwa zur Hälfte aus Zellulose und ist Ausgangsstoff für die Herstellung von Papier, Pappe und anderen Faserstoffen. Große Teile der Weltbevölkerung kochen und heizen heute noch mit Holz. Auch die Brennstoffe Steinkohle, Braunkohle und Erdöl stammen von Pflanzen. Diese wurden im Lauf von vielen Millionen Jahren umgewandelt. Die Brennstoffe liefern uns unverzichtbare Energie für Industrie, Haushalte und Verkehr.

Als „Abfallprodukt“ der Fotosynthese entsteht schließlich **Sauerstoff,** den Pflanzen, Tiere und der Mensch zum Atmen benötigen. Ohne diesen gäbe es kein Leben auf Erden.

1. Vergleiche die Produktivität der verschiedenen in Abbildung 1 dargestellten Lebensräume.

Produktivität in kg Trockenmasse pro m²/Jahr

Produktivität der gesamten Biomasse in Mrd. t/Jahr

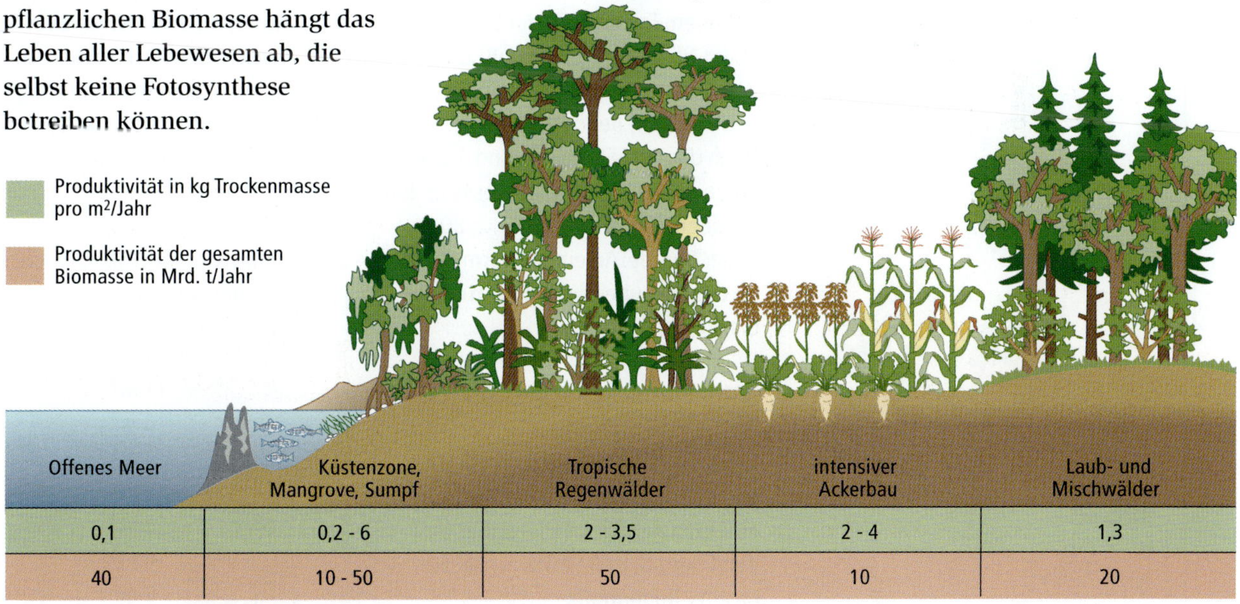

Offenes Meer	Küstenzone, Mangrove, Sumpf	Tropische Regenwälder	intensiver Ackerbau	Laub- und Mischwälder
0,1	0,2 - 6	2 - 3,5	2 - 4	1,3
40	10 - 50	50	10	20

1 **Produktion von Biomasse in verschiedenen Lebensräumen der Erde**

Biologische Leistungen von Pflanzen

Nährstoffgehalt nutzbarer Pflanzenteile

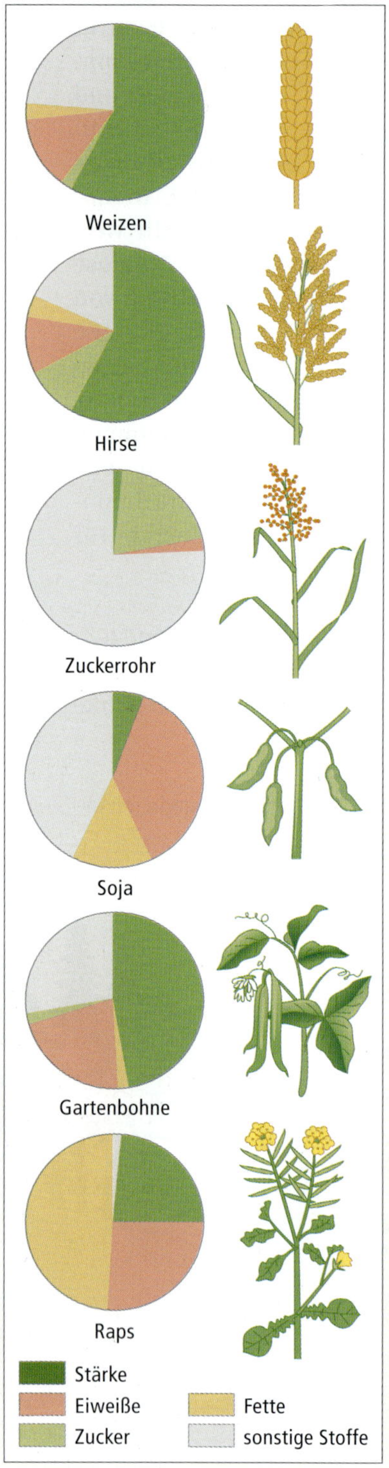

Leistungen eines Laubbaumes

Bei einer 10 Meter hohen Rosskastanie ergeben 250 000 Laubblätter eine Fläche von mehr als 2500 m^2, so viel wie ein halbes Fußballfeld. An einem sonnigen Sommertag geben die Blätter 9500 Liter Sauerstoff ab, etwa so viel, wie 10 Menschen zum Atmen an einem Tag benötigen.
Ebenso viel Kohlenstoffdioxid binden die Blätter bei der Fotosynthese. Dies entspricht etwa so viel, wie ein Auto auf einer Strecke von 100 Kilometern an Abgasen ausstößt.
An einem Tag erzeugt der Baum etwa 10 kg Nährstoffe, die er z. B. zum Wachsen und zur Bildung von Holz und Früchten benötigt.
Nach der Aufnahme von Bodenwasser durch die Wurzeln steigt dieses in den Gefäßen der Leitbündel etwa 80 cm in der Stunde. An einem warmen Tag verdunsten über die Blätter rund 300 bis 400 Liter Wasser.

„Abfallprodukt" Sauerstoff

Etwa die Hälfte des gesamten Atem-Sauerstoffes wird durch pflanzliches Plankton gebildet. Es ist daher für den Energie- und Stoffwechsel von größter Bedeutung.

Pflanzliche Nahrungsmittel

Die Weltbevölkerung deckt ihren Bedarf an Nahrungsenergie zu 85% aus pflanzlichen Produkten, davon zur Hälfte aus Getreide.
Die Kartoffel gehört zu den wichtigsten Grundnahrungsmitteln der entwickelten Länder hinter Reis, Weizen und Mais.
Die Wurzelfrucht Maniok (Tapiok) ist in tropischen Ländern nach Reis und Mais der wichtigste Spender von Nahrungsenergie. Sie ist für über 600 Mio. Menschen in Afrika, Asien und Lateinamerika das Grundnahrungsmittel und steht an sechster Stelle der wichtigsten Nahrungspflanzen der Welt.

Durchschnittlicher Holzzuwachs je Hektar und Jahr

Douglasie	14 m^3
Tanne	11 m^3
Fichte	10 m^3
Buche	7 m^3
Lärche	7 m^3
Kiefer	6 m^3
Erle	6 m^3
Eiche	5 m^3

Grüne Pflanzen – Grundlage des Lebens

Stoffaufnahme

- Wurzeln sind Organe der Stoffaufnahme.
- Wurzelspitzen gliedern sich in eine Zellteilungszone mit einem Bildungsgewebe, in eine Streckungszone sowie in eine Wurzelhaarzone.
- Die Aufnahme von Wasser mit den darin gelösten Mineralstoffen erfolgt über Wurzelhaare der Wurzelhaarzone.
- Das Hindurchdringen von Stoffen durch eine halbdurchlässige Membran bezeichnet man als Osmose.

Stofftransport

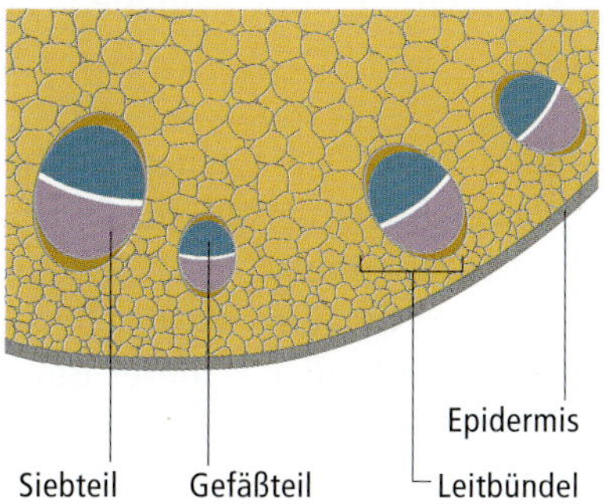

- Der Stofftransport erfolgt in der Wurzel und im Spross in einem Leitgewebe mit Leitbündeln.
- Leitbündel bestehen aus einem Gefäßteil und aus einem Siebteil.
- In den Gefäßen des Gefäßteils wird Wasser mit den darin gelösten Mineralstoffen transportiert.
- In den Siebröhren des Siebteils erfolgt der Transport von Nährstoffen.
- Bei einkeimblättrigen Pflanzen liegen die Leitbündel zerstreut im Stängel. Bei zweikeimblättrigen Pflanzen sind die Leitbündel ringförmig angeordnet.

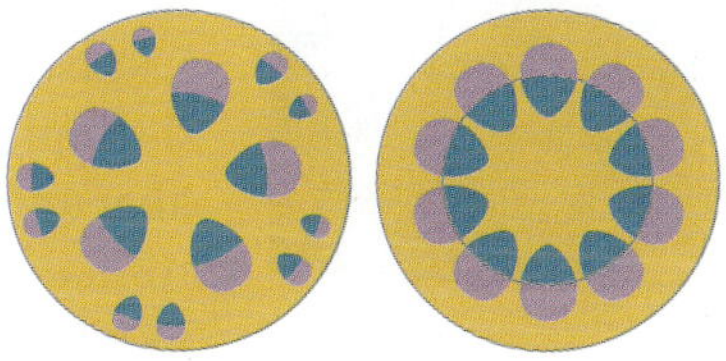

Fotosynthese im grünen Blatt

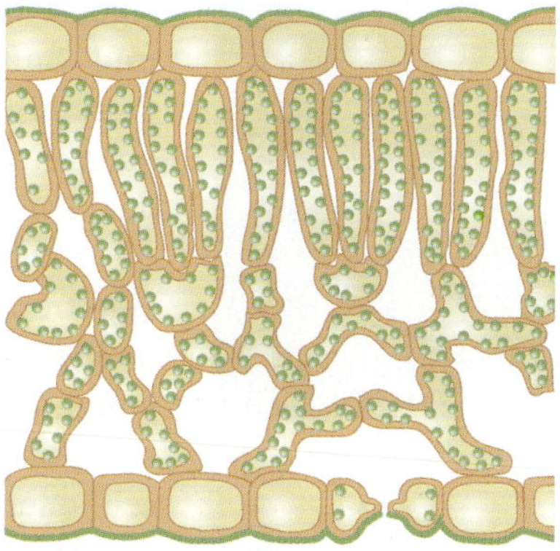

- Der Bau der grünen Blätter ermöglicht die Bildung von organischen Stoffen aus anorganischen Stoffen.
- Bei einem Blatt umschließen eine obere und eine untere Epidermis ein Palisaden- und ein Schwammgewebe, deren Zellen Chloroplasten enthalten.
- Schließzellen in der Epidermis können je nach Umweltbedingungen ihre Gestalt verändern. Dabei öffnen oder schließen sie eine Spaltöffnung.
- Über Spaltöffnungen in der Epidermis gelangt Kohlenstoffdioxid in das Blattinnere. Sauerstoff und Wasserdampf werden darüber nach außen abgegeben.
- Ort der Fotosynthese sind die grünen Chloroplasten. Dabei wird Lichtenergie vom grünen Farbstoff Chlorophyll aufgenommen.
- Bei der Fotosynthese bauen grüne Pflanzen mithilfe von Chlorophyll aus Kohlenstoffdioxid und Wasser Traubenzucker auf. Das Sonnenlicht liefert dafür die Energie.

Zellatmung

- Bei der Zellatmung werden Traubenzucker und Sauerstoff zu Kohlenstoffdioxid und Wasser abgebaut. Die dabei frei werdende Energie nutzt die Pflanze u. a. für eigene Lebensvorgänge.
- Für die Energieumwandlung sind Mitochondrien in den Zellen verantwortlich.
- Zellatmung und Fotosynthese bilden als gegenläufige Vorgänge einen Stoffkreislauf.

Mineralstoffe und Düngung

- Pflanzen entziehen dem Boden Mineralstoffe. Diese müssen in der Landwirtschaft durch Düngung wieder zugeführt werden.
- Nach dem Gesetz des Minimums bestimmt derjenige Mineralstoff den Ertrag, der am wenigsten vorhanden ist.

Biomasse

- Als pflanzliche Biomasse wird die gesamte organische Substanz bezeichnet, die in lebenden, toten und sich zersetzenden Organismen vorliegt.

Leben in Ökosystemen

1 Gebirge – ein Ökosystem (Ausschnitt)

2 Ein Lebensraum (Biotop) im Gebirge

3 Mitglieder einer Lebensgemeinschaft (Biozönose)
① Alpenrose, ② Alpen-Apollo, ③ Latschenkiefer, ④ Murmeltier, ⑤ Gämse, ⑥ Enzian, ⑦ Steinbock, ⑧ Steinadler

1 Lebensräume unterscheiden sich

Wenn wir durch Deutschland oder unsere Nachbarländer fahren, durchqueren wir verschiedene Landschaften mit Wiesen, Feldern Wäldern, Seenplatten, Gebirgen sowie Städten und Dörfern. Sie alle unterscheiden sich auffällig voneinander.

Nehmen wir die Alpen, eine Gebirgslandschaft, als Beispiel. Bei näherer Betrachtung handelt es sich nicht um eine gleichförmige Landschaft. Wir sehen extrem trockene Hochflächen, steile Felshänge, feuchte Schluchten, aber auch Bergseen, wasserhaltige Mulden, Geröllhalden sowie Almwiesen und Bergwälder. Es gibt im Gebirge also unterschiedliche *Lebensräume* oder **Biotope.** Diese Biotope werden durch unbelebte Umwelteinflüsse wie Bodeneigenschaften, Wasser, Licht, Temperatur, Wind und Luftfeuchtigkeit bestimmt. Man nennt diese Einflüsse *abiotische Umweltfaktoren.* Sie beeinflussen, welche Pflanzen und Tiere an den jeweiligen Standorten vorkommen.

Wir treffen z. B. in höheren Lagen auf Murmeltiere, die sich von Wurzeln, jungen Trieben und Kräutern ernähren. Ihre Höhlen legen sie unter Geröll und Felsen an. Murmeltiere schließen sich zu Kolonien zusammen. Alle **Individuen** dieser Art bilden gemeinsam eine **Population.** Murmeltiere sind Beutetiere der Steinadler.

Sämtliche Pflanzen und Tiere eines solchen Lebensraumes bezeichnet man als eine Lebensgemeinschaft oder **Biozönose.** Die Tiere und Pflanzen stehen dort in einer Wechselbeziehung zueinander. Die Mitglieder dieser Biozönose ergeben die *biotischen Umweltfaktoren.*

Viele Biotope mit ihren Biozönosen bilden eine große funktionelle Einheit, in der die Lebewesen untereinander und zu ihrer Umwelt in Beziehung stehen. Eine solche Einheit bezeich-

4 Tropischer Regenwald

5 Wüste

net man als **Ökosystem.** In unserem Beispiel ist es das *Ökosystem Gebirge.*

Ökosysteme unterscheiden sich durch ihre Größe und Vielfalt ihrer Pflanzen- und Tierwelt. Der Tropische Regenwald ist z. B. ein großes und artenreiches Ökosystem. Er gedeiht nur in der tropischen Klimazone. Felder dagegen sind in der Regel kleine und artenarme Ökosysteme.
Zu den *Landökosystemen* gehören u. a. Wälder, Gebirge, Savannen, Wüsten, Wiesen und Felder. Meere, Seen, Teiche und Flüsse dagegen sind *Wasserökosyteme.* Alle Ökosysteme sind mehr oder weniger vom Menschen beeinflusst. Deutlich wird dieses bei Dörfern und Städten, aber auch bei Feldern und den meisten Wiesen.

6 Savanne

1. Erläutere die Begriffe Biotop, Biozönose und Ökosystem.
2. Gib jeweils drei Beispiele für ein artenreiches und ein artenarmes Ökosystem an.
3. Nenne abiotische und biotische Umweltfaktoren, die auf ein Murmeltier wirken.

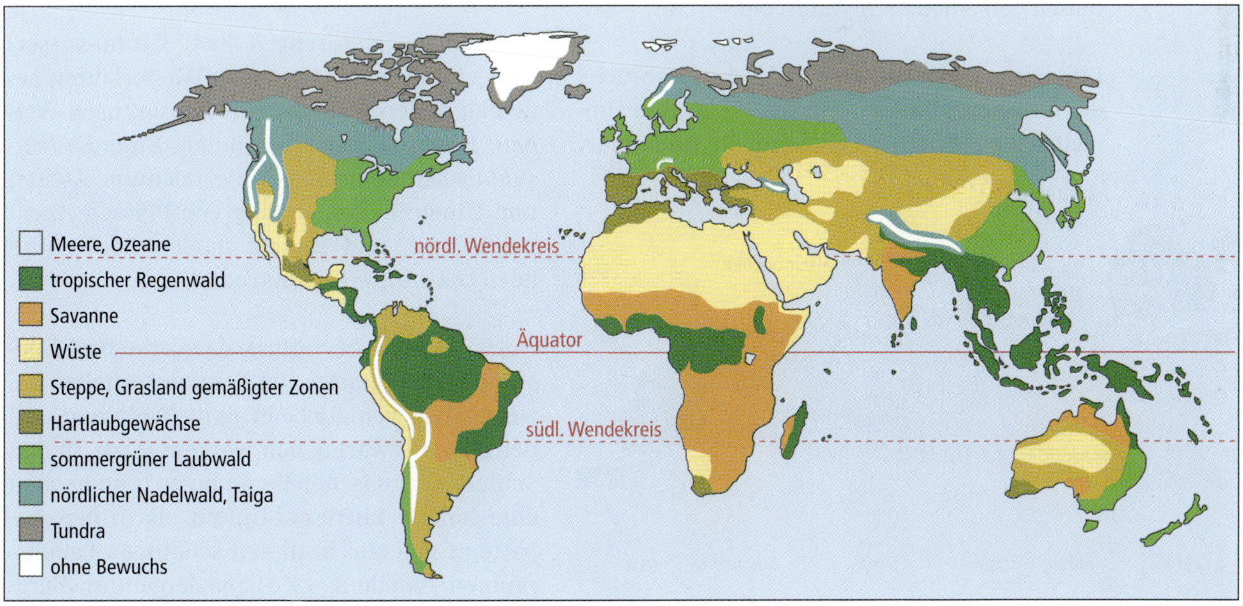

7 Großräumige Ökoysteme der Erde

1 Rotbuchen-Mischwald

2 Eichen-Hainbuchen-Wald

3 Kiefernwald

2 Ökosystem Wald

2.1 Wald ist nicht gleich Wald

Vor etwa 2000 Jahren war das Gebiet des heutigen Deutschlands weitgehend mit Wald bedeckt. Gegenwärtig beträgt der Anteil des Waldes an der Gesamtfläche jedoch nur noch rund ein Drittel. Die Wälder bieten kein einheitliches Bild. Wenn wir uns die Abbildungen auf diesen Seiten ansehen, fallen uns unterschiedliche Waldformen auf. Wie kommt es zu diesen verschiedenen Waldtypen?

Eine Antwort darauf geben uns die Ansprüche der einzelnen Baumarten, die sie an ihre Umwelt stellen. Entscheidend sind die **Bodenverhältnisse.** In den Mittelgebirgen finden wir häufig Rotbuchen, die auf fruchtbaren und nicht zu trockenen Böden zum Teil ausgedehnte *Laubwälder* bilden. Im Flachland und in Tälern des Hügellandes bestimmen auf feuchten und humusreichen Böden vor allem Eichen und Hainbuchen neben anderen Arten die *Laubmischwälder.* Auf mageren und trockenen Sandböden Norddeutschlands sowie des Alpenvorlandes begegnen wir häufig *Nadelwäldern* mit Kiefern und Fichten, in denen auch Laubbäume wie Birken zu finden sind.

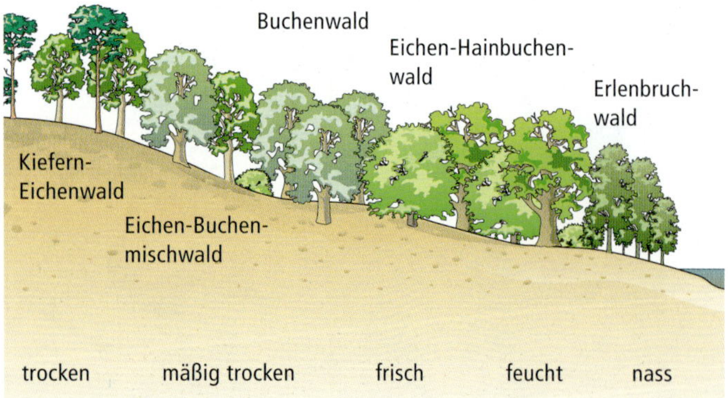

4 **Waldtypen auf Böden mit unterschiedlicher Feuchtigkeit** (Schema)

In Gebieten mit sehr hohem Grundwasserspiegel und in der Nähe von Wasserläufen gedeihen andere Baumarten. Hier wachsen Weiden, Erlen, Eschen und Ulmen. *Erlen-Eschen-Wälder* säumen zum Beispiel Bachufer. Eschen und Ulmen bilden entlang von Flüssen *Auenwälder.* Sie sind ständig nassen Böden und auch Überflutungen angepasst.

Auch das **Licht** beeinflusst das Vorkommen bestimmter Baumarten. Im Bergland erhalten die Nordhänge weniger Licht als die Südhänge und der Boden erwärmt sich weniger stark. In den Schluchten zwischen Berghängen besteht auch eine höhere **Luftfeuchtigkeit** als in benachbarten Gebieten. In diesen schattigen Lebensräumen gedeihen vor allem Bergahorn, Bergulme, Sommerlinde und Esche.

5 Auenwald

6 Berg-Nadelwald

7 Krummholzgürtel mit Latschen

Ebenso wirkt sich die **Temperatur** auf das Vorkommen bestimmter Waldformen aus. Dies wird besonders deutlich bei Wäldern in Gebirgsregionen. Mit zunehmender Höhe nimmt die durchschnittliche Jahrestemperatur ab. Je 100 Meter Höhengewinn sinkt die mittlere Jahrestemperatur um etwa 0,5 °C.

Ab etwa 600 Meter Höhe treffen wir auf *Laubmischwälder* mit Rotbuche, Bergulme und Bergahorn. Buchen reagieren empfindlich auf niedrige Temperaturen. Je höher wir steigen, desto mehr tritt die Rotbuche gegenüber Nadelbäumen wie Lärche und Fichte zurück. Bergulme und Bergahorn „überlassen“ erst in größerer Höhe den Nadelbäumen die „Vorherrschaft“. Ab 1500 Meter Höhe sind wir im *Bergnadelwaldgürtel,* der ausschließlich aus Fichten, Lärchen und Tannen gebildet wird. Bei 1800 Metern ist die *Waldgrenze* erreicht. In der folgenden *Krummholzzone* kommen nur noch kriechende *Latschen* und einzelne „Wetterbäume“ wie die *Zirbe* – eine Kiefernart – vor. Mit ihren tief reichenden Wurzeln sind die Latschen im steinigen Untergrund fest verankert. Die Äste sind so elastisch, dass ihnen weder Orkane noch dicke, schwere Schneelasten schaden.

1. Nenne Ansprüche von Rotbuche, Kiefer, Erle, Latschenkiefer, Birke und Bergulme an ihren Lebensraum. Lege hierzu eine Tabelle an.
2. Nenne Umweltfaktoren, mit denen Bäume im Gebirge zurechtkommen müssen.

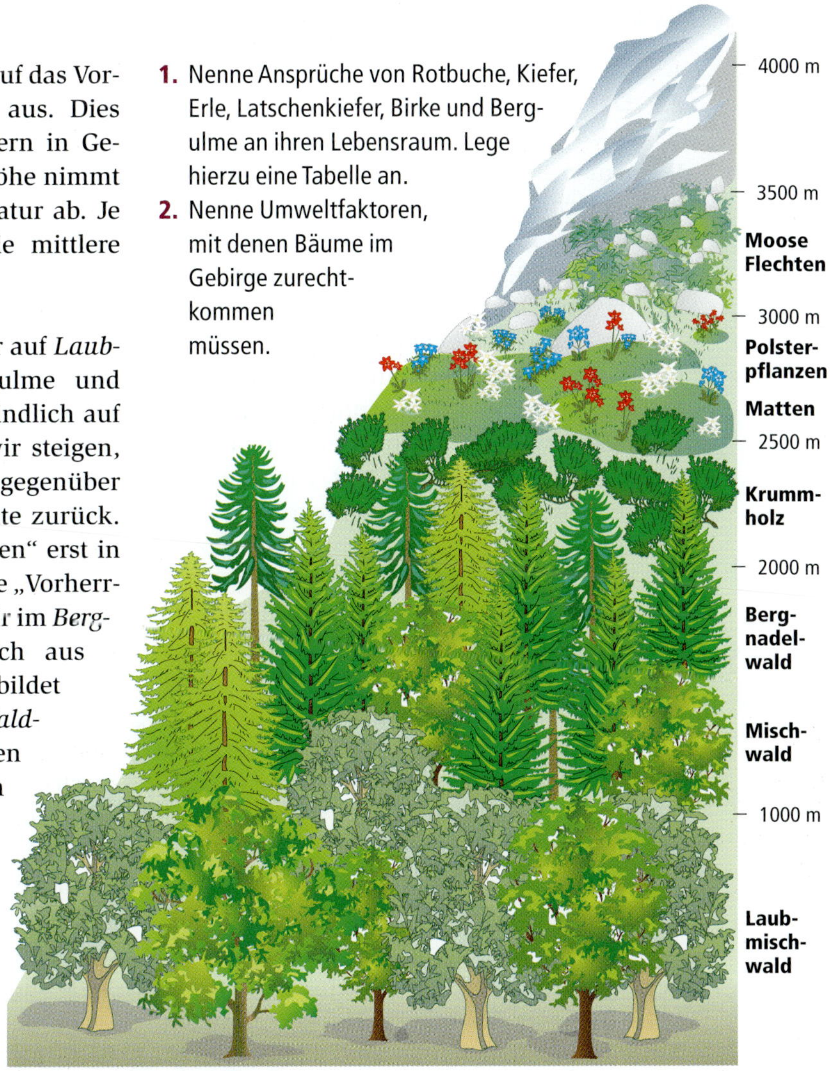

8 Waldgürtel im Gebirge

1 Laubmischwald

2 Stockwerkaufbau eines Mischwaldes

2.2 Der Aufbau eines Mischwaldes

Wenn man einen Mischwald betritt, sieht man, dass verschiedenartige Bäume dieses *Ökosystem* prägen. Je nach Baumart erreichen sie Höhen bis zu 40 Metern und bilden mit ihrem *Stamm* und ihren Kronen die **Baumschicht.** Hierzu gehören z. B. *Laubbäume* wie Stieleichen, Rotbuchen und Hainbuchen, aber auch *Nadelbäume* wie Kiefern und Fichten. Das mehr oder weniger geschlossene *Kronendach* filtert das Sonnenlicht, fängt Niederschläge auf und leitet diese nur allmählich zum Boden ab.

Bis etwa fünf Meter Höhe erstreckt sich die **Strauchschicht.** Sie setzt sich aus niedrigen Bäumen sowie aus Sträuchern wie Hasel, Faulbaum, Schwarzem Holunder, Weißdorn und Brombeere zusammen. Diese Pflanzen wachsen jedoch nur an lichten Stellen oder am Waldrand. Dort bilden sie eine dichte Schicht, die nur wenig Wind hindurchlässt. Sie schützen so den Boden vor Austrocknung. Einige *Kletterpflanzen* wie Efeu und Waldrebe benutzen Bäume und Sträucher als Halt und streben dem Licht zu. In der Strauchschicht nisten Vogelarten wie Grasmücken, Singdrosseln und Amseln. Sie finden hier mit anderen Arten auch reiche Nahrung.

Unter der Strauchschicht wachsen die Pflanzen der **Krautschicht.** Sie werden selten höher als einen Meter. Wir finden im Frühjahr einen Blütenteppich aus verschiedenen Frühblühern wie Lerchensporn, Buschwindröschen, Leberblümchen und Goldnesseln. Im Sommer blühen dort Pflanzen, die mit weniger Licht auskommen wie Sauerklee, Springkraut, Schattenblume und Salomonssiegel. Auch Gräser und Farnpflanzen gehören zur Krautschicht. In dieser Schicht leben viele Tiere, die an die dort herrschenden Lebensmöglichkeiten angepasst sind. Hierzu gehören Insekten, Schnecken, Spinnen, Blindschleichen und Eidechsen. Bodenbrütende Vogelarten wie Laubsänger, Rotkehlchen und Nachtigall finden hier gute Versteckmöglichkeiten.

Wo die Laubstreu nicht zu hoch liegt, breitet sich auf dem Boden die **Moosschicht** aus. Dort wachsen verschiedene Moose und Flechten sowie die Fortpflanzungskörper von Pilzen. Die Moose speichern Wasser und geben dieses nur langsam an den Boden ab. Die Moosschicht spielt daher im Wasserhaushalt des Waldes und der angrenzenden Gebiete eine wichtige Rolle. Viele Tiere wie Milben, Käfer, Spinnen, Tausendfüßer und Schnecken finden hier Nahrung und Unterschlupf. Spitzmäuse und Igel gehen dort auf Beutefang.

Die nicht sichtbare **Wurzelschicht** ist von Wurzeln verschiedener Pflanzen durchzogen. Diese nehmen Wasser und die darin gelösten Mineralstoffe auf. Auch Pilzgeflechte durchziehen die Wurzelschicht. In ihr leben viele Kleintiere. Hier kommen Regenwürmer, Ohrwürmer, Tausendfüßer sowie Mikroorganismen wie Fadenwürmer, Milben, Springschwänze und Bakterien vor. Sie zersetzen Blätter, Nadeln und anderes organisches Material. Dadurch entsteht ein mineralstoffreicher Humusboden. Von den Kleintieren wiederum leben zum Beispiel Maulwürfe und Spitzmäuse, die die Wurzelschicht nach Beutetieren durchsuchen.

Der Mischwald ist also ein artenreiches Ökosystem, das in verschiedene Schichten oder Stockwerke gegliedert ist. Dabei zeichnet sich jedes Stockwerk dadurch aus, dass in ihm besondere Pflanzen und Tiere vorherrschen.

1. **a)** Beschreibe die Waldform in Abb. 1.
b) Erläutere Abb. 2.

2. **a)** Bestimme in einem Mischwald auf einer Fläche von etwa 100 m^2 jeweils drei Pflanzen der Kraut-, Strauch- und Baumschicht. Übertrage das Ergebnis in eine Schemazeichnung.
b) Ergänze das Ergebnis aus a) durch weitere Beispiele der untersuchten Fläche in Form einer Tabelle.

EXKURS

Tropische Regenwälder

Tropische Regenwälder sind vom Menschen weitgehend unbeeinflusste Ökosysteme. Sie bedecken beiderseits des Äquators riesige Flächen. Manche Gebiete hat der Mensch noch nie betreten. Diese undurchdringlichen Wälder unterscheiden sich deutlich von unseren Mischwäldern. Dort herrschen das ganz Jahr über gleichbleibend hohe Temperaturen. Es gibt daher keine ausgeprägten Jahreszeiten. Während bei uns im Jahr nur etwa 780 mm Niederschlag fällt, führen 2000 bis 12 000 mm Niederschlag in den Tropen zu einer hohen Luftfeuchtigkeit. In einem solch feuchtheißen Treibhausklima kann sich eine üppige Pflanzenwelt entwickeln.

Auf einer Fläche von nur zwei mal drei Kilometern hat man 750 verschiedene Baumarten und 1500 krautige Arten gefunden.
Moose und Farnpflanzen sind dabei noch nicht berücksichtigt. Sie bilden anders als bei unseren Wäldern vielschichtige Stockwerke bis zu einer Höhe von etwa 70 Metern und versetzen die unteren Etagen in ein ständiges Dämmerlicht. Schlingpflanzen wie Lianen, aber auch sogenannte Aufsitzerpflanzen wie Bromelien und Orchideen besiedeln Bäume, die dem Dämmerlicht in die oberen Stockwerke „entfliehen".

In einem solchen Lebensraum kann sich auch eine artenreiche Tierwelt entfalten. Auf einer Fläche von zwei mal drei Kilometern fand man 100 Säugetierarten, 400 Vogelarten, 100 Kriechtier- und 60 Lurcharten. Einige Froscharten laichen sogar in Baumwipfeln, wo sie in wassergefüllten Blatttrichtern ihre Eier ablegen. Auf einer Fläche der Größe eines Fußballfeldes wies man etwa 42 000 Insektenarten nach. Ein Baum „beherbergte" über 1500 Insektenarten, davon waren rund 1000 Käferarten.

Tropische Regenwälder gehören mit wenigen anderen zu den letzten noch intakten Ökosystemen. Sie sind jedoch gefährdet. Ursprünglich bedeckten sie 11% der Erdoberfläche. Heute sind es nur noch 5%. Fast drei Viertel aller Tier- und Pflanzenarten sind Bewohner der Regenwälder.

1 **Rotbuchenbestand**

2 **Rotbuche.** **A** Blütenstände; **B** Früchte und Samen

2.3 Rotbuchen sind Wald bildende Laubbäume

Dämmerlicht umfängt uns, wenn wir im Sommer einen Buchenwald betreten. In etwa 25 Meter Höhe greifen die Äste der Rotbuchen ineinander und bilden ein nahezu geschlossenes Kronendach. Innerhalb der Baumkrone herrschen unterschiedliche Lichtverhältnisse. An diese haben sich die Blätter angepasst. Im Sonnenlicht entwickeln sich kleine, dicke und derbe Blätter. Beim mikroskopischen Querschnitt eines solchen **Lichtblattes** fällt neben der dicken äußeren *Hautschicht* ein mehrschichtiges *Palisadengewebe* sowie ein kräftig ausgebildetes *Schwammgewebe* auf. Sonnenlicht kann bis in die tiefen Blattschichten vordringen. Dabei produziert das Lichtblatt mehr Stoffe, als es selbst zum Leben benötigt.

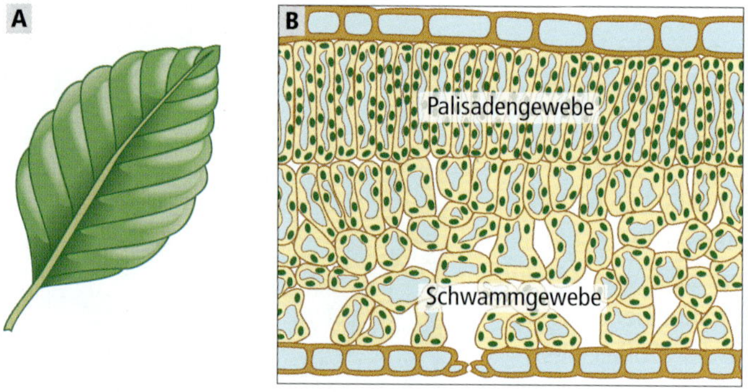

3 **Lichtblatt.** **A** Aussehen; **B** mikroskopischer Querschnitt

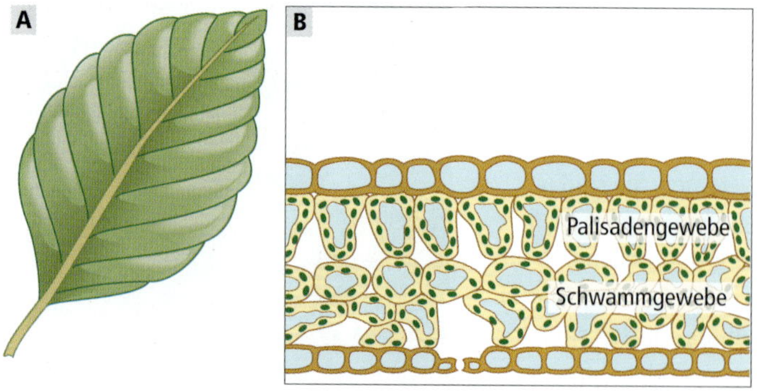

4 **Schattenblatt.** **A** Aussehen; **B** mikroskopischer Querschnitt

Im Schatten der Baumkronen dagegen wachsen größere, dünne und zarte **Schattenblätter.** Sie breiten sich mosaikförmig flach aus und fangen so möglichst viel vom Sonnenlicht ein. Sie erzielen dabei sogar noch bei dürftigen Lichtverhältnissen durch Fotosynthese einen Stoffgewinn. Unter dem Kronendach der Buchen können nur wenige Baumarten gedeihen. Hier erweist sich die *Schattenverträglichkeit* der Buche als Vorteil im Wettbewerb mit anderen Baumarten. Rotbuchen gehören zu den **Schattenholzarten.**

Erst im Alter von etwa 40 Jahren bildet die Rotbuche Blüten. Die getrennt wachsenden weiblichen und männlichen *Blütenstände* sehen wie herabhängende, lang gestielte Büschel aus. Die Samenanlagen sind in einem Fruchtknoten eingeschlossen. Deshalb gehört die Rotbuche zu den **Bedecktsamern.**

1. Vergleiche Licht- und Schattenblatt der Rotbuche. Fertige dazu eine Tabelle an.

Wald bildende Laubbäume

Verteilung der Baumarten in Deutschland

Hainbuche (Weißbuche)

Die Hainbuche ist ein bis zu 25 Meter hoher Baum und wird bis zu 150 Jahre alt. Ihr Holz ist besonders hart. Obwohl sie recht schattenverträglich ist, benötigt sie jedoch mehr Licht als die Rotbuche. Sie kommt vor allem in *Mischwäldern* vor.
Die männlichen und weiblichen *Blüten* wachsen getrennt in hängenden Kätzchen. Die *Früchte* sitzen in einem dreilappigen Blattorgan und fallen mit ihm zusammen ab.

Esche

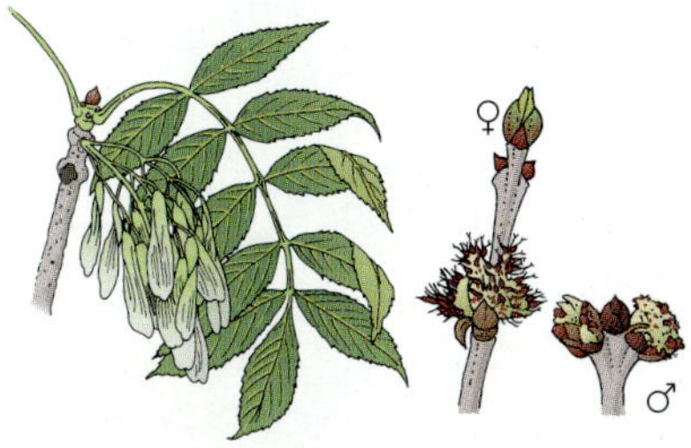

Die Esche wächst vorwiegend in Mischwäldern auf tiefgründigen, feuchten bis nassen Böden, so z.B. in einem *Hartholz-Auenwald* zusammen mit Spitzahorn, Stieleiche und Flatterulme. Dort kann sie bis zur Hälfte des Baumbestandes ausmachen. Sie wird 20 bis 40 Meter hoch und kann bis zu 300 Jahre alt werden.
Die Esche *blüht* in kleinen, rotvioletten Büscheln. Die *Früchte* haben längliche Flügel.

Stieleiche

Die Stieleiche kann bis zu 45 Meter hoch wachsen und ein Alter von 1000 und mehr Jahren erreichen.
Blütezeit ist Mai. Die männlichen Kätzchen sind unscheinbar gelblichgrün und tragen an einer Spindel viele Blütenknäuel. Die kleinen und roten weiblichen Blüten wachsen zu 2 bis 5 an einem langen Stiel im Spitzenbereich von Jungtrieben. Die *Früchte* nennt man Eicheln. 2 bis 3 sitzen jeweils in einem Becher und werden von einem langen Stiel getragen.

Schwarzerle

Die Schwarzerle wächst vor allem im *Weichholz-Auenwald*. Wir finden sie auch an feuchten Bach- und Flussufern. Sie kann von allen heimischen Laubbäumen die meiste Bodennässe vertragen. Die Erle wird bis zu 25 Meter hoch und kann 120 Jahre alt werden.
Blütezeit ist März/April. Die langen hängenden männlichen Kätzchen unterscheiden sich von den kleinen weiblichen Kätzchen. Die *Früchte* sind eiförmige verholzte Zäpfchen.

Bergahorn

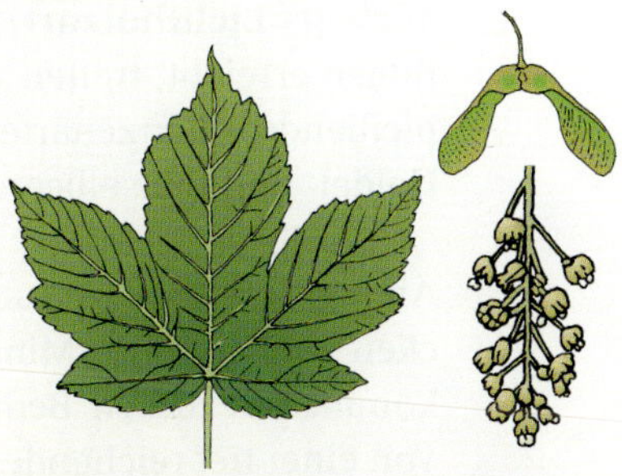

Der Bergahorn bevorzugt tiefgründige und feuchte Schluchtwälder der Gebirgsregionen. Dort wächst er zusammen mit Esche, Bergulme und Sommerlinde. Er wird bis zu 40 Meter hoch und kann 500 Jahre alt werden. Von allen heimischen Hölzern besitzt er das hellste Holz.
Die *Blüten* erscheinen im April zusammen mit den Blättern in traubenartigen Rispen. Die Flügel der *Doppelfrüchte* stehen eng beisammen.

1 Waldkiefer. **A** Nadelbaum; **B** blühend und fruchtend; **C** weibliche (♀) und männliche (♂) Blütenstände

2.4 Die Waldkiefer – ein Nadelbaum unserer Wälder

Im Kiefernwald sieht es ganz anders aus als im Buchenwald. Die lichten Baumkronen lassen das Sonnenlicht fast ungehindert bis auf den Waldboden. Die Kiefer bezeichnet man daher auch als **Lichtholzart.** Obwohl viel Licht den Boden erreicht, treffen wir nur wenige niedrig bleibende Pflanzenarten wie Gräser, Moose, Heidel- und Preiselbeeren.

An Kiefernstandorten sind die Böden meist trocken und arm an Mineralstoffen. Die Kiefer kommt mit diesen Bedingungen gut zurecht. Von einer tief reichenden *Pfahlwurzel* zweigen viele Nebenwurzeln ab und bilden ein ausgedehntes Wurzelsystem. So können Wasser und darin gelöste Mineralstoffe auch aus tieferen Schichten aufgenommen werden. Deswegen kann sich die Kiefer an den trockenen Standorten gegenüber anderen anspruchsvolleren Baumarten durchsetzen.

Die Kiefer besitzt schmale, nadelförmige Blätter. Über die Oberfläche dieser **Nadeln** verdunstet sie nur wenig Wasser. Sie ist ein *Wassersparer.* So kann sie auch im Winter ihre Nadeln behalten. Man nennt die Kiefer daher auch einen *immergrünen* **Nadelbaum.**

Die Kiefer blüht im Mai. Wir erkennen zwei unterschiedliche *Blütenstände:* gelbe am Grund und rötliche an der Spitze neuer Triebe. Die gelben Blütenstände enthalten männliche *Staubblüten*. Die Staubblätter stehen schraubenförmig an einer Blütenachse. Jedes Staubblatt hat an der Unterseite zwei Staubbeutel. Bei trockenem Wetter reißen sie auf und ein Windhauch genügt, um den leichten Pollen zur rötlichen, weiblichen *Zapfenblüte* zu tragen.
Die Zapfenblüte setzt sich aus Fruchtblättern zusammen, die in Achseln von dünnen Deckschuppen stehen. Auf jedem Fruchtblatt liegen zwei Samenanlagen offen, „nackt" da. Sie sind nicht in einem Fruchtknoten eingeschlossen. Die Kiefer ist daher ein **Nacktsamer.**

Nach der Bestäubung verkleben die Fruchtblätter. Erst im folgenden Frühjahr erfolgt die Befruchtung. Es entwickelt sich zunächst ein grüner Zapfen. Im Sommer verholzen die Fruchtblätter und werden später braun. Im Frühjahr des dritten Jahres spreizen sie bei trockenem Wetter ab und entlassen die geflügelten Samen.

1. Untersuche, wie viele Samen ein Kiefernzapfen enthält.
2. Vergleiche Nacktsamer und Bedecktsamer.

Nadelbäume

Gemeine Fichte

Die Fichte ist unser häufigster Nadelbaum. Er wächst schnell und hat daher in der Holzwirtschaft eine große Bedeutung. Fichtenwäldern begegnen wir häufig als **Monokulturen,** in denen nur die eine Baumart in Reih und Glied gepflanzt vorkommt. Fichten brauchen zum Wachsen wenig Licht, vertragen niedrige Temperaturen und benötigen feuchte Luft.
Der immergrüne Nadelbaum besitzt eine rotbraune bis kupferfarbene Borke, die sich in dünnen Schuppen ablöst. Die dunkelgrünen, vierkantigen, spitzen Nadeln stehen einzeln auf einem braunen Stielchen rund um den Zweig. Die länglichen Zapfen *hängen* am Zweig. Nach dem Freilassen der Samen fallen die Zapfen als Ganzes ab.
Mit 100 Jahren haben die Bäume eine Höhe von 35 bis 40 m erreicht.

Weiß-Tanne

Die Weiß-Tanne wächst in Höhen zwischen 400 und 1000 m in Reinbeständen oder mit Fichte und Rotbuche gemischt. Sie kommt auf mineralstoffreichen und kühlen Böden in luftfeuchten, niederschlagsreichen und sommerwarmen Lagen vor. Sie reagiert empfindlich auf Luftverunreinigungen.
Die Weiß-Tanne erkennt man am weißgrauen, glatten Stamm. Die dunkelgrünen glatten Nadeln sitzen einzeln mit breitem Blattgrund am Zweig. Sie sind an der Spitze stumpf und haben auf der Unterseite zwei helle Streifen. Nach dem Abfallen hinterlassen sie kreisrunde Narben. Die Tanne bildet *aufrecht* stehende, zylindrische Zapfen. Bei Reife fallen die Schuppen einzeln ab. Zurück bleibt die Spindel.
Die Bäume werden bis zu 50 m hoch und bis zu 600 Jahre alt.

Europäische Lärche

Lärchenwälder sind ursprünglich in den Gebirgslagen der Alpen beheimatet. Heute dagegen ist die Lärche in Forstkulturen verbreitet. Sie wächst sehr schnell und liefert gutes Holz. Sie ist besonders lichtbedürftig, sonst aber verhältnismäßig anspruchslos an den Boden und gegenüber der Witterung. Sie bevorzugt sommerwarme und lufttrockene Klimalagen sowie kalkhaltige Böden.
Die Lärche ist ein sommergrüner Nadelbaum. Ihr Stamm besitzt eine graue, abblätternde Rinde. Die hellgrünen, weichen Nadeln sitzen in Büscheln am Zweig. Im Herbst färben sich diese leuchtend gelb und fallen dann ab. Die graubraunen, eiförmigen Zapfen bleiben mehrere Jahre am Zweig.
Lärchen werden 35 bis 50 m hoch und können bis zu 600 Jahre alt werden.

1 **Laubwald.** **A** Frühjahrsaspekt; **B** Sommeraspekt; **C** Herbstaspekt; **D** Winteraspekt

2.5 Wälder im Jahresverlauf

Im Verlauf eines Jahres zeigt ein **Laubwald** verschiedene Gesichter. Besonders im Frühjahr ist der Boden von einem Blütenteppich überzogen. Im März erscheinen zuerst die *Buschwindröschen*. Bald darauf blühen *Leberblümchen* und *Scharbockskraut*. Wir finden *Märzenbecher, Gelbe Windröschen* und weiß oder lila blühenden *Hohlen Lerchensporn*. Wie gelingt es diesen Pflanzen, so früh im Jahr zu blühen?

Bis Ende April gelangt Sonnenlicht fast ungehindert durch die blattlosen Baumkronen auf den Boden. Trotz der niedrigen Lufttemperaturen erwärmt sich die feuchte Laubstreu auf 20 °C und mehr. Feuchtigkeit und hohe Bodentemperatur begünstigen das Austreiben der Sprosse. Die notwendigen Nährstoffe erhalten die Pflanzen aus besonderen *Speicherorganen* wie Erdstängeln, Wurzelknollen oder Zwiebeln. Dadurch besitzen diese **Frühblüher** gegenüber anderen Arten in der Krautschicht einen Vorsprung, der ihnen das zeitige Austreiben, Blühen, Fruchten und die Bildung von Reservestoffen ermöglicht. Sie sind zu dieser Zeit an die günstigen Lichtverhältnisse im Laubwald angepasst.

Ab April entfalten die Bäume ihre Blätter. Während im März noch etwa 50% des Sonnenlichts die Krautschicht erreicht, sind es Ende April nur ca. 30%. In einem Buchenwald sinkt der Lichtanteil bis August bis auf etwa 10%. Nun bilden sich die **Schattenpflanzen** aus. Hierzu gehören u. a. *Goldnessel, Schattenblume, Waldziest* und *Bingelkraut.* Um möglichst viel von dem Restlicht einzufangen, besitzen viele Arten großflächig ausgebildete Blätter. Außerdem sind diese relativ dünn, da sonst das Licht nicht in tiefere Schichten eindringen könnte. Der hohe Chlorophyllanteil verleiht den Blättern eine dunkelgrüne Farbe.

2 Fichten-Monokultur

Eine weitere Form der Anpassung erkennen wir an der Anordnung der Blätter. Sie wachsen so, dass sie sich möglichst nicht gegenseitig das Licht wegnehmen. Sie bilden ein *Blattmosaik.*

Einige Pflanzen wie *Efeu, Haselwurz* und *Immergrün* behalten sogar das ganze Jahr über ihre Blätter. Diese **immergrünen Gewächse** besitzen derbe Blätter, die den Winter überdauern. Mit ihnen können sie das Licht im Frühjahr und Herbst voll nutzen.

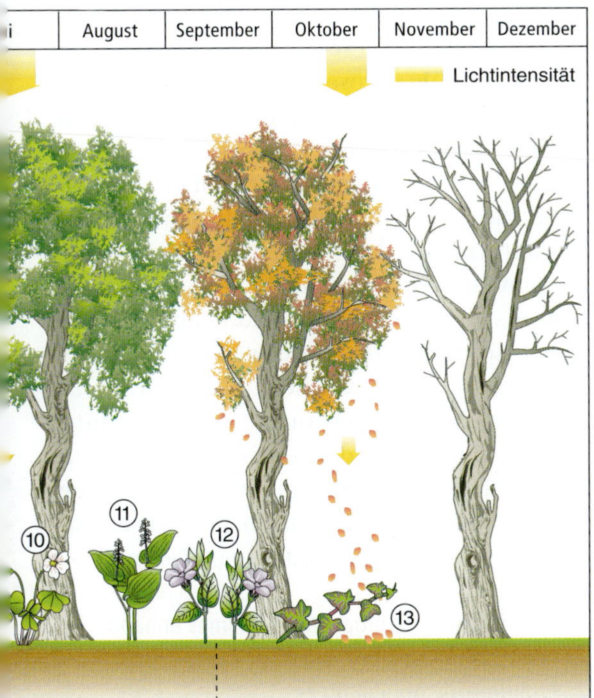

Zum Herbst hin verfärbt sich das Laub der Sträucher und Bäume. Schließlich fallen die Blätter. Nun dringt wieder mehr Sonnenlicht auf den Waldboden. Viele Sommerblüher fruchten jetzt. Auch im Winter legen die Bäume keine vollständige Ruhephase ein. Jetzt kommt es bei Temperaturen über 0 °C zu verstärktem Wurzelwachstum.

Viele unserer Wälder sind reine Nadelwälder, in denen nur Fichten oder Kiefern in Reih und Glied wachsen. Im Gegensatz zu den *naturnahen Laub-* und *Laubmischwäldern* haben wir es bei solchen **Monokulturen** mit *naturfernen Ökosystemen* zu tun. Das ganze Jahr über dringt nur wenig Sonnenlicht bis in bodennahe Schichten vor. Diese Umweltbedingungen wirken sich nachteilig für Pflanzen der Krautschicht aus. Monokulturen zeichnen sich daher durch eine große Artenarmut aus.

1. Nenne Frühblüher im Wald und beschreibe ihr Angepasstsein an den Standort.
2. „Willst du einen Wald vernichten, pflanze Fichten, nichts als Fichten". Erläutere diese Aussage.

3 Lichtverhältnisse im Laubwald im Jahresverlauf.
① Märzenbecher; ② Buschwindröschen; ③ Blaustern; ④ Lungenkraut; ⑤ Schlüsselblume; ⑥ Aronstab; ⑦ Maiglöcken; ⑧ Goldnessel; ⑨ Waldziest; ⑩ Sauerklee; ⑪ Schattenblume; ⑫ Immergrün; ⑬ Efeu

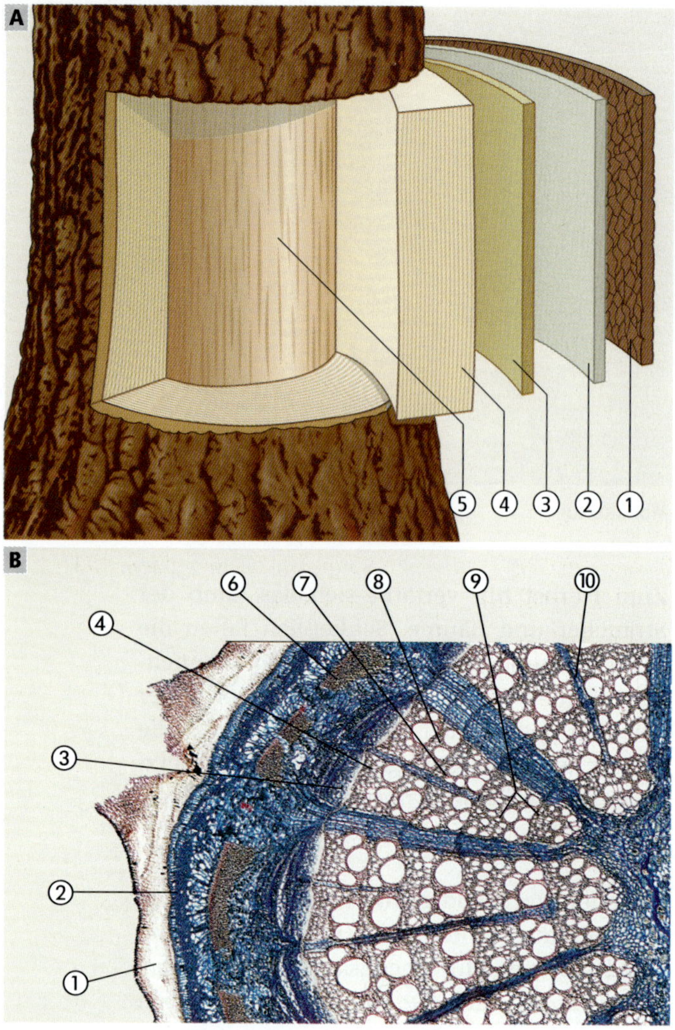

1 Baumstamm. **A** Aufbau; **B** Holzquerschnitt (Mikrofoto)
① Borke, ② Bast, ③ Kambium, ④ Splintholz, ⑤ Kernholz,
⑥ Siebteil, ⑦ Spätholz, ⑧ Frühholz, ⑨ Jahresring, ⑩ Markstrahl

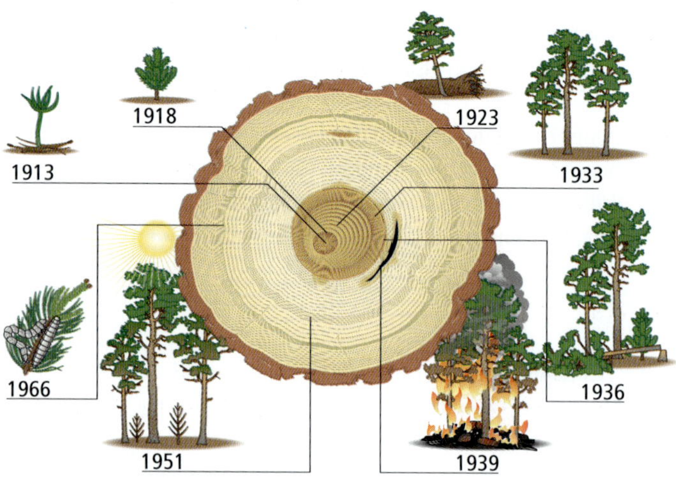

2 Stammquerschnitt und seine Geschichte

2.6 Wie Bäume wachsen

Bäume wachsen in vielen Jahren in die Höhe und erreichen dabei einen zunehmenden Stammumfang. Wie schaffen sie diese Leistung? Sehen wir uns daraufhin die Schnittfläche eines gefällten Baumes an.
Zunächst fällt uns außen die *Rinde* und innen der *Holzkörper* auf. Um jedoch mehr über das Wachstum zu erfahren, müssen wir den Aufbau des Stammes näher untersuchen. In den Leitbündeln des Baumes liegt zwischen dem Siebteil und dem Gefäßteil eine schmale Wachstumsschicht, das **Kambium**. Durch regelmäßige Teilungen entstehen dort neue Zellen. Nach außen wächst die **Rinde** mit dem *Bastteil*. Hier werden Nährstoffe aus den Blättern in die übrigen Teile des Baumes transportiert. Der Zuwachs nach innen ergibt Zellen, die das **Holz** bilden. Sie sind lang gestreckt und dienen dem Transport von Wasser mit den darin gelösten Mineralstoffen aus den Wurzeln. Der Transport von Wasser und Nährstoffen in das Stammesinnere erfolgt über *Markstrahlen*. Der Holzkörper wächst stärker als die Rinde. So werden die äußeren Rindenschichten rissig und sterben ab. Es entsteht *Borke*.

Im Frühjahr benötigt der Baum viel Wasser. Das Kambium bildet jetzt weiträumige, dünnwandige Gefäße. Dieses **Frühholz** erscheint im Querschnitt als poröser und heller Ring. Zum Herbst hin entsteht das **Spätholz.** Es wird von kleinen, dickwandigen Zellen gebildet. Beide Holzarten zusammen ergeben einen **Jahresring**. Dieser Vorgang wiederholt sich von Jahr zu Jahr und der Baum nimmt auf diese Weise an Umfang und Höhe zu. Im älteren Holzteil lagern sich Gerb- und Farbstoffe ab. Dadurch bildet sich das harte und dunkle *Kernholz*. Es wird vom jüngeren weichen und hellen *Splintholz* umgeben. An der Anzahl der Jahresringe kann man nicht nur das Alter des Baumes sondern auch Wachstumsbedingungen wie feuchte und trockene Jahre, Störungen durch Insektenbefall sowie Sonneneinstrahlung ablesen.

1. Beschreibe den Aufbau eines Baumes anhand einer Stammscheibe.
2. Erläutere die Abbildung 2.

Waldvegetation und Umweltfaktoren

V1 Vegetationsaufnahme im Wald

Für die Untersuchung eignen sich die Monate Ende April bis Juni.

Material: Maßband; Paketschnur; Holzpflöcke; Bestimmungsbuch; Schreibmaterial

Durchführung: Grenze mit Holzpflöcken und Paketschnur in einem Wald eine quadratische Fläche von etwa 10 x 10 m ab.
Bestimme die vorkommenden Pflanzenarten und schätze den Deckungsgrad der einzelnen Arten auf dieser Fläche.

Verfahre dabei nach folgenden Angaben:
+ – die Art kommt vereinzelt vor
1 – die Art bedeckt weniger als 5%
2 – die Art bedeckt 5 bis 25%
3 – die Art bedeckt 25 bis 50%
4 – die Art bedeckt 50 bis 75%
5 – die Art bedeckt mehr als 75%

Aufgaben:
a) Stelle für jede Pflanzenschicht eine Artenliste auf.
b) Fertige in Tabellenform ein Protokoll an, das Datum, Waldtyp, Flächengröße, Pflanzenliste sowie den Deckungsgrad der jeweiligen Pflanzen enthält.
c) Führe eine Vegetationsaufnahme in verschiedenen Waldtypen durch. Vergleiche die Ergebnisse.

V2 Wasserhaltevermögen

Material: jeweils 300 g luftgetrockneten Humusboden, Sand, Lehmboden; Wasser; Trichter; Becherglas; Messzylinder; Stativ; Watte

Durchführung:

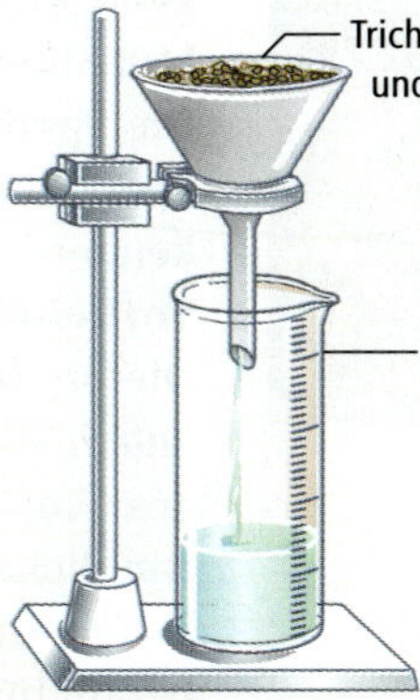

Baue die abgebildete Versuchsanordung auf. Bedecke den Boden des Trichters mit etwas Watte.
Fülle eine Bodenprobe in den Trichter.
Gib 200 ml Wasser auf die Bodenprobe. Bestimme nach Durchlaufen des Wassers durch den Trichter die im Becherglas aufgefangene Wassermenge. Verfahre entsprechend mit anderen Bodenproben.

Aufgaben:
a) Stelle die Messwerte in einer Tabelle zusammen.
b) Vergleiche die Messergebnisse im Hinblick auf das Wasserhaltevermögen der Böden.

V3 Untersuchung abiotischer Umweltfaktoren

Material: Luxmeter; Thermometer; Bodenthermometer; Messgerät für Bodenfeuchtigkeit (im Garten-Center erhältlich); Hygrometer; Zollstock

Durchführung: Ermittle die abiotischen Faktoren wie Lufttemperatur, Bodentemperatur, Lichtstärke, Luftfeuchtigkeit und Bodenfeuchtigkeit in einem Wald, am Waldrand und auf angrenzender freien Fläche.
Miss mit dem Luxmeter die Lichtintensität bei gleicher Bedeckung des Himmels etwa einen Meter über dem Boden.
Führe Temperaturmessungen durch. Ermittle dabei die Bodentemperatur in 10 und 20 cm Tiefe.
Stelle mit dem Hygrometer die Luftfeuchtigkeit fest.

Aufgaben:
a) Trage die ermittelten Werte in eine vorbereitete Tabelle ein.
b) Vergleiche die Messdaten und erläutere diese.

V4 Säuregrad des Bodens

Material: Waldböden; Glasgefäß; Messzylinder; destilliertes Wasser; pH-Indikatorpapier; Löffel

Durchführung: Gib 2 Löffel des Bodens sowie 50 ml destilliertes Wasser in das Gefäß. Schüttle das Ganze gut durch. Lass das Glas anschließend etwa fünf Minuten ruhig stehen. Tauche nun das Indikatorpapier in das überstehende Wasser und ermittle den Säuregrad.
Verfahre entsprechend mit anderen Bodenproben von verschiedenen Waldstandorten.

Hinweis: Besonders günstige Lebensbedingungen für die Pflanzen bieten Böden in schwach saurem bis neutralem Reaktionsbereich.

Aufgaben:
a) Vergleiche die Messergebnisse und erläutere diese.
b) Wälder werden manchmal großflächig gekalkt. Welche Gründe können hierfür vorliegen?

1 Fiederchen mit Sporenkapsel-Häufchen

2.7 Farne – blütenlose Pflanzen in der Krautschicht

Farne finden wir häufig in schattigen und feuchten Wäldern. Bis zu einem Meter hoch wachsen z. B. die Laubblätter des **Wurmfarns.** Sie werden auch *Wedel* genannt. Wenn wir im Sommer einen solchen Wedel durch die Hand streifen lassen, bleibt ein brauner „Staub“ zurück. Sollte es sich um Blütenstaub handeln? Sehen wir uns einen Wedel genauer an.

So genau wir auch den Wedel untersuchen, Blüten können wir nicht entdecken. Stattdessen sehen wir unter den Fiederchen runde braune Häufchen. Sie enthalten mehrere ovale Kapseln. Sind diese reif, platzen sie an einer vorgebildeten Stelle auf. Dabei spritzen winzige, staubartige Körnchen nach allen Seiten. Es handelt sich dabei jedoch nicht um Pollen. Es sind **Sporen**, die sich in den *Sporenkapseln* gebildet haben. Farne gehören daher zu den blütenlosen **Sporenpflanzen.**

Die Sporen werden über dem Waldboden verstreut und können an feuchten Stellen auskeimen. Aus jeder Spore entwickelt sich ein **Vorkeim** von der Größe eines Fingernagels. Dieser verankert sich mit wurzelähnlichen *Saughaaren* im Boden. Auf der Unterseite des Vorkeims bilden sich männliche und weibliche *Geschlechtsorgane.* In den weiblichen Geschlechtsorganen wachsen *Eizellen* heran. In den männlichen Geschlechtsorganen entstehen begeißelte Geschlechtszellen, die *Schwärmer*. Diese schwimmen über Wassertropfen zu den weiblichen Geschlechtsorganen und befruchten die Eizelle. Der Vorkeim mit den Geschlechtsorganen ist die *geschlechtliche Generation.*

Aus der befruchteten Eizelle entwickelt sich ein neuer Farn. Die Farnpflanze bedeutet die neue *ungeschlechtliche Generation.* Den Wechsel der Generationen bezeichnet man daher als **Generationswechsel.**

1. Beschreibe die Entwicklung des Wurmfarns anhand der Abbildung 2.

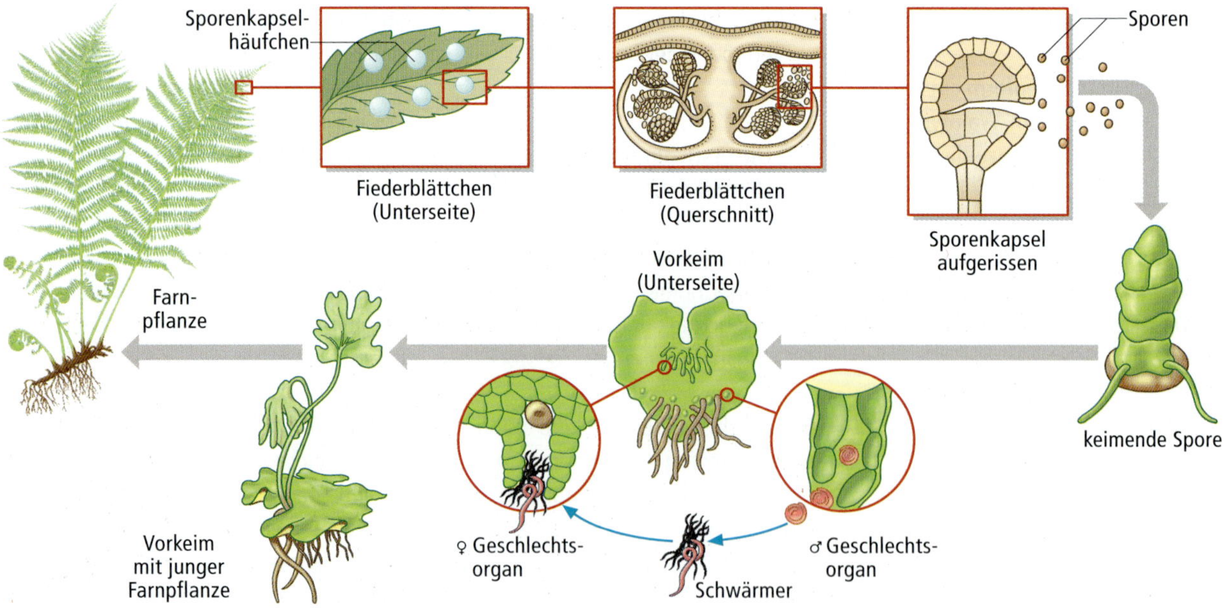

2 Generationswechsel bei Farnen (Wurmfarn)

2.8 Moose sind Wasserspeicher

Den schattigen Waldboden bedeckt oft eine dichte Decke aus verschiedenen Moosarten. Wenn es regnet, saugen sich die Moose wie ein Schwamm mit Wasser voll und speichern es über einen längeren Zeitraum. Einen Teil davon geben sie nach und nach an die Umwelt ab. Dadurch erhöht sich die Luftfeuchtigkeit im Wald und es ist dort angenehm kühl. Ein anderer Teil sickert nach und nach in den Boden, schützt ihn vor Austrocknung und steht so anderen Pflanzen zum Stoffwechsel zur Verfügung. Auch verhindern die Moose, dass Niederschläge rasch oberflächlich abfließen. Moose erfüllen daher als Wasserspeicher im Ökosystem Wald eine wichtige Aufgabe.

Wie aber schaffen es die zierlichen Moospflänzchen, solche Wasserspeicher anzulegen? Die Pflanzen stehen so eng beieinander, dass sie dichte Polster bilden. So kann das Wasser zwischen den Moosstämmchen und den Laubblättchen haften bleiben. Manche Moosarten wie das *Weißmoos* besitzen in ihren Blättchen große, löcherige tote Zellen, in denen sie zusätzlich Wasser aufnehmen können. Andere Arten wie das *Frauenhaarmoos* haben auf ihren Blättchen *Lamellen,* zwischen denen sie das Wasser festhalten. Auf diese Weise gelingt es Moosen, bis zum Zwanzigfachen ihres Trockengewichtes Wasser zu speichern.

Richtige Wurzeln zur Wasseraufnahme besitzen Moose nicht. Stattdessen haben sie am Ende ihres Stämmchens dünne, wurzelähnliche Zellschläuche. Man bezeichnet diese als *Rhizoide.* Sie dienen ausschließlich der Verankerung. Die Wasser- und Mineralstoffaufnahme erfolgt dagegen über die gesamte Pflanze.

Zu bestimmten Zeiten fallen uns bei Moosen *Sporenträger* mit einer *Sporenkapsel* auf. In diesen Kapseln entwickeln sich ungeschlechtlich Tausende winziger „Körnchen", die **Sporen.** Sind diese reif, platzt die Kapsel auf und die Sporen werden vom Wind verbreitet. Sie keimen und entwickeln sich zu fadenförmigen *Vorkeimen.* Diese bilden Knospen aus, die zu neuen Moospflänzchen heranwachsen. Der Sporenträger mit der Sporenkapsel verkörpert die *ungeschlechtliche Generation,* der Vorkeim und die Moospflanze stellen die *geschlechtliche Generation* dar.

1. Wiege ein trockenes Moospolster. Wässere es 24 Stunden und wiege erneut. Erläutere das Ergebnis.
2. Untersuche eine Moospflanze mit Sporenträger, zeichne diese und beschrifte die Teile.

1 Moospolster bedecken den Waldboden

2 Moos. A mit Sporenträger; **B** Einzelpflanze

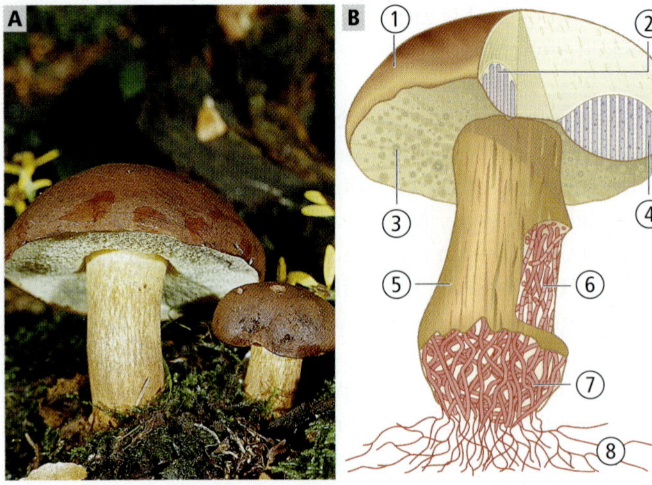

1 Maronenröhrling. **A** Im Nadelwald; **B** Bau eines Röhrenpilzes: ① Hut oder Kappe; ② Röhren auf der Hutunterseite; ③ Röhrenmündungen; ④ Sporenanlagen in den Röhren; ⑤ Stiel; ⑥ Hyphen; ⑦ Basis; ⑧ Myzel

2.9 Pilze leben im Waldboden

Zu bestimmten Jahreszeiten „schießen" Pilze geradezu über Nacht aus dem Boden. Hierzu gehört im Juni/Juli und im Herbst in Nadelwäldern der **Maronenröhrling**, auch *Braunkappe* genannt. Was wir von ihm sehen, sind jedoch nur Teile des Speisepilzes, die **Fortpflanzungskörper**. Diese sind deutlich in einen braunen *Hut* und einen gelblich-braunen *Stiel* gegliedert. Auf der Hutunterseite sehen wir eine helle Schicht, die bei zunehmendem Alter oliv-gelblich bis oliv-grün wird. Sie besteht aus eng beieinander liegenden *Röhren*. Pilze, die so gebaut sind, heißen **Röhrenpilze.**

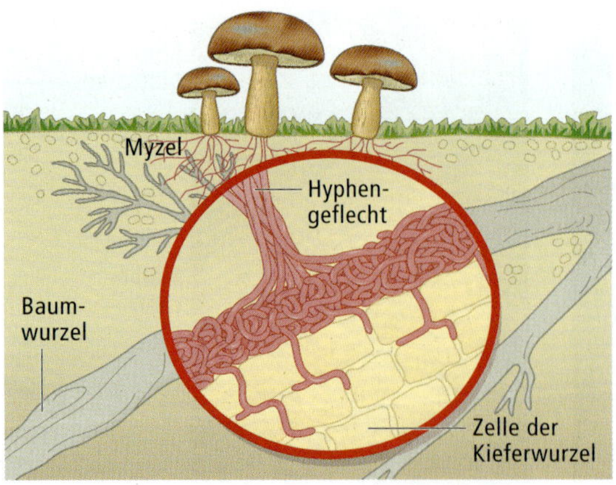

2 Symbiose zwischen Marone und Kiefer

In den Röhren sitzen viele *Sporen*, die bei Reife herausfallen und vom Wind verbreitet werden. Die Sporen keimen und entwickeln sich im Waldboden zu Pilzfäden, den *Hyphen*. Verschiedenartige Hyphen verschmelzen miteinander und wachsen zu einem Pilzgeflecht heran, dem *Myzel*. Dieses durchwuchert den Waldboden. Erst im folgenden Jahr entwickeln sich daraus wieder neue Fortpflanzungskörper.

Wie aber können Pilze gedeihen, obwohl ihre Zellen kein Chlorophyll besitzen und deshalb nicht in der Lage sind, durch Fotosynthese Nährstoffe zu bilden? Der Maronenröhrling lebt in Nadelwäldern. Die Hyphen des Pilzes dringen in die Baumwurzeln der Nadelbäume ein. Sie entnehmen diesen Nährstoffe, die sie nicht selber bilden können. Als Gegenleistung erhält der Nadelbaum vom Pilz Wasser und darin gelöste Mineralstoffe. Pilz und Baum ziehen also aus dem Zusammenleben gegenseitige Vorteile. Man sagt, sie leben in **Symbiose**. Die besondere Form einer solchen Symbiose bezeichnet man als *Mykorrhiza*. Weitere Beispiele sind Symbiosen zwischen Goldröhrling und Lärche, Butterpilz und Kiefer oder Birkenpilz und Birke.

Viele Pilzarten leben als **Fäulnisbewohner** von toten, faulenden organischen Stoffen wie Blättern, Zweigen, Baumstümpfen und Tierresten. Durch ihre Tätigkeit zersetzen sie die organischen Stoffe. Dabei werden die in ihnen enthaltenen Mineralstoffe frei und stehen damit den Pflanzen für ihren Stoffwechsel zur Verfügung.

Andere Pilze wie etwa der *Hallimasch* leben als **Parasiten** auf lebendem oder totem Holz. Sie durchsetzen mit dem Myzel ihren Wirt und entnehmen ihm Nährstoffe. Gleichzeitig scheiden sie Abfallstoffe aus, die schließlich zum Absterben von Bäumen führen. Beim Befall von gesunden Bäumen werden diese Pilze sogar zum Waldschädling.

1. Pilze erfüllen im Wald eine wichtige Aufgabe. Begründe dies anhand von Beispielen.
2. Begründe, weshalb Pilze keine Pflanzen sind.

Speisepilze und Giftpilze

Steinpilz (essbar)

Gruppe: Röhrenpilze
Zeit: Juli bis Oktober
Standort: Laub- und Mischwald

Wald-Champignon (essbar)

Gruppe: Lamellenpilze
Zeit: Juli bis Oktober
Standort: Laubwald

Flaschenstäubling (jung essbar)

Gruppe: Stäublinge
Zeit: Juli bis September
Standort: Laub- und Nadelwald

Pifferling (essbar)

Gruppe: Leistenpilze
Zeit: Juni bis Oktober
Standort: überwiegend Nadelwald

Unterscheidung nach Fortpflanzungskörpern (Auswahl)

- Hutunterseite mit feinen Röhren: **Röhrenpilze**
- Hutunterseite mit Lamellen: **Lamellenpilze**
- Hutunterseite mit leistenförmigen Lamellen, am Stiel herablaufend: **Leistenpilze**
- knollen-, ei- oder flaschenförmig: **Bauchpilze (Stäublinge)**
- Hutoberfläche grubig, gewunden oder wabenförmig: **Morcheln, Lorcheln**
- wandbrettartig an Baumstämmen: **Baumporlinge**

Hinweise zum Pilze sammeln

- Nur Pilze sammeln, die man kennt oder vom Pilzkenner überprüfen lassen
- Unbekannte oder giftige Pilze nicht umstoßen oder zertreten
- Pilze vorsichtig mit dem Stiel aus dem Boden drehen
- Pilze in einen Korb und nicht in eine Plastiktüte legen
- Pilze spätestens bis zum nächsten Tag zubereiten und verzehren

Fliegenpilz (giftig!)

Gruppe: Lamellenpilze
Zeit: Juli bis Oktober
Standort: Laub- und Nadelwald

Grüner Knollenblätterpilz (tödlich giftig!)

Gruppe: Lamellenpilze
Zeit: Juli bis Oktober
Standort: Laubwald

Panterpilz (tödlich giftig!)

Gruppe: Lamellenpilze
Zeit: Juli bis Oktober
Standort: Laub- und Nadelwald

2.10 Tiere des Waldes sind ihrem Lebensraum angepasst

Wenn wir im Frühjahr einen Laubmischwald aufsuchen, fallen uns von allen dort lebenden Tieren vor allem die verschiedenen Vogelarten auf. Sie sind zwar meist im dichten Blattwerk versteckt, „verraten" sich jedoch durch ihren Gesang oder ihre Rufe. Das Zusammenleben der verschiedenen Arten ist nur möglich, weil jede Art innerhalb der Gemeinschaft aller Vögel einen bestimmten Platz einnimmt. Dies wird zum Beispiel an der Wahl des Nistplatzes deutlich.

Vogelarten wie *Zilpzalp, Nachtigall* oder *Rotkehlchen* finden als **Bodenbrüter** zwischen Pflanzen der Krautschicht geeignete Nistmöglichkeiten. Der Zilpzalp z. B. baut ein kugelförmiges Nest mit seitlichem Eingang. Als Nistmaterial benutzt er Falllaub, Halme und feine Wurzeln. Dadurch ist das Nest hervorragend der Umgebung angepasst und kaum zu entdecken.

Buschbrüter wie *Amsel* und *Singdrossel* finden etwas höher in Büschen und jungen Bäumen der Strauchschicht einen geeigneten Nistplatz. Sie legen ihre Nester frei auf Zweigen oder in Astgabeln an.

Spechte wie *Bunt-* und *Schwarzspecht* zimmern mit ihrem Meißelschnabel Brut- und Wohnhöhlen in morsche Bäume. Es sind **Höhlenbrüter.** Durch ihre Tätigkeit schaffen sie aber auch Wohnraum für „Nachmieter" wie Stare, Meisen, Kleiber, Hohltauben, Haselmäuse und Fledermäuse.

Stammbrüter wie *Buchfink* und *Sperber* bauen ihre Nester unmittelbar am Stamm. Der Sperber z. B. legt seinen Horst in etwa drei bis acht Meter Höhe möglichst in der Nähe von Waldlichtungen an. Dieses Verhalten hängt offenbar damit zusammen, dass er vorwiegend Kleinvögel jagt.

Die Baumkronen haben sich die **Kronenbrüter** zum Nisten ausgesucht. Hierzu gehören u. a. *Habicht, Mäusebussard, Eichelhäher* und *Krähen.* Verlassene Horste dienen *Waldohreulen* zur Aufzucht ihrer Jungen.

Ähnliches Verhalten können wir auch bei der Aufteilung des Nahrungsangebotes feststellen. Buchfinken suchen am Boden als Körnerfresser nach Samen und Früchten. Rotkehlchen dagegen erbeuten mit ihrem dünnen, spitzen Schnabel in der Laubstreu kleine Gliederfüßer, Spinnentiere und Würmer. Buntspechte bearbeiten mit ihrem Meißelschnabel die Borke der Bäume, um an Insekten und

1 Wirbeltiere im Wald. A Vögel. ① Eichelhäher; ② Zilpzalp; ③ Amsel; ④ Buntspecht; ⑤ Buchfink; ⑥ Rotkelchen; ⑦ Sperber

deren Larven zu gelangen. Der Waldbaumläufer dagegen sucht mit seinem gebogenen pinzettenartigen Schnabel auf der Borke und in Ritzen nach Nahrung. Die leichten Blaumeisen wählen vorwiegend die dünnen äußeren Zweige, um dort Insekten oder Blattläuse „abzulesen", während die etwas schwereren Kohlmeisen sich bei der Nahrungssuche mehr im inneren Bereich der Baumkronen aufhalten. Trauerschnäpper wiederum benutzen Zweige als Warte, um von dort aus Insekten im Flug zu erbeuten. Greifvögel jagen am Tage, Eulen dagegen in der Dämmerung und nachts. Durch die Aufteilung des Nahrungsangebotes wird **Konkurrenz** vermieden.

Das unterschiedliche Verhalten der Tiere im gleichen Lebensraum vermeidet also weitgehend Konkurrenz zwischen den Arten. Jede Art übt in dem „Gebäude" Wald einen anderen „Beruf" aus. Sie stellt bestimmte Ansprüche an ihre Umwelt, an ihren „Arbeitsplatz". Hierzu gehören bei den Vögeln u. a. Nistplatz, Nahrungsangebot und Schutz vor Fressfeinden. Die Gesamtheit aller Umweltfaktoren, die für das Überleben einer Art erforderlich sind, bezeichnet man als **ökologische Nische.**

Auch die **Säugetiere** besetzen im Wald unterschiedliche ökologische Nischen. Als gewandte Kletterer bevorzugen *Baummarder* und *Eichhörnchen* die oberen Stockwerke des Waldes. Während der Baummarder sein Nest in verlassenen Greifvogelhorsten oder in Baumhöhlen anlegt, bauen Eichhörnchen sich ihren *Kobel* selbst. Der Marder geht nachts auf Jagd nach Vögeln und Eichhörnchen. Eichhörnchen dagegen nagen tagsüber an Nadelholzzapfen und gelangen so an die nahrhaften Samen. *Fledermäuse* verlassen nachts ihre Höhlen und jagen Insekten. Auch *Füchse* und *Dachse* sind überwiegend dämmerungs- und nachtaktiv. Füchse stellen Mäusen, Vögeln und anderen Kleintieren nach. Sie verschmähen auch keine Beeren und Pilze. Dachse verlassen als „Nachmieter" von Fuchsbauen erst nachts ihren Bau und erbeuten vor allem Schnecken, Würmer, Käfer, Frösche und Insekten. *Rehe* brauchen leicht verdauliche, nährstoffreiche Pflanzennahrung. Sie fressen daher neben Kräutern und jungen Gräsern gern Knospen und Triebspitzen. *Rothirsche* dagegen sind als „Raufutter-Fresser" bekannt. Sie fressen auch ältere und nicht so nahrhafte Gräser. *Wildschweine* halten sich tagsüber im Unterholz auf und suchen als *Allesfresser* nachts den Boden nach Früchten, Kräutern, Kleintieren und Aas ab.

1. Erkläre an einem Beispiel „ökologische Nische".
2. Im Fichtenwald gibt es nur wenige Vogelarten. Erkläre diese Feststellung.

B Säugetiere. ⑧ Fledermaus; ⑨ Eichhörnchen; ⑩ Baummarder; ⑪ Reh; ⑫ Wildschwein; ⑬ Fuchs; ⑭ Dachs

1 Bau der Kleinen Roten Waldameise

2 **Ameisenbau** (Längsschnitt). ① Königin und Eier, ② junge Larven, ③ erwachsene Larven, ④ Puppen, ⑤ Nesteingänge, ⑥ Ameisenstraßen

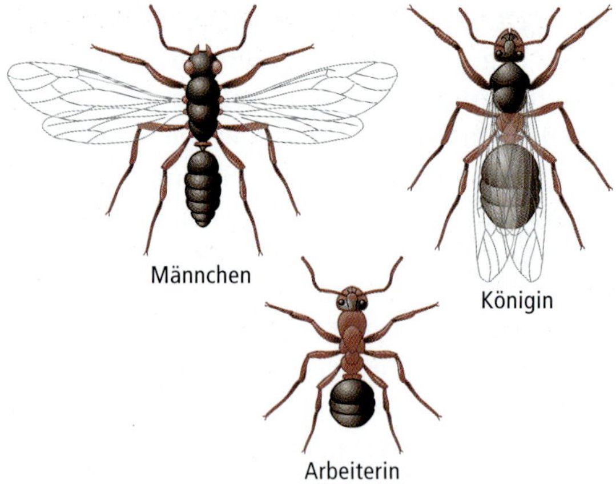

3 Ameisenwesen

2.11 Ameisen und ihre Bedeutung im Ökosystem Wald

An einem sonnigen Platz im Wald entdecken wir einen großen Ameisenhaufen der **Kleinen Roten Waldameise.** Auf dem Weg zu ihrem Bau laufen diese *Insekten* immer dicht hintereinander in bestimmte Richtungen und benutzen dabei sogenannte *Ameisenstraßen*. Diese erstrecken sich bis zu mehreren hundert Metern kreuz und quer über das Revier der Waldameisen. Manche führen sogar an Baumstämmen bis zu den Kronen empor.

Einige Ameisen versuchen, eine Raupe in Richtung ihres Baues zu schleppen. Die Beute wehrt sich heftig. Plötzlich lässt eine Ameise von der Raupe ab und läuft zu zwei vorbei kommenden Gefährtinnen. Alle drei betasten sich nun mit ihren Fühlern. Offensichtlich dient diese *Fühlersprache* der Verständigung, denn kurz darauf laufen die Ameisen zur Beute. Mit ihren kräftigen *Kieferzangen* fügen sie der Raupe Wunden zu. Gleichzeitig spritzen sie aus ihrer *Hinterleibsdrüse* eine ätzende Flüssigkeit darüber, die *Ameisensäure*. Zusehends erlahmen die Abwehrkräfte der Beute. Schließlich ist sie tot. Mit vereinten Kräften mehrerer Ameisen wird sie zum Ameisenbau geschleppt.

Aus allen Richtungen bewegen sich Ameisentrupps mit Nahrung „heimwärts“. Sie besteht vorwiegend aus Schadinsekten. Kein Kleintier, ob am Boden oder in den Bäumen, ist vor

4 Arbeiterin mit Beute

5 Ameisen an einer Blattlauskolonie

ihnen sicher. Der Nahrungsbedarf der Bewohner des Ameisenbaues ist hoch. Ein großes Ameisenvolk vernichtet täglich bis zu 100 000 Schädlinge. Daher findet man in der Regel im Umkreis von etwa 30 Metern eines Baues kaum Schadinsekten. Waldameisen sind somit wichtige Helfer bei der vorbeugenden **biologischen Schädlingsbekämpfung.**

Ameisen verbreiten auch Früchte und Samen, die ein nahrhaftes Anhängsel besitzen. Dieses „Ameisenbrot" enthält Eiweiße, Fett oder Zucker. Sie verzehren diese Anhängsel und lassen den keimfähigen Rest des Samens zurück. Dadurch werden Ameisen zu „Pflanzerinnen" von Wildkräutern im Wald. Im Buchenwald kennt man 45 Pflanzenarten, die auf die Verbreitung durch Ameisen angewiesen sind. Hierzu gehören zum Beispiel Buschwindröschen, Lerchensporn und Taubnesseln.

Ameisen ernähren sich auch von den Ausscheidungen der Blattläuse. Es sind Pflanzensaft saugende Insekten, die einen zuckerhaltigen, flüssigen Kot – den Honigtau – ausscheiden. Um an diese Nahrung zu gelangen, betasten die Ameisen den Hinterleib einer Laus, woraufhin diese einen Tropfen Honigtau absondert. Als „Gegenleistung" schützen die Ameisen ihre Futterlieferanten vor Feinden.

Bis zu 800 000 Ameisen gehören zu einem **Tierstaat** der Kleinen Roten Waldameise. In diesem leben außer einigen 100 fruchtbaren Weibchen oder **Königinnen** nur unfruchtbare Weibchen, die **Arbeiterinnen.** Zur Zeit der Fortpflanzung Ende Mai/Anfang Juni sieht man geflügelte **Männchen** und geflügelte fruchtbare **Weibchen.** Sie paaren sich auf einem „Hochzeitsflug". Dabei erhalten die Königinnen einen Spermienvorrat, der für ihre 15 bis 20-jährige Lebensdauer reicht. Nach der Paarung beißen sich die Königinnen die Flügel ab und kehren in ihren Bau zurück. Die Männchen dagegen sterben. Wird ein Volk zu groß, kommt es zu Neugründungen durch Tochterkolonien. Ein Teil der Arbeiterinnen baut in der Nähe einen neuen Haufen und schleppt Königinnen, Larven und Puppen hinein.

Das Leben im Ameisenstaat ist durch eine strenge Arbeitsteilung geregelt. Jede Arbeiterin übernimmt ein Leben lang eine bestimmte Aufgabe. *Pflegerinnen* versorgen Eier, Larven und Puppen. *Sammlerinnen* zerren tote Insekten herbei oder würgen aus ihrem Kropf Honigtau hervor. *Bauarbeiterinnen* schleppen Nistmaterial heran, reparieren oder erweitern den Bau. *Wächterinnen* mit besonders starken Kieferzangen halten Ein- und Ausgänge besetzt und verteidigen ihr Volk gegen Eindringlinge. Durch Öffnen und Schließen der „Tore" sorgen die Wächterinnen auch für eine gute Belüftung des Baues.

1. Beschreibe einen Ameisenbau. Siehe Abb. 2.
2. Erläutere die Bedeutung der Roten Waldameise im Ökosystem Wald.
3. Begründe, weshalb Ameisen zur Gründung einer Tochterkolonie keine Männchen benötigen.

1 **Von Borkenkäfern vernichtete Fichten-Monokultur**

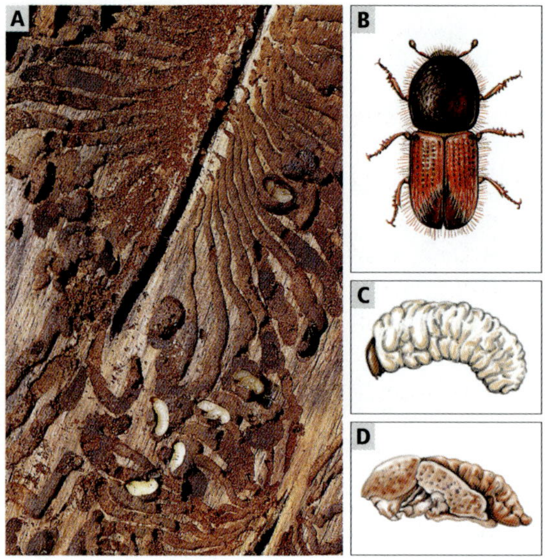

2 **Fichtenborkenkäfer.** **A** Fraßbild; **B** Käfer; **C** Larve; **D** Puppe

2.12 Borkenkäfer – Schadinsekten in Nadelwäldern

Bei einer Wanderung durch den Nationalpark Hochharz sieht man gelegentlich Flächen, auf denen nur tote Fichten stehen. Was ist hier passiert?
Viele unserer Nadelwälder sind *Monokulturen*. Durch Schadstoffe in der Luft und im Boden können die Bäume geschwächt werden. Sie sind dann besonders anfällig gegenüber Schadinsekten. Hierzu gehört der *Fichtenborkenkäfer*, auch **Buchdrucker** genannt. Tritt er in Monokulturen massenhaft auf, wird er zum gefürchteten *Waldschädling*.

Im Frühjahr bohrt sich der etwa 2 mm kleine Käfer in die Rinde der Fichte. Im Bast baut er eine kleine Höhle, die „Hochzeitskammer“. Dort gibt er einen Duftstoff ab, mit dem er einen Geschlechtspartner anlockt. Nach der Begattung legt das Weibchen einen *Muttergang* an, der senkrecht nach oben und nach unten führt. An die Ränder dieses Ganges legt es Eier ab, aus denen die Larven schlüpfen. Sie fressen seitliche *Larvengänge* im Bast zwischen Borke und Holz. Sind die Larven ausgewachsen, erweitern sie die Larvengänge am Ende zu einer Kammer, der *Puppenwiege*. In ihr verpuppen sie sich. Nach dem Schlüpfen Ende Juni fressen sich die Käfer durch die Borke ins Freie. Die im Bohrmehl enthaltenen Duftstoffe lösen einen Massenanflug männlicher und weiblicher Käfer auf den von Käfern befallenen Baum aus. Wenn viele Buchdrucker eine Fichte befallen, zerstören sie die Bastschicht und unterbinden dadurch den Saftstrom des Baumes. Die Fichte stirbt ab.

Die Verständigung der Käfer untereinander durch Duftstoffe nutzt der Mensch zur **biologischen Schädlingsbekämpfung.** Er stellt Lockstoffe her und beschickt damit Lockfallen. Die Käfer werden angelockt, geraten hinein und können nicht mehr entkommen.

1. Beschreibe die Abbildung 2A.

3 **Borkenkäferfalle**

Waldinsekten

Waldinsekten und ihre Nahrung

- **Blattfresser:** z. B. einige Käfer und deren Larven; Raupen von Schmetterlingen; Larven von Blattwespen
- **Frucht- und Samenfresser:** z. B. Rüsselkäfer; Raupen von Kleinschmetterlingen
- **Bastfresser:** z. B. Borkenkäfer
- **Holzfresser:** z. B. Borkenkäfer; Bockkäfer; Prachtkäfer; Larven von Holzwespen
- **Saftsauger:** z. B.Blattläuse; Blattwanzen
- **Raubinsekten:** z. B. Schlupfwespen

Maikäfer

Größe: 25–30 mm
Lebensweise: Blattfresser; Larven leben im Boden, fressen Wurzeln; Entwicklungsdauer 3–4 Jahre

Hirschkäfer (geschützt!)

Größe: ♂ bis 75 mm; ♀ bis 45 mm
Lebensweise: ernährt sich von ausfließendem Eichensaft; Larven leben vom Holz toter Eichen, z. B. Baumstümpfen

Grüner Eichenwickler

Falter: hellgrüne Vorderflügel, graue Hinterflügel mit Fransen; Spannweite 18–23 mm
Raupe: grün-grau; mit fein behaarten Wärzchen; schwarzer Kopf
Lebensweise: Falter nachts aktiv; legt im Juni Eier an Eichenzweigen ab; Raupen schlüpfen im folgenden Frühjahr; fressen Eichen oft kahl; verpuppen sich in durch Spinnfäden eingerollten Blättern

Kiefernspanner

Falter: Spannweite bis 35 mm; ♂ gelblich-weiß; braun geränderte Flügel; ♀ rost-gelb mit dunklen Rändern
Raupe: bis 45 mm; gelblich-grün; 10-beinig; gelber Seitenstreifen; 3 weiße Rückenstreifen
Lebensweise: Falter tagaktiv; legt im Frühjahr Eier an die Unterseite von Kiefernnadeln; Raupen schlüpfen im Juli; fressen bis Oktober Nadeln; verpuppen sich im Boden

Riesenholzwespe

Aussehen: 10–40 mm groß; Kopf und Brust schwarz; Hinterleib beim ♂ rotgelb, beim ♀ gelb
Lebensweise: fliegt im Sommer in Nadelwäldern an lichten, sonnigen Stellen; legt bis zu 1000 Eier in ältere Nadelbäume; zur Eiablage treibt die Wespe ihr Legerohr 1 cm tief in das Holz; Larven fressen im Holz bis zu 40 cm lange Gänge und verpuppen sich dort

Schlupfwespe

Aussehen: 20–35 mm groß, schwarz mit weißen Flecken auf langem Hinterleib; ♀ am körperlangen Legerohr zu erkennen
Lebensweise: in Nadel- und Laubmischwäldern; Weibchen treibt ihr Legerohr mehrere cm tief ins Holz von Nadelbäumen, um dort die Larve einer Holzwespe zu treffen; legt darauf ein Ei ab; ausschlüpfende Larve lebt als Parasit im Wirt; etwa zeitgleich mit der Verpuppung stirbt die Wirtslarve

2.13 Abfallverwerter im Waldboden

In einem Laubmischwald fallen Jahr für Jahr große Mengen an Laub und Nadeln zu Boden. Dazwischen liegen tote Äste und ab und zu auch ein umgestürzter Baumstamm, der zu zerfallen scheint. Keiner von uns räumt diese **Biomasse** fort und dennoch nimmt sie nicht merklich zu. Wo bleibt der pflanzliche Abfall?

Es sind verschiedenartige wirbellose **Bodenorganismen**, die den „Abfall" beseitigen. Sie kommen im Waldboden in einer für uns kaum vorstellbaren Vielzahl vor. Wer vermutet schon, dass allein in einer Handvoll Waldboden mehr Lebewesen anzutreffen sind als es Menschen auf der gesamten Erde gibt!

Mit bloßem Auge kann man nur wenige Lebewesen entdecken. Es sind Lupe oder Mikroskop nötig, um die unterschiedlichen Kleinlebewesen zu entdecken. Weil sie lichtscheu sind, leben sie vorwiegend in der dunklen Streuschicht. Sie bevorzugen feuchte Schichten, da ihr Körper meist nur unzureichend vor Austrocknung geschützt ist.

Fraßbilder am Falllaub geben Hinweise, welche Tierarten sich von den Pflanzenresten ernähren. Betrachtet man die Blätter der oberen Schicht, erkennt man kleine, durchsichtige „Fenster" in der Blattfläche. Diesen **Fensterfraß** verursachen flügellose Insekten wie *Springschwänze* und zu den Spinnentieren gehörende *Milben*. Sie fressen sich durch die Außenhaut des Blattes, dringen in das Blatt ein und ernähren sich von den inneren Gewebeschichten. Diese sind zarter gebaut als die Oberhaut. Man schätzt die Anzahl der Springschwänze auf der Fläche von einem m^2 Waldboden auf rund 50 000, die der Milben auf 100 000. Daneben findet man aber auch durchlöcherte Blätter. Diesen **Lochfraß** rufen u. a. *Fliegen-* und *Schnakenlarven* hervor. Sie verschmähen auch die härtere Schicht der Blattoberhaut nicht. In der unteren Streuschicht sind oft nur noch Blattreste vorhanden. *Asseln, Ohrwürmer* und *Tausendfüßer* haben das Blattgewebe zwischen den Blattadern verzehrt. Bei diesem **Skelettfraß** bleibt von den Blättern schließlich nur noch das Adernetz übrig.

Alle diese **Erstzersetzer** scheiden unverdaute organische Nahrung aus. Von diesen Ausscheidungen und weiteren Pflanzenresten ernähren sich Bodenorganismen wie *Milben* und *Fadenwürmer*. Letztere sind nach den einzelligen Lebewesen die am häufigsten im Boden anzutreffenden Organismen. Die Anzahl der auf einen m^2 lebenden Fadenwürmer wird auf bis zu 30 Mio. geschätzt. Zu ihrer Nahrung gehören auch Hyphen der Pilze sowie Bakterien.

Einen wichtigen Anteil am Abbau der Pflanzenreste haben **Zweitzersetzer** wie *Regenwürmer* und *Enchyträen*. In einem Hektar Laub-

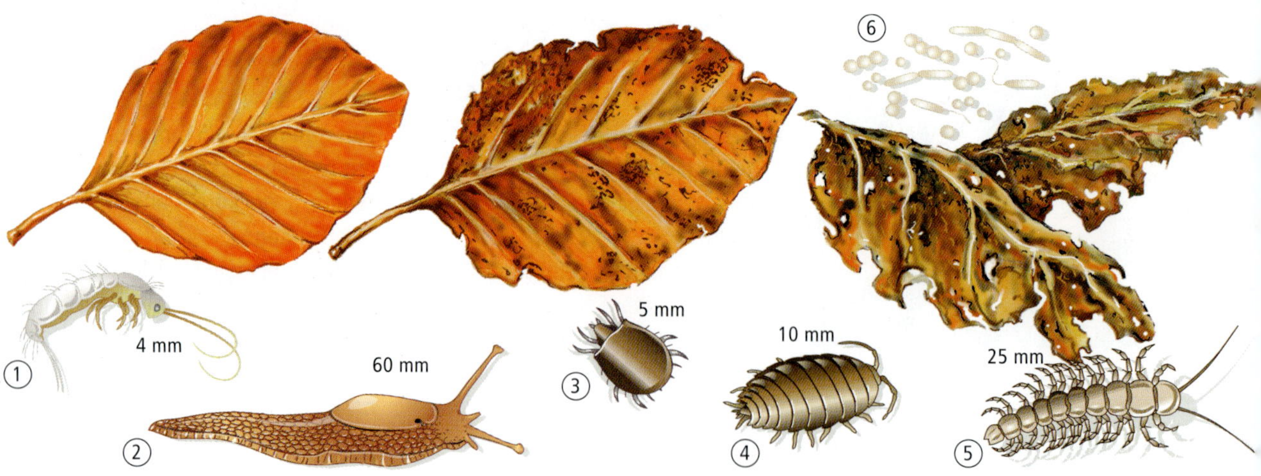

1 Abbau der Laubstreu zu Humus. ① Springschwanz, ② Nacktschnecke, ③ Hornmilbe, ④ Assel, ⑤ Steinläufer, ⑥ Bakterien, wald können bis zu 250 000 dieser Ringelwürmer leben. Mit ihrem guten Geruchs- und Geschmackssinn sind sie in der Lage, unter den Pflanzenresten eine für sie geeignete Auswahl zu treffen. Die Pflanzenabfälle werden zusammen mit anorganischen mineralischen Bestandteilen des Bodens gefressen. Die Ausscheidungen der Ringelwürmer enthalten jedoch immer noch unzersetzte Pflanzenreste.

Da die Bodenorganismen die Pflanzenreste mehrfach fressen, kommt es zusammen mit den Ausscheidungen der Tiere zu einer Durchmischung des Bodens. Bei der Zersetzung des organischen Materials entsteht **Humus,** ein wertvoller Dünger für die Pflanzen im Wald. So erzeugen zum Beispiel Regenwürmer auf der Fläche eines Hektars Laubwald jährlich bis zu 100 Tonnen „Düngerlösung". Tausendfüßer hinterlassen auf der gleichen Fläche etwa 2,5 Tonnen Kot.

Von dem Kot dieser und auch anderer Lebewesen, der u. a. noch organische Reste von Blättern und Nadeln enthält, ernähren sich *Mikroorganismen.* Zu ihnen gehören *Pilze, Bakterien* und *Einzeller*. Sie setzen das Zersetzungswerk fort. Bestimmte Pilzarten zum Beispiel sind darauf spezialisiert, Zellulose der Pflanzenzellwände abzubauen. Alle Mikroorganismen zusammen zerlegen die organischen Reste vollständig und gewinnen dadurch die für ihren Stoffwechsel notwendige Energie.

2 Totengräber als Abfallfresser. Aaskäfer („Totengräber") werden vom Aasgeruch einer toten Maus angelockt. Die Käfer unterhöhlen die Maus und graben so den Körper in den Boden ein. Seitlich davon werden Eier abgelegt. Die Käfer locken die geschlüpften Larven auf die Mausleiche, wo sie mit vorgekauter Nahrung herangefüttert werden.

Dabei entstehen Wasser, Kohlenstoffdioxid und Mineralstoffe. Wasser und Mineralstoffe werden von den Wurzeln der Pflanzen im Wald wieder aufgenommen. Alle Organismen, die tote Biomasse zersetzen, bezeichnet man auch als **Destruenten.**

In der Streuschicht leben nicht nur Destruenten. *Erdläufer* und *Steinläufer* zum Beispiel sind überwiegend räuberisch lebende Tausendfüßer. Sie ernähren sich u. a. von Fadenwürmern, Enchyträen und Regenwürmern. *Spinnen* und *Ameisen* spüren andere Mikroorganismen auf und verzehren diese.

1. Beschreibe den Abbau von Laubblättern anhand der Abbildung 1.

⑦ Fadenwurm, ⑧ Saftkugler (Assel), ⑨ Haarmückenlarve, ⑩ Schnakenlarve, ⑪ Regenwurm, ⑫ Schnurfüßer (Tausendfüßer), ⑬ Enchyträe, ⑭ Hyphen verschiedenartiger Pilze

Leben im Waldboden

V1 Tiere in der Laubstreu

Material: feuchte Laubstreu; große flache Plastikschale; Fanggerät für Bodentiere; Blockschälchen; Deckglas; Lupe oder Stereolupe

Durchführung:

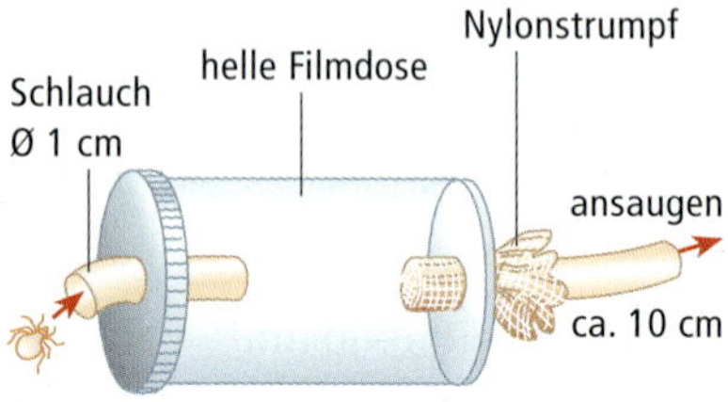

Baue das oben abgebildete Fanggerät. Verteile die Laubstreu in der Schale. Fange Bodentiere, indem du diese mithilfe des Fanggerätes ansaugst. Gib sie anschließend in das Schälchen und decke es ab.

Aufgaben:
- **a)** Betrachte und bestimme einige der Bodentiere. Siehe hierzu die Abb. 1 auf den Seiten 100/101. Nutze gegebenenfalls auch Bestimmungsbücher.
- **b)** Stelle eine Liste der gefundenen Bodentiere auf und gib an, wovon sich diese ernähren.
- **c)** Zeichne einige der gefundenen Tierarten.

V2 Untersuchung von Tieren in der Laubstreu

Dieser Versuch eignet sich zur Untersuchung kleinerer Lebewesen in der Laubstreu oder in einer Bodenprobe.

Material: unterschiedlich zersetzte feuchte Laubstreu; Fangvorrichtung für Bodentiere: siehe Abbildung; Blockschälchen; Deckglas; Pinzette; kleiner Pinsel; Lupe oder Stereolupe

Durchführung:

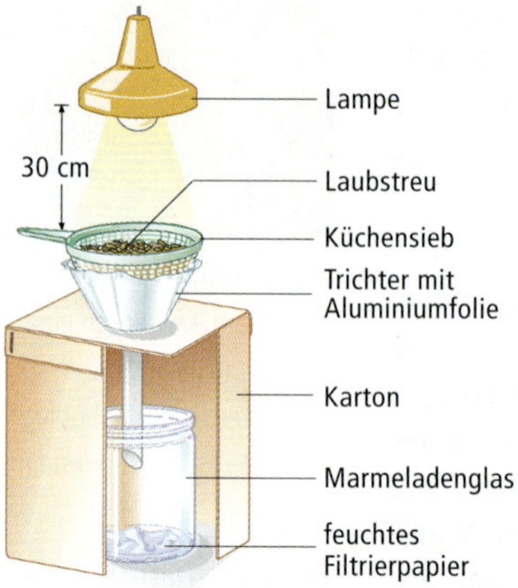

Baue eine Fangvorrichtung für Bodentiere wie in der Abbildung. Gib die Laubstreu in den Trichter. Beleuchte etwa eine Stunde lang die Probe mit der Lampe.

Aufgaben:
- **a)** Kontrolliere das Fangglas. Was stellst du fest? Gib eine Erklärung für deine Beobachtungen.
- **b)** Übertrage einige der Lebewesen in das Blockschälchen, verschließe es mit dem Deckglas und betrachte die Tiere mithilfe der Lupe oder der Stereolupe.
- **c)** Bestimme einige Tiere. Siehe hierzu die Abb. 1 auf den Seiten 100/101 und nimm evtl. auch ein Bestimmungsbuch zu Hilfe.

V3 Organismen bauen Stoffe ab

Material: 2 Marmeladengläser; Filter- oder Löschpapier; Sandboden; Humusboden; Wasser

Durchführung: Fülle ein Glas zur Hälfte mit Sand, das andere mit Humus. Lege eine Lage Filter- oder Löschpapier darauf. Bedecke beides jeweils 3 cm mit Sand bzw. Humus. Halte den Boden feucht.

Aufgabe: Untersuche den Zustand der Papiere nach 5, 10 und 15 Tagen. Beschreibe und erkläre deine Feststellungen.

V4 Zersetzung von Laubblättern

Material: Plastiktüten; Zeitungspapier; Bücher oder ähnliches zum Beschweren; Klebefolie; Zeichenkarton

Durchführung: Trage in einem Laubwald auf einer Fläche von ca. 30 x 30 cm schichtweise die Laubstreu ab. Entnimm jeweils Blätter und/oder Blattreste und hebe diese je Schicht in einer gesonderten Tüte auf. Presse in der Schule die Blätter/Blattreste mehrere Tage zwischen Zeitungspapier.

Aufgaben:
- **a)** Klebe die Beispiele aus den verschiedenen Schichten jeweils auf Zeichenkarton. Beschreibe den jeweiligen Zustand der Laubblätter.
- **b)** Klebe Laubblätter mit unterschiedlichen Fraßbildern auf Zeichenkarton und nenne mögliche Verursacher. Siehe untere Abbildung.

2.14 Nahrungsbeziehungen im Wald

Viele unserer Wälder sind reich an Tierarten. Allein in Buchenwäldern leben über 7000 verschiedene Tierarten, darunter über 100 Wirbeltiere, 5200 Insekten, 500 Spinnentiere und 70 Landschnecken. Zwischen ihnen bestehen vielfältige Nahrungsbeziehungen.

Im Ökosystem Wald hat jedes Lebewesen eine bestimmte Aufgabe. Mithilfe der Fotosynthese bilden zum Beispiel Pflanzen aus Wasser und den darin gelösten Mineralstoffen sowie aus Kohlenstoffdioxid organische Stoffe. Daher nennt man sie *Erzeuger* oder auch **Produzenten.** Von den Pflanzen ernähren sich direkt oder indirekt alle übrigen Organismen. Die mit der Nahrung aufgenommenen Stoffe dienen den Lebewesen zum Aufbau eigener Körpersubstanz und zur Versorgung mit Energie. Somit sind Pflanzen die Grundlage allen Lebens auf der Erde.

Die Produzenten bilden das erste Glied in einer **Nahrungskette**. Von ihnen leben Pflanzenfresser. Sie heißen *Verbraucher* oder **Konsumenten 1. Ordnung.** Das nächste Glied in der Nahrungskette sind Fleischfresser. Sie ernähren sich von Pflanzenfressern. Es sind **Konsumenten 2. Ordnung.** Ernähren sich diese Fleischfresser von weiteren Fleischfressern, gibt es zusätzliche Glieder in der Nahrungskette. Da Fressen und Gefressenwerden verschiedene Nahrungsketten miteinander verknüpft, spricht man bei solchen Nahrungsbeziehungen von einem **Nahrungsnetz.** *Destruenten* bauen schließlich tote Organismen ab.

Von einem Nahrungsglied zum anderen werden nur etwa 10% zum Aufbau eigener Körpersubstanz verwendet. Die übrigen 90% benötigen die Organismen u. a. für die Erzeugung von Energie für Wachstum, Bewegung und Wärme. Die Weitergabe von Energie in einer Nahrungskette bezeichnet man als **Energiefluss.** Viele Pflanzen bilden also die Nahrungsgrundlage für wenige Pflanzenfresser. In der folgenden Kette nimmt die Anzahl der Konsumenten ab. Die Abnahme von Stufe zu Stufe ergibt eine **Nahrungspyramide.**

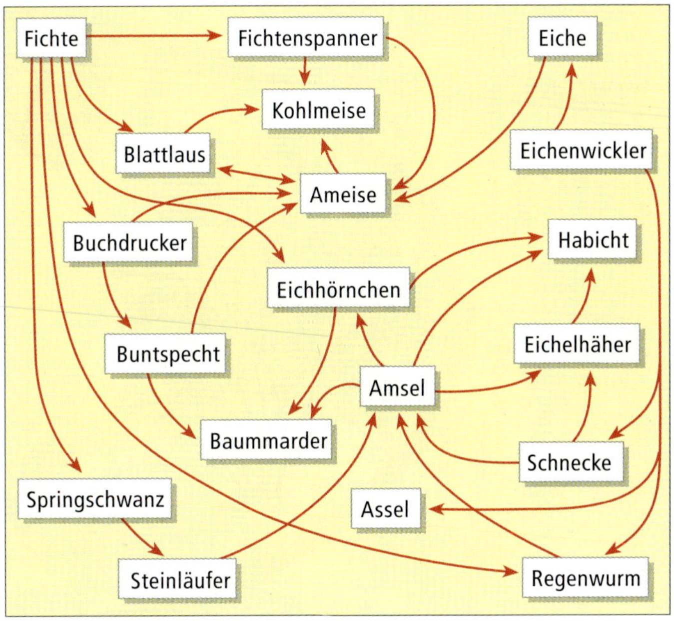

1 Nahrungsbeziehungen im Ökosystem Wald (Auswahl)

→ wird gefressen von

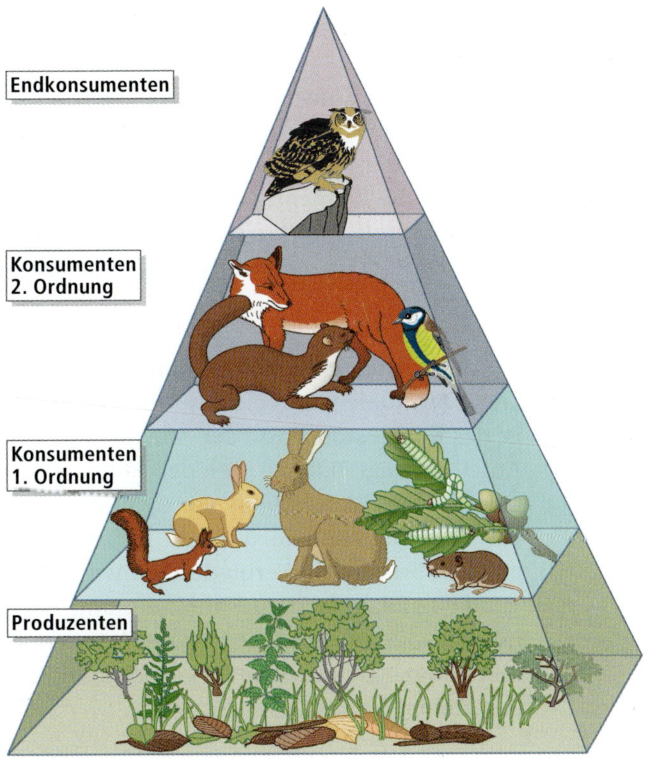

2 Nahrungspyramide

1. Erläutere Abbildung 1.
2. Erkläre mit Hilfe der Abbildungen 1 und 2 die Begriffe Nahrungsnetz und Nahrungspyramide.

1 Kreislauf von Kohlenstoff und Sauerstoff

2.15 Stoffkreisläufe im Wald

Produzenten, Konsumenten und Destruenten bilden einen geschlossenen *Nahrungskreislauf*. Mit den Nahrungskreisläufen durchlaufen auch die Elemente Kohlenstoff, Sauerstoff und Stickstoff *Stoffkreisläufe*. Die Elemente sind aber in Pflanzen und Tieren chemisch gebunden.

Verfolgen wir zunächst den **Kohlenstoffkreislauf.** Der Kohlenstoffvorrat für die Lebewesen ist das Kohlenstoffdioxid der Atmosphäre. Sein Anteil beträgt 0,03 %. Bei der Fotosynthese nehmen die Blätter über die Spaltöffnungen das Kohlenstoffdioxid der Luft auf und bauen es in organische Verbindungen wie Stärke, Traubenzucker, weitere Nährstoffe und Zellulose um. Kohlenstoff wird also in Nährstoffen und pflanzlichen Baustoffen gespeichert. Er ist Bestandteil der gesamten *Biomasse*.

Ein Teil der Nährstoffe wird von der Pflanze selbst zur Energiegewinnung benötigt. Dabei entsteht Kohlenstoffdioxid, das die Pflanze über die Spaltöffnungen wieder abgibt. Pflanzenfresser nehmen pflanzliche Nährstoffe auf. Beim anschließenden Stoffwechsel wird der darin gebundene Kohlenstoff über die Atmung als Kohlenstoffdioxid wieder freigesetzt. Der in der Biomasse gespeicherte Kohlenstoff wird auch frei, wenn Destruenten im Waldboden totes pflanzliches und tierisches Material abbauen. Das Kohlenstoffdioxid steht den Pflanzen zur Fotosynthese wieder zur Verfügung. Auf diese Weise schließt sich der Kohlenstoffkreislauf.

Eng verbunden mit den Kohlenstoffkreislauf ist der **Sauerstoffkreislauf.** Bei der Fotosynthese entsteht Sauerstoff, den die Pflanze über Spaltöffnungen an die Luft abgibt. Der Sauerstoffanteil der Amosphäre beträgt etwa 21 %. Sauerstoff ist die Lebensgrundlage für alle Tiere und den Menschen. Sie nehmen diesen bei der Atmung auf und nutzen ihn zur Energiegewinnung bei der Verbrennung der Nährstoffe in den Körperzellen. Bei dieser *Zellatmung* entsteht u.a. Kohlenstoffdioxid. Dieses Gas wird ausgeatmet, gelangt zurück in die Atmosphäre und steht dort den Pflanzen wieder zur Fotosynthese zur Verfügung. Der Sauerstoffkreislauf schließt sich.

Neben Elementen wie Phosphor und Schwefel durchläuft auch das Element **Stickstoff** einen

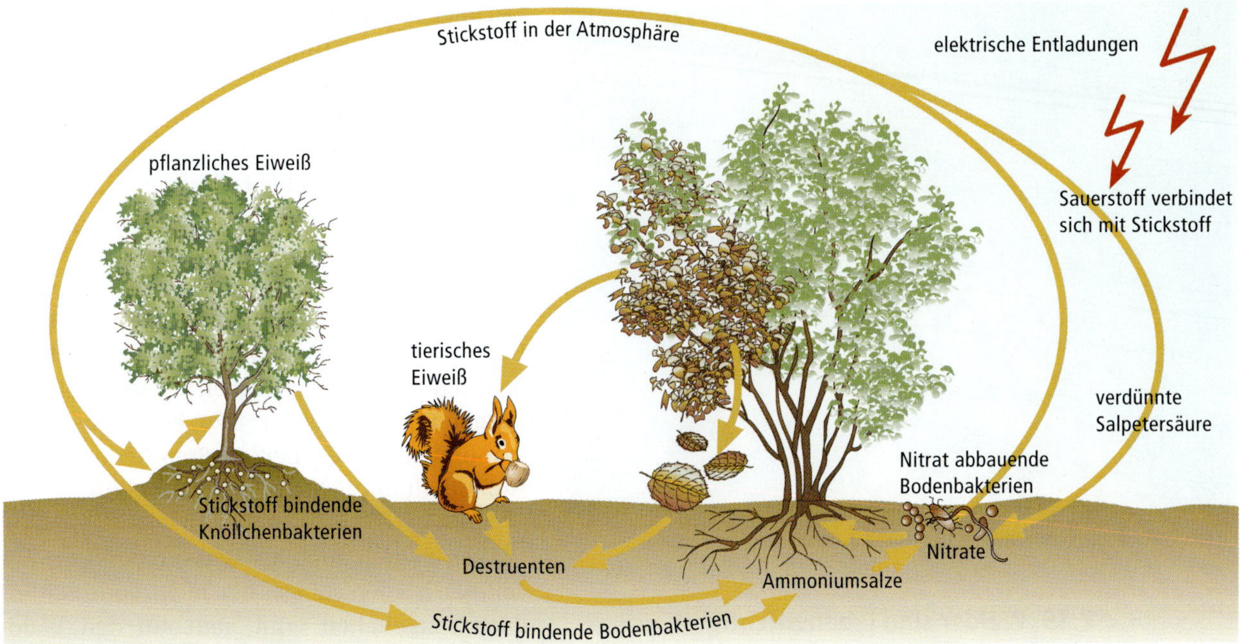

2 **Kreislauf des Stickstoffs**

Stoffkreislauf. Stickstoff ist ein wichtiger Bestandteil aller *Aminosäuren*, den Bausteinen der Eiweißstoffe. Diese benötigen alle Lebewesen für ihre Lebensvorgänge. Woher aber beziehen die Pflanzen den Stickstoff?

Der gasförmige Stickstoff macht etwa 78 % der Luft aus. Pflanzen können diese Form des Stickstoffs jedoch nicht direkt nutzen. Dagegen gibt es einige Bakterienarten, die in der Lage sind, den Stickstoff der im Boden vorhandenen Luft zu binden und damit chemische Verbindungen zu bilden. Solche *Knöllchenbakterien* kommen z. B. in den Wurzeln von Schmetterlingsblütengewächsen sowie von Erlen und Weißdorn vor. Diese Bakterien sind in der Lage, aus dem im Boden vorhandenen Luftstickstoff chemische Verbindungen zu bilden. Solche Stoffe können die Pflanzen in gelöster Form direkt nutzen.

Es gibt noch weitere Stickstoffquellen für die Pflanzen. Destruenten bauen im Boden Biomasse ab. Dabei setzen sie stickstoffhaltige Verbindungen frei. Im Boden entstehen so Ammoniumsalze. Bestimmte Bakterienarten, sogenannte *nitrifizierende Bakterien*, übernehmen den stufenweisen Abbau der Ammoniumsalze zu *Nitraten*. Diese Nitrate nehmen die Pflanzen in Wasser gelöst über die Wurzeln auf. Dadurch schließt sich der **Stickstoffkreislauf.**

Manche Bodenbakterien wandeln Stickstoffverbindungen wieder in Luftstickstoff um, der aus dem Boden in die Atmosphäre gelangt. Auch bei Gewittern entstehen durch elektrische Entladungen Stickstoffverbindungen, die zusammen mit Niederschlägen in den Boden gelangen und dort von den Pflanzen aufgenommen werden können. So schließt sich der Kreislauf des Stickstoffs über Produzenten, Konsumenten und Destruenten wieder zu den Produzenten.

1. Beschreibe anhand der Abb. 1 den Kreislauf von Sauerstoff und Kohlenstoff im Wald.

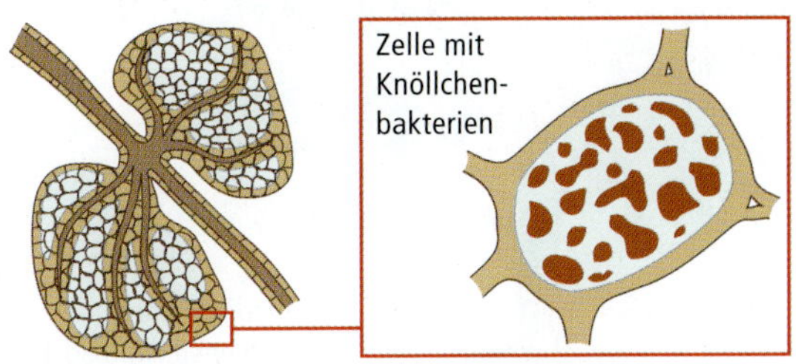

3 **Wurzelknöllchen mit Knöllchenbakterien**

1 Wälder als Erholungs- und Erlebnisraum

2.16 Wälder sind lebenswichtig

Besonders an Wochenenden sieht man in unseren Wäldern Spaziergänger und Wanderer, Jogger und Radfahrer. Dort finden sie reine und angenehm feuchte Luft, Ruhe und Entspannung. Sie begegnen verschiedenartigen Tieren und Pflanzen und freuen sich an der Schönheit der Natur. Der Wald bedeutet für sie ein Gebiet von hohem **Erlebnis**- und **Erholungswert.**

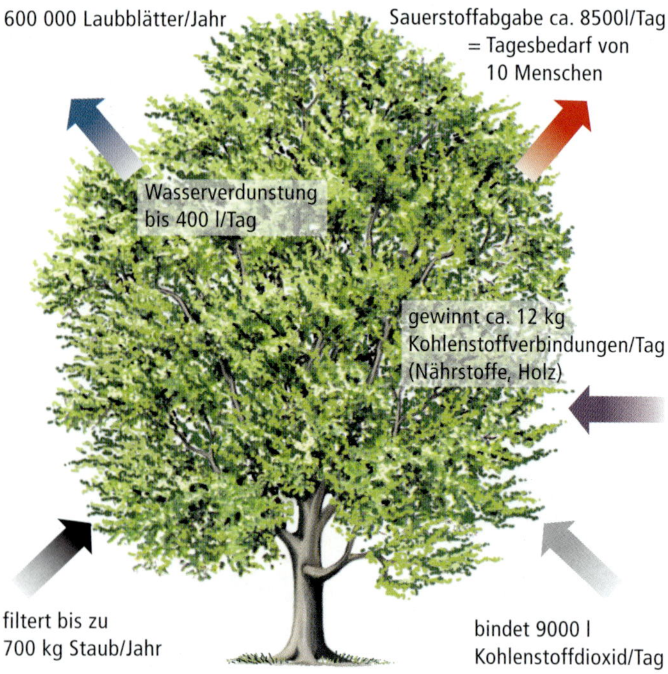

2 Die biologische Leistung einer 100 Jahre alten Buche

Darüber hinaus haben aber Wälder vor allem eine große Bedeutung im **Wasserhaushalt** der Natur. So fangen z. B. die Baumkronen durchschnittlich etwa 40 % des Niederschlags ab. Von dort verdunstet das Wasser nach und nach und erhöht dadurch die Luftfeuchtigkeit. Auch in Trockenzeiten erhalten die Pflanzen über die Wurzeln genügend Wasser, das sie bei der Transpiration über die Blätter an die Luft wieder abgeben. So gibt z. B. eine 100jährige Buche täglich bis zu 400 l Wasser ab und kann dadurch die Luftfeuchtigkeit in unmittelbarer Umgebung um bis zu 10 % erhöhen. Daher empfinden wir an heißen Sommertagen den Aufenthalt im Wald als angenehm kühl.

Wälder dienen auch als **Wasserspeicher**. Ein Teil der Niederschläge, der nicht vom Blätterdach festgehalten wird, fällt auf den Waldboden. Über die Moosschicht, die das Wasser wie ein Schwamm speichert, gelangt dieses nach und nach in den Boden, wird dort gefiltert und erreicht schließlich mit zeitlicher Verzögerung als sauberes Trinkwasser das Grundwasser.

Die Schwammwirkung des Bodens verhindert auch ein rasches, oberflächliches Abfließen des Niederschlags. Da im Wald der Frost nicht so stark ist wie auf freien Flächen, gefriert der Boden auch nicht so tief. Im Frühjahr kann das Schmelzwasser daher in den Boden eindringen und fließt dadurch langsamer ab als von freien Flächen. So dienen Wälder vor allem im Bergland als wirksame **Hochwasserbremse.**

Die Wurzeln der Bäume durchziehen wie ein Geflecht den Boden und halten ihn dadurch fest. Dies ist besonders in einem bergigen Gelände von Bedeutung. Wälder beugen dort ein Abrutschen von Erdmassen vor. Sie schützen als **Schutz**- oder **Bannwälder** die Siedlungen, Straßen sowie landwirtschaftlich genutzte Flächen vor Schlamm-, Geröll- oder Schneelawinen.

Vor allem im Flachland bremsen Wälder die Winde. Dieser **Windschutz** kommt den landwirtschaftlich genutzten Gebieten zugute. Starke Winde können die fruchtbare obere Boden-

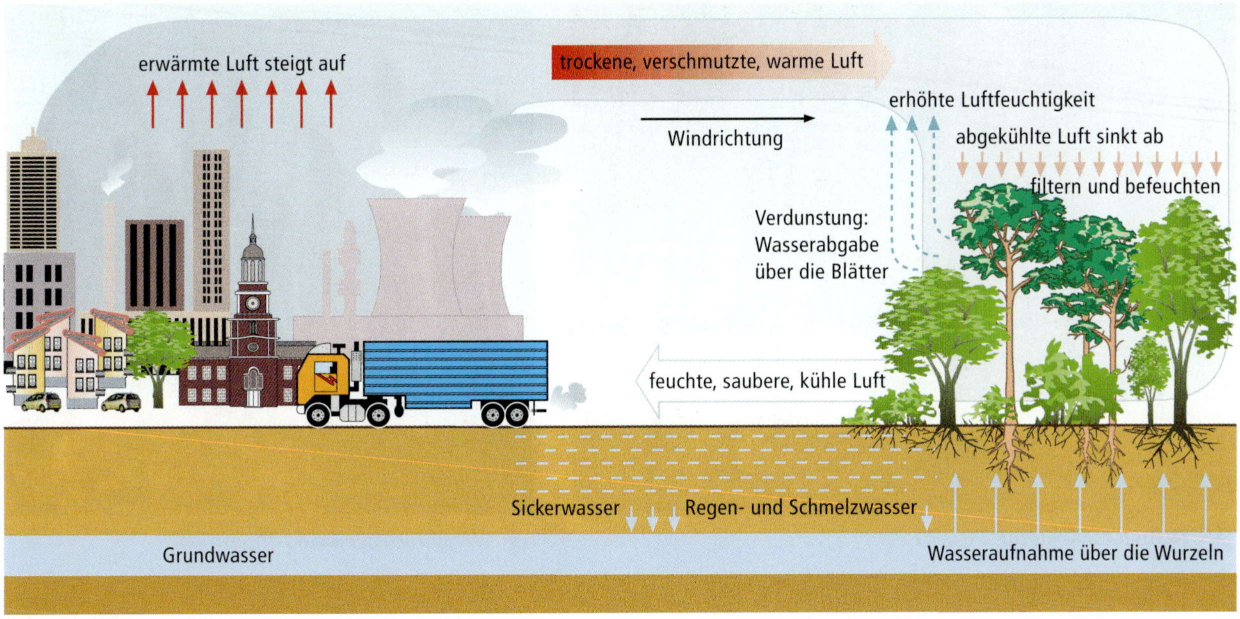

3 **Wälder im Wasserhaushalt und als Klimaverbesserer**

schicht abtragen und zu einer Verarmung des Bodens führen.

Je ausgedehnter Wäder sind, desto mehr tragen sie zur **Klimaverbesserung** bei. Städte und industrielle Ballungsgebiete erweisen sich oft auch als „Wärmeinseln". Die warme und mit Schadstoffen angereicherte Luft steigt auf. Liegen Wälder in der Nähe, kommt es zu einem Luftaustausch; denn über Wäldern ist die Luft in der Regel um einige Grade kühler. Warme „Stadtluft" fließt ab und nachströmende „Waldluft" führt zu einer Abkühlung. Bei dieser *Luftzirkulation* filtern die Bäume Staub aus der verunreinigten Luft heraus. So kann ein Hektar Buchenwald in einem Jahr als **Staubfilter** rund eine Tonne Staub binden. Dieser wird vom Regen abgewaschen und dem Boden zugeführt. Allerdings kann ein Wald nicht grenzenlos Schadstoffe aufnehmen, ohne selbst gefährdet zu werden.

Unsere Wälder sind auch **Rohstofflieferanten** für Holz. Es wird vielseitig in der Bau- und Möbelindustrie verwendet, ist aber auch Grundstoff bei der Herstellung von Papier. Ein großer Teil des Holzes dient auch als Brennholz oder zur Energiegewinnung in speziellen Heizkraftwerken.

1. Erläutere anhand der Abb.2 die verschiedenen Leistungen eines Laubbaumes.
2. Erläutere mithilfe der Abb.3 die Aufgaben des Waldes im Wasserhaushalt.
3. Beschreibe die Leistungen eines „gesunden" Waldes.
4. Nenne Produkte, die in eurer Wohnung/eurem Haus aus Holz bestehen.

4 **Lawinenschutzmauer an einem unbewaldeten Berghang, im Hintergrund ein Bannwald**

1 Fichten-Monokultur

3 Windbruch in einem Fichtenwald

2.17 Wälder sind gefährdet

Nach einen Sturm kam es in einem Fichtenwald zu einem **Windbruch** großen Ausmaßes. Bäume wurden entwurzelt und stürzten um oder knickten mitten am Stamm ab. Ein benachbarter Laubmischwald dagegen blieb von Sturmschäden verschont. Wie lässt sich das erklären?

In der Vergangenheit wurden Fichtenwälder überwiegend als *naturfremde* Monokulturen angelegt. Sie ermöglichen zwar, dass bereits in wenigen Jahrzehnten Holz geerntet werden kann, haben aber auch Nachteile. Als *Flachwurzler* können Fichten bei Stürmen leicht entwurzelt werden. Bei *naturnahen* Laubmischwäldern dagegen bremsen Sträucher an den Waldrändern die Winde ab und die unterschiedlich weit und tief verzweigten Wurzelsysteme der Laub- und Nadelbäume widerstehen eher den Stürmen.

In manchen unserer Wälder sehen Bäume „krank“ aus. Sie zeigen **Schadmerkmale.** Nach dem Ausmaß der Schäden weist man diese Bäume verschiedenen **Schadstufen** zu. Woran erkennen Fachleute solche Schäden? Gesunde Fichten der *Schadstufe* 0 besitzen z. B. eine sattgrüne Nadelfarbe, sind voll benadelt und haben

2 Gesunde und geschädigte Fichte. A gesunder Zweig; B gesunder Stamm; C kranker Zweig; D abnehmender Holzzuwachs

mindestens Nadeln der letzten sechs Jahrgänge, also sechs Abzweigungen. Bei Fichten der *Schadstufe 1* beginnt die Krone sich von außen nach innen zu lichten. Es sind lediglich die Nadeln der letzten vier bis fünf Nadeljahrgänge vorhanden, von denen manche gelb bis grau aussehen. Eine Fichte der *Schadstufe 3* hat eine lichte Krone, zum Teil ist der Wipfel bereits abgestorben. Der Baum trägt nur noch Nadeln der letzten zwei bis drei Jahrgänge und ähnelt einem Skelett. In einem solchen Zustand kann die Fichte kaum noch neues Holz bilden und es ist schließlich eine Frage der Zeit, wann sie endgültig stirbt.

Neben diesen sichtbaren Schäden sind auch Wurzeln und Stamm geschädigt. Bei einer gesunden Fichte erkennt man am Stammquerschnitt weit auseinander liegende Jahresringe. Ist dagegen eine Fichte geschädigt, hat sie kaum noch einen Holzzuwachs. Auch bei kranken Laubbäumen kommt es zur Auslichtung der Krone. Die Blätter werden frühzeitig gelb, rollen sich von den Rändern her ein und fallen schon im Sommer ab.

Heute wissen wir, dass das **Waldsterben** vor allem durch *Luftschadstoffe* aus Haushalten, Verkehr und Industrien hervorgerufen wird. Verbrennen z.B. Heizöl oder Kohle, so bilden sich die giftigen Gase Schwefeldioxid und Stickstoffoxide. Gelangen diese in die Luft, verbinden sie sich zusammen mit der Luftfeuchtigkeit zu schwachen Säuren und verursachen so den **Sauren Regen**. Der saure Niederschlag schädigt Nadeln, Blätter und Rinde. Der Boden versauert. Die Feinwurzeln sterben ab, und die Wasser- und Mineralstoffversorgung der Bäume ist gestört. Die Bodenorganismen werden geschädigt. Die so geschwächten Bäume werden anfälliger gegenüber Schädlingen, Sturm und Trockenheit. Sie sterben schließlich ab.

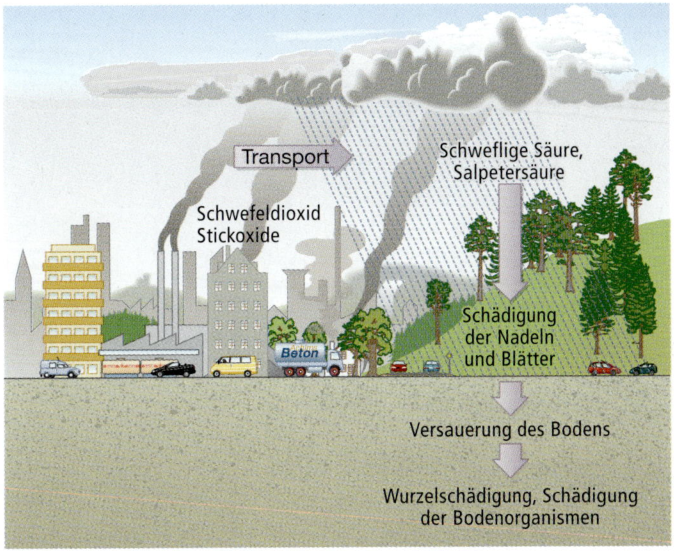

4 Ursachen und Folgen des Sauren Regens

1. Beschreibe Ursachen und Folgen des Sauren Regens.
2. Vergleiche Abb 3B und 3D. Erläutere.

Geschädigte Waldflächen (2001)	
Baden-Württemberg	29%
Bayern	25%
Berlin	29%
Brandenburg	8%
Bremen	5%
Hamburg	23%
Hessen	26%
Mecklenburg-Vorpommern	16%
Niedersachsen	13%
Nordrhein-Westfalen	27%
Rheinland-Pfalz	21%
Saarland	11%
Sachsen	15%
Sachsen-Anhalt	17%
Schleswig-Holstein	24%
Thüringen	28%

5 Waldschäden der Schadstufen 2–4

1 Forstleute beim Begutachten von Waldbäumen

2 Naturgemäßer Wald

2.18 Schutz der Wälder weltweit

Jedes Jahr kontrollieren Forstleute und Waldbesitzer den Zustand der Wälder und veröffentlichen als Ergebnis einen *Waldschadensbericht.* Anfang unseres Jahrhunderts zeigten durchschnittlich 42 % unserer Laub- und Nadelbäume Schäden. Diese gehen u. a. auf Luftschadstoffe zurück. Wollen wir unsere Wälder davor schützen, muss ein **Rückgang von Luftschadstoffen** wie Schwefeldioxid, Stickstoffoxiden und Kohlenwasserstoffen erfolgen. Seit es schwefelarme Kraftstoffe gibt, der Anteil an schadstoffarmen Kraftfahrzeugen zunimmt und wirksame Filteranlagen in den Industrien verwendet werden, ist der Ausstoß an Schwefeldioxid gesunken. Die Konzentration an Stickstoffoxiden ist aber immer noch zu hoch.

Um Wälder und andere schützenswerte Lebensräume in ihrer Urspünglichkeit zu bewahren, hat man *Schutzgebiete* wie *Naturschutzgebiete, Landschaftsschutzgebiete* und *Naturparks* geschaffen. Je größer und zusammenhängender solche Lebensräume sind, desto eher lassen sich dort seltene Pflanzen- und Tierarten schützen. Sind Wälder ein Teil eines **Nationalparks** wie der *Hainich* in Thüringen oder der *Harz* in Niedersachsen und Sachsen-Anhalt, werden sie in ihrem ursprünglichen, vom Menschen weitgehend unbeeinflussten Zustand erhalten.

Auch die Bewirtschaftung der Wälder unterliegt einem Wandel. Heute steht eine **nachhaltige, naturgemäße Waldwirtschaft** im Vordergrund, die dem Schutz unserer Wälder dient. Was ist darunter zu verstehen? Den Wäldern soll nicht mehr Holz entnommen werden als in gleicher Zeit nachwachsen kann. An die Stelle reiner *Altersklassenwälder*, die nur aus einer Baumart bestehen und zur Holzernte kahl geschlagen werden, treten heute zunehmend standortgerechte *Mischwälder*. Aus ihnen werden nach Bedarf nur Einzelstämme entnommen. Wälder sollen sich auch mehr als bisher durch Aussamung verjüngen. Totholz und Reste von Baumfällungen bleiben liegen und dienen Kleinlebewesen als Lebensraum. Eine verantwortungsvolle Bejagung von Wildtieren sorgt dafür, dass z. B. Rot- und Rehwild nur in einer bestimmten Anzahl vorkommt und Schäden an Bäumen durch Verbiss möglichst vermieden werden.

Aber nicht nur Wälder in Europa müssen geschützt werden. Vor allem die **tropischen Regenwälder** sind von der *Waldvernichtung* betroffen. Sie sind Ökosysteme mit einer un-

3 Erforschung der Artenvielfalt im Regenwald

4 Ein Regenwaldgebiet muss Plantagen weichen

vorstellbaren Artenvielfalt. Forscher schätzen den ungefähren Artenbestand darin auf 10 bis 50 Millionen. Erst ein Bruchteil der Lebewesen ist bisher entdeckt und beschrieben worden. – Etwa 150 bis 300 Millionen Menschen leben in oder von den tropischen Regenwäldern, davon sind jedoch nur ca. 2 Millionen **Ureinwohner,** die sich in viele unterschiedliche Völkerschaften aufteilen. Weitgehend unerschlossene Gebiete gehören zur Heimat bedrohter *Naturvölker* wie etwa der Regenwaldindianer. Sie sind vor allem Jäger und Sammler und betreiben Wanderfeldbau. Sie legen im Wald Gärten an, bewirtschaften diese und überlassen sie dann wieder dem Wald.

Die Zerstörung dieser ökologisch wertvollen Lebensräume beruht vor allem auf großflächigen Rodungen. Jährlich werden nach wie vor viele Quadratkilometer niedergebrannt oder abgeholzt, um Weide- und Ackerland zu gewinnen oder Monokulturen aus Ölpalmen und schnellwachsenden Bäumen für die Papierindustrie anzulegen. Die Asche soll die geplanten Plantagen düngen. Doch nicht selten müssen die Flächen bald wieder aufgegeben werden, da Niederschläge die dünne Humusschicht fortspülen und den Boden der Erosion aussetzen. Allein in Brasilien verliert der Regenwald z. Zt. jährlich eine Fläche von der Größe Belgiens. Auch der Export wertvoller Tropenhölzer trägt zur Waldvernichtung bei. Mit einem solchen Raubbau vernichtet die Menschheit ihre eigenen Lebensgrundlagen; denn Regenwälder sind z. B. unersetzbar für das weltweite Klima, den globalen Wasserhaushalt und die Artenvielfalt auf der Erde.

Viele Staaten dieser Erde haben erkannt, dass die Bewahrung der Natur mit ihrer Artenvielfalt ein kostbares Gut ist, das weltweit geschützt werden muss. So gibt es inzwischen international vereinbarte Abkommen zum Schutz der Natur. Zu diesen gehört z. B. der eingeschränkte Handel mit Tropenhölzern. Artenschutzabkommen verbieten den illegalen Handel mit exotischen Tierarten aus den Tropen. In Gebieten, die von Waldzerstörung betroffen sind, soll Aufklärung helfen, dass ökologisch verantwortlicher Umgang mit Regenwäldern mehr Erträge bringen kann als Plantagenwirtschaft.

1. Vergleiche Abb. 2 mit der Abb. 1 auf Seite 108 unter ökologischen Gesichtspunkten.
2. Nenne Gründe dafür, dass eine nachhaltige Waldwirtschaft ökologisch wertvoll ist.
3. Erläutere die Abb. 4 unter ökologischen Gesichtspunkten.
4. Ein einziger Mahagonibaum im Regenwald für 33 € verkauft ergibt in Europa Holz für Möbel im Gesamtwert von fast 130 000 €. Nimm dazu Stellung.

3 Ökosystem See

3.1 Binnengewässer

Gewässer wirken auf uns anziehend. Ob Bach, Fluss, Tümpel oder See – jedes dieser **Binnengewässer** ist Lebensraum für eine vielfältige Tier- und Pflanzenwelt.

Bei den **fließenden Gewässern** unterscheiden wir je nach Breite und Fließgeschwindigkeit *Bäche, Flüsse* oder *Ströme*. Fließgewässer zeichnen sich durch die Bewegung des Wassers aus, die man besonders gut an einem Bergbach beobachten kann. Das strömende Wasser schleift Steine, trägt Ufermaterial ab und schafft es fort. Sinkt die Strömungsgeschwindigkeit, lagert sich das Feinmaterial als Sand weiter bachwärts ab. Der Bach ist jetzt ein Fluss geworden. Der Verlauf der Ufer verändert sich ständig und es bilden sich die typischen Flussschleifen. Auch schwankt der Wasserstand nach Regenfällen und Schneeschmelzen.
Fließgewässer bieten ihren Bewohnern vielseitige Lebensmöglichkeiten. Dazu gehören bewachsene oder kahle Ufer, Ruhezonen oder Stromschnellen. An diese Umweltbedingungen sind Lebewesen angepasst. In schnell strömenden Gewässern besitzen einige Haken, Saugnäpfe oder Fangfäden, um sich an Pflanzen oder Steinen anzuheften. Ihre Körper sind abgeflacht oder stromlinienförmig und bieten dem fließenden Wasser wenig Widerstand.

Zu den **stehenden Gewässern** zählen Tümpel, Weiher, Teiche und Seen. Ein *Tümpel* kann nach längerem Regen in einer Senke entstehen und nach anhaltender Trockenheit wieder verschwinden. Die Wassertiefe ist meistens gering. *Weiher* dagegen halten das ganze Jahr hindurch Wasser. Sie sind bis zu zwei Meter tief und überall mit Wasserpflanzen bewachsen. *Teiche* sind von Menschen angelegte Gewässer. Fischteiche z. B. können jederzeit abgelassen und wieder mit Wasser gefüllt werden. Teiche werden oft von den gleichen Pflanzen- und Tierarten besiedelt wie Weiher. *Seen* sind große stehende Gewässer. Sie erreichen eine Tiefe von mehr als zwei Metern. An der tiefsten Stelle ist so wenig Licht, dass dort keine Pflanzen mehr gedeihen können. *Baggerseen* zählen zu den künstlichen Gewässern. Sie werden nach der Sand- oder Kiesentnahme zu Badeseen oder werden in einen natürlichen Zustand durch Anpflanzungen versetzt.

1 Fließende Gewässer. **A** Bergbach; **B** natürlicher Flusslauf

2 Stehende Gewässer. **A** Weiher; **B** Baggersee

3 Natürlicher See

In *Stauseen* werden Fließgewässer aufgestaut, um ihr Wasser zu speichern. Sie können Trinkwasser oder Brauchwasser für die Industrie liefern. Außerdem beugen sie ebenso wie *Rückhaltebecken* Hochwasserschäden vor.

1. Stelle in einer Tabelle die Merkmale fließender und stehender Gewässer gegenüber.
2. Nenne künstliche Gewässer und begründe, wozu sie von Menschen angelegt werden.

EXKURS

Lebensbedingungen in einem See

Wie in anderen Ökosystemen auch, wird das Leben in einem See von verschiedenen Umweltfaktoren bestimmt. Dazu zählen z. B. der Sauerstoffgehalt und die zur Verfügung stehenden Nährstoffe. Diese Faktoren sind im Wasser aber nicht gleichmäßig verteilt.
Der See gliedert sich vertikal in mehrere Bereiche. In der *Nährschicht* erzeugen grüne Pflanzen mithilfe des Sonnenlichts bei der Fotosynthese mehr organische Substanz und Sauerstoff als sie verbrauchen. Der Rest dient der Ernährung bzw. Atmung der übrigen Organismen.
Der Überschuss wird in der *Zehrschicht* zum Teil abgebaut. Dabei wird der Sauerstoff aufgezehrt. Dazwischen liegt die *Sprungschicht* in der die Temperatur sprunghaft abfällt und wo sich die bei der Fotosynthese erzeugte Menge an Sauerstoff und die durch Atmung verbrauchte Menge in Waage halten.
In der *Zersetzungsschicht* sammeln sich die Reste der abgestorbenen Pflanzen und Tiere an und werden von Bakterien zersetzt. Dabei entsteht giftiges Schwefelwasserstoff-Gas. Deshalb können in diesem Bereich andere Lebewesen nicht existieren. Davon emporsteigende Gasbläschen lassen das Wasser nach faulen Eiern riechen.

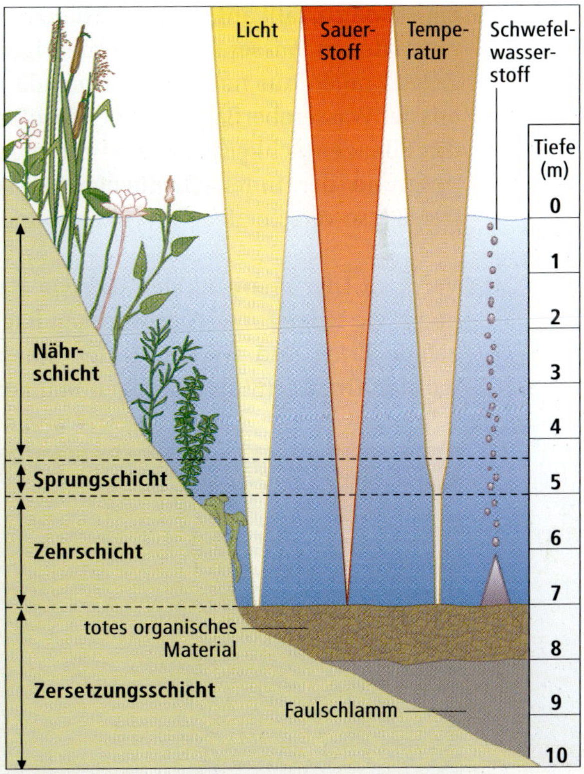

Umweltfaktoren im See (Sommer)

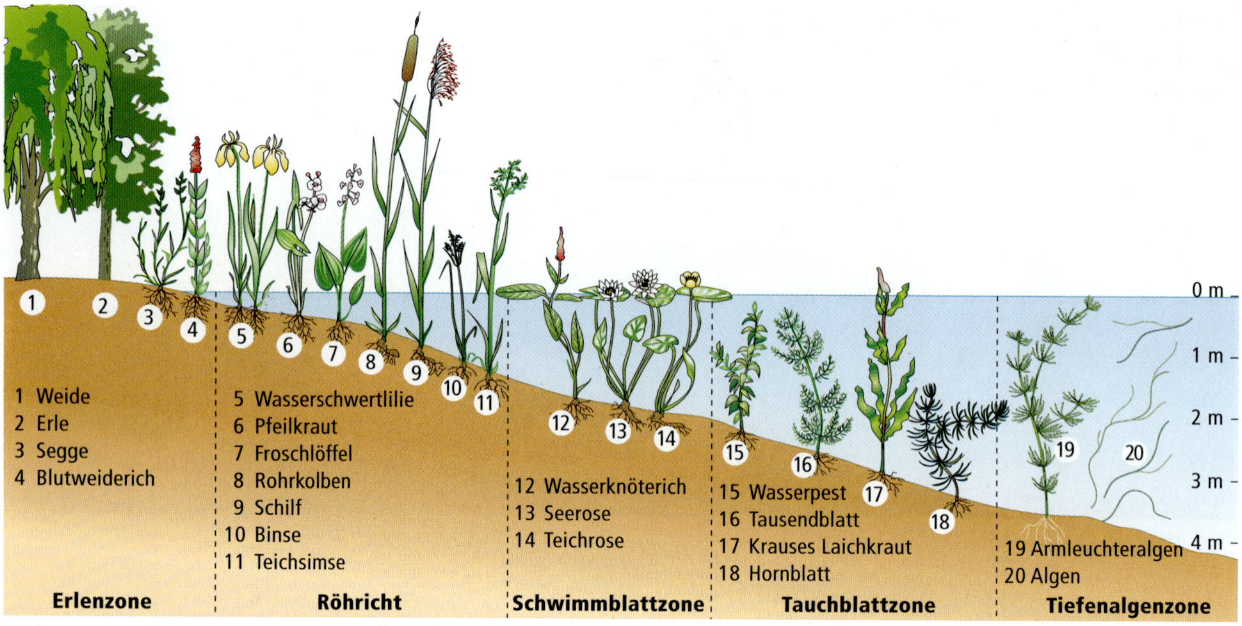

1 Pflanzenzonen eines nährstoffreichen Sees

3.2 Pflanzen sind an das Leben am und im Wasser angepasst

Geht man über einen Steg durch das Schilf auf einen See zu, fällt auf, dass der Pflanzenwuchs zum offenen Wasser scheinbar niedriger wird. Zuletzt ragen nur noch schwimmende Blätter aus der Wasseroberfläche. Weiter draußen sind die Pflanzen schließlich ganz untergetaucht. Aufgrund der unterschiedlichen Wassertiefe treten also verschiedene **Pflanzenzonen** auf.

Vor dem Ufer erstreckt sich die von Bäumen überragte **Erlenzone**. Hier wachsen flachwurzelnde *Erlen* und *Weiden*. Unter ihnen breiten sich Gräser mit dreikantigen Stängeln, die *Seggen*, und der rot blühende *Blutweiderich* aus. Sie alle vertragen hohen Grundwasserstand und häufige Überschwemmungen.

Das **Röhricht**, nach den röhrenförmigen Stängeln von *Schilf* und *Rohrkolben* benannt, bildet dichte Bestände. Sie dringen bis zu 1,5 Meter Wassertiefe vor. Die Erdstängel des Schilfs bohren sich waagerecht durch den Boden. An deren Knoten entstehen neue Triebe, aus denen später die Halme sprießen.
Das Schilf erweist sich gegenüber Wind und Wellen als sehr widerstandsfähig. Die schmalen, waagerecht abstehenden Blätter bieten ihnen wenig Angriffsfläche. Die Halme sind elastisch und stabil.

2 Dichter Schilfbestand

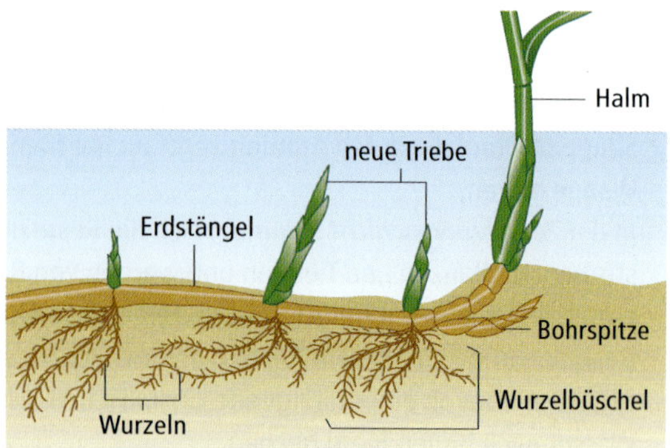

3 Ausbreitung des Schilfs

Eine besondere Anpassungsform tritt beim *Pfeilkraut* auf. Dort entwickeln sich je nach Wasserstand sowohl längliche Tauchblätter, eiförmige Schwimmblätter oder pfeilförmige Luftblätter.

In der **Schwimmblattzone** gedeihen die *Weiße Seerose*, die gelbe *Teichrose* und der rosa blühende *Wasserknöterich*. Diese Schwimmblattpflanzen verankern sich mit kräftigen Erdstängeln im bis zu zwei Meter tiefen, schlammigen Untergrund. Sie breiten ihre Blüten und Blätter auf dem Wasserspiegel aus. Die Seerose hat rundliche Blätter, deren lockeres Durchlüftungsgewebe dem Auftrieb dient. Die Blattoberfläche ist von Wachs überzogen, sodass das Wasser abperlt. An der Unterseite dagegen haftet das Wasser. Auch bei starkem Wind und Wellen schlägt das Blatt daher nicht um. Die Seerose ist von Luftkanälen durchzogen. Von den Spaltöffnungen bis zum Wurzelstock steht sie mit der Außenluft in Verbindung. Die Spaltöffnungen, wo der Austausch von Sauerstoff, Kohlenstoffdioxid und Wasserdampf erfolgt, befinden sich im Gegensatz zu den Landpflanzen nur an der Oberseite der Blätter. Die schlauchartigen Blattstiele sind elastisch und geben den Wasserschwankungen nach. Blätter und Blüten liegen bei steigendem oder sinkendem Wasserstand stets auf der Oberfläche.

Die Pflanzen der **Tauchblattzone** leben untergetaucht. Die Stängel und Blätter werden vom Wasser getragen. Sie haben kein Festigungsgewebe und besitzen auch keine Schutzschicht. Mineralstoffe werden über die gesamte Oberfläche aufgenommen. Die Wurzeln dienen nur noch der Verankerung. Unterwasserblätter haben keine Spaltöffnungen, sodass der Gasaustausch über das ganze Blatt erfolgt. Die Blätter sind oft sehr klein und verästelt. Dadurch entsteht auf wenig Raum eine größere Oberfläche, die das hier schwache Sonnenlicht optimal aufnehmen kann.

In der **Tiefalgenzone** findet man grüne, blütenlose *Armleuchteralgen*, die auf dem Seeboden große Unterwasserwiesen bilden. Hier reicht das Licht gerade noch zur Fotosynthese. Andere Algenarten findet man in allen Zonen des Sees. Diese mikroskopisch kleinen Lebewesen kommen als *pflanzliches Plankton* überall im Wasser vor. Sie bestehen meistens nur aus einer Zelle und besitzen z. B. kleine Zacken auf der Oberfläche oder haben Oeltröpfchen oder Gasbläschen im Körper, die es ihnen ermöglichen, im Wasser zu schweben.

4 Unterschiedliche Blätter beim Pfeilkraut

1. Erkläre die Bezeichnungen für die einzelnen Pflanzenzonen.
2. Beschreibe die Unterschiede zwischen Schwimmblättern und Laubblättern.
3. Beschreibe, wie Tauchpflanzen an das Leben im tiefen Wasser angepasst sind.
4. Nenne Anpassungsmerkmale der Weißen Seerose an das Leben im Wasser.
5. Begründe, warum das Pfeilkraut sowohl an Land als auch im Wasser wachsen kann.

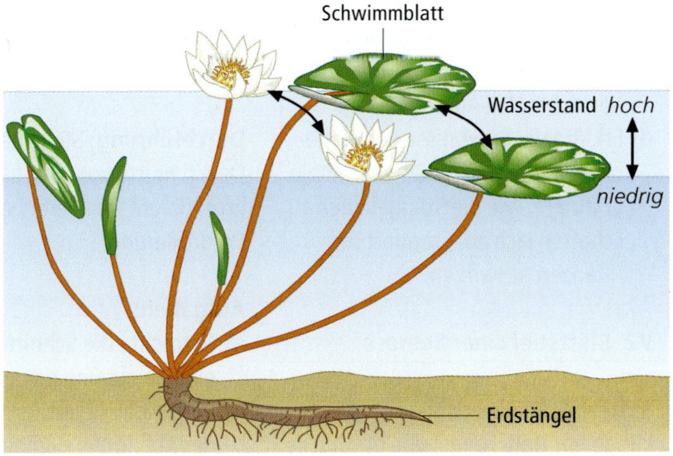

5 Seerose – angepasst an den Wasserstand

Wasserpflanzen

Hinweis: Die Weiße Seerose und die gelbe Teichrose stehen unter Naturschutz. Daher darf man bei Versuchen nur Pflanzen aus Zierteichen verwenden.

V1 Stängel von Wasserpflanzen

Material: 2 Stängelabschnitte (15 cm) von Seerose und Schilf; 2 Flaschen; Wasser; Knetgummi; Messer

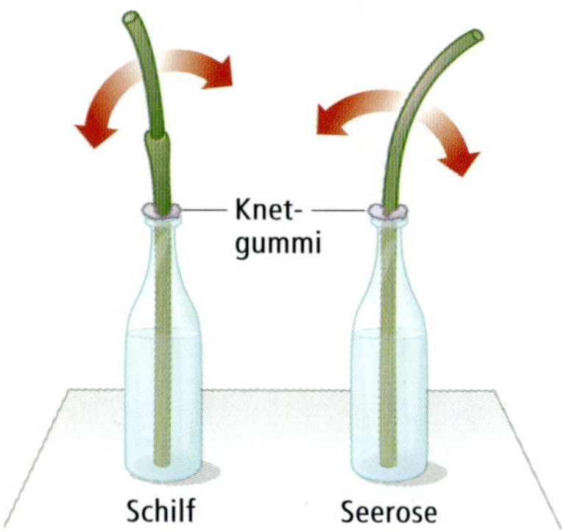

Durchführung: Fülle die Flaschen mit Wasser und stecke die Abschnitte hinein. Befestige sie in der Öffnung mit Knetgummi. Biege die Stängel nach und nach zu beiden Seiten.

Aufgaben:

a) Beschreibe, was mit den Stängeln beim Biegen passiert.
b) Betrachte den Aufbau der Stängel im Querschnitt (Schnittfläche).
c) Schneide die Stängel längs auf und betrachte den Aufbau.
d) Erkläre die Ergebnisse der Biegeproben mithilfe der Baumerkmale. Erläutere, wie die Stängeleigenschaften sich am Standort der Pflanzen auswirken.

V2 Blattstiel einer Seerose

Material: Stiel einer Seerose; Rasierklinge mit Halterung; Lupe (4–6fache Vergrößerung); Mikroskop; Pinzette; Zeichenmaterial

Durchführung: Schneide quer zum Stängel mehrere dünne Scheiben. Betrachte sie durch die Lupe oder das Mikroskop.

Aufgaben:

a) Fertige eine Zeichnung davon an und beschrifte sie mithilfe der Abbildung.
b) Beschreibe die Anordnung der Leitungsbahnen und Luftkanäle und erkläre ihre Funktion.

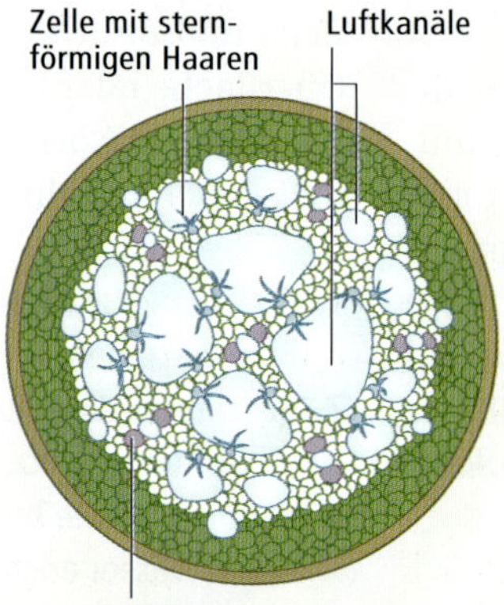

V3 Schwimmblatt einer Seerose

Material: Seerosenblatt; Mikroskop; Rasierklinge mit Halterung; Pinzette; Glas mit Wasser; Pipette; Objektträger; Deckgläser; Zeichenmaterial

Durchführung: Stelle hauchdünne Querschnitte vom Blatt her und mikroskopiere sie zuerst bei schwacher Vergrößerung.

Aufgaben:

a) Betrachte die Schnitte und fertige eine Zeichnung davon an.
b) Vergleiche deine Zeichnung mit der Abbildung und beschrifte sie.
c) Nenne Anpassungsmerkmale des Blattes an den Standort der Seerose.

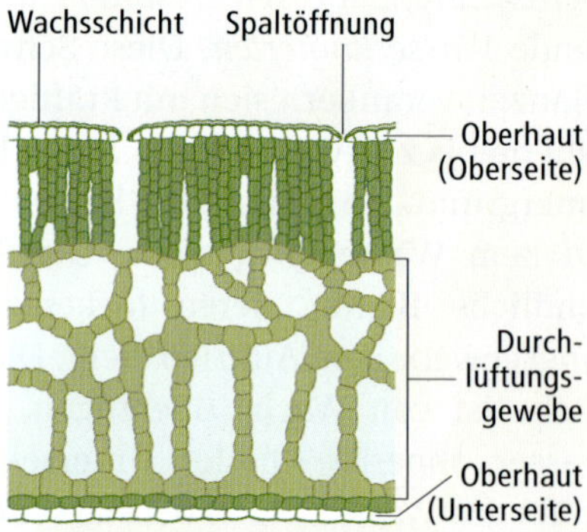

V4 Durchlüftungsgewebe der Seerose

Material: Seerosenblatt mit Stiel; Glasschale (25cm Ø) mit Wasser; Messer

Durchführung: Drücke das Blatt unter Wasser und blase kräftig Luft durch den Stiel. Ritze danach mit dem Messer zuerst das Blatt, dann den Stängel etwas ein und blase erneut.

Aufgaben:

a) Beschreibe deine Beobachtungen und erläutere sie.
b) Betrachte den Querschnitt des Blattes in Versuch 3 und nenne Beispiele, welche ähnlichen Lösungen der Mensch zur Schwimmfähigkeit von Körpern erfunden hat.

1 Teichrohrsänger

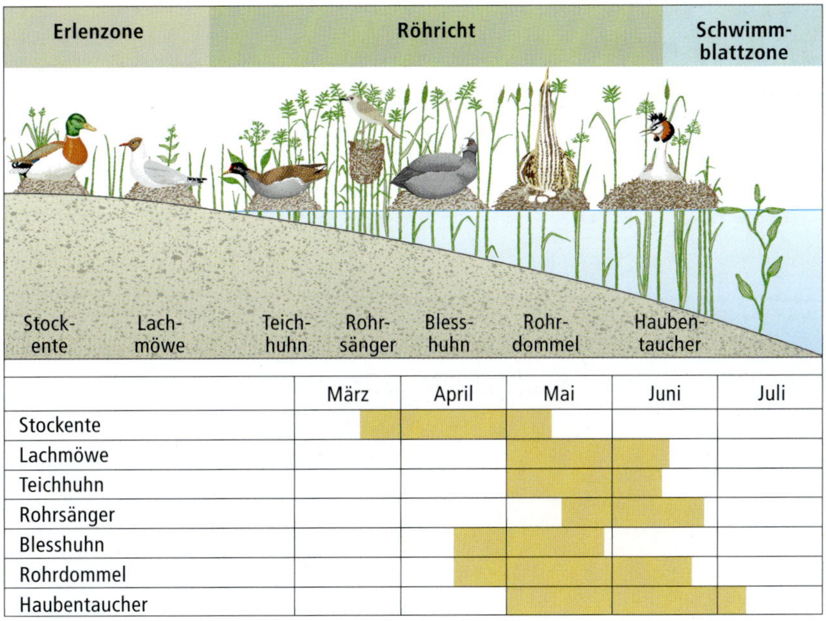

2 Brutzonen und Brutzeiten der Wasservögel

3.3 Brutvögel in den Pflanzenzonen

Das reiche Pflanzenleben in der dicht bewachsenen Uferzone lockt viele Vogelarten an. Die *Stockente* brütet auf trockenem Uferboden im Schutz der hohen Pflanzen. Sie hat ein bräunliches Gefieder und ist daher kaum von den umgebenden Pflanzenteilen zu unterscheiden. Ihre Jungen können sofort schwimmen und gehen als Nestflüchter mit den Eltern im Schilf auf Nahrungssuche.

Teichrohrsänger bauen ein hängendes Nest zwischen mehrere Schilfhalme etwa einen Meter über dem Wasserspiegel. Aus der tiefen Nestmulde können die Jungen nicht herausfallen, wenn bei Wind das Schilf hin und her schaukelt.

Blesshühner schichten über sumpfigem Untergrund Pflanzenteile der Umgebung auf, um ihr Nest darauf zu bauen. Oft legen sie darüber eine Haube aus geknickten Schilfhalmen an.

Rohrdommeln benötigen ausgedehnte Schilfufer als Brutrevier. Das Nest ist locker aus schwimmenden Stängeln zusammengefügt. Ihr braun gestreiftes Brustgefieder gleicht den trockenen Rohrhalmen, zwischen denen sie brüten und leben.

Haubentaucher bauen ein schwimmendes Nest wie ein Floß aus lufthaltigen Schilf- und Rohrkolbenstängeln. Es wird in der Nähe des offenen Wassers zwischen den Schilfhalmen verankert. Darauf verkleben sie Wasserpflanzen mit Schlamm zu einer flachen Nestmulde. Die Jungen sitzen oft auf dem Rücken der Mutter und lassen sich weit auf den See mitnehmen, wo die Eltern nach Fischen tauchen. Die Brutzeiten liegen im Frühjahr und Frühsommer, wenn es warm wird und sich die Nahrungspflanzen und Beutetiere vermehren. Der Sommer ist noch lang genug, sodass die Jungen Zeit haben, sich zu entwickeln.

Die Pflanzenzonen erfüllen einen großen Teil der Lebensansprüche, den die Vögel an ihre Umgebung stellen. Dabei zeigen die Arten unterschiedliche **Angepasstheiten an den Lebensraum**, wo sie Schutz finden, Nahrung suchen, ihre Nester bauen und Junge aufziehen.

1. Beschreibe, wie Wasservögel und ihre Nester den Pflanzenzonen des Sees angepasst sind.
2. Begründe, warum Seeufer oft unter Naturschutz stehen.

1 Uferzone eines Sees. ① Drosselrohrsänger; ② Teichrohrsänger; ③ Graureiher; ④ Bachstelze; ⑤ Stockente; ⑥ Tafelente; ⑦ Reiherente; ⑧ Haubentaucher; ⑨ Flussseeschwalbe ⑩ Rauchschwalbe

3.4 Jeder Wasservogel hat seinen Platz

An einem See kann man oft viele verschiedene Vogelarten auf engem Raum beobachten. Wie ist das möglich?

An nährstoffreichen Seen leben z. B. verschiedene Entenarten dicht nebeneinander. Die *Stockente* kann nur den Vorderkörper ins Flachwasser eintauchen, um nach pflanzlicher Nahrung zu gründeln.

Die *Reiherente* taucht ins tiefe Wasser und verzehrt Bodentiere. Die *Tafelente* ist ebenfalls eine Tauchente. Sie frisst jedoch vorwiegend Pflanzen vom Seeboden. Die verschiedenen Entenarten stellen also unterschiedliche Ansprüche an die Nahrung und an den Ort, wo sie diese erwerben. Dadurch können mehrere Arten auf engem Raum miteinander leben.

Auch andere Vogelarten teilen sich den Lebensraum untereinander auf. Der *Graureiher* steht still am Ufer und ergreift mit dem Schnabel Fische im flachen Wasser. Der *Haubentaucher* dagegen taucht minutenlang im tiefen Wasser und fischt dort. Die *Flussseeschwalbe* stößt aus der Luft auf die Wasseroberfläche, um kleine Fische zu erbeuten. Jede Vogelart nimmt also in ihrem Lebensraum einen eigenen Platz ein, den man als **ökologische Nische** bezeichnet. Da es viele verschiedene ökologische Nischen in einem Ökosystem gibt, machen sich die Arten untereinander wenig Konkurrenz.

Der Begriff ökologische Nische ist nicht nur räumlich gemeint, sondern umschließt alle Wechselbeziehungen zwischen einer Art und ihren Umweltbedingungen. Darunter sind alle Einflüsse zu verstehen, die auf eine Art einwirken wie Licht, Temperatur, Sauerstoffgehalt, Nahrung und Fressfeinde. Während der Lebensraum einer Art den Ort, wo man sie findet, also ihre „Adresse" darstellt, gibt die ökologische Nische ihren „Beruf" an, was das Tier kann oder womit es sich auseinandersetzt.

1. Beschreibe, wie verschiedene Entenarten durch ihre Lebensweise Konkurrenz vermeiden. Werte dazu auch die Abbildung aus.
2. Beobachte Wasservögel an einem See. Finde heraus, wo und wie sie Nahrung aufnehmen.

3.5 Wie kommt es zur Mückenplage?

Besonders im Sommer und wenn es feucht ist, treten die Mücken in Schwärmen auf und werden zur Plage. Ein kleiner Stich und die Haut wird rot, schwillt an und juckt.

Bei *Stechmücken* stechen nur die Weibchen. Die Blutnahrung brauchen sie, damit ihre Eier heranreifen. Weibchen werden durch den Geruch des Menschen angelockt. Hat die *Stechmücke* eine Hautstelle mit einem darunter liegenden Blutgefäß geortet, bohrt sie ihren Stechrüssel in das Blutgefäß und saugt Blut auf. Das Mundwerkzeug besteht aus Unter- und Oberlippe sowie den Stechborsten. Damit können sie sowohl stechen als auch saugen. Männchen dagegen saugen ausschließlich Pflanzensaft.

Stechmücken entwickeln sich nur im Wasser. Sie bevorzugen Gräben, Teiche, Tümpel, aber auch Regentonnen, Springbrunnen oder verstopfte Dachrinnen. Irgendwo finden sie also immer ein Gewässer, wo das Weibchen auf der Oberfläche bis zu 300 **Eier** ablegt. Sie verkitten diese zu länglichen, nach oben gewölbten Eischiffchen. Nach wenigen Tagen schlüpfen die **Larven** aus dem Ei. Sie hängen kopfabwärts an der Oberfläche. Dabei atmen sie, während sie ihre schräg stehende Atemröhre wie einen Schnorchel aus dem Wasser halten. Gleichzeitig strudeln sie mit den Haarbüscheln am Kopf Nahrung heran. Es sind Algen und Einzeller, die im Wasser schweben. Bei jeder Störung durch Schatten oder Erschütterung verschwinden die Larven mit zuckenden Bewegungen blitzschnell in der Tiefe.
Beim Wachsen häuten sie sich, wobei sie ein größeres Außenskelett bekommen. Nach der vierten Häutung verwandelt sich die Larve in eine **Puppe**. Sie hängt mit dem Kopf nach oben an der Wasseroberfläche und streckt ihre kurzen Atemröhrchen in die Luft.

Nach zwei bis drei Tagen reißt die Puppenhülle am Rücken auf. Langsam zwängt sich die junge Mücke heraus. Damit ist die **vollkommene Verwandlung** vom Ei über das Larven- und Puppenstadium bis zur fertigen Mücke abgeschlossen. Die ganze Entwicklung dauert nur etwa vier Wochen. Vom Sommer bis zum Herbst folgen etwa vier Generationen aufeinander. Daher ist die Vermehrung der Mücken außerordentlich stark.

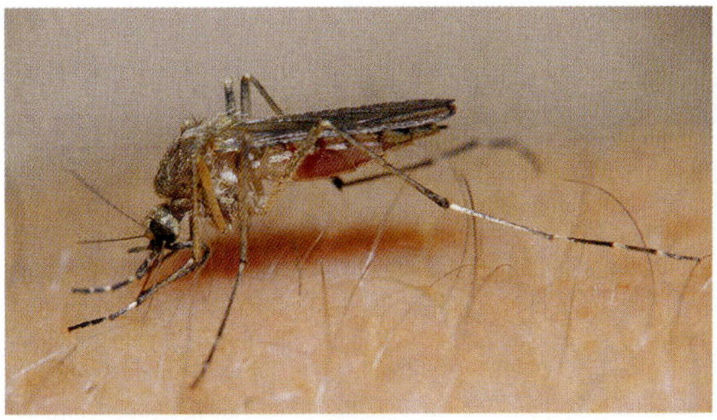

1 Blutsaugende Stechmücke

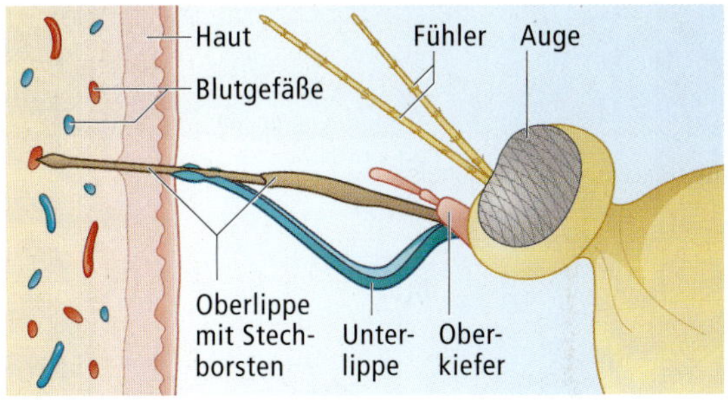

2 Saugvorgang (Schema)

1. Wie viele Nachkommen kann ein Weibchen bekommen, wenn vier Generationen nachfolgen?
2. Begründe, warum sich Mücken nicht unendlich vermehren können.

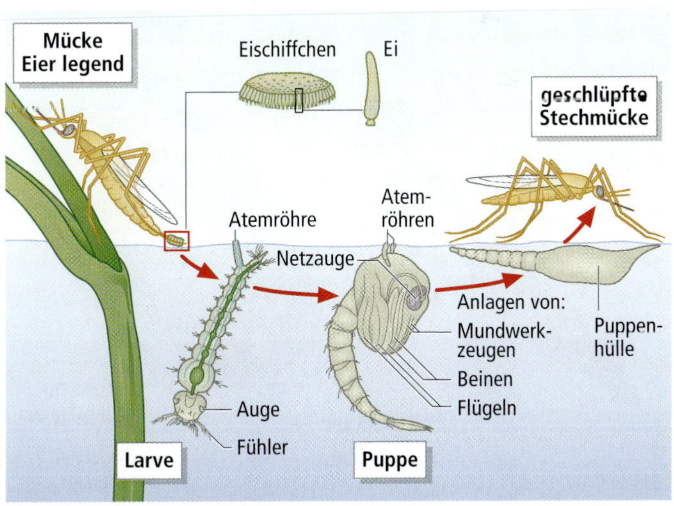

3 Entwicklung der Gemeinen Stechmücke

1 Großlibelle (Blaugrüne Mosaikjungfer)

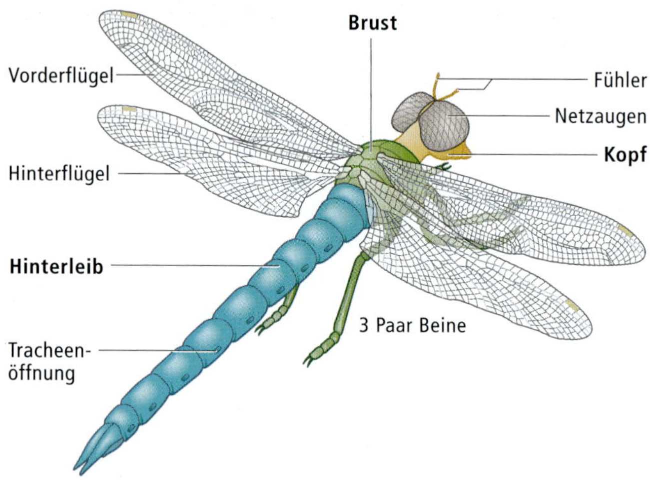

2 Bau einer Libelle

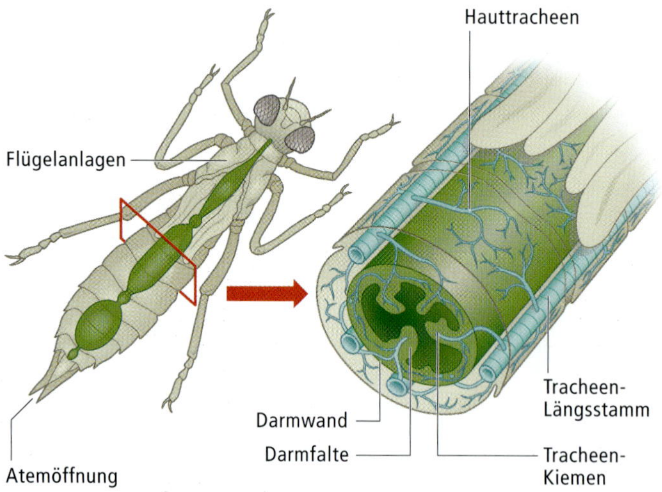

3 Libellenlarve – Bau und Atmung

3.6 Libellen leben im Wasser und in der Luft

Große Libellen wie die *Blaugrüne Mosaikjungfer* erregen leicht unsere Aufmerksamkeit. Man hört ihren knisternden Flügelschlag, sieht ihre prächtige Färbung und nimmt ihre blitzschnellen Flugbewegungen wahr.

Wenn sie auf Nahrungssuche sind, ergreifen die Libellen Fliegen oder Mücken im Flug. Dabei legen sie ihre Beine zu einer Art Fangkorb zusammen. Die Beute zerkleinern sie mit den *Mundwerkzeugen*, die aus kräftigen Zangen bestehen. Ihre halbkugeligen, großen *Netzaugen* sind sehr hilfreich bei der Jagd. Sie setzen sich aus Tausenden von Einzelaugen zusammen und sind sehr leistungsfähig. Die kleinen *Fühler* dienen der Geruchswahrnehmung. An der Brust sitzen 3 Beinpaare und 2 Flügelpaare.

Die Flügel sind besonders leicht und durch ein Netzwerk von Adern gleichzeitig sehr stabil. Jedes Paar ist unabhängig voneinander beweglich. Werden die Vorderflügel abwärts bewegt, schlagen die Hinterflügel aufwärts. Es ist also immer ein Flügelpaar im Abwärtsschlagen, das den nötigen Antrieb liefert. Deshalb können Libellen im Rüttelflug auf der Stelle, im Zickzack- oder Rückwärtsflug manövrieren. Der Hinterleib besteht aus vielen Ringen, die zahlreiche Öffnungen aufweisen, die *Tracheen*. Sie führen Sauerstoff an die Organe.

Betrachtet man eine Libelle, so ist kaum vorstellbar, dass sie bereits ganz anders gelebt hat. Untergetaucht verbrachte sie zwei bis drei Jahre als unscheinbare Larve im Wasser eines Sees, wobei sie sich mehrmals häutete. Die Larve sieht ganz anders als die Libelle aus. Ihre Flügel sind nur als kleine Ansätze vorhanden. Sie frisst Kleinkrebse wie Wasserflöhe, die sie mit einem ausklappbaren Fangapparat ergreift. Beim Atmen saugt die Larve Wasser durch den After in den Darm ein. An dessen Innenwand nehmen winzige Blättchen, die *Tracheen-Kiemen*, den Sauerstoff aus dem Wasser auf. Danach stößt sie das verbrauchte Atemwasser wieder aus.

An einem warmen Tag im Frühjahr kriecht die ausgewachsene Larve an einem Pflanzenstän-

4 **Entwicklung einer Libelle**

gel aus dem Wasser. Die Rückenhaut platzt auf und innerhalb kurzer Zeit zwängt sich eine voll entwickelte Libelle aus der Larvenhülle. Libellen durchlaufen im Gegensatz zu anderen Insekten kein Puppenstadium. Eine solche Entwicklung nennt man **unvollkommene Verwandlung**.

Eine Libelle lebt nur einen Sommer. Nach einer kurzen Reifezeit beginnt etwa im Juni die Paarungszeit. Die Libellen sind dann ständig auf Suchflug nach einem Geschlechtspartner. Begegnen sie sich, packt das Männchen das Weibchen mit seinen Hinterleibszangen am Nacken. Beide verbinden sich nun zu einem *Paarungsrad*. Das Weibchen biegt dabei sein Hinterleibsende nach vorn und heftet es an das Begattungsorgan des Männchens. Nach der Besamung legt das Weibchen die Eier an Stängeln von Wasserpflanzen ab. Erst im folgenden Frühjahr schlüpfen die jungen Larven aus. Nun beginnt der Kreislauf vom Leben im Wasser und in der Luft von neuem.

Leider sind alle Libellenarten bedroht. Sie stehen daher unter *Naturschutz*. Ursache für den Rückgang sind die Zerstörung der Lebensräume, z. B. Feuchtgebiete oder naturnahe Bachufer durch intensive Landnutzung.

1. Beschreibe, wie sich die Lebensweise einer Libelle von der ihrer Larve unterscheidet.
2. Vergleiche die Entwicklung von Libelle und Stechmücke und nenne Unterschiede.

EXKURS

Kleinlibellen

Nur Spezialisten können alle 70 heimischen Libellenarten unterscheiden. Doch eine Unterscheidung kann man selbst treffen, nämlich die Großlibellen und Kleinlibellen. Kleinlibellen unterscheiden sich nicht nur in der Größe von ihren Verwandten. Sie legen beim Ruhen ihre Flügel über dem Rücken zusammen, während die Großlibellen sie dabei ausgebreitet halten. Noch deutlicher ist die Unterscheidung der Larven. Die Kleinlibellen haben am Ende des Hinterleibs jeweils drei feder- oder blättchenartige Fortsätze. Diese *Tracheen-Kiemen* dienen der Atmung.

Kleinlibelle (Azurjungfer)

Kleinlibellenlarve

1 Gelbrandkäfer

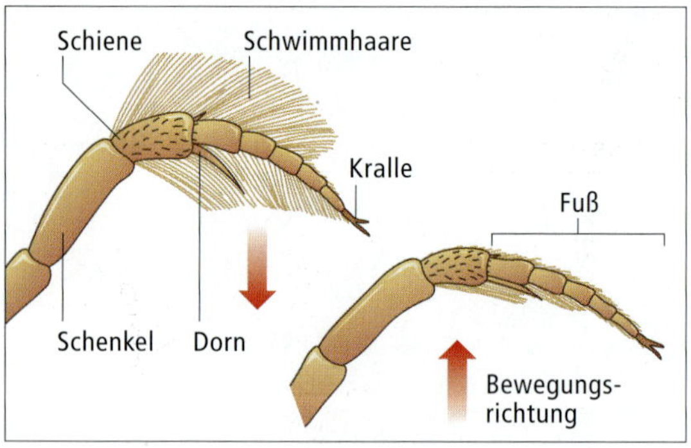

3 Schwimmbeine des Gelbrandkäfers

3.7 Wasserinsekten sind Atmungs- und Bewegungsspezialisten

Wenn man still an einem Teich sitzt und auf die Wasseroberfläche schaut, tauchen ab und zu einige Wassertiere auf und verschwinden nach kurzer Zeit wieder.

Am auffälligsten sind die *Ruderwanzen*. Sie springen kurz aus dem Wasser. Dabei bleiben Luftbläschen in ihrem Haarpelz hängen, die sie zum Atmen unter Wasser benötigen.
Der *Gelbrandkäfer* streckt seinen Hinterleib ein wenig aus dem Wasser und hebt die Flügeldecken leicht an. Er saugt so einen Luftvorrat ein und nimmt ihn mit unter Wasser.
Der *Rückenschwimmer* schließt Luftbläschen in die Rinnen unter seinem Bauch ein. Das Luftpolster führt dazu, dass er auf dem Rücken schwimmt.
Der *Wasserskorpion* hat am Körperende zwei lange, rinnenförmige Fortsätze, die er zu einer Röhre zusammenlegen kann. Er steckt sie wie einen Schnorchel aus dem Wasser und saugt Luft ein.
Die Larve der *Eintagsfliege* braucht dagegen gar nicht aufzutauchen. Sie entzieht dem Wasser den Sauerstoff über kleine Kiemenblättchen, die sich am Hinterleib befinden.

Wasserinsekten haben sich außer bei der Atmung auch bei der Art der Fortbewegung spezialisiert. Der Gelbrandkäfer hat kräftige Hinterbeine. Am Fußende befinden sich zwei Reihen Haare. Wenn er nach hinten schlägt, spreizen sie sich und bilden ein Ruder. Das treibt ihn voran. Beim Zurückziehen der Beine legen sich die Haare an, damit sie keinen Widerstand bieten. Die Larven der Großlibellen stoßen bei der Darmatmung das Wasser mit einem kräftigen Schub nach außen. Dabei entsteht ein Rückstoß, der den Körper vorwärts treibt.

1. Beschreibe die Atmung und Fortbewegung des Gelbrandkäfers.

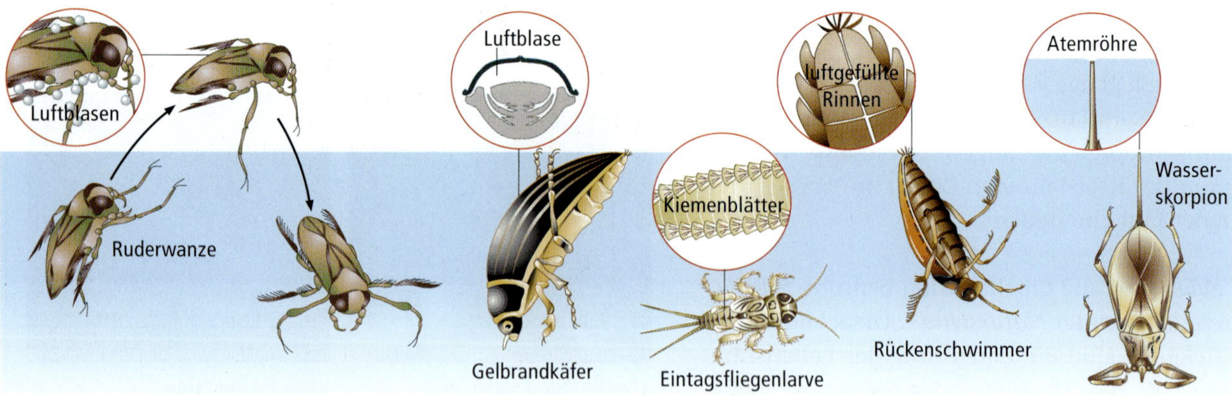

2 Atmung bei Wasserinsekten

Kleintiere des Wassers

Wasserläufer

Aussehen: 10–17 mm lang; graugrüner Körper; vorn und hinten zugespitzt
Lebensweise: Bewegt sich ruckartig rudernd oder springend; fliegt auch; läuft mit 4 langen Beinen; 1. Beinpaar zum Beutefang
Spezialisierung: Läuft auf der Wasseroberfläche ohne einzusinken; Fuß und Körper mit dichtem Haarpelz, der ständig eingefettet wird, um wasserabstoßend zu sein

Köcherfliegen-Larve

Aussehen: Sitzt in 5 cm langem Köcher, der aus Pflanzenteilchen oder Steinchen zusammengesetzt ist; bräunlich
Lebensweise: Lebt am Boden; das Köchermaterial aus der Umgebung, dient zur Belastung, um Auftrieb zu verhindern; ist gleichzeitig Schutz
Spezialisierung: Spinndrüsen sondern klebrigen Saft ab; damit werden Steinchen, Blättchen oder Ästchen um den Körper herum verkittet

Taumelkäfer

Aussehen: Bis 7 mm lang; Körper oval und glatt; stahlblau glänzend
Lebensweise: Flitzen zu mehreren in kreisenden Bahnen an der Wasseroberfläche; 2 Beinpaare zum Schwimmen; ist flugfähig
Spezialisierung: Augen sind durch Furchen in zwei Hälften geteilt; sieht damit über und unter Wasser; nimmt mit besonderem Organ Vibrationen auf und findet so seine Beute

Stabwanze

Aussehen: Grün-brauner stabförmiger Körper; bis 4 cm lang mit etwa gleichlangem Atemrohr; 2 Fang- und 4 Schreitbeine
Lebensweise: Lauert unbeweglich auf Beute, da Beine nur unvollkommen zum Schwimmen geeignet sind; sie klemmt z. B. Larven mit den klappmesserartigen Fangarmen ein und saugt sie aus
Spezialisierung: Hängt mit dem Kopf nach unten an der Oberfläche; Atemrohr ragt aus dem Wasser heraus

Posthornschnecke

Aussehen: Fast rundes, spirales Gehäuse; Durchmesser 3 cm, Höhe 1 cm; 5 nach außen breiter werdende Windungen; Schale rotbraun bis oliv; Körper fast schwarz
Lebensweise: Ernährt sich von lebenden und abgestorbenen Pflanzen sowie toten Tieren; benötigt zum Aufbau der Schale kalkhaltiges Wasser
Spezialisierung: Obwohl sie sonst Luft einatmet, überlebt sie den Winter am Boden; füllt dann ihre Lunge, die wie eine Art Kieme wirkt, mit Wasser

Spitz-Schlammschnecke

Aussehen: Etwa 6 cm lang und 3 cm dick; spiralig rechtsgewundene Schale mit auffälliger Spitze; oliv braun
Lebensweise: Fortbewegung durch Wellenbewegung der Sohle, die wie ein Saugnapf wirkt; raspelt Algenbelag von Blättern
Spezialisierung: Lungenatmer; taucht auf, schwimmt dabei mit Sohle nach oben und nimmt Luft unter der Schale auf; im Winter durch die Haut atmend

3.8 Nahrungsbeziehungen in einem See

Die Pflanzen und Tiere, die in einem gesunden See leben, existieren ohne Nahrungszufuhr. Da alle Lebewesen bestrebt sind, sich zu ernähren, müsste irgendwann die Nahrung aufgebraucht sein. Warum passiert das nicht?

1 **Nahrungskette in einem See** → wird gefressen von

Um diese Frage zu beantworten, untersuchen wir zunächst die Nahrungsbeziehungen der Lebewesen untereinander. Algen bilden die Nahrungsgrundlage. Es sind pflanzliche Organismen, die in großer Menge im Wasser schweben. Man bezeichnet sie auch als *pflanzliches Plankton*. Diese Algen werden z. B. von *Wasserflöhen* oder *Hüpferlingen* verzehrt, die *tierisches Plankton* genannt werden. Von diesen Kleinkrebsen ernähren sich *Libellenlarven*, die wiederum von den Fischen wie z. B. *Rotfedern* gefressen werden. Schließlich fängt der *Haubentaucher* die Rotfedern. Solche Nahrungsbeziehungen, die sich wie Glieder einer Kette aneinanderreihen, nennt man eine **Nahrungskette**.

Dieses einfache Modell entspricht jedoch nur teilweise der Wirklichkeit. Meistens fängt ein Tier verschiedene Beutetiere oder ernährt sich von unterschiedlichen Pflanzen. Die Rotfeder lebt außer von Libellenlarven noch von Stechmückenlarven, Wasserasseln, Wasserflöhen und Wasserpflanzen. Auch sie selbst ist eine Beute und wird außer von Haubentauchern noch von Reihern gefressen. Als Fischlarve dient sie dem Rückenschwimmer und der Gelbrandkäferlarve als Nahrung. Dieses wechselseitige Fressen und Gefressen werden lässt sich als **Nahrungsnetz** darstellen, weil die verschiedenen Nahrungsketten darin wie Fäden eines Netzes miteinander verbunden sind. An einem Nahrungsnetz lässt sich erkennen, dass die Pflanzen- und Tierarten sich in ihrem Bestand gegenseitig regulieren. Dabei hängen „Räuber“ und „Beute“ voneinander ab, ohne dass eine Art ausgerottet wird. Auf diese Weise entsteht in einem natürlichen See ein **biologisches Gleichgewicht**.

Am Anfang von Nahrungsbeziehungen stehen immer Pflanzen. Sie allein sind in der Lage, durch die Fotosynthese mithilfe der Sonnenenergie Kohlenhydrate aufzubauen. Diese sind wichtige Bausteine aller Pflanzen und bilden damit die Nahrung für alle Pflanzenfresser. Da die Pflanzen aus anorganischen Stoffen wie

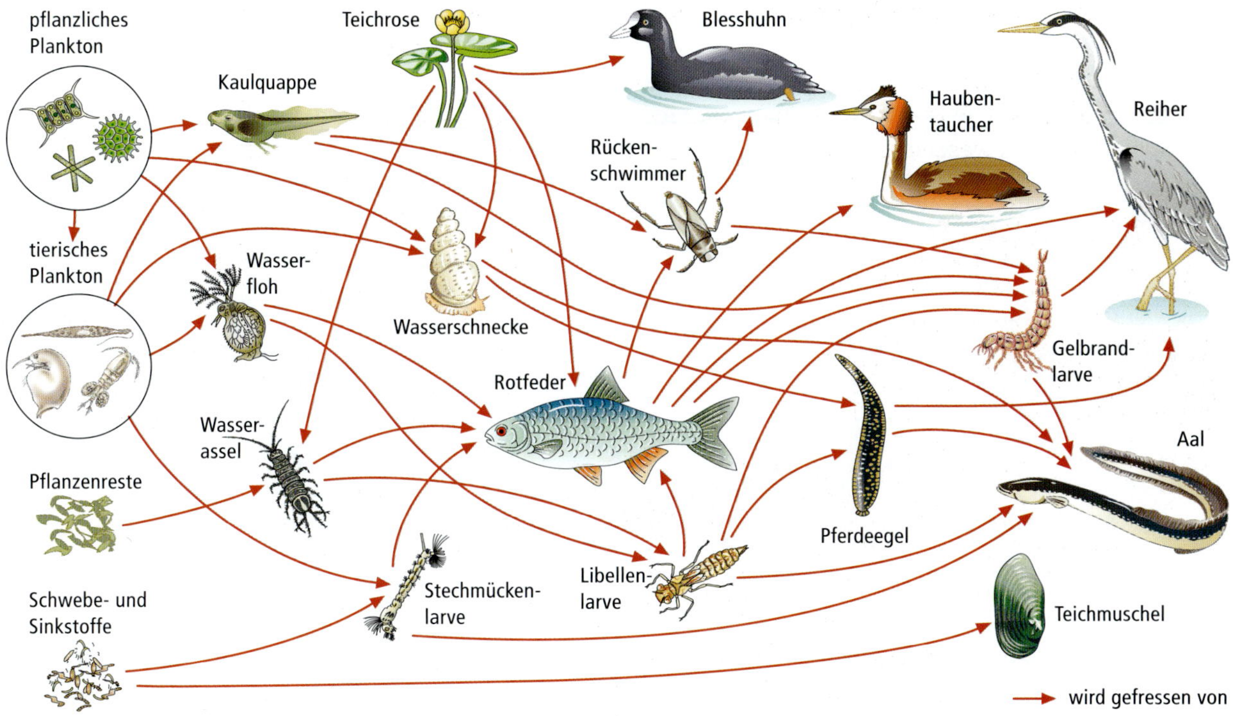

2 **Nahrungsnetz im Ökosystem See**

Kohlenstoffdioxid, Wasser und Mineralstoffen organische Masse erzeugen, werden sie als Erzeuger oder **Produzenten** bezeichnet.

Von den Pflanzen hängt alles tierische Leben direkt oder indirekt ab. Entweder fressen Tiere diese oder die Pflanzenfresser werden von den Fleischfressern oder Räubern verzehrt. Die Tiere sind also Verbraucher oder **Konsumenten.**

Abgestorbene Lebewesen sowie tierische oder pflanzliche Abfälle werden durch Bakterien oder Pilze zersetzt. Diese Zersetzer oder **Destruenten** bauen die organischen Bestandteile ab. Dabei entstehen lösliche Mineralstoffe und Kohlenstoffdioxid, die von Pflanzen wieder aufgenommen werden. Somit schließt sich der **Stoffkreislauf**, der das Leben im See erhält.

Geringe Verunreinigungen mit fäulnisfähigen Schmutzteilchen, die als Schwebe- oder Sinkstoffe im Wasser anfallen, werden auf die gleiche Weise von Destruenten abgebaut. Bei dieser natürlichen **Selbstreinigung** tragen alle Lebewesen eines Nahrungsnetzes dazu bei, das Gewässer sauber zu halten.

1. Begründe, warum Pflanzen immer am Anfang einer Nahrungsbeziehung stehen müssen.

2. **a)** Stelle mithilfe von Abb. 2 Nahrungsketten auf, die aus mehr als drei Gliedern bestehen.
b) Ordne diesen Gliedern die Begriffe Produzenten, Konsumenten, Destruenten zu.

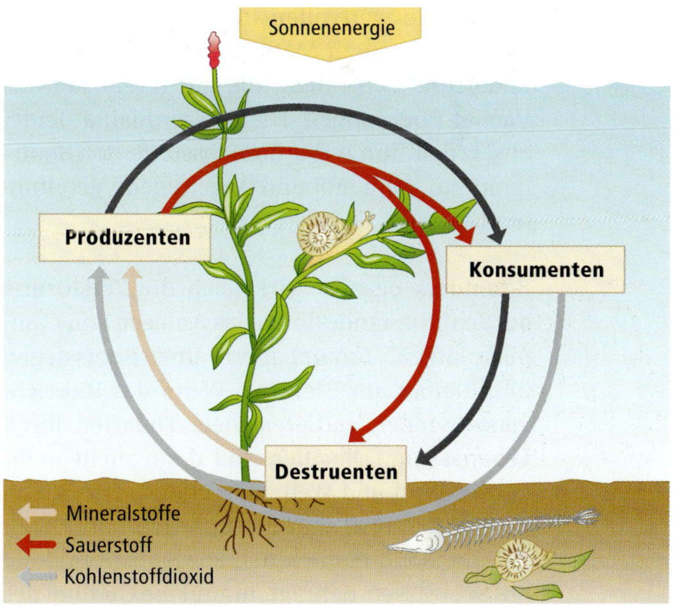

3 **Stoffkreislauf im See**

1 Ein See und seine Umwelt. ● = belastende Stoffe

3.9 Seen sind gefährdet

Seen sind beliebte Ausflugsziele. Der Ansturm der vielen Besucher kann jedoch das reiche Tier- und Pflanzenleben bedrohen. Nicht selten geraten dabei Naturschutz und Erholung miteinander in einen Konflikt.

Die Touristen hinterlassen oft Müll, der achtlos in die Landschaft oder ins Wasser geworfen wird. Surfer und Bootsfahrer verscheuchen die Wasservögel und zerstören mit ihren Fahrzeugen die wertvollen Pflanzenzonen. Fütterungen führen zu Massenansammlungen von Enten und Schwänen, die mit ihrem Kot das Wasser überdüngen. Die Wasserqualität leidet zusätzlich durch die Betriebsstoffe der Bootsmotoren, Sonnenöl und ungenügend gereinigte Abwässer.

Besonders negativ wirkt sich die Zerstörung der Schilfbestände durch das Anlegen von Campingplätzen, Strandbädern und Bootsstegen unmittelbar am Ufer aus. Wenn das Röhricht verschwindet, verlieren viele Tierarten ihren Lebensraum. Die Ufer sind dann nicht mehr gegen Wind und Wellen geschützt. Der Boden wird abgetragen und es entstehen kahle Stellen. Da Schilf beträchtlich zur Selbstreinigung des Seewassers beiträgt, nimmt die Qualität des Wassers ab.

Auch die Landwirtschaft auf den umliegenden Weiden und Feldern kann die Wassergüte beeinträchtigen. Rinder, die am Ufer weiden, zertreten nicht nur die Vegetation, sondern belasten das Wasser durch ihren Dung. Über die Zuflüsse gelangen Rückstände von Pflanzenschutzmitteln und Dünger ins Seewasser, die das empfindliche Gleichgewicht stören. Durch das Ausbringen von übermäßigen Gülle- und anderen Düngergaben kommen mehr Mineralstoffe ins Wasser als von den Pflanzen aufgenommen werden können. Der Stoffkreislauf wird gestört. Dadurch nimmt das Algenwachstum enorm zu. Ausgedehnte grüne Algenbeläge auf der Wasseroberfläche sind die Folge. Das Sonnenlicht dringt nicht mehr bis zu den Tauchpflanzen vor. Sie erzeugen keinen Sauerstoff mehr und sterben ab. Schließlich geht das Algenwachstum zurück und die abgestorbenen Reste sinken zu Boden. Der Sauerstoffmangel bewirkt eine unzureichende Zersetzung der toten Pflanzenmasse durch die Destruenten, so dass sich Schlamm und Faulgase bilden. Unter diesen feindlichen Lebensbedingungen gehen die Tiere und Pflanzen zu Grunde. Man sagt: „Der See kippt um“.

1. Nenne Gefahren, die den Seen drohen. Mache Vorschläge, wie man solche Gefahren verhindern kann.
2. Warum ist starkes Algenwachstum bedrohlich?

Gewässeruntersuchung

V1 Fangen und Bestimmen von Wassertieren

Material: Kescher oder feines Küchensieb mit Besenstiel; Bindedraht; Pinsel; Schraubglas mit Deckel; Lupe; Bestimmungsbuch; Uhr mit Stoppeinrichtung

Durchführung: Befestige das Sieb an einem Besenstiel. Ziehe den Kescher mehrmals durch Wasserpflanzen oder über den Grund. Befördere die Tiere mit dem Pinsel vorsichtig in das mit Wasser gefüllte Glas. Setze zum Betrachten mit der Lupe die Objekte in den Deckel. Gib sie anschließend wieder unversehrt in den Teich zurück.

Aufgaben:
a) Beobachte und bestimme die Tiere.
b) Betrachte den Körperbau und beschreibe, wie die Tiere sich fortbewegen.
c) Stoppe die Tauchzeiten und beschreibe, wie die Tiere atmen.

V2 Untersuchung von Fadenalgen

Material: Mikroskop; Objektträger; Deckglas; Pipette; Pinzette; Fadenalgen (grüne, watteartige Fäden aus einem überdüngten Gewässer)

Durchführung: Nimm einige Fäden mit der Pinzette und lege sie auf den Objektträger. Gib einen Tropfen Wasser hinzu und decke das Objekt ab. Mikroskopiere bei verschiedenen Vergrößerungen.

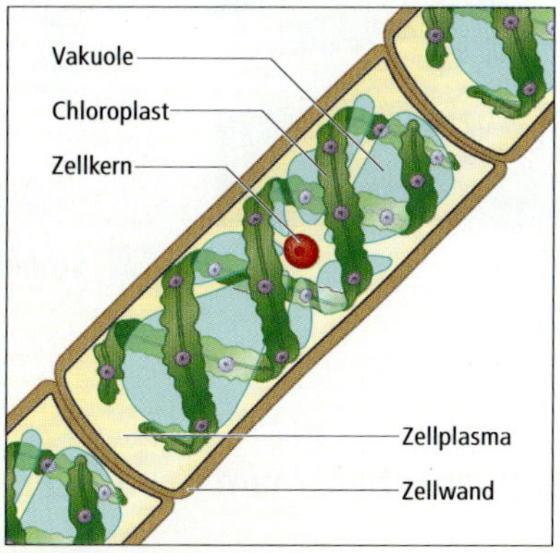

Aufgaben:
a) Betrachte den Zellinhalt und beschreibe ihn.
b) Begründe, warum eine Art Schraubenalge heißt.
c) Zeichne einen kurzen Abschnitt und benenne mithilfe der Abbildung die Zellbestandteile.

V3 Einwirkung von Dünger auf das Algenwachstum

Material: Flüssiger Blumendünger; Flasche; Kescher; Teichwasser; 3 gleichgroße Marmeladengläser; Pipette; Aufkleber; Schreibmaterial

Durchführung: Nimm aus einem Teich grünes, algenreiches Wasser mit dem Kescher und fülle es in eine Flasche. Verteile es gleichmäßig auf die drei Gläser. Gib in das erste Glas 10 Tropfen und ins zweite 20 Tropfen Blumendünger. Das dritte Glas erhält keinen Dünger. Beschrifte die Gläser nach ihrem Inhalt und stelle sie drei Wochen auf die Fensterbank.

Aufgaben:
a) Beobachte die Entwicklung der Algen und führe wöchentlich Protokoll.
b) Untersuche jeweils die Proben unter dem Mikroskop und zeichne die unterschiedlichen Formen der Algen.
c) Begründe die Ergebnisse nach etwa 3 Wochen.
d) Erkläre, wie es zur Massenentwicklung von Algen im See kommen kann.
e) Teste die Proben wie in V4.

V4 Untersuchung auf Nitrat

Material: Schraubgläser mit Deckel; Aufkleber; Wasserproben aus Gräben, Bächen, Flüssen, Teichen oder Seen; Schreibmaterial; Nitrat-Teststäbchen (aus der Apotheke zum Nachweis von einem wichtigen, stickstoffhaltigen Pflanzendünger)

Durchführung: Fülle die Gläser mit Wasserproben aus unterschiedlichen Gewässern. Beschrifte sie mit der jeweiligen Entnahmestelle. Nimm ein Stäbchen aus der Dose und verfahre nach Anweisung auf dem Beipackzettel. Notiere die Nitratgehalte auf den Aufklebern.

Aufgaben:
a) Vergleiche und beurteile die Nitratwerte nach folgenden Stufen:
10 mg/l = für Gewässer eine hohe Konzentration;
25 mg/l = außerordentlich hoch;
50–100 mg/l = belastet;
> 100 mg/l = stark belastet
b) Begründe, welche Folgen mit Nitrat belastetes Wasser in der Natur hat und gib Hinweise, wie man das verhindern kann.

1 Strand und Dünen

2 Strandhafer mit Ausläufergeflecht

4 Ökosystem Meer

4.1 Die Küste – ein vielfältiger Lebensraum

Aus dem Weltraum gesehen, erscheinen die Meere auf unserer Erde blau. Sie wird daher auch als blauer Planet bezeichnet, denn zwei Drittel der Erde werden von Wasser und nur ein Drittel von Land eingenommen. Die Grenzlinie zwischen Land und Meer heißt *Küste*. Ist diese flach, sandig oder kiesig, ist es ein **Strand.**
Betrachtest du die Wellen, die am Strand auslaufen, siehst du, dass sich der Sand ständig bewegt und an anderer Stelle wieder angeschwemmt wird. So entstehen *Sandbänke*. Die Küstenlinie verändert sich stetig durch Abtragung und Anlagerung von Sand.

An der Flutlinie, die den höchsten Wasserstand der Flut anzeigt, findet man vieles, was das Meer heranspült. In diesem *Spülsaum* liegen Meerespflanzen, Muschelschalen, Schneckengehäuse, verendete Meeresvögel oder lebende Krebse. Leider werden auch manchmal Schiffsmüll und klebrige Ölklumpen angetrieben.

Blicken wir z. B. auf einer Nordseeinsel vom Wasser landeinwärts, so sehen wir ausgedehnte weiße Sandflächen, die von hohen, teilweise bewachsenen Sandkuppen oder **Dünen** begrenzt werden. Fast immer weht ein kräftiger Wind vom Meer her und treibt feinen Sand über den trockenen Strand.

Pflanzen treten nur spärlich auf, denn die *Standortfaktoren* sind ungünstig für sie. Es fehlt an Humus, die Luft und der Boden sind salzreich und der Wind weht heftig. Trotzdem gelingt es einigen Gräsern wie der *Binsenquecke* dort zu wachsen. Im Windschatten ihrer aufrechten Halme lagert sich Flugsand ab und formt kleine Wälle. Wenn die Binsenquecke vom Sand überdeckt wird, bilden die Wurzeln nach oben gerichtete Ausläufer. Mit der Zeit erhöht sich die Sandmenge und es entsteht eine niedrige *Vordüne*. Wenn die Dünen über 1,50 m anwachsen, bezeichnet man sie als *Weißdünen*. Weil hier der Mineralstoffgehalt höher und der Salzgehalt niedriger ist, siedelt sich der *Strandhafer* an. Seine unterirdischen Ausläufer durchziehen den Sand nach allen Richtungen, um an die Mineralstoffe zu gelangen. Das dichte Wurzelgeflecht hält die Sandkörner fest. So wird die Düne vor Abtragung durch Wind geschützt und gegen Sturmflut gesichert.
Strandhafer wird daher zur Dünenbefestigung und damit als Küstenschutz angepflanzt. Hinter den Weißdünen erheben sich hohe, oft dicht mit Gräsern, Kräutern und Sträuchern überzogene *Graudünen*. Hier brüten zahlreiche Vögel.

Es kann passieren, dass man an die Nordseeküste kommt und weit und breit kein Wasser zu sehen ist. Stattdessen blickt man auf eine graue, weite Schlick- und Sandebene. Dies ist

das **Watt**. Zweimal am Tag fällt ein kilometerbreiter Streifen der Nordsee trocken. Etwa sechs Stunden weicht bei *Ebbe* das Wasser langsam zurück und kommt bei *Flut* im gleichen Zeitraum allmählich wieder. Diese **Gezeiten** wiederholen sich, um etwa eine Stunde verschoben, Tag für Tag.
Der Wattboden kann schlickig und weich oder sandig und fest sein. Das Bodenmaterial schwemmen die großen Flüsse in die Nordsee. Dort, wo Sand abgelagert wird, treten wellenartige Bodenformen auf, die *Rippelmarken*.

Weit draußen im Watt trifft man auf schmale, sich nach und nach verbreiternde Wasserläufe, die *Priele*. Sie lenken das Meerwasser bei Ebbe in die Nordsee. Bei Flut strömt es in ihnen wieder zurück. Da sie immer etwas Wasser führen, ziehen sich hier Fische und Garnelen zurück. Zum Land hin sind mit Buschzäunen viereckige Felder abgesteckt. Darin beruhigt sich das Wasser und mit jeder Flut setzen sich millimeterweise Schlick und Sand ab. Der Wattboden steigt allmählich an und wird zusätzlich durch Ausheben von Gräben künstlich aufgeworfen. Nach Jahren entsteht *Neuland*, das von Salz liebenden Pflanzen besiedelt wird. Diese **Salzwiesen** werden auch von stärkeren Fluten nicht mehr überspült und abgetragen. Sie sind ein Lebensraum für seltene Pflanzen und hochspezialisierte Insekten. Ein hoher, schräg ansteigender Deich schließt das *Vorland* ab. Er schützt das Festland gegen Sturmfluten.

Tiere und Pflanzen, die im Watt leben, müssen den ständig wechselnden Standortbedingungen angepasst sein. Mit den *Wasserstandsschwankungen* ist auch ein Ansteigen und Absinken der *Wasser- und Bodentemperatur* verbunden. Wenn bei Ebbe starke Sonneneinstrahlung herrscht, verdunstet ein Teil des Wassers auf dem Watt und der *Salzgehalt* steigt darin an. Bei Regen dagegen nimmt er schnell ab.

Wattbewohner sind starken *Lichtschwankungen* ausgesetzt. Bei Ebbe werden sie ungehindert von der Sonne beschienen, während der Lichteinfall bei Flut durch die Trübung des Wassers deutlich geringer ist.

3 **Sandwatt mit Rippelmarken**

1. Beschreibe anhand des Textes und der Abbildungen, wie Gräser zur Dünenbildung beitragen.
2. Nenne die verschiedenen Standortfaktoren am Strand und im Watt und vergleiche sie.

EXKURS

Die Steilküste von Helgoland

Die Insel Helgoland besteht aus roten Buntsandsteinklippen. An ihrer **Steilküste** lässt sich auch beobachten, dass die Verbreitung von Pflanzen und Tieren durch Ebbe und Flut beeinflusst wird. Der wechselnde Wasserstand in der *Gezeitenzone* weist eine horizontale Schichtung auf. Sie lässt sich an den Farben bestimmter Lebewesen erkennen. Braune Großalgen, die *Tange*, im unteren Bereich vertragen nur kurze Trockenheit. Weiße *Seepocken* mit ihren hellen Kalkschalen haften dagegen im oberen Abschnitt, denn sie können für einige Stunden trocken liegen. *Seeanemonen* kommen sowohl in der unteren Gezeitenzone als auch am ständig überspülten Felsen vor. In den Schichten leben jeweils besondere Pflanzen und Tiere. Ihr Vorkommen ist davon abhängig, wie lange der jeweilige Felsabschnitt überflutet wird bzw. wie lange er trocken fällt.

Helgoland (Steilküste bei Ebbe)

Funde am Strand

Muscheln und Schnecken

① Sandklaffmuschel
② Scheidenmuschel
③ Wellhornschnecke
④ Venusmuschel
⑤ Herzmuscheln
⑥ Sägezähnchen
⑦ Trogmuschel
⑧ Miesmuschel mit Seepocken
⑨ Plattmuschel
⑩ Auster
⑪ Abgestumpfte Klaffmuschel

Strandkrabbe

Aussehen: Ø 4–7 cm; oliv bis dunkelgrün;Rand des Rückenschilds beiderseits mit 5 scharfen Zähnen; 8 Laufbeine; 2 Scherenbeine mit kräftigen Zangen; Schwanz an der Unterseite eingewachsen
Lebensweise: lebt versteckt im Spülsaum zwischen Steinen oder in Ebbetümpeln; kann sowohl über als auch unter Wasser vorkommen; wird von zahlreichen Vögeln gefressen; vergräbt sich daher im Wattboden; bewegt sich seitwärts (Querläufer)
Nahrung: Würmer; Muscheln; kleine Fische; Schnecken

Seestern

Aussehen: Ø bis 30 cm; rötlich braun bis violett; 5 sternförmige Arme, die in verschiedene Richtungen weisen; Körperoberfläche aus beweglichen Kalkplatten mit kurzen Stacheln (Stachelhäuter); Unterseite mit Saugfüßchen; abgerissene Arme werden vollständig regeneriert
Lebensweise: öffnet mithilfe der Saugfüßchen Muschelschalen; löst mit Verdauungssäften das Fleisch auf und saugt es ein; Saugfüßchen dienen auch zur Fortbewegung
Nahrung: Muscheln; Würmer; Schwämme; Algen (Tange)

Kompassqualle

Aussehen: Ø bis 25 cm; weiß bis gelblich gefärbt; tellerförmiger Schirm mit braunen, sternartigen Strahlen („Kompassrose"); glibberige Körpermasse besteht zu über 98% aus Wasser; 24 kurze Fangarme; 4 lange Mundarme; Nesselfäden, die Brennen auf der Haut hervorrufen können
Lebensweise: schwebt im Wasser; kann sich durch Rückstoß fortbewegen, indem sie die Schirmunterseite öffnet und schließt; Nahrung wird äußerlich vorverdaut und dann eingesogen
Nahrung: Kleinkrebse; Fischlarven

4.2 Pflanzen im Watt

Die kleinsten Pflanzen im Watt kann man mit bloßen Augen nicht sehen. Es sind mikroskopisch kleine, einzellige **Kieselalgen**. Im Sommer erscheinen sie so zahlreich, dass sie den schlickigen Wattboden mit einem bräunlichen Film bedecken. Kieselalgen sind eine wichtige Nahrung für viele Wattbewohner, die sie vom Boden abweiden.

Der **Queller** zählt zu den Erstbesiedlern oder *Pionierpflanzen* des Watts. Wie alle Wattpflanzen muss er mit dem hohen Salzgehalt in der Gezeitenzone fertig werden. Um die Salzlösung in seinen Zellen zu verdünnen, nimmt er zusätzlich Wasser auf. Dabei quellen seine Stängel und zahlreichen Seitenäste auf. Damit das Wasser nicht wieder verdunstet, sind die Blätter als kleine, eng anliegende Schuppen ausgebildet.

Das etwa 60 cm hohe **Schlickgras** kann den Salzgehalt des Bodens und der Luft deshalb vertragen, weil es das Salz durch Drüsen an der Blattunterseite wieder ausscheidet. Das derbe, aufrecht stehende Gras verträgt weitgehend unbeschadet heftigen Wind und Wellenschlag.

Seegras übersteht längere Trockenzeiten nicht. Es dringt nur soweit ins Watt vor, dass es bei Ebbe gerade noch überspült wird. Durch Wellen werden die Blätter leicht zerrissen. Die feinen Blattreste bilden eine wichtige Grundlage für die Humusbildung und Bodenverfestigung im Watt.

Die Pflanzen im Watt spielen eine wichtige Rolle bei der Erhöhung des Wattbodens und dienen somit der *Neulandgewinnung*. Kieselalgen sondern Schleim ab, der die Sinkstoffe verkittet. Sie können dann nicht mehr so leicht fortgeschwemmt werden. Das Schlickgras wurde zur Landgewinnung aus England eingeführt. Seine dichten Bestände beruhigen die Bewegung des Wassers, wodurch sich der Schlick absetzen kann. Ebenso tragen Quellerwiesen zur Aufschlickung bei. Zwischen den Pflanzen werden Sinkstoffe zurückgehalten, die sich bei jeder Flut in hauchdünnen Schichten ablagern.

1. Beschreibe die Anpassungen der Pflanzen an die Lebensbedingungen im Watt.
2. Begründe, warum Wattpflanzen auf natürliche Weise zur Landgewinnung beitragen.
3. Welche Folgen hat die Neulandgewinnung und Eindeichung für das Wattenmeer?

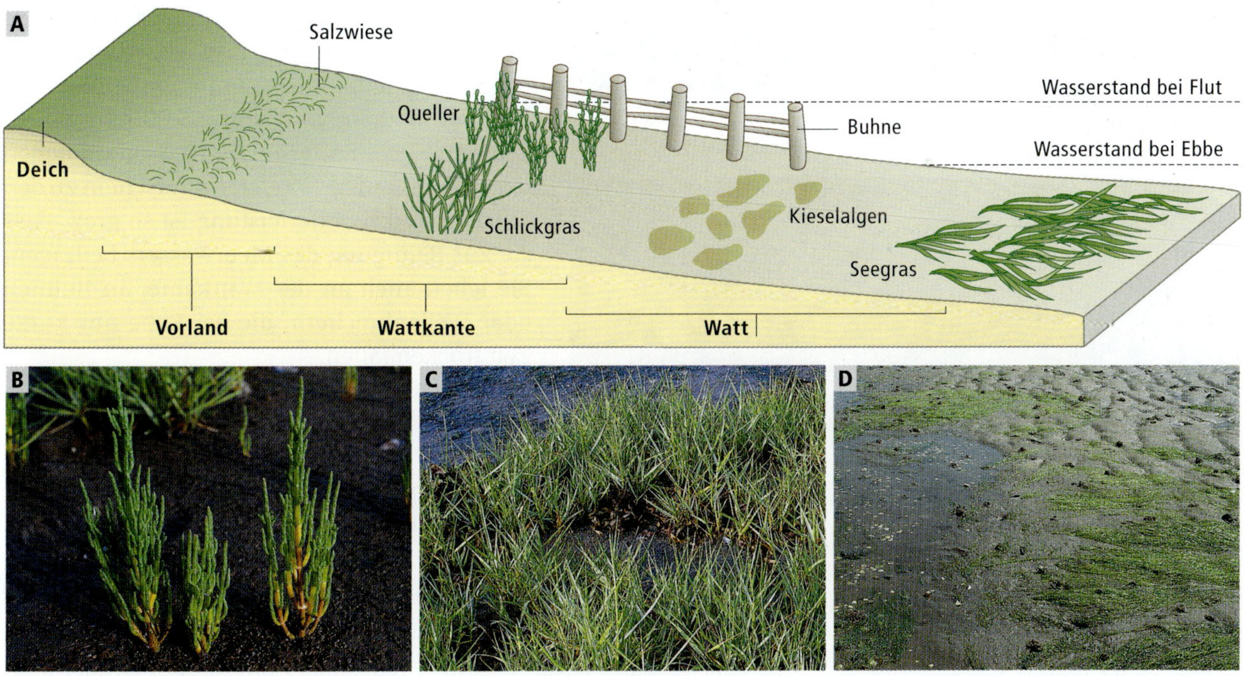

1 Wattpflanzen. A Verbreitung; **B** Queller; **C** Schlickgras; **D** Seegras

1 Pierwurm. **A** Körperbau; **B** Wohnröhre

2 Miesmuschelbank

3 Wattschnecken. **A** Foto; **B** Lebensbereiche

4.3 Tiere des Watts sind dem Lebensraum angepasst

Bei einer Wattwanderung fallen als erstes zahlreiche spagettiartige Sandhaufen auf dem Boden auf. Es sind Kothaufen vom **Pierwurm**. Auch eine kleine trichterförmige Vertiefung in der Nähe jedes Haufens verrät das Vorkommen des Pierwurms. Darunter lebt er in einer L-förmigen Wohnröhre. Der Pierwurm saugt mit dem Rüssel Boden ein und entzieht ihm Nahrung. Man nennt ihn deshalb auch *Schlammfresser*. Dabei sackt der Wattboden von oben nach und bildet einen kleinen Trichter. Zur Kotabgabe kriecht er mit dem Hinterende nach oben und scheidet die unverdaulichen Reste ringelartig an der Oberfläche aus. Seine versteckte Lebensweise schützt ihn bei Ebbe vor dem Austrocknen. Während der Flut treibt der Pierwurm Wasser durch seine Röhre, dem er mit seinen äußeren, büschelartigen Kiemen Sauerstoff entzieht.

Die blau-schwarze **Miesmuschel** dagegen lebt auf dem nahrungsreichen Wattboden. Die Muscheln heften sich mit feinen *Byssusfäden* aneinander und bilden oft riesige Pakete, die von der Flut nicht fortgetrieben werden. Man nennt sie *Muschelbänke*. Durch eine Öffnung zwischen den Schalen strudeln die Miesmuscheln einen ständigen Wasserstrom in den inneren Mantelraum. Daraus entnehmen sie mit den Kiemen Sauerstoff und filtern gleichzeitig mit kleinen Wimpern Nahrungsteilchen heraus. Deshalb gehören Miesmuscheln zu den *Filtrierern*. Ihre Filterleistung ist so groß, dass sie zur Reinigung des Meerwassers beitragen. Sie leben auch an der Wattkante, an Buhnen oder Wellenbrechern, die bei Ebbe nur kurze Zeit trocken fallen.

Die nur fünf mm lange, bräunliche **Wattschnecke** ist im Schlickwatt mit bis zu 70 000 Exemplaren pro Quadratmeter anzutreffen. Auf der Suche nach Nahrung kriecht sie bei einsetzender Ebbe auf dem nassen Boden umher. Sie weidet den braunen Belag des Wattbodens ab. Dieser besteht aus Kieselalgen und Bakterien. Die Wattschnecke wird daher als *Weidegänger* bezeichnet. Trocknet der Untergrund

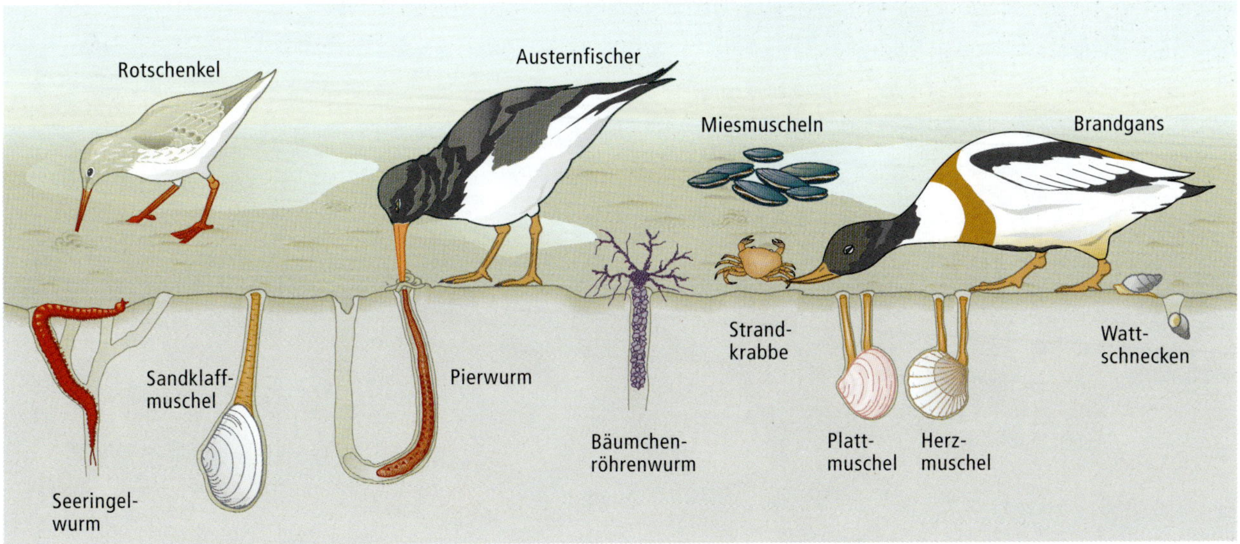

4 Vögel im Watt bei der Nahrungssuche

aus, vergräbt sie sich im Wattboden. Bei Flut kommt sie wieder hervor und lässt sich mithilfe einer kleinen Luftblase an die Wasseroberfläche treiben. So wird sie mit der Meeresströmung davongetragen und gelangt in ein neues, nahrungsreiches Gebiet. Dort sinkt sie wieder ab.
Viele Muschelarten graben sich im Wattboden mit einem beweglichen Fuß ein. Sie strecken ein oder zwei Röhren wie einen Schnorchel als *Syphone* an die Oberfläche. Damit saugen sie bei Flut gleichzeitig sauerstoffreiches Wasser zum Atmen und Nahrungsteilchen ein und geben das verbrauchte Wasser wieder ab.
Der **Bäumchenröhrenwurm** baut am Oberende seiner Röhre ein kleines Gerüst aus Fransen, das wie ein Stellnetz wirkt. Darin verfangen sich Nahrungsteilchen, die er ableckt. Der **Seeringelwurm** streckt seinen Vorderkörper aus einer Gangöffnung und sucht den Schlick in alle Richtungen nach Nahrung ab. So entstehen sternförmige Kriechspuren.

Der Reichtum an Nahrung im Watt lockt jährlich etwa drei Millionen *Zugvögel* an. Zur Zeit des Vogelzuges im Herbst und Frühjahr beobachtet man riesige Schwärme, die auf ihren Wanderungen Station im Wattenmeer machen. Das Einzugsgebiet der Zugvögel reicht von Grönland, Island, Skandinavien bis nach Nordsibirien. Sie nutzen das reichhaltige Nahrungsangebot, um sich notwendige Kraftreserven für ihren weiten Flug nach Südeuropa oder Afrika anzufressen.

Watvögel sind mit dünnen Schnäbeln ausgestattet, mit denen sie entweder gezielt Nahrung an der Oberfläche absammeln oder durch Stochern im Boden nach Tieren suchen. Unterschiedlich geformte Schnäbel weisen auf Nahrungsspezialisten hin. Die kurzschnäbligen **Alpenstrandläufer** picken kleine Krebse und Insekten von der Oberfläche auf. Der **Rotschenkel** stellt mit seinem langen Schnabel vor allem Pier- und Seeringelwürmern nach. Der **Austernfischer** hat sich auf Muscheln spezialisiert, die er mit seinem kräftigen Schnabel zertrümmert, um an das Fleisch zu gelangen.

Die farbenprächtige **Brandgans** durchschnattert mit ihrem Seihschnabel die Pfützen auf dem Watt oder gründelt im flachen Wasser. Sie frisst kleine Muscheln, Schnecken und Krabben, deren harte Schalen sie mit ihren kräftigen Magenmuskeln zerdrücken kann. Die weiteste Nahrungsauswahl haben die **Möwen.** Sie sind Allesfresser und stellen fast allen lebenden und toten Wattbewohnern sowie Fischen nach.

1. Beschreibe, wie Pierwurm, Miesmuschel und Wattschnecke an Ebbe und Flut angepasst sind.
2. Begründe, warum das Watt für viele Zugvogelarten zum Überleben wichtig ist.

1 Pflanzen und Tiere der Nordsee. ① Seehund, ② Seepocken, ③ Makrelen, ④ Heringe, ⑤ Kabeljau, ⑥ Wellhornschnecke, ⑦ Knorpeltang, ⑧ Katzenhai, ⑨ Laich der Wellhornschnecke, ⑩ Sandgarnelen, ⑪ Strandkrabbe, ⑫ Einsiedlerkrebs, ⑬ Nagelrochen, ⑭ Seeanemone, ⑮ Scholle, ⑯ Blasentang, ⑰ Strandschnecke, ⑱ Napfschnecke

4.4 Das Meer – ein Ökosystem

In der Abbildung oben kann man zahlreiche Pflanzen- und Tierarten erkennen, die in der Nordsee leben. Die meisten dieser Arten kommen mit unzähligen Einzellebewesen vor. Ihnen allen bietet das Meer Lebensraum und Nahrung. Wie kann sich eine so große Gemeinschaft am Leben erhalten?
Um diese Frage zu beantworten, untersuchten Forscher die Meeresorganismen und ihre Beziehungen zueinander. Sie fanden heraus, dass außer den mit bloßem Auge sichtbaren Lebewesen auch noch mikroskopisch kleine Pflanzen und Tiere vorkommen. Sie bilden die Grundlage für alles Leben im Meer. Es ist das **Plankton**, eine vielfältige Gemeinschaft von Schwebeorganismen, die sich nicht oder nur schwach aus eigener Kraft fortbewegen.
Das **pflanzliche Plankton** setzt sich überwiegend aus einzelligen *Kieselalgen* zusammen. Sie bauen mithilfe der Fotosynthese Pflanzenmasse auf, wobei sie die im Meerwasser enthaltenen Mineralstoffe verbrauchen. Kieselalgen sind die Nahrungsquelle für das **tierische Plankton**. Es besteht größtenteils aus Ruderfußkrebsen sowie Larven von Würmern, Schnecken, Seeigeln und Seesternen. Vom Plankton ernähren sich alle Jungfische und Bodentiere wie Muscheln, Schnecken, Würmer und Sandgarnelen. Diese werden wiederum von Scholle, Nagelrochen oder Katzenhai gefressen. Heringe sind *Friedfische*, die zeitlebens mit den Kiemenreusen Plankton aus dem Wasser sieben.

Kabeljau und Makrele dagegen machen als *Raubfische* Jagd auf größere Beute wie Jungheringe und andere Fische. Blumenartig aussehende Tiere wie *Seeanemonen* leben sowohl von Plankton als auch von größeren Tieren, die sie mit ihren Fangarmen ergreifen. Junge Seehunde ernähren sich zuerst von Sandgarnelen und Muscheln. Ältere Tiere haben es auf Schollen, Heringe und Kabeljau abgesehen.

An den Nahrungsbeziehungen sehen wir, dass die Lebewesen voneinander abhängig sind. Bei näherer Betrachtung erkennt man **Nahrungsketten**, die bei den winzigen Algen des Planktons beginnen und über die Pflanzenfresser zu den Fleischfressern führen. An einigen Stellen verzweigen sich die Nahrungsketten. Das geschieht immer dann, wenn ein Lebewesen als

Nahrung für mehrere andere dient. So entsteht in einer Lebensgemeinschaft schließlich ein ganzes Geflecht verschiedener miteinander verbundener Nahrungsketten. Man nennt es ein **Nahrungsnetz**.

Wenn man Nahrungsketten untersucht, stellt man fest, dass die Anzahl der Lebewesen von Kettenglied zu Kettenglied abnimmt. Damit sich wenige Fleischfresser ernähren können, sind immer mehr Beutetiere nötig. Diese wiederum benötigen große Mengen pflanzlicher Nahrung. Man bezeichnet diesen Zusammenhang als **Nahrungspyramide.**

Neben diesen Nahrungsbeziehungen gibt es auch einen **Stoffkreislauf**. Darin sind alle Lebewesen des Meeres einbezogen. Das pflanzliche Plankton ist als **Produzent** in der Lage, aus anorganischen Stoffen organische herzustellen. Dazu benötigt es Mineralstoffe, Kohlenstoffdioxid und Sonnenenergie. Tiere sind die **Konsumenten**, denn sie nehmen die Pflanzen als Nahrung auf und verwerten die organischen Stoffe als Baustoffe und zur Energiegewinnung. Pflanzen und Tiere, die nicht gefressen werden, sterben und sinken als organischer Abfall auf den Meeresboden. Bakterien zersetzen die Körper. Diese als **Destruenten** bezeichneten Mikroorganismen bauen die organischen Stoffe zu den Ausgangsstoffen ab. So können Mineralstoffe und Kohlenstoffdioxid wieder von den Algen aufgenommen werden. Damit beginnt der Stoffkreislauf von neuem.

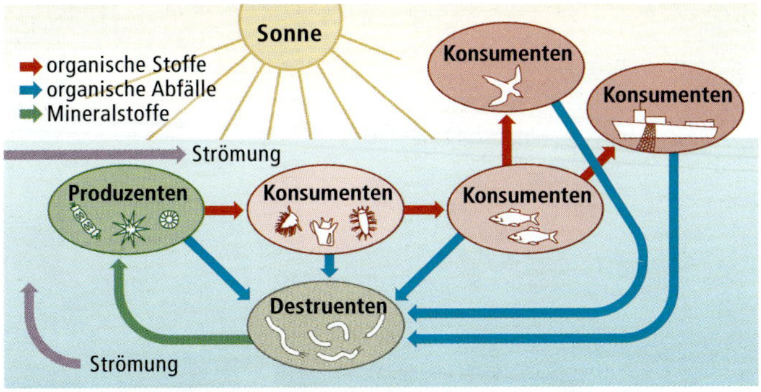

2 **Stoffkreislauf im Meer**

1. Begründe, warum Nahrungsketten immer bei Pflanzen beginnen.
2. Schreibe einige Nahrungsketten aus Abb. 3 auf.
3. **a)** Betrachte die nebenstehende Darstellung. Was sagt sie aus und wie nennt man sie?

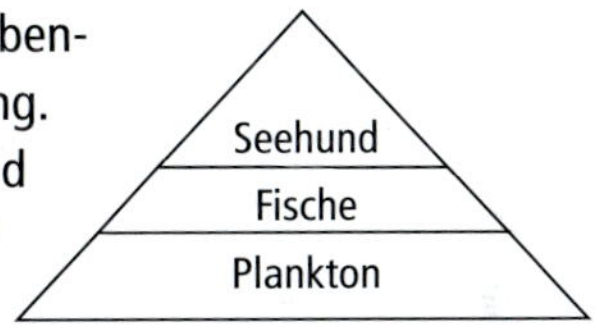

   b) Zeichne eine ähnliche Darstellung in dein Heft und fülle sie mit Lebewesen aus.
4. Erläutere, wodurch der Stoffkreislauf im Meer aufrecht erhalten wird.

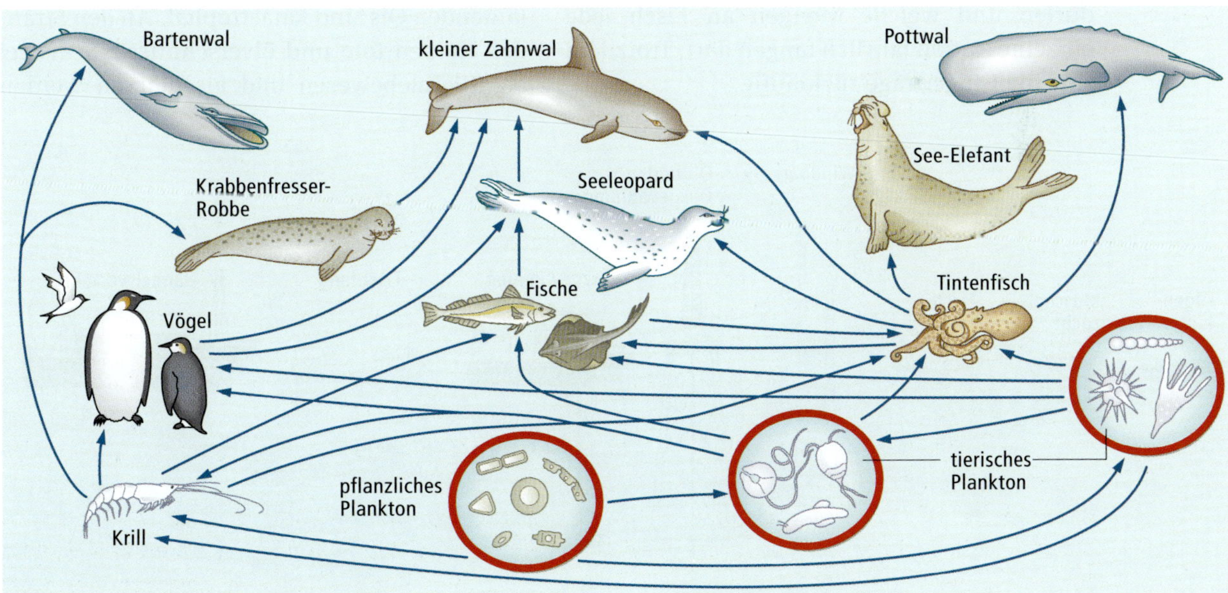

3 **Nahrungsnetz im antarktischen Meer**

1 Auslage eines Fischgeschäftes

4.5 Nutzung und Gefährdung der Meere

Schaut man in die Auslagen eines Fischgeschäftes, erkennt man, welche vielfältigen Angebote an Speisefischen, Krebsen, Muscheln oder Tintenfischen das Meer für die Ernährung der Menschen bereithält. Früher galt der **Fischreichtum** der Meere als unerschöpflich. Heute wird gesetzlich geregelt, dass Speisefische nicht „überfischt" und damit ihre Fanggründe nicht zerstört werden dürfen. Die Fischereistaaten treffen daher Absprachen zum Schutz der Jungfische. Darin wird u. a. festgelegt, wie groß die Maschen der Netze sein dürfen und welche Mengen an Fisch jede einzelne Nation jährlich fangen darf. Trotzdem sind die Fangerträge rückläufig.

Daher ist man dazu übergegangen, **Aquakulturen** im Meer anzulegen. Damit überträgt man landwirtschaftliche Produktionsweisen auf Meerestiere und Meerespflanzen. Beim *Fish-Farming* werden riesige Käfige im Meer versenkt. Darin zieht man Speisefische auf. In *Muschelzuchten* lässt man Austern oder Miesmuscheln heranwachsen, um Feinschmecker damit zu verwöhnen. In *Algenkulturen* werden Großalgen, die Tange, „geerntet", die für die Nahrungsmittel- und die Pharmaindustrie wertvolle Inhaltsstoffe liefern.

Das Meer wird nicht nur zur Ernährung genutzt. Vor den Küsten sind zur Stromerzeugung **Windparks** im Aufbau. Im Meer werden auch neue **Ölfelder** erschlossen. Dort fördern Bohrinseln den wertvollen Rohstoff aus dem Untergrund. Dabei wird auch Gas gefunden und zur Energieversorgung verwendet. Der Meeresboden birgt zahlreiche Mineralien wie **Erze**, die es lohnt abzubauen und zu verwerten.
Die Meere liefern einen wichtigen Beitrag zum weltweiten **Handelsverkehr**. Container-, Fracht- und Tankschiffe transportieren Waren und Rohstoffe von einem Erdteil zum anderen. Die Nordsee z. B. gehört zu den am dichtesten befahrenen Seewegen der Welt.

Immer wieder kommt es auf den Meeren zu **Schiffsunfällen**. Die Auswirkungen des auslaufenden Öls sind katastrophal. An den Stränden treiben tote und ölverschmierte Seevögel an. Kleinlebewesen und Fischlarven werden

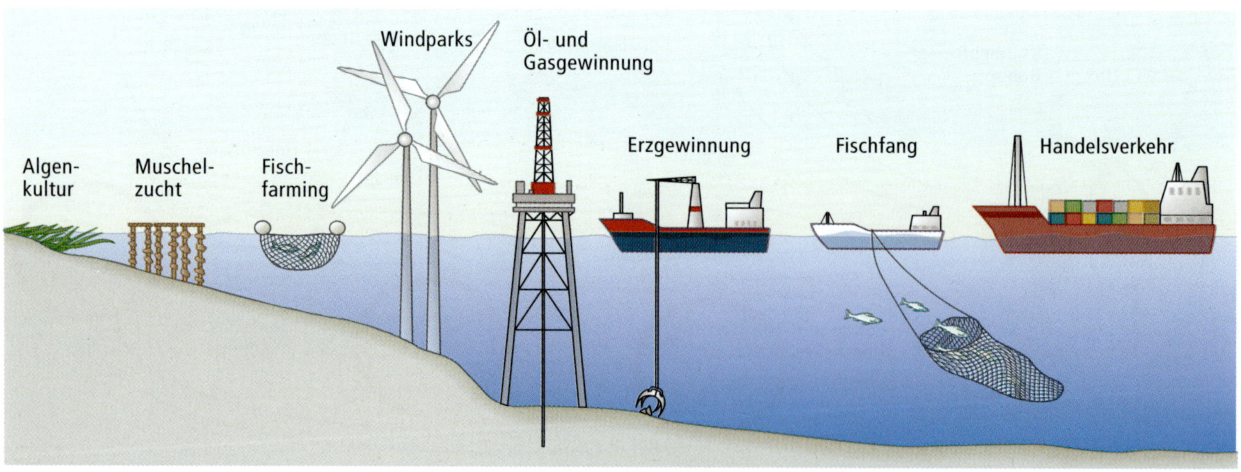

2 Nutzung der Meere

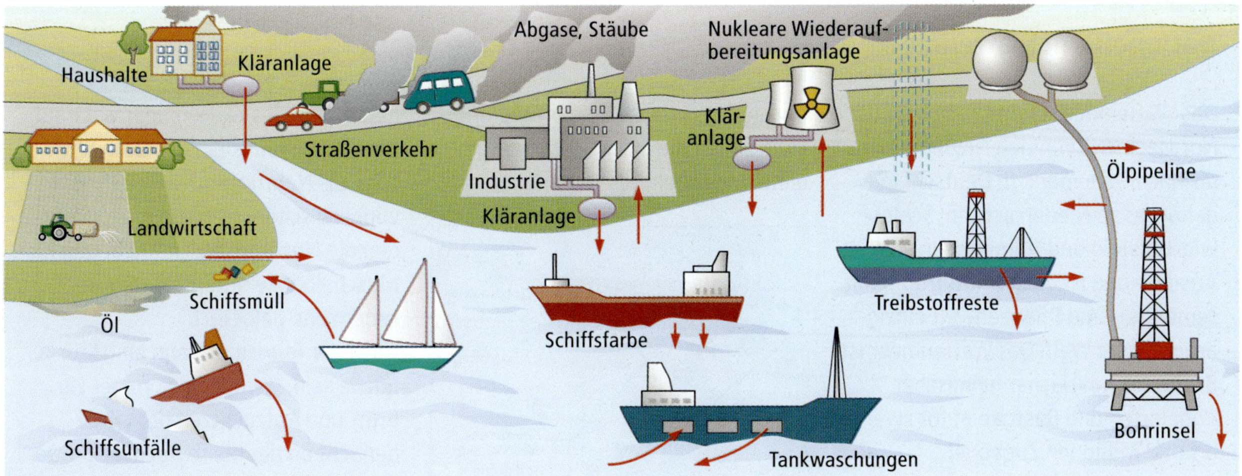

3 Ursachen der Meeresverschmutzung

getötet. Der Verzehr von Speisefischen ist dann gesundheitsschädlich.
Aber auch der normale **Seeverkehr** trägt zur Verschmutzung bei. In achtlos über Bord geworfenem Müll verfangen sich Meerestiere und sterben elend. Schiffsmotoren geben ständig *Treibstoffreste* ins Wasser ab. Verbotene Tankwaschungen spülen *Öl- und Chemikalienreste* ins Meer. Schiffsanstriche lösen sich, wobei schädliche *Schwermetalle* oder *Chlor-Kohlenwasserstoffe* das Wasser belasten. Von über 400 **Bohrinseln** und Pipelines in der Nordsee tritt trotz umweltschonender Techniken Öl aus.

Gefahren drohen dem Meer auch aus der Luft. **Luftschadstoffe** werden in der Atmosphäre weltweit verteilt. Alle Abgase enthalten umweltbelastende Stoffe. Sie gelangen direkt, über den Regen oder durch Flüsse ins Meer. Die *Stickstoffoxide* aus Abgasen der Autos und Heizungsanlagen lösen sich im Wasser und bilden Dünger. Dieser fördert das Algenwachstum, so dass es im Sommer zur Massenvermehrung kommen kann. An den Stränden entstehen dann riesige Schaumberge.

Die scheinbar unbegrenzte Verdünnungsfähigkeit der Ozeane führte zu der irrigen Annahme, **Schadstoffeinleitungen** blieben ohne Folgen. Über Jahrzehnte gelangten ungereinigte Abwässer ins Meer. Dort setzten sie sich am Boden ab, wo Organismen sie heute noch aufnehmen. Durch Umweltgesetze zur Reinhaltung der Gewässer sind die Flüsse zwar sauberer geworden. Aber die große Zahl der geringen Einträge führt dennoch zur *Meeresverschmutzung*. Aus den Kläranlagen und dem Sickerwasser überdüngter Felder gelangen mehr Mineralstoffe ins Meer, als verwertet werden können.
Einzelne Abwässer aus Gewerbe und Industrie enthalten zwar Schwermetalle und chlorierte Kohlenwasserstoffe nur in zulässigen Mengen, aber auf dem Weg zum Meer vervielfacht sich die Menge der einleitenden Betriebe.

Nukleare **Wiederaufbereitungsanlagen**, die Brennstäbe aus den Atomkraftwerken verarbeiten, geben *radioaktive Stoffe* ins Meerwasser ab.

Die genannten Schadstoffe werden von Meeresorganismen aufgenommen und im Körper abgelagert. Aus einem niedrigen Schadstoffgehalt im Plankton kann am Ende der Nahrungskette eine giftige Konzentration entstehen. Die Folgen dieser **Schadstoffanreicherung** bei den Tieren sind Unfruchtbarkeit, Schädigung des Erbgutes und Missbildungen. Bei den Angeboten im Fischgeschäft können wir jedoch davon ausgehen, dass sie gesundheitlich unbedenklich sind.

1. Durch welche Maßnahmen kann der Fischreichtum der Meere erhalten werden?
2. Wie lassen sich die Ursachen der Meeresverschmutzung beseitigen? Stelle in einer Tabelle Schadstoffe und Gegenmaßnahmen zusammen.

Nationalpark Wattenmeer

Das Wattenmeer erstreckt sich an der Nordseeküste von den Niederlanden bis nach Dänemark. In Deutschland gehört es zu Niedersachsen, Schleswig-Holstein und Hamburg. In solcher Ausdehnung ist dieser Naturraum mit seiner Tier- und Pflanzenwelt einzigartig auf der Welt. Das Wattenmeer ist Brutraum zahlreicher heimischer Vogelarten und Rastgebiet für zwei bis drei Millionen Zugvögel.
Die ökologische Bedeutung reicht also weit über seine Grenzen hinaus.

Schwarm von Zugvögeln

Zur Erhaltung des Lebensraumes wurde dieses Gebiet zum **Nationalpark Wattenmeer** erklärt. Dort sollen sich Pflanzen und Tiere ungestört entwickeln können. Aber schon vor der Einrichtung des Nationalparks war die Küste besiedelt und intensiv genutzt. So stießen hier die Interessen von Naturschützern und Naturnutzern aufeinander.
Um beiden Gruppen gerecht zu werden, wurde das Schutzgebiet in Zonen aufgeteilt. In der *Ruhezone* genießen Pflanzen und Tiere höchsten Schutz. Hier herrscht bis auf wenige Ausnahmen absolutes Betretungsverbot. In der *Zwischenzone* sind Nutzungen wie Fischerei, Landwirtschaft und Bootsverkehr unter Auflagen des Naturschutzes erlaubt. In der *Erholungszone* liegen die Strände, Wandergebiete und Kureinrichtungen.

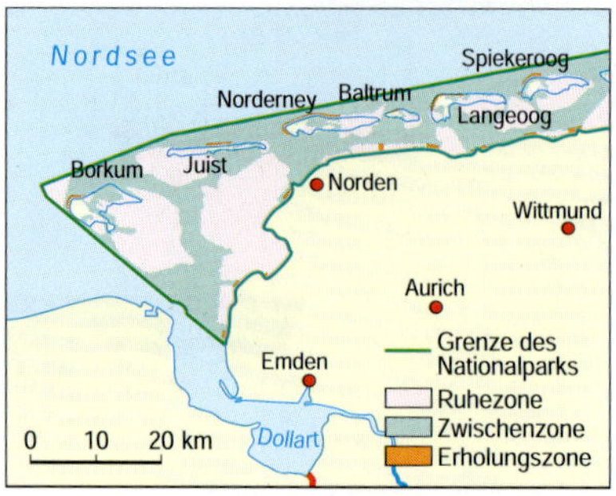

Kartenausschnitt mit Ruhezonen

Trotzdem treten Konflikte auf. So sind z. B. durch die Muschelfischerei Auseinandersetzungen mit dem Naturschutz unausweichlich. Die Miesmuschelbestände filtrieren das Wasser und bieten Lebensraum für Kleinlebewesen. Sie sind Nahrungsgrundlage für Tausende Vögel, Krebse und Seesterne. Dieser Verlust wird jedoch durch nachwachsende Muscheln ausgeglichen und gefährdet den Bestand nicht. Da die Fischer aber für ihre künstlich angelegten Muschelbänke ständig Jungmuscheln zur Nachzucht von den Wildbänken abfischen, verschwinden diese mehr und mehr. Daher einigten sich die Anrainerstaaten des Wattenmeeres darauf, die Muschelbänke in der Gezeitenzone als Nahrungsquelle für die Seevögel zu schonen. Im Gegenzug wurden die Nutzungsbeschränkungen für Muschelbänke unterhalb der Gezeitenzone gelockert.
Auch der Tourismus kann eine Störquelle sein. Gerade im Sommer zur Brut- und Aufzuchtzeit der Vögel herrscht an der Küste Hochsaison. So können von Wattwanderern Störungen auf die Nahrung suchenden Vögel ausgehen. Das Herumlaufen und Lagern in den Dünen schadet der empfindlichen Pflanzendecke.
Die Dünen verlieren dadurch ihre Schutzfunktion. Um diesen negativen Folgen des Tourismus entgegenzuwirken, werden Holzwege angelegt. Diese sollen die Dünenpflanzen schützen.

Regeln für das Verhalten im Wattenmeer

- Beachten Sie bitte die Betretungsverbote für die Schutzzonen und Brutplätze.
- Unterlassen Sie bitte unnötige Störungen der Tiere.
- Bitte pflücken Sie keine Blumen oder andere Pflanzen.
- Halten Sie mindestens 300 m Abstand von Vogelansammlungen. Jedes Aufscheuchen bedeutet für die Tiere eine Kraftvergeudung und behindert sie bei der Nahrungsaufnahme.
- Halten Sie bitte als Sportbootfahrer mindestens 500 m Abstand von den Liegeplätzen der Seehunde.
- Gehen Sie nie allein ins Watt, sondern schließen Sie sich möglichst einem kundigen Wattführer an – zu Ihrer Sicherheit und um unnötige Störungen zu vermeiden.

Gruppe bei der Wattwanderung

Wattwanderungen mit Führungen sollen das ziellose Umherlaufen einzelner Personen ersetzen. Hinweistafeln mit Regeln über richtiges Verhalten im Schutzgebiet klären die Urlauber auf. Durch diese Maßnahmen des *sanften Tourismus* versucht man die Interessen der Touristen und der Nationalparkverwaltung zu verbinden. So kann jeder mithelfen, die Schönheit und Artenvielfalt zu erhalten und damit zum Naturschutz beitragen.

Leben in Ökosystemen

Ökosysteme

- Ökosysteme unterscheiden sich durch die Größe und Vielfalt ihrer Pflanzen- und Tierwelt.
- Landökosysteme sind z. B. Wälder, Gebirge, Wüsten, Savannen, Tundren.
- Ein Ökosystem ist eine Einheit, in der Lebensräume (Biotope) und Lebensgemeinschaften (Biozönosen) in Wechselbeziehung stehen.
- In Ökosystemen befinden sich die Stoffe in einem Kreislauf.
- Wir unterscheiden Stoffkreisläufe des Kohlenstoffs, des Sauerstoffs und des Stickstoffs.

Ökosystem Wald

- Abiotische Standortfaktoren wie Boden, Temperatur, Licht und Luftfeuchtigkeit bestimmen das Wachstum und Aussehen der Wälder.
- Vom Flachland bis zum Hochgebirge kommen unterschiedliche Waldarten wie Laubwald, Nadelwald, Mischwald, Auenwald und Krummholz vor.
- Mischwälder sind in Baum-, Strauch-, Kraut-, Moos- und Wurzelschicht gegliedert.
- Laubbäume wie die Rotbuche gehören zu den Bedecktsamern.
- Nadelbäume wie die Waldkiefer gehören zu den Nacktsamern.
- Angepasst an unterschiedliche Lichtverhältnisse bilden Rotbuchen unterschiedlich gebaute Licht- und Schattenblätter aus.
- Moose und Farne sind Sporenpflanzen. Bei ihrer Fortpflanzung durch Sporen erfolgt ein Generationswechsel.
- Pilze bestehen aus einem Myzel, das aus Hyphen gebildet wird sowie aus dem Fortpflanzungskörper zur Sporenbildung.
- Zwischen den Lebewesen bestehen Nahrungsbeziehungen in Gestalt von Nahrungsketten, die zu Nahrungsnetzen verknüpft sind.
- Von den Produzenten bis zu den Endkonsumenten geht von Stufe zu Stufe Energie verloren.
- Wälder haben Schutzfunktionen, verbessern das Klima, sind Rohstofflieferanten und Lebensraum.

Ökosystem See

- Seen, Tümpel, Weiher und Teiche sind stehende Binnengewässer.
- Die Pflanzenzonen eines Sees heißen vom Ufer aus: Erlenzone, Röhricht, Schwimmblatt-, Tauchblatt- und Tiefalgenzone.
- Das Röhricht erfüllt größtenteils die Lebensansprüche der Wasservögel wie Schutz, Nahrung und Brutgelegenheit.
- Libellen machen eine unvollkommene Verwandlung durch, weil in ihrer Entwicklung das Puppenstadium fehlt.
- Eine Mücke entwickelt sich über Ei, Larve, Puppe zum Vollinsekt.
- Lebewesen des Sees sind untereinander durch Nahrungsketten verbunden, die zu einem Nahrungsnetz verknüpft sind.
- Produzenten, Konsumenten und Destruenten bilden einen Kreislauf und tragen zur Selbstreinigung des Sees bei.
- Eine ökologische Nische umschließt alle Einflüsse, die Pflanzen und Tiere überleben lassen wie z. B. Licht, Temperatur, Sauerstoffgehalt und Feinde.
- Seen sind gefährdet durch Bebauung, Fremdenverkehr, Wassersport und Landwirtschaft.

Ökosystem Meer

- Tiere und Pflanzen des Watts unterliegen den Einflüssen von Ebbe und Flut.
- Pflanzen und Tiere sind dem Salzgehalt sowie dem Wechsel von Überflutung und Trockenheit angepasst.
- Kleintiere des Watts leben als Schlammfresser, Filtrierer oder Weidegänger.
- In der Lebensgemeinschaft der Meeresorganismen bestehen verzweigte Nahrungsketten, die ein Nahrungsnetz bilden.
- Das Meer dient als Nahrungsquelle, Erholungsraum, Transportweg sowie als Rohstoff- und Energielieferant.
- Die Ursachen der Meeresverschmutzung sind Schiffsunfälle, Handelsverkehr, Luftschadstoffe und Schadstoffeinleitungen.

Stoff- und Energiewechsel beim Menschen

1 Fußballspiel

1 Ernährung

1.1 Nahrung spendet Energie und Baustoffe

Nach einem anstrengendem Spiel sind die Sportler müde und hungrig. Aber auch viele Zuschauer, die ja nur auf der Tribüne gesessen haben, verspüren ein Hungergefühl. Wie kann man erklären, dass nicht nur die aktiven Sportler, sondern auch die untätig auf den Bänken sitzenden Zuschauer Hunger haben?

Bei sportlichen Wettkämpfen werden dem Körper besondere Leistungen abverlangt. Dazu muss der menschliche Organismus große Energiemengen bereitstellen. Aber nicht nur bei körperlicher Anstrengung, sondern auch bei völliger Ruhe benötigt unser Organismus **Energie**. Sie dient z. B. zur Aufrechterhaltung der Atmung, der Herztätigkeit, des Blutkreislaufs und der Körpertemperatur. Die Energiemenge, die der Körper innerhalb von 24 Stunden für diese Aufgaben benötigt, wird als **Grundumsatz** bezeichnet. Nach einer vereinfachten Regel kann man den Grundumsatz des Körpers wie folgt ermitteln: Man multipliziert das Körpergewicht in kg mit 100 und erhält so den ungefähren Grundumsatz in *Kilojoule* (kJ), der Maßeinheit für die Nahrungsenergie.

Wenn du gesund bist, liegst du aber nicht den ganzen Tag im Bett. Du lernst z. B. in der Schule oder bist in Bewegung. Diese geistigen oder körperlichen Aktivitäten verbrauchen ebenfalls Energie. Die Energiemenge, die zusätzlich zum Grundumsatz benötigt wird, bezeichnet man als **Leistungsumsatz**. Bei normaler Tätigkeit kann man etwa ein Drittel des Grundumsatzes als Leistungsumsatz zum Grundumsatz hinzurechnen. Der Gesamtenergiebedarf des Körpers setzt sich also aus dem Grund- und Leistungsumsatz zusammen und wird als **Gesamtumsatz** bezeichnet.

Woher bezieht unser Körper die Energie, die zur Aufrechterhaltung der Körperfunktionen und zur geistigen und körperlichen Arbeit benötigt wird? Sie ist in unseren Nahrungsmitteln enthalten. Mit der täglichen Nahrung nehmen wir die lebenswichtigen **Nährstoffe** *Kohlenhydrate, Proteine* (Eiweißstoffe) und *Fette* auf. Diese Nährstoffe enthalten Energie in Form chemischer Verbindungen. Bei Abbauprozessen in den Körperzellen wird diese chemisch gebundene Energie freigesetzt.

Maschinen brauchen für die Verrichtung ihrer Arbeit Energie, die aus der Verbrennung von Betriebsstoffen – z. B. Benzin – gewonnen wird. Auch beim Menschen wird ein Teil der Nahrung als Betriebsstoff verwendet. Kohlenhydrate und Fette werden im **Betriebsstoffwechsel** abgebaut und liefern die notwendige Energie für alle Körperfunktionen. Sie stellen so die notwendige Energie für die Tätigkeit der Organe, zur Aufrechterhaltung der Körpertemperatur, für die Gehirntätigkeit und für die Muskelbewegungen zur Verfügung.

Solange wir jung sind, müssen dem Körper Stoffe zugeführt werden, aus denen die vielen Millionen Körperzellen gebildet werden. Ein Säugling verdoppelt beispielsweise sein Geburtsgewicht nach ca. 5 Monaten. Aber auch beim Erwachsenen finden Wachstumsprozesse statt. Am eigenen Körper kann man beobachten, wie Haare und Nägel wachsen oder wie die Haut schuppt. In jeder Minute sterben in unserem Körper aber auch ca. 300 Mio. Zellen ab. So müssen z. B. Blutzellen, Hautzellen und Knochenzellen ständig durch neue ersetzt werden. Im **Baustoffwechsel** tragen Proteine in der Nahrung dazu bei, dass wir wachsen und sich Körperzellen immer wieder erneuern.

1. Erkläre die Begriffe Grundumsatz und Leistungsumsatz.

2. **a)** Bestimme deinen ungefähren Grundumsatz.
b) Berechne mithilfe dieses Wertes deinen ungefähren Gesamtumsatz.

3. Errechne mithilfe einer Nährwerttabelle die Gesamtenergiemenge deiner täglichen Nahrung. Vergleiche mit dem errechneten Gesamtumsatz.

4. Welche Nährstoffe dienen dem Körper als Betriebsstoffe, welche als Baustoffe?

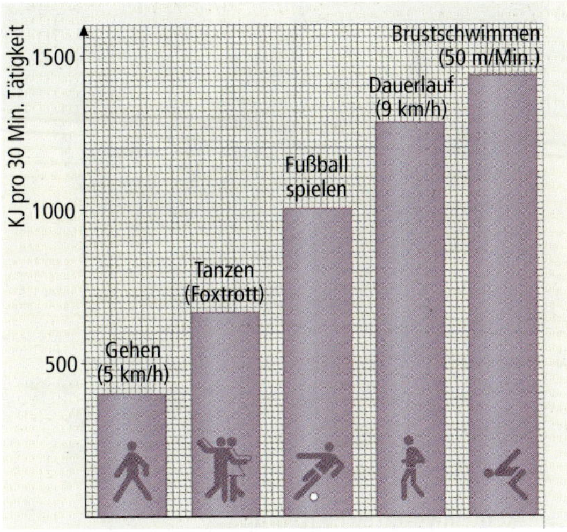

2 Tätigkeiten und Energiebedarf

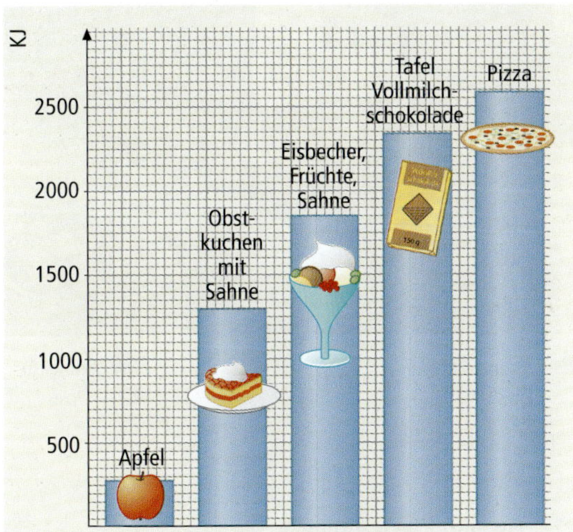

3 Energiegehalt von Nahrungsmitteln

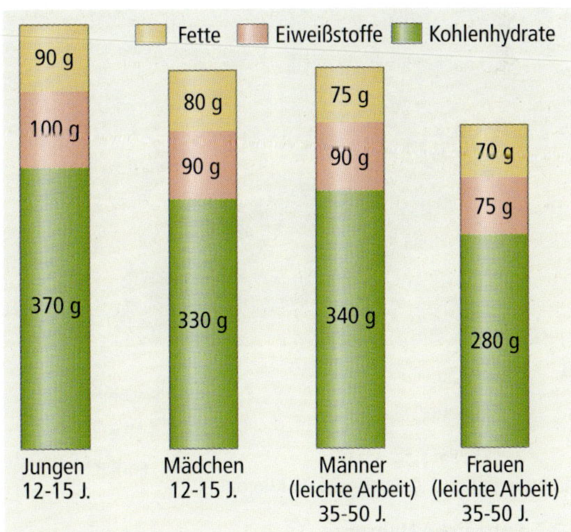

4 Der Nährstoffbedarf ist vom Alter abhängig

1 Kohlenhydratreiche Nahrung.
A Lebensmittel; **B** schematischer Aufbau

2 Eiweißreiche Nahrung.
A Lebensmittel; **B** schematischer Aufbau

3 Fettreiche Nahrung.
A Lebensmittel; **B** schematischer Aufbau

1.2 Nährstoffe und ihre Bedeutung für den Körper

Für die Aufrechterhaltung des Bau- und Betriebsstoffwechsels sind verschiedene **Nährstoffe** zuständig. Man unterscheidet drei Nährstoffgruppen: Kohlenhydrate, Proteine und Fette.

Kohlenhydrate kommen als *Zucker* und *Stärke* vor allem in Getreideprodukten, Obst, Gemüse und Kartoffeln sowie in Süßigkeiten vor. Die Bausteine der Kohlenhydrate sind überwiegend *Traubenzucker* (Glucose) und *Fruchtzucker* (Fructose). Verbinden sich zwei dieser Einfachzucker miteinander, entstehen Doppelzucker wie Rüben- oder Malzzucker. Stärkemoleküle bestehen aus einer Kette von Traubenzuckermolekülen. Kohlenhydrate sind wichtige Energiespender für den menschlichen Körper.

Proteine kommen in Nahrungsmitteln tierischer und pflanzlicher Herkunft vor. Erbsen, Bohnen und Mais enthalten z. B. pflanzliche Eiweiße. Reich an tierischen Eiweißen sind u. a. Fisch, Fleisch, Eier und Milch. Es gibt viele unterschiedliche Proteine. Ihre Grundbausteine sind 20 verschiedene *Aminosäuren*, die wie Perlen aneinander gereiht sind. Proteine sind die Baustoffe für den Aufbau von Körperzellen. Aber auch für die Verdauung und bei der Bildung von Antikörpern im Immunsystem werden Proteine gebraucht.

Fette sind die energiereichsten Nährstoffe in unserer Nahrung. Sie können tierischen oder pflanzlichen Ursprungs sein. Sonnenblumen, Erdnüsse und Oliven enthalten pflanzliche Fette. Schmalz und Speck sind Beispiele für tierische Fette. Ein Fettmolekül besteht aus *Glycerin* und drei *Fettsäuren*. Einige Fettsäuren sind *essenziell*, d. h. der Körper kann sie nicht selbst aufbauen. Sie müssen mit der Nahrung aufgenommen werden.

1. Nenne mithilfe der Abbildungen 1–3 eiweiß-, fett- und kohlenhydratreiche Nahrungsmittel.
2. Begründe, warum man mehr Kohlenhydrate als Proteine und Fette zu sich nehmen sollte.

Nährstoffnachweise

V1 Fettfleckprobe

Material: Filterpapier; Löschpapier; Messer; Mörser; Pipette; Trichter; kleines Becherglas; Alkohol (Brennspiritus); Wasser; Butter oder Margarine; Käse; Speck; Erdnüsse; Schokolade; Obst

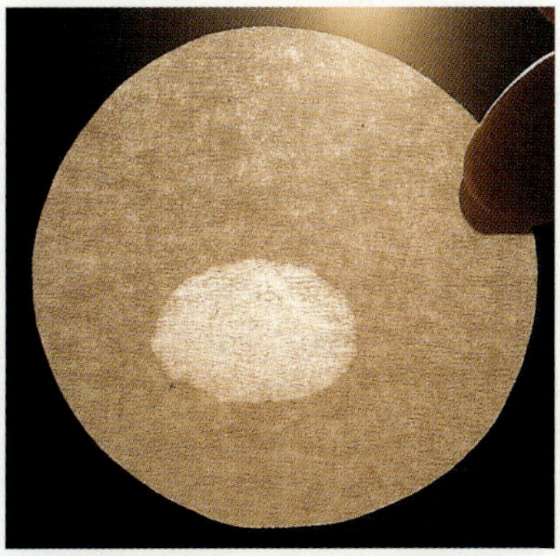

Durchführung: Zerreibe in dem Mörser kleine Proben der einzelnen Nahrungsmittel so fein wie möglich. Vermische diese anschließend mit einigen Tropfen Alkohol. Filtriere die Lösung und gib dann einige Tropfen auf das Löschpapier. Gib auch einige Tropfen Wasser und Alkohol auf Löschpapier. Verteile mit dem Messer etwas Butter oder Margarine auf einem Löschpapierstückchen. Umrande die Flecken farbig und beschrifte sie. Lass sie trocknen.

Aufgabe: Erkläre und protokolliere deine Beobachtung bei dieser sogenannten Fettfleckprobe.

V2 Nachweis von Stärke

Material: Iodkaliumiodidlösung; verschiedene Lebensmittel (z. B. Kartoffel, Kartoffelstärke, Mehl, Puderzucker, Brot); Tropfpipette; kleine Glasschälchen

Durchführung: Fülle in jedes Glasschälchen ein Lebensmittel (Kartoffel durchschneiden). Gib nun mit der Tropfpipette einige Tropfen Iodkaliumiodidlösung darauf.

Aufgabe: Beschreibe und erkläre deine Beobachtungen.

V3 Nachweis von Traubenzucker

Material: Traubenzucker (Glucose); Haushaltszucker; Milch; Honig; Obstsaft; Glucoseteststreifen; Wasser; Reagenzgläser; Reagenzglasständer

Durchführung: Stelle in den Reagenzgläsern jeweils Lösungen mit den oben angegeben Zutaten her. Gib in ein Reagenzglas nur Wasser. Tauche in jedes Reagenzglas kurz je einen Glucose-Teststreifen.

Aufgabe: Vergleiche die Teststreifen miteinander. Notiere und erkläre deine Ergebnisse.

V4 Nachweis von Eiweiß (Lehrerversuch)

Material: Eiklar; Lebensmittelproben von z. B. gegartem Fleisch oder Fisch; Brot; gekochte Kartoffeln; konzentrierte Salpetersäure; Bunsenbrenner; Reagenzgläser; Reagenzglasklammer und -ständer; Messzylinder; Pipette; Schutzbrille

Durchführung: Man gibt in ein Reagenzglas ca. 2ml Eiklar, in die anderen jeweils kleine Mengen der zerkleinerten Lebensmittel. Anschließend werden die Proben mit einigen Tropfen Salpetersäure (Vorsicht ätzend!) versetzt und leicht erwärmt.

Aufgabe: Notiere und erkläre deine Beobachtungen.

V5 Fehling-Probe

Material: Bunsenbrenner; Reagenzgläser; Reagenzglasständer und -halter; Schutzbrille; Fehlingsche Lösung I und II; Traubenzucker; Rosinen; Milch; Honig; Obstsaft

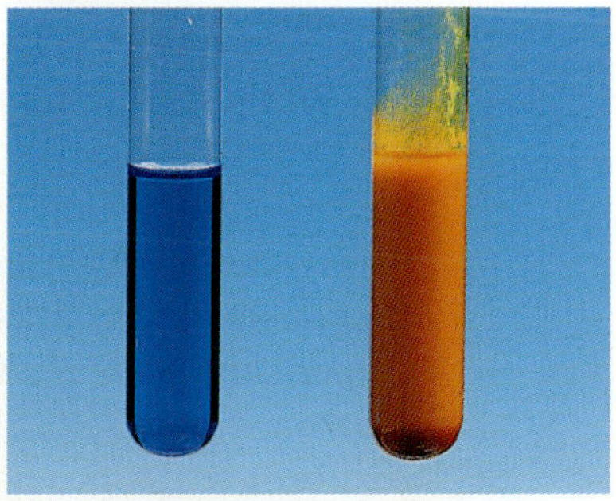

Durchführung: Mische in einem Reagenzglas Fehlingsche Lösung I und II im Verhältnis 1:1: Es entsteht eine tiefblaue Lösung. Gib in die anderen Reagenzgläser ein wenig Traubenzucker bzw. jeweils kleine Mengen der übrigen – evtl. zerkleinerten – Nahrungsmittelproben. Anschließend gib so viel tiefblaue Lösung hinzu, dass die Lebensmittel bedeckt sind. Erhitze die Mischung langsam. (Vorsicht Spritzgefahr!)

Aufgabe: Beschreibe deine Beobachtungen und versuche sie zu erklären.

1 Vitamine – so oder so

1.3 Vitamine und Mineralstoffe

Zusätzlich zu den drei Grundnährstoffen müssen wir mit der Nahrung auch noch Vitamine, Mineralstoffe und Wasser aufnehmen. Unser Körper kann diese Stoffe – bis auf wenige Ausnahmen – nicht selbst herstellen. Einige Milligramm dieser Stoffe reichen bereits aus, um den Tagesbedarf zu decken.

Vitamine sind für unseren Körper lebensnotwendig. Sie regulieren den Stoffwechsel, stärken unser Immunsystem, sind am Aufbau von Knochen- und Körperzellen beteiligt und wichtig für die Blutbildung. So wie ein Benzinmotor ohne Zündkerzen nicht läuft, so nützen alle Nahrungsmittel dem Körper nichts, wenn in ihnen Vitamine fehlen. Bereits ein fehlendes Vitamin kann zu Mangelerscheinungen und Erkrankungen führen. Fast alle Lebensmittel enthalten Vitamine, wenn sie nicht zu lange gekocht oder gelagert wurden. Durch Hitze, Wasser, Licht und Luft kann der Vitamingehalt eines Nahrungsmittels beeinflusst werden. Bis heute kennt man 13 unterschiedliche Vitamine. Es gibt kein Nahrungsmittel, dass alle 13 Vitamine enthält. Aus diesem Grund sollte man sich möglichst abwechselungsreich ernähren.
Die meisten Vitamine sind wasserlöslich. Bei einigen wird die Aufnahme in den Körper durch Fett in der Nahrung erleichtert.
In Drogeriemärkten oder im Supermarkt werden immer wieder Vitaminpräparate angeboten. Nach dem heutigen Kenntnisstand führt die zusätzliche Einnahme dieser Präparate nicht zu Nebenwirkungen aufgrund überhöhter Vitaminzufuhr, da die Vitamine nur sehr niedrig dosiert sind.

Mineralstoffe werden einerseits im Körper als Baustoffe benötigt, andererseits sind sie Regelstoffe in unserem Organismus. *Calcium* ist z. B. wichtig für den Aufbau von Knochen und Zähnen oder *Fluor* für die Härtung des Zahnschmelzes. Fehlt im Körper *Iod*, das zur Bildung des Schilddrüsenhormons wichtig ist, kommt es zu einer Unterfunktion der Schilddrüse, die man an der Kropfbildung erkennen kann. Mineralstoffe sind Salze, die im Körper in gelöster Form vorkommen. Unser Körper benötigt Mineralstoffe in unterschiedlichen Mengen. Iod, Fluor und Eisen werden nur in kleinsten Mengen gebraucht und heißen deshalb *Spurenelemente*.

Schweißtropfen schmecken salzig. Dies zeigt, dass darin Mineralstoffe vorkommen. Beim Schwitzen verliert unser Körper ständig **Wasser** und Mineralstoffe. Bei starker körperlicher Belastung können es bis zu 1,5 Liter pro Stunde sein. Aber auch bei der Atmung und durch Kot- und Urinausscheidung wird Wasser ausgeschieden. Wasser ist aber für den Körper u. a. ein wichtiges Lösungs- und Transportmittel. Deshalb muss ein erwachsener Mensch täglich zusätzlich zur Nahrung mindestens 2 Liter Flüssigkeit zu sich nehmen.

1. Erkläre, warum es sinnvoll ist, einen Salat mit Essig und Öl anzurichten.
2. Wie lässt sich der Vitaminverlust bei der Zubereitung von Nahrungsmitteln möglichst gering halten?
3. Unser Körper benötigt täglich ca. 3 Liter Flüssigkeit. Du sollst aber nur mindestens 2 Liter trinken. Erkläre.

Name	wichtig für ...	enthalten in ...
Vitamin B_1	Nervensystem, Kohlenhydratstoffwechsel, Konzentrationsfähigkeit	Naturreis, Schweinefleisch, Hülsenfrüchte, Kartoffeln, Milchprodukte
Vitamin B_2	Gesunderhaltung von Haut- und Schleimhäuten, Nervensystem	Milchprodukte, Fisch, Schweinefleisch, Hefe, Sanddornbeeren
Vitamin B_6	Eiweißstoffwechsel, Nervensystem	Walnüsse, Milchprodukte, Fisch, Eier
Folsäure	Bildung von Blutzellen, verringert Missbildungen und andere Schwangerschaftskomplikationen	Kohl, Spinat, Salat, Tomaten, Kartoffeln
Vitamin C	körpereigene Abwehrkräfte, Bildung und Funktionserhaltung von Knochen und Bindegewebe	Paprika, Zitrusfrüchte, Tomaten, Kiwi, Äpfel, Kartoffeln
Vitamin A	Augen, Aufbau und Funktion von Haut und Schleimhäuten, Wachstum	Karotten, Spinat, Brokkoli, Milchprodukte, Leber Lebertran
Vitamin D	Zahnwachstum, Knochenbildung	Fisch, Eier, Milchprodukte, Hefe, Gemüse, Obst
Calcium	Aufbau der Knochen und Zähne, Muskelbewegungen	Milchprodukte, Eier, Salat, Grünkohl, Spinat
Magnesium	Muskeltätigkeit, Nerven	Salat, Weißkohl, Grünkohl, Milch
Eisen	Bildung des roten Blutfarbstoffes	Obst, Gemüse, Fleisch, Vollkornprodukte
Iod	Funktion der Schilddrüse	Seefisch, iodhaltiges Speisesalz

wasserlösliche Vitamine — fettlösliche Vitamine — Mineralstoffe — Spurenelemente

2 Vitamine, Mineralstoffe und ihre Eigenschaften (Auswahl)

EXKURS

Krank durch Vitamin- und Mineralstoffmangel

Einer *Vitaminmangelerkrankung* (Avitaminose) beugt man mit einer abwechslungsreichen Ernährung vor. Ein Beispiel für eine Avitaminose ist die in Asien vorkommende **Beri-Beri.** Zu deren Krankheitsbild gehören u. a. Kreislaufstörungen, Nervenlähmungen und Wassersucht. Ein Arzt stellte vor mehr als 100 Jahren fest, dass sie nur bei Patienten auftrat, die ausschließlich geschälten, weißen Reis gegessen hatten. Den Erkrankten fehlte das Vitamin B_1, das in der Schale enthalten ist.

Ursache für **Rachitis** ist ein Vitamin-D-Mangel. Sie macht sich häufig nach den Wintermonaten bemerkbar. Im Winter reicht die Sonnenbestrahlung oft nicht aus, um die Vitamin-D-Bildung in der Haut durch Licht zu unterstützen. Aufgrund des Vitaminmangels wird im Knochengewebe zu wenig Kalk gebildet. Knochenerweichungen führen zu schweren Skelettveränderungen bei Heranwachsenden. Aus diesem Grund erhalten Säuglinge und Kleinkinder vorbeugend Vitamin D in Tablettenform. Bei älteren Kindern sollte auf eine vitaminreiche Ernährung geachtet werden. Gemüse und Obst, Milchprodukte und besonders Hefe sind reich an Vitamin D.

Auch ein Mangel an Mineralstoffen kann krank machen. Eine häufige Ursache für die Vergrößerung der Schilddrüse, dem sog. **Kropf,** ist Iodmangel. Iodteilchen sind zur Bildung der Schilddrüsenhormone wichtig. Diese steuern das Wachstum. Einmal in der Woche Seefisch essen und die Verwendung von jodiertem Speisesalz bei der Nahrungszubereitung beugen einer Kropfbildung vor.

Krankheiten durch Vitamin- und Mineralstoffmangel sind bei uns heute aufgrund des großen und abwechselungsreichen Nahrungsangebots selten.

1 Gesund oder ungesund?

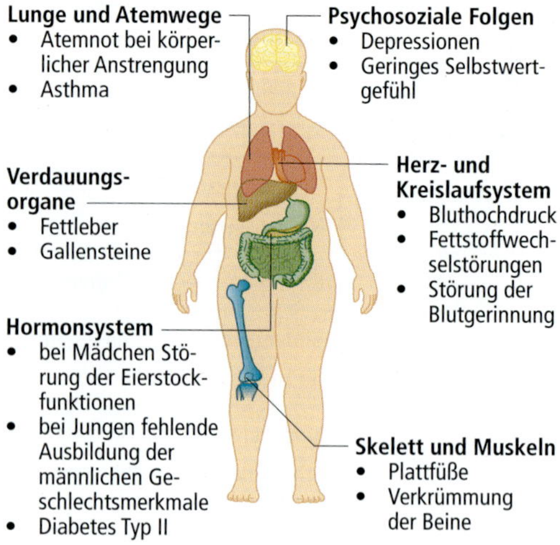

2 Gesundheitsrisiken bei Übergewicht

1.4 Gesund durch richtige Ernährung

Hamburger mit Pommes frites, Cola und Eis aus dem Schnellrestaurant, Spaghetti mit Hackfleischsoße als Fertiggericht – so sieht bei vielen Menschen eine Mahlzeit aus. Aber ist diese Art der Ernährung nicht ungesund? Ist eine frisch zubereitete Mahlzeit mit Kartoffeln, Gemüse, Fleisch und frischem Salat gesünder?

Ein Vergleich zeigt, dass viele Mahlzeiten die drei Hauptnährstoffe enthalten. Aber Kohlenhydrate, Fette und Proteine sind in unterschiedlichen Mengen vertreten. Fastfood und Cola oder Fertiggerichte schaden dem Körper nicht, wenn sie gelegentlich gegessen werden. Aber auf Dauer sind sie ungesund. Sie enthalten häufig zu viel Fett und Zucker. Bei einer solchen **Überernährung** werden dem Körper mehr Nährstoffe und Energie zugeführt als er benötigt. Überschüssige Kohlenhydrate wandelt der Körper dann in Fette um. Diese speichert er in der Unterhaut in Fettdepots. So kann es zu starkem *Übergewicht* kommen. Herz-Kreislauf-Erkrankungen, Stoffwechselstörungen und eine Überlastung des Bewegungsapparates sind mögliche Folgeerkrankungen bei Übergewicht.

Eine frisch zubereitete Mahlzeit mit Kartoffeln, fettarmem Fleisch und frischem Salat enthält nicht nur die Grundnährstoffe im richtigen Verhältnis, sondern auch Vitamine und Mineralstoffe. Als ausgewogen gilt eine Mahlzeit, die sich aus etwa 60 % Kohlenhydraten, 30 % Fetten und 10 % Proteinen zusammensetzt.
Zum Wohlbefinden trägt auch die richtige Verteilung der Mahlzeiten während des Tages bei. Morgens ist der Blutzuckerspiegel niedrig. Ein Frühstück mit Vollkornbrot oder Müsli liefert dem Körper die notwendigen Kohlenhydrate, um den Blutzuckerspiegel anzuheben. So kann man bereits in der ersten Schulstunde konzentriert mitarbeiten. Als Pausensnack empfiehlt sich Obst oder rohes Gemüse. Eine ausreichende Versorgung des Körpers mit den notwendigen Vitaminen und Mineralstoffen ist so sichergestellt. Abwechslungsreiche Hauptmahlzeiten am Mittag und Abend mit Gemüse und frischem Obst und Salat versorgen den Körper nicht nur mit den notwendigen Nährstoffen und Vitaminen sondern auch mit **Ballaststoffen.** Diese werden nicht verwertet, sind aber für einen reibungslosen Ablauf der Verdauung notwendig.
Zudem sollte man täglich zwei bis drei Liter Mineralwasser trinken. Wasser ist als Lösungs- und Transportmittel für Kreislauf und Verdauung lebensnotwendig.

1. Schreibe für einen Tag einen „gesunden" Speiseplan auf.
2. Erkläre den Zusammenhang zwischen Übergewicht und Fastfood-Ernährung.
3. Begründe, warum Mineralwasser als Getränk besser ist als Limonade.
4. Erläutere die Vorteile der Vollkornkost.

Hunger in der Welt

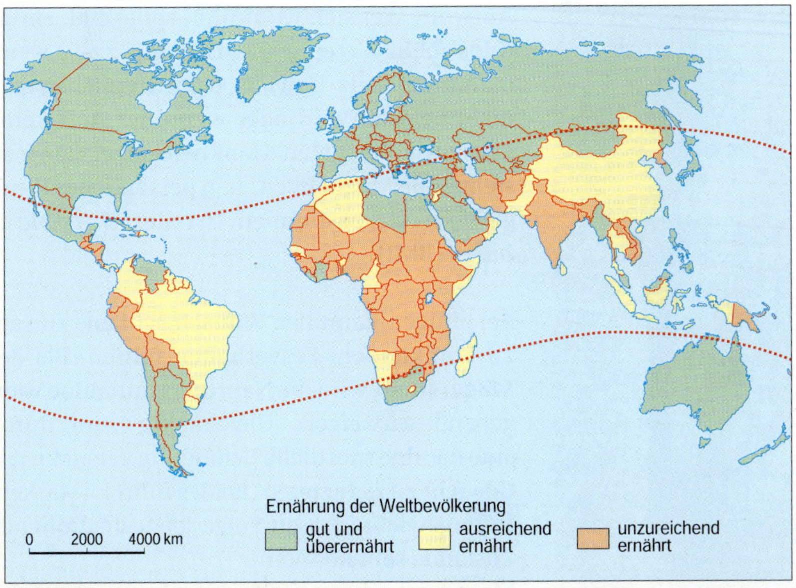

Im Weltbericht zu Hunger und Unterernährung 2002 der Welternährungsorganisation FAO heißt es: „Die Zahl der weltweit Hungernden und Unterernährten ist von 815 auf 840 Millionen Menschen gestiegen. Von ihnen leben 799 Millionen in Entwicklungsländern. Neun Millionen Menschen verhungern jährlich, davon sechs Millionen Kinder." Denkt man an die bei uns gut sortierten Lebensmittelsupermärkte, ist schwer vorstellbar, dass Menschen in anderen Ländern verhungern.

Hunger kann eine Folge von zu wenig oder auch unzureichender Nahrung sein. Führt man dem Körper über einen längeren Zeitraum nicht genügend Nahrung zu, baut er Fettgewebe und Muskeln ab. So gewinnt er Energie zur Aufrechterhaltung der Lebensfunktionen. Anzeichen für **Unterernährung** sind Müdigkeit, Kraftlosigkeit und sehr dünne Gliedmaßen. Unterernährte Kinder wachsen nicht normal und zeigen Störungen in der geistigen Entwicklung. Erwachsenen fehlt häufig die Kraft für die tägliche Arbeit. Die Menschen sind anfällig für Krankheiten. Hunger kann aber auch durch Mangel an Nährstoffen entstehen. Häufig fehlen den Menschen in den Hungergebieten Lateinamerikas, Afrikas oder Asiens Proteine. Ein Zeichen für Proteinmangel sind aufgeblähte Bäuche.

Die Ursachen für Hunger und Hungertod sind vielfältig, sodass hier nur einige angesprochen werden können. Die klimatischen Verhältnisse sind oft nicht optimal für Ackerbau. Häufig vernichten Überschwemmungen oder lange Dürrezeiten die Ernten. Schädlingsbefall und veraltete Anbaumethoden führen außerdem zu geringen Ernteerträgen. Gleichzeitig erschwert der starke Anstieg der Bevölkerungszahl in den Hungergebieten eine ausreichende Versorgung der Menschen mit Nahrungsmitteln. Kriege, Flucht und Vertreibung können ebenfalls Hungersnöte auslösen.

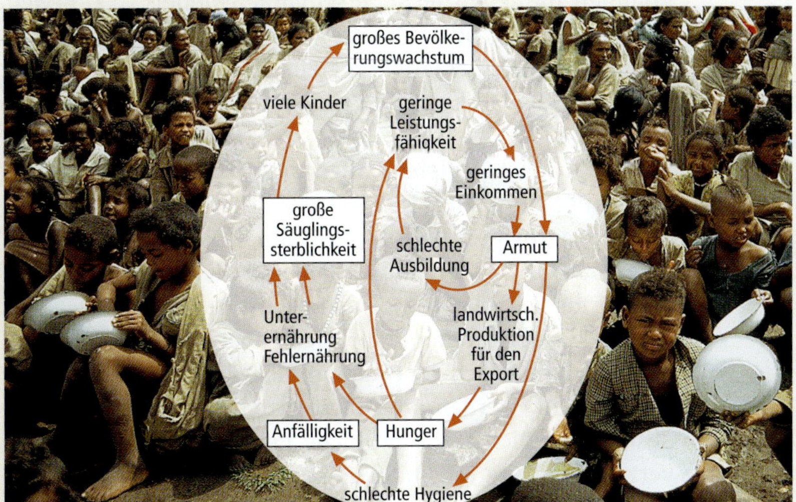

Wie kann aber Abhilfe geschaffen werden? Nahrungsmittelspenden helfen kurzfristig die Not zu lindern. Neben einer besseren medizinischen Versorgung sollte „Hilfe zur Selbsthilfe" an erster Stelle stehen.
Den Betroffenen müssen verbesserte Anbaumethoden gezeigt werden. Bewässerungssysteme und modernes Saatgut, das weniger anfällig für Krankheiten und Schädlinge ist, steigern sicherlich auch die Ernteerträge.

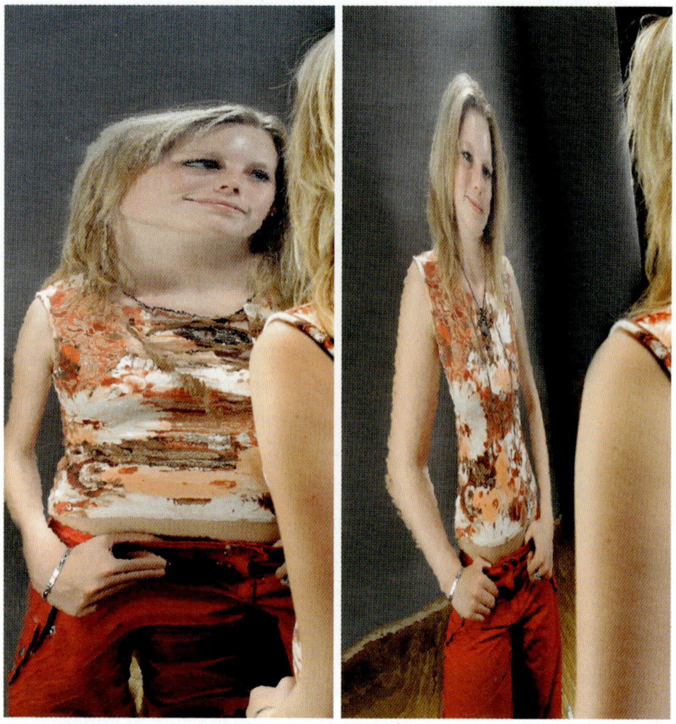

1 Zu dick oder zu dünn?

1.5 Gibt es das ideale Körpergewicht?

„Sie wollen abnehmen? Hier ist die Schnell-Diät.“ „In drei Tagen 2 Kilogramm abnehmen.“ Solche Schlagzeilen lassen nicht nur die Verkaufszahlen der Zeitschriften nach oben schnellen, sondern auch die Kassen des Einzelhandels klingeln. Viele Menschen versuchen mit immer neuen Diäten eine „Idealfigur“ zu bekommen, die denen der superschlanken Models in der Werbung oder Modezeitschriften nahe kommt. Oft wird Schlankheit gleich gesetzt mit Schönheit, Beliebtheit und Erfolg.

Eine **Diät** führt in vielen Fällen nicht zum gewünschten Erfolg. Der Körper stellt sich schnell auf die geringere Nahrungszufuhr während einer Diät ein und nutzt die kleineren Mengen besser aus. Das Anfangsgewicht wird deshalb schnell wieder erreicht oder sogar überschritten, wenn man nach der Diät normal weiter isst. Wer schlank werden oder bleiben will, sollte deshalb möglichst auf fettreiche Lebensmittel verzichten. Eine regelmäßige sportliche Betätigung verhindert ebenfalls eine Gewichtszunahme, da zusätzlich Energie verbraucht wird.

Gibt es überhaupt das ideale Körpergewicht? Auf diese Frage erhält man trotz Waage, Zentimetermaß und Spiegel keine allgemeingültige Antwort. Wer sich wohlfühlt, sollte evtl. einige Kilos mehr akzeptieren. Dies gilt z. B., wenn man durch sein Gewicht beim Treppensteigen nicht belastet wird oder wenn der Arzt keine gewichtsabhängigen Krankheitsanzeichen feststellt. Eine Möglichkeit, sein persönliches Idealgewicht zu bestimmen, ist der ***Body-Mass-Index*** (BMI).

Bei einigen kann der Wunsch schlank zu sein zu krankhaftem Essverhalten führen. Bei der **Magersucht** wird die Nahrungsaufnahme weitgehend verweigert. Gleichzeitig wird durch eine häufige sportliche Betätigung versucht, das Gewicht zu reduzieren. Beides führt zu starkem Untergewicht, dessen Folge lebensbedrohende Zustände sein können.
Magersucht kann auch zur Ess-Brech-Sucht, der **Bulimie,** führen. An Bulimie Erkrankte legen große Lebensmittelvorräte an. Bei „Fressanfällen“ stopfen sie dann riesige Mengen unkontrolliert in sich hinein. Danach versuchen sie, die Nahrungsaufnahme durch selbst herbeigeführtes Erbrechen wieder rückgängig zu machen. An Bulimie erkrankte Personen benötigen genau wie Magersüchtige ärztliche Hilfe, um wieder ein gesundes Essverhalten zu lernen.

1. Erkläre, wie Übergewicht entstehen kann.
2. Bewerte dein Körpergewicht mithilfe des BMI.

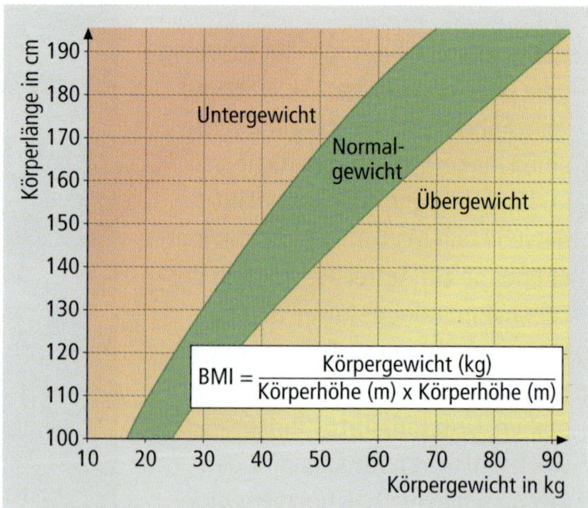

2 Das „ideale“ Körpergewicht nach BMI

Kalbsbraten mit Hormon-Beilage?

Blausucht durch Nitrat

Wie gesund sind unsere Lebensmittel?

1 Schlagzeilen über Lebensmittelskandale

E-Nummer	Art des Zusatzes und Name	Zu finden in
E 150	Farbstoff, Zuckercouleur (Braunfärbung)	Bonbons, Brot, Soßenpulver
E 160	Farbstoff, Betacarotin (Gelbfärbung)	Butter, Bonbons, Limonaden
E 200	Konservierungsstoff Sorbinsäure	Kartoffelsalat, Fischsalat
E 220	Konservierungsstoff Schwefeldioxid	Trockenobst, Bananenchips
E 236	Konservierungsstoff Ameisensäure	Fertigsalate aller Art
E 300	Antioxidationsmittel Sorbinsäure	Limonaden, Fertigsuppen, Fruchtjogurt
E 322	Antioxidationsmittel Lecithin	Fertigsuppen, Soßenpulver
E 412	Emulgator Guarkernmehl	Fertigsuppen, Spagettisoßen
E 472 d	Säuerungsmittel Weinsäure	Bonbons, Brausepulver

2 Zusatzstoffe in Lebensmitteln

1.6 Schad- und Zusatzstoffe in der Nahrung

„Antibiotika in Tierfutter" oder „Nitrat in Gemüse". Solche Schlagzeiten hört oder liest man manchmal in den Medien. Jeder fragt sich dann: „Was darf ich noch essen, ohne gesundheitliche Schäden zu befürchten?" Viele Menschen wissen wenig über die Stoffe, die in der Nahrung enthalten sein dürfen.

Schaut man auf die Liste der Inhaltsstoffe bei Fertigprodukten, so findet man neben den Nährstoffen eine Reihe von **Zusatzstoffen**. Diese Substanzen sind in der Europäischen Union erlaubt. Zu erkennen sind sie in den Inhaltslisten der Lebensmittel an dem „E" und einer Zahl. Bei diesen Zusatzstoffen handelt es sich beispielsweise um Konservierungsstoffe, Geschmacksverstärker, Geliermittel oder Aromastoffe. Eigentlich sollen alle Zusatzstoffe gesundheitlich unbedenklich sein. Einige können aber allergische Reaktionen auslösen.

Immer häufiger werden aber Substanzen in Lebensmitteln nachgewiesen, die gesundheitlich nicht unbedenklich sind. Diese **Fremd-** oder **Schadstoffe** gelangen teilweise unbeabsichtigt in die Nahrungsmittel. Gemüse und Obst können z. B. *Umweltgifte* aus Abgasen der Industrie und dem Autoverkehr enthalten. Auch Rückstände von Pflanzenschutzmitteln werden immer wieder nachgewiesen. Als Folge der Überdüngung enthalten Obst und Gemüse vermehrt *Nitrat*, sodass sie für die Säuglingsernährung ungeeignet sind. Nitrat kann bei Säuglingen bereits bei geringer Konzentration Vergiftungserscheinungen und Atemstörungen auslösen.

Masttiere werden oft vorsorglich mit *Antibiotika* behandelt, damit sie nicht erkranken. Der häufige Verzehr von Fleisch mit Antibiotikaresten hat zur Folge, dass Bakterien im menschlichen Körper resistent gegen das entsprechende Antibiotikum werden. Auch wachstumsfördernde *Hormone* sind in Fleisch nachgewiesen worden. Wird solches Fleisch für Babynahrung verarbeitet, können bei Säuglingen Gesundheitsstörungen auftreten.

1. Erkläre den Unterschied zwischen Schadstoffen und Zusatzstoffen.
2. Schau dir die Inhaltsliste einer Fertigsuppe an. Welche Zusatzstoffe sind enthalten und zu welchem Zweck werden sie verwendet?
3. Mache Vorschläge, wie man unsere Lebensmittel vor Schadstoffen schützen kann.

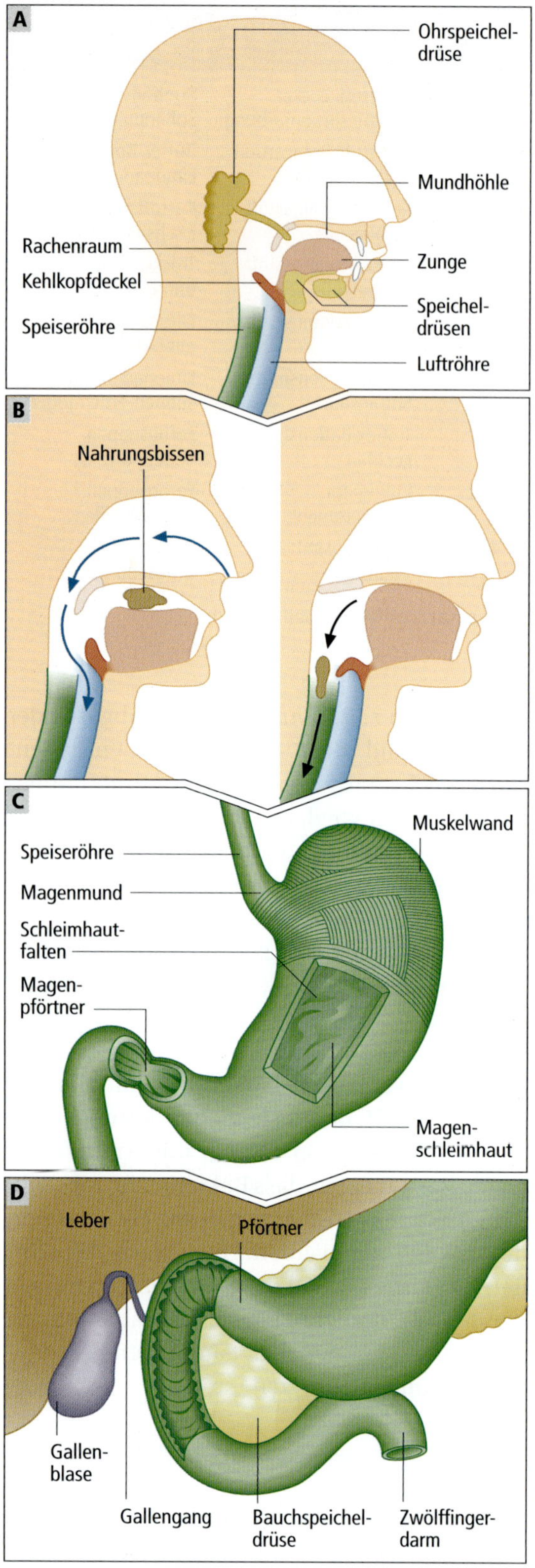

1 Nahrungsweg vom Mund bis in den Zwölffingerdarm. **A** Mund; **B** Rachen und Speiseröhre; **C** Magen; **D** Zwölffingerdarm

2 Verdauung

2.1 Weg der Nahrung durch den Körper

Wir essen täglich mehrmals. Verfolgen wir einmal einen Brotbissen auf seinem Weg durch unseren Körper.

Mit den Schneidezähnen beißt man mundgerechte Bissen von einer Scheibe Brot ab. Im **Mund** zerkleinern die Backenzähne den Brotbissen. Gleichzeitig wird er eingespeichelt und dadurch gleitfähig gemacht. Drei Speicheldrüsen sondern dazu täglich bis zu 1,5 Liter Speichel in die Mundhöhle ab.

Nach gründlichem Kauen lässt sich der Nahrungsbrei leicht herunterschlucken. Die Zunge schiebt ihn dazu in den *Rachenraum*. Der Schluckvorgang selbst wird durch einen Reflex ausgelöst, wir können ihn nicht beeinflussen. Beim Schluckvorgang verschließt der Kehlkopfdeckel die Luftröhre, sodass die Nahrung nur in die **Speiseröhre** rutschen kann. In bestimmten Abständen ziehen sich hinter dem Nahrungsbissen jetzt die Muskeln in der Wand der Speiseröhre zusammen und befördern die Nahrung in den Magen.

Im **Magen** sammelt sich der Nahrungsbrei. Der Magen ist dehnbar und kann bis zu zwei Liter Speisebrei aufnehmen. Kräftige Muskeln bilden die Magenwand. Sie erzeugen wellenförmige Bewegungen, die *Peristaltik*. So wird der Mageninhalt ständig durchgeknetet. Dabei vermischt sich der Nahrungsbrei mit Magensäften, die von der faltigen Magenschleimhaut abgesondert werden.

Nach ein bis sieben Stunden öffnet sich ein Ringmuskel, *der Pförtner*, am Magenausgang. Der Nahrungsbrei gelangt auf diese Weise portionsweise in den ersten Dünndarmabschnitt. Dieser hat eine Länge von etwa zwölf nebeneinander liegenden Fingern. Er heißt deshalb **Zwölffingerdarm**. Hier münden der *Gallengang* und die *Bauchspeicheldrüse*. Der anschließende Teil des **Dünndarms** ist drei bis vier Meter lang. Er liegt gewunden in der Bauchhöhle. In der Dünndarmwand befindet sich eine Muskelschicht. Die Muskeln erzeugen wellenförmige, rhythmische Bewegungen. Diese *Peristaltik* befördert den Darminhalt langsam weiter und hält ihn ständig in Bewegung. Dabei vermischt er sich mit Verdauungssäften, die Drüsen in der Dünndarmwand produzieren. Auf der inneren Dünndarmwand befinden sich Millionen von kleinen Ausstülpungen. Sie sind von einem Geflecht kleiner Blutgefäße durchzogen und heißen **Darmzotten.** Das Blut nimmt die zerlegten Nährstoffe auf und transportiert sie in alle Teile des Körpers. Diesen Vorgang nennt man *Resorption*.

Die unverdaulichen Nahrungsreste, dazu gehören auch die Ballaststoffe, gelangen anschließend in den **Dickdarm**. Der Dickdarm hat einen größeren Durchmesser als der Dünndarm und ist nur ungefähr einen Meter lang.
Der Darminhalt ist dort sehr dünnflüssig. Auf dem Weg durch den Körper wurden dem Nahrungsbrei über die Verdauungssäfte mehr als acht Liter Flüssigkeit zugesetzt. Diese wird dem Darminhalt auf seinem Weg durch den Dickdarm langsam entzogen, damit sie dem Körper nicht verloren geht. Auf diese Weise wird der Nahrungsbrei langsam eingedickt.
Die Bewegungen des Dickdarms sind im Vergleich zu den Dündarmbewegungen langsam und träge. Aus diesem Grund sammeln sich die unverdaulichen Nahrungsbestandteile auch erst nach und nach als eingedickter *Kot* im **Mastdarm**. Der ringförmige Schließmuskel des Afters sorgt dafür, dass der Kot von Zeit zu Zeit ausgeschieden wird. Von der Nahrungsaufnahme bis zur Ausscheidung der unverdaulichen Nahrungsreste vergehen etwa 24 Stunden.

1. Versuche mithilfe eines Strohhalms zu trinken, wenn du einen Kopfstand machst. Beschreibe und erkläre deine Beobachtung.
2. Beschreibe den Schluckvorgang.
3. Nenne Nahrungsmittel, die viele Ballaststoffe enthalten. Erläutere, welche Bedeutung Ballaststoffe für den Körper haben.
4. Erkläre, welchen Vorteil die starke Vergrößerung der inneren Dünndarmwand durch die Darmzotten hat.

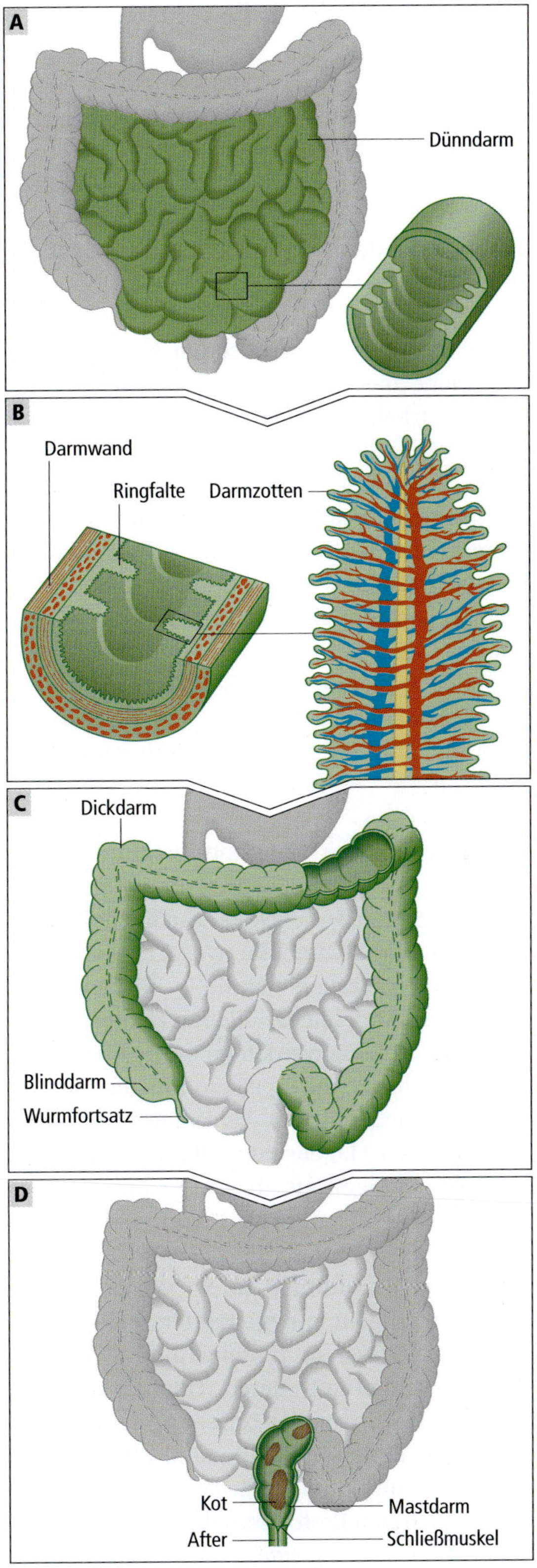

2 Nahrungsweg vom Dünndarm bis in den Mastdarm. **A** Dünndarm; **B** Dünndarmzotten; **C** Dickdarm; **D** Mastdarm

2.2 Enzyme bewirken die Verdauung

Ein Käsebrötchen, das zum Frühstück gegessen wird, enthält alle wichtigen Nährstoffe: Der Käse liefert Proteine, das Brötchen Kohlenhydrate und Butter oder Margarine enthalten Fette. Was geschieht mit den Nährstoffen im Körper, nachdem ein Stück vom Brötchen abgebissen wurde?

Die Nahrung wird in unserem Körper durch zahlreiche mechanische und chemische Prozesse bearbeitet. Dies ist notwendig, weil die in der Nahrung enthaltenen Nährstoffe nicht direkt zur Energiegewinnung und zum Aufbau von Körpersubstanz genutzt werden können. Proteine, Kohlenhydrate und Fette sind große, wasserunlösliche Moleküle, die aus vielen kleinen Bausteinen aufgebaut sind. Im Körper müssen sie zunächst in ihre kleinen, wasserlöslichen Bestandteile zerlegt werden. Diesen Vorgang der Zerlegung nennt man **Verdauung**. Er erfolgt mithilfe besonderer Wirkstoffe, der **Enzyme**.

Die Zerlegung der Nährstoffe beginnt bereits im *Mund*. Die Speicheldrüsen produzieren täglich ca. 1,5 Liter *Speichel*. Er enthält das Enzym **Amylase**. Es spaltet die wasserunlöslichen, langkettigen Stärkemoleküle in kürzere, wasserlösliche Malzzuckerteilchen (Maltose) auf. Fette und Proteine werden im Mund noch nicht verdaut. Durch die Speiseröhre gelangt der Speisebrei jetzt in den *Magen*. Hier sondern Drüsen in der Magenschleimhaut pro Tag etwa zwei Liter Magensaft ab. Dieser enthält u. a. *Schleim*, *Salzsäure* und das Enzym **Pepsin**. Die im Magensaft enthaltene 0,5%ige *Salzsäure* säuert den Mageninhalt an. So werden mit der Nahrung aufgenommene Bakterien abgetötet. Gleichzeitig lässt sie Proteine aufquellen und vergrößert dadurch deren Oberfläche. Nun kann das Pepsin mit der Zerlegung der Proteine beginnen. Proteinmoleküle sind aus Hunderten von Aminosäuren aufgebaut. Pepsin zerlegt die langkettigen Proteinmoleküle jetzt in kurze Bruchstücke, die *Peptide*.
Die Zellen der Magenschleimhaut enthalten wie alle Körperzellen Proteine. Warum verdaut sich der Magen nicht selbst? Der von der Magenschleimhaut produzierte Magenschleim schützt die Magenwände vor Salzsäure und Pepsin. Ist dieser Schutz beispielsweise durch erhöhten Alkohol- oder Nikotinkonsum gestört, kann es zu einer Magenschleimhautentzündung oder zu Magengeschwüren kommen.

Portionsweise gelangt nun der Nahrungsbrei in den ersten Abschnitt des Dünndarms, den *Zwölffingerdarm*. Bauchspeicheldrüse und Leber leiten ihre Verdauungssäfte in den Zwölffingerdarm. Die *Leber* sondert eine Flüssigkeit ab, die *Galle*. Die Gallenflüssigkeit ist kein Enzym. Sie lässt Fette *emulgieren*, d. h. zerteilt sie in kleinste Tröpfchen. Durch diese Oberflächenvergrößerung kann jetzt ein Enzym der Bauchspeicheldrüse, die **Lipase**, besser einwirken. Dabei wird Fett in Glycerin und Fettsäuren zerlegt.
Bauchspeicheldrüse und Darmschleimhaut sondern noch weitere Enzyme ab. **Trypsin** zerlegt Peptide bis zu den Aminosäuren. **Amylase** setzt die im Mund begonnene Zerlegung der Stärke in Malzzucker fort. Diese Doppelzucker werden durch das Enzym **Maltase** in Traubenzucker (Glucose) zerlegt.
Auch die häufig in der Nahrung vorkommenden Doppelzucker – Rohrzucker und Milchzucker – werden hier in Einfachzucker gespalten.

Die Nährstoffe sind jetzt in ihre Grundbausteine Aminosäuren, Glucose, Fettsäuren und Glycerin zerlegt. In dieser Form können nun Aminosäuren und Glucose durch die Darmwand ins Blut sowie Glycerin und Fettsäuren in die Gewebsflüssigkeit, die **Lymphe,** gelangen. Auf diese Weise stehen die Grundbausteine jetzt allen Zellen zur Energiegewinnung und für Aufbauprozesse zur Verfügung.

1. Gib an, welche Nährstoffe in den einzelnen Organen verdaut werden und welche Enzyme dort wirksam werden. Fertige dazu eine Tabelle an.
2. Beschreibe die Kohlenhydrat-, Protein- und Fettverdauung mithilfe der Abb.1.
3. Welchen Nährstoff sollten Menschen mit verminderter Gallenproduktion in der Nahrung reduzieren? Begründe deine Antwort.

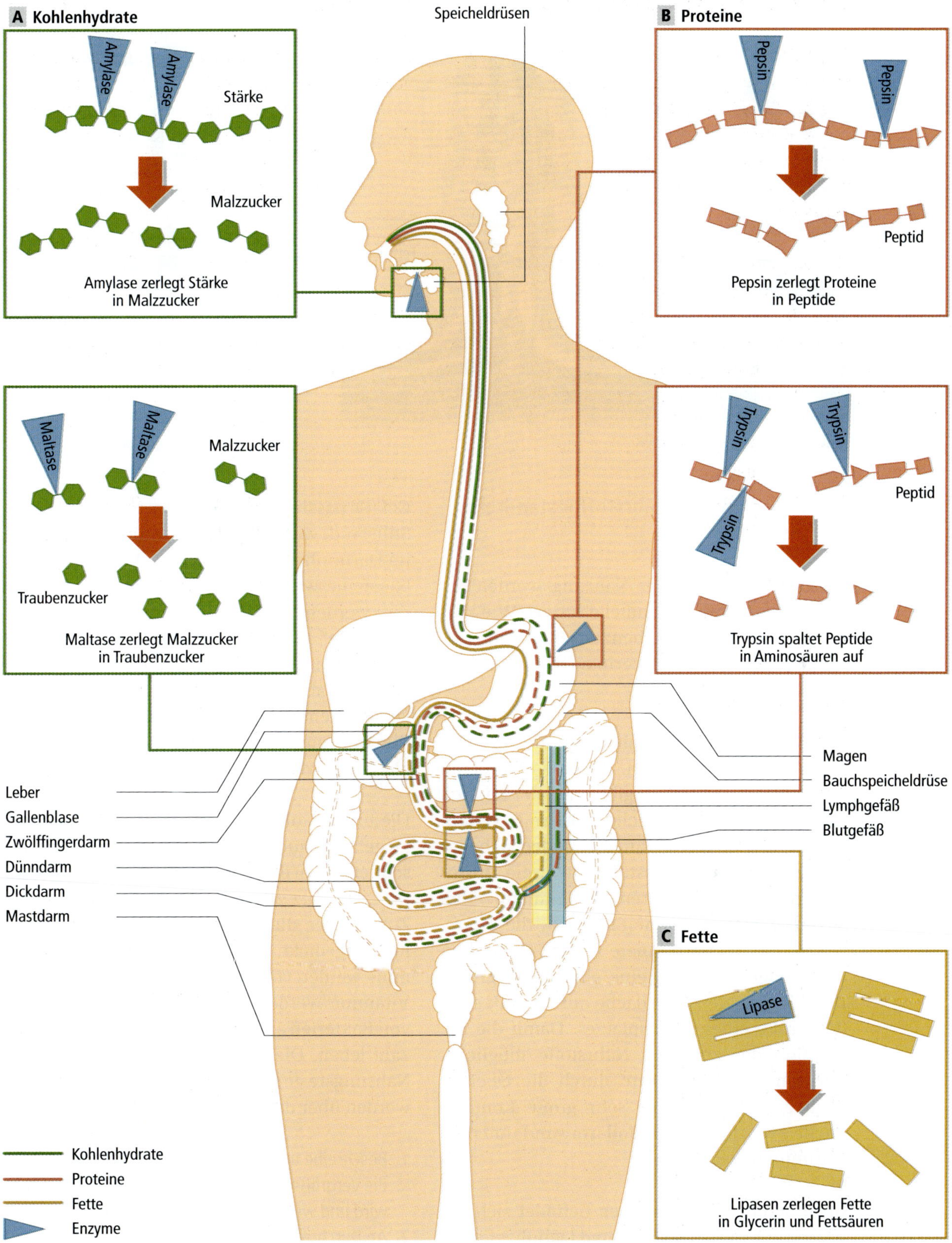

1 Verdauungsvorgänge im menschlichen Körper.
A Verdauung der Kohlenhydrate; **B** Verdauung der Proteine; **C** Verdauung der Fette

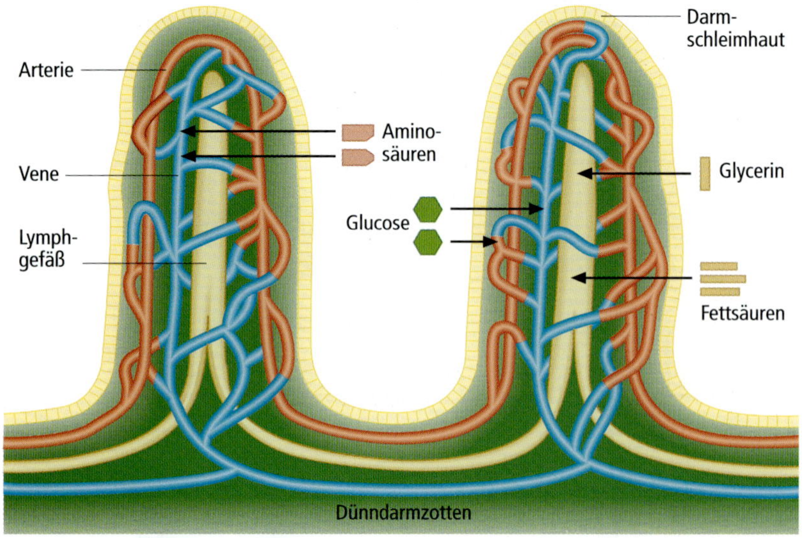

1 **Nährstoffaufnahme**

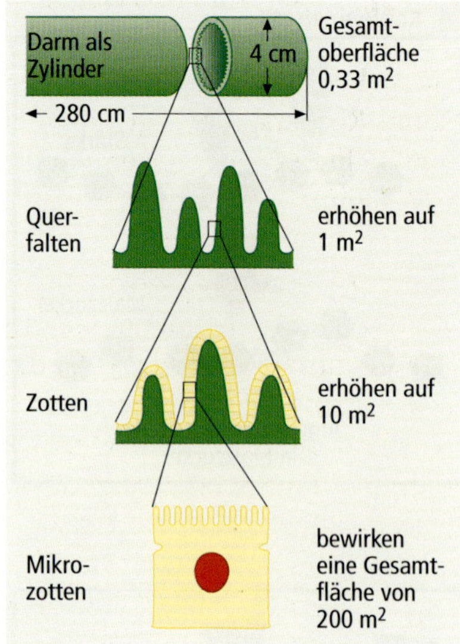

2 **Oberflächenvergrößerung**

2.3 Aufnahme der Nährstoffbestandteile ins Blut

Bei der Verdauung der Nahrung werden die Nährstoffe in ihre Bestandteile zerlegt. Wie aber gelangen danach Traubenzucker, Aminosäuren, Fettsäuren und Glycerin zu den einzelnen Körperzellen?

Die Resorption erfolgt über den drei bis vier Meter langen Dünndarm. In seinem vorderen und mittleren Abschnitt gibt es auf der inneren Dünndarmwand zahlreiche ringförmig verlaufende Querfalten. Auf ihnen befinden sich lange, zäpfchenartige Ausstülpungen, die **Dünndarmzotten**. Auf deren Schleimhautzellen sitzen wiederum kleine Stäbchen, die *Mikrozotten*, die ins Darminnere zeigen. Querfalten und Zotten bewirken eine enorme Vergrößerung der inneren Oberfläche auf 200 m², etwa der Größe eines Tennisplatzes. Damit die Resorption der zerlegten Nährstoffe möglichst wirksam geschieht, wird durch die Oberflächenvergrößerung eine sehr große Kontaktfläche zwischen der Dünndarmwand und dem Darminhalt geschaffen.

Im Inneren der Darmzotten befindet sich ein verzweigtes Netz von Blut- und Lymphgefäßen. Ist die Nährstoffkonzentration des Darminhalts höher als im Blut, erfolgt die Aufnahme in die Gefäße passiv durch *Diffusion*. Sie kommt zum Stillstand, wenn die Konzentration im Blut und im Darminhalt gleich hoch ist. Viele Nährstoffbausteine wie Traubenzucker und Aminosäuren werden mithilfe besonderer „Transportmoleküle" aktiv durch die Darmwand ins Blut befördert. Fettsäuren und Glycerin dagegen gelangen in die Lymphgefäße. Über das Lymphgefäßsystem werden diese Grundbausteine ins Blut transportiert und erreichen auf diese Weise alle Körperzellen.

Die unverdaulichen Nährstoffbestandteile, dazu gehören auch die Ballaststoffe, gelangen anschließend in den 1,5 Meter langen **Dickdarm**. Im Gegensatz zum Dünndarm besitzt er keine Zotten. Der dünnflüssige Nahrungsbrei wird hier eingedickt. Wasser, Mineralstoffe und Vitamine werden vom Blut aufgenommen. Manche Vitamine werden zum Teil erst im Dickdarm von Bakterien aufgebaut, die hier in großer Anzahl leben. Die eingedickten, unverdaulichen Nahrungsreste sammeln sich im Mastdarm und werden über den After ausgeschieden.

1. Beschreibe und erkläre, wie beim Dünndarm die Vergrößerung der inneren Oberfläche erreicht wird und welche Bedeutung sie hat.
2. An Durchfall Erkrankte müssen sehr viel trinken. Begründe diese Maßnahme.

2.4 Die Leber – eine Stoffwechselzentrale

Die **Leber** ist die größte Drüse des menschlichen Körpers. Sie liegt im Oberbauch unter dem rechten Rippenbogen und wiegt etwa 1,5 Kilogramm.

Bei allen Stoffwechselvorgängen erfüllt die Leber wichtige Aufgaben. Sie muss daher immer gut durchblutet sein. Über das Blut werden auch die im Dünndarm resorbierten Nährstoffbausteine herangeführt. Dieser Transport erfolgt über eine große Vene, die *Pfortader*. Aus den Grundbausteinen bauen die Leberzellen körpereigene Stoffe auf. Hierfür werden von der Leber besondere Enzyme bereitgestellt.
Nach einer kohlenhydratreichen Mahlzeit steigt der Traubenzuckergehalt im Blut an. Übersteigt dieser einen bestimmten Wert, bauen Leberzellen mithilfe von Enzymen aus Traubenzucker **Glykogen** auf. Es wird in Leber- und Muskelzellen als Energiereserve gespeichert oder zu Fetten umgebaut. Bei Bedarf bauen die Leberzellen Glykogen wieder zu Traubenzucker ab.
Aus Aminosäuren bildet die Leber körpereigene Proteine oder Enzyme. Aus einem Teil der Fettsäuren entsteht Cholesterin, das z. B. zum Aufbau von Zellmembranen und zur Herstellung von Gallensaft benötigt wird. Die Leber produziert täglich etwa 600 bis 800 Milliliter Gallenflüssigkeit. Diese gelangt zum Teil direkt in den Dünndarm oder wird in der Gallenblase gespeichert.
Die Leber baut aber auch Schadstoffe wie Alkohol und Medikamente ab. Beim Abbau von Proteinen in der Leber entsteht das starke Zellgift Ammoniak. Es wird zu ungiftigem Harnstoff abgebaut und dann über die Nieren ausgeschieden.

Ständiger Alkoholgenuss hat schwere Leberschäden zur Folge. Nach längerem Missbrauch tritt eine Leberverhärtung ein, die zur **Leberzirrhose** führt. Dieses Stadium kann unbemerkt viele Jahre andauern, bevor ein völliger Zusammenbruch der Leberfunktionen zum Tode führt.

Viren können mehrere Formen von schweren Lebererkrankungen, der **Hepatitis**, auslösen. Im Mittelmeergebiet, im Orient und in Südamerika kann der Genuss verunreinigter Speisen eine Infektion mit Viren vom Typ A zur Folge haben. Hepatitis A heilt meist nach vier bis acht Wochen ab. Hepatitis-B- oder -C-Viren sind auch in Europa verbreitet. Sie können über verunreinigte Spritzen oder auch beim Geschlechtsverkehr übertragen werden. Eine Infektion mit Viren vom Typ B oder C kann über eine Leberzirrhose zum Leberkrebs führen.

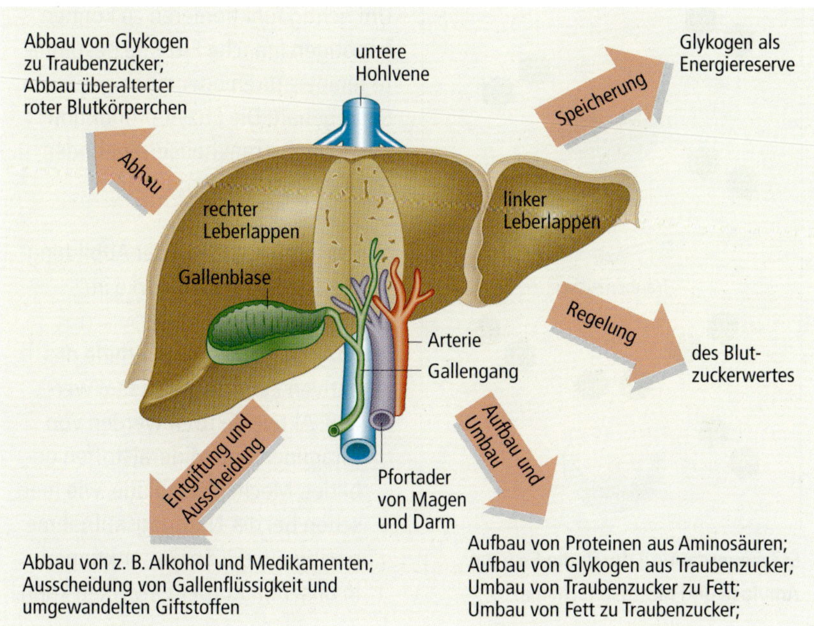

1. Erkläre, warum die Leber als „Zentrallabor" des Körpers bezeichnet wird.
2. Die Pfortader kann man auch als „Kurzschluss" im Blutgefäßsystem betrachten. Versuche diese Aussage zu begründen.
3. Beschreibe die Wirkung von ständigem Alkoholkonsum auf die Leber.

1 Leberfunktionen

Wie wirken Enzyme?

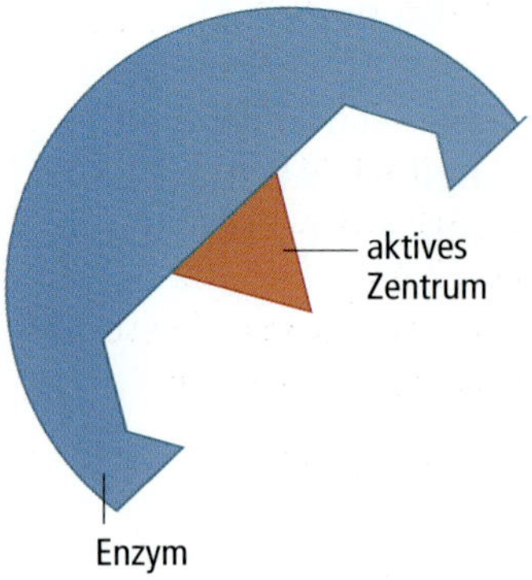

Aufbau eines Enzyms (Schema)

Enzyme gehören zu den lebenswichtigen Stoffen im menschlichen Körper. Ohne Enzyme können z. B. keinerlei Verdauungsprozesse ablaufen.

Oft wird für die Zerlegung von Nährstoffen mehr als ein Enzym benötigt. Das Enzym Amylase zerlegt beispielsweise Stärke, die aus einer Kette von Traubenzuckermolekülen (Glucose) besteht, in Malzzuckerteilchen (Maltose). Malzzucker setzt sich aus zwei Traubenzuckermolekülen zusammen.
Ein zweites Enzym, die Maltase, zerlegt danach den Doppelzucker Maltose in den Einfachzucker Glucose. Warum wird Stärke nicht sofort in Glucose zerlegt?

Enzyme bestehen aus Proteinen, die aus Aminosäuren aufgebaut sind. Typisch für Enzyme sind spezielle, grubenförmige Vertiefungen auf ihrer Oberfläche. In eine solche Vertiefung passt immer nur ein ganz bestimmtes Nährstoffmolekül, so wie in jedes Schloss auch nur ein bestimmter Schlüssel passt. Bindet das aktive Zentrum in der Oberflächenvertiefung des Enzyms eine Stärkekette, erfolgt eine bestimmte chemische Reaktion. Als Folge davon spaltet sich ein Malzzuckermolekül von der Stärkekette ab. Dieser Vorgang wird so oft wiederholt, bis die gesamte Stärkekette in Malzzucker zerlegt ist. Das Enzym selbst bleibt bei diesem Vorgang unverändert. Ist die Spaltung erfolgt, kann das Enzym sofort wieder wirksam sein.
Die Zerlegung des Malzzuckers erfolgt im Dünndarm durch das Enzym Maltase. Es zerlegt Malzzucker in die beiden Traubenzuckermoleküle. Diese werden jetzt vom Blut aufgenommen und in die Körperzellen transportiert.

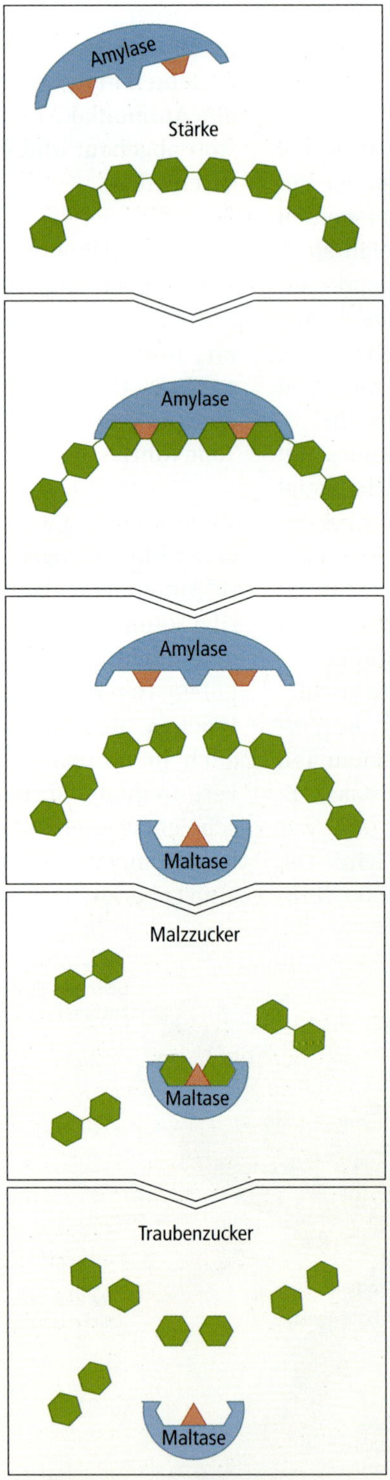

Stärkeverdauung durch die Enzyme Amylase und Maltase (Schema)

In den Körperzellen erfolgt schließlich die Zerlegung des Traubenzuckers. Dabei wird dieser zusammen mit Sauerstoff in mehreren Schritten zu Kohlenstoffdioxid und Wasser abgebaut. Bei diesem Vorgang, an dem ebenfalls viele Enzyme beteiligt sind, wird Energie freigesetzt. Ein Teil der Energie geht als Wärme verloren, der andere Teil dient dem Körper zur Aufrechterhaltung der eigenen Lebensvorgänge.

Um richtig funktionieren zu können, benötigen manche Enzyme bestimmte Temperaturen oder einen gewissen Säuregehalt. Die Enzymproduktion kann durch Krankheitserreger oder Gifte gestört werden.

1. Beschreibe anhand der Abbildung die Zerlegung von Stärke im menschlichen Körper.
2. Enzyme können nur mithilfe des aktiven Zentrums wirksam werden. Aktive Zentren werden von Vitaminen und Mineralstoffen gebildet. Mache Vorschläge, wie man schon bei der Nahrungsaufnahme positiv auf die Enzymfunktionen in unserem Körper einwirken kann.

Verdauung

V1 Wirkung von Amylase

Material: Zwei Reagenzgläser; Reagenzglashalter; Löffel; Thermometer; Messzylinder; Wasserbad; Brenner oder Kochplatte; destilliertes Wasser; Fehlingsche Lösung I und II; Haferflocken; Schutzbrille

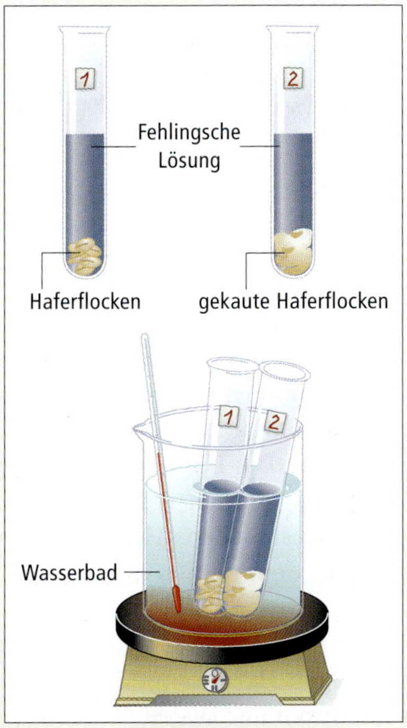

Durchführung: Gib in ein Reagenzglas einige Haferflocken und 10 ml Wasser. Füge je 5 ml Fehlingsche Lösung I und II hinzu. Kaue nun einige Haferflocken mindestens zwei Minuten lang. Fülle den entstandenen Brei in das zweite Reagenzglas. Gib dazu 10 ml Wasser und je 5 ml Fehlingsche Lösung I und II. Stelle beide Reagenzgläser 20 Minuten lang in das Wasserbad bei 37 °C.

Aufgabe: Vergleiche die Versuchsergebnisse in den beiden Reagenzgläsern miteinander. Beschreibe und erkläre deine Beobachtungen.

V2 Wirkung von Pepsin

Material: Vier Reagenzgläser; Teesieb; Spatel; Messzylinder; Messer; Wasserbad; Thermometer; Brenner oder Kochplatte; 0,5%ige Salzsäure; Pepsinlösung; destilliertes Wasser; gekochtes Ei; Schutzbrille

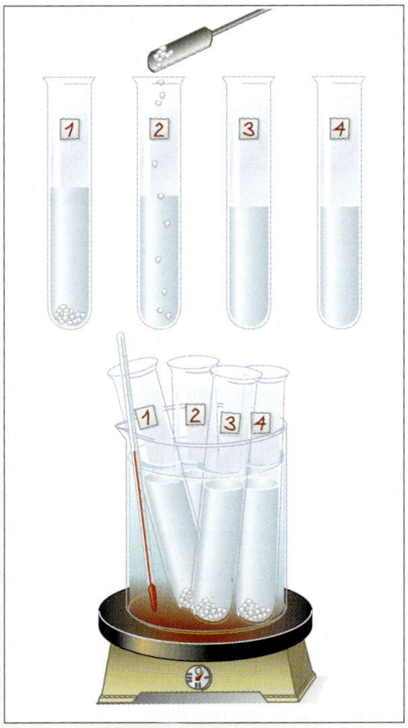

Durchführung: Drücke das gekochte Eiweiß durch das Teesieb. Gib in jedes der vier nummerierten Reagenzgläser eine Spatelspitze Eiweiß. Füge nun folgende Zutaten hinzu: Glas 1: 1 ml Wasser und 10 ml Pepsinlösung; Glas 2: 10 ml Wasser und 1 ml Salzsäure; Glas 3: 11 ml Wasser; Glas 4: 1 ml Salzsäure und 10 ml Pepsinlösung. Stelle alle Reagenzgläser 20 Minuten lang in das Wasserbad bei 37 °C.

Aufgabe: Vergleiche die Versuchsergebnisse in den Reagenzgläsern miteinander. Beschreibe und erkläre deine Beobachtungen.

V3 Wirkung der Galle

Material: Zwei Reagenzgläser; Reagenzglasständer; Reagenzglasstopfen; Messzylinder; Pipette; Speiseöl; Ochsengalle (aus der Apotheke oder einem Fachgeschäft für Farben und Zeichenbedarf)

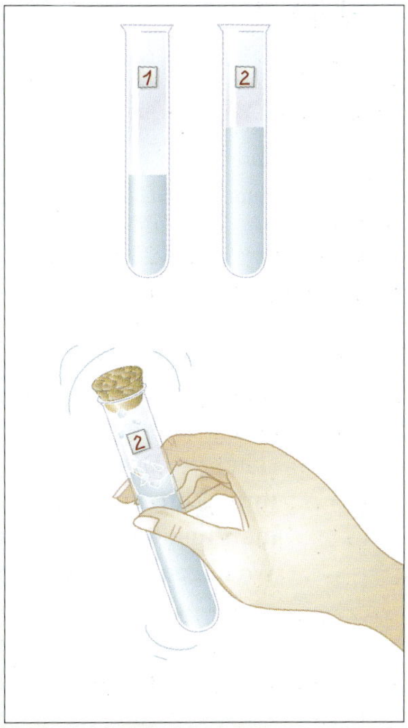

Durchführung: Fülle in das eine Reagenzglas 5 ml Wasser und zehn Tropfen Speiseöl. Gib in das zweite Reagenzglas ebenfalls 5 ml Wasser und 10 Tropfen Speiseöl. Füge zusätzlich 5 ml Ochsengalle hinzu. Verschließe beide Reagenzgläser mit einem Stopfen und schüttele sie anschließend kräftig. Stelle sie nun für ca. fünf Minuten in den Reagenzglasständer.

Aufgabe: Vergleiche die Versuchsergebnisse in den Reagenzgläsern miteinander. Beschreibe und erkläre deine Beobachtungen.

1 Maike bestimmt ihren Blutzuckerspiegel

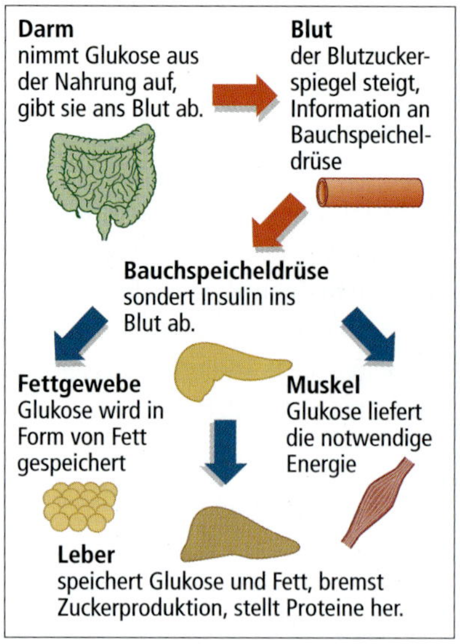

2 Insulin: Ursprung und Wirkung

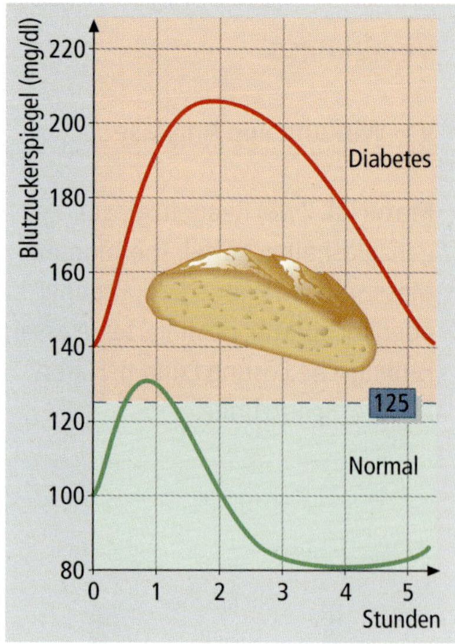

3 Schwankungen des Blutzuckerwertes

2.5 Diabetes – eine Stoffwechselkrankheit

Maike leidet an Diabetes, der „Zuckerkrankheit", wie etwa vier Millionen andere Menschen in Deutschland auch. Sie muss täglich ihren Blutzuckerspiegel kontrollieren, das Hormon Insulin spritzen und eine Diät einhalten. Wo liegen die Ursachen für diese Erkrankung?

Nach einer kohlenhydratreichen Mahlzeit gelangt über den Dünndarm vermehrt Traubenzucker (Glukose) ins Blut. Dadurch steigt der Blutzuckerwert. Bei gesunden Menschen beträgt dieser etwa 100 Milligramm Traubenzucker pro 100 Milliliter Blut. Die *Langerhansschen Inseln* in der Bauchspeicheldrüse produzieren das Hormon **Insulin**. Hormone sind chemische Botenstoffe im Körper. Steigt der Blutzuckerwert zu stark an, wird Insulin an das Blut abgegeben. Es bewirkt, dass Traubenzucker zur Energiegewinnung an die Körperzellen gelangt. Ebenso sorgt es dafür, dass überschüssiger Traubenzucker in der Leber und in den Muskeln in Form von Glykogen gespeichert wird. Sinkt der Blutzuckerwert zu stark ab, produziert die Bauchspeicheldrüse ein zweites Hormon, das **Glukagon**. Es wirkt wie ein Gegenspieler zum Insulin. Glykogen wird mithilfe von Glukagon in den Speicherorganen zu Traubenzucker abgebaut und ans Blut abgegeben. Dadurch steigt der Blutzuckerspiegel wieder an. Produziert die Bauchspeicheldrüse wie bei Maike kein oder zu wenig Insulin, funktioniert das Zusammenspiel der beiden Hormone nicht mehr. Der Blutzuckerwert liegt chronisch zu hoch. Zucker wird ungenutzt über den Urin ausgeschieden. Maike leidet an **Diabetes mellitus**, dem „süßen Harnfluss".

Anzeichen für eine Erkrankung sind starker Durst und häufiger Harndrang. Man unterscheidet zwei Formen der Diabetes. Der Typ I, die *Jugenddiabetes*, tritt bereits in jungen Jahren auf. Ursache ist der komplette Ausfall der Insulinproduktion. Eine Heilung gibt es nicht. Die Erkrankten müssen ihr Leben lang Insulin spritzen. Beim Typ II, der *Altersdiabetes*, produziert die Bauchspeicheldrüse nicht mehr genügend Insulin. Diese Form der Erkrankung tritt häufig erst nach dem vierzigsten Lebensjahr auf. Medikamente, eine zucker- und fettarme Diät und viel Bewegung normalisieren in vielen Fällen die Blutzuckerwerte.

1. **a)** Beschreibe die Regulation des Blutzuckerspiegels beim gesunden Menschen.
   b) Was ist beim Diabeteskranken gegenüber gesunden Menschen anders? Beschreibe.
2. Warum sollen Diabetiker mindestens fünf kleine Mahlzeiten über den Tag verteilt einnehmen?

Verdauungsorgane – Beschwerden und Erkrankungen

Speiseröhre, Magen und Leber

Sodbrennen ist ein unangenehmes, brennendes Gefühl in der Magengegend. Nach dem übermäßigen Genuss von Süßigkeiten oder gebratenen, fetten Speisen muss man manchmal sauer aufstoßen. Dabei gelangt Magensäure in die Speiseröhre. Da diese nicht mit einer schützenden Schleimhaut ausgekleidet ist, verspürt man nach dem Aufstoßen ein brennendes Gefühl. Häufiges Sodbrennen kann zur Entzündung der Speiseröhre oder zu Krebs führen.

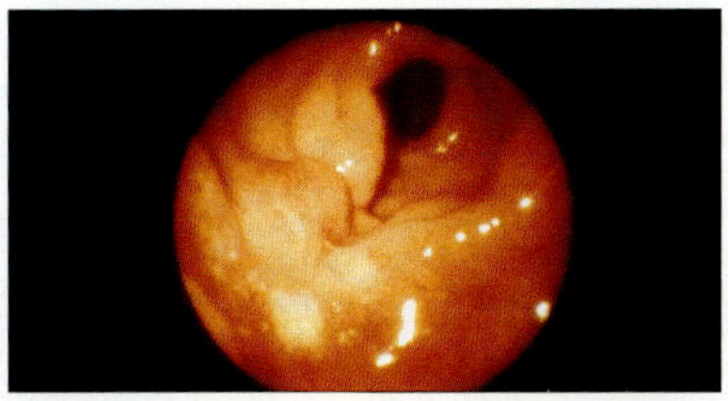

Magengeschwüre können nach einer Magenschleimhautentzündung entstehen. Bei ständiger Reizung der Magenschleimhaut z. B. durch übermäßigen Koffeingenuss, Medikamente, Bakterien oder auch durch Stress entzündet sich die Magenschleimhaut. An diesen Stellen beginnt der Magen dann sich selbst zu verdauen. Ein Magengeschwür entsteht.

Gallensteine entstehen durch eingedickte Gallenflüssigkeit. Dabei kann es zur Bildung von winzigen Kristallen kommen, aus denen sich die Gallensteine entwickeln. Diese können sehr schmerzhafte Gallenkoliken auslösen. Dabei zieht sich die Gallenblase krampfartig zusammen.

Darmprobleme und Erkrankungen

Durchfall ist eine der häufigsten Darmerkrankungen. Der Körper verliert durch mehrfachen dünnflüssigen Stuhlgang Wasser und Mineralstoffe. Ausgelöst wird Durchfall durch Bakterien, Viren oder tierische Parasiten. Diese werden z.B. durch verunreinigtes Trinkwasser aufgenommen.

Verstopfung kann die Folge von ballaststoffarmer Ernährung, Bewegungsmangel, zu geringer Flüssigkeitszufuhr oder von psychischen Problemen sein. Der Stuhl ist ungewöhnlich hart und die Darmentleerung erschwert.

Blinddarmentzündung wird fälschlicherweise die Entzündung des Wurmfortsatzes genannt. Durch Kotstau und Bakterienbefall kann sich der Anhang des Blinddarms entzünden. Dies ist mit starken Schmerzen verbunden. Der Wurmfortsatz muss dann operativ entfernt werden.

Wie entstehen Blähungen?

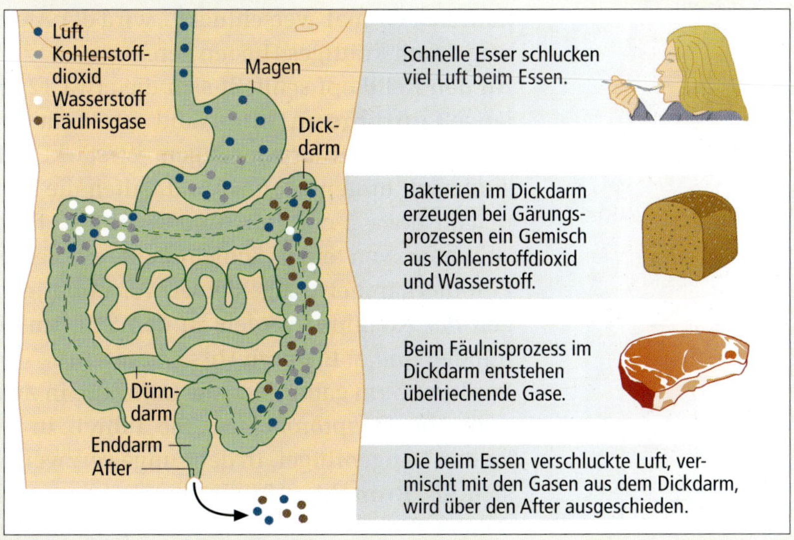

Zu einer gesunden Ernährung gehören ballaststoffreiche Nahrungsmittel. Empfindliche Menschen bekommen davon aber Blähungen, die auch Schmerzen verursachen können. Bakterien bauen die Ballaststoffe zu gasförmigen Produkten ab. Im Darm „brodelt" und „rumort" es. Winde gehen geräuschvoll ab. Bei schlechter Darmperistaltik werden die Gase nicht abgeführt. Sie blähen den Darm auf und verursachen Schmerzen. Wärme lindert schmerzhafte Blähungen. Viel körperliche Bewegung steigert die Darmperistaltik und kann so starke Blähungen verhindern.

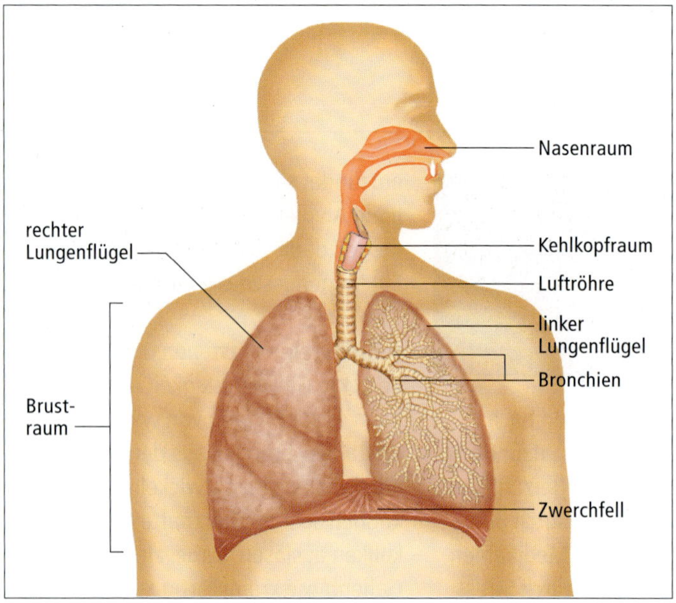

1 **Atmungsorgane**

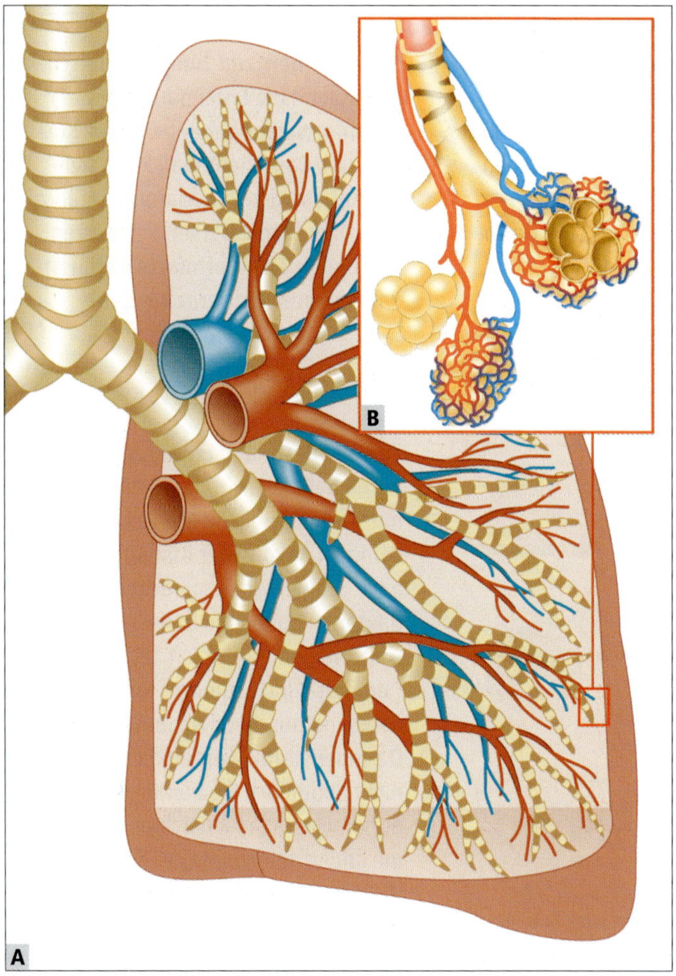

2 **Lunge.** **A** Übersicht; **B** Lungenbläschen

3 Atmung

3.1 Wie wir atmen

An einem kühlen Herbsttag haben sich Marie und Sven zum Joggen verabredet. Während des Laufens stellt Marie fest, dass Sven durch den geöffneten Mund atmet. „Halte lieber den Mund geschlossen und atme durch die Nase, sonst hast du morgen Halsschmerzen!", meint Marie. Trifft das zu?

Bei der Atmung durch die **Nase** erwärmt sich die Atemluft an den stark durchbluteten *Nasenschleimhäuten*. Die Feuchtigkeit der Schleimhäute sorgt dafür, dass die Atemluft angefeuchtet wird und Staubpartikel sowie Krankheitserreger an den Schleim gebunden werden. Gröbere Verunreinigungen bleiben an den Haaren im Nasenraum haften. Atmet man dagegen durch den Mund, kommen Rachen und Kehlkopf direkt mit der ungefilterten, trockenen und kühlen Atemluft in Berührung. Enthält die Luft Krankheitserreger, so können leicht Erkältungskrankheiten entstehen. Zur Gesunderhaltung ist es daher besser, möglichst durch die Nase zu atmen.

Die Atemluft gelangt vom Nasenraum über den hinteren Rachenraum zum **Kehlkopf.** Beim Schlucken wird er durch den Kehlkopfdeckel verschlossen, damit Speisen und Getränke nicht in den Atemweg gelangen können. Hat man sich einmal „verschluckt", wird der Atemweg durch kräftiges Husten gereinigt.
An den Kehlkopf schließt sich die etwa 12 cm lange **Luftröhre** an. Ihre Wand ist durch hufeisenförmige Knorpelspangen verstärkt. Sie sind nach hinten geöffnet und halten die Röhre von etwa 2 cm Durchmesser offen. Diese ist innen von einer Schleimhaut mit feinen Flimmerhärchen ausgekleidet. Verunreinigungen der Atemluft werden an den Schleim gebunden und z. B. durch Husten entfernt.
Im Brustraum gabelt sich die Luftröhre in zwei Äste, die *Hauptbronchien*. Sie führen in die beiden Lungenflügel. In der Lunge verzweigen sich die **Bronchien** in ein immer feiner werdendes Röhrennetz. Diese Röhrchen enden in den **Lungenbläschen**.

Außen wird die Lunge vom *Lungenfell* begrenzt. Lungenfell und *Rippenfell* sind durch einen flüssigkeitsgefüllten Zwischenraum getrennt. Die Flüssigkeit ermöglicht ein reibungsloses Aneinandergleiten von Lunge und Brustraum. Nach unten ist der Brustraum durch das *Zwerchfell* abgeschlossen.

Bei der Atmung arbeitet die Lunge wie ein Blasebalg. Zieht sich die Zwischenrippenmuskulatur zusammen, heben sich die Rippen, und der Brustraum mit den Lungenflügeln dehnt sich aus. Es entsteht ein Unterdruck. Wie bei einem Blasebalg, der gedehnt wird, strömt nun Luft in die Lunge. Diese Art einzuatmen wird *Brustatmung* genannt. Zieht sich der Zwerchfellmuskel zusammen, vergrößert sich ebenfalls der Brustraum. So entsteht auch bei der *Zwerchfellatmung* im Brustraum Unterdruck und die Lungen füllen sich mit Atemluft. Sind Zwischenrippenmuskulatur und Zwerchfellmuskulatur erschlafft, verkleinert sich der Brustraum. Die Lungenflügel nehmen ihre ursprüngliche Größe wieder ein. Dabei wird die Luft ausgestoßen.

Bei normaler Atmung werden pro Atemzug etwa 0,5 l Luft ein- und ausgeatmet. Holt man besonders tief Luft und atmet dann stark aus, so kann man diese Luftmenge auf etwa 2 l erhöhen. Die Anzahl der Atemzüge ist je nach Alter und Tätigkeit des Menschen unterschiedlich. In der Ruhelage atmet ein Erwachsener etwa 16 bis 20 mal pro Minute. Ein Läufer dagegen kommt auf etwa 60 Atemzüge pro Minute.

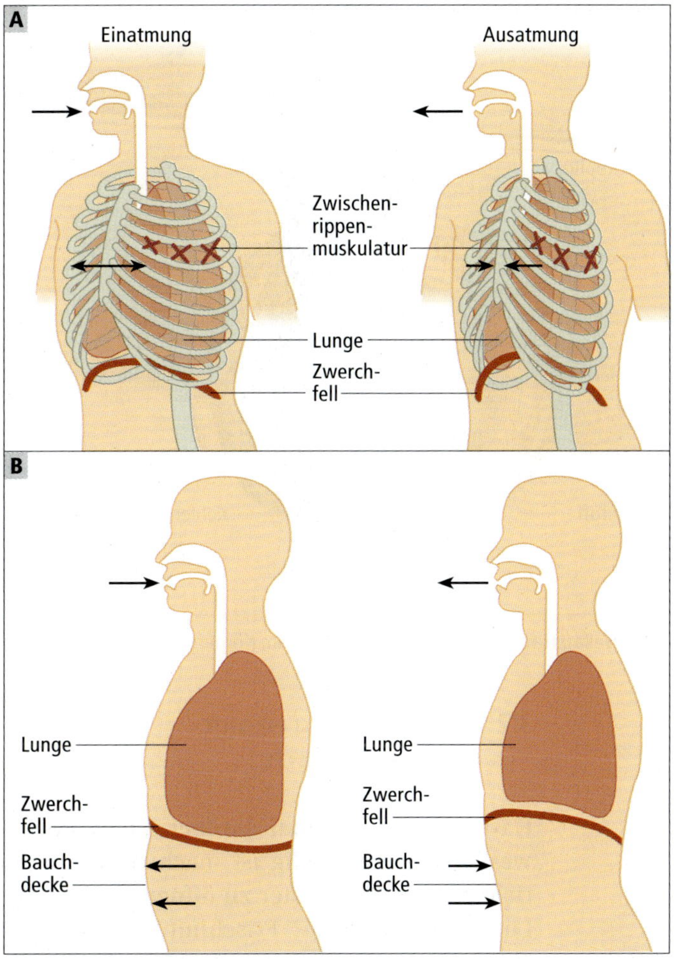

3 Atmung. **A** Brustatmung; **B** Zwerchfellatmung

1. Beschreibe mithilfe der Abbildung 1 den Weg der Atemluft.
2. Beschreibe Ein- und Ausatmung bei Brust- und Zwerchfellatmung.

Atmen in der Todeszone

EXKURS

Bergsteiger sind ab einer Höhe über 4000 m besonderen Belastungen ausgesetzt.
Je höher ein Bergsteiger hinaufklettert, desto geringer wird der Luftdruck und desto „weniger" Luft umgibt ihn. Da sich die Zusammensetzung der Luft nicht ändert, steht ihm in größeren Höhen auch weniger Sauerstoff zur Verfügung. Bei einer Höhe von 5000–6000 m ist gegenüber der Menge in Meereshöhe nur noch die Hälfte an Sauerstoff vorhanden, auf dem Gipfel des Mount Everest nur noch ein Drittel.
Der Körper versucht daher, die Sauerstoffaufnahme durch schnelleres Atmen, Beschleunigung des Herzschlages und Steigerung der Durchflussmenge des Blutes mithilfe von Gefäßerweiterungen zu erhöhen.
Bei Höhen über 7500 m kann der Körper in der Regel nicht mehr genug Sauerstoff aufnehmen, um Hirn- und Körperfunktionen aufrecht zu erhalten. Diese Bergregionen gelten ohne künstliche Zufuhr von Sauerstoff über Atmungsgeräte als „Todeszonen".

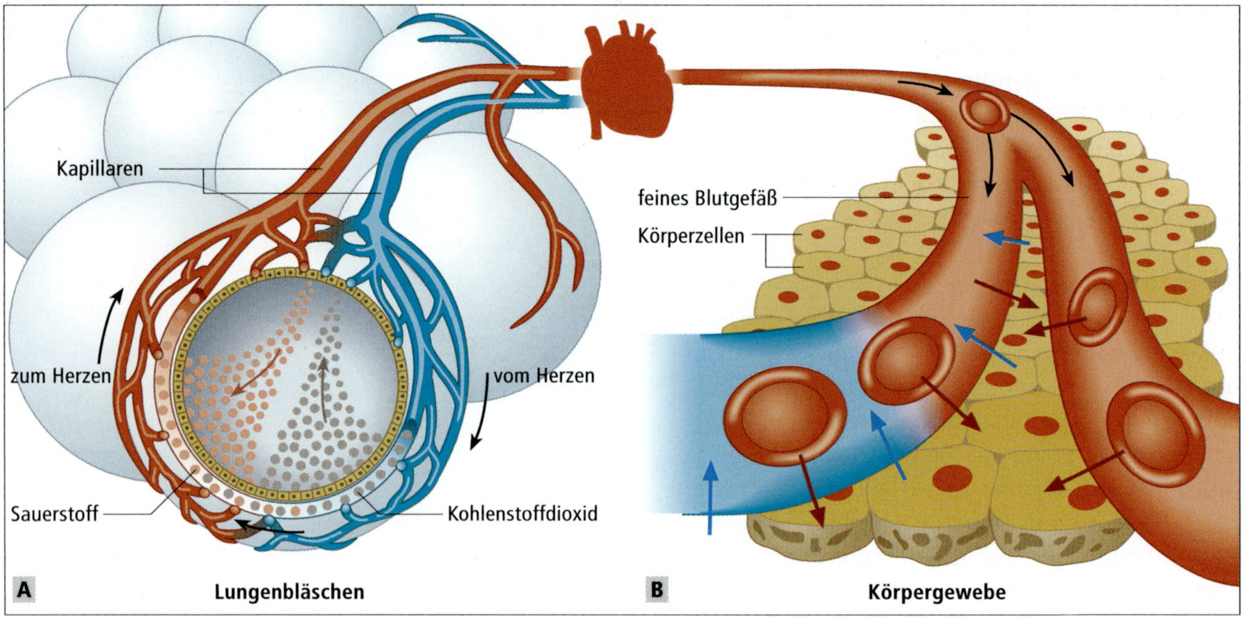

1 Gasaustausch. **A** in der Lunge; **B** im Körpergewebe

3.2 Bei der Atmung erfolgt der Gasaustausch

Hast du schon einmal darüber nachgedacht, weshalb es notwendig ist, nach einer Unterrichtsstunde die Fenster zu öffnen und frische Luft hereinzulassen? Frischluft, die wir einatmen, ist ein Gemisch von etwa 78 % Stickstoff. 21 % Sauerstoff und 0,03 % Kohlenstoffdioxid. Vergleicht man dagegen die Zusammensetzung der ausgeatmeten Luft, enthält dieses Gemisch nur noch 17 % Sauerstoff, aber rund 3,5 % Kohlenstoffdioxid. Der Stickstoffanteil bleibt unverändert. In den Lungen wird also der Atemluft Sauerstoff entzogen und der Anteil an Kohlenstoffdioxid erhöht. Dieser Gasaustausch ist die Ursache dafür, dass ein ungelüfteter Klassenraum weniger Sauerstoff und mehr Kohlenstoffdioxid enthält als ein gelüfteter.

Wie kommt ein solcher **Gasaustausch** im Körper zustande? Der Gasaustausch erfolgt in den bis zu 500 Millionen *Lungenbläschen.* Die Wände der kugeligen Lungenbläschen bestehen aus einer einzigen Zellschicht. Feinste Blutkapillaren umschließen jedes Lungenbläschen wie ein Netz. Dadurch steht eine große Fläche für einen wirksamen Gasaustausch zwischen Lungenbläschen und Kapillaren zur Verfügung. Blutgefäße führen kohlenstoffdioxidreiches und sauerstoffarmes Blut vom Körper zur Lunge. Beim Einatmen ist in den Lungenbläschen die Konzentration von Sauerstoff höher als im Blut. Es besteht ein *Konzentrationsgefälle.* Zum Ausgleich der unterschiedlichen Konzentrationen bewegen sich die Gase stets von der höheren zur niedrigeren Konzentration. Somit tritt der Sauerstoff der eingeatmeten Luft durch die dünnen Wände der Lungenbläschen in das venöse Blut der Kapillaren über. Der Sauerstoff wird vom Hämoglobin der Roten Blutkörperchen gebunden; ein geringer Teil wird auch im Blut gelöst. Das so mit Sauerstoff angereicherte Blut wird aus den Lungenkapillaren durch größere Gefäße zu den Körpergeweben transportiert. Dort verzweigen sich die Gefäße wieder bis hin zu feinsten Gefäßnetzen. Insgesamt entsteht so eine Oberfläche von fast 6000 m^2.

Ist im Blut die Konzentration von Sauerstoff höher als in den umliegenden Körperzellen, strömt zum Konzentrationsausgleich Sauerstoff in die Körperzellen. Gleichzeitig tritt Kohlenstoffdioxid aus diesen Körperzellen in das Blutplasma über, da im Gewebe die Konzentration von Kohlenstoffdioxid höher ist. Auch hier erfolgt ein Konzentrationsausgleich. Durch diesen *inneren Gasaustausch* wird den Körperzellen Sauerstoff zugeführt und gleichzeitig das Blut in den Körperkapillaren mit Kohlenstoffdioxid angereichert.

Das sauerstoffarme Blut gelangt durch die Venen zum Herz und von dort zur Lunge. Hier tritt wegen des Konzentrationsgefälles Kohlenstoffdioxid aus den Lungenkapillaren in die Lungenbläschen über. Daher enthält die ausgeatmete Luft im Gegensatz zur eingeatmeten einen geringeren Sauerstoffanteil, dafür aber einen höheren Anteil an Kohlenstoffdioxid. Auf diese Weise atmet ein Erwachsener täglich bis zu 750 l Sauerstoff ein und 600 l Sauerstoff aus.

Beim Einatmen gelangen jedoch nicht nur die Atemgase in die Lunge, sondern auch Schadstoffe, die nicht wieder ausgeatmet werden können. Über Rauch und Abgase lagern sich z. B. Teer, Ruß und Staubpartikel an die Innenwände der Lungenbläschen. Diese können dann für die Atemgase undurchlässig werden

Gasaustausch in Zahlen

Anzahl der Lungenbläschen:		ca. 500 000 000
Gasaustauschfläche	der Lungenbläschen	ca. 120–150 m^2
	im Körpergewebe	ca. 6 000 m^2

Wieviel Atemluft benötigt man pro Minute?

Schlafen: ca. 5 l	Stehen: ca. 8 l	Schwimmen: ca. 43 l
Liegen: ca. 6 l	Gehen: ca. 17 l	Bergsteigen: ca. 52 l
Sitzen: ca. 7 l	Radfahren: ca. 23 l	Rudern: ca. 140 l

2 Atmung in Zahlen

1. a) Wie viel Liter Sauerstoff enthält ein belüfteter Klassenraum von 10m Länge, 7m Breite und 3m Höhe ?
b) Wie viel Liter Sauerstoff enthält dieser Raum bei 30 Schülerinnen und Schülern nach einer Schulstunde (45 Minuten) , wenn jeder etwa 7 Liter pro Minute verbraucht und nicht gelüftet wurde. Berechne.

2. Wie kommt die große Austauschfläche im Körper und in der Lunge zusammen ? Gib eine Erklärung.

3. Wie groß ist dein durchschnittlicher Sauerstoffbedarf für einen Tag?

EXKURS

Zellatmung

Die Zellatmung stellt dem Körper Energie aus den Nährstoffen zur Verfügung.
Wenn man Holz anzündet, verbrennt es mit Hilfe des Sauerstoffes der umgebenden Luft. Die im Holz gebundene Energie wird in Form von Wärme frei. Durch eine Verbrennung kann also Energie freigesetzt werden.
Gewinnt auch der Körper die Energie zur Aufrechterhaltung seiner Lebensfunktionen durch eine Verbrennung? Tatsächlich werden zur Energiegewinnung Nährstoffe in der Zelle „verbrannt“, allerdings auf eine andere Weise als beim Holz.
Ausgangsstoff für die „Verbrennung“ ist zum Beispiel Traubenzucker (Glucose). Mit dem Blutstrom gelangen Glucose und Sauerstoff in die Zellen. Mit Hilfe des Sauerstoffes wird aus der Glucose Energie freigesetzt. Im Gegensatz zur Holzverbrennung wird die gewonnene Energie nicht sofort vollständig freigesetzt, sondern portionsweise abgegeben, um die Zelle nicht zu schädigen.
Diese Energie verwendet unser Körper zum Beispiel zur Aufrechterhaltung der Körpertemperatur. Auch die Bewegung des Körpers mit Hilfe der Muskeln benötigt Energie. Bei der Umsetzung entsteht Kohlenstoffdioxid und Wasser. Kohlenstoffdioxid ist für den Körper giftig. Es wird mit dem Blut in die Lunge transportiert und dort ausgeatmet. Wasser scheiden wir über den Harn oder das Schwitzen aus.
Die Verwertung von Nährstoffen mit Sauerstoff der Luft zur Gewinnung von Energie heißt **Zellatmung.** Im Gegensatz zur *äußeren Atmung*, bei der wir Luftsauerstoff über die Lunge einatmen, wird die Zellatmung auch als *innere Atmung* bezeichnet.

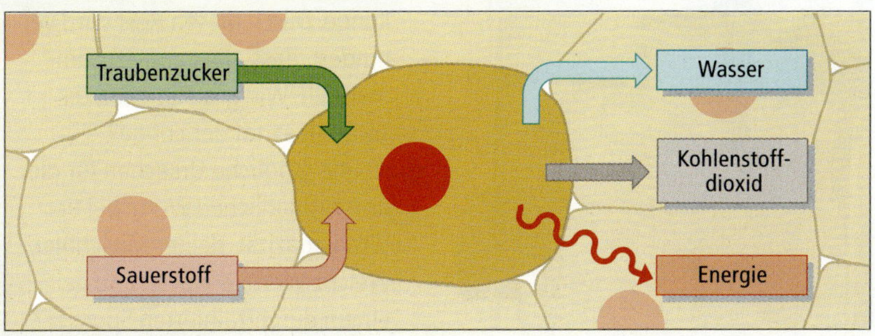

Atmung

V1 Fühlen von Brust- und Bauchatmung

Durchführung: Lege beide Hände gespreizt so auf den Brustkorb, dass sich die Fingerspitzen in der Mitte des Brustkorbes berühren. Atme zunächst tief ein und beobachte dabei die Fingerspitzen. Atme dann normal weiter, so dass die Hände nicht bewegt werden. Beobachte Bauch und Brustkorb.

Aufgaben:

a) Beschreibe deine Beobachtung beim tiefen Einatmen. Welche Muskeln sind beteiligt?

b) Was passiert bei normaler, flacher Atmung ?

V2 Messung des Atemvolumens

Material: Atemmessgerät (Spirometer)

Durchführung: Miss mit dem Spirometer die Menge der Luft, die du ausatmest. Führe dabei zwei Versuche durch: Atme zunächst normal ein und blase die Ausatemluft in das Messgerät, ohne dich anzustrengen. Atme beim 2. Versuch so tief wie möglich ein und atme dann über das Messgerät so stark wie möglich aus.

Aufgaben:

a) Beschreibe anhand der Abbildung die Funktionsweise eines Spirometers.

b) Welche Luftmenge wird bei normaler Ein- und Ausatmung ausgetauscht? Vergleiche mit den Werten deiner Mitschüler.

c) Die Luftmenge, die du bei tiefster Ein- und Ausatmung austauschst, nennt man Vitalkapazität . Bestimme die Vitalkapazität deiner Lunge. Vergleiche mit den Werten deiner Mitschüler.

d) Vergleiche deine Werte mit den Werten aus der Grafik.

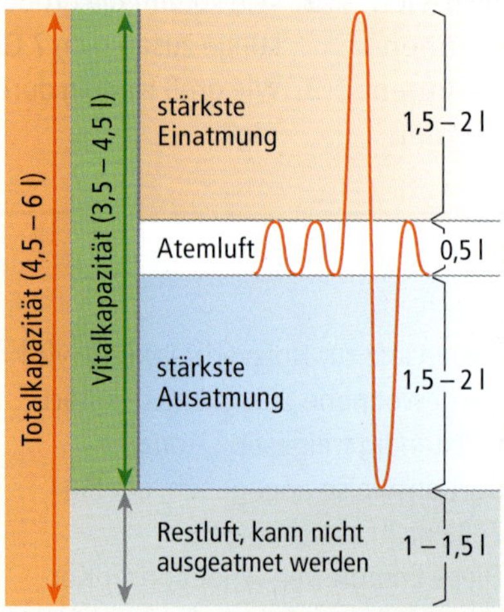

e) Erläutere den Verlauf der Kurve in der Grafik. Wie viel Luft atmet man maximal ein und aus? Erkläre den Begriff Totalkapazität.

f) Bei maximaler Ausatmung bleiben noch etwa 1, 5 Liter Restluft in der Lunge. Durch diesen Rest wird verhindert, dass die Lunge zusammenfällt. Wie groß ist dann die Totalkapazität der Lunge?

g) Nenne mögliche Ursachen für die unterschiedlichen Werte bei der Vitalkapazität deiner Mitschüler. Welche Werte erwartest du bei einem durchtrainierten Sportler?

V3 Untersuchung einer Schweinelunge

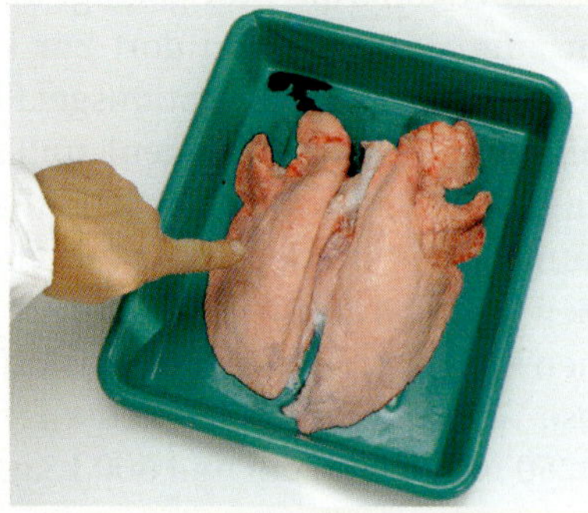

Material: frische Schweinelunge; Becherglas; Pinzette; Schere; Lupe; Einmalhandschuhe

Durchführung: Schneide kleine Stückchen aus der Lunge. Gib sie in das mit Wasser gefüllte Becherglas.

Aufgaben:

a) Betrachte mit der Lupe ein Stück des Lungengewebes und beschreibe Aussehen und Struktur.

b) Beschreibe und erkläre das Verhalten des Lungengewebes im Wasser.

V4 Das Prinzip der Oberflächenvergrößerung

In einer Schachtel mit den Maßen 3 cm x 4 cm x 6 cm befinden sich 72 Kugeln.

Aufgaben:

a) Berechne die Oberflächen der Schachtel.

b) Wie groß ist die Oberfläche aller Kugeln in der Schachtel, wenn eine Kugel eine Oberfläche von 3,14 cm^2 hat?

c) Vergleiche die Ergebnisse von a) und b). Erkläre den Begriff Oberflächenvergrößerung.

Erkrankungen der Atemwege

Schnupfen

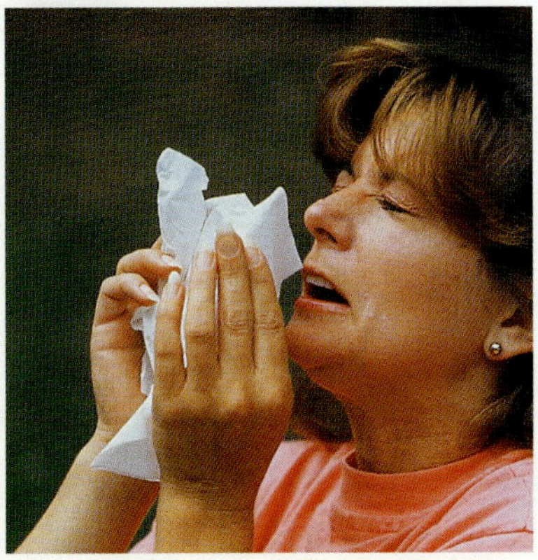

Man kann ihn sich im Sommer bei extremen Wetterschwankungen, bei Zugluft oder zu langem Aufenthalt im Wasser holen. In diesen Situationen wird die Abwehrkraft des Körpers geschwächt, so dass bestimmte Krankheitserreger (Schnupfenviren) leicht eindringen können. Im Winter in trockenen, überheizten Zimmern trocknen die Nasenschleimhäute aus und die Viren können leichter in die Zellen der Schleimhäute eindringen. Der „Angriff" der Viren löst eine starke Durchblutung der Nasenschleimhaut aus. Sie bildet dann mehr Flüssigkeit, um die Erreger wegzuschwemmen: die Nase „läuft". Darüber hinaus werden zahlreiche Weiße Blutkörperchen herantransportiert, um die Viren zu bekämpfen. Die Nase ist nun gerötet und oft auch durch das starke Anschwellen der Nasenschleimhaut „verstopft".

Husten

Befallen Krankheitserreger die Schleimhäute der Bronchien, löst der Entzündungsreiz Husten aus. Durch das Husten sollen die Schleimhautteilchen auf den Flimmhärchen der befallenen Bronchien zum Kehlkopf wegtransportiert werden. Der Schleim bildet den Nährboden für die Krankheitserreger. Gelingt es nicht, den infizierten Schleim zu entfernen, breiten sich die Krankheitserreger über die Bronchien aus : Es entsteht eine *Bronchitis.* Die Wände der Bronchien schwellen an und verengen sich dadurch. Der Kranke bekommt „keine Luft" mehr. Breiten sich bestimmte Bakterien in der gesamten Lunge aus, so spricht man von einer *Lungenentzündung*. Sie wird begleitet von Hustenreiz, beschleunigter Atmung, Schüttelfrost, Kopfschmerz und schmerzendem Brustkorb. Die Lungenentzündung muss mit Medikamenten bekämpft werden.

Asthma

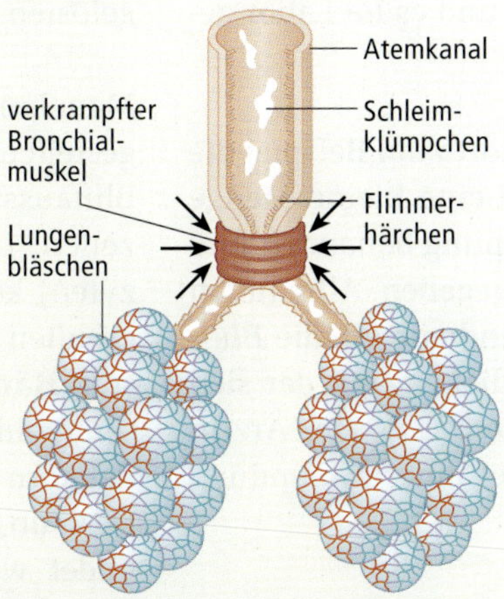

Erstickungsartige Anfälle von Atemnot können durch Asthma ausgelöst werden. Asthma entwickelt sich aus mehreren Ursachen. Allergien, psychische Störungen oder häufig wiederkehrende Infektionen der Luftwege sind beteiligt. Bei den Anfällen verkrampfen sich die den Atemkanal umgebenen Muskeln. Diese Verkrampfung kann lebensbedrohlich werden, da die verengten Bronchien nur noch wenig Luft passieren lassen.

Silikose

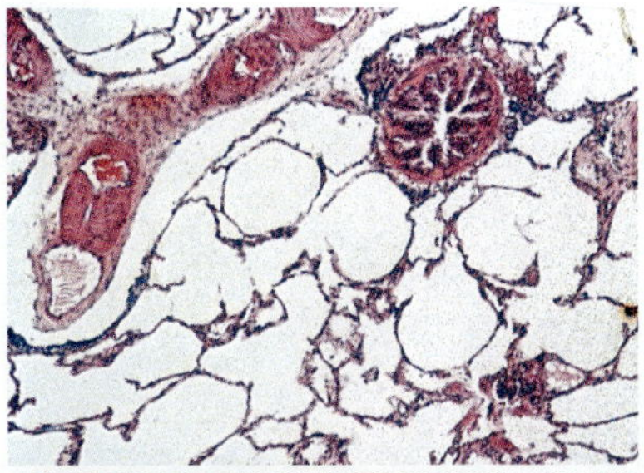

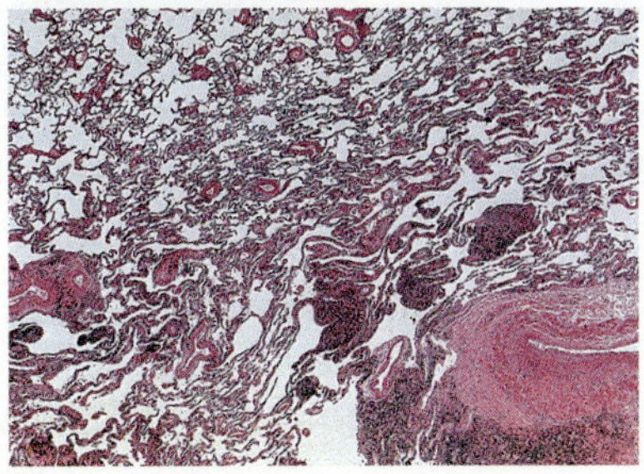

Auch Feinstäube können die Atemorgane schädigen. Kohlenstaub, Gesteinsstäube oder Mehlstäube zum Beispiel sind oft so fein, dass sie von den Flimmerhärchen der Atemwege nicht völlig entfernt werden können. Die Staubteilchen sammeln sich in der Lunge an und führen zu Kurzatmigkeit. Die körperliche Leistungsfähigkeit wird herabgesetzt. Diese durch die „Staublunge" ausgelöste Krankheit wird Silikose genannt.

Regeln zur Gesunderhaltung der Atemorgane

- ✔ Den Witterungsbedingungen angepasste Kleidung tragen!
- ✔ Durch Bewegung an frischer Luft und vitaminreiche, gesunde Kost die Abwehrkräfte des Körpers stärken!
- ✔ Überheizte Räume mit zu trockener Heizungsluft vermeiden!
- ✔ Bei Staubentwicklung Atemmasken benutzen!

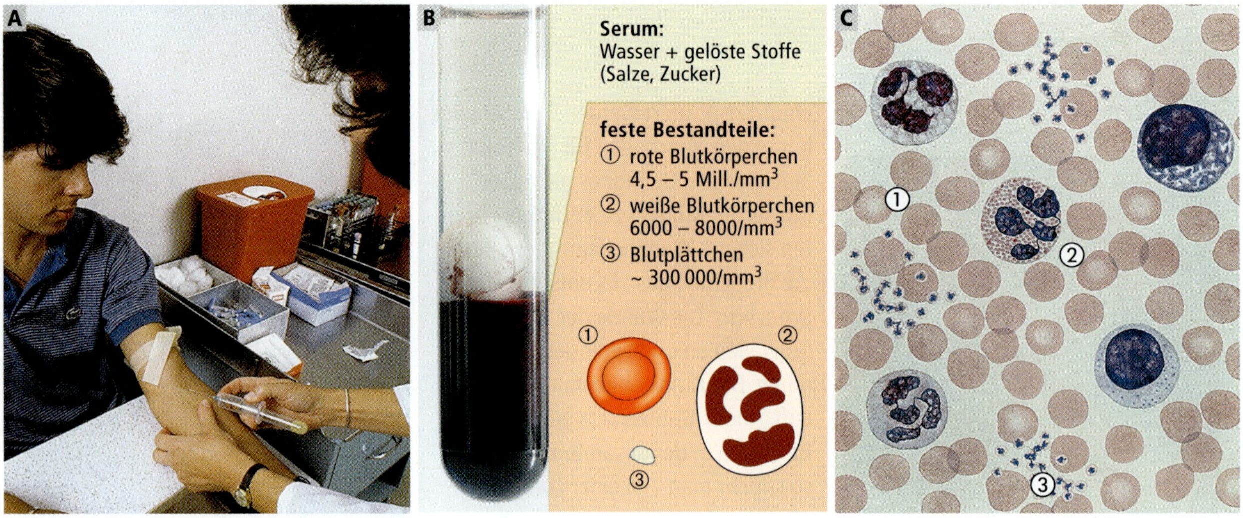

1 Blut. **A** Blutabnahme; **B** Inhaltsstoffe des Blutes; **C** Mikrofoto (gefärbt)

4 Blut- und Blutkreislauf

4.1 Blut erfüllt verschiedene Aufgaben

Sicher hat man dir bei einem Arztbesuch schon einmal Blut abgenommen und es im Labor genau untersucht.

Zur Blutuntersuchung gehört zum Beispiel die *Blutsenkung*. Hierzu wird eine kleine Menge der Blutprobe gegen Gerinnung behandelt und in ein schmales Röhrchen gegeben. Allmählich setzen sich feste Blutbestandteile ab, die *Blutzellen*. Aus der Geschwindigkeit, mit der sich die Zellen absetzen, können Arzt oder Ärztin schließen, ob zum Beispiel eine Entzündung im Körper vorliegt.

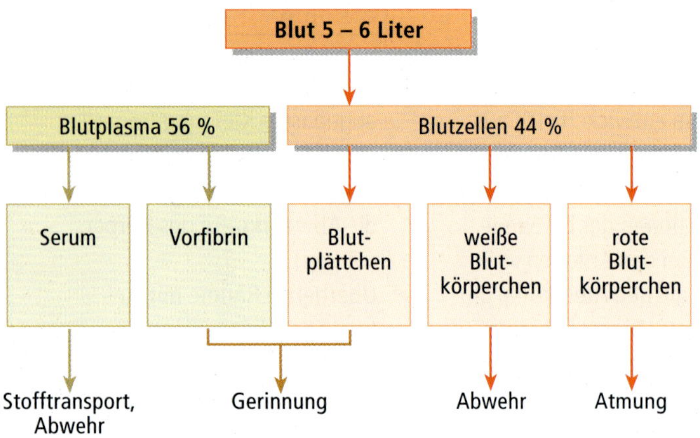

2 Bestandteile und Aufgaben des Blutes

Die überstehende Blutflüssigkeit ist das *Blutplasma*. Es besteht im Wesentlichen aus Wasser mit darin gelösten Eiweißen, Fetten, Kohlenhydraten und Mineralstoffen. Im Blutplasma werden zum Beispiel die Blutzellen und die gelösten Stoffe transportiert.

Manchmal wird im Labor ein *Blutausstrich* hergestellt und mit dem Mikroskop untersucht. Im Blutausstrich erkennt man verschiedene Blutzellen. Die **Roten Blutkörperchen** (Erythrozyten) kommen am häufigsten vor. Ihre Farbe erhalten sie durch den eisenhaltigen Blutfarbstoff **Hämoglobin**. Ihre Form gleicht der zweiseitig eingedellter Scheiben. Sie haben keinen Zellkern und existieren nur etwa 120 Tage. Deshalb müssen ständig neue Erythrozyten gebildet werden. Pro Sekunde entstehen etwa 2,4 Millionen davon im roten Knochenmark. In 5 l Blut befinden sich ungefähr 25 Billionen Rote Blutkörperchen. Ihre gesamte Oberfläche entspricht der Fläche eines halben Fußballfeldes. Mithilfe des Hämoglobins können die Erythrozyten den in der Lunge aufgenommenen *Sauerstoff* zu den Körperzellen transportieren. Bei einer Infektion lässt sich ein vom Normalfall abweichendes Zahlenverhältnis der Blutzellen feststellen. So kann die Anzahl der **Weißen Blutkörperchen** (Leukozyten) deutlich erhöht sein. Von ihnen gibt es drei verschiedene Arten. Alle zusammen bilden ein Abwehrsystem des Körpers. Eine Gruppe von

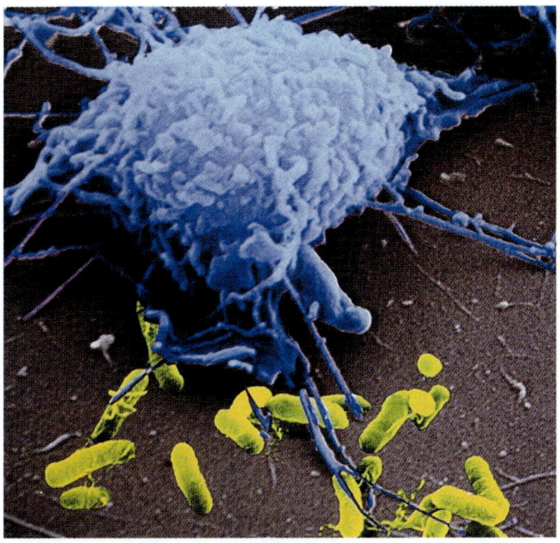

3 **Leukozyt bekämpft Bakterien**

Leukozyten „vertilgt" zum Beispiel eingedrungene Krankheitserreger. Um auch Krankheitsherde außerhalb von Blutgefäßen zu erreichen, können die Weißen Blutkörperchen ihre Form verändern und sich durch die Zellzwischenräume der Gefäßwände zwängen.

Zur kleinsten Gruppe fester Blutbestandteile gehören die **Blutplättchen** (Thrombozyten). Sie entstehen durch den Zerfall von Knochenmarkszellen. Das Zellplasma einer Knochenmarkszelle zerfällt in viele tausend Teile: kleine Plättchen von zwei bis vier tausendstel Millimeter Durchmesser. Die Lebensdauer der Thrombozyten beträgt nur 8 bis 14 Tage.

Sobald ein Blutgefäß verletzt ist, zieht es sich zusammen, um das Auslaufen größerer Blutmengen zu verhindern. Gelangen Blutplättchen an solche Wundränder, so zerfallen sie. Dabei wird ein Enzym frei, das die *Blutgerinnung* in Gang setzt. Über mehrere Zwischenstufen bildet sich ein Netz von Eiweißfäden, das *Fibrin*. Darin verfangen sich die Blutzellen und verklumpen in oft weniger als einer Minute zu einem Blutpfropf. So wird die Blutung gestillt und die Wunde verschlossen.

1. Beschreibe anhand der Abbildungen 1 und 2 die Zusammensetzung und Aufgaben des Blutes.
2. Erläutere die Aufgabe der Weißen Blutkörperchen.
3. Beschreibe, wie der Körper eine Wunde verschließt.

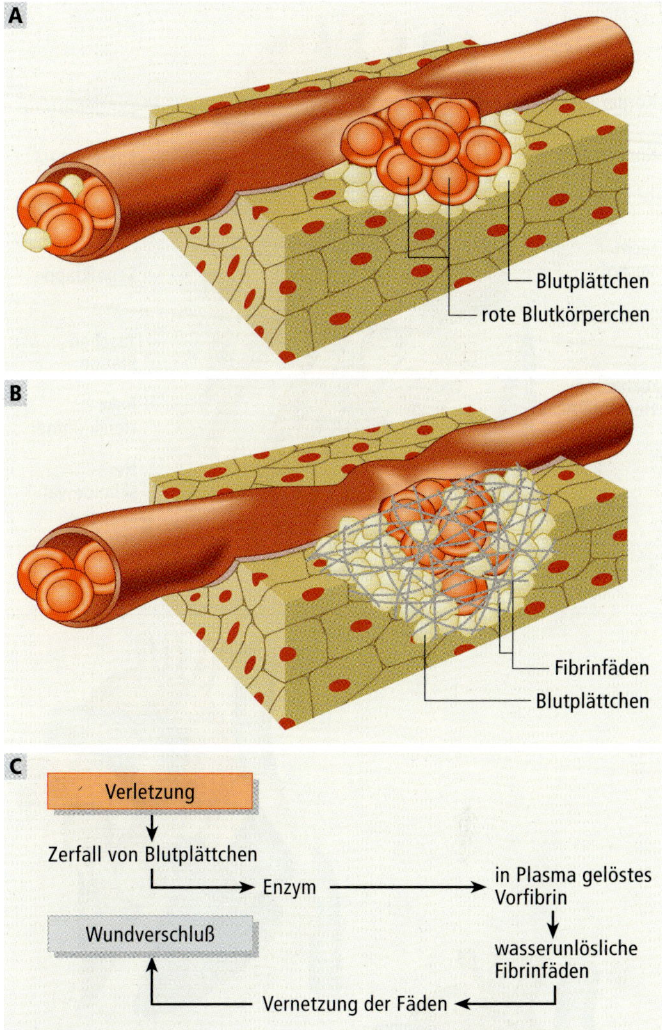

4 **Wundverschluss.** **A** verletztes Gefäß; **B** beginnende Fibrinbildung; **C** Blutgerinnung (Schema)

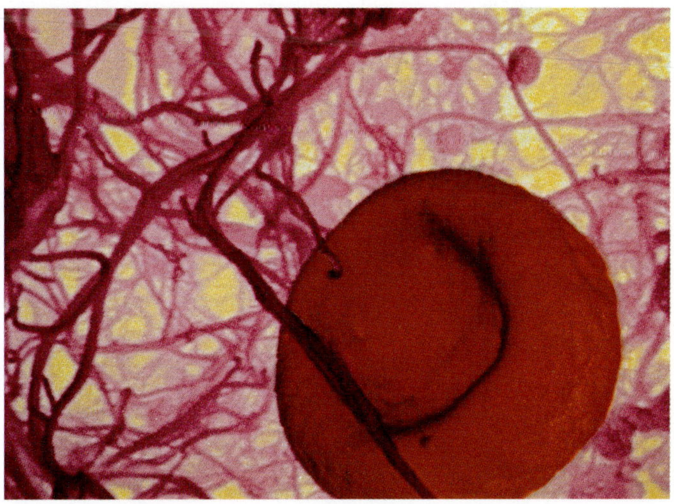

5 **Rotes Blutkörperchen im Fibrinnetz**

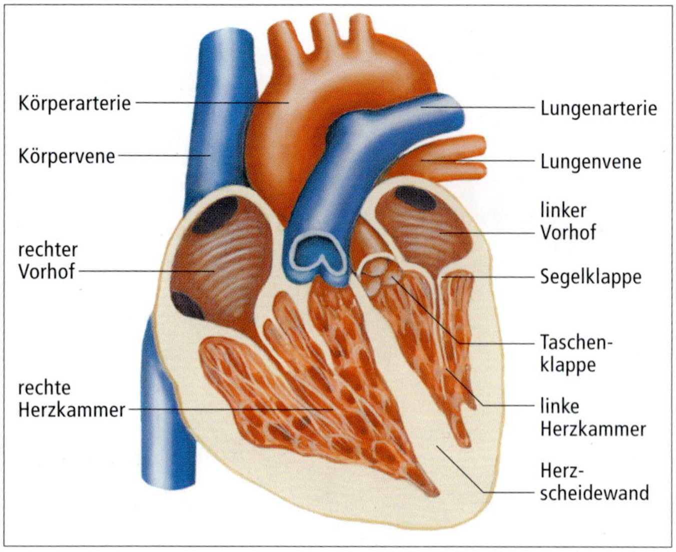

1 Bau des Herzens

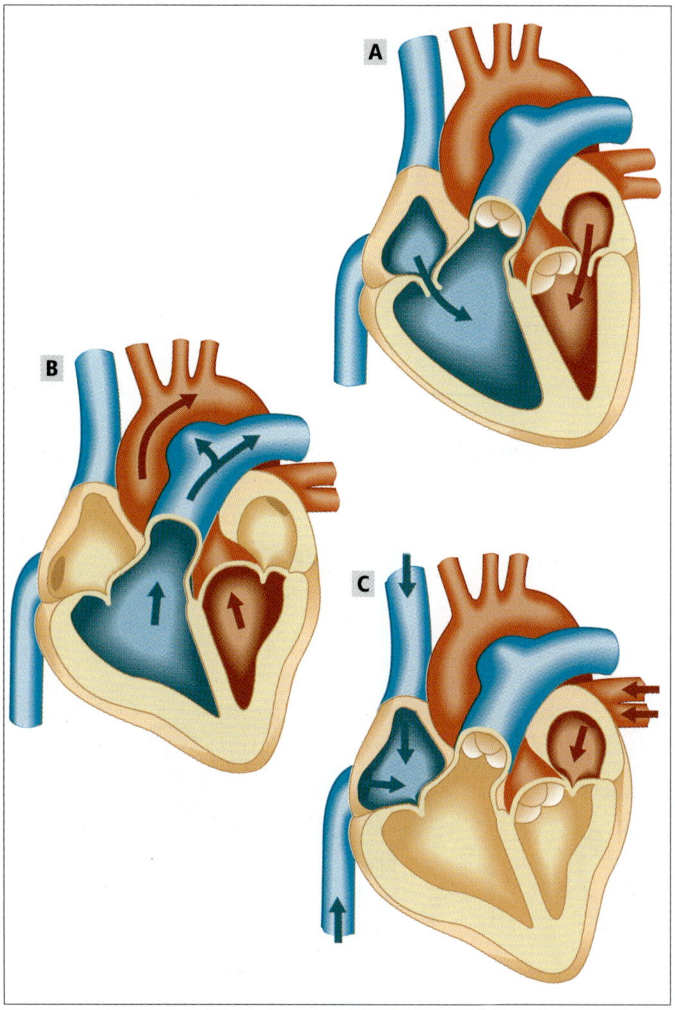

2 Arbeitsphasen des Herzens. **A** Ende der Diastole; **B** Beginn der Systole; **C** Ende der Systole, Beginn der Diastole

4.2 Das Blutgefäßsystem dient dem Stofftransport

Vielleicht ist dir schon einmal morgens beim schnellen Aufstehen schwindelig geworden. Die Ursache hierfür kann eine kurzzeitig verminderte Blutversorgung des Gehirns sein. Dies macht deutlich, wie wichtig eine geregelte Blutversorgung unseres Körpers ist.

Damit das Blut alle Körperzellen erreicht, um sie mit Nährstoffen und Sauerstoff zu versorgen, muss es mit einem bestimmten Druck durch die Adern gepumpt werden. Diese Aufgabe erfüllt das **Herz.** Es besteht aus zwei Hälften, die durch eine *Herzscheidewand* voneinander getrennt sind. Jede Herzhälfte ist in einen *Vorhof* und in eine *Herzkammer* unterteilt. Die Steuerung des Blutstromes aus dem Vorhof in die Herzkammer übernehmen die *Segelklappen.* Der Blutstrom aus den Herzkammern heraus wird über *Taschenklappen* geregelt. Beim ruhenden Erwachsenen schlägt das Herz 60 bis 70 mal in der Minute. Mit jedem Herzschlag werden jeweils etwa 70 ml Blut aus der rechten Herzkammer in die *Lungenschlagader* und aus der linken Herzkammer in die *Körperschlagader,* die *Aorta,* gepumpt. Das sind rund 10 Liter Blut in einer Minute oder etwa 14 000 Liter an einem Tag.

Unser Herz arbeitet ununterbrochen – ein Leben lang. Wenn sich die Muskulatur der Herzkammern bei der *Systole* zusammenzieht, wird das Blut in die vom Herzen wegführenden Adern, die **Arterien,** gedrückt. Sie halten die Druckwellen aus, weil ihre Wand eine kräftige Muskelschicht besitzt. Diese ist außen und innen mit je einer elastischen Gefäßhaut überzogen. Die Arterienwand wird für einen kurzen Augenblick gedehnt und zieht sich danach wieder zusammen. Dadurch bleibt in der anschließenden Erschlaffungsphase des Herzens, der *Diastole,* ein beständiger Blutfluss erhalten.

Das Blut fließt in einem **geschlossenen Blutgefäßsystem.** Die Gefäße verzweigen sich immer mehr. Die feinsten Verästelungen nennt man *Kapillaren.* Die Kapillaren vereinigen sich wieder zu Adern.

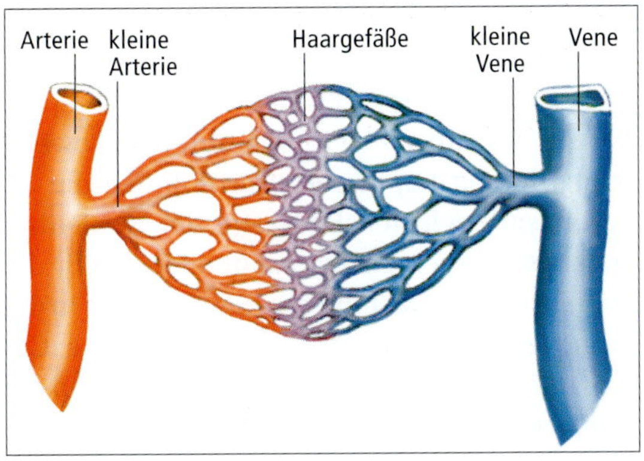

3 **Bau der Kapillaren**

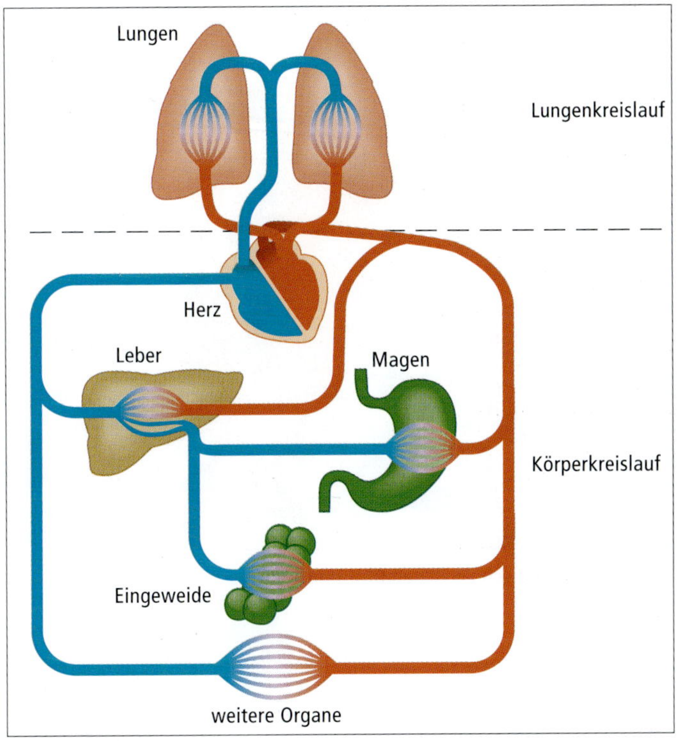

4 **Doppelter Blutkreislauf** (Schema)

Alle zum Herzen führenden Adern heißen **Venen.** Sie sind dünnwandiger gebaut als die Arterien. In den Venen wird das Blut durch den Druck anliegender Muskeln transportiert.

Auch die Pulswellen benachbarter Arterien unterstützen den Transport des venösen Blutes. Jede Vene besitzt mehrere Taschenklappen, die die Fließrichtung zum Herzen regeln. Erst in der Nähe des Herzens wird das Blut bei der Diastole zusätzlich angesaugt. Das sauerstoffarme Blut aus dem Körper gelangt dabei über den rechten Vorhof in die rechte Herzkammer. Gleichzeitig füllen sich Vorhof und Herzkammer der linken Herzhälfte mit sauerstoffreichem Blut aus der Lunge. Bei der anschließenden Systole wird das Blut der rechten Herzkammer in den **Lungenkreislauf** und das Blut der linken Herzkammer in den **Körperkreislauf** gepumpt. Der Mensch verfügt also über einen **doppelten Blutkreislauf**.

Bei der Herztätigkeit entstehen schwache elektrische Spannungen. Diese lassen sich durch Elektroden auf der Körperoberfläche aufnehmen. Die Spannungsschwankungen werden aufgezeichnet und auf einem Monitor sichtbar gemacht. Dieses aufgenommene **E**lektro**k**ardio**g**ramm (**EKG**) gibt dem Arzt Auskunft über die Funktionstüchtigkeit des Herzens.

1. Beschreibe den Blutkreislauf beim Menschen anhand der Abbildung 4.
2. Erläutere den Unterschied des Bluttransportes in Venen und in Arterien.
3. Beschreibe die Vorgänge Systole und Diastole.

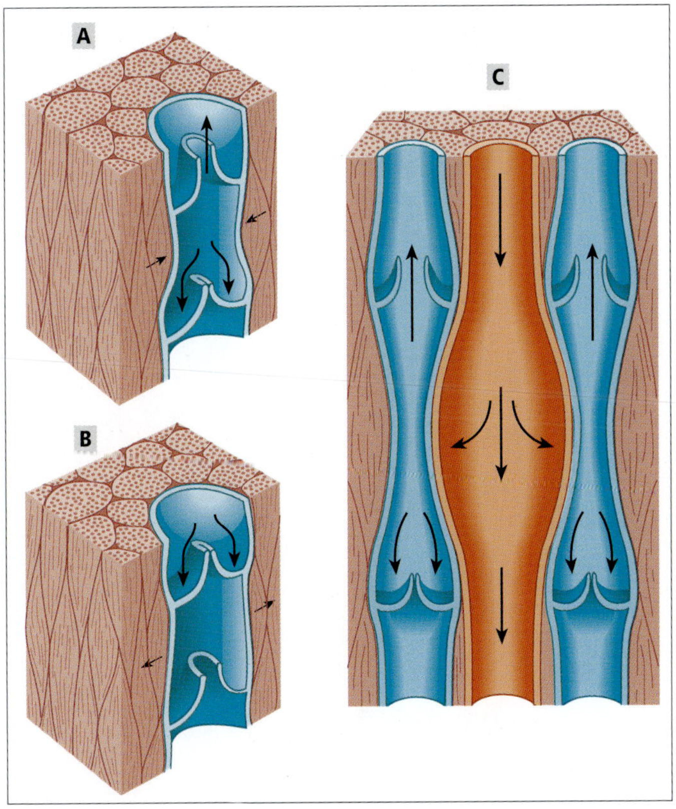

5 **Transport in den Gefäßen.** **A** Muskel angespannt; **B** Muskel entgespannt; **C** Pumpstoß der Arterie

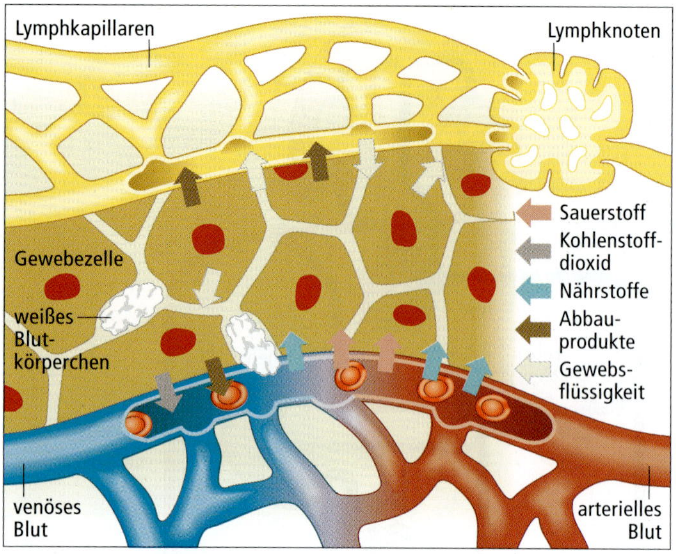

1 Stoffaustausch zwischen Blut und Lymphe

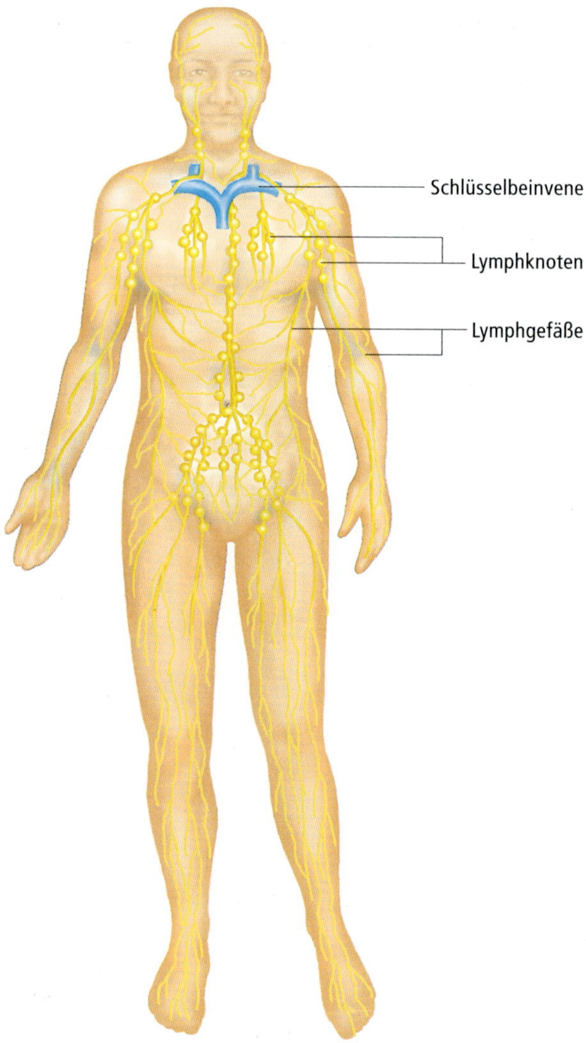

2 Lymphgefäßsystem

4.3 Blut- und Lymphgefäßsystem sorgen für den Stoffaustausch

Der Stoffaustausch zwischen Blut und Gewebe erfolgt in den Kapillaren. Dort können die im Blutplasma gelösten Baustoffe der Kohlenhydrate und Proteine sowie Sauerstoff durch die Kapillarwände diffundieren. Sie gelangen in die zwischen den Körperzellen vorhandene Gewebsflüssigkeit, die **Lymphe.** Aus ihr treten die gelösten Stoffe in die einzelnen Zellen über. Abbauprodukte und Kohlenstoffdioxid nehmen den umgekehrten Weg.

In der Lymphe findet man auch die Bausteine der Fette. Sie werden aus dem Darm direkt in ein zweites Gefäßsystem des Körpers, das **Lymphgefäßsystem** aufgenommen. Das Lymphgefäßsystem beginnt in den Zellzwischenräumen der Gewebe mit einem Netz geschlossener Röhren, den *Lymphkapillaren*. Diese vereinigen sich zu größeren *Lymphgefäßen*, die hinter den Schlüsselbeinen in die Venen des Blutkreislaufs einmünden. Ähnlich wie in den Venen wird auch die Lymphe durch den Druck der Skelettmuskulatur und durch die Pulswellen benachbarter Arterien weiterbefördert. Taschenklappen verhindern das Zurückfließen. Auch kann die Lymphe durch rhythmisches Zusammenziehen der Lymphgefäße vorwärts bewegt werden.

Auf dem Weg in das Blutgefäßsystem fließt die Lymphe durch zahlreiche erbsengroße Verdickungen im Lymphgefäßsystem. Es sind die **Lymphknoten.** Sie filtern aus der Lymphe Krankheitserreger und Giftstoffe heraus. Im Bereich der Schlüsselbeinvene tritt die Lymphe in das Blut über.

Zur Abwehr von Krankheitserregern werden vermehrt bestimmte Weiße Blutkörperchen, die Lymphozyten, gebildet. Übersteigt die Zahl der Erreger die Abwehrkraft des Lymphgefäßsystems, besteht die Gefahr einer „Blutvergiftung". Dabei erscheint unter der Haut oft ein bläulich-roter Streifen. Eine solche Entzündung des Lymphgefäßsystems muss behandelt werden.

1 Erläutere anhand Abbildung 1 den Stoffaustausch zwischen Blutgefäß- und Lymphgefäßsystem.
2 Vergleiche in einer Tabelle die beiden Gefäßsysteme des Körpers.

Blut- und Blutkreislauf

V1 Fühlen und Messen des Pulsschlages

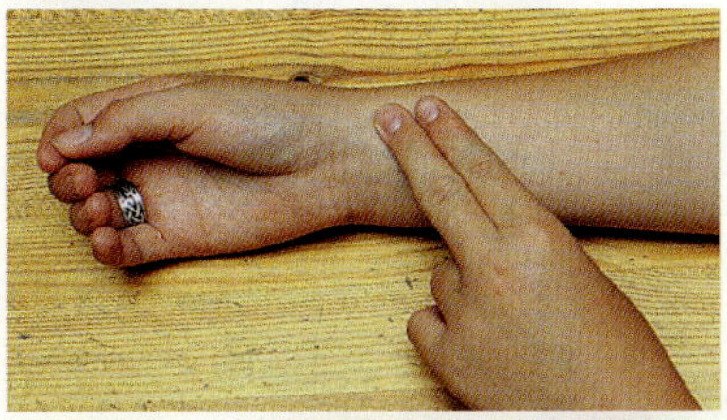

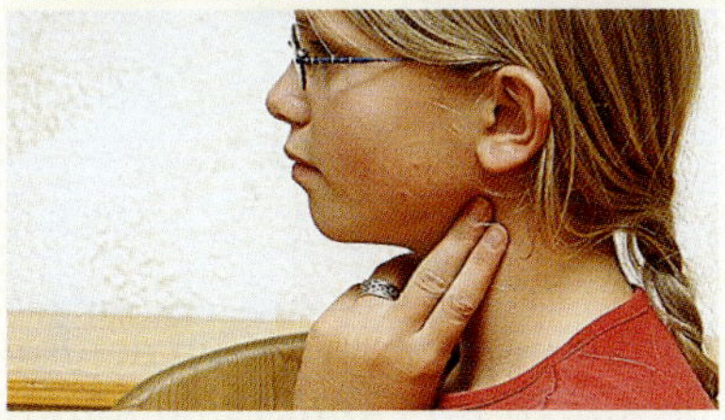

Material: Uhr mit Sekundenangabe

Durchführung: Fühle den Puls mit Zeige- und Mittelfinger entsprechend den Abbildungen.

Aufgaben:

a) Bestimme die Anzahl deiner Pulsschläge in 15 Sekunden und multipliziere mit 4. Notiere.

b) Miss den Puls nach ca. 20 Kniebeugen und vergleiche mit dem Ergebnis aus a).

c) Miss nach den Kniebeugen 4 mal im Abstand von jeweils 1 Minute und stelle die Werte grafisch dar.

d) Vergleiche die Werte aus c) zwischen sportlichen oder weniger sportlich trainierten Mitschülern. Erläutere die Unterschiede.

V2 Blutdruckmessung

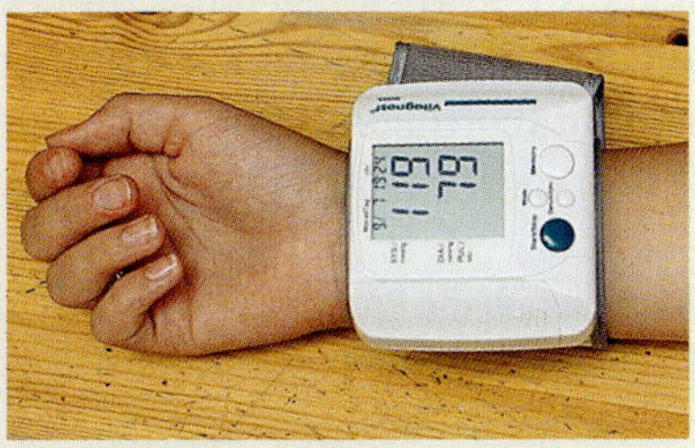

Wie die Pulsmessung kann auch die Messung des **Blutdruckes** Auskunft über unser Herzkreislaufsystem geben. Bei einem Handgelenkmessgerät legt man eine aufblasbare Manschette mit eingebautem Messgerät um das Handgelenk. Eine Pumpe pumpt die Manschette so weit auf, bis die Arterie völlig abgedrückt ist. Dann wird soviel Druck abgelassen, bis wieder Blut durch die Arterie zu fließen beginnt. Der jetzt gemessene obere Wert ist der **systolische Wert.** Er entsteht, wenn das Herz sich zusammenzieht und das Blut in die Gefäße gedrückt wird.
Der Luftdruck in der Manschette wird nun weiter vermindert. Ist gerade soviel Luft entwichen, dass der Blutdruck dem abgesenkten Druck in der Manschette gleicht, misst man den unteren Blutdruck. Es ist der **diastolische Wert.** Er entsteht, wenn das Herz sich entspannt und sich wieder mit Blut füllt.
Der Blutdruck wird in Millimeter Quecksilbersäule gemessen (mm Hg). Unabhängig vom Alter sollte der systolische Wert nicht über 140 mm Hg und der diastolische nicht über 90 mm Hg liegen.

Material: Blutdruckmessgerät für das Handgelenk

Durchführung: Lege das Gerät um das freie Handgelenk, so wie es die Abbildung zeigt. Schließ die Manschette mit dem Klettverschluss. Sie soll rundherum straff am Handgelenk anliegen.
Lege den Arm entspannt auf den Tisch. Winkle dann den Arm soweit nach oben an, dass sich das Handgelenk in Herzhöhe befindet. Drücke die Starttaste und halte den Arm ruhig.

Aufgaben:

a) Lies Puls und Blutdruckwerte ab und notiere. Vergleiche mit den Normwerten aus dem Infotext.

b) Miss erneut nach 20 Kniebeugen und vergleiche die Werte mit a). Erläutere.

V3 Mikroskopieren von Blut

Hinweis: Wegen Infektionsgefahr ist es untersagt, menschliches Blut in der Schule zu untersuchen.

Material: Ungerinnbar gemachtes Tierblut (Oxalatblut); Mikroskop; Objektträger; Deckgläschen; Glasstab

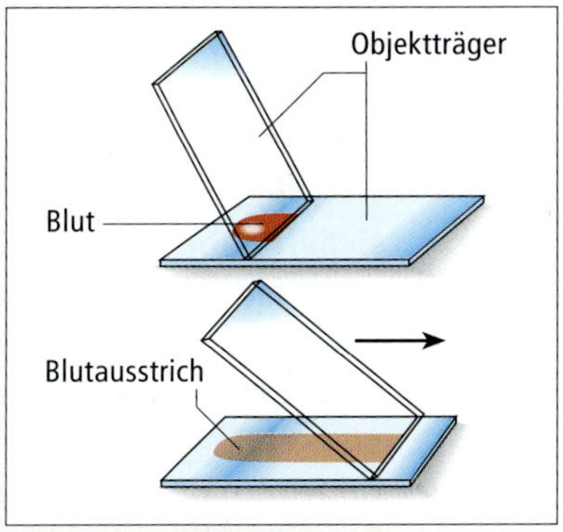

Durchführung: Bringe mit dem Glasstab einen Tropfen Oxalatblut etwa einen halben Zentimeter vom linken Rand entfernt auf einen Objektträger. Fertige einen Blutausstrich an wie abgebildet. Bedecke diesen Blutausstrich mit einem Deckgläschen.

Aufgaben:

a) Mikroskopiere das Präparat bei mittlerer und starker Vergrößerung. Benutze dabei die Blende, um mehr Kontrast zu erreichen. Bestimme die Blutbestandteile.

b) Fertige eine Skizze des mikroskopischen Bildes bei der größten Vergrößerung an.

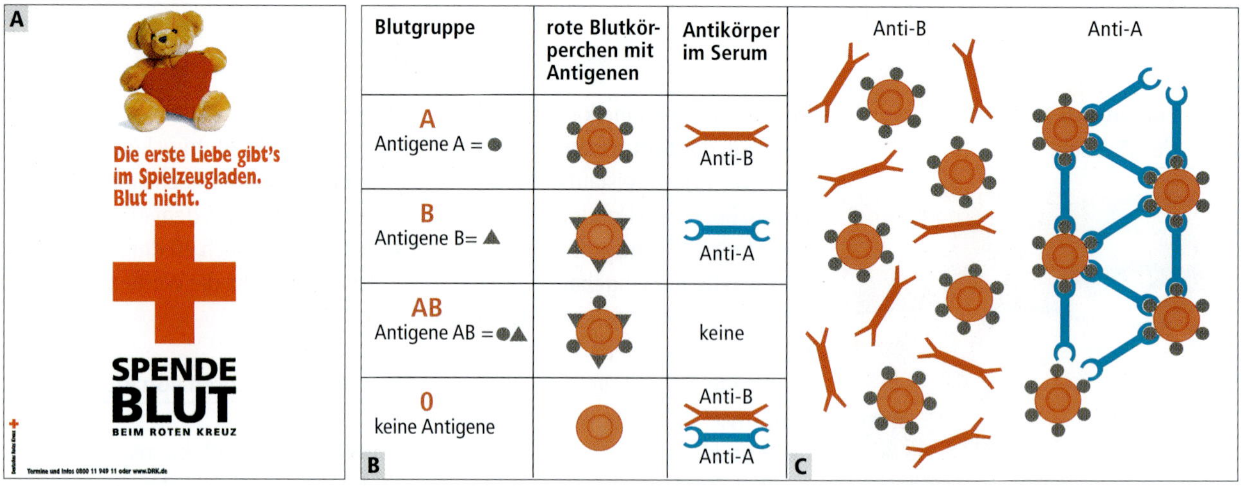

1 Blutgruppen. A Plakat; B Blutgruppen; C Verträglichkeit und Verklumpung

4.4 Blutübertragung kann Menschenleben retten

Verlieren Menschen bei einem Unfall oder bei einer schweren Operation sehr viel Blut, fehlen Rote Blutkörperchen für den lebensnotwendigen Sauerstofftransport. Nur eine **Blutübertragung**, die *Bluttransfusion*, kann sie vor dem sicheren Tod retten. Bei dieser Blutübertragung wird das Spenderblut tropfenweise in das Gefäßsystem des Patienten gegeben. Vorher aber muss der Arzt feststellen, ob Spender- und Empfängerblut miteinander verträglich sind.
Im Serum des Empfängers können Eiweißstoffe vorhanden sein, welche die Roten Blutkörperchen des Spenders verklumpen. Man nennt sie *Antikörper.* Diese verbinden sich mit *Antigenen,* die sich auf der Oberfläche der Roten Blutkörperchen befinden. Die dabei entstehenden Antigen- Antikörper-Klümpchen verstopfen die Kapillaren des Empfängers. Der Blutstrom ist unterbrochen.

Man unterscheidet beim Menschen **4 Blutgruppen.** Die *Blutgruppe A* besitzt auf den Roten Blutkörperchen das *Antigen A,* die *Blutgruppe B* das *Antigen B,* die *Blutgruppe AB* beide *Antigene,* und die *Blutgruppe 0* kein *Antigen.* Im Blutserum befinden sich Antikörper gegen die Antigene anderer Blutgruppen. Im Blutserum der *Blutgruppe A* ist der *Antikörper B (Anti-B),* im Serum der *Blutgruppe B* ist der *Antikörper A (Anti-A),* im Serum der *Blutgruppe AB* ist kein Antikörper und im Serum der *Blutgruppe 0* beide *Antikörper (Anti-A und Anti-B).* Blut darf nur dann übertragen werden, wenn das Serum des Empfängers die Roten Blutkörperchen des Spenders nicht verklumpt. Dies wird mit der *Blutgruppenbestimmung* festgestellt. Heute überträgt man fast immer Blut derselben Blutgruppe.

Die Blutgruppe 0 kommt mit 43,6 % der Bevölkerung bei uns am häufigsten vor. Es folgt die Blutgruppe A mit 43 %. Die Blutgruppen B (9,7 %) und AB (3,7 %) kommen seltener vor.

Außer den beiden Blutgruppenantigenen hat man noch ein weiteres Blutmerkmal festgestellt. Es ist der **Rhesusfaktor.** In Mitteleuropa ist er bei 85 % der Menschen vorhanden. Sie werden *rhesuspositiv* (rh pos) genannt. Etwa 15 % der Menschen haben diesen Faktor nicht; sie sind *rhesusnegativ* (rh neg). Würde man einem rh neg-Empfänger das Blut eines rh pos-Spenders übertragen, so können sich im Blut des Empfängers Antikörper gegen das Blut des Spenders bilden. Bei einer später stattfindenden erneuten Blutübertragung mit rh pos-Blut können Rote Blutkörperchen zerstört werden.

1. Beim Test verklumpen die Probe 1 mit der Lösung Anti A und mit der Lösung Anti B. Die Probe 2 verklumpt mit keiner der beiden Lösungen. Um welche Blutgruppen handelt es sich jeweils ?

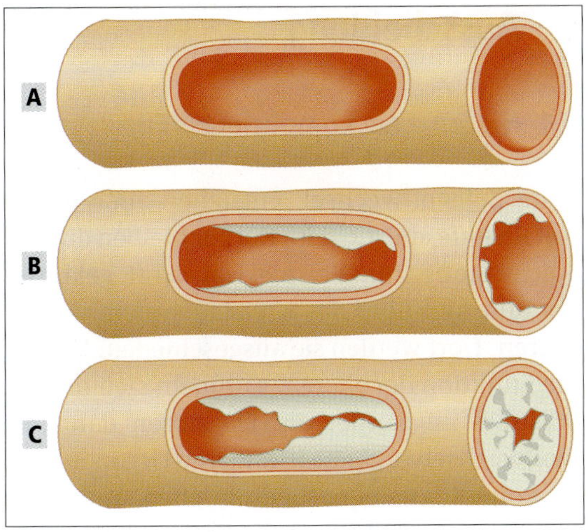

1 **Arterien.** **A** gesund; **B** geschädigt; **C** verstopft

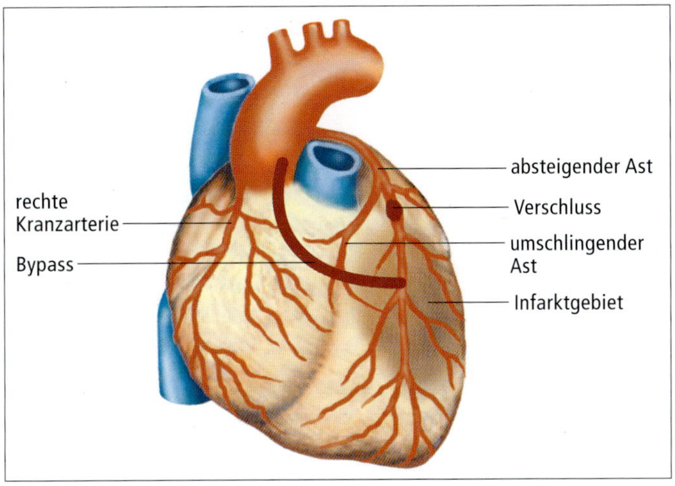

2 **Herzinfarkt und Hilfe**

4.5 Herz-Kreislauf-Erkrankungen und ihre Ursachen

Atemnot, heftige Schmerzen in der Brust und im linken Arm und kalter Schweiß auf der Stirn sind Anzeichen eines drohenden Herzinfarktes. Da Lebensgefahr besteht, muss sofort ein Arzt gerufen werden. Erste-Hilfe-Maßnahmen kann jeder leisten: Sofort Notarzt rufen, beengende Kleidung öffnen und auf den Erkrankten beruhigend einwirken. Wie kommt es zu einem Herzinfarkt?

Kreislauferkrankungen beginnen unmerklich. Falsche Ernährung und Bewegungsmangel führen zu Übergewicht. Nikotinmissbrauch verengt die Adern und lässt somit den Blutdruck steigen. Auch andauernder Stress belastet den Kreislauf. Im Laufe der Jahre kommt es durch Ablagerung von Fettstoffen und Mineralstoffen zu einer Verdickung der inneren Arterienwand. Dadurch werden die Gefäße eingeengt und der normale Blutfluss behindert. Durch diese „Verkalkungen" verlieren die Arterien zunehmend ihre Elastizität. Die davon betroffenen Menschen leiden an **Arteriosklerose.**

Die Herzkranzgefäße versorgen den kräftig arbeitenden Herzmuskel mit Sauerstoff. Bei besonderen körperlichen oder seelischen Belastungen steigt der Sauerstoffbedarf des Herzmuskels. Sind die Gefäße durch Ablagerungen krankhaft verengt, können sie nur unzureichend durchblutet und mit Sauerstoff versorgt werden. Es kommt zum **Herzinfarkt**. Aber auch ein akuter Verschluss eines Herzkranzgefäßes kann den Herzinfarkt auslösen. Dabei verstopfen kleine Blutgerinnsel, die Thromben, im Blutstrom die Kranzgefäße. Das Muskelgewebe wird nicht mehr gut durchblutet und droht abzusterben. Bei einer Herzoperation überbrückt man durch einen **Bypass** die Verschlussstelle mit einem gesunden Gefäß, so dass das Blut wieder fließen kann.

Wie aber lassen sich Herz-Kreislauferkrankungen verhindern? – Regelmäßige körperliche Betätigungen an frischer Luft wie Radfahren, Joggen und Schwimmen trainieren Herz und Kreislauf und bauen Stress ab. Wenn wir zusätzlich täglich reichlich Obst und Gemüse essen und uns fettarm ernähren, beugen wir Übergewicht und krankhaften Veränderungen in unseren Adern vor.

1. Begründe die folgenden Gesundheitstipps anhand des Textes.

- **Abwechslungsreich und fettarm ernähren**
- **Regelmäßig Sport treiben**
- **Blutdruck regelmäßig kontrollieren**
- **Kein Alkoholmissbrauch und nicht rauchen**
- **Andauernden Stress vermeiden**

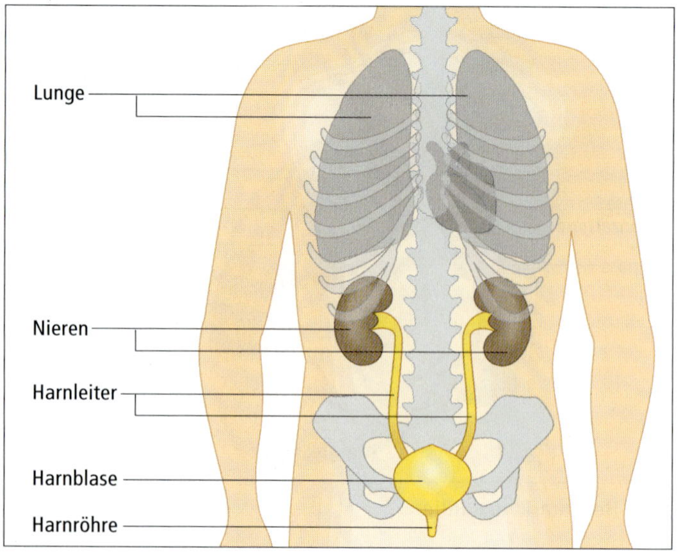

1 **Lage der Nieren**

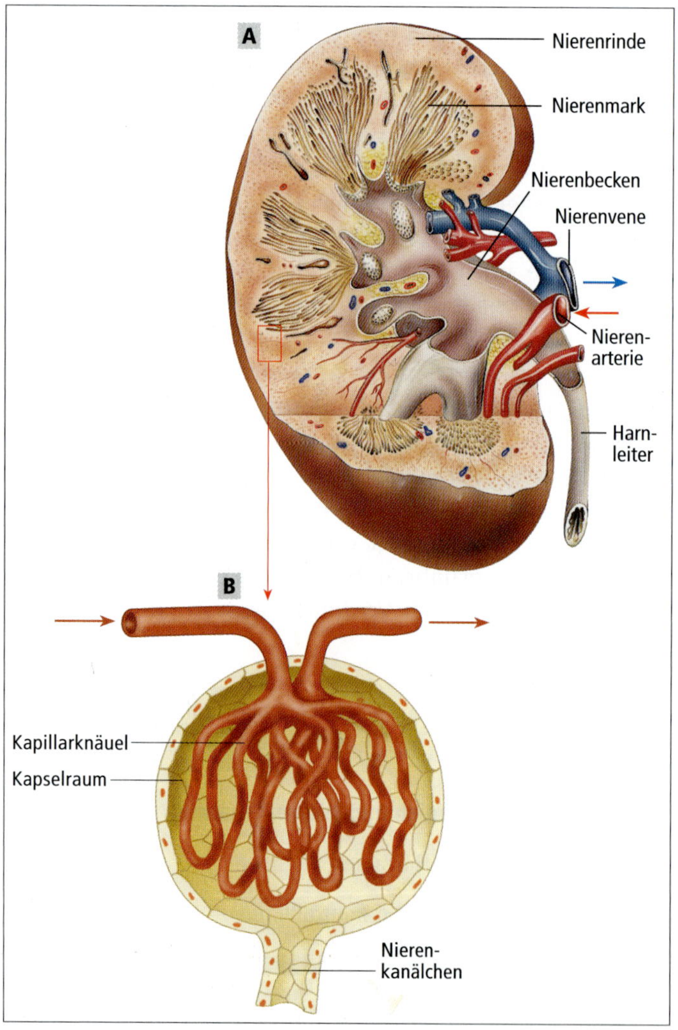

2 **Bau der Niere.** **A** Niere; **B** Nierenkörperchen

5 Ausscheidung

5.1 Nieren – ein kompliziertes Filtersystem

Beim Zellstoffwechsel entstehen auch giftige Abfallstoffe, die nicht im Körper bleiben dürfen. Solche Stoffe, zum Beispiel Harnstoff, gelangen ins Blut und über das Kreislaufsystem zu den Nieren. Dort werden sie ausgeschieden. Versagt die Funktion der Nieren, sammeln sich die Abfallstoffe im Körper an. Sie stören dann die Stoffwechselvorgänge in anderen Organen, und es kommt zu lebensbedrohlichen Vergiftungen. Wie aber schützen die Nieren den Körper vor solchen Vergiftungen?

Unsere beiden Nieren haben eine bohnenförmige Gestalt. Sie sind etwa 13 cm hoch, 6 cm breit und 4 cm dick. Der gesamte Blutstrom durchfließt die Nieren; das sind täglich bis zu 1500 l Blut. Von der Hauptschlagader gelangt das Blut über die *Nierenarterie* in die Kapillaren der *Nierenrinde*. In der Nierenrinde liegen etwa 1,2 Millionen **Nierenkörperchen.** Jedes Nierenkörperchen umschließt wie eine doppelwandige Kapsel ein Knäuel feinster Kapillaren. Da in den Kapillarknäueln die Blutgefäße verengt sind, erhöht sich der Blutdruck. Unter diesem Druck werden aus dem Blut Wasser und alle darin gelösten Stoffe wie durch einen Filter durch die äußerst feinen Poren der Kapillarwände gepresst. So treten Traubenzucker, Aminosäuren und Harnstoff aus dem Blut in die Nierenkörperchen über. Rote Blutkörperchen und die großen Proteinmoleküle bleiben im Blut zurück. Auf diese Weise werden täglich etwa 170 l *Primärharn* gebildet. Er enthält neben Wasser alle gelösten Stoffe in gleicher Konzentration wie im Blut.

An die Nierenkörperchen schließt sich jeweils ein vielfach gewundenes **Nierenkanälchen** an, das von einem dichten Kapillarnetz umsponnen ist. Über diese Kapillaren werden dem Primärharn wichtige Stoffe wie Wasser, Nährstoffe und andere Verbindungen wieder entzogen. So gehen Wassermoleküle aus dem Nierenkanälchen ins Nierengewebe und schließlich in die Blutbahn zurück.

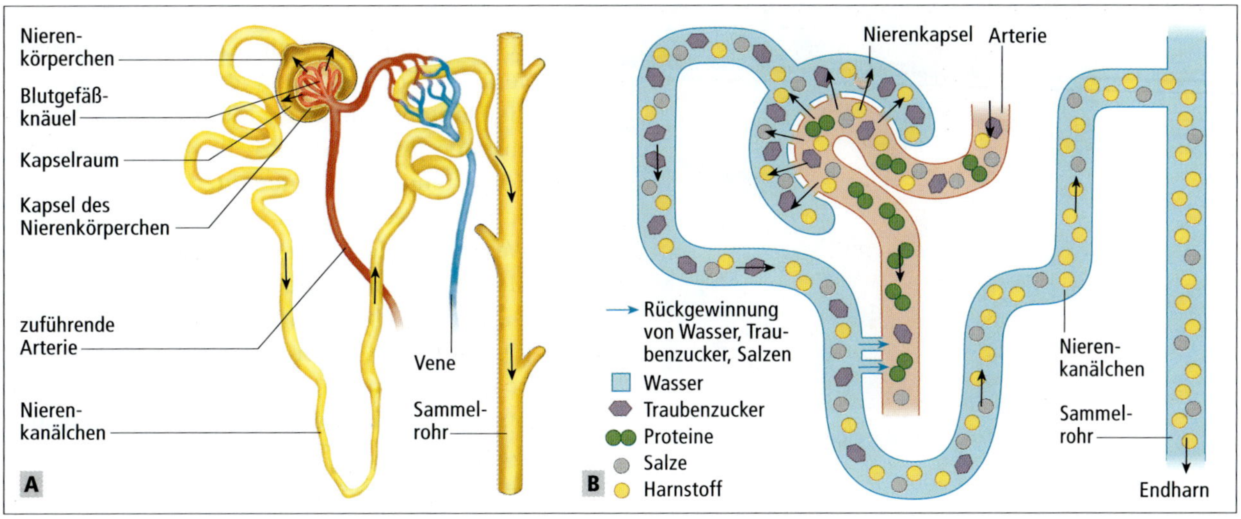

3 Funktion der Niere. **A** Feinbau; **B** Schema

Dieser Vorgang wird von einem Hormon der Hirnanhangsdrüse gesteuert. Es beeinflusst offenbar die Porengröße in den Nierenkanälchen und damit die *Rückgewinnung* des Wassers. Ist der Wassergehalt des Körpergewebes zum Beispiel durch viel Flüssigkeitsaufnahme erhöht, wird wenig Wasser zurückgewonnen. Ist der Wassergehalt dagegen niedrig, wird viel Wasser zurückgewonnen. Die Nieren regulieren also den *Wasserhaushalt* des Körpers.

Von den gelösten Stoffen werden alle Aminosäuren und der größte Teil des Traubenzuckers aus dem Primärharn zurückgewonnen. Von den verschiedenen Salzen gelangen vor allem Kalium- und Calciumsalze sowie Kochsalz ins Blut zurück. Die Nieren regulieren also auch den *Salzhaushalt* des Körpers.

Wenn der Primärharn die Nierenkanälchen passiert hat und die anschließenden Sammelrohre durchläuft, bleiben von den ursprünglich 170 l nur noch etwa 1,5 l übrig: der *Sekundärharn* oder **Urin.** Mit dem Urin scheiden wir täglich 30 bis 40 g Harnstoff aus. Dazu kommen etwa 5 g Kochsalz sowie Harnsäure und andere nicht verwertbare Stoffe. Über die Harnleiter wird der Urin in die Harnblase geleitet und dort gesammelt.

Die Zusammensetzung des Urins kann auch Aufschluss über den Gesundheitszustand geben. So weisen Weiße Blutkörperchen im Urin auf Entzündungen der Nieren oder Harnwege hin. Rote Blutkörperchen oder Proteine lassen auf innere Erkrankungen schließen. Durch eine Urinprobe kann auch die Einnahme von Dopingmitteln nachgewiesen werden.

Wenn die Nieren nicht mehr arbeiten, tritt nach ein paar Tagen der Tod ein, weil der Körper durch Abfallstoffe vergiftet wird. Die *Künstliche Niere* kann dann vorübergehend die Entgiftung des Blutes übernehmen. Diesen Vorgang der „Blutreinigung“ nennt man **Dialyse.**

1. Berichte anhand der Abbildungen 2 und 3 über die Funktion der Niere!
2. Wie funktioniert eine Dialyse?

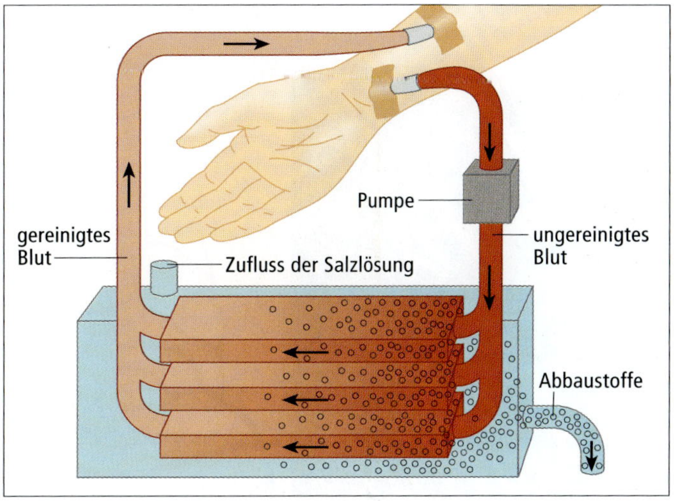

4 Dialyse (Schema)

1 Sport ist Schweiß treibend

5.2 Auch die Haut scheidet Stoffe aus

Beim Sport ist Manuel ganz schön ins Schwitzen gekommen. Die Haut ist gerötet und feucht. Herabperlende Tropfen schmecken leicht salzig. Bleibt der Schweiß längere Zeit direkt auf der Haut, geht ein unangenehmer Geruch von ihm aus. Woran liegt das?

Unser Körper scheidet nicht die gesamte überschüssige Flüssigkeit als Urin aus. Ein Teil des Körperwassers wird durch die Lungen in Form von Wasserdampf abgegeben. Aber auch über die **Schweißdrüsen** der Haut verdunstet Wasser. Die Schweißdrüsen sind von einem feinen Kapillarnetz umsponnen. Hier tritt Wasser aus dem Blut in die Schweißdrüsen über und wird durch feine Poren auf die Hautoberfläche geleitet. Ist der Körper erwärmt, wird die Haut stärker durchblutet, und die Schweißdrüsen geben vermehrt Schweiß ab. Verdunstet er, kühlt sich die Hautoberfläche ab. Mithilfe der Schweißabsonderung wird also die Regulierung der Körpertemperatur unterstützt.

Schweiß besteht aber nicht nur aus reinem Wasser, sondern er enthält auch in geringen Mengen gelöste Stoffe wie Salze und Harnstoff. Die Schweißdrüsen unterstützen also teilweise die Nieren in ihren Aufgaben. Bei stärkerer Schweißabsonderung verliert der Körper nicht nur größere Flüssigkeitsmengen, sondern auch wichtige Mineralien. Daher ist es besonders bei großer Hitze oder schweißtreibenden Tätigkeiten wichtig, den so entstandenen Durst mit mineralhaltigen Getränken zu löschen.

Der Schweiß, der aus den Poren tritt, ist geruchlos. Befindet er sich jedoch einige Zeit auf der Haut, so wird er von Bakterien, die sich auf der Hautoberfläche befinden, zersetzt. Von solchen Bakterien wird zum Beispiel die übelriechende Buttersäure abgesondert, die den unangenehmen Geruch ungewaschener und durchgeschwitzter Kleidung bewirkt. Durch regelmäßiges Waschen und täglichen Wäschewechsel kann man dieser Geruchsbildung vorbeugen. Deodorantien töten teilweise Bakterien ab und verhindern dadurch die Entstehung von Körpergeruch.

1. Erläutere, welche Aufgaben das Schwitzen erfüllt.

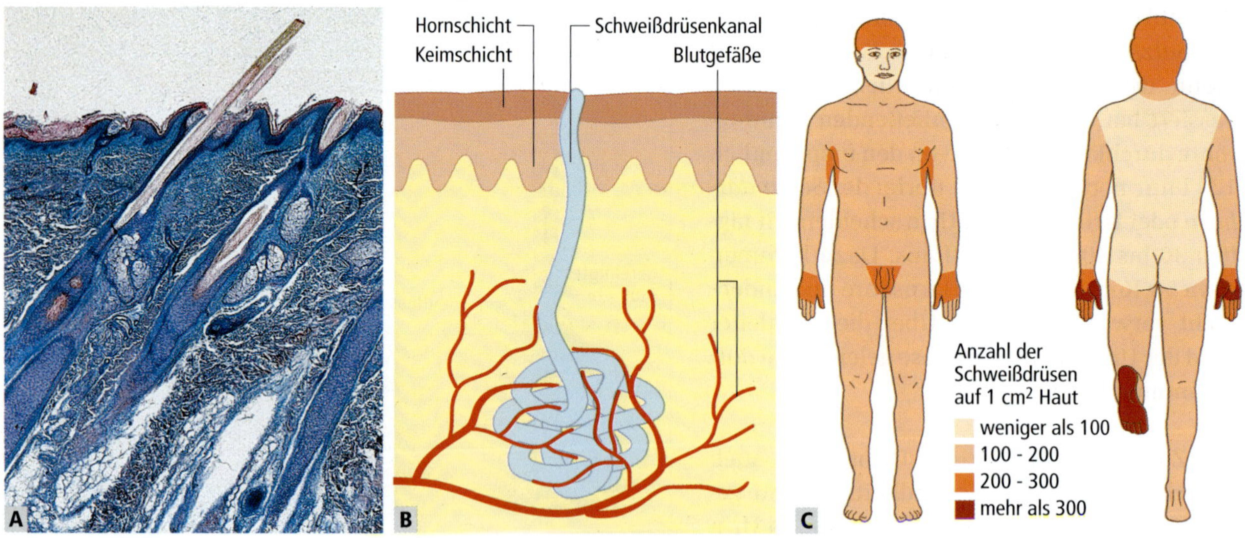

2 Schweißdrüßen. A Mikrofoto; B Schweißdrüsen; C Verteilung auf der Haut

Stoff- und Energiewechsel des Menschen

Ernährung

- Nahrungsmittel dienen zur Gesunderhaltung des Körpers. Sie versorgen ihn mit Bau- und Betriebsstoffen.
- Lebenswichtige Nährstoffe in den Nahrungsmitteln sind Kohlenhydrate, Proteine, Fette.
- Nährstoffe liefern Energiemengen, die der Körper als Grund- und Leistungsumsatz täglich verbraucht.
- Vitamine, Mineralstoffe und Spurenelemente müssen mit der Nahrung aufgenommen werden. Sie sind an zahlreichen lebenswichtigen Prozessen im Körper beteiligt.
- Gesunde Ernährung zeichnet sich durch ein ausgewogenes Verhältnis von reichlich Kohlenhydraten, ausreichend Proteine und wenig Fett aus. Der Flüssigkeitsbedarf pro Tag beträgt 2–3 Liter.
- Ein normales Essverhalten trägt dazu bei, sein Idealgewicht zu erreichen, bei dem man sich gesund und wohl fühlt.
- Magersucht und Bulimie beruhen auf einem krankhaften Essverhalten.

Verdauung

- Bei der Verdauung werden die Nährstoffe mithilfe von Enzymen in ihre Grundbestandteile zerlegt und über den Dünndarm dem Blut- und Lymphkreislauf zugeführt.
- Zu den Enzymen gehören Amylase, Pepsin, Lipase, Trypsin, Maltase.
- Amylase und Maltase bauen Kohlenhydrate zu Glucose ab.
- Lipase zerlegt Fette in Glycerin und Fettsäuren.
- Pepsin zerlegt Proteine in Peptide; Trypsin spaltet Peptide in Aminosäuren auf.
- Die Leber baut körpereigene Stoffe auf; sie baut auch Schadstoffe wie Alkohol und Medikamente ab.
- Bei Diabetes ist die Bildung des Hormons Insulin in der Bauchspeicheldrüse gestört.

Atmung und Blutkreislauf

- Atemluft gelangt über Nase, Rachen, Kehlkopf, Luftröhre und Bronchien in die Lunge.
- Zwerchfell und Zwischenrippenmuskeln bewirken durch Vergrößerung und Verkleinerung des Lungenvolumens die Atembewegungen.
- Durch die Atmung wird dem Blut Sauerstoff zugeführt und Kohlenstoffdioxid entfernt.
- Der Gaswechsel findet in den Wänden der Lungenbläschen statt.
- Die Energiegewinnung in den Körperzellen bezeichnet man als Zellatmung.
- Blut besteht aus Blutplasma und Blutzellen.
- Blutplama setzt sich aus Serum und Vorfibrin zusammen.
- Zu den Blutzellen gehören weiße und rote Blutkörperchen sowie Blutplättchen.
- Blut transportiert Atemgase, Nährstoffe und Abfallprodukte. Blut verteilt Hormone und wehrt Krankheitserreger ab.
- Das Blut fließt in einem geschlossenen Blutgefäßsystem.
- In einem doppelten Blutkreislauf wird das Blut vom Herz durch den Körper- und Lungenkreislauf gepumpt. Es fließt dabei durch die Arterien in die Kapilaren und kehrt durch die Venen zum Herz zurück.
- Das Lymphgefäßsystem leitet Flüssigkeiten und Stoffe aus den Geweben ins Blut.
- Lymphknoten filtern aus der Lymphe Krankheitserreger und Giftstoffe.
- Beim Menschen unterscheidet man zwischen den Blutgruppen A, B, AB, 0.
- Bei Blutübertragungen müssen die Blutgruppen übereinstimmen.

Ausscheidung

- An der Ausscheidung sind Nieren, Lunge und Haut beteiligt.
- Die Ausscheidung von nicht verwertbaren Stoffen aus dem Stoffwechsel erfolgt über die Nieren.
- Nieren regulieren den Wasser- und Salzhaushalt des Körpers.
- Mit dem Schweiß der Haut werden Salze und nicht verwertbare Stoffe ausgeschieden.

Mensch und Gesundheit

1 Gesunder Spaß

1 Jeder ist für seine Gesundheit verantwortlich

Nachmittags treffen sich Peter und Marc oft zum Skateboard fahren an der Halfpipe neben ihrer Schule. Es macht ihnen großen Spaß, sich nach den Anstrengungen im Unterricht hier richtig auszutoben. Doch in der letzten Woche konnte Peter nicht kommen. Er hatte Schnupfen und fühlte sich so krank, dass er zu Hause bleiben musste.

Aus eigener Erfahrung weiß jeder, wie man sich fühlt, wenn man krank ist. Erst dann wird uns der Zustand des Gesundseins bewusst, den wir normalerweise als selbstverständlich hinnehmen. Das Gesundsein zu beschreiben fällt uns viel schwerer als die Beschreibung einer Erkrankung. Die Welt-Gesundheits-Organisation (WHO) definiert Gesundheit als einen „Zustand vollkommenen körperlichen, sozialen und geistigen Wohlbefindens". Darunter ist eine ausgewogene Beziehung zwischen Körper, Seele, Geist und sozialem Umfeld zu verstehen. Ob sich jemand krank oder gesund fühlt, kann demnach jeder nur für sich selbst beurteilen. So wird eine Erkältung von manchen als lästiges Unwohlsein empfunden, während andere sich richtig krank fühlen.

Jeder von uns ist vielfältigen Einflüssen ausgesetzt, die unsere Gesundheit beeinträchtigen können. So belasten uns schlechte Luft oder Verkehrslärm in Großstädten. Dagegen lässt sich kurzfristig wenig unternehmen. Oft aber können wir schädigenden Einflüssen ausweichen oder Gegenmaßnahmen treffen. In der Schule und im Büro ist es wichtig, körpergerechte Sitz- und Arbeitsmöbel zu benutzen. So werden Wirbelsäule und Muskulatur nicht einseitig belastet und Haltungsschäden vermieden. Für manche Arbeitsplätze ist ein Lärmschutz vorgeschrieben, um Hörschäden vorzubeugen.

Auch durch unsere Ernährungsweise, Hygiene und die persönliche Lebensführung können wir selbst viel dazu beitragen, uns gesund zu erhalten. Dabei bedeutet gesunde Lebensführung ein ausgewogenes Verhältnis von Anstrengung und Entspannung, von Arbeit und Muße. Reizüberflutung ist ebenso schädlich wie zu wenig Schlaf.

Aktiv gesund erhalten können wir uns durch ausreichende Bewegung und sportliche Aktivitäten. Auch die Beschäftigung mit einem Hobby trägt oft positiv zu unserem Wohlbefinden bei. Dagegen kann ein falscher Umgang mit Alkohol, Tabletten und Genussmitteln unser Wohlbefinden negativ beeinflussen und unsere Gesundheit schädigen.

1. Nenne Situationen, in denen du gesundheitsschädlichen Einflüssen ausgesetzt bist und Möglichkeiten, diese zu vermeiden.
2. Nenne Freizeitbeschäftigungen. Beurteile deren Einfluss auf das gesundheitliche Wohlbefinden.

2 Umwelteinflüsse auf unsere Gesundheit

EXKURS

Stress

Stelle dir folgende Szene vor: Du musst eine Klassenarbeit schreiben. Werden dir diesmal die Lösungen einfallen? Dein Herz schlägt schneller und dir wird heiß. Du bist aufgeregt, dein Kopf scheint wie leergefegt. Am liebsten würdest du alles hinschmeißen und die Flucht ergreifen. Du empfindest **Stress.**

Biologisch gesehen ist Stress ein Alarmzustand unseres Körpers. Ein Botenstoff, das Hormon *Adrenalin*, sorgt dafür, dass unser Körper eine erhöhte Flucht- oder Angriffsbereitschaft zeigt. Innerhalb weniger Sekunden werden über das vegetative Nervensystem und das Hormonsystem Energiereserven freigesetzt.

Der Blutdruck steigt, der Herzschlag und die Atmung sind beschleunigt. Gleichzeitig wird das Gehirn teilweise blockiert. Solche *Stressreaktionen* können sich in einer Prüfungssituation als nachteilig auswirken, wenn es dir nicht gelingt, wieder zu Ruhe und Konzentration zu kommen. In anderen Situationen sind sie sinnvoll, wenn du zum Beispiel einer akuten Gefahr gegenüberstehst und schnell reagieren musst.

Kurzzeitige Stresssituationen, denen ausreichende Erholungsphasen folgen, nennt man **Eustress.** Dies ist für unsere Gesundheit sogar förderlich, da dadurch die Widerstandskraft des Körpers gegen Krankheitserreger gestärkt wird.

Dauerstress oder **Distress** dagegen macht krank. Reizungen der Magenschleimhaut, Magen- und Darmgeschwüre können die Folge sein. Das Risiko eines Herzinfarkts ist erhöht. Dieses Krankheitsbild wurde früher als Managerkrankheit bezeichnet. Heute sind stressbedingte Krankheiten bei uns jedoch weit verbreitet.

Um sich vor lang andauerndem Stress zu schützen, sind genügend Schlaf, richtige Ernährung und regelmäßige Bewegung in frischer Luft genauso wichtig wie die Bewältigung von Problemen, die psychisch belasten. Eine richtige Zeit- und Arbeitsablaufplanung hilft, Stress zu vermeiden.

1 Grillfest

2 Mögliche Infektionswege einer Salmonellenerkrankung

2 Infektionskrankheiten und Immunsystem

2.1 Krank durch Bakterien

Die Freiwillige Feuerwehr hat ihre Jugendlichen im Sommer zu einem Grillfest eingeladen. Es gibt Würstchen mit Kartoffelsalat. Nach dem Fest jedoch bekommen einige Teilnehmer Kopf- und Bauchschmerzen. Als sie dann ein heftiger Durchfall plagt und ihr Fieber auf 40 °C steigt, wird der Arzt gerufen. Er vermutet eine *Salmonellose*: eine Lebensmittelvergiftung durch Salmonellen.

Die Erreger einer Salmonellose sind **Bakterien**, die häufig schon beim Schlachten und Verarbeiten von Fleisch oder auch Eiern in die Nahrung gelangen. Über befallene Eier waren die Salmonellen in die Majonäse des Kartoffelsalats gelangt. Durch Einfrieren werden die Bakterien nicht abgetötet. Deshalb ist es besonders wichtig, die Erreger durch Kochen oder gutes Durchbraten von Speisen unschädlich zu machen. Bei der Salmonellose beträgt die Zeit von der Ansteckung, der **Infektion**, bis zum Ausbruch der Krankheit nur wenige Stunden. Man bezeichnet diesen Zeitraum als **Inkubationszeit**. Die Bakterien vermehren sich während dieser Zeit im menschlichen Körper schnell und scheiden Giftstoffe aus, die zu den genannten **Symptomen** führen. Nach drei bis fünf Tagen klingen die Krankheitserscheinungen ab. Die Phase der Gesundung, die **Rekonvaleszenz**, schließt sich an. Durch ärztlich verordnete Medikamente wie Antibiotika lässt sich der Krankheitsverlauf einer solchen Infektionskrankheit verkürzen. Bei älteren und geschwächten Menschen kann eine Salmonellose jedoch auch tödlich verlaufen.

1. Beschreibe mögliche Infektionswege einer Salmonellose.
2. Informiere dich im Lexikon oder Internet, durch welche Symptome sich die in der Tabelle aufgeführten bakteriellen Erkrankungen äußern.

Krankheit	Übertragung	Inkubationszeit
Keuchhusten	Atemluft	7–21 Tage
Tuberkulose	Atemluft, Haut- und Schleimhautwunden	meist Wochen oder Monate
Tetanus (Wundstarrkrampf)	Eindringen von Bakterien in offene Wunden, auch kleinste Verletzungen	4–60 Tage
Scharlach	Atemluft	2–4 Tage

Was ist ein Bakterium?

Bakterien bestehen aus nur einer Zelle. Sie sind mit ca. 0,0005 bis 0,008 mm so klein, dass man sie nur mithilfe eines Mikroskops sehen kann. Nach der Form der Zellen werden die Bakterien benannt als stäbchenförmige *Bazillen,* kugelige *Kokken,* schraubenförmige *Spirillen* oder kommaförmige *Vibrionen*.

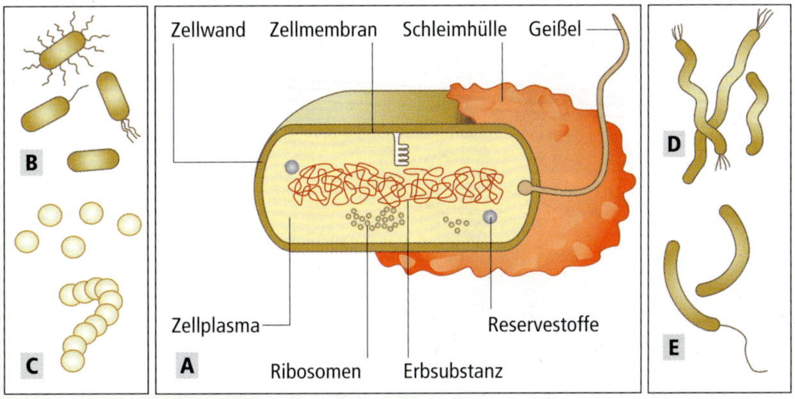

Bakterium. A Schema; **B** Bazillen; **C** Kokken; **D** Spirillen; **E** Vibrionen

Den Feinbau der Bakterienzelle erkennt man erst unter einem Elektronenmikroskop. Die Zelle hat eine feste **Zellwand,** die ihr Halt und Form verleiht. Oft ist sie von einer *Schleimhülle* umgeben. Viele Bakterien besitzen eine *Geißel* zur Fortbewegung. Dem Bakterium fehlt ein Zellkern. Das *Erbgut* liegt frei im **Zellplasma.**

Bakterien vermehren sich durch Teilung. Unter günstigen Bedingungen, d. h. bei gutem Nahrungsangebot, bei ausreichender Feuchtigkeit und bei Temperaturen um 30 °C, kann sich ein Bakterium alle 20 Minuten teilen.

Unter ungünstigen Bedingungen kapseln sich manche Bakterienarten ab und bilden eine weitere, kräftige Wand aus. Diese *Sporen* können jahrelang überleben, selbst bei extremen Temperaturen bis etwa + 90 °C und – 250 °C.

Antibiotika bekämpfen Bakterien

Der englische Forscher Alexander FLEMING entdeckte 1928, dass Schimmelpilze der Art *Penicillium notatum* einen Stoff absondern, der das Wachstum von Bakterien hemmen kann.
Diesen Stoff nannte FLEMING **Penicillin** nach dem wissenschaftlichen Namen des Schimmelpilzes. Die Gewinnung von Penicillin aus dem Pilz erwies sich als sehr schwierig. Erst 1940 gelang es Forschern, das Penicillin rein zu gewinnen. Bald darauf testete man es als Arzneimittel. Schon wenige Jahre später wurde Penicillin als das erste **Antibiotikum** zur Behandlung von Bakterieninfektionen eingesetzt. 1945 bekam FLEMING für die Entdeckung des Penicillins den Nobelpreis.
Antibiotika schädigen nur die Zellen von Bakterien. Deshalb kann man sie als Medikament einsetzen. Allerdings wirken sie manchmal auch negativ auf die natürlich im menschlichen Darm vorkommenden Bakterien, die *Darmflora*. Manche Menschen reagieren mit Allergien auf Antibiotika. Schon einige Jahre nach seinem ersten Einsatz gab es immer mehr Bakterienarten, die man mit dem Penicillin nicht mehr bekämpfen konnte. Sie waren widerstandsfähig oder **resistent** gegen dieses Antibiotikum geworden. Daher mussten neue Antibiotika entwickelt werden. Durch häufige Anwendung eines Antibiotikums können resistente Bakterienstämme entstehen, gegen die das bisherige Medikament wirkungslos ist. Damit dieses möglichst lange wirksam bleiben kann, sollte es daher nur in Notfällen eingesetzt werden.

Alexander FLEMING und die Wirkung von Penicillin

1 Erkrankt an Grippe

2.2 Krank durch Viren

Julia ist in der Schule sehr unkonzentriert. Sie hat starke Kopfschmerzen. Ständig muss sie husten. Sie fühlt sich matt und ihr ist heiß. Der Lehrer schickt sie nach Hause. Dort stellt ihre Mutter bei ihr hohes Fieber fest. Julia hat eine **Grippe**, auch *Influenza* genannt, so wie viele ihrer Mitschüler und Mitschülerinnen. Sie muss nun für einige Tage das Bett hüten. Grippe ist eine sehr ansteckende *Infektionskrankheit*, die durch **Viren** verursacht wird. Durch **Tröpfcheninfektion** beim Husten oder Niesen werden die Viren übertragen. Diese Verbreitungsform und das hohe Erkrankungsrisiko führen fast jedes Jahr – besonders in der kalten Jahreszeit – zu einem stark gehäuften Auftreten der Grippe.

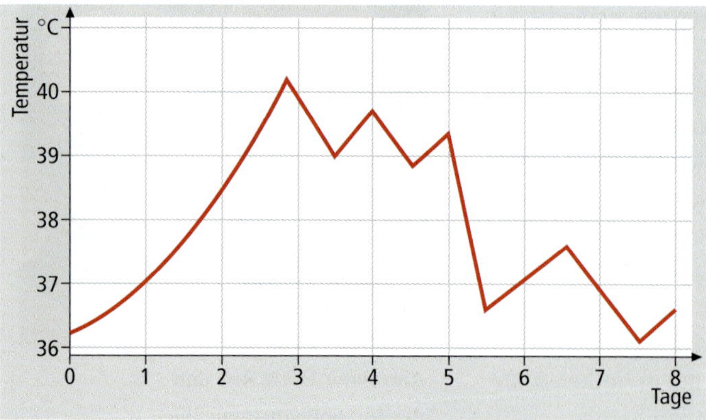

2 Fieberkurve bei einer Grippe

Nach einer *Inkubationszeit* von einigen Stunden, oft auch erst nach zwei bis drei Tagen, treten die Krankheitssymptome auf. Die Erkrankung beginnt plötzlich mit einem steilen Fieberanstieg, oft von Schüttelfrost begleitet. Zusätzlich treten schwere Kopf- und Gliederschmerzen auf. Meistens dauert eine Grippe drei bis fünf Tage. Sie verursacht beim Betroffenen das Gefühl, sehr krank zu sein. Auch einige Tage nach Abklingen der Symptome fühlt man sich noch schwach und kann noch keine volle Leistung erbringen. Eine Grippe ist nicht mit der viel harmloseren Erkältung, dem *grippalen Infekt,* zu verwechseln.

Durch die Virusvermehrung in den oberen Luftwegen kommt es bei der Grippe zu Reizhusten, Heiserkeit und Halsschmerzen, häufig auch zu Schmerzen hinter dem Brustbein. Infolge der Schleimhautschädigung besteht die Gefahr, dass weitere Infektionen durch Bakterien dazukommen. Diese **Sekundärinfektionen** können zu Lungenentzündungen, Mittelohrentzündungen oder Entzündungen des Herzmuskels führen.

1. Wie könnte man sich vor Krankheiten schützen, die über Tröpfcheninfektion übertragen werden?
2. Informiere dich im Lexikon oder Internet, durch welche Symptome sich die in der Tabelle aufgeführten Krankheiten äußern.

Krankheit	Übertragung der Erreger	Inkubationszeit
Röteln	Einatmen, Berührung von Viren	12–21 Tage
Masern	Tröpfchenübertragung von Viren	8–14 Tage
Mumps	Tröpfchenübertragung von Viren	8–22 Tage
Tollwut	Biss von infizierten Tieren	1–8 Monate
Kinderlähmung	Aufnahme durch den Mund	3–14 Tage

Was ist ein Virus?

Die Erreger von Krankheiten wie *Kinderlähmung* oder *Grippe* wurden viele Jahre vergeblich gesucht. Diese Krankheitserreger nennt man Viren. Sie sind mit ca. 0,00002 mm so klein, das man sie erst mithilfe eines Elektronenmikroskops entdeckte. Viren bestehen nur aus Erbsubstanz, die von einer Eiweißhülle umgeben ist. Sie können sich nicht selbständig vermehren. Dazu benötigen sie eine *Wirtszelle*, die das Erbmaterial des Virus vervielfacht. Ebenso haben Viren keinen eigenen Stoffwechsel. Sie wachsen nicht und können sich auch nicht bewegen. Viren sind also keine Lebewesen.

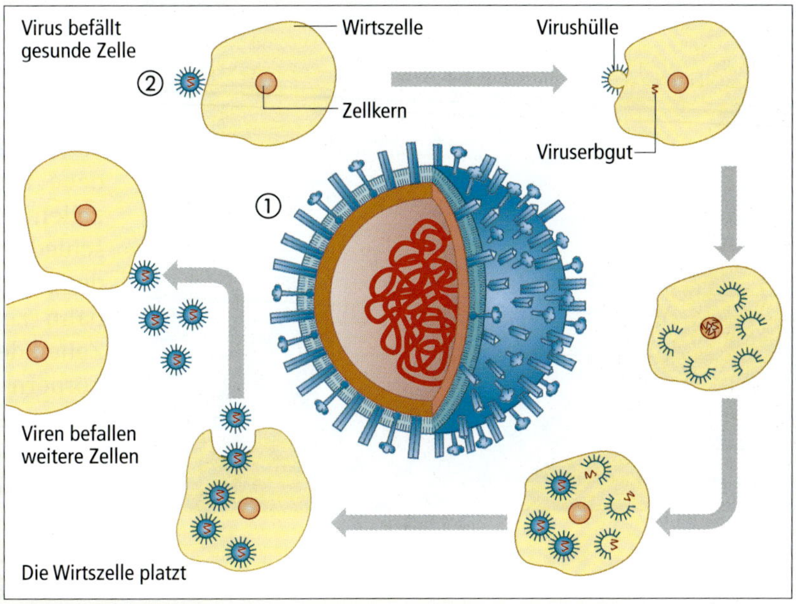

Virus. ① Bau; ② Vermehrung

Befällt ein Virus eine lebende Zelle, so gelangt die Erbsubstanz in den Zellkern. Der Stoffwechsel der Wirtszelle wird auf die Erfordernisse des Virus umgestellt. Die Wirtszelle kopiert die Erbsubstanz und produziert die Eiweißhülle für viele neue Viren.

Die Wirtszelle platzt schließlich auf und stirbt. Die neuen Viren werden freigesetzt. Diese können nun weitere Zellen befallen. Bei manchen Viren vergehen von der Infektion einer Zelle bis zur Freisetzung neuer Viren nur 30 Minuten.

1. Nenne Unterschiede zwischen Bakterien und Viren.
2. Begründe,warum Viren erst sehr spät von Wissenschaftlern entdeckt wurden.
3. Was haben echte Viren mit Computerviren gemeinsam?

Epidemien und Pandemien

Es gibt unterschiedliche Formen der Grippe-Viren, darunter auch solche, die außerordentlich gefährlich sein können. Da Grippe sehr ansteckend ist, sind Grippe-**Epidemien** eine häufige Folge. Darunter versteht man ein stark gehäuftes Auftreten von Grippe in einem begrenzten Gebiet und zu einer bestimmten Zeit. Tritt die Krankheit weltweit auf, spricht man von **Pandemie.** Grippe-Pandemiene treten im Abstand von einigen Jahrzehnten auf und können viele Todesopfer fordern. So kamen durch die „Spanische Grippe" in den Jahren 1918 und 1919 mehr als 20 Millionen Menschen um. 1957 bis 1958 wurde die Grippe-Pandemie „Asiatische Grippe", 1968 bis 1969 „Hongkong-Grippe", 1977 „Russische Grippe" genannt.
Ende 1997 brach eine Grippe in Hongkong aus, bei der Grippe-Viren von Hühnern auf den Menschen übertragen wurden. Eine Pandemie konnte nur durch die Massenschlachtung von Hühnern verhindert werden.

Gegen Grippe-Viren kann man sich impfen lassen. Da sich diese schnell verändern, bietet eine Impfung aber keinen dauerhaften Schutz.

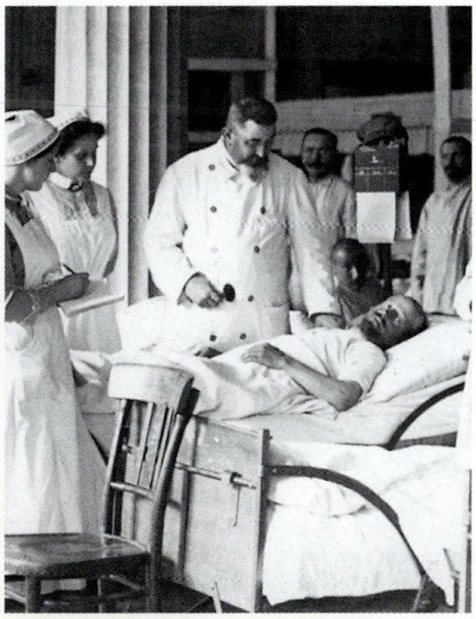

Opfer der „Spanischen Grippe"

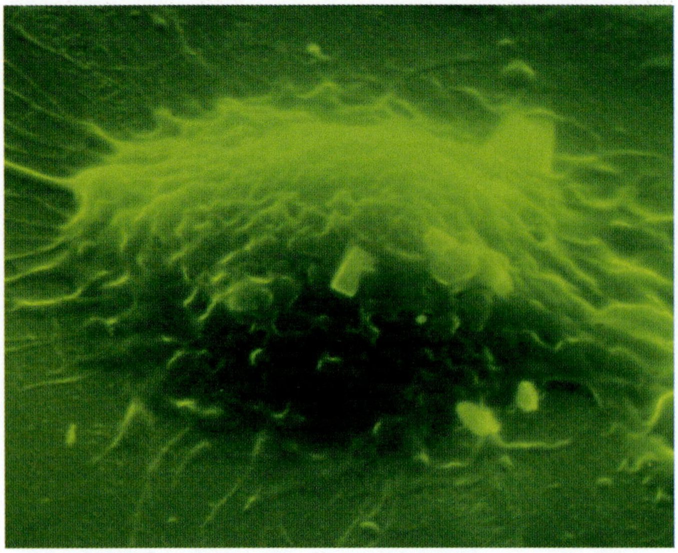

1 Fresszelle

2.3 Stark in der Abwehr – das Immunsystem

Mit der Atemluft und mit unserer Nahrung nehmen wir täglich unzählige Krankheitserreger auf. Wären wir deren Angriffen schutzlos ausgeliefert, müssten wir innerhalb kurzer Zeit sterben.

Viele Krankheitserreger, die in unseren Körper eindringen, werden von Enzymen im Schleim der Schleimhäute von Mund, Nase und Magen und von der Magensäure abgetötet.

Was aber geschieht, wenn es Krankheitserregern gelingt, weiter vorzudringen? Dagegen hat unser Körper ein gut funktionierendes Abwehrsystem. Die Hauptfunktion in der Körperabwehr übernehmen die *Weißen Blutkörperchen*, die **Leukozyten.** Es gibt verschiedene Formen dieser Blutzellen, z. B. Fresszellen und Lymphozyten. Sie erfüllen unterschiedliche Aufgaben. Die *Fresszellen* sind in der Lage, ihre Gestalt zu verändern, die Blutbahn zu verlassen und sich zwischen den Zellen der Organe auf der Suche nach Fremdkörpern zu bewegen. Sie nehmen alle möglichen Eindringlinge auf und verdauen diese. Man bezeichnet diese Vorgänge als **unspezifische Abwehr**.

Unsere Körperabwehr kann aber auch gezielt auf bestimmte Krankheitserreger, wie etwa Masernviren, reagieren. Die Hauptrolle bei dieser **spezifischen Abwehr** spielen verschiedene Formen von Lymphozyten, die Plasmazellen, Killerzellen, T-Helferzellen und Gedächtniszellen. Die Fresszellen geben Informationen über eingedrungene Masernviren an die *T-Helferzellen* weiter. Vermehren sich die Viren im Körper, aktivieren die T-Helferzellen zusätzliche Abwehrmechanismen, die gezielt Masernviren bekämpfen. *Plasmazellen* bilden daraufhin in kurzer Zeit besondere Eiweißmoleküle, die man **Antikörper** nennt. Die Antikörper setzen sich auf die Oberfläche

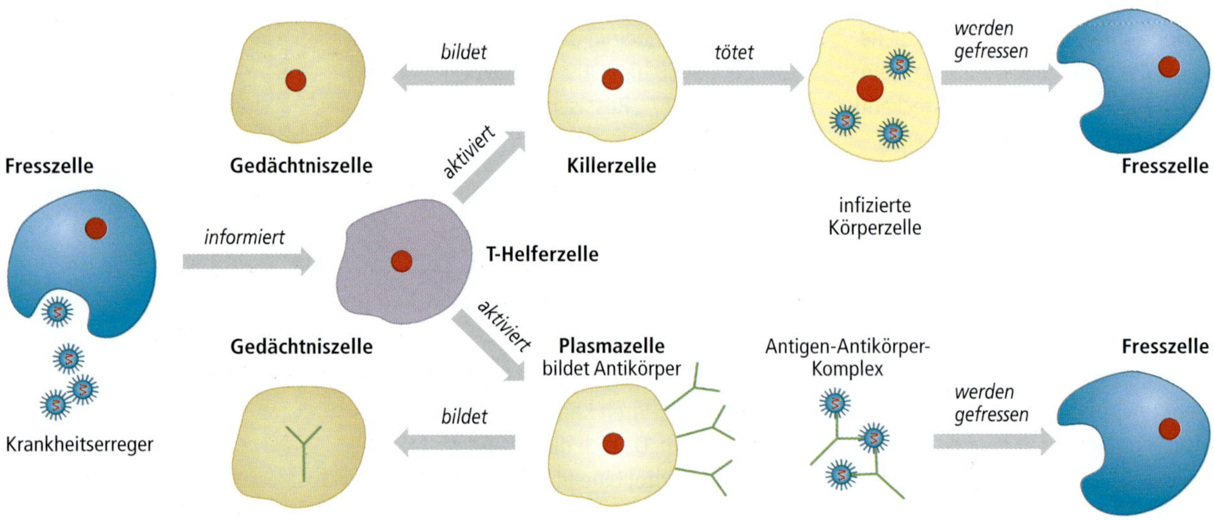

2 Ablauf einer Immunreaktion

der Viren und verklumpen diese. Gegen jede Art von Krankheitserregern werden eigene Antikörper gebildet, die ausschließlich diese Bakterien oder Viren bekämpfen können. Man spricht deshalb von *spezifischen Antikörpern*. Fresszellen sind darauf spezialisiert, die mit Antikörpern beladenen Erreger zu vernichten.

Zusätzlich läuft im Körper ein zweiter Vorgang ab. *T-Killerzellen* haben die Aufgabe, infizierte Körperzellen zu erkennen und abzutöten. Dadurch werden auch die in den Zellen vorhandenen Krankheitserreger zerstört. Fresszellen verdauen dann die abgetöteten Körperzellen.

Nach der Infektion wandeln sich einige der Lymphozyten zu **Gedächtniszellen** um. Infizieren wir uns einige Zeit später zufällig mit dem gleichen Erregertyp, wird dieser wiedererkannt. In kurzer Zeit entstehen Tausende von Antikörpern. Der Erreger hat keine Chance und geht zugrunde. Wir sind gegen ihn **immun** geworden. Deshalb bekommen wir „Kinderkrankheiten" wie Masern oder Mumps gewöhnlich nur einmal.

Besonders wichtig für unsere Körperabwehr sind die **Lymphknoten**. Darin befinden sich viele Lymphozyten, die Antikörper bilden und Riesenfresszellen, die Krankheitserreger aus dem Lymphsystem entfernen. Man bezeichnet Lymphknoten daher auch als *Bakterienfilter*. Lymphknoten treten gehäuft im Leistenbereich, am Unterarm, entlang des Rückenmarks und im Halsbereich auf. Große Lymphknoten sind die Mandeln im Rachenraum. Bei Erkältungen schwellen die Rachenmandeln häufig an. Dabei kann sich *Eiter* bilden. Dieser entsteht, wenn große Mengen Fresszellen abgestorben sind. Eiter kann sich aber auch in entzündenden Wunden bilden.

Wir können dazu beitragen, das Immunsystem bei seiner wichtigen Aufgabe zu unterstützen. Ausreichend Schlaf, täglich frisches Obst und Gemüse und regelmäßige sportliche Betätigung unterstützen und stärken das Immunsystem.

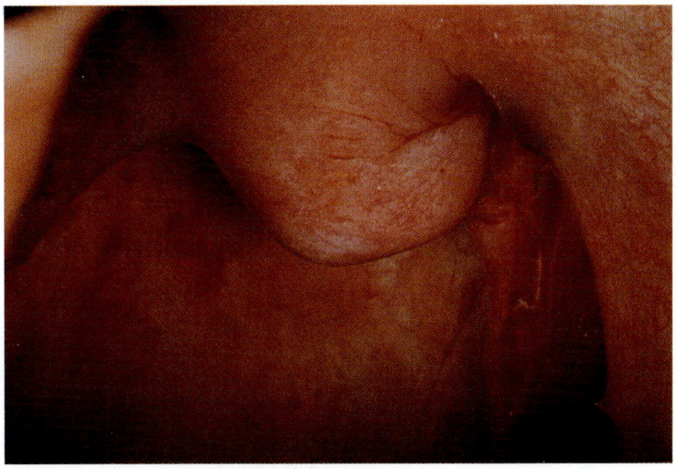

3 Rachenmandel (geschwollen)

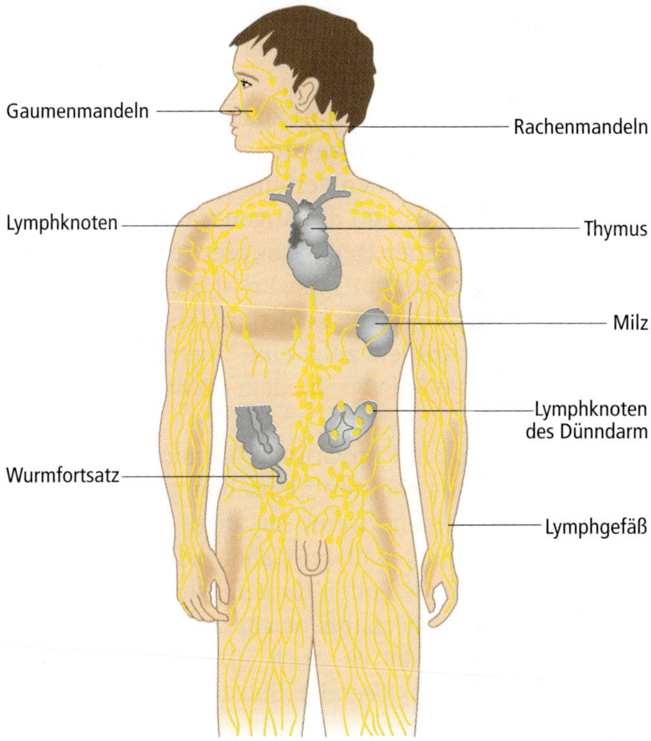

4 Organe des Immunsystems

1. Liste alle Zellen des Abwehrsystems auf und ordne ihnen ihre Aufgabe zu.
2. Begründe, weshalb es wichtig ist, dass der Körper rasch auf eingedrungene Krankheitserreger reagiert.
3. Erwachsene bekommen selten so genannte Kinderkrankheiten. Begründe.
4. Nenne Lebensgewohnheiten, die das Abwehrsystem beeinträchtigen können.

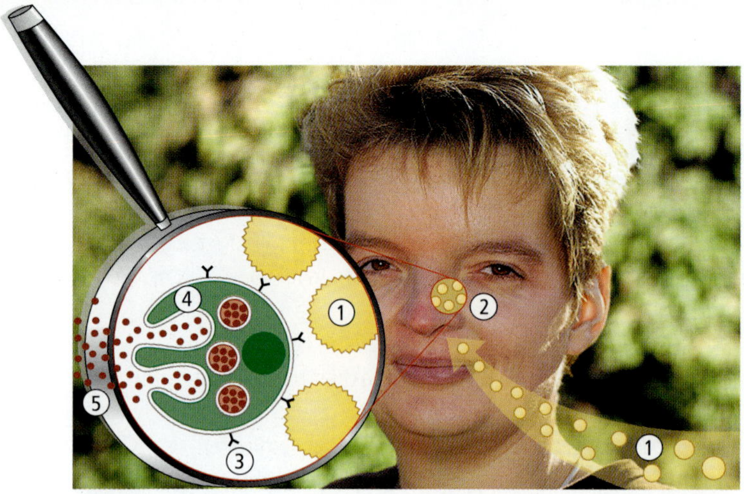

1 Pollenallergie. ① Blütenpollen; ② Nasenschleimhaut; ③ Antikörper; ④ Mastzelle; ⑤ Histamin

2.4 Allergie – wenn das Immunsystem überreagiert

Der Frühling gehört zu den schönsten Jahreszeiten. Für einige Menschen jedoch ist diese Zeit mit Qualen verbunden: sie müssen ständig niesen und die Augen tränen. Diese Menschen haben **Heuschnupfen**. Dabei handelt es sich nicht um eine Erkältung, sondern um eine **allergische Reaktion.** Das Immunsystem ihres Körpers zeigt eine Überreaktion gegenüber Pollen verschiedener Blüten.

Pollen sind im Grunde harmlos und werden von den meisten Menschen gar nicht wahrgenommen, wenn sie diese einatmen. Bei einer Pollenallergie aber hält das Immunsystem die Pollen für gefährlich und setzt die Abwehrmechanismen in Gang. Neben Blütenpollen gibt es noch eine Menge anderer allergieauslösender Substanzen. Man nennt sie **Allergene**.

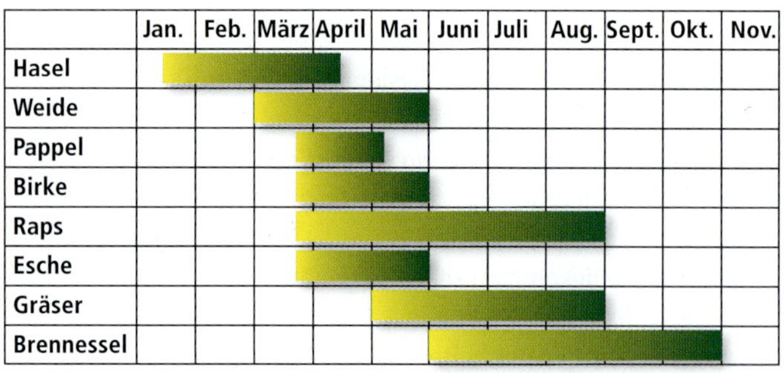

2 Pollenflugkalender (Auszug)

Als Reaktion auf die vermeintlichen Krankheitserreger werden vom Immunsystem spezifische Antikörper gebildet. Diesen Vorgang nennt man **Sensibilisierung**. Beim nächsten Kontakt mit dem Allergen erkennt das Immunsystem den Fremdstoff und produziert schnell große Mengen an spezifischen Antikörpern. Diese heften sich an die **Mastzellen**, eine bestimmte Form von Leukozyten. Die Mastzellen schütten Entzündungsstoffe wie das *Histamin* aus. Vor allem dieser Stoff verursacht die allergischen Reaktionen.

Etwa ein Drittel aller Menschen in Deutschland leidet unter Allergien. Jedes Jahr werden es mehr! Viele Allergiker sind durch verschiedene Auslöser betroffen.

- Frank z.B. bekommt Schwellungen und Hautausschläge, wenn er Tomaten isst. Er hat eine *Lebensmittelallergie*.
- Bei Iris rötet sich die Haut, wenn sie nickelhaltigen Schmuck trägt oder Münzen berührt. Sie hat eine *Kontaktallergie*.
- Nina leidet an einer Rötung der Haut, die mit starkem Juckreiz verbunden ist, einer *Neurodermitis*. Diese kann unterschiedliche Ursachen haben.

Über die Entstehung von Allergien gibt es mehrere Theorien. Als gesichert gilt, dass die Anfälligkeit für Allergien vererbbar ist. Vermutlich trägt aber auch unser Lebensstil zur Entstehung von Allergien bei. Allergien kann man meist nicht heilen. Durch Medikamente oder durch Vermeidung allergieauslösender Stoffe ist es möglich, die Symptome zu lindern. Dabei wird verhindert, dass die Mastzellen Histamin freisetzen. Durch Behandlung mit Allergenen über einen längeren Zeitraum kann der Körper in manchen Fällen an diese Stoffe gewöhnt werden. Diesen Vorgang nennt man *Hyposensibilisierung*.

1. Beschreibe den Ablauf einer allergischen Reaktion.
2. Finde anhand eines Pollenflugkalenders heraus, auf welche Pollen ein Allergiker reagieren könnte, wenn er im August einen allergischen Schnupfen bekommt.
3. Nenne weitere Arten von Allergien und deren Symptome.

Infektionskrankheiten

Pest

Antike	Auftreten der Pest in regelmäßigen Abständen
541 v. Chr.	Erste große Pestwelle in Konstantinopel (Justianische Pest)
6.–8. Jahrhundert	In Europa: wellenartige Pandemien im Abstand von 12 Jahren
1347–1352	Der Schwarze Tod: ca. 25 Millionen Menschen sterben; etwa ein Drittel der Bevölkerung Europas
1655/66	Pest in London: Zehntausende Tote
1910/11	Lungenpestepidemie in der Mandschurei
1994	Zehntausende Infizierte und 58 Tote in West-Indien
2000	Weltweit etwa 2000 Neuinfektionen

Die Pestbakterien leben normalerweise in Ratten. Durch Flöhe können diese Bakterien auf Menschen übertragen werden. Erst am Ende des 19. Jahrhunderts wurde das Pestbakterium entdeckt. Da der Erreger und dessen Übertragungswege in früheren Jahrhunderten nicht bekannt waren, starben in Europa Millionen von Menschen an dieser Seuche. Bei einer Infektion mit dem Krankheitserreger schwellen die Lymphknoten unter den Achseln, am Hals und an den Leisten stark an und unter der Haut kommt es zu Blutungen. Dadurch bilden sich schwarze Flecken. Ohne Behandlung sterben die meisten Erkrankten nach fünf bis sechs Tagen. Während der Epidemien des Mittelalters starben mehr Menschen an Pest als durch alle anderen Krankheiten oder Kriege zusammen. Heute kommt die Pest nur noch vereinzelt in Ländern mit unzureichenden hygienischen Verhältnissen vor.

Diphtherie

Die Diphtherie-Bakterien werden durch Tröpfcheninfektion übertragen. Die Erkrankung äußert sich in einer Rötung des Rachens und durch mäßiges Fieber. Bei starkem Anschwellen des Rachens besteht Erstickungsgefahr. Die Krankheitsrreger geben Giftstoffe ab, die den Herzmuskel schädigen und zu Nervenlähmungen führen. 1994 erkrankten in Russland 48000 Menschen an Diphtherie und 1700 von ihnen starben daran.

Röteln

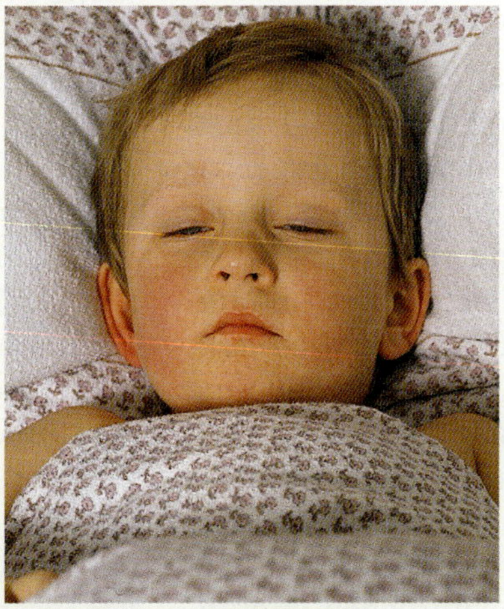

Eine Erkrankung mit Rötelnviren äußert sich im Anschwellen der Lymphdrüsen und einem roten Hautausschlag. Die Erkrankten haben leichtes Fieber. Im allgemeinen sind Röteln harmlos.
Gefährlich sind Röteln allerdings bei einer Schwangerschaft. Das ungeborene Kind kann durch Gifte geschädigt werden. Es können Herzfehler, Taubheit oder weitere Schädigungen auftreten oder es kommt sogar zu Fehlgeburten. Alle Mädchen sollten sich vor Eintreten der Pubertät gegen Röteln impfen lassen.

Kinderlähmung

Der Name dieser durch die Polioviren hervorgerufenen Krankheit ist etwas irreführend, da sie auch bei Erwachsenen auftreten kann. Bei Ausbruch dieser Krankheit treten Kopf- und Gliederschmerzen auf und es kommt zu Lähmungserscheinungen. In schweren Fällen kann diese Krankheit tödlich verlaufen.
Nach Überwindung der Krankheit können die Lähmungserscheinungen teilweise wieder zurückgehen. In den meisten Fällen bleiben Skelett- und Gelenkschäden zurück.
In vergangenen Jahrzehnten wurde die Kinderlähmung durch vorbeugende Impfungen stark zurückgedrängt. Da sich heute immer mehr Menschen nicht mehr impfen lassen, treten wieder mehr Fälle der Kinderlähmung auf.

Tollwut

Tollwutviren werden durch den Biss von infizierten Tieren, meist Hunden oder Füchsen, übertragen. Tollwütige Wildtiere erkennt man daran, dass sie ihre Scheu vor Menschen verlieren. Aus ihrem Mund tropft Speichel. Die Inkubationszeit von Tollwut ist mit einem bis acht Monaten sehr lang. Bricht die Krankheit aus, leidet der Erkrankte an Kopfschmerzen, Krämpfen in der Atemmuskulatur und Atemnot. Der Kranke hat starken Durst, kann aber nicht schlucken. Außerdem hat er starken und schäumenden Speichelfluss. Ist die Krankheit ausgebrochen, verläuft sie tödlich. Bei Verdacht auf einen Tollwutbiss muss möglichst sofort geimpft werden.

1 Aufruf zur Grippeimpfung

Krankheit	Lebensmonat						Lebensjahr	
	0	2	3	4	5	12–15	5–6	11–18
Diphtherie, Keuchhusten, Tetanus		1.	2.	3.	4.			
Keuchhusten								
Haemophilus influenzae b		1.		2.	3.			A*
Kinderlähmung		1.		2.	3.			A*
Hepatitis B		1.		2.	3.			GI*
Masern, Mumps, Röteln						1.	2.	GI*
Diphtherie, Tetanus							A	A

2 Impfkalender. A* = Auffrischung, GI* = Grundimmunisierung

2.5 Impfen – wozu?

Jeden Herbst wird von Gesundheitsämtern und Ärzten empfohlen, sich z. B. gegen Grippeerkrankungen vorbeugend impfen zu lassen. Das Immunsystem vieler Menschen ist gegenüber bestimmten Formen der Grippeviren machtlos. Auch gegen andere schwere Infektionskrankheiten kann sich unser Immunsystem ohne Hilfe nicht ausreichend wehren. Vor solchen Infektionen wie Kinderlähmung oder Diphtherie kann man sich durch eine *künstliche Immunisierung,* eine **Impfung** schützen. Dazu werden abgeschwächte oder abgetötete Krankheitserreger gespritzt. Sie veranlassen wie bei der natürlichen Immunabwehr die Bildung von spezifischen Antikörpern und von Gedächtniszellen. Wird der Mensch danach durch die gleichen Erreger angesteckt, erkrankt er nicht. Die **Schutzimpfung** hat zur **aktiven Immunisierung** geführt. Sie dient der Vorbeugung und hält je nach Art der Impfung bis zu mehreren Jahre an. Durch eine entsprechende Schutzimpfung ist somit ein längerfristiger Schutz vor Infektionskrankheiten zu erreichen.

Durch regelmäßige Schutzimpfungen hat man weltweit große Erfolge erzielt. Gefährliche Krankheiten wie Diphtherie und Tuberkulose wurden stark zurückgedrängt, sind aber nicht vollständig verschwunden. Um 1920 zählte man in den USA ca. 150 000 Fälle von Diphtherie pro Jahr, von denen ca. 15 000 tödlich verliefen. Zwischen 1980 und 1986 traten nur noch 24 Krankheitsfälle auf, von denen 2 tödlich verliefen.

In einem *Impfkalender* kann man sehen, welche Impfungen zur Gesundheitsvorsorge z. B. von Kindern durchgeführt werden sollen. Die Impfungen sollten alle fünf bis zehn Jahre aufgefrischt werden. In den letzten Jahren versäumen immer mehr Menschen, sich ausreichend impfen zu lassen. Durch diese Impfmüdigkeit nehmen die Erkrankungen an Kinderlähmung oder Diphterie wieder zu. Auch vor Fernreisen ins Ausland muss man sich oft gegen Krankheitserreger wie Gelbfieber oder Cholera impfen lassen. Über Art und Zeitpunkt der verschiedenen Impfungen geben Ärzte und Gesundheitsämter Auskunft.

Nicht immer gelingt es dem Körper, sich gegen eindringende Erreger zu wehren. Wenn erst eine schwere Infektionskrankheit ausgebrochen ist, muss die Abwehrkraft des Körpers unterstützt werden. Der Arzt spritzt in einem solchen Fall ein Serum, das die benötigten Antikörper bereits enthält. Er führt eine **Heilimpfung** durch. So erfolgt eine **passive Immunisierung.**
Um ein solches Serum zu gewinnen, impft man Tiere wie Pferd, Rind oder Schaf mehr-

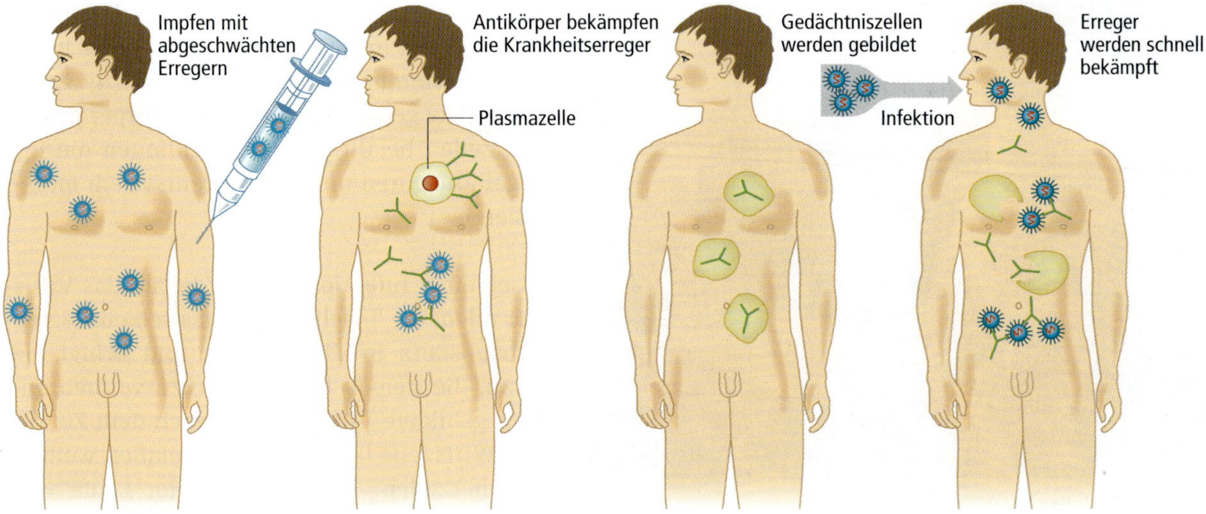

3 Aktive Immunisierung (Schutzimpfung)

mals mit abgeschwächten Erregern. Deren Immunsystem bildet gegen diese eingespritzten Erreger die passenden Antikörper. Nach einiger Zeit entnimmt man den Tieren Blut. Aus dem flüssigen Blutserum werden die Antikörper herausgefiltert und sorgfältig zu einem Impfstoff aufbereitet.
Eine Heilimpfung wird z. B. beim Verdacht auf eine Infektion mit Tetanusbakterien (Wundstarrkrampf) vorgenommen, wenn der Betreffende keinen ausreichenden Impfschutz dagegen hat. Die bei der Impfung übertragenen Antikörper bekämpfen die Krankheitserreger im Menschen und unterstützen die Heilung.

Da die Antikörper des Heilserums im Menschen nach zwei bis drei Wochen zerfallen, bleibt eine solche passive Immunität auf kurze Zeit begrenzt.

1. Erkläre anhand des Textes und der Abbildungen 3 und 4 die Unterschiede zwischen einer aktiven und einer passiven Immunisierung.
2. Informiere dich in deinem Impfpass, gegen welche Infektionskrankheiten du geimpft worden bist. Berichte.
3. Erkläre den Nutzen einer Schutzimpfung.
4. Informiere dich über impfpflichtige Infektionskrankheiten in tropischen Ländern.

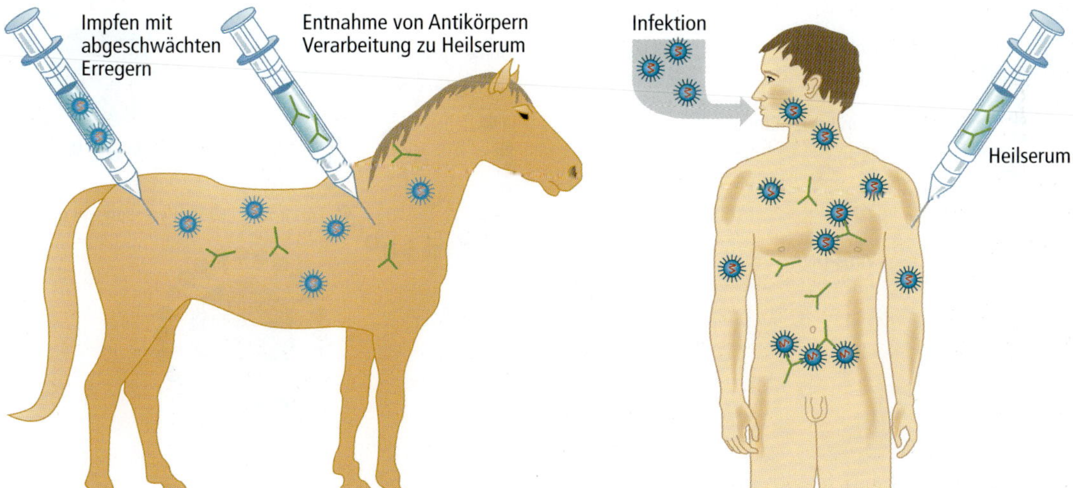

4 Passive Immunisierung (Heilimpfung)

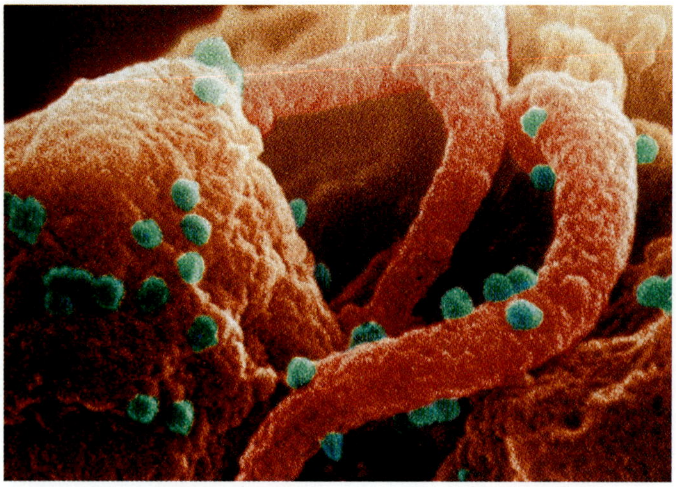

1 HI-Viren befallen T-Helferzelle

2.6 Aids – eine erworbene Immunschwäche

Als Schülerinnen und Schüler einer Realschule befragt wurden, welche Gedanken sie haben, wenn sie das Wort **AIDS** hören, waren „Sex ohne Kondom“, „unheilbar“ und „tödlich“ die häufigsten Antworten. Was verbirgt sich hinter dem Namen AIDS? Welche Gefahr geht von dieser Krankheit wirklich aus?

AIDS ist die englische Abkürzung für ***A****cquired* ***I****mmune* ***D****eficiency* ***S****yndrome*. Dies kann man mit *Erworbene Abwehrschwäche* übersetzen. AIDS ist eine Infektionskrankheit, die durch Viren ausgelöst wird. Das Virus heißt **HIV** = ***H****uman* ***I****mmun-Deficiency* ***V****irus*. Es ist besonders gefährlich, weil es im Körper genau die Zellen befällt, die bei Infektionen die Erreger aufspüren und das Abwehrsystem mobilisieren.

Nach einer Infektion mit HIV befällt das Virus vor allem die T-Helferzellen. Es schleust seine Erbsubstanz in diese Zellen und bringt sie dazu, die fremde Erbsubstanz zu vermehren. Neu gebildete Viren werden nach dem Zerfall der Wirtszelle freigesetzt und befallen weitere T-Helferzellen. Dadurch sinkt im Laufe von Jahren die Anzahl der funktionstüchtigen T-Helferzellen. Das Abwehrsystem des Körpers wird immer mehr geschwächt. Nach einer Inkubationszeit von zwei bis zehn Jahren können erste Krankheitsanzeichen wie Fieberschübe, Durchfälle, Schwellungen der Lymphknoten und Nachtschweiß auftreten. Der HIV-Infizierte hat nun AIDS. Wie lange dieser Zustand andauert, ist nicht vorherzusagen. Meist kommt es nach wenigen Jahren zum Vollbild der AIDS-Erkrankung. Der geschwächte Körper hat nun keine Abwehrkräfte mehr und wird dadurch von Erregern befallen, die für einen gesunden Menschen keine Gefahr darstellen. Seltene Hautkrebsarten, Lungenentzündungen

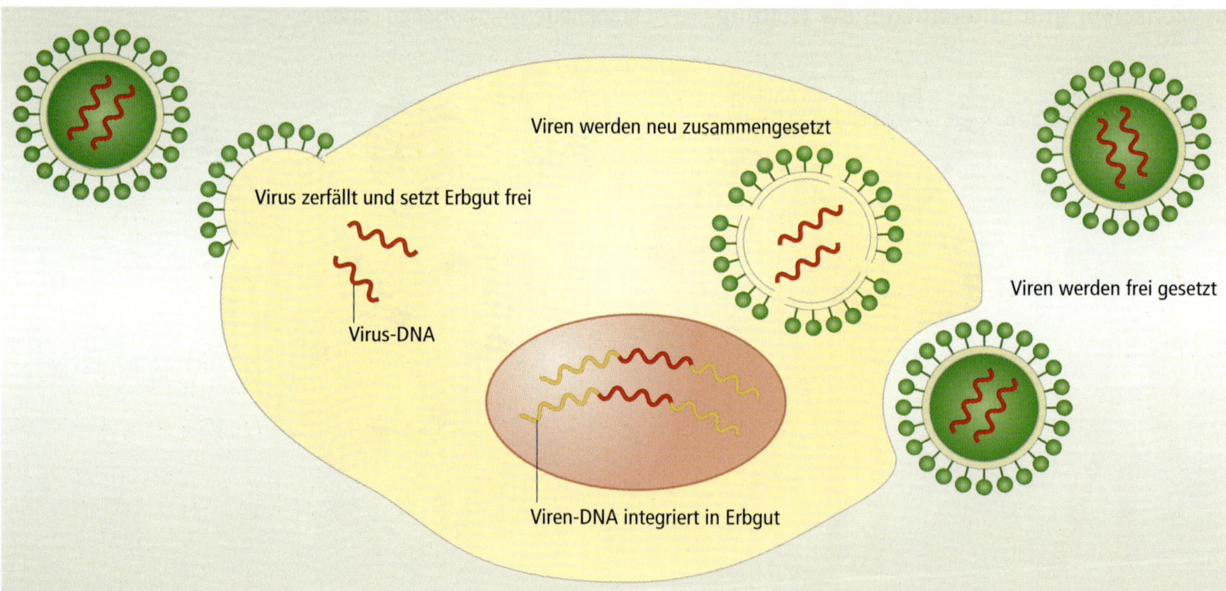

2 Vermehrung des HI-Virus

und ein Pilzbefall von Speiseröhre und Magen sind gefürchtete Folgeerkrankungen, die schließlich zum Tode führen.

Wie kann herausgefunden werden, ob man HIV-infiziert ist? Nach einer Ansteckung dauert es mindestens acht bis zwölf Wochen, bis sich so viele Antikörper gegen HIV gebildet haben, dass sie mithilfe unterschiedlicher Testverfahren nachgewiesen werden können. Die Viren selbst sind äußerst schwer festzustellen. Heißt das Ergebnis **HIV-positiv,** sind die Antikörper im Blut vorhanden. Man kann aber andere Menschen anstecken, schon ehe sich HIV-Antikörper nachweisen lassen.

Das HI-Virus braucht zum Überleben Feuchtigkeit. Wenn es an die Luft kommt, stirbt es schnell ab. Beim infizierten Menschen sind die Viren im Blut, in der Samenflüssigkeit des Mannes und im Scheidensekret der Frau in ausreichender Menge vorhanden, um ansteckend zu wirken. Besonders gefährlich ist deshalb ungeschützter Geschlechtsverkehr, außer wenn man sicher sein kann, dass der Partner oder die Partnerin HIV-frei ist. Ein besonders hohes Infektionsrisiko haben auch Drogenabhängige, wenn sie Injektionsnadeln gemeinsam benutzen. Vor 1985 gab es auch bei Bluttransfusionen ein Infektionsrisiko. Seitdem werden Blutkonserven auf HIV untersucht. In Entwicklungsländern können Blutübertragungen immer noch ein hohes Risiko darstellen.

Man ist seit Jahren bemüht, einen Impfstoff zu entwickeln, bisher aber erfolglos. Es gibt bis heute noch kein heilendes Medikament gegen AIDS. Durch Kombination von verschiedenen Medikamenten gelingt es mittlerweile, den Ausbruch der Krankheit deutlich hinauszuzögern. Wer sich jedoch vor einer möglichen Ansteckung schützt, braucht diese tödliche Krankheit nicht so sehr zu fürchten. Als bester Schutz vor einer Ansteckung gilt die konsequente Benutzung von Kondomen. Sie kann vor einer Infektion bei sexuellem Kontakt schützen. Weite Verbreitung findet das HI-Virus aufgrund mangelhafter Aufklärung besonders in Afrika. In manchen Staaten ist jeder dritte Erwachsene Träger des Virus. Auch viele Kinder sind dort betroffen. Oft wurden sie schon während der Schwangerschaft der Mutter HIV-infiziert.

1. Beschreibe anhand Abbildung 2 die Vermehrung des HI-Virus.
2. Unterscheide zwischen HIV-Infektion und AIDS.
3. Erkläre die Verteilung der HIV-Infizierten in den Regionen der Erde.
4. Trotz Aufklärung gibt es in Deutschland jährlich 2000 neu Infizierte. Begründe.

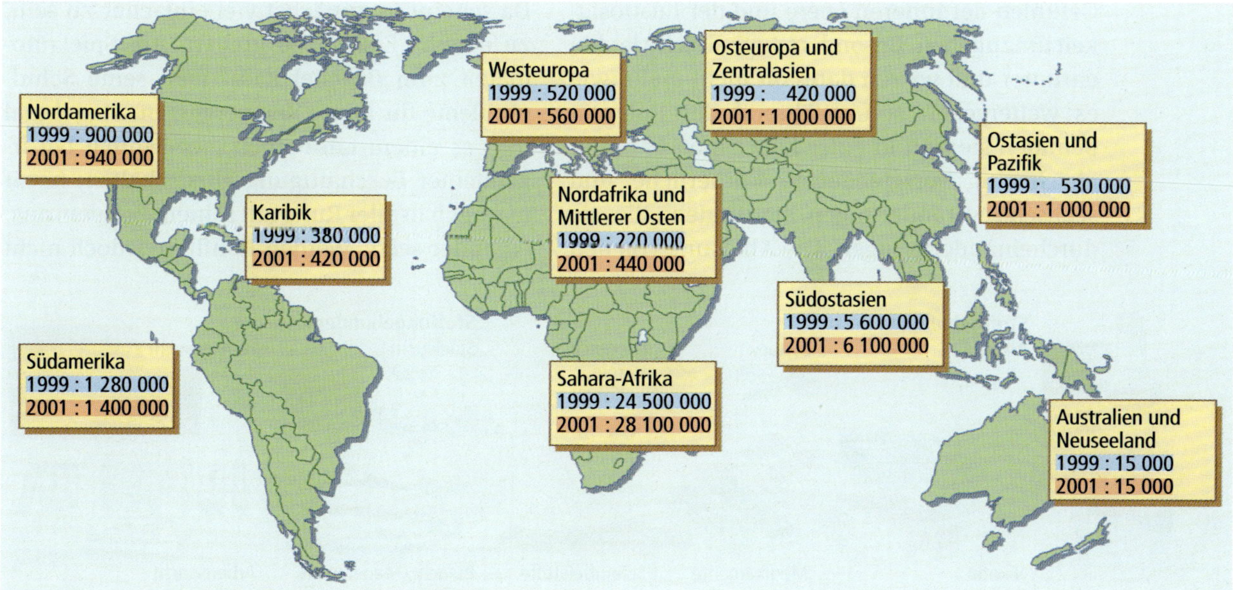

3 HIV-Infektionen in den Jahren 1999 und 2001

1 Christian ist deprimiert

3 Drogen und süchtiges Verhalten

3.1 Süchtig – wonach?

Christian ist traurig und enttäuscht. Schon wieder gab es zu Hause Streit; dieses Mal wegen einer schwachen Mathearbeit. Er fühlt sich unzufrieden, einsam und leer. Alles ist „grau in grau".
Jeder Mensch kennt solche Phasen in seinem Leben. Für viele ist es schwer, mit solchen Gefühlen der inneren Leere und der Lustlosigkeit umzugehen. Besonders Jugendliche leiden darunter und wissen dann oft nicht mehr, wie es weitergehen soll. Während der Pubertät befinden sie sich in einer Lebensphase, in der gleichzeitig verschiedenste körperliche und seelische Veränderungen stattfinden, die sie durcheinander bringen. Die Ablösung von den Eltern ist zudem oft mit Konflikten verbunden. Und in der Schule werden auch noch gute Leistungen verlangt. Nicht jeder hat in derart schwierigen Situationen Menschen, denen er sich anvertrauen und mit denen er sich richtig aussprechen kann.

Menschen, die immer wieder das Gefühl haben, die Zuwendung von anderen entbehren zu müssen, suchen leicht nach Ersatzbefriedigung oder Ablenkung. Manch einer beschäftigt sich dann Tag für Tag stundenlang allein mit Computerspielen. Andere stopfen in Konfliktsituationen Unmengen von Süßigkeiten in sich hinein. Es gibt auch Menschen, die sich mit Arbeit so eindecken, dass sie angeblich für niemanden mehr Zeit haben. Vielleicht kennst auch du ähnliche Verhaltensweisen. Manchmal ist einem gar nicht bewusst, dass solch scheinbar harmloses Verhalten ein Hinweis darauf sein kann, dass irgend etwas mit einem nicht stimmt. Oft wollen wir die Konflikte gar nicht wahrhaben und uns den unangenehmen Gefühlen nicht stellen. Vielleicht haben wir auch nicht gelernt, dass Stimmungsschwankungen zum Leben gehören und dass man Spannungen aushalten kann.

Für viele ist es gerade in solchen Situationen schwer, auf vertraute Menschen zuzugehen und im Gespräch Lösungswege zu entwickeln. Da scheint es zunächst viel einfacher zu sein, zu einem „Ersatz" zu greifen. Am Spielautomaten zum Beispiel kann man seine Schulprobleme für kurze Zeit vergessen. Manchmal hilft es einem tatsächlich, erst einmal bei irgendeiner Beschäftigung abzuschalten, bevor man sich in aller Ruhe mit seinem Problem auseinander setzt. Werden Konflikte jedoch nicht

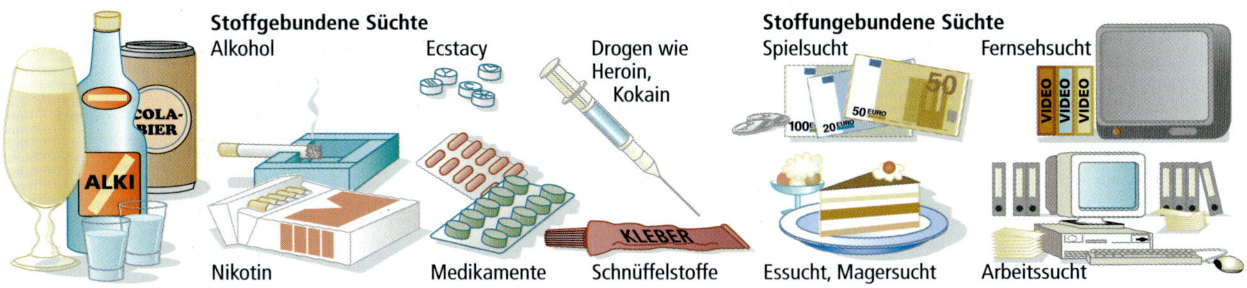

2 Beispiele für Suchtformen

bearbeitet, kann das ausweichende Verhalten zu einem festen Bestandteil unseres Alltags werden. Wir haben uns dann daran gewöhnt, in Krisensituationen in einer bestimmten Weise zu reagieren. Der erneute Griff nach einer bestimmten „Droge“ ist unausweichlich. Mit „Droge“ ist alles gemeint, was man überdurchschnittlich konsumiert, womit man schwer wieder aufhören und worauf man nicht verzichten kann. Für die Betroffenen beginnt so unmerklich der Teufelskreis der Abhängigkeit. Sie sind **süchtig** geworden.

Im Leben eines Süchtigen dreht sich schließlich alles nur noch um die Droge. Die süchtigen Menschen haben nicht nur ein unstillbares Verlangen danach; es kommen auch noch ihre Ängste vor möglichen Entzugserscheinungen hinzu. Wenn sie *seelisch (psychisch) abhängig* sind, kann sich das in Nervosität und innerer Unruhe zeigen. Bei *körperlicher (physischer) Abhängigkeit* muss die Dosis der Droge ständig erhöht werden, um die gleiche Wirkung zu erzielen. Steht das Suchtmittel nicht zur Verfügung, treten Entzugserscheinungen wie Zittern, Übelkeit und Schmerzen auf. Besonders auffallend sind die körperlichen und seelischen Veränderungen beim Missbrauch von Drogen wie Heroin und Kokain. Zusätzlich gerät der Süchtige schnell in ein Umfeld der Kriminalität und Prostitution.

3 Teufelskreis eines Abhängigen

1. Betrachte die Suchtformen in Abbildung 2. Nenne weitere Beispiele. Wie beurteilst du ihre Gefährlichkeit?
2. Welche Vorstellungen hast du von deiner Zukunft? Wie willst du in 5, 10 oder 20 Jahren leben?
3. Nenne Möglichkeiten eines Abhängigen, einem Teufelskreis wie in Abb. 3 zu entfliehen.

EXKURS

Spielsüchtig

Klaus G. erzählt: „Es begann vor fünf Jahren. Ich studierte Jura in Heidelberg. Irgendwann habe ich da angefangen, in die Spielhalle zu gehen, erst selten, dann bin ich immer öfter dorthin gegangen. Immer wenn ich Geld hatte, bin ich damit Spielen gegangen. Mein Studium habe ich immer mehr vernachlässigt, bis ich es schließlich aufgegeben habe. Ich habe viel gearbeitet, nur um in die Spielhalle gehen zu können. Ich wollte ja nicht mehr wirklich gewinnen, oder so. Wichtig war einfach für mich, dass ich weg war – fliehen vor dem, was ich nicht meistern konnte. Einfach mal ein paar Stunden ausspannen. Als ich meine Freundin kennen lernte, wollte ich einen Neuanfang machen. Bloß – ich habe trotzdem noch weitergespielt. Die Sucht war einfach zu stark. Ich habe mich um eine ambulante Therapie bemüht. Das ging in der ersten Zeit auch gut, aber dann kamen auch wieder Rückfälle. Meine Freundin hat mich sehr unterstützt. Ich bin ja auch total unselbstständig geworden durch die Sucht. Glückliche Momente hatte ich nur in der Anfangsphase – wenn überhaupt. Damals hatte ich mich noch gefreut über einen Gewinn. Später gab es keine wirklich glücklichen Momente mehr beim Spielen, als ich krankhaft gespielt habe. Geld hatte absolut keinen materiellen Wert mehr. Geld ist umgesetzte Zeit in der Spielhalle. Nachher war ich mir immer bewusst darüber: wenn ich in die Spielhalle gehe, werde ich auch ohne Geld wieder rausgehen – es sei denn, die Spielhalle macht vorher zu."

Morgen ist auch noch ein Tag.

1 Schluss mit dem Rauchen

3.2 Rauchen – ein giftiger Genuss

Über ein Drittel der Jugendlichen in Deutschland rauchen. Viele probieren zwischen dem zehnten bis zwölften Lebensjahr die erste Zigarette, meist aus Neugier. Zwei bis vier Jahre später entscheidet sich dann für viele, ob es beim gelegentlichen Konsum bleibt oder ob das Rauchen zur Gewohnheit wird.

In der Zigarettenwerbung werden Sehnsüchte und Wünsche von Menschen angesprochen. Doch viele der Jugendlichen rauchen, weil es alle in der Clique tun und sie keine Außenseiter sein wollen. Sie meinen, wenn man um eine Zigarette oder um Feuer bittet, bekommt man mit anderen Leuten leichter Kontakt. Aufregende Situationen, aber auch Warten und Langeweile werden durch Rauchen erträglicher, behaupten andere. Auch das Rauchverhalten der Eltern hat Einfluss auf die Kinder. Rauchende Mitschüler gelten bei einigen Jugendlichen als unabhängig, weil sie es wagen, sich über Verbote Erwachsener hinwegzusetzen.

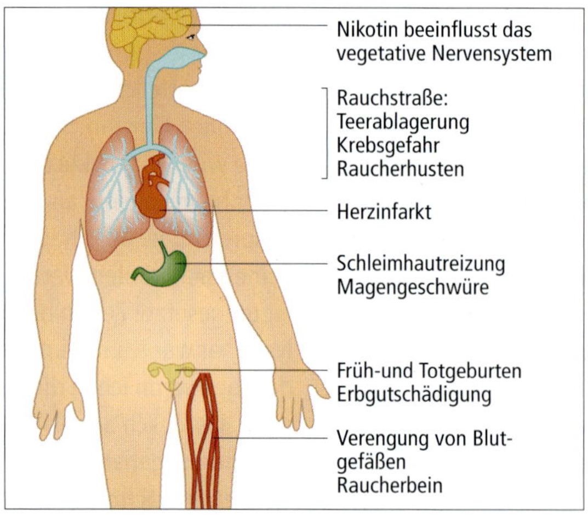

2 Organschäden bei Tabakkonsum

Doch der Rauch„genuss“ hat einen hohen Preis! Es ist erwiesen, dass Menschen, die rauchen, eine kürzere Lebenserwartung haben. Der menschliche Körper wird durch zahlreiche Inhaltsstoffe des Rauches, besonders durch **Teerstoffe** (Kondensat), **Nikotin** und **Kohlenstoffmonooxid** geschädigt. Teerstoffe verkleben die Flimmerhärchen in den Atemwegen und lagern sich in den Atemorganen ab. Durch die ständige Reizung entsteht der Raucherhusten. Luftwege, Lungengewebe und Magen können so angegriffen werden, dass Krebserkrankungen die Folge sind. Nikotin ist ein starkes Gift, das die Blutgefäße verengt. Dadurch kommt es zu Durchblutungsstörungen. Herzinfarkte können die Folge sein. Bei Anstrengung gerät ein Raucher leichter außer Atem als ein Nichtraucher. Dies liegt am Kohlenstoffmonooxid. Dieses Gas lagert sich an die Roten Blutkörperchen an und blockiert die Sauerstoffaufnahme.

Obwohl die Folgen des Tabakkonsums bekannt sind, ist es für viele schwer, mit dem Rauchen aufzuhören. Zum einen haben sich Gewohnheiten herausgebildet, zum Beispiel die Zigarette zur Tasse Kaffee, zum anderen hat sich der Körper an die Wirkung des Nikotins gewöhnt. Es ist eine Sucht entstanden. Deshalb beweisen gerade Jugendliche eine Menge Mut, Selbstsicherheit und Verantwortung gegenüber ihrer eigenen Gesundheit, wenn sie entscheiden: „Ich rauche nicht“ oder „Ich rauche nicht mehr“.

1. Liste möglichst viele Gründe dafür auf, nicht (mehr) zu rauchen.

1 Party ohne Alkohol

Blutalkohol	Stimmung	Beobachtbare Wirkungen
bis 0,5 ‰	fröhlich, sorgenfrei	redseelig, weniger ängstlich entspannt, leicht schläfrig
0,5 ‰ bis 1,5 ‰	mutig, übermütig	wenig selbstkritisch, geschwächte Auffassungsgabe, leichte Gleichgewichtsstörungen, schwerfälliges Sprechen
1,5 ‰ bis 2,5 ‰	traurig, angriffslustig weinerlich	unsichere Bewegungen, Schwanken beim Gehen, stark verlängerte Reaktionszeit, Reizbarkeit, unvollständige Sätze
über 2,5 ‰	unruhig, stark, erregt, aggressiv	Umgebung wird nicht mehr realistisch wahrgenommen, körperlich hilflos, überängstlich oder aggressiv, narkoseähnlicher Tiefschlaf

2 Auswirkungen des Blutalkoholgehaltes

3.3 Alkohol – eine legale Droge

Auf Kerstins Geburtstagsparty gibt es keine alkoholischen Getränke. „Wie öde“, stöhnt Andreas, „da kommt doch keine Stimmung auf!“ Viele Jugendliche trinken auf Partys Alkohol, um cool zu sein und um von anderen anerkannt zu werden, auch wenn sie wissen, dass man keinen Alkohol benötigt, um fröhlich zu sein.

In geringen Mengen wirkt Alkohol tatsächlich anregend auf den Organismus. Neben einem angenehmen Wärmegefühl im ganzen Körper merkt man eine gewisse Zwanglosigkeit und fühlt sich heiter. Doch schnell erreicht man einen Alkoholgehalt im Blut, der sich negativ auf den Organismus auswirkt. Die Sprache wird schwerfälliger, Reaktionsvermögen und Konzentrationsfähigkeit sinken. Auch das Blickfeld wird enger und die Fahrtüchtigkeit nimmt ab. Dennoch meinen Menschen, in diesem Zustand noch Auto fahren zu können. Doch wer sich dann ans Steuer setzt, riskiert nicht nur sein Leben, sondern auch das anderer Verkehrsteilnehmer. Bei übermäßigem Alkoholgenuss leidet man am nächsten Morgen unter Kopfschmerzen, Erbrechen und Appetitlosigkeit. Dies sind Anzeichen einer Alkoholvergiftung.
Die Wirkung des Alkohols ist nicht bei jedem gleich. Sie ist abhängig z. B. von Körpergewicht, Alter und Geschlecht. Frauen vertragen nachweislich weniger Alkohol als Männer.

Wenn man ohne Alkohol nicht mehr fröhlich sein kann, wenn der Alkohol als ständiger „Tröster“ dient oder wenn man regelmäßig eine bestimmte Menge trinkt, dann ist man bereits süchtig. Für die Betroffenen ist es sehr schwierig, den eigenen Zustand bewusst wahrzunehmen und sich die Abhängigkeit einzugestehen.

Trinkt man fortwährend viel Alkohol, kommt es zu erheblichen Dauerschäden. Am deutlichsten zeigen sich die Veränderungen in der Leber. Diese hat als Entgiftungsorgan des Körpers auch die Aufgabe, den Alkohol abzubauen. Beim Alkoholsüchtigen stellen sich aber nicht nur körperliche Schäden ein, auch die Persönlichkeit verändert sich nach und nach. Häufig vernachlässigen sie Familie und Beruf. Ihr Verhalten ist oft unkontrolliert. Alkoholsucht ist eine Krankheit. Die erfolgreiche Behandlung eines Alkoholkranken ist äußerst schwierig. Der Kranke muss nach einer Entziehungskur nicht nur den festen Willen haben, nie mehr zu trinken, sondern er muss den häufigen Verführungen widerstehen, denen er zum Beispiel bei Feiern begegnet.

1. Erkläre, welche Verhaltensänderungen bei zunehmendem Alkoholgenuss zu erwarten sind.
2. Informiere dich über die „Anonymen Alkoholiker“. Begründe die Bedeutung dieser Gemeinschaft.

1 Marihuana-Raucher

3.4 Drogen als Flucht in eine Traumwelt

Spaß zu haben ist für viele in unserer Gesellschaft ein hoher Wert. Viele Beschäftigungen machen Spaß – besonders am Wochenende. Aber was soll man tun, wenn man gerade dann müde oder lustlos ist? Wie schafft man es trotzdem, bei Partys und in der Disco genauso lustig und fröhlich zu sein wie die anderen? Viele Menschen greifen zu Drogen, um sich aufzumuntern und um „gut drauf" zu sein. Der Konsum solcher Rauschmittel ist heute weit verbreitet – angefangen bei legalen Drogen wie *Alkohol* bis hin zu **illegalen Drogen** wie *Cannabis*, *Ecstasy* oder *Heroin*.

Das Wort Droge bezeichnet ursprünglich pflanzliche Heilmittel. Heute nennt man alle Stoffe, die missbräuchlich verwendet werden können und Menschen abhängig machen, Drogen im engeren Sinn. Man unterscheidet zwischen klassischen Rauschmitteln pflanzlicher Herkunft wie *Haschisch* oder *Kokain* und synthetisch hergestellten Rauschmitteln wie Ecstasy.

Warum greifen so viele Menschen zu Drogen? Oft sind Neugierde und der Wunsch nach Anerkennung oder psychische Probleme Auslöser für die Einnahme von Rauschmitteln. Dabei wird häufig der Konsum verharmlost, vor allem von legalen Drogen wie Tabak oder Alkohol, aber auch der Konsum von Haschisch oder *Marihuana*. Doch ihre Einnahme dient vielen Menschen dazu, der Realität zu entfliehen. Schwierige Konfliktsituationen scheinen durch die Wirkung der Drogen für eine Zeitlang erträglicher, indem man in eine Traumwelt entflieht. Doch die Realität und die Probleme bleiben unverändert. Beim Erwachen aus dem Rausch wirken sie um so bedrohlicher und unerträglicher. Wieder wird Abhilfe in der Droge gesucht. Man lebt in einem Teufelskreis, der deshalb so heimtückisch ist, weil er zur psychischen und zur körperlichen Abhängigkeit führen kann. Im Laufe der Zeit müssen Abhängige immer größere Wirkstoffdosen zu sich nehmen, um die gleiche Wirkung zu erzielen. Auch scheinbar harmlose Drogen wie Nikotin, Alkohol, Haschisch oder Marihuana können langfristig zu ernsthaften körperlichen Schäden führen.

Für viele Menschen bleibt es aber nicht bei diesen Einstiegsdrogen. Sie steigen auf stärkere Mittel wie Kokain oder Heroin um, die die Abhängigkeit noch weiter verstärken. Besonders Heroin macht sehr stark körperlich abhängig. Einige Stunden nach der letzten Injektion stellen sich schwere Entzugserscheinungen ein. Schüttelfrost, heftiger Durchfall, Brechreiz und Krämpfe der Muskulatur sind Begleiterscheinungen eines Heroinentzugs, der auch tödlich verlaufen kann. Abhilfe bringt nur eine weitere Dosis Heroin. Da der „Stoff" sehr teuer ist, beschaffen sich viele Abhängige das nötige Geld z. B. als Dealer, Dieb oder Einbrecher. Andere versuchen, durch Prostitution zu Geld zu kommen. Für die meisten Drogenkonsumenten ist die Beschaffung des Geldes bzw. der Droge selbst das Hauptproblem. Dabei geht der Realitätsbezug des Konsumenten immer mehr verloren. Er entzieht sich seiner Umwelt. Soziale Verelendung bis hin zur Selbstvernichtung ist die Folge.
Aus dieser Abhängigkeit kann sich ein Drogenabhängiger mit eigener Kraft nicht befreien. Er ist auf Hilfe angewiesen. Eine *Entziehungskur* in einer Klinik ist oft die einzige Möglichkeit, aus dieser Situation herauszukommen.

1. Nenne Gründe, die Menschen veranlassen, Drogen zu nehmen.
2. Nenne die besonderen Gefahren bei illegalen Drogen.

Drogen

Haschisch und Marihuana

Aus dem indischen Hanf *Cannabis sativa* gewonnene Drogen sind schon seit Jahrtausenden bekannt. *Haschisch* wird aus dem Harz des Hanfs gewonnen. Die getrockneten Blätter nennt man *Marihuana*. Diese Drogen werden geraucht und führen zu Sinnestäuschungen und euphorischen Gefühlen. Das Rauchen führt auf Dauer zu Depressionen und psychischer Abhängigkeit.

Opium

Opium wird aus dem getrockneten Milchsaft des Schlafmohns gewonnen. Das Opium enthält zahlreiche Stoffe, die man als Opiate zusammenfasst, z. B. das *Morphium*. Opiate wirken schmerzlindernd und narkotisierend.

Morphium wird in der Medizin als Schmerzmittel eingesetzt. Durch eine chemische Veränderung von Morphium entsteht *Heroin*. Diese Stoffe werden gespritzt, selten geraucht oder inhaliert. Ihr Gebrauch führt sehr schnell zu körperlicher Abhängigkeit. Bei einer Überdosierung stirbt man durch Lähmung der Atemmuskulatur.

Kokain

Kokain wird aus den Blättern des Kokastrauches gewonnen, der in Südamerika und Indonesien gedeiht. In den Anden kauen die Einheimischen Kokablätter, um Hungergefühl und Müdigkeit zu bekämpfen. Im 19. Jahrhundert hielt man Kokain für eine Wunderdroge gegen viele Krankheiten. Als weißes, pulvriges „Koks" wird Kokain meist geschnupft. Gemischt mit Stoffen wie Backpulver erhält man *Crack*. Diese billigere, aber auch gefährlichere Variante des Kokains wird geraucht. Kokain führt zu psychischer Abhängigkeit und kann Wahnvorstellungen und Schädigungen des Nervensystems hervorrufen.

Ecstasy

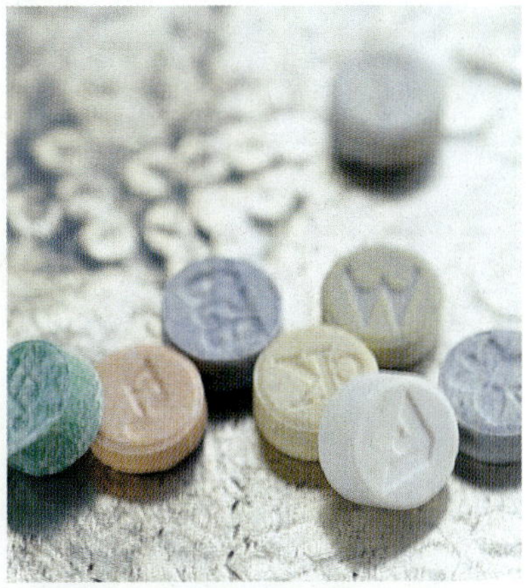

Ecstasy gilt als *Partydroge*. Es wird in Form von kleinen, „nett" aussehenden Pillen verkauft. Die Droge hat eine stark aufputschende Wirkung, baut Hemmungen ab und verändert die Wahrnehmung. Dies ermöglicht das Mit- und Durchhalten bei Techno- und Rave-Partys. Es kann zu Kreislaufzusammenbrüchen kommen, da Konsumenten oft nicht bemerken, dass sie beim Tanzen austrocknen und dadurch überhitzen. Ecstasy macht außerdem seelisch abhängig. Auf Dauer führt der Konsum zu schweren psychischen Veränderungen. Die Pillen werden ausschließlich illegal produziert. Ihre genaue Zusammensetzung ist unklar. Wirkungen und Nebenwirkungen lassen sich kaum voraus sagen. Dies macht den Gebrauch von Ecstasy besonders gefährlich.

Illegale Drogen

Im Betäubungsmittelgesetz ist geregelt, dass der Besitz und die Weitergabe von Haschisch und anderen illegalen Drogen mit mehrjährigen Freiheitsstrafen geahndet werden kann.

Zwanzig Jahre Drogenkonsum – Ein Erfahrungsbericht

Drogenkonsum. (Vorbereiten einer Heroininjektion)

Meine Einstiegsdroge bekam ich von meinen Eltern: ein Glas Wein. Später trank ich mit meinen Kumpels öfter. Zwei Gläser reichten mir schon, um breit zu sein. Bald bemerkte ich, dass die älteren Jungs, denen ich nacheiferte, was Besseres nahmen als Alkohol. Mit 11 Jahren bekam ich zum ersten Mal einen Joint, randvoll mit Haschisch. Mir ging es danach richtig gut. Ich begann regelmäßig zu kiffen. Es störte mich nicht, dass es illegal war. Etwas Verbotenes zu machen, war geheimnisvoll und machte aus mir einen coolen Jungen. Meine Eltern bemerkten jahrelang nichts von alldem.
Mein Konsum von Cannabis und Alkohol war natürlich alles andere als förderlich für meine Leistungen in der Schule. Inzwischen war ich täglich zugeknallt. Doch während meine Kumpels bei dem Joint blieben, wollte ich den Kick. Ich schnüffelte Wundbenzin, Lacke oder ähnliches. Das Zeug ist totales Gift für das Gehirn. Etwa mit 15 Jahren verkaufte mir ein Dealer zum ersten Mal harte Drogen. Heroin zog ich durch die Nase, die Wirkung war enorm. Bald schon spritze ich die Droge. Schnell war ich süchtig. Um mir das Zeug leisten zu können, musste ich klauen gehen. Bald schon brauchte ich so viel Geld, dass ich auf den Strich gehen musste. In meinen tiefsten Zeiten benötigte ich etwa 2800 Euro im Monat.

Ohne Drogen war es die Hölle. Die Entzugserscheinungen setzen schon nach wenigen Stunden ein und sind sehr heftig: Eisige Kälte, Schweißausbrüche, Muskelkrämpfe, Durchfall und Erbrechen. Diesen Zustand erlebte ich etwa einmal wöchentlich, einfach weil mir die Drogen ausgingen und ich es nicht rechtzeitig schaffte, an Geld zu kommen. In dieser Zeit starben auch viele meiner Freunde, darunter einige wirklich gute.

Da erst erkannte ich, dass ich ein Problem hatte und Hilfe brauchte, um aus dieser Hölle wieder einen Ausweg zu finden. Den ersten Entzug beendete ich nach zwei Wochen. Alle guten Vorsätze waren gestorben. Ich landete wieder in der Drogenszene. Mittlerweile war ich 24 Jahre alt und bei den Freiern nicht mehr so gefragt wie noch als Teenager. Weniger Freier bedeutete aber auch weniger Geld und damit mehr Entzugserscheinungen. Ich wollte nicht mehr und stand kurz vor dem Selbstmord. Nach einer Überdosis erwachte ich in der Entgiftung des Krankenhauses.

Wieder machte ich einen Entzug und war erfolgreich. Fünf Monate lang war ich clean, dann kam der Rückfall: wieder Heroin und Kokain. Die letzte Therapie ist jetzt 2 Jahre her. Seitdem bin ich clean. Doch ich habe immer Angst vor Rückfällen. Ich kenne Menschen, die waren 15 Jahre drogenfrei, bevor sie sich wieder im Drogensumpf verirrten.

1. Einige Stoffe werden häufig als „Einstiegsdrogen" bezeichnet. Erkläre diese Bezeichnung Nenne Beispiele.
2. Rollenspiel: Dir werden Drogen angeboten. Wie verhältst du dich?
3. Beschreibe die soziale Verelendung eines Süchtigen.
4. Einem Süchtigen gelingt es nur selten, ohne Hilfe von seiner Sucht freikommen. Begründe.
5. Informiere dich über Hilfen für Drogenabhängige.

1 Vor dem Medikamentenschrank

Inga G. (32) erzählt:

„Seit 3 Jahren bin tablettensüchtig. Um den großen Anforderungen in meinem Beruf gewachsen zu sein, habe ich begonnen, regelmäßig Aufputschmittel zu mir zu nehmen. Der Stress belastete mich immer mehr. Ich konnte nur noch zur Ruhe kommen, wenn ich nach der Arbeit Beruhigungstabletten geschluckt habe. Schon bald bekam ich große Schwierigkeiten einzuschlafen, da ich einfach zu aufgedreht war. Hier halfen Schlafmittel. Diese aber führten wieder dazu, dass ich am nächsten Morgen trotz Aufputschmittel nicht richtig in Fahrt kam. Also nahm ich einfach mehr von diesen Pillen. Es ist ein richtiger Teufelskreis.

2 Bericht einer Betroffenen

3.5 Verantwortungsvoller Umgang mit Arzneimitteln

Arzneimittel sind lebensnotwendig. Viele Krankheiten konnten erst wirksam behandelt werden, als man Stoffe entdeckte oder entwickelte, die den Heilungsprozess unterstützen. Manche dieser Arzneimittel sind aber gleichzeitig hochwirksame Gifte. Medikamente, die herzkranke Patienten benötigen, enthalten z. B. den Wirkstoff Digitoxin, der aus Fingerhut gewonnen wird. Eine Dosis von weniger als einem Milligramm dieses Stoffes hilft zur Stärkung der Herztätigkeit, eine höhere Dosis wirkt giftig. Dosen über 20 Milligramm sind tödlich. Schon der im 16. Jahrhundert lebende Arzt PARACELSUS erkannte: „Alle Dinge sind Gift, nichts ist ohne Gift, allein die Dosis macht, dass ein Ding Gift ist."

In der Regel sollte ein Arzt bestimmen, welche Medikamente wie lange und in welcher Verabreichungsform verwendet werden sollen. Es kommt darauf an, dass man auf die richtige Anwendung von Medikamenten achtet, damit man sich nicht selbst schadet.

Eine ganze Reihe von Medikamenten kann man ohne Rezept in Apotheken kaufen. Auch solche Medikamente können schädlich wirken. Deshalb sollte man genau die *Packungsbeilage* lesen. Diese enthält wichtige Informationen zur richtigen Dosierung. Außerdem wird auf Gefahren und Nebenwirkungen hingewiesen. Viele Menschen greifen aber regelmäßig und ohne ärztliche Beratung auf Medikamente zurück. In solchen Fällen spricht man von einem **Medikamentenmissbrauch**. Von Medikamenten kann man abhängig werden, genauso wie von Alkohol oder Heroin. Medikamentensüchtige versuchen, ihre Abhängigkeit gegenüber ihrer Umwelt zu verheimlichen. Dazu greifen sie oft auch zu illegalen Mitteln, um ihre Sucht zu verbergen. So fälschen sie z. B. Rezepte, um möglichst unauffällig an ihre Suchtmittel zu gelangen. Aus diesen Gründen ist die Zahl der arzneimittelabhängigen Menschen schwer zu schätzen. Die *Dunkelziffer* an Betroffenen ist hoch.

Mit einem gesunden Lebensstil lassen sich viele teure und süchtig machende Medikamente vermeiden. Gegen viele Beschwerden kann man sich mit einfachen Mitteln helfen. Wer auf ballaststoffreiche Nahrung achtet, benötigt keine Abführmittel. Zum Wachwerden genügt ein bisschen Morgengymnastik, gegen Kopfschmerzen hilft oft etwas Bewegung an frischer Luft.

1. Beschreibe den Weg von Inga G. in die Tablettenabhängigkeit. Wie könnte sie von ihrer Sucht befreit werden?
2. Erkläre den Satz von Paracelsus. Finde Beispiele für die Richtigkeit des Satzes.

Naturheilverfahren

Heilpflanzen

Die heilende Kraft von Pflanzen wurde schon im Altertum vielfältig genutzt. Im Mittelalter sammelten Nonnen und Mönche im Laufe der Zeit großes medizinisches Wissen. Besonders die Äbtissin HILDEGARD VON BINGEN (1098–1179) wurde für ihr reiches Wissen über Heilpflanzen und deren Verwendung bekannt. Heilpflanzen finden vor allem in Tees, Badezusätzen oder Salben Verwendung.

Tee

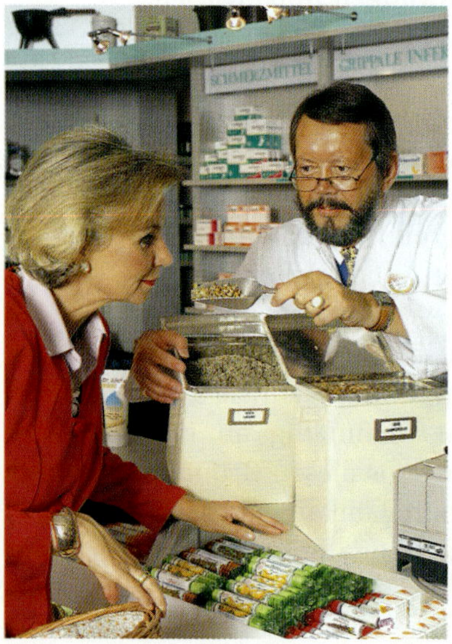

Teemischender Apotheker

Verschiedene Heilpflanzen werden als Tee getrunken. Sie wirken gegen allerlei Beschwerden. So lindert Salbeitee Halsschmerzen und Entzündungen. Pfefferminztee wirkt günstig auf Magen und Darm. Kamillentee lindert Magenverstimmungen, Blähungen und hilft gegen Schlafstörungen. Fencheltee wirkt entzündungshemmend und appetitanregend.

Inhalieren

Bei einer Erkältung schafft das Inhalieren von Kamillendampf Linderung. Eine Handvoll Kamillentee wird in einen Topf gegeben und mit einem halben Liter kochendem Wasser übergossen. Die Kräuterdämpfe werden über Mund und Nase tief eingeatmet. Der heiße Kamillendampf wirkt abschwellend und beruhigend auf die Schleimhäute. Man kann wieder frei atmen.

Wickel

Wickel werden bei verschiedenen Beschwerden eingesetzt. Ein mit kühlem Wasser getränktes Tuch wird um das zu behandelnde Körperteil gelegt. Darüber schlägt man ein trockenes Baumwolltuch. Durch die feuchten Wickel wird die Hautoberfläche abgekühlt. Dies führt zu einer besseren Durchblutung und dadurch zu einer Aktivierung der Körperabwehr. So lindern Wadenwickel hohes Fieber. Halswickel wirken gegen Husten und Heiserkeit.

Akupunktur

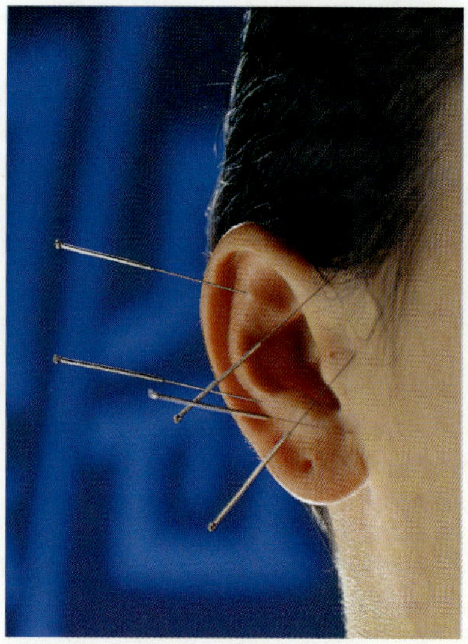

Die Akupunktur ist eine alte, aus China stammende Heilmethode. In der alternativen Medizin wird sie unter anderem bei der Behandlung von Schmerzen, Bluthochdruck, Verdauungsstörungen oder Migräne eingesetzt. Ein Therapeut sticht mit sehr feinen Nadeln etwa 4–25 mm tief in die Haut ein. Normalerweise ist dieser Vorgang nicht schmerzhaft. Manchmal treten Nebenwirkungen wie Rötungen, Brennen oder Schweißausbruch auf. Die Nadeln sollen Energie ableiten oder auch die Bildung von Energie anregen.

Alternative Heilmethoden

Heilverfahren wie Homöopathie, Akupunktur oder Bachblütentherapie wirken durch „Energie- bzw. Informationsübertragung". Diese Wirkungen sind meist naturwissenschaftlich nicht messbar. Da diesen Methoden keine Naturwissenschaften, sondern Weltanschauungen zugrunde liegen, werden sie von vielen Menschen sehr kritisch betrachtet.

Mensch und Gesundheit

Jeder ist für seine Gesundheit verantwortlich

- Gesundheit ist ein „Zustand vollkommenen körperlichen, sozialen und geistigen Wohlbefindens".
- Durch unsere Ernährungsweise, Hygiene und die persönliche Lebensführung können wir selbst viel dazu beitragen, uns gesund zu erhalten.

Stress

- Stress ist ein Alarmzustand unseres Körpers. Das Hormon Adrenalin versetzt unseren Körper in erhöhte Flucht- oder Angriffsbereitschaft.
- Kurzzeitige Stresssituationen, denen ausreichende Erholungsphasen folgen, nennt man Eustress.
- Dauerstress oder Distress macht krank.
- Distress kann man vorbeugen durch genügend Schlaf, richtiger Ernährung und regelmäßiger Bewegung.
- Eine richtige Zeit- und Arbeitsablaufplanung hilft, Stress zu vermeiden.

Abwehr von Krankheitserregern

- Bakterien und Viren können Krankheitserreger sein.
- Bakterien rufen zum Beispiel Krankheiten wie Tetanus und Tuberkulose hervor.
- Bakterien sind einzellig und haben keinen Zellkern. Man bekämpft krankheitserregende Bakterien mit Antibiotika.
- Viren rufen zum Beispiel Krankheiten wie Grippe, Masern oder Tollwut hervor.
- Viren sind keine Lebewesen. Sie bestehen nur aus Erbsubstanz, die von einer Eiweißhülle umgeben ist.
- Die Weißen Blutkörperchen oder Leukozyten übernehmen die Abwehr gegen Krankheitserreger.
- Riesenfresszellen nehmen alle möglichen Eindringlinge auf (unspezifische Abwehr).
- Gegen Krankheitserreger geht unser Abwehrsystem mit Antikörpern gezielt vor (spezifische Abwehr).
- Den Zeitraum von der Ansteckung – der Infektion – bis zum Ausbruch der Krankheit bezeichnet man als Inkubationszeit.
- Durch eine Schutzimpfung kann man sich vorbeugend gegen Krankheitserreger schützen.
- Bei einer Infektion kann man die Abwehrkraft des Körpers durch eine Heilimpfung unterstützen.
- Überreaktionen des Immunsystems gegen harmlose Fremdstoffe wie Blütenpollen nennt man Allergien.
- AIDS ist eine durch HI-Viren hervorgerufene, tödlich verlaufende Krankheit. Hauptinfektionsquelle ist ungeschützter Geschlechtsverkehr.

Süchtiges Verhalten

- Alles, was man überdurchschnittlich konsumiert und worauf man nicht verzichten kann, kann zur Sucht werden.
- Man unterscheidet zwischen stoffgebunden Süchten (z. B. Haschisch oder Alkohol) oder nicht stoffgebundenen Süchten (z. B. Spielsucht, Kaufsucht).
- Man unterscheidet legale Drogen z. B. Tabak und Alkohol, von illegalen Drogen, z. B. Marihuana, Heroin, Kokain.
- Der Konsum von illegalen Drogen, zieht oft soziale Folgeerscheinungen wie Kriminalität mit sich.
- Auch Medikamente können bei unsachgemäßem Gebrauch süchtig machen.
- Süchtige stecken meist in einem „Teufelskreis".
- In Drogenberatungsstellen bekommen Süchtige Hilfen.

Sinnesorgane und Regelungsvorgänge

1 Tanja mit Limonade

1 Wahrnehmung – unser Fenster zur Welt

Tanja hat Durst. Vor ihr auf dem Tisch steht ein Glas Limonade. Sie nimmt es und trinkt.
An diesem einfachen und alltäglichen Vorgang sind zahlreiche **Sinne** beteiligt. Tanja *sieht* das Glas. In dem Augenblick, in dem sie es mit den Fingern berührt, *fühlt* sie die glatte Oberfläche und die *Temperatur* des Glases. Sobald sie das Glas zum Trinken ansetzt, kommt sein Inhalt in die Nähe ihrer Nase und Tanja kann die Limonade *riechen*. Im Mund kann sie das Getränk schließlich auch *schmecken*. Würde sie ihr Ohr über das Glas halten, so könnte sie die Sprudelbläschen vermutlich auch *hören*.
Bevor Tanja die Limonade herunterschluckt, hat ihr Körper also bereits zahlreiche Informationen darüber eingeholt. Wir sammeln und verarbeiten ständig Informationen über unsere Umwelt. Dies nennt man **Wahrnehmung**.

Nur die Wahrnehmung ermöglicht es uns, z. B. die richtige Nahrung auszuwählen und Gefahren frühzeitig zu erkennen. Wäre die Limonade etwa verschimmelt, so könnte Tanja dies sehen. Auch der Geruch wäre auffällig. Sollte sie die Limo dennoch in den Mund nehmen, würde ein faulig-erdiger Geschmack ihr unmissverständlich anzeigen, dass es besser ist, die Limo nicht zu trinken.

Derselbe Gegenstand, in diesem Beispiel das Glas mit Limonade, sendet fast immer mehrere Reize gleichzeitig aus und wird mit mehreren Sinnen gleichzeitig untersucht. Die einzelnen *Sinneswahrnehmungen* werden schließlich zu einem *Gesamteindruck* zusammengefügt. Auf diese Weise werden einzelne Sinneswahrnehmungen abgesichert. Wahrnehmungsfehler kann man dadurch meist vermeiden.

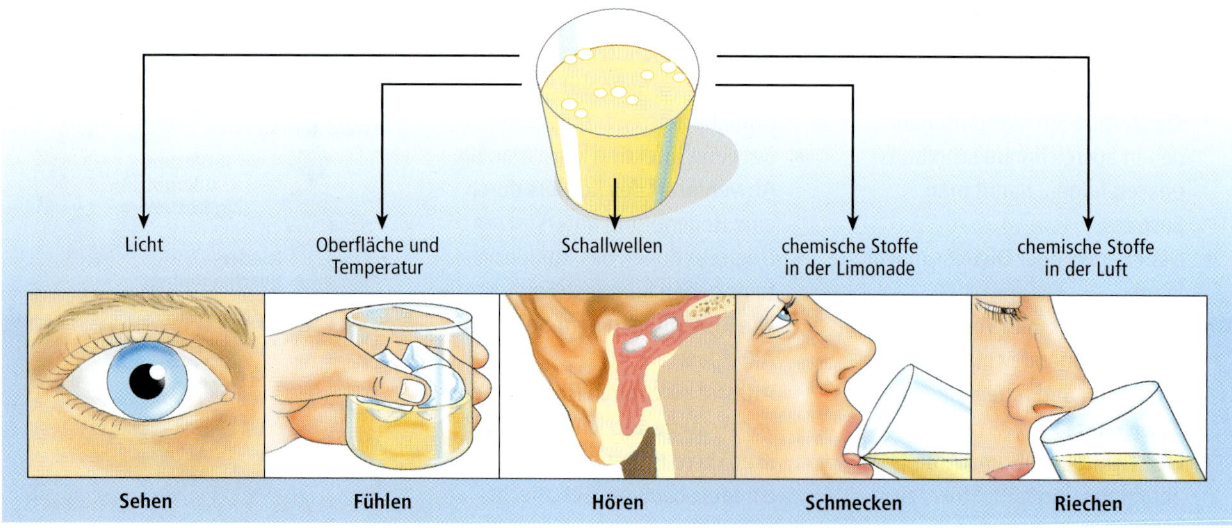

2 Bei der Wahrnehmung spielen viele Sinne eine Rolle

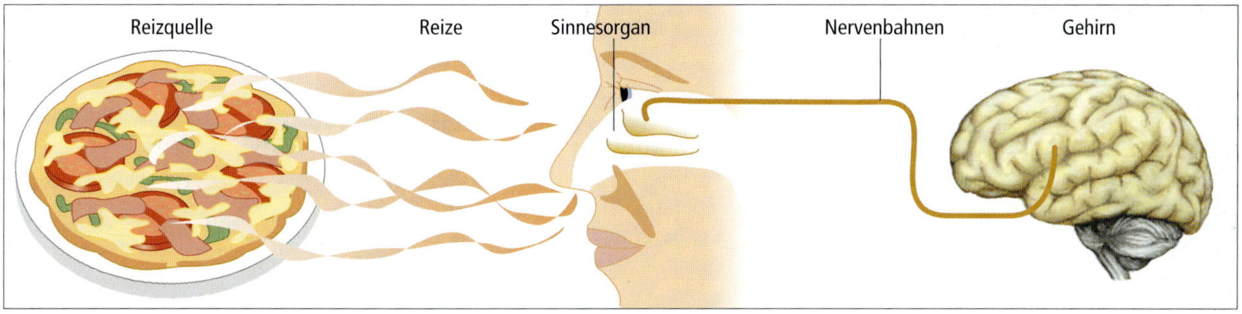

3 Stationen der Wahrnehmung

Wie funktioniert die Wahrnehmung? Wenn Tanja das Glas sieht, treffen die davon reflektierten Lichtstrahlen auf ihr Auge. Die Lichtstrahlen wirken als **Reize**. Das Glas sendet diese Reize aus, ist also die **Reizquelle**. Das Auge als **Sinnesorgan** wandelt die Reize in Nervenimpulse, die **Erregung**, um. Sie wird über Nerven ins Gehirn geleitet und dort verarbeitet. Als Ergebnis der Verarbeitung entsteht im Gehirn die **Wahrnehmung**.

Dieser Ablauf ist bei allen Sinnen ähnlich. So verschieden die Reize auch sind, sie alle werden von den einzelnen Sinnesorganen zunächst in Erregung umgewandelt. Sinnesorgane übersetzen sozusagen die Reize in die „Sprache" des Gehirns, damit die Informationen dort verarbeitet werden können.

1. Mit welchen Sinnesorganen könnten wir eine brennende Kerze untersuchen? Nenne auch die jeweiligen Reize.
2. „Wir hören mit den Ohren!"
   Inwiefern ist diese Aussage richtig und inwiefern ist sie falsch?
3. Beschreibe anhand der Abbildung 3 die Stationen, die eine Information aus der Umwelt durchläuft, ehe wir sie wahrnehmen.

EXKURS

Wahrnehmung bei Tieren

Die Augen der Fliege bestehen wie ein Mosaik aus über 3000 Einzelaugen. Das Bild, das diese **Komplexaugen** liefern, ist wie ein Mosaik aufgebaut. Es ist gröber und unschärfer als das, was wir sehen. Dafür sieht die Fliege manche für uns unsichtbare Lichtstrahlen und kann alle Bewegungen viel besser erkennen als wir Menschen.

Weibchen der Seidenspinnermotte geben zur Paarungszeit Duftmoleküle ab. Die Männchen nehmen bereits ein einziges dieser Moleküle wahr, wenn es auf ihre Antennen trifft. So können sie die paarungsbereiten Weibchen nicht nur über Distanzen bis zu 11 km riechen, sondern der Duftspur auch bis zum Weibchen folgen.

Haie verfügen über ein „elektrisches Organ", das Spannungen im Wasser aufnehmen kann. Manche Haie orten so eine im Sand vergrabene Flunder – anhand der elektrischen Impulse ihrer Nerven und ihres schlagenden Herzens. Haie können auch sehr gut riechen und etwa das Blut verletzter Tiere noch wahrnehmen, wenn es 10milliardenfach verdünnt ist.

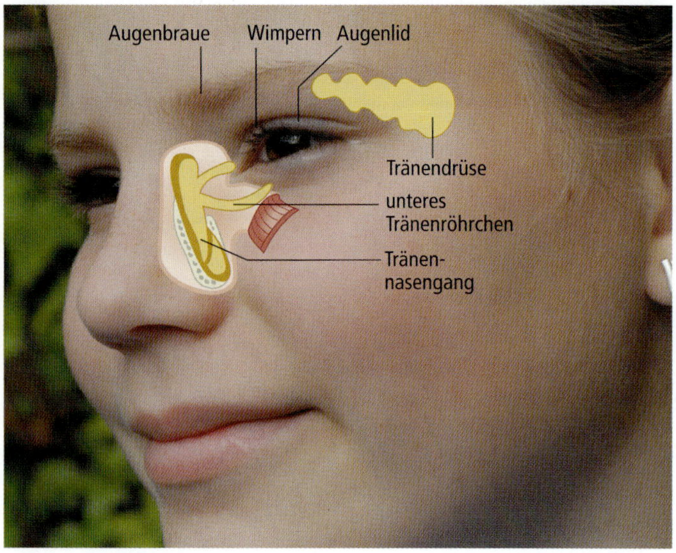

1 Schutzeinrichtungen der Augen

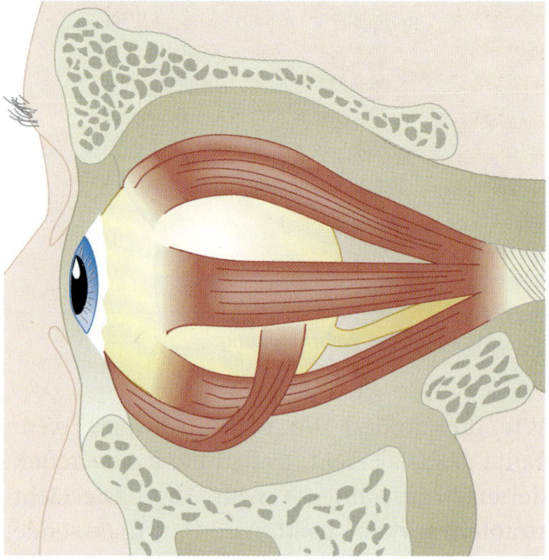

2 Augenhöhle und Augenmuskeln

2 Das Auge

2.1 Der Bau des menschlichen Auges

Die Augen liegen, umgeben von Knochen, gut geschützt in den Augenhöhlen des Schädels. Zusätzlich besitzen sie eine Reihe spezieller Schutzeinrichtungen. Dies sind zum Beispiel die **Tränendrüsen**. Sie produzieren ständig *Tränenflüssigkeit*. So bleibt das Auge sauber und wird vor Austrocknung geschützt. Die **Augenlider** verteilen die Tränenflüssigkeit auf der Augenoberfläche und wischen kleinere Fremdkörper wie etwa Staubkörnchen weg. Sie werden mit der ablaufenden Tränenflüssigkeit durch den **Tränennasengang** ausgestoßen.
Außerdem schließen sich die Lider automatisch, wenn sich etwas dem Auge schnell nähert. So gelangen größere Fremdkörper wie z. B. Insekten meist gar nicht erst ins Auge. Sollte es dennoch passieren, wird die Tränenmenge erhöht, um den Fremdkörper wegzuspülen.

Die Augen sind beweglich. Mehrere *Muskeln* können sie horizontal, vertikal und sogar ein wenig um die Längsachse bewegen. Wären die Augen unbeweglich, könnten wir nur geradeaus blicken und müssten jedes Mal den ganzen Kopf drehen, wenn wir zur Seite sehen wollten. Von außen können wir nur einen kleinen Teil des Augapfels erkennen. Hierbei fällt das typische Muster aus einem farbig gemaserten Ring mit einem dunklen Fleck in der Mitte auf. Es ist die ringförmige **Iris** oder *Regenbogenhaut*, die in der Mitte ein Loch freilässt. Man nennt es **Pupille**. Bei genauerem Hinsehen erkennt man auch die davor gelegene, durchsichtige und nach außen gewölbte **Hornhaut**.

Trifft ein Lichtstrahl auf das Auge, gelangt er durch die Pupille ins Innere. Hinter der Pupille liegt die **Linse**. Sie ist ebenso gewölbt wie die Glaslinse einer Lupe.
Hinter der Linse liegt der **Glaskörper**. Dies ist eine durchsichtige, gallertartige Masse. Sie füllt fast das ganze Auge aus, lässt das Licht aber ungehindert durch. Der Lichtstrahl erreicht die hintere Augeninnenwand und trifft dort auf die **Netzhaut**. Sie enthält viele dicht an dicht stehende *Lichtsinneszellen*. Diese erzeugen Nervenimpulse, sobald ein Lichtstrahl sie trifft. Über zahlreiche Nervenbahnen, die sich schließlich zum **Sehnerv** vereinigen, werden diese Impulse schließlich zum Gehirn geleitet.

Die Sinneszellen sind es also, welche die Reize in Erregung umwandeln.
Dieser Vorgang benötigt relativ viel Energie. Die von feinen Adern durchzogene und gut durchblutete **Aderhaut** versorgt die Zellen der

Netzhaut daher ständig mit Nährstoffen und mit Sauerstoff. Zwischen Ader- und Netzhaut liegt die dünne, dunkle *Pigmentschicht*, die störende Lichtreflexe im Auge vermindert.
Die **Lederhaut** schließlich bildet die äußere Hülle des Auges. Schützend umgibt sie den ganzen Augapfel und geht an der Vorderseite in die Hornhaut über.

Untersucht man die Netzhaut mit einem Mikroskop, erkennt man zwei unterschiedliche Sorten von **Lichtsinneszellen**. Beide sind länglich geformt. Die eine ist jedoch deutlich dünner und stäbchenförmig, während die andere dicker ist und in der Form eher einem Tannenzapfen ähnelt. Die *Stäbchen* sind lichtempfindlicher als die *Zapfen*, können dafür aber nur hell und dunkel unterscheiden. Hätten wir nur Stäbchen, würden wir also schwarzweiß sehen. Die Zapfen hingegen funktionieren nur, wenn genügend Licht zur Verfügung steht, ermöglichen dafür aber Farbeindrücke.
Stäbchen und Zapfen sind nicht gleichmäßig über die Netzhaut verteilt. Etwa in der Mitte der Netzhaut stehen die Sinneszellen am engsten zusammen. Sie lassen die Netzhaut hier leicht gelb aussehen. Man nennt diese Stelle daher den **gelben Fleck**. Dort trifft das Licht von Objekten auf, die wir direkt ansehen und hier können wir am schärfsten sehen. Zudem sind hier vorwiegend Zapfen vorhanden, während in den Randbereichen die Stäbchen vorherrschen.
Unmittelbar neben dem gelben Fleck liegt die Stelle, an der sich die von den Sinneszellen kommenden Nervenbahnen vereinigen. Als dicker Sehnerv wird das Bündel aus dem Auge heraus geleitet. Der Sehnerv selbst ist nicht lichtempfindlich. Fällt Licht auf diesen **blinden Fleck**, wird es also nicht wahrgenommen.

1. „Nachts sind alle Katzen grau." Begründe, warum wir in der Dämmerung kaum Farben unterscheiden können.
2. Stelle die in der Abbildung 3 gezeigten Teile des Auges in einer Tabelle zusammen und nenne mithilfe des Textes jeweils ihre Eigenschaften und Aufgaben.
3. Beschreibe anhand der Abbildung 3 den Bau der Netzhaut. Beachte dabei besonders die Lage und den Verlauf der Nervenbahnen.
4. Mäßig helle Sterne scheinen zu verschwinden, sobald man sie direkt ansieht. Schaut man aber etwas an ihnen vorbei, werden sie sichtbar. Erkläre.

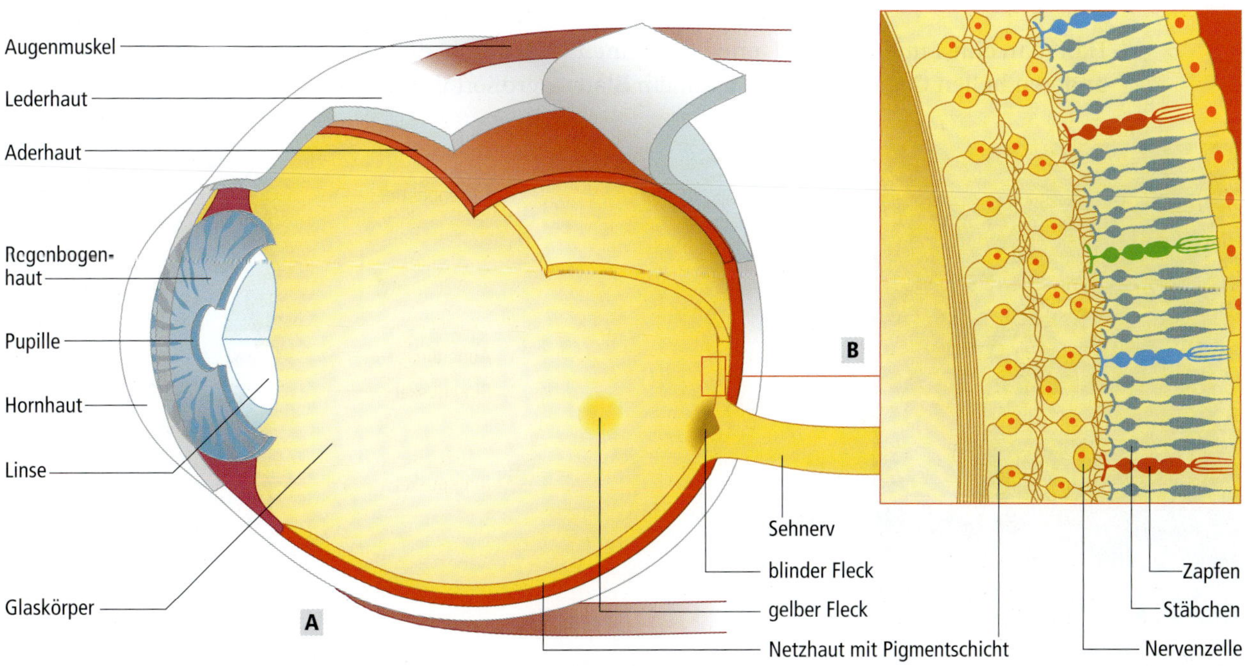

3 **Bau des Auges.** **A** Längsschnitt; **B** Feinbau der Netzhaut

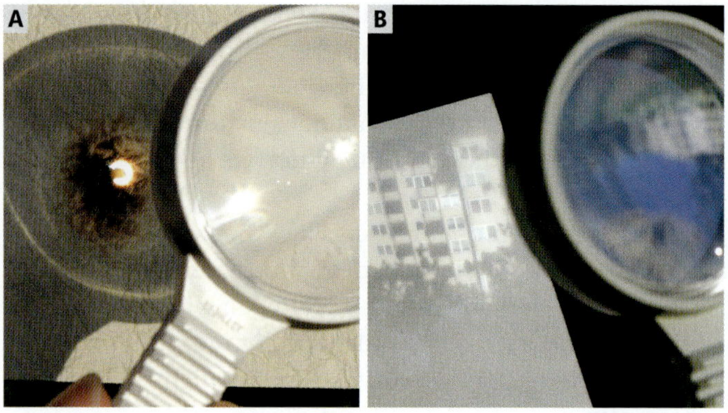

1 Projektion einer Sammellinse. **A** Lichtpunkt der Sonne; **B** Projektion

2.2 Was unsere Augen leisten

Vielleicht hast du schon einmal durch eine Lupe geschaut und dabei beobachtet, wie verzerrt, vergrößert oder verdreht alles aussieht. Die Lupe lenkt die Lichtstrahlen ab. Je stärker die Ablenkung, die *Brechung* der Lichtstrahlen, umso größer die *Brechkraft* der Lupenlinse. Aufgrund der Lichtbrechung können solche Linsen Lichtstrahlen in einem Punkt, dem *Brennpunkt*, bündeln oder sammeln. Beim Spielen mit solchen *Sammellinsen* ist Vorsicht geboten, denn im Brennpunkt kann es sehr heiß werden.

Hält man eine Lupe vor eine Lampe oder einen anderen hellen Gegenstand und dann ein Blatt Papier im richtigen Abstand auf der anderen Seite der Lupe, so kann man auf dem Blatt ein verkleinertes, auf dem Kopf stehendes Abbild der Lampe sehen. Der Abstand, in dem das Papier hinter die Linse gehalten werden muss, um eine scharfe Projektion zu erhalten, ist stark von der Entfernung des Objektes abhängig.

Die Linse in unserem Auge ist ebenfalls eine Sammellinse. Sie projiziert ein Bild auf die Netzhaut. Der Abstand zwischen Linse und Netzhaut kann sich allerdings nicht verändern. Zum „Scharfstellen" wird im Auge daher die Form der Linse und damit ihre Brechkraft verändert.

Diese **Akkommodation** geschieht unbewusst durch einen ringförmigen Muskel, den *Ziliarmuskel*. Er umgibt die Linse und ist über die *Linsenbänder* mit ihr verbunden. Entspannt sich der Muskel, vergrößert sich sein Durchmesser. Der Muskel zieht dann über die Bänder an der elastischen Linse. Sie wird dadurch flacher, verringert so ihre Brechkraft und kann weit entfernte Objekte scharf auf der Netzhaut abbilden.
Sollen nahe gelegene Objekte scharf gesehen werden, muss sich der Ziliarmuskel dagegen anspannen. Er verringert seinen Durchmesser und so auch den Zug auf die Linse. Diese wird dadurch dicker, wölbt sich stärker und vergrößert ihre Brechkraft.

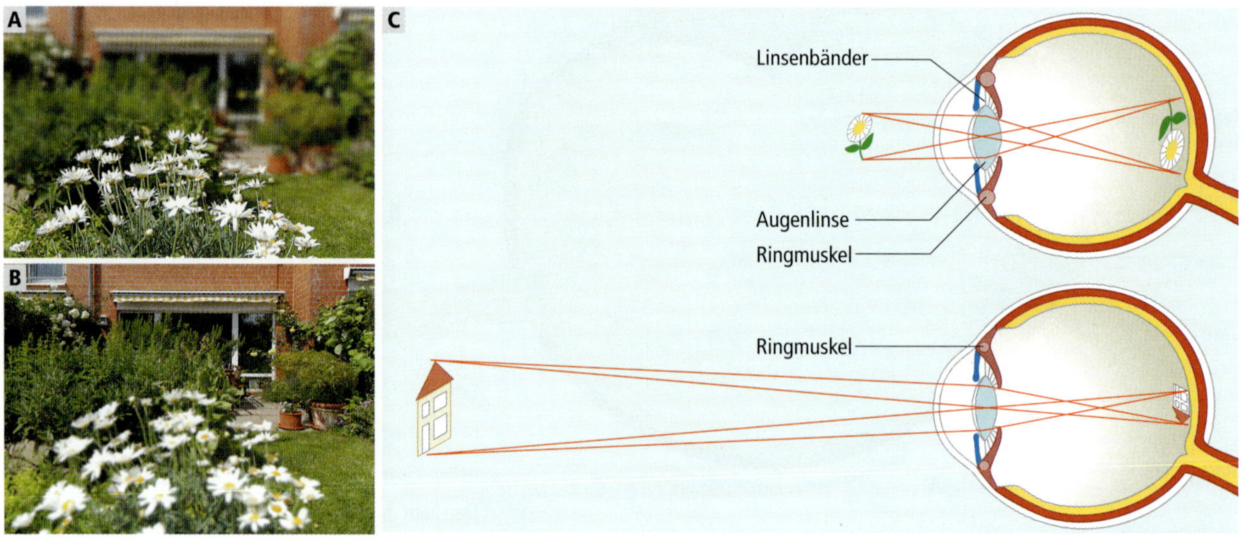

2 Akkomodation. **A** Nahsicht; **B** Fernsicht; **C** Schema

Im Alter verringert sich die Elastizität der Linse. Auch bei angespanntem Ziliarmuskel erreicht sie dann nicht mehr die notwendige starke Wölbung, um nahe Objekte scharf abzubilden. Ältere Menschen brauchen wegen dieser *Alterssichtigkeit* oft Lesebrillen.

Das Bild auf der Netzhaut steht wie jedes von einer einfachen Sammellinse projizierte Bild auf dem Kopf. Erst im Sehzentrum unseres Gehirns werden die Nervenimpulse so verarbeitet, dass wir trotzdem nicht alles falsch herum sehen. Gleichzeitig werden die beiden sich leicht unterscheidenden Bilder beider Augen dort so zusammengesetzt, dass ein räumlicher Eindruck entsteht.

Damit die auf die Netzhaut projizierten Bilder überhaupt ins Gehirn gelangen können, müssen sie zunächst in Nervenimpulse umgewandelt werden. Dies geschieht in den *Lichtsinneszellen*. Die *Stäbchen* enthalten **Sehpurpur.** Dieser Farbstoff zerfällt, sobald Licht darauf trifft. Bei diesem Zerfall wird Energie in Form elektrischer Impulse frei. Diese werden von Nervenzellen ins Gehirn geleitet.
Die *Zapfen* enthalten ähnliche Sehfarbstoffe. Allerdings kann man bei ihnen drei verschiedene Sorten unterscheiden. Sie zerfallen jeweils nur, wenn rotes, grünes oder blauviolettes Licht auf sie trifft. Dementsprechend erzeugen die drei verschiedenen Zapfensorten auch nur dann Nervenimpulse, wenn sie das Licht der entsprechenden Farbe trifft. Wieder ist es das Gehirn, das aus den von unterschiedlichen Zapfensorten eintreffenden Impulsen einen Farbeindruck entstehen lässt.
Wegen einer Erbkrankheit funktionieren bei manchen Menschen – vorwiegend Männern – die Zapfen nicht richtig. Sie können die Farben Rot und Grün nicht oder nicht so gut unterscheiden. Man spricht von **Rot-Grün-Blindheit** oder *Rot-Grün-Schwäche*.

1. Beschreibe anhand der Abbildung 2 die Akkommodation.
2. Nenne alle Stationen, die ein Lichtstrahl von seiner Entstehung in einer Kerze und der Wahrnehmung im Gehirn durchläuft.
3. Warum beeinflusst Schielen das räumliche Sehen?

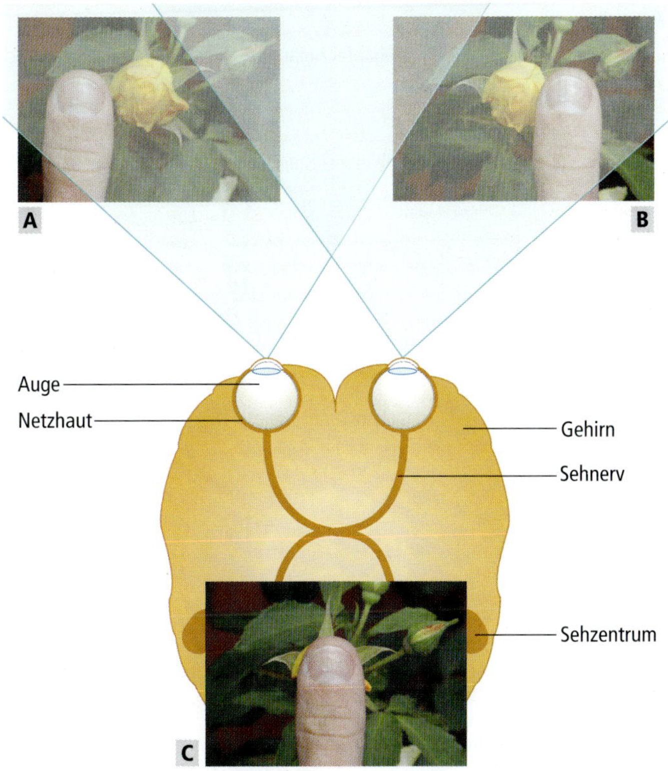

3 Räumliches Sehen. **A** Bild linkes Auge; **B** Bild rechtes Auge; **C** Raumeindruck im Gehirn

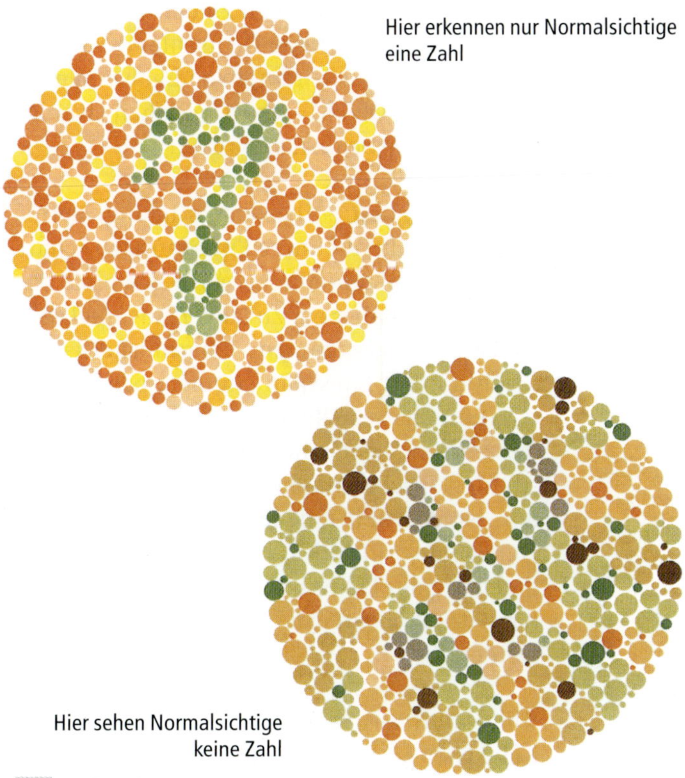

4 Farb-Sehtests

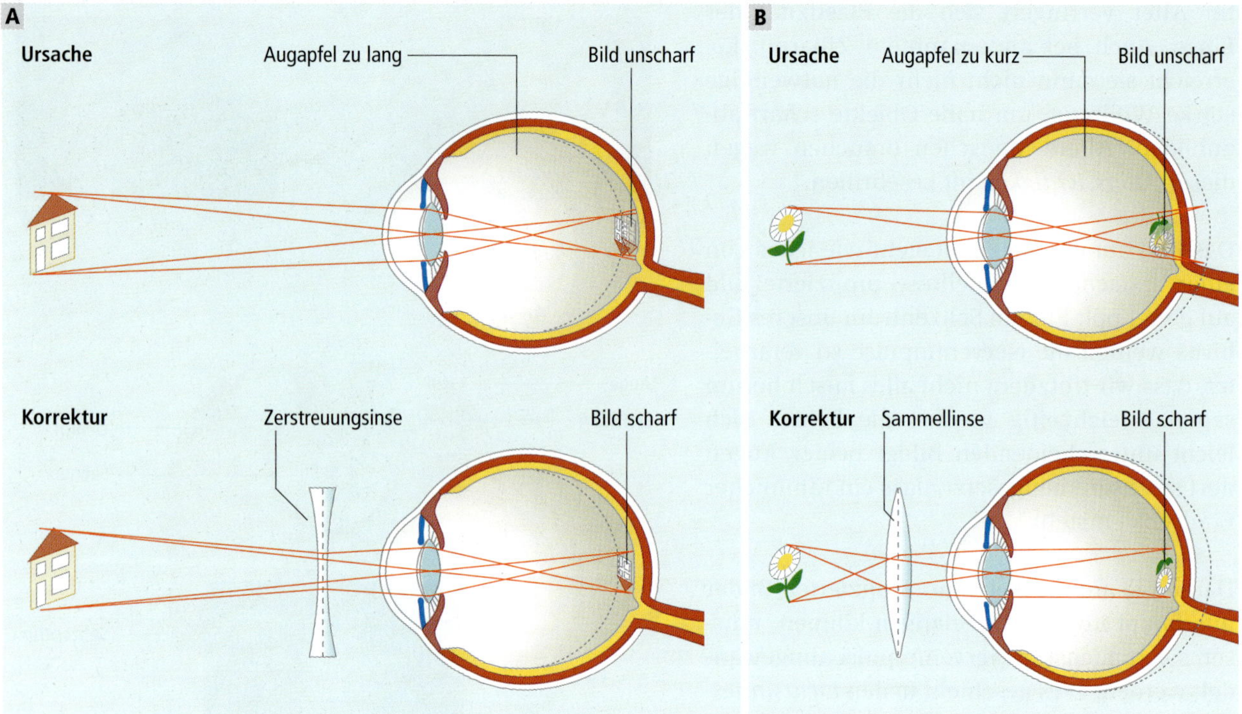

1 **Strahlengang bei Sehfehlern.** **A** Kurzsichtigkeit; **B** Weitsichtigkeit

2.3 Sehfehler und ihre Korrektur

Vielleicht gehörst du auch zu den ungefähr 38 Millionen Menschen in Deutschland, die eine Brille tragen. Dies wird notwendig, wenn nicht mehr jedes Objekt scharf gesehen werden kann, also ein *Sehfehler* vorliegt.

Kurzsichtigkeit ist besonders häufig. Betroffene sehen nur auf kurze Entfernungen scharf. Ursachen können eine zu stark gewölbte Augenlinse oder aber ein zu langer Augapfel sein. Selbst bei angespanntem Ziliarmuskel ist die Brechkraft der Linse dann immer noch so groß, dass ein scharfes Bild nur einige Millimeter vor der Netzhaut entstehen würde. Da die Lichtstrahlen anschließend wieder auseinander laufen, ist das Bild auf der Netzhaut unscharf. Durch eine Brille mit *Zerstreuungslinse*, die der Brechung des Lichtes im Auge entgegen wirkt, kann das Problem jedoch in der Regel behoben werden.

Umgekehrt verhält es sich bei der **Weitsichtigkeit.** Hier ist der Augapfel meist zu kurz. So reicht selbst bei entspanntem Ziliarmuskel die Brechkraft der Linse nicht aus, um auf der Netzhaut ein scharfes Bild zu erzeugen. Dementsprechend muss in diesem Fall die Brechkraft der Augenlinse erhöht werden. Dies geschieht durch eine *Sammellinse*, die das Licht in der selben Weise bricht wie die Augenlinse.

Nicht durch eine Brille zu beheben ist der **graue Star**. Bei dieser Augenerkrankung trübt sich die Linse im Auge. Häufig muss sie dann operativ entfernt und durch eine künstliche Linse ersetzt werden.
Auch im Glaskörper können sich leichte Trübungen bilden. Diese kann fast jeder an sich selber beobachten. Es entstehen würmchenförmige, leicht wolkige Seheindrücke, die über das Gesichtsfeld zu schweben scheinen. Sie sind harmlos und nicht mit einer Linsentrübung zu verwechseln.

1. Stelle in einer Tabelle zusammen, wie sich verschiedene Sehfehler äußern, woran das liegt und wie sie behandelt werden.
2. Treten die Probleme bei der Alterssichtigkeit im Nah- oder Fernbereich auf? Welche Linse könnte sie beheben? Begründe!

Optische Täuschungen

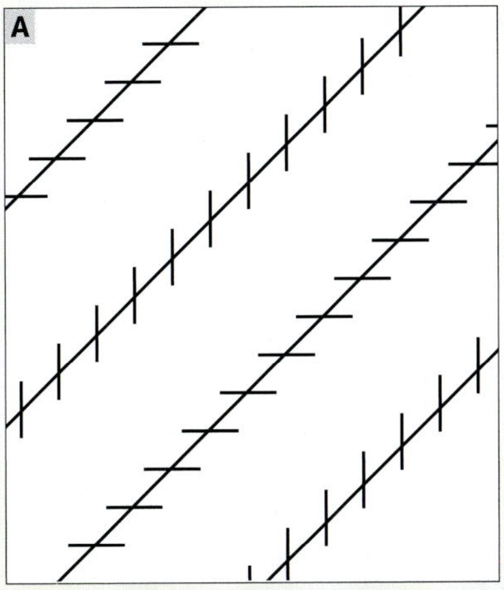

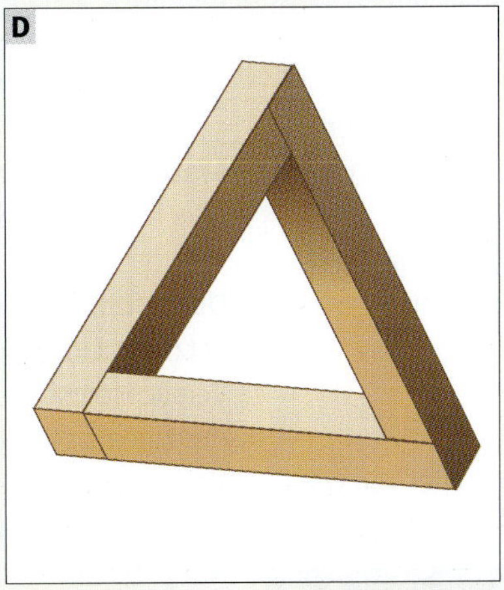

Der optische Eindruck, also das, was wir sehen, entsteht erst im Gehirn. Bis dahin sind die Bilder aber schon vom Körper „bearbeitet" worden: Sie wurden in Nervenimpulse umgewandelt, über Nerven ins Gehirn geleitet und dort ähnlich wie in einem Computer verarbeitet. Bei dieser Umwandlung und Verarbeitung entstehen immer wieder auch Fehler und es kommt zu Täuschungen. Wer sich mit dieser Verarbeitung auskennt, kann gezielt solche und ähnliche Täuschungen erzeugen.

A und **B**: In beiden Fällen sind die langen Linien parallel – miss ruhig nach!

Das räumliche Sehen ist stark von der Verarbeitung der Nervenimpulse im Gehirn abhängig. Dabei wird aus den beiden Bildern des rechten und des linken Auges ein einziges, räumliches Bild erzeugt. Darüber hinaus gehen aber auch alle Erfahrungen mit dem Verlauf von Linien und Schatten bei räumlichen Objekten mit in die Auswertung ein.

Hier setzen die beiden Bilder **C** und **D** an. Durch geschickte Linienführung und durch Schatten wird ein dreidimensionaler Eindruck erzeugt. Das Dumme ist nur: Beide Objekte sind leider unmöglich.

E: Unsere räumliche Wahrnehmung beruht auch auf Perspektive. Die Linien im Hintergrund scheinen schräg nach hinten zu verlaufen. Entfernte Objekte erscheinen normalerweise kleiner. Das rechte, „hinten stehende" Mädchen ist jedoch genauso groß wie das andere. Das Gehirn folgert: Steht es hinten und sieht gleich groß aus, muss es in Wirklichkeit größer sein. Und so wird es als größer wahrgenommen.

F: Das Gehirn versucht, in dem, was wir sehen, bekannte Formen zu entdecken. Sehen alle in deiner Klasse hier dasselbe? Versuche eine Erklärung.

Unser Auge

V1 Nachweis des blinden Flecks

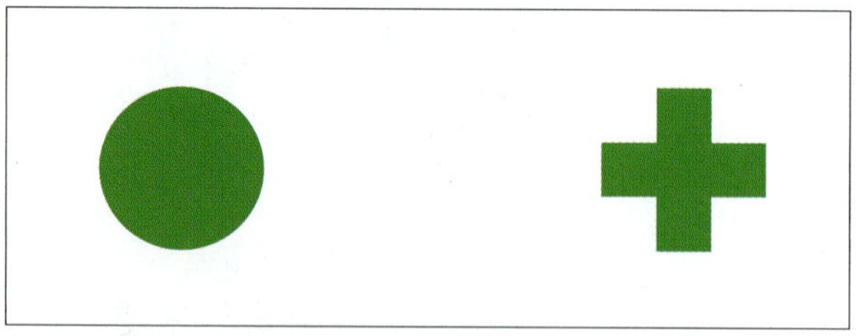

Durchführung: Halte die obige Abbildung mit ausgestreckten Armen vor deine Augen. Schließe das linke Auge und schaue mit dem rechten den Kreis an. Nähere die Abbildung langsam dem Auge. Wiederhole den Versuch mit dem anderen Auge. Schaue diesmal das Kreuz an.

Aufgaben:

a) Beschreibe kurz deine Beobachtungen und erläutere, warum es sich bei diesem Versuch um einen Nachweis für den blinden Fleck handelt.

b) Erkläre, warum man mit dem rechten Auge den Kreis, mit dem linken aber das Kreuz anschauen muss.

V2 Pupillenreflex

Material: Taschenlampe; Spiegel (nur, wenn der Versuch allein durchgeführt wird)

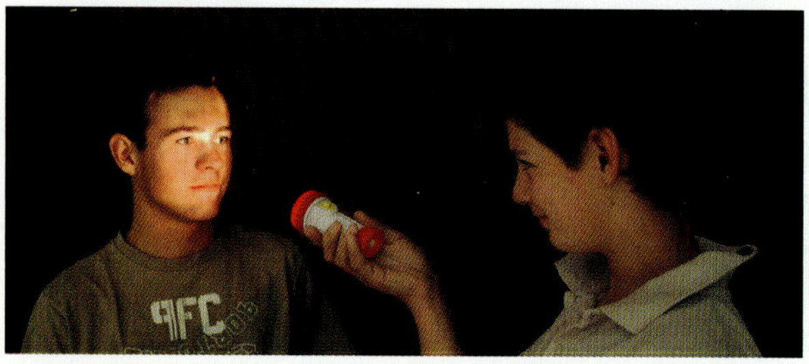

Durchführung: Am besten suchst du dir einen Versuchspartner. Haltet euch zunächst 2 bis 3 Minuten im Dämmerlicht auf (Vorhänge schließen, keine hellen Lampen). Beobachte die Pupille deines Versuchspartners. Leuchte dem Partner dann mit der Taschenlampe ins Auge und achte dabei auf seine Pupille.
Wenn du den Versuch alleine durchführen musst, blicke in einen Spiegel und beobachte deine eigenen Pupillen.

Aufgabe: Beschreibe deine Beobachtung und erkläre sie. Welchen Sinn hat diese Reaktion des Körpers?

V3 Räumliches Sehen

Material: Buch

Durchführung: Halte das Buch mit dem Buchrücken direkt vor deine Nase. Betrachte es nur mit dem rechten, nur mit dem linken oder mit beiden Augen zugleich. Halte das Buch nun ca. 10, 20 und 40 cm von deiner Nasenspitze entfernt und wiederhole jeweils deine Beobachtungen.

Aufgabe: Beschreibe deine Beobachtungen und vergleiche die drei Eindrücke (linkes, rechtes, beide Augen). Wie wirkt sich die Entfernung des Buches auf das räumliche Sehen aus?

V4 Bereich der Akkomodation

Material: Lineal mit mindestens 20 cm Länge; Bleistift oder ähnlicher Gegenstand

Durchführung: Führt diesen Versuch zu zweit durch. Setzt das Lineal vorsichtig genau neben dem Auge der Versuchsperson an. Haltet den Bleistift zunächst ans Ende des Lineals. Nähert ihn jetzt langsam an das Auge der Versuchsperson an.

Aufgaben:

a) Stelle fest, wie weit der Bleistift mindestens vom Auge entfernt sein muss, um ihn scharf zu sehen.

b) Vergleiche bei Brillenträgern die Ergebnisse mit und ohne Brille und in der Klasse Kurz-, Weit- und Normalsichtige. Erkläre.

V5 Seitliches Gesichtsfeld

Material: Winkelmaß für die Tafel oder selbstgebastelte halbrunde Pappscheibe mit ca. 50 cm Durchmesser und eingezeichneten Winkeln; Bleistift

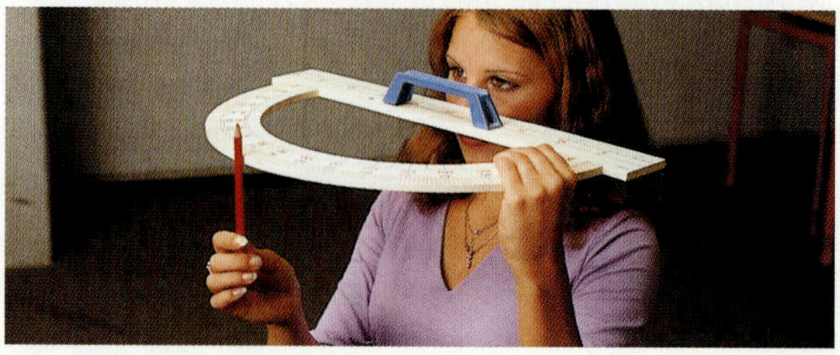

Durchführung: Halte das Winkelmaß mit dem Nullpunkt vor deine Nase. Beginne mit dem Bleistift genau in der Mitte und bewege ihn an dem Winkelmaß entlang langsam zur Seite. Schaue dabei immer genau geradeaus. Bewege nicht die Augen oder den Kopf, um dem Bleistift zu folgen.

Aufgaben:
a) Bestimme den Winkel, ab dem du den Bleistift nicht mehr sehen kannst. Stelle dein Gesichtsfeld grafisch dar.
b) Vergleiche die Gesichtswinkel mehrerer Versuchspersonen.

V6 Nachbild

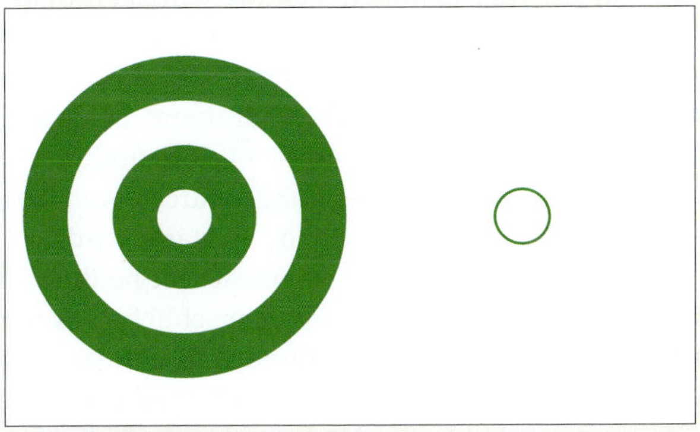

Durchführung: Schaue für mindestens 30 Sekunden genau in die Mitte der grünen Kreise. Bewege nicht die Augen und verändere nicht den Abstand zum Buch. Schaue dann genau auf den kleinen Kreis rechts in der Abbildung.

Aufgabe: Beschreibe deine Beobachtungen und erkläre sie. Beachte dazu den folgenden Hinweis.

Hinweis: In den Lichtsinneszellen zerfällt ein Farbstoff, sobald er vom Licht getroffen wird. Dies führt schließlich zur Bildung elektrischer Nervenimpulse. Ist der Farbstoff zerfallen, muss er erst wieder neu hergestellt werden. Jede Lichtsinneszelle hat nur einen begrenzten Vorrat an Farbstoff. Je mehr Farbstoff bereits zerfallen ist, umso weniger bleibt für weiteren Zerfall übrig.

V7 Merkwürdige Bewegung

Material: Stabile Pappe, mindestens 50 cm im Durchmesser; vergrößerte Kopie der Abbildung; Bleistift

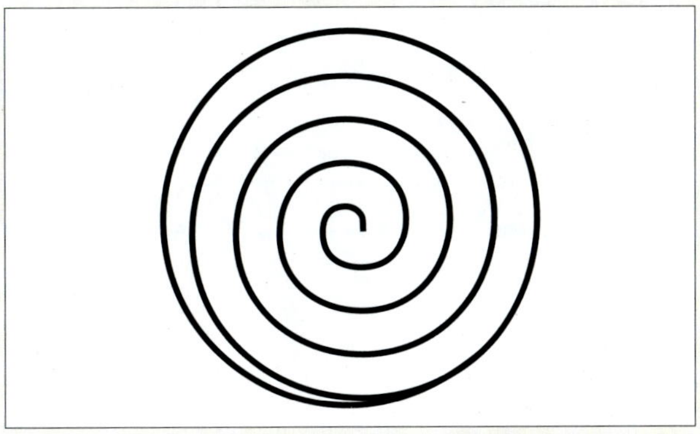

Durchführung: Schneide aus der Pappe eine runde Scheibe mit einem Durchmesser von mindestens 50 cm aus. Zeichne eine Spirale darauf oder klebe eine stark vergrößerte Fotokopie der Abbildung auf. Stecke die Bleistiftspitze genau in die Mitte. Setze dich in ca. 40 cm Abstand zur Scheibe hin und schaue mindestens 40 Sekunden auf die Mitte der Scheibe, während ein Partner sie langsam und gleichmäßig dreht. Schaue danach woanders hin, z. B. auf deinen Handrücken.

Aufgabe: Berichte über deine Wahrnehmung der Hand.

V8 Falsche Farbeindrücke

Material: Dieses Buch; Lupe

Durchführung: Betrachte ein Foto dieses Buches mit einer Lupe.

Aufgabe: Beschreibe das Aussehen der stark vergrößerten Abbildungen. Aus wie vielen verschiedenen Farben bestehen sie? Erkläre, warum wir von weitem viel mehr Farben sehen. Bedenke dabei, wie die Zapfensorten für das Farbensehen zuständig sind.

1 Geräusche – überall

3 Unser Ohr

3.1 Wie wir hören

Ob beim Musik hören, Telefonieren, Unterhalten oder im Straßenverkehr – Geräusche sind für unser Leben enorm wichtig. Was passiert beim Hören?

Von außen sichtbar ist zunächst nur die trichterförmige *Ohrmuschel*. Sie sammelt den Schall und leitet ihn über den *Gehörgang* zum *Trommelfell*. Letzteres ist ein dünnes Häutchen und wie das Fell auf einer richtigen Trommel über den Gehörgang gespannt. So schließt es das **Außenohr** ab.

Die eintreffenden Schallwellen sind schnelle Schwankungen des Luftdrucks. Die schwingende Luft drückt also mal mehr, mal weniger stark auf das Trommelfell und versetzt es dadurch ebenfalls in Schwingungen.

Auf der anderen Seite des Trommelfells liegt das **Mittelohr**. Es ist ein kleiner Hohlraum im Schädelknochen, kaum größer als eine Erdnuss. Hier befinden sich die winzigen Gehörknöchelchen *Hammer*, *Amboss* und *Steigbügel*. Sie bilden ein Hebelsystem, das die Schwingungen des Trommelfells aufnimmt, deren Kraft verstärkt und sie weiterleitet. Dies funktioniert ähnlich wie bei einer Zange, durch deren lange Hebel die Kraft der Hände verstärkt wird.
Der Steigbügel sieht so aus, wie er heißt. Er ist der kleinste Knochen im menschlichen Körper. Er überträgt die Schwingungen auf das *ovale Fenster*, ein dem Trommelfell ähnliches, aber sehr viel kleineres Häutchen.

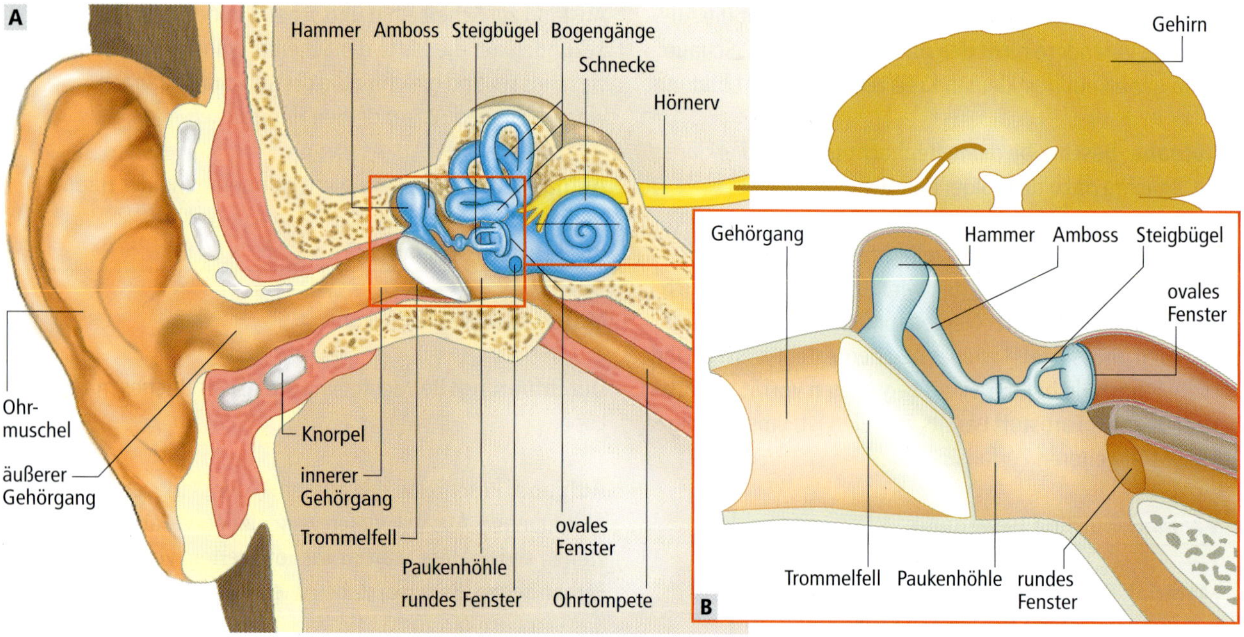

2 **Das Ohr.** **A** Lage im Schädel; **B** Mittelohr mit Gehörknöchelchen

Auch dieses Häutchen ist über eine Öffnung gespannt. Sie ist der Eingang eines schneckenförmigen, knochigen Gebildes. Man nennt es das **Innenohr.** Hier liegt das eigentliche Hörorgan, die *Schnecke*. In der Schnecke werden die Schwingungen in Nervenimpulse umgewandelt. Dies wird durch ihren besonderen Aufbau ermöglicht.

Das Innere der Schnecke ist durch dünne Häutchen, die *Membranen*, in drei Gänge aufgeteilt. Hinter dem ovalen Fenster beginnt der *Vorhofgang*. Er geht an der Spitze der Schnecke in den *Paukengang* über. Zwischen beiden Gängen liegt der *Schneckengang*. Hier befinden sich die *Sinneszellen*. Sie sind unten mit der *Grundmembran* verwachsen und haben an ihrer Spitze feine Auswüchse, die *Sinneshärchen*. Werden diese abgeknickt, erzeugen die Zellen elektrische Impulse.

Wie kommt es zum Abknicken der Sinneshärchen? Alle drei Gänge sind mit Flüssigkeit gefüllt. Die auf das ovale Fenster übertragenen Schwingungen gehen auf die Flüssigkeit im Vorhofgang über. Hierin pflanzen sie sich in gleicher Weise fort wie in der Luft. Sie „wandern“ durch den Vorhofgang zur Spitze der Schnecke und über den Paukengang wieder zurück. An seinem Ende ist dieser durch das *runde Fenster*, ein weiteres Häutchen, verschlossen. So können die Schwingungen aufgefangen werden, ohne dass die Flüssigkeit ausläuft.

Durch die in Vorhof- und Paukengang schwingende Flüssigkeit werden auch die Membranen in Schwingungen versetzt. Dies gilt ebenfalls für die Grundmembran mit den Sinneszellen und die darüber liegende *Deckmembran*. Sind diese Schwingungen stark genug, drückt die Deckmembran auf die Sinneshärchen. Sie knicken ab und die dazugehörige Sinneszelle erzeugt einen elektrischen Impuls.

Die Impulse der Sinneszellen werden gesammelt, über den *Hörnerv* ins *Gehirn* geleitet und dort ausgewertet. Erst durch diese Auswertung entsteht im Gehirn der *Höreindruck*.

1. Nenne die Bestandteile von Außen-, Mittel- und Innenohr.
2. An welcher Stelle werden im Ohr Reize in Erregung umgewandelt? Beschreibe den Vorgang.
3. Das Mittelohr ist über die Ohrtrompete, einen etwa bleistiftdicken Gang, mit dem Rachenraum verbunden. Nenne Probleme, die bei verstopfter Ohrtrompete auftreten könnten.

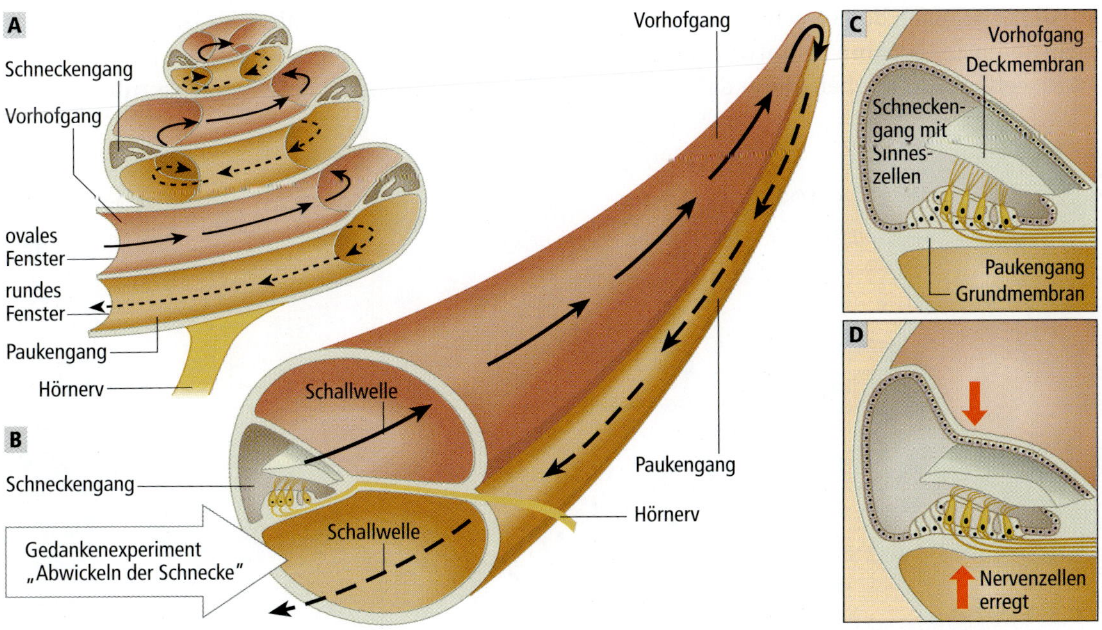

3 Innenohr. A Schnecke; **B** Verlauf der Schwingungen; **C** Sinneszellen; **D** Reizumwandlung

1 Snowboarder in Aktion

3.2 Die Ohren sind nicht nur zum Hören da

Ein guter Snowboarder kann die wildesten Drehungen, die atemberaubendsten Sprünge, ja sogar Saltos ausführen. Dabei hat er stets ein Gefühl dafür, wo er sich gerade befindet und wie sein Körper sich bewegt. Würde man an seinem Helm eine Kamera befestigen, würde sie ruckartige, hin und her wirbelnde Bilder liefern. Kein Zuschauer könnte daran die Bewegungen des Sportlers nachvollziehen. Der Film wäre eher verwirrend.
Für die Leistungen des Snowboarders kann also nicht allein der Sehsinn verantwortlich sein. Es muss weitere Sinne geben, die er dabei einsetzt. Zwei dieser Sinne liegen im Innenohr. Es sind der **Lage-** und der **Drehsinn**.
Der Lagesinn befindet sich in kleinen Auswölbungen der Schnecke, den *Vorhofsäckchen*. Die Sinneszellen, die hier liegen, sind den Hörsinneszellen sehr ähnlich. Sie haben ebenfalls Sinneshärchen und sie erzeugen elektrische Impulse, sobald diese abgeknickt werden. Die Härchen ragen allerdings in eine gallertartige, wabbelige Masse. In diese Masse sind Kalkkristalle eingelagert, sodass sie relativ schwer wird. Neigen wir nun den Kopf, bringen wir die Fläche, auf der die Masse liegt, in eine Schräglage. Durch ihr Gewicht wird die Gallertmasse nach unten gezogen, die in sie hineinragenden Sinneshärchen knicken ab und die Sinneszellen erzeugen elektrische Impulse.
Das Gleiche passiert, wenn der Körper beschleunigt oder abgebremst wird: So wie die Menschen in einem Auto beim Gasgeben nach hinten gedrückt und beim Bremsen nach vorne gezogen werden, wird auch die Gallertmasse bewegt. Daher kann der Lagesinn Beschleunigungen erfassen.

Auch der Drehsinn verfügt über Sinneszellen mit Sinneshärchen. Allerdings ragen sie hier in einen von drei kreisförmigen Gängen hinein. Diese *Bogengänge* sind mit Flüssigkeit gefüllt. Dreht man den Kopf, bewegt sich diese Flüssigkeit zunächst nicht mit. Dies ist ähnlich einem mit Wasser gefülltem Eimer, der gedreht wird. Das Wasser darin bleibt zunächst ruhig.

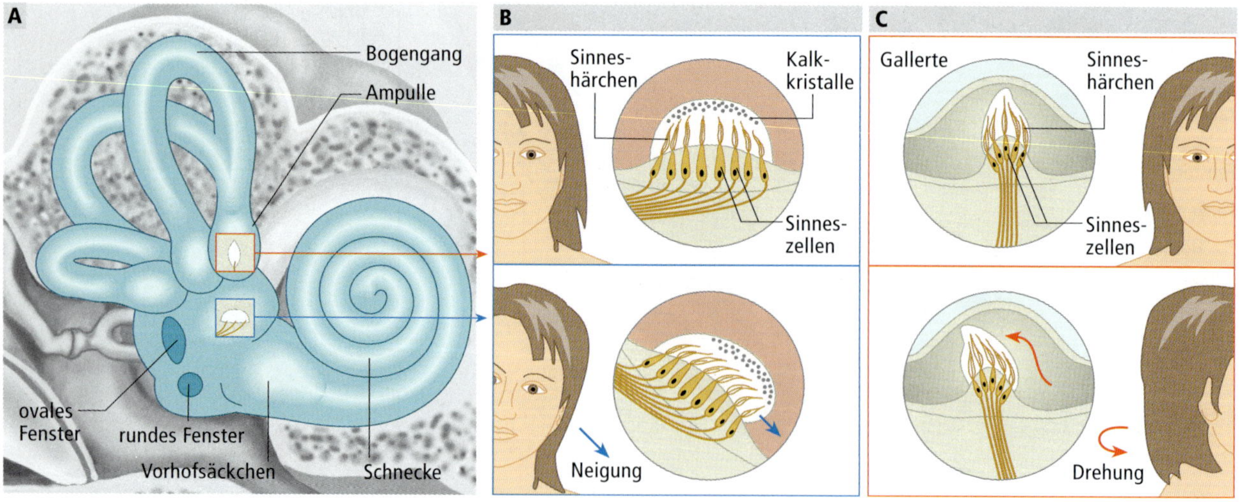

2 **Lage- und Drehsinn.** **A** Schnecke mit Bogengängen; **B** Schräglage; **C** Drehung

Ebenso dreht sich auch die Flüssigkeit in den Bogengängen bei einer Drehung des Kopfes zunächst nicht mit. Die in die Flüssigkeit ragenden Härchen werden dann von der stehenden Flüssigkeit abgeknickt und die Sinneszellen erzeugen daraufhin elektrische Impulse.

In allen Fällen werden also Reize von Sinneszellen mit abknickenden Sinneshärchen in elektrische Impulse, die Erregung, umgewandelt. Nerven leiten diese ins Gehirn. Erst dort werden sie ausgewertet, sodass eine entsprechende Wahrnehmung entsteht.

1. Beschreibe, wie der Lagesinn und der Drehsinn arbeiten.
2. Im Ohr gibt es insgesamt drei ähnlich arbeitende Sinnesorgane: Hörsinn, Drehsinn und Lagesinn. Stelle ihre Gemeinsamkeiten und Unterschiede bei der Umwandlung von Reizen in Erregung einander gegenüber.
3. Will man einem Menschen die Orientierung nehmen, so kann man ihm z. B. die Augen verbinden und ihn einige Male im Kreis drehen. Erkläre, warum man dabei die Orientierung verliert und vor allem, weshalb dafür meist mehrere Drehungen nötig sind.

EXKURS

Richtungshören

Unser Gehör verrät uns nicht nur die Art eines Geräusches, sondern wir können in der Regel auch feststellen, aus welcher Richtung es kommt. Diese Fähigkeit bezeichnet man als Richtungshören.
Die Ohren befinden sich links und rechts des Kopfes. Daher ist der Weg von einer Schallquelle, die nicht genau vor oder hinter dem Kopf liegt, zu beiden Ohren unterschiedlich lang. Der Schall kommt also nicht gleichzeitig an beiden Ohren an.
Zwar bewegen sich Schallwellen in der Luft sehr schnell, nämlich mit einer Geschwindigkeit von über 300 m pro Sekunde, dennoch braucht der Schall für den längeren Weg etwas länger.
Der Zeitraum zwischen dem Eintreffen des Schalls an beiden Ohren beträgt weniger als eine Tausendstel, oft sogar weniger als eine Zehntausendstel Sekunde. Trotzdem kann das Gehirn aus diesem Zeitunterschied ermitteln, aus welcher Richtung das Geräusch kommt. Die kleine Pause zwischen dem Eintreffen des Schalls an dem einen und dem Eintreffen des Schalls an dem anderen Ohr nehmen wir aber nicht als Pause, sondern nur als Richtung wahr.

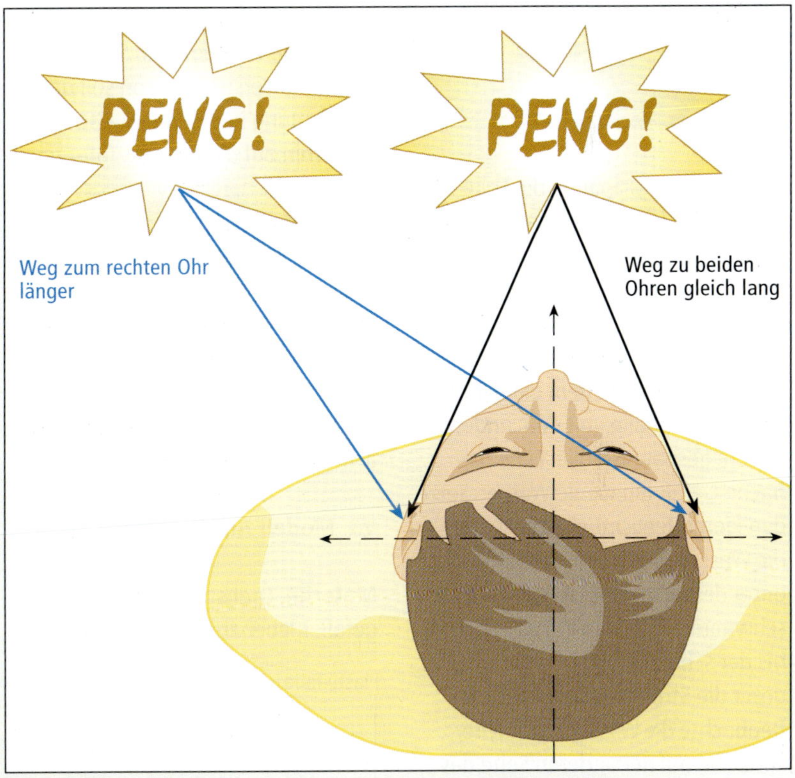

Richtungshören (Schema).

Von diesem Wissen macht man auch Gebrauch, wenn man Musik für die Wiedergabe mit Stereokopfhörern oder -lautsprechern bearbeitet: Durch künstliches Einbauen einer kleinen Verzögerung zwischen dem linken und dem rechten Kanal kann der Eindruck erzeugt werden, das Geräusch käme von der Seite. Neben der Zeitdifferenz sind aber auch Lautstärkenunterschiede von Bedeutung.
Für das natürliche Richtungshören spielt außerdem die Form der Ohrmuschel eine Rolle.

PRAKTIKUM

Unser Ohr

V1 Modell des Mittelohrs

Material: Metallring, z. B. von einer Kuchenform; Frischhaltefolie; Klebeband; Gummiband; Karteikarte DIN-A-6; Strohhalm mit Knick; Teelicht; flaches Gefäß mit Wasser

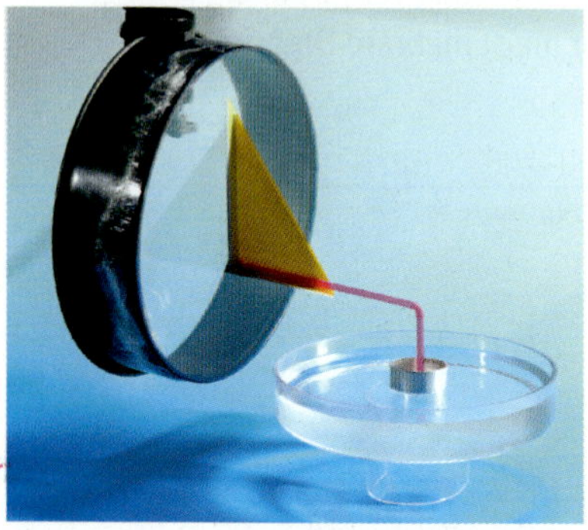

Durchführung: Spanne die Folie mit dem Klebe- und Gummiband auf den Metallring. Schneide die Karteikarte diagonal durch. Es entstehen zwei Dreiecke. Knicke die beiden kurzen Seiten eines der Dreiecke ca. 1cm um. Klebe die Karte mit dem einen Knick an den Strohhalm, mit dem anderen auf die gespannte Folie. Fülle das flache Gefäß mit wenig Wasser. Setze den leeren Teelichtbehälter so auf die Wasseroberfläche, dass er direkt unter dem abgeknickten Strohhalm schwimmt. Fülle nun Wasser nach, bis der schwimmende Behälter leicht unter die Strohhalmspitze drückt. Beobachte die Wasseroberfläche, während auf der anderen Seite des Metallringes Geräusche gemacht werden (Klatschen, Rufen, Singen usw.).

Aufgaben:

a) Beschreibe und erkläre deine Beobachtungen.

b) Mit welchen Teilen im Ohr sind die Teile des Modells vergleichbar?

V2 Leistungsfähigkeit des Drehsinns

Material: Drehstuhl; Augenbinde

Durchführung: Eine Person sitzt mit verbundenen Augen auf dem Stuhl. Es muss still sein und am besten auch dunkel, sonst könnte man sich an Geräuschen oder am Licht orientieren. Man darf die Versuchsperson auch nicht anfassen – auch an den Berührungen könnte sie sich orientieren.
Die Person soll z. B. auf Tür oder Tafel zeigen. Sie wird auf dem Stuhl gedreht. Die Versuchsperson soll dabei die Richtung beibehalten, also z. B. weiterhin auf die Tür bzw. Tafel zeigen.
Beobachtet jeweils, wie dies gelingt, wenn ihr die Person ruckartig andreht und abstoppt, langsam und vorsichtig andreht und abstoppt oder längere Zeit mit gleichmäßigem Tempo dreht.

Aufgabe: Protokolliere die Beobachtungen.

V3 Modell zum Drehsinn

Material: Drehstuhl; rundes Glasgefäß; Klebeband; Styroporstückchen

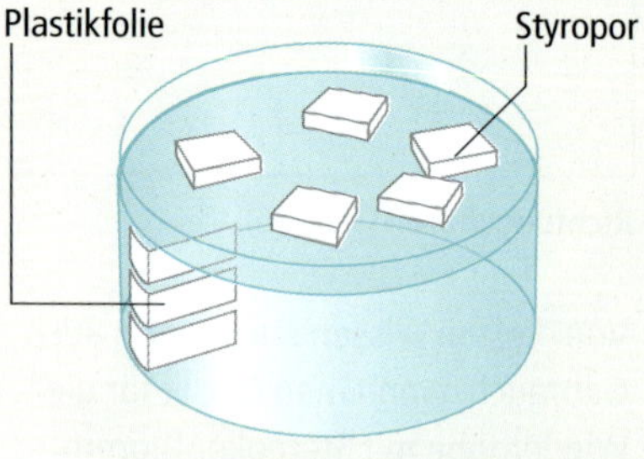

Durchführung: Klebe das Klebeband wie in der Abbildung in das Gefäß. Die Klebestreifen sollen zur Mitte zeigen. Fülle Wasser ein und lasse das Styropor darauf schwimmen. Drehe den Stuhl wie in V2, beobachte dabei die Klebestreifen und das Styropor.

Aufgaben:

a) Protokolliere die Beobachtungen.

b) Welchen Teilen im Ohr entsprechen die Bauteile des Modells?

c) Erkläre anhand der Beobachtungen aus V3 die aus V2.

V4 Richtungshören

Material: Lineal; Schlauch, ca. 1,5 m lang, ca. 0,5 cm Ø; Stift; evtl. Kamm

Durchführung: Markiere die Mitte des Schlauches. Die Versuchsperson steckt sich beide Schlauchenden in die Ohren. Klopfe hinter ihrem Rücken erst auf die Mitte des Schlauches, dann jeweils rechts oder links der Mitte.

Aufgaben:

a) Beschreibe was man hört.

b) Bestimme den kleinsten Abstand von der Mitte, den die Versuchsperson gerade noch bemerkt.

c) Was hat dies mit Richtungshören zu tun?

Krankheiten des Ohres

Mittelohrentzündung

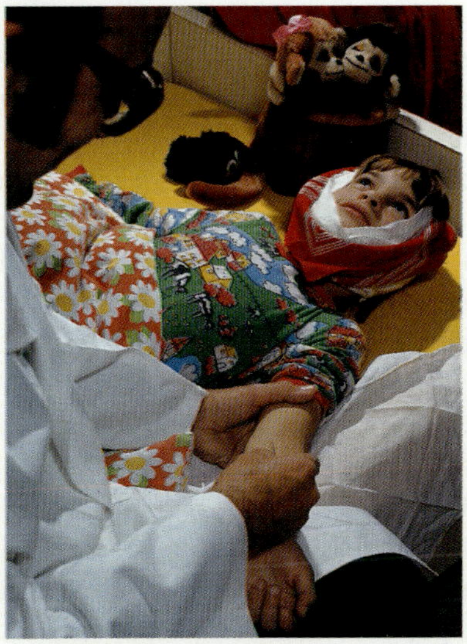

Vor allem bei Erkältungen können Bakterien oder auch Viren durch die Ohrtrompete ins Mittelohr gelangen und sich dort vermehren. Die Schleimhäute sondern dünnen Schleim ab, um die Erreger wegzuschwemmen. Ist die Ohrtrompete wegen der Erkältung angeschwollen oder z. B. durch zu große Rachenmandeln verstopft, kann der Schleim nicht abfließen.
In der Paukenhöhle sammelt sich bakterienhaltiger Schleim an und drückt gegen das Trommelfell. Dies stört das Hören, tut sehr weh und kann zur Zerstörung des Trommelfells führen.
Die Entzündung wird mit Antibiotika und Wärme behandelt. Das hilft dem Körper, die Bakterien zu bekämpfen und vermindert Schwellungen. Meist fließt der Schleim schließlich ab. Manchmal muss aber auch ein Röhrchen ins Trommelfell eingesetzt werden. Der Schleim fließt ab, ein Platzen des Trommelfells wird verhindert. Das Röhrchen wird wieder entfernt und das kleine Loch im Trommelfell heilt.

Otosklerose

Hierbei bilden sich an den Gehörknöchelchen, vor allem am Steigbügel, Knochenwucherungen.
Sie behindern die Übertragung der Schallwellen. Schwerhörigkeit ist die Folge. In schweren Fällen wird der betroffene Knochen nach dem Wegklappen des Trommelfells durch eine Prothese ersetzt und so meist eine annähernd normale Hörfähigkeit wieder hergestellt.

Ohrgeräusche und Tinnitus

Manche Menschen hören ein andauerndes oder immer wieder auftretendes Klingeln, Rauschen oder Pfeifen. Manchmal liegt dies daran, dass das durch die Adern im Ohr strömende Blut diese Geräusche erzeugt. Diese Ohrgeräusche kann dann auch ein Arzt bei der Untersuchung des Ohres hören. Manchmal existieren diese Geräusche aber auch gar nicht. Der Höreindruck entsteht dann nur aufgrund einer Fehlfunktion der Sinneszellen, die elektrische Impulse erzeugen, obwohl sie gar nicht gereizt werden. Dies kann zum Beispiel nach sehr lauten Partys, bei Stress oder Durchblutungsstörungen passieren und ist mit dem Kribbeln zu vergleichen, das bei „eingeschlafenen" Extremitäten auftritt. Eine solche Erkrankung nennt man Tinnitus. Sie muss ärztlich behandelt werden.

Taubheit durch Lärm

Durch laute Geräusche kann das Innere der Schnecke geschädigt oder sogar völlig zerstört werden. Die feinen Strukturen im Innenohr werden regelrecht zerfetzt. Bei extrem lauten Geräuschen wie z. B. bei Explosionen kann dies schon durch einmaliges Einwirken geschehen. Taubheit ist die Folge. Aber auch Geräusche, die wir nur als mäßig laut empfinden, schädigen auf die Dauer unser Ohr. Warnzeichen sind vorübergehendes Ohrenklingeln und beginnende Schwerhörigkeit. Die Folge kann auch hier Taubheit sein. Ob in der Disco oder am Arbeitsplatz – man sollte seinen Ohren also nicht zu viel zumuten.

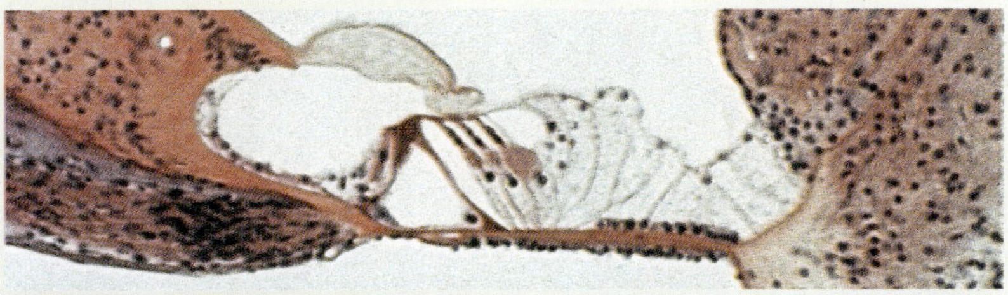

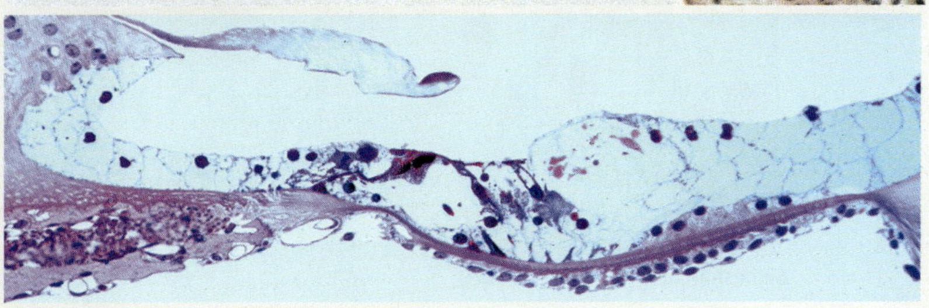

1 Weinkennerin

4 Geruch und Geschmack

Vielleicht ist dir schon einmal aufgefallen, dass bestimmte Getränke in speziellen Gläsern serviert werden. Rotweingläser sollten zum Beispiel eine weite Öffnung haben, in die die Nase beim Trinken hineinragt. Das mag zwar merkwürdig erscheinen, hat aber einen Grund: Der feine Geruchssinn ergänzt den recht groben Geschmackssinn.
Die für das Riechen zuständigen Sinnesorgane sind die Schleimhäute im Nasenraum. Dort liegen die Riechsinneszellen. Sie besitzen Sinneshärchen, die in den die Schleimhaut überziehenden Schleim ragen.
Dinge, die wir riechen können, geben Duftstoffe an die Luft ab. Gelangen diese in die Nase, lösen sich kleinste Mengen der Stoffe im Schleimüberzug der Schleimhäute. Dies reizt die Sinneszellen und sie erzeugen elektrische Impulse. Diese Erregung wird über Nervenzellen ins Gehirn geleitet, wo die Geruchswahrnehmung entsteht. So können wir etwa 10 000 Gerüche unterscheiden, obwohl sich diese alle von wenigen Grundgerüchen wie „blumig“, „würzig“ oder „faulig“ ableiten.

Auch alle Geschmacksvariationen leiten sich von wenigen, sogenannten Geschmacksqualitäten ab. Wir können zum Beispiel „salzig“, „sauer“, „süß“ und „bitter“ unterscheiden. Die hierfür verantwortlichen Sinnesorgane sind die Geschmackspapillen der Zunge. Sie sind mit bloßem Auge als kleine Krater oder Hügel auf der Zungenoberfläche zu erkennen.
In den Wänden der Papillen liegen Geschmacksknospen mit Geschmackssinneszellen. Deren Härchen ragen in die die Papille umgebende Flüssigkeit. Die Sinneszellen werden gereizt, wenn in dieser Flüssigkeit Geschmacksstoffe gelöst sind. Die Wahrnehmung entsteht wiederum im Gehirn, wo die Impulse der Sinneszellen ausgewertet werden.

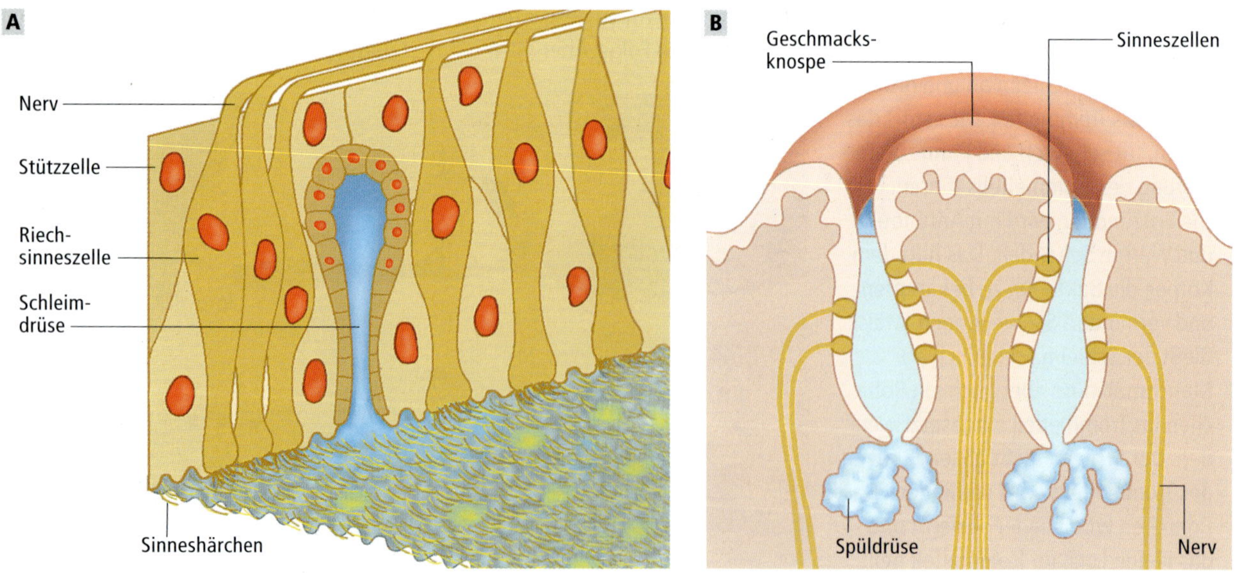

2 **Geruchs- und Geschmackssinn.** **A** Riechschleimhaut; **B** Geschmackspapille

5 Sinnesorgane der Haut

Unsere Haut vereint gleich eine ganze Reihe von Sinnesorganen. Sie enthält dazu viele verschiedene Sinneszellen. Allein für den **Tastsinn** gibt es mindestens 3 verschiedene Sorten: Feine Nervenfasern umgeben als *Haarbalggeflecht* die Haarwurzeln und werden bei Berührung des Haares gereizt. In der zweitobersten Hautschicht, der *Lederhaut*, findet man zu *Tastkörperchen* übereinander gestapelte Sinneszellen. Schon durch leichten Druck werden die einzelnen Zellen dieser Stapel zusammengedrückt und dadurch gereizt.
Auf stärkeren Druck sprechen dagegen die sogenannten *Lamellenkörperchen* an, die in der tiefer gelegenen *Unterhaut* zu finden sind.

Mit unserer Haut können wir aber nicht nur tasten. Auch unser **Temperatursinn** arbeitet mithilfe der Haut. Bestimmte freie Nervenendigungen, die *Wärme-* und *Kältekörperchen,* reagieren empfindlich auf Temperaturreize. Nur wo ein solches *Temperaturkörperchen* in der Haut liegt, können wir jeweils Wärme oder Kälte spüren. So ergeben sich aus ihrer Verteilung Wärme- und Kältepunkte. Allerdings können wir Temperaturen nur sehr grob unterscheiden, während wir für Temperaturänderungen recht empfindlich sind.

2 Unsere Haut (vergrößert)

Bei hohen Temperaturen, bei starkem Druck, wenn die Haut verletzt wird oder wenn ätzende Stoffe in sie eindringen, warnt uns unser **Schmerzsinn**. Dann werden ebenfalls freie Nervenendigungen gereizt, die direkt unter der äußeren Hautschicht liegen. Sie erzeugen Impulse, die eine Schmerzempfindung verursachen.

1. Erstelle eine Tabelle und ordne die Sinneszellen der Haut den verschiedenen Hautschichten zu. Nutze den Text und die Abbildung 1.
2. Eine ätzende Flüssigkeit brennt auf der Haut wie Feuer. Warum können wir beides nicht unterscheiden?

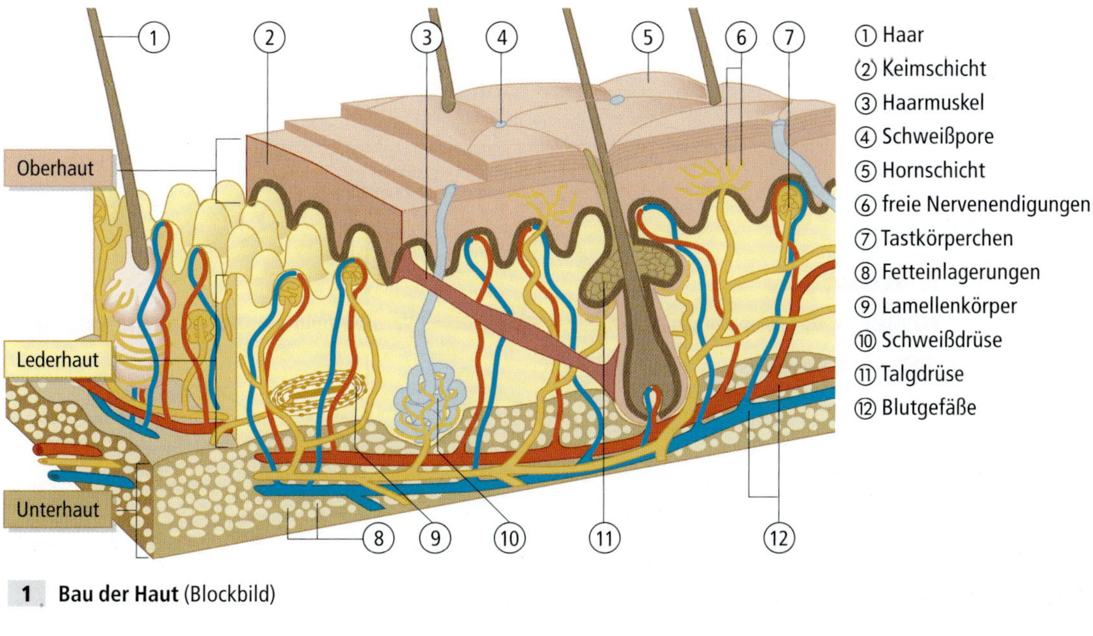

1 Bau der Haut (Blockbild)

1 Guten Appetit!?

6 Wahrnehmung und Wirklichkeit

Sieht das Essen in der Abbildung nicht widerlich aus? Wie kommt es zu dieser Wahrnehmung?

Mit unseren Sinnen sammeln wir Informationen über unsere Umwelt. Dies läuft immer nach dem gleichen Schema ab: Eine Reizquelle sendet Informationen in Form von Reizen aus. Sinnesorgane wandeln diese in Nervenimpulse um, die zum Gehirn gelangen. Dort werden sie verarbeitet. Die Informationen stehen anschließend als Wahrnehmung zur Verfügung. Auf dem Weg von der Reizquelle bis zur Wahrnehmung werden die Informationen immer wieder verändert.

So kommt es zu Abweichungen zwischen der Wirklichkeit und der Wahrnehmung. Wahrnehmung ist *subjektiv*.

Im Beispiel mit dem Menü bedeutet dies, dass wir nicht einfach nur die Form und die Farben der Nahrung wahrnehmen. Im Gehirn wird diese Wahrnehmung zusätzlich noch mit unseren *Erfahrungen verglichen*. Wir wissen, dass Reis normalerweise weiß ist. Grüner Reis widerspricht dieser Erfahrung bzw. der *Erwartung*, wie Reis auszusehen hat. Die Wahrnehmung kann von „merkwürdig" bis „ekelhaft" reichen. Das gilt ebenso für rosa Blumenkohl, schwarzgrünes Fleisch oder andere Nahrungsmittel mit falschen Farben. Auch in anderen Bereichen reagieren wir oft irritiert, wenn eine Wahrnehmung nicht den Erwartungen entspricht.

Die Farbe unserer Nahrung beeinflusst aber auch den Geschmack. Behandelt man z. B. süßen Milchreis mit geschmacksneutralen Farben, so „schmecken" Testpersonen oft die verschiedensten Fruchtsorten heraus, obwohl alle Portionen völlig gleich schmecken. Seh- und Geschmackssinn beeinflussen sich also gegenseitig. Eine solche *gegenseitige Beeinflussung* findet man auch bei anderen Sinnen. Kennst du die großen Rundumkinos? Man steht vor einer riesigen Leinwand, die das ganze Gesichtsfeld einnimmt. Hier hat man oft das Gefühl, der Fußboden würde schwanken, wenn im Film wilde Achterbahnfahrten oder Hubschrauberflüge zu sehen sind. Nun ist es also der Gleichgewichtssinn, der vom Sehsinn beeinflusst wird.

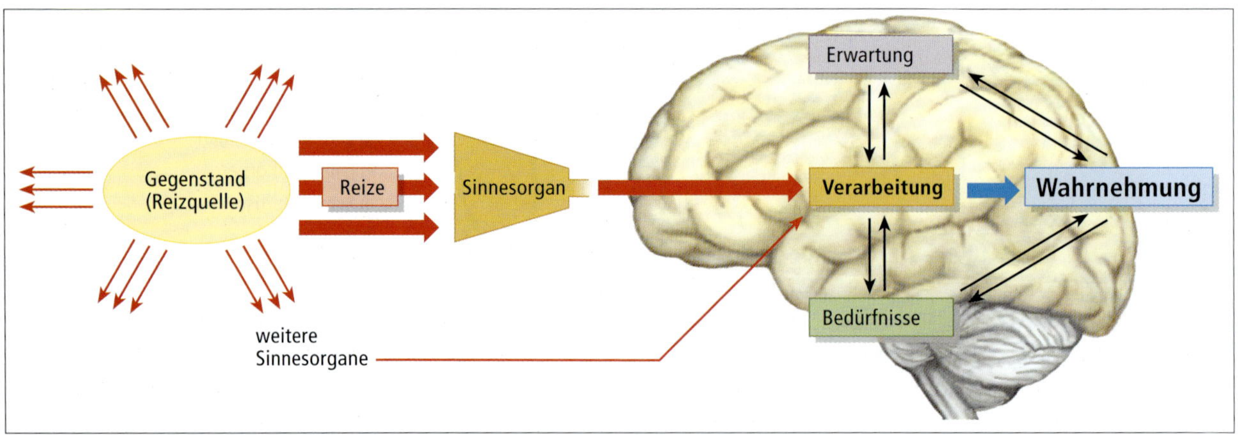

2 Vereinfachtes Wahrnehmungsschema

Nicht nur die Verarbeitung im Gehirn, schon die Umwandlung der Reize in Erregung durch die Sinnesorgane macht Wahrnehmung subjektiv. Eine Nachttischlampe scheint direkt nach dem Aufwachen viel heller zu sein als am Abend davor. Sinnesorgane passen ihre Empfindlichkeit ständig an die jeweilige Reizstärke an. Im Dunkeln wird das Auge daher immer lichtempfindlicher. Die Lampe sieht also heller aus und blendet, weil das Auge noch an die Dunkelheit angepasst und sehr lichtempfindlich ist. Erst nach einigen Augenblicken hat es sich an die neue Lichtstärke gewöhnt und man wird nicht mehr geblendet. Diese Anpassung der Sinnesorgane an die Reizstärke nennt man *Adaption*.

Andere Sinnesorgane passen sich auch an die *augenblicklichen Bedürfnisse* des Körpers an: Isotonische Sportgetränke schmecken eigentlich nur gut, wenn man vorher Sport getrieben und geschwitzt hat. Obwohl der Grundgeschmack meist eher süß ist, enthalten sie auch viele Salze. Hat man beim Schwitzen viel Salz verloren, wird jedoch die Empfindlichkeit des Geschmackssinnes für Salz herabgesetzt und der normalerweise eher unpassende Salzgeschmack wird nicht wahrgenommen.

1. Stelle die im Text genannten Mechanismen, die zu subjektiver Wahrnehmung führen, in einer Tabelle zusammen. Erkläre sie kurz und nenne Beispiele.

PRAKTIKUM

Subjektive Wahrnehmung

V1 Gegenseitige Beeinflussung

Material: 1 l Milch; 100 g Zucker; 1 Prise Salz; 250 g Rundkornreis oder 5 Becher Fertigmilchreis ohne Fruchtgeschmack; Topf; Herdplatte; Löffel; 5 Dessertschälchen; Lebensmittelfarben in rot, gelb und blau

Durchführung: Gib Milch, Zucker und Salz in den Topf. Lasse alles kurz aufkochen. Rühre den Reis ein und lasse ihn 30 Minuten bei wenig Hitze im offenen Topf köcheln. Rühre gelegentlich um.
Teile den Reis in 5 Portionen ein. Färbe jeweils mit einigen Tropfen Lebensmittelfarbe in rot, gelb, orange (rot+gelb) und blau. Eine Portion bleibt weiß.
Suche dir Testesser, die nichts von den Lebensmittelfarben wissen. Sage ihnen, es handele sich um einen Geschmackstest und ihre Aufgabe sei, die Fruchtsorten herauszuschmecken.

Aufgabe: Protokolliere die Beobachtungen. Was schmecken die Tester? Begründe kurz.

V2 Adaption

Material: 3 Schalen; Wasser

Durchführung: Fülle eine Schale mit kaltem (ca. 0 °C), die andere mit warmen (ca. 25 °C) und die dritte Schale mit heißem Wasser (ca. 40 °C). Halte die linke Hand in die Schale mit kaltem, die rechte Hand in die mit heißem Wasser. Warte mindestens 30 Sekunden. Lege dann beide Hände in die Schale mit dem warmen Wasser.

Aufgabe: Beschreibe und erkläre deine Temperaturwahrnehmung.

V3 Geschmacksveränderung durch Temperatur

Material: Speiseeis; 2 Schälchen; Löffel; Mikrowellenherd

Durchführung: Fülle je eine Portion Eis in die Schälchen. Erhitze eine der beiden Portionen 2–3 Minuten im Mikrowellenherd. Vergleiche den Geschmack, vor allem die Süße der erhitzten mit dem der immer noch gefrorenen Portion.

Aufgabe: Beschreibe deine Beobachtungen und erkläre daran, was man unter „subjektiver Wahrnehmung" versteht.

1 Handballspiel

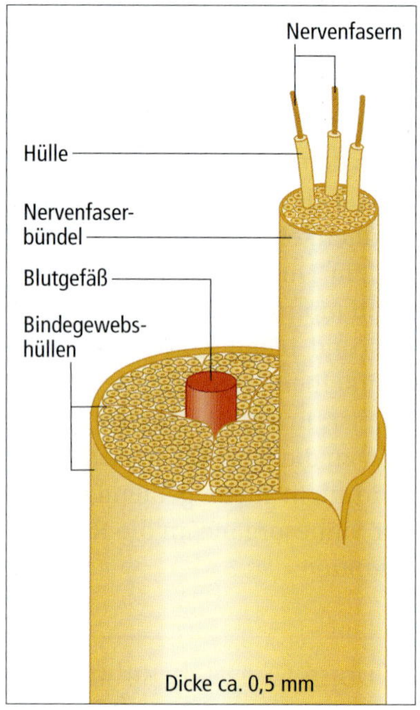

2 Bau eines Nervs

7 Das Nervensystem

7.1 Ein Nachrichtennetz im Körper

Beobachte einmal einen Sportler in Aktion. In Bruchteilen von Sekunden kann er reagieren und je nach Situation laufen, springen, fangen und werfen. Alle Muskeln seines Körpers arbeiten dabei zusammen. Gesteuert wird dies alles vom **Gehirn** im Kopf. Woher aber weiß z.B. ein einzelner Muskel im Bein, was er zu tun hat?

Die Leitung der Befehle erfolgt über „Leitungskabel", die Nerven. Ein besonders dicker Nervenstrang, das **Rückenmark**, setzt direkt am Gehirn an. Gehirn und Rückenmark bilden zusammen das **zentrale Nervensystem**. Im Rückenmark verzweigen sich die Nervenbahnen immer mehr. Dünnere Stränge verlassen das Rückenmark und durchziehen als **peripheres Nervensystem** den ganzen Körper.

Über solche **motorische Nerven** steuert das Gehirn die Bewegungen des Körpers. Manche Nerven leiten aber auch Informationen über den Zustand des Körpers oder von den Sinnesorganen zum Gehirn hin. Dies sind die **sensorischen Nerven**.

Jeder einzelne Nerv besteht neben Blutgefäßen aus mehreren **Nervenfaserbündeln**, die von Bindegewebe zusammengehalten werden und aus vielen einzelnen **Nervenfasern** bestehen.

Diese Nervenfasern enthalten lange Fortsätze von hochspezialisierten Zellen, den **Nervenzellen.** Jede der ca. 25 Milliarden Nervenzellen des Menschen hat einen solchen, von ihrem **Zellkörper** ausgehenden Fortsatz, den man auch **Axon** nennt. Er ist nur fünf bis zehn tausendstel Millimeter dick, kann aber über einen Meter lang werden.

Außerdem gehen vom Zellkörper auch zahlreiche kürzere, dafür aber stark verzweigte Fortsätze aus, die **Dendriten**. Mit ihnen sammelt die Zelle Informationen von anderen Nervenzellen oder Sinneszellen, die sie verarbeitet und danach über das Axon weitergibt.

Oft umgeben **Hüllzellen** die Axone. Wie Klebeband sind sie um das Axon gewickelt und wirken isolierend. Zwischen den einzelnen Hüllzellen bleiben kleine Lücken, die **Schnürringe**.

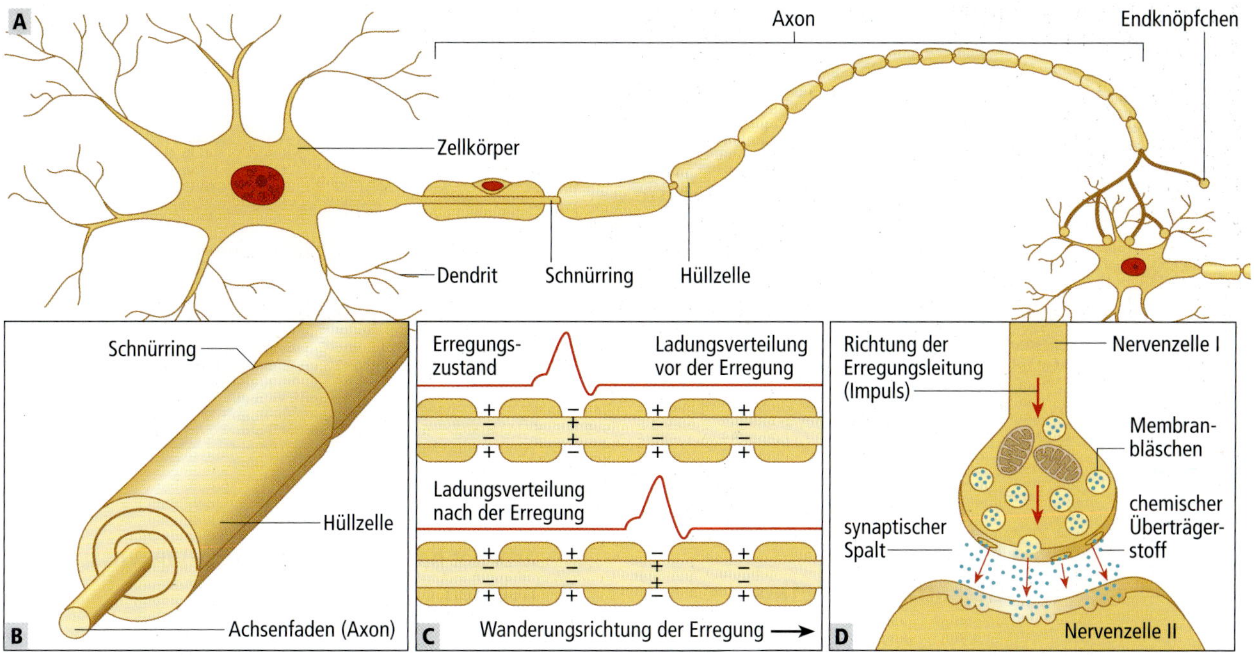

3 Bau und Funktion einer Nervenzelle.
A Nervenzelle (Übersicht); **B** Nervenfaser (Querschnitt); **C** Erregungsleitung (Schema); **D** chemische Synapse

Wird eine Nervenzelle erregt, so entstehen im Axon elektrische Impulse, die vom Zellkörper weggeleitet werden. Wegen der isolierenden Hüllzellen können sie sich immer nur an den Schnürringen ausprägen. Die Erregung „springt" also sozusagen von Schnürring zu Schnürring. Nervenfasern mit Hüllzellen können die Erregung daher sehr schnell weiterleiten.

Obwohl die Axone sehr lang sein können, schwächt sich der elektrische Impuls nicht ab, sondern wird in voller Stärke bis zum Ende des Axons weitergeleitet. Dort findet man eine Verdickung, das **Endknöpfchen**. Die Endknöpfchen stellen die Verbindung zu den folgenden Nervenzellen oder den zu steuernden Muskelzellen her. Diese Verbindungsstellen nennt man **Synapsen**.
Wie genaue Untersuchungen gezeigt haben, berühren die Endknöpfchen die Nachbarzellen jedoch in der Regel nicht. Zwischen beiden Zellen befindet sich vielmehr ein mikroskopisch kleiner Zwischenraum, der **synaptische Spalt.** Daher können die elektrischen Impulse auch nicht direkt vom Axon auf die nächste Zelle übergehen. Die Weitergabe muss also anders erfolgen.
Im Endknöpfchen befinden sich zahlreiche *Membranbläschen*. Sie enthalten einen chemischen Überträgerstoff. Kommt ein elektrischer Impuls am Endknöpfchen an, verschmelzen einige dieser Bläschen mit der äußeren Membran. Der Überträgerstoff gelangt in den synaptischen Spalt und schließlich zur nächsten Zelle. In ihrer Membran liegen Bausteine, die auf die Anwesenheit dieses Überträgerstoffes reagieren. Diese **Rezeptoren** lösen dann wiederum einen elektrischen Impuls aus.
Gleichzeitig enthält die Membran aber auch Enzyme, die den Überträgerstoff spalten und so unwirksam machen. Die inaktiven Teile werden zurück in das Endknöpfchen transportiert. Dort werden sie wieder zusammengesetzt, in Membranbläschen verpackt und so „recycled".

1. Beschreibe die Informationsübertragung über Nervenzellen.
2. Erschließe aus dem Text die Definitionen der fettgedruckten Begriffe und schreibe sie in dein Heft.
3. Was würde ohne das Enzym passieren, das den Überträgerstoff spaltet? Erläutere.

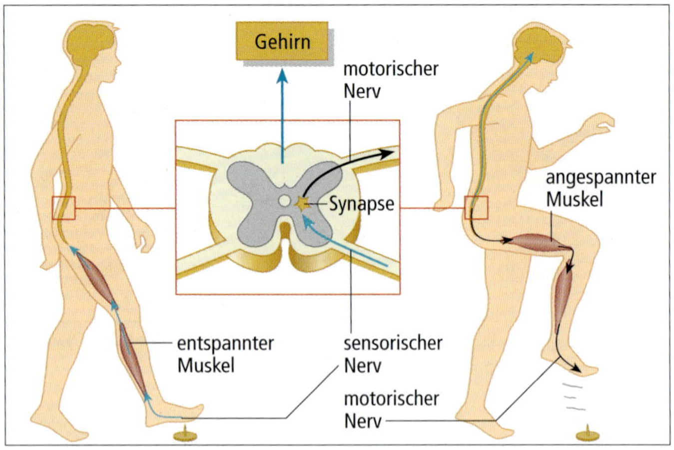

1 Reflex

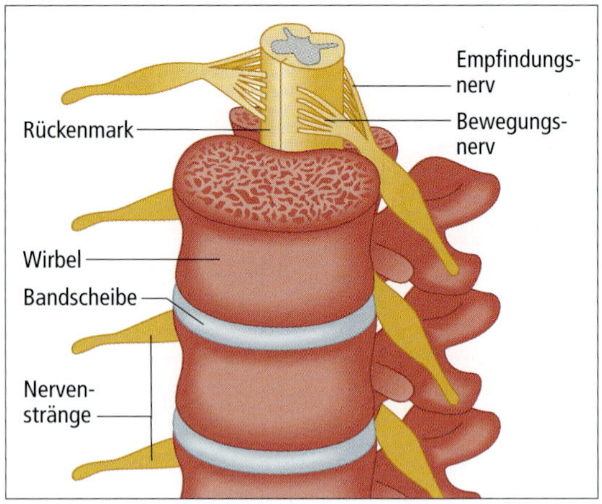

2 Rückenmark

7.2 Das Rückenmark – Schaltzentrale für Reflexe

Bist du schon einmal auf einen spitzen Gegenstand getreten? Dann hast du vermutlich ruckartig das Bein weggezogen, noch bevor du so richtig wusstest, was eigentlich los ist. Erst danach hast du den Schmerz gespürt und dir wurde klar, was passiert war.
In solchen und ähnlichen Gefahrensituationen muss der Körper möglichst schnell reagieren, um Schaden abzuwenden. Dies geschieht mit besonders schnellen Reaktionen, den **Reflexen**. Wie können sie so schnell ablaufen?
Durch den spitzen Gegenstand werden freie Nervenendigungen in der Haut der Fußsohle gereizt. Die Axone dieser sensorischen Nervenzellen leiten die Erregung bis ins Rückenmark. Dort wird sie über eine einzige Synapse auf eine motorische Nervenzelle übertragen. Ihr Axon führt zurück zu dem entsprechenden Muskel im Bein. Bruchteile von Sekunden nachdem die Fußsohle verletzt wurde, erhält der Muskel den Befehl, sich zusammenzuziehen und das Bein anzuheben.

An dem Reflex sind also nur zwei Nervenzellen beteiligt. Beide sind über eine Synapse direkt miteinander verbunden und bilden den **Reflexbogen**. Daher kann die Reaktion so schnell erfolgen. Dagegen ist im Gehirn zu diesem Zeitpunkt noch nicht einmal die Information über die Verletzung angekommen. Es kann über eine Sekunde dauern, bis es alle Informationen verarbeitet hat und wir den Vorfall bewusst wahrnehmen.

Das Rückenmark ist die Schaltzentrale für eine ganze Reihe von Reflexen. Daneben dient es auch als eine Art Verteilerzentrale: Fast alle vom Gehirn kommenden oder zum Gehirn führenden Nervenbahnen laufen durch das Rückenmark. Seine Funktion ist für uns also lebenswichtig. Wird das Rückenmark zerstört oder verletzt, kommt es zu Lähmungen, die zum Tod führen können.
Das Rückenmark liegt daher gut geschützt im Inneren der Wirbelsäule. Auf der Höhe jedes einzelnen Rückenwirbels treten sensorische Nerven in dicken Strängen in das Rückenmark ein und motorische daraus hervor.

Im Querschnitt des Rückenmarks erkennt man zwei Bereiche. Umgeben von einem weißlichen Randbereich findet sich ein dunklerer, schmetterlingsförmiger Innenbereich. In dieser **grauen Substanz** liegen die Zellkörper und Dendriten der Nervenzellen. Hier sind die Nervenzellen verschaltet und hier werden die Reflexe ausgelöst. Die äußere **weiße Substanz** dagegen wird überwiegend von den Axonen gebildet, die Informationen zu- oder ableiten.

1. Beschreibe den Ablauf des Schmerzreflexes.
2. Durch Unfälle oder z. B. beim Bandscheibenvorfall kann die Funktion des Rückenmarks gestört werden.
Informiere dich über die Folgen und berichte.

Nervengifte

Das **Gift der schwarzen Witwe** bewirkt, dass alle synaptischen Bläschen schlagartig mit der Membran des Endknöpfchens verschmelzen. Der Spalt wird vom Überträgerstoff regelrecht überschwemmt. Es kommt zu Krämpfen und zum Atemstillstand.

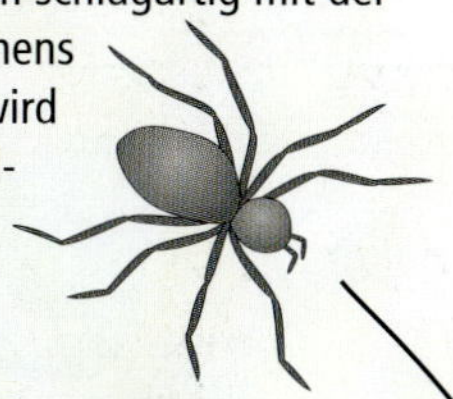

Bestimmte **Bakteriengifte** in verderbendem Fleisch hemmen oder verhindern die Ausschüttung des Überträgerstoffes. Geschieht dies im Zwerchfell und der Zwischenrippenmuskulatur, tritt der Tod durch Atemlähmung ein. Schon ein hunderttausendstel Gramm des reinen Giftes ist tödlich.

Curare, das **Pfeilgift der südamerikanischen Indianer,** blockiert die Rezeptoren für den Überträgerstoff. Dieser kann dort nicht länger „andocken" und so entstehen an der Zelle hinter dem synaptischen Spalt keine elektrischen Impulse mehr. Der Tod tritt durch Atemlähmung ein. Allerdings löst sich das Gift nach einiger Zeit wieder vom Rezeptor. Beatmet man den Patienten künstlich, kann Curare daher bei Operationen eingesetzt werden, um eine völlige Entspannung der Muskeln herbeizuführen.

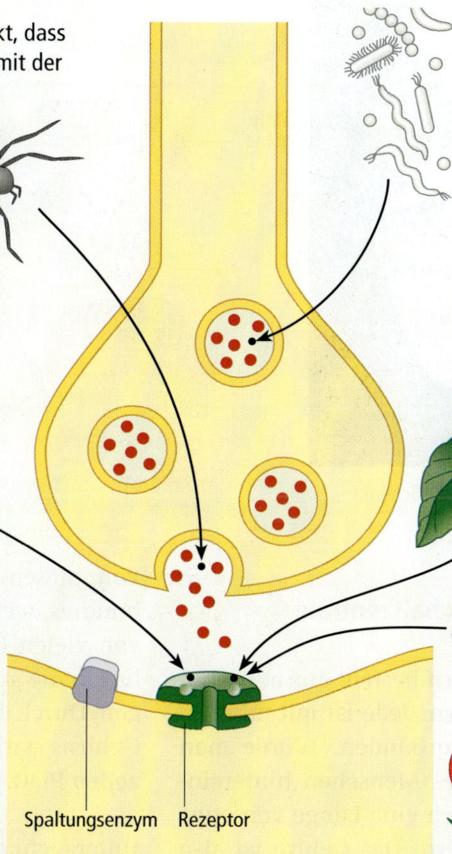

Die **Wirkstoffe von Tabak und des Fliegenpilzes** (Nikotin und Muskarin) wirken an den Rezeptoren wie der Überträgerstoff. Sie werden von dem Spaltungsenzym jedoch nicht abgebaut. In geringen Mengen wirken sie daher anregend, bei Überdosierung kommt es zu Krämpfen und schließlich zu Atemlähmung. Schon 1 mg Nikotin pro kg Körpergewicht wirkt tödlich.

Reflexe

V1 Kniesehnenreflex

Material: Hoher Stuhl; Tisch oder Bank; evtl. kleiner Gummihammer

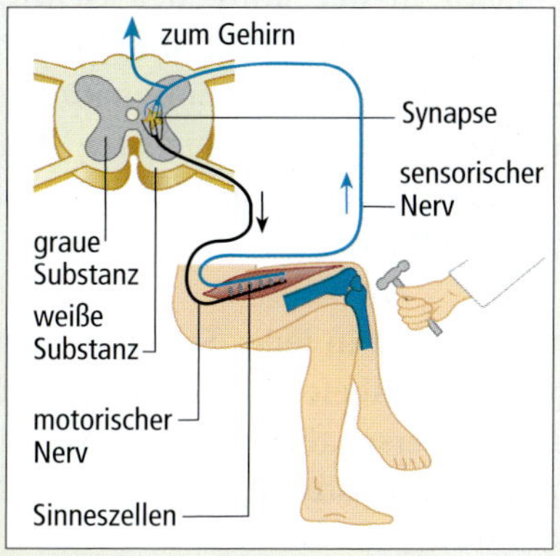

Durchführung: Eine Versuchsperson setzt sich so auf einen hohen Stuhl oder Tisch, dass die Beine locker herunterhängen. Die Versuchsperson darf die Beinmuskeln nicht willkürlich anspannen. Schlage nun mit dem Gummihammer oder deiner Handkante leicht auf den weichen Bereich unterhalb der Kniescheibe.

Aufgabe: Beschreibe deine Beobachtung und die Wahrnehmung der Versuchsperson. Erkläre beides mithilfe der Zeichnung des Reflexbogens.

V2 Lidschlussreflex

Material: Strohhalm

Durchführung: Halte das Ende des Strohhalms einige Zentimeter vor das geöffnete Auge deiner Versuchsperson. Blase dann vorsichtig Luft in das Auge und beobachte es dabei. Einen ähnlichen Reflex kannst du auch beobachten, wenn sich etwas dem Auge schnell nähert.

Aufgabe: Beschreibe deine Beobachtungen und stelle eine Vermutung über den Sinn dieses Reflexes auf.

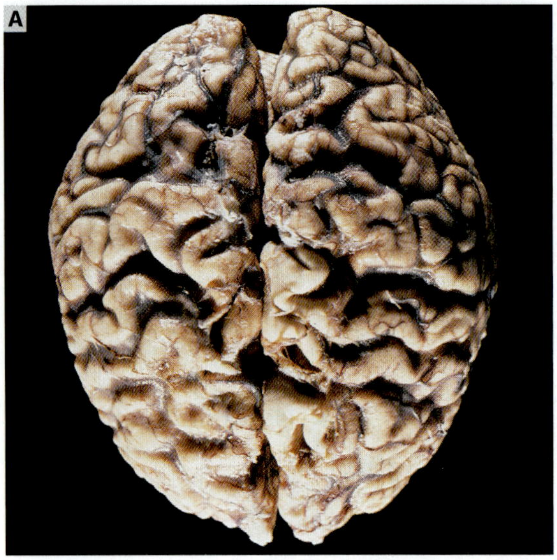

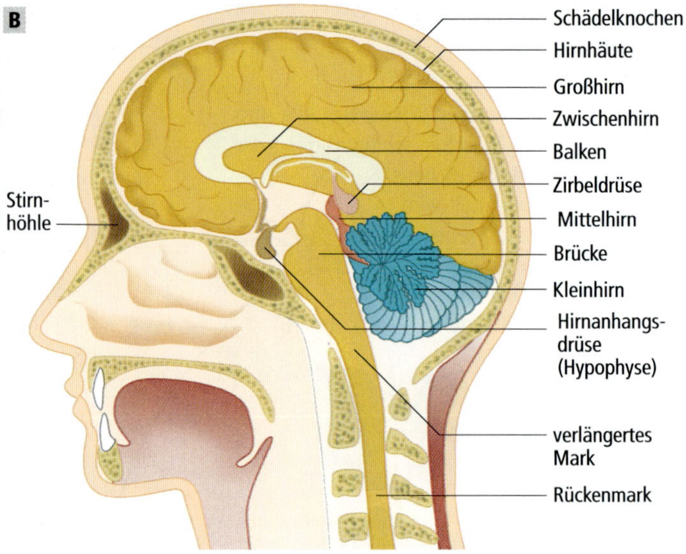

1 **Menschliches Gehirn.** **A** Großhirn; **B** Schema

7.3 Das Gehirn – übergeordnete Schaltzentrale

Das menschliche Gehirn besteht aus etwa 125 Milliarden Nervenzellen. Jede ist mit mindestens 10000 anderen verbunden. Würde man alle Nervenfasern eines Menschen hintereinander legen, ergäbe sich eine Länge von etwa 12 Millionen Kilometern. Das Gehirn ist also ein unglaublich komplexes Informationsverarbeitungsnetz. Es funktioniert elektrisch und benötigt pro Tag die Energie aus 125 g Traubenzucker. 20% des ins Blut aufgenommenen Sauerstoffs werden zur Gewinnung dieser Energie allein vom Gehirn umgesetzt.

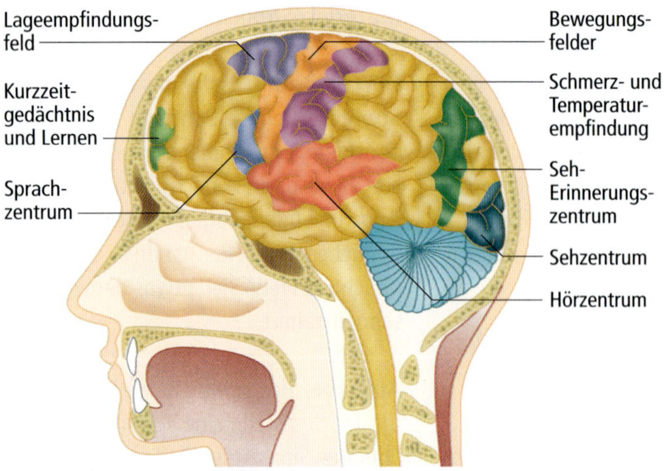

2 **Felder und Zentren der Großhirnrinde**

Von außen erscheint das Gehirn als graubraunes, weiches Gebilde. Seine Oberfläche ist von vielen Furchen durchzogen. Dazwischen liegen die stark durchbluteten Gehirnwindungen. Durch die Furchen wird die Oberfläche des Gehirns stark vergrößert, sodass mehr Nervenzellen Platz finden.

Untersucht man ein Gehirn genauer, kann man fünf Gehirnbereiche unterscheiden: Das *Großhirn* macht die Hauptmasse der Gehirnsubstanz aus. Wie der Hut eines Pilzes bedeckt es die anderen Teile fast völlig. Durch eine tiefe Furche in der Mitte ist es in eine linke und eine rechte Hälfte geteilt. Beide Hälften sind über den sogenannten *Balken* miteinander verbunden. Unter dem hinteren Teil des Großhirns liegt das *Kleinhirn*, dessen Furchen viel feiner sind. Etwa in der Mitte des Gehirns liegen *Zwischenhirn, Mittelhirn* und *verlängertes Mark*. Dies sind die in der Entwicklungsgeschichte des Gehirns ursprünglichsten Teile. Sie werden daher zusammengefasst und als **Stammhirn** bezeichnet.

Das Gehirn verarbeitet in jeder Sekunde mehrere Milliarden Einzelbefehle. Wie es jedoch mithilfe all der verschalteten Nervenzellen diese überragende Leistung erbringt, muss noch erforscht werden.

Hinweise auf die Funktion des Gehirns lieferten Patienten mit gestörten Gehirnfunktionen. Werden durch Krankheiten oder Verletzungen einzelne Gehirnbereiche funktionsunfähig, fallen je nach dem Ort der Beschädigung meist ganz bestimmte Funktionen aus.
Die Schädigung eines kleinen Bereiches des Großhirns hinter der Stirn führt z. B. zum Verlust des Kurzzeitgedächtnisses, während alle anderen Gehirnfunktionen oft völlig normal ablaufen. Man kann daraus also schließen, dass das Kurzzeitgedächtnis an eben dieser Stelle im Großhirn liegt. Durch langjährige Beobachtungen an Patienten mit den verschiedensten Gehirnschäden sind regelrechte Landkarten des Großhirns und der anderen Gehirnteile entstanden. Sie zeigen, in welchen Bereichen welche Funktionen bearbeitet werden. Neben dem Kurzzeitgedächtnis gibt es weitere Bereiche oder *Felder*, die jeweils ganz bestimmte Aufgaben übernehmen und z. B. für Bewegungen, Schmerzempfindungen oder das Wiedererkennen von Bildern oder Gegenständen zuständig sind. Insgesamt zeigt sich, dass im Großhirn sowohl das bewusste Erleben und die bewusste Steuerung unseres Körpers, aber auch unsere geistigen Fähigkeiten ablaufen.

Die beiden Großhirnhälften gleichen sich zwar im Aufbau, sie unterscheiden sich jedoch deutlich in den jeweiligen Aufgaben. So steuert die linke Hälfte die Bewegungen der rechten Körperseite und umgekehrt.
Daneben fällt die ungleiche Verteilung der geistigen Fähigkeiten auf beide Gehirnhälften oder *Hemisphären* auf: Bei den meisten Menschen ist die linke Hälfte für logisches Denken und die Auswertung von Erfahrungen zuständig. In der rechten Hälfte findet man hingegen Felder, die für Kreativität, Fantasie und Kunstverständnis zuständig sind.

Während das Großhirn also unter anderem für bewusste Bewegungen zuständig ist, stimmt das Kleinhirn die Bewegungen unbewusst aufeinander ab. Dies geschieht z. B., wenn man beim Radfahren das Gleichgewicht hält. Im Stammhirn werden lebenswichtige Vorgänge gesteuert, die ständig, also auch im Schlaf, ablaufen müssen. Ein Beispiel ist die Atmung, die vom verlängerten Mark aus reguliert wird. Wird das Atemzentrum im verlängerten Mark zerstört, setzt sie Atmung aus, sobald man einschläft oder vergisst, bewusst zu atmen.

1. Im stammesgeschichtlich ältesten Gehirnteil, dem Stammhirn, werden lebenswichtige Vorgänge gesteuert. Wundert dich das? Begründe.

2. In seinem Buch „Der Mann, der seine Frau mit einem Hut verwechselte" erzählt der Neurologe Oliver Sacks von seinen Patienten, auch von dem Mann aus dem Titel, der seine Frau tatsächlich mit einem Hut verwechselte. Erläutere mithilfe der Abbildung 2, welcher Gehirnbereich bei ihm betroffen sein dürfte.

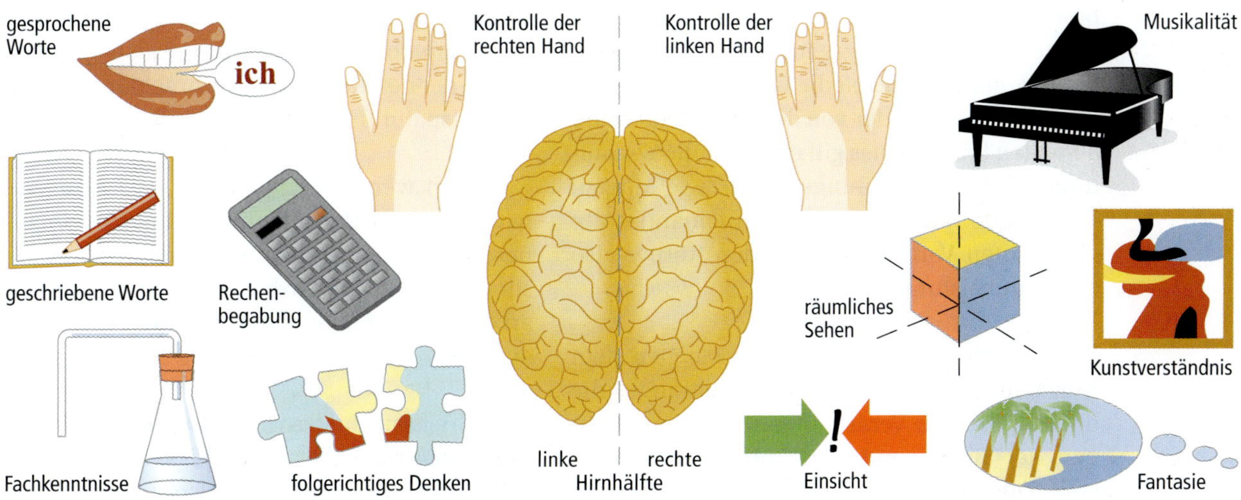

3 Hemisphären des Großhirns und ihre Aufgaben

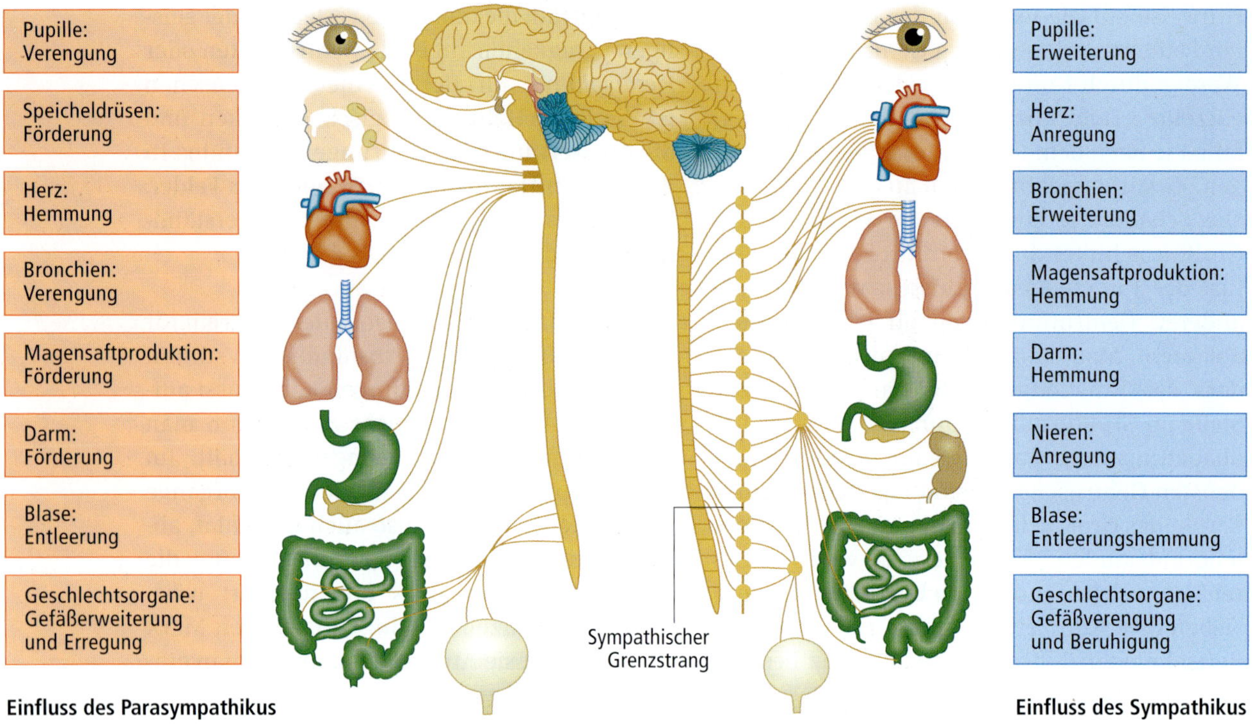

1 Wirkungsbereiche des vegetativen Nervensystems

7.4 Steuerung ohne Willen – das vegetative Nervensystem

Stress – wer kennt nicht dieses Gefühl? Egal ob vor einem sportlichem Wettkampf, einer Prüfung oder bei Arbeitsüberlastung, unser Körper reagiert auf solche Situationen, ob wir wollen oder nicht. Besonders deutlich wird dies, wenn wir uns vor etwas erschrecken: Die Bronchien weiten sich, Herzschlag und Atmung werden beschleunigt. So kann mehr Sauerstoff in den Körper gelangen. Hingegen werden Organe gehemmt, deren Tätigkeit die Gesamtleistung des Körpers mindern oder von der akuten Situation ablenken könnte. Dies gilt etwa für alle Verdauungs- und Ausscheidungsorgane, wie Magen, Darm oder Harnblase. Diese aufeinander abgestimmten Vorgänge stellen den Körper also ganz auf Leistung ein.

Verantwortlich hierfür sind zwei neben dem Rückenmark verlaufende Nervenstränge, die über zahlreiche Verästelungen mit den Organen der Brust- und Bauchhöhle verbunden sind. Dies ist das sympathische Nervensystem oder kurz der **Sympathikus**.

Der Sympathikus hat jedoch einen Gegenspieler im Körper, das parasympathische Nervensystem, auch **Parasympathikus** genannt. Seine Nervenbahnen gehen vom Gehirn und vom unteren Rückenmark aus und sind mit denselben Organen verbunden wie der Sympathikus. Dort bewirken sie jedoch jeweils das Gegenteil dessen, was die sympathischen Nervenbahnen bewirken. So vermindert der Parasympathikus die Atmung und den Herzschlag, während die Verdauung angeregt wird. Der Parasympathikus ist also der „Entspannungsnerv“, der den Körper nach erbrachter Leistung auf Entspannung und Regeneration einstellt.

Gesteuert werden Sympathikus und Parasympathikus vom Zwischenhirn, das für ein inneres Gleichgewicht von An- und Entspannung sorgt. Da dieses ganze System unwillkürlich arbeitet, nennt man es das **vegetative Nervensystem.**

1. Nach einem Schrecken oder vor einer Prüfung wird einem manchmal übel. Erläutere.
2. Welcher Teil des vegetativen Nervensystems ist während des Schlafs aktiv? Begründe.

Krankheiten und Schädigungen des Nervensystems

Gehirnerschütterung

Schlägt der Kopf z. B. bei einem Unfall oder einem Sturz hart auf oder erhält man mit einem Gegenstand einen kräftigen Schlag auf den Kopf, kann es zu einer Gehirnerschütterung kommen. Das Gehirn funktioniert vorübergehend nicht richtig. Regelrecht beschädigt ist es jedoch nicht. Folgen können Benommenheit, Bewusstlosigkeit, Übelkeit und Schwindel sowie Erinnerungslücken sein. Zwar sind auch sie nicht von Dauer, jedoch sollte man Bettruhe einhalten, damit sich das Gehirn erholen kann.

Querschnittslähmung

Bei Verletzungen der Wirbelsäule oder durch Geschwulste kann es zur Schädigung des Rückenmarks kommen. Die Nervenleitungen zu allen Körperbereichen unterhalb dieser Schädigung, also zu mehr oder weniger großen Bereichen des Körpers, werden unterbrochen. Betroffen sein können etwa nur die Beine oder zusätzlich auch der Brustraum und die Arme. Diese kann der Betroffene dann weder spüren noch bewegen. Da Nervenzellen sich nicht regenerieren, ist eine Querschnittslähmung dauerhaft.

Hirnhautentzündung (Meningitis)

Meningokokken sind Bakterien. Bei etwa 5 bis 10% der Bevölkerung sind sie im Nasen-Rachenraum nachweisbar, richten jedoch keinen Schaden an. Ganz selten befallen sie jedoch plötzlich die Häute, die das Gehirn umgeben. Dann lösen sie eine Hirnhautentzündung oder Meningitis aus. Die Symptome wie Fieber, Kopfschmerzen, Gliederschmerzen und Erbrechen werden zuerst oft mit einer Grippe verwechselt. Später wird der Nacken steif, der Rücken verspannt sich und es kommt zu Krämpfen. Unbehandelt ist Meningitis fast immer tödlich – oft nach wenigen Stunden. Auch andere Bakterien, Viren oder Parasiten können Meningitis auslösen.

Kinderlähmung (Polio)

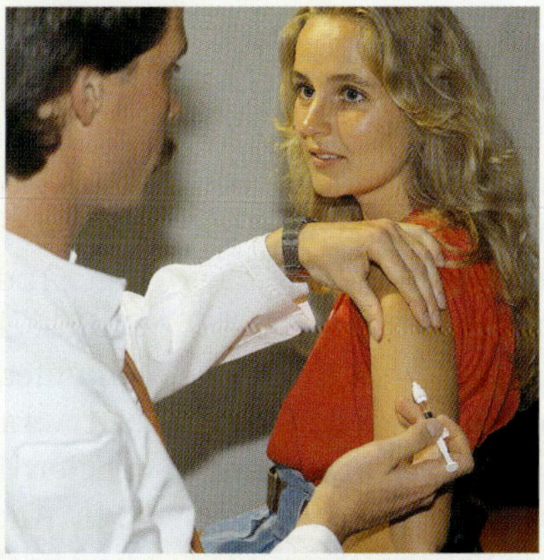

Kinderlähmung ist eine Infektionskrankheit. Die Erreger befallen die graue Rückenmarksubstanz. Im Verlauf der Krankheit kommt es oft zu dauerhaften Lähmungen, vor allem der Beine. Da es keine wirksame Behandlung gibt, ist die Impfung der einzige wirkungsvolle Schutz. Dabei hat die Impfung über eine Spritze die frühere Schluckimpfung abgelöst.

Schlaganfall

Verstopfen Adern, die das Gehirn mit Blut versorgen, können Teile davon absterben. Das kann zu Lähmungen, Bewusstlosigkeit oder dem Verlust der Sprachfähigkeit führen. Oft kann man die verlorenen Fähigkeiten neu trainieren. Dann lernen die verbleibenden Gehirnteile, Aufgaben der abgestorbenen zu übernehmen.

Parkinson Krankheit

Hierbei degenerieren Gehirnzellen, die für die Steuerung willkürlicher Bewegungen zuständig sind. Folge sind Bewegungsarmut, Zittern in Ruhe, Muskelsteifheit und Gleichgewichtsstörungen. Eine Heilung für diese langsam fortschreitende Krankheit gibt es bisher nicht. Betroffene haben oft Angst, über ihre Krankheit zu sprechen. Es ist ihnen peinlich, nicht mehr alles so zu können, wie ein gesunder Mensch. Einen anderen Weg geht z. B. der an der Parkinson Krankheit leidende Schauspieler Michael J. Fox. Er nutzt seine Bekanntheit, um gegen die Krankheit zu kämpfen und auch andere für diesen Kampf zu gewinnen.

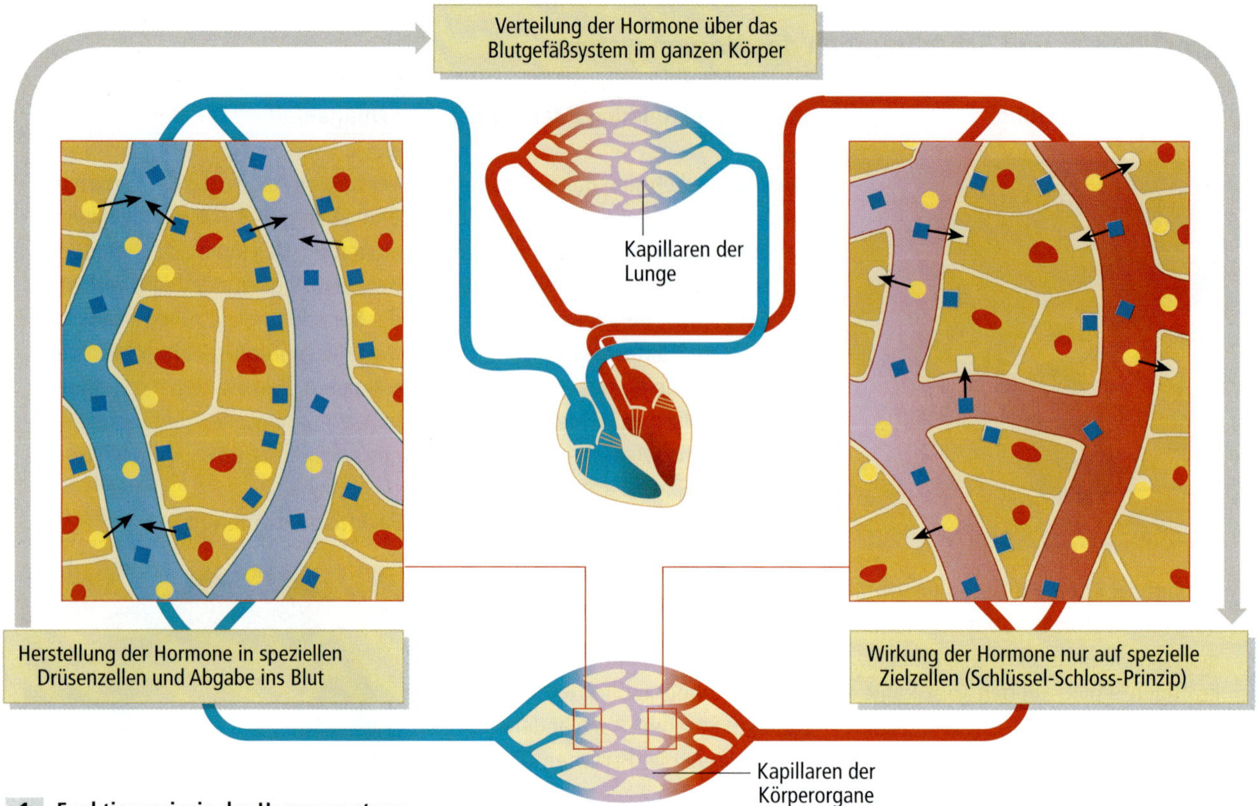

1 Funktionsprinzip des Hormonsystems

8 Das Hormonsystem

8.1 Wie Hormone wirken

Sicherlich hast du schon einmal etwas über Hormone gehört. Man spricht z. B. davon, dass jemand „hormongesteuert" sei. Um welche Stoffe handelt es sich dabei und wozu braucht sie der Körper?
Hormone sind **chemische Botenstoffe**. Unser Körper produziert sie in speziellen **Drüsenzellen**. Solche Zellen finden sich etwa in der Magenschleimhaut und der Nebennierenrinde. Die meisten Hormone entstehen jedoch in Organen, die ausschließlich der Hormonproduktion dienen. Die *Schilddrüse* und die Hirnanhangsdrüse, die *Hypophyse,* sind solche **Hormondrüsen**.
Die Hormone gelangen in den Raum zwischen den Zellen und von dort aus in die Blutbahn. Mehr als 20 wichtige Hormone werden auf diesem Wege ständig im ganzen Körper verteilt. Trotz dieser vielen Botenstoffe entsteht jedoch kein Chaos im Körper, denn die Mengen der einzelnen Hormone sind in der Regel genau aufeinander abgestimmt.
Jedes Hormon wirkt nur auf ganz bestimmte Zellen. Nur diese **Zielzellen** haben die passenden „Andockstellen", die **Rezeptoren**. Wie ein Schlüssel zum Schloss passt nur ein ganz bestimmtes Hormon auf einen solchen Rezeptor. Nur wenn das passende Hormon „andockt", reagiert die Zielzelle. Diese Reaktionen können z. B. Änderungen im Stoffwechsel sein, wie die Abgabe von Enzymen, oder die Produktion weiterer Hormone.
Nachdem die Reaktion erfolgt ist, wird das Hormon meist von der Zielzelle abgebaut. Gleichzeitig geht eine Rückmeldung an die Drüsenzelle, die daraufhin die Hormonproduktion mindert oder ganz einstellt. Diese beiden Mechanismen verhindern Störungen im empfindlichen Gleichgewicht der Hormone. Dieses Gleichgewicht sorgt dafür, dass die von den Hormonen verursachten Wirkungen nicht zu stark werden oder zu lange anhalten.

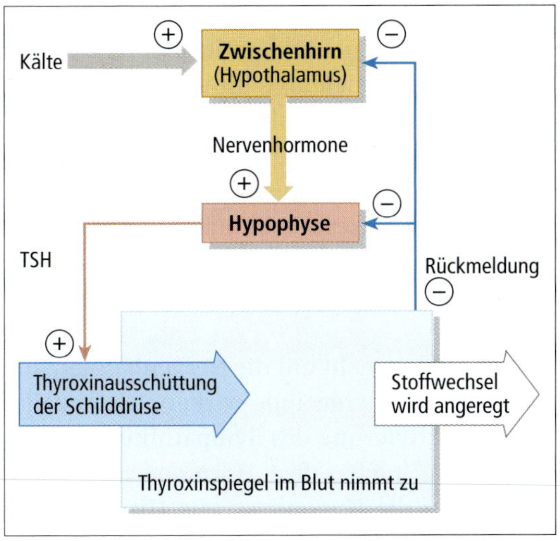

2 Stoffwechselregulation durch Thyroxin (Schema)

Ein solcher Regelmechanismus ist am Beispiel der Temperaturregulation des Körpers gut nachzuvollziehen.
Melden die Temperatursensoren im Körper dem Zwischenhirn einen Abfall der Körpertemperatur, produziert es Nervenhormone. Diese wirken auf die *Hypophyse*, die daraufhin ein weiteres Hormon ausschüttet. Man nennt es Schilddrüsen-stimulierendes Hormon oder nach dem Fachbegriff für Schilddrüse auch Thyreoidea-stimulierendes Hormon, kurz **TSH.** Es wirkt auf eine weitere Hormondrüse, die **Schilddrüse**. Sie produziert **Thyroxin**, das den Stoffwechsel anregt. Durch Stoffwechsel entsteht Wärme, die der Auskühlung entgegen wirkt.
Sowohl die steigende Körpertemperatur als auch der ansteigende Thyroxinspiegel im Blut wirken sich hemmend auf das Zwischenhirn und die Hypophyse aus, sodass nur noch wenig oder gar kein weiteres TSH produziert wird. Eine solche, gewissermaßen rückwärts gerichtete Wirkung wird auch als **Rückkopplung** bezeichnet.

Neben dem TSH kann die Schilddrüse weitere Steuerungshormone bilden. Wie ein Steuermann steuert sie viele weitere Hormondrüsen und damit wichtige Körperfunktionen. Sie spielt also eine zentrale Rolle, erhält ihre Befehle jedoch vom Gehirn, das sozusagen der Kapitän ist.

1. Thyroxin wirkt noch in einer Verdünnung von 1 : 500 000 000. In wie viel Litern Wasser wäre 1 ml Thyroxin noch wirksam?
2. Erläutere anhand der Abbildung 2 das Zusammenspiel der genannten Hormone.
3. Ohne Rückkopplung könnte die Körpertemperatur nicht reguliert werden. Begründe.

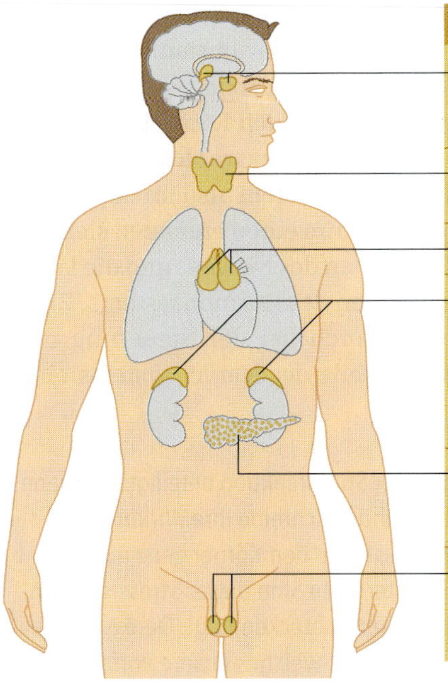

Drüsen	Hormone	Hauptwirkung
Hirnanhangsdrüse	Steuerungs- und Wachstumshormone	Sie steuern andere Hormondrüsen, fördern die Eiweißsynthese sowie das Knochen- und Muskelwachstum.
Schilddrüse	Thyroxin	Reguliert Stoffwechsel und Wachstum, beeinflusst Pubertät und Nervensystem.
Thymusdrüse	Thymosin	Fördert die Abwehr gegen Infektionen.
Nebennieren	Corticoide (ca. 40 Hormone) Adrenalin, Noradrenalin	Beeinflussen den Stoffwechsel, regulieren den Mineralstoffwechsel und den Wasserhaushalt. Erhöhen die Leistungsbereitschaft, fördern den Glykogenabbau, erhöhen den Blutzuckerspiegel, verengen die Blutgefäße, steigern den Blutdruck und die Herztätigkeit, hemmen die Darmtätigkeit.
Langerhanssche Inseln der Bauchspeicheldrüse	Insulin Glukagon	Fördert die Glykogenbildung und senkt den Blutzuckerspiegel. Hebt den Blutzuckerspiegel.
Keimdrüsen	Sexualhormone	Beeinflussen die Keimzellenreifung und die Ausbildung der sekundären Geschlechtsmerkmale (z. B. Stimmbruch).

3 Hormone und ihre Bildungs- und Wirkungsorte

8.2 Nerven- und Hormonsystem arbeiten zusammen

Fast jeder kennt die Situation, wenn man nach einem richtigen Schrecken innerhalb von Sekundenbruchteilen zusammenzuckt oder zurückweicht. Vielleicht hast du aber auch schon einmal die weiteren Reaktionen deines Körpers auf eine solche Stressituation beobachten können. Einige Sekunden nach dem Schrecken beginnt das Herz schneller und kräftiger zu klopfen, man atmet tiefer und vielleicht bekommt man ein flaues Gefühl im Magen. Meist dauert es dann einige Minuten, bis man sich wieder ganz beruhigt hat.

Die unterschiedliche Geschwindigkeit, mit der die einzelnen Teile dieser **Stressreaktion** eintreten, lassen sich mit den verschiedenen Wegen erklären, über die sie gesteuert werden. Die unmittelbare Reaktion des Zurückweichens oder -zuckens wird vom Nervensystem direkt gesteuert und kann damit sehr schnell erfolgen. Die weiteren Reaktionen hängen mit Hormonen zusammen. Diese müssen sich erst im Körper verteilen, sie wirken daher etwas langsamer.

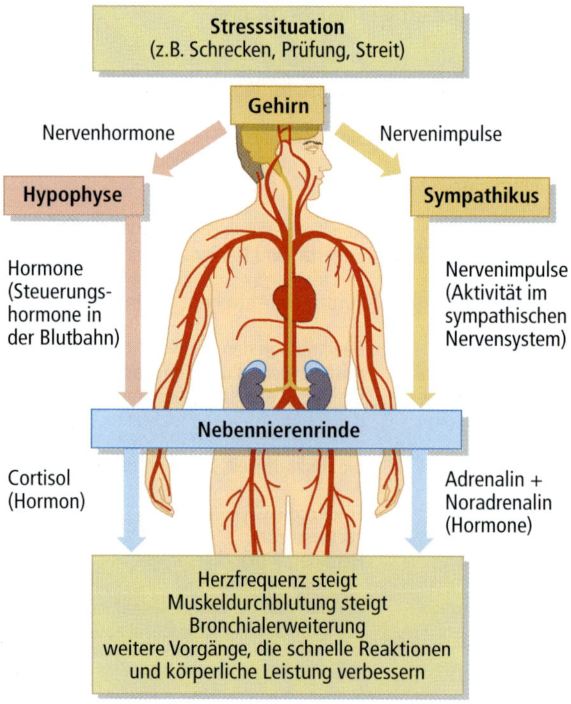

1 Stressreaktionen von Nerven- und Hormonsystem

Aber auch an der Steuerung der langsameren Reaktionen sind neben den Hormonen Teile des Nervensystems beteiligt. Eine Stresssituation wird zunächst vom Gehirn wahrgenommen. Es aktiviert daraufhin den Nervus Sympathikus. Er ist Teil des vegetativen Nervensystems und u. a. mit den Nieren verbunden. In der Nebennierenrinde veranlasst er die Produktion der beiden Hormone **Adrenalin** und **Noradrenalin.**

Jedoch sind es nicht nur die Nervenbahnen, die auf die Nebennierenrinde wirken. Gleichzeitig mit der Aktivierung des Sympathikus schüttet das Gehirn auch selbst Hormone aus. Diese wirken auf die Hypophyse, die Hirnanhangsdrüse, die ihrerseits Steuerungshormone ausschüttet. Sie verteilen sich im ganzen Körper und gelangen so zu den Nieren. Dort veranlassen sie die Nebennierenrinde, das Hormon **Cortisol** zu bilden.

Nach dem Schrecken wird also über zwei unabhängige Wirkungsketten die Ausschüttung von Adrenalin, Noradrenalin und Cortisol veranlasst. Diese **Stresshormone** lösen die langsamen Reaktionen aus. Sie beschleunigen Herzschlag und Atmung, verstärken den Stoffwechsel der Muskelzellen, erweitern die Bronchien und stellen den Körper ganz auf Leistung ein. Er beruhigt sich erst wieder, nachdem die Hormone abgebaut wurden. Geschieht dies nicht, etwa bei Dauerstress, machen sich schädliche Wirkungen der Stresshormone bemerkbar. Zu ihnen zählen etwa Schlaf- und Konzentrationsstörungen oder auch Kopfschmerzen.

Bei der Steuerung der **Stressreaktion** arbeiten Nerven- und Hormonsystem also im doppelten Sinne zusammen. Zum einen ergänzen sich die schnellen Reaktionen des Nerven- und die langsameren Reaktionen des Hormonsystems. Zum anderen spielen auch bei der Steuerung des Hormonsystems Teile des Nervensystems eine wichtige Rolle.

1. Nenne die an der Stressreaktion beteiligten Organe und Hormone und beschreibe ihre Wirkung.
2. Stresshormone stellen den Körper ganz auf Leistung ein. Erläutere den Sinn dieser Stressreaktion, die etwa auf einen Schrecken folgt. Denke an das Leben in freier Natur, welches unsere Vorfahren gelebt haben.

Nerven, Sinne und Hormone

Alle Sinne arbeiten ähnlich

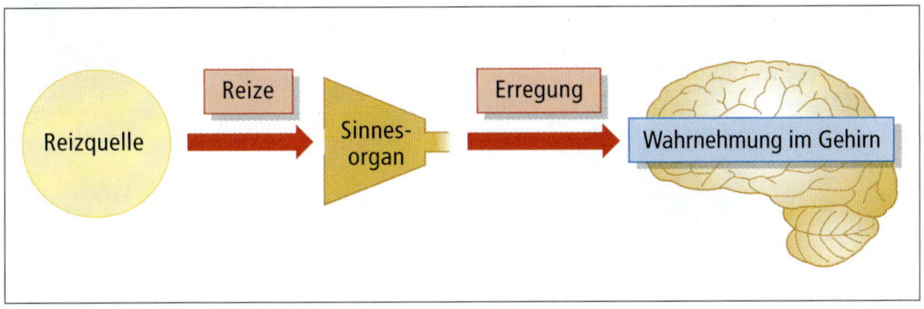

- Zu den Sinnesorganen gehören Auge, Ohren, Nase, Zunge und Haut.
- Mit unseren Sinnen sammeln wir Informationen über unsere Umwelt.
- Alle Objekte sind Reizquellen, d. h. sie senden Reize aus.
- Treffen Reize auf ein geeignetes Sinnesorgan, werden sie in Erregung, also elektrische Nervenimpulse umgewandelt.
- Sinnesorgane können ihre Empfindlichkeit verändern (Adaption).
- Nervenbahnen leiten die Erregungen ins Gehirn.
- Nach der Verarbeitung der Erregungen im Gehirn entsteht dort das Phänomen, das wir Wahrnehmung nennen.
- Die Wahrnehmungen einzelner Sinne ergänzen und beeinflussen sich gegenseitig.
- Die Wahrnehmung hängt von vielen Faktoren wie Erwartungen, Erfahrungen und augenblicklichen Bedürfnissen ab. Wahrnehmung ist daher subjektiv, d.h. sie kann von der Wirklichkeit abweichen.

Nerven

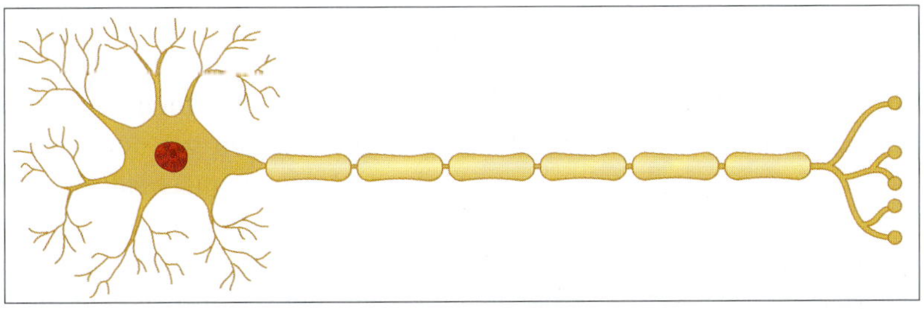

- Das Nervensystem setzt sich aus zahlreichen Nervenzellen zusammen. Allein das Gehirn besteht aus etwa 100 Milliarden Nervenzellen.
- Gehirn und Rückenmark bilden zusammen das Zentrale Nervensystem.
- Weitere Nerven durchziehen den ganzen Körper und bilden das periphere Nervensystem.
- Nervenzellen verfügen neben einem Zellkörper mit zahlreichen Verästelungen, den Dendriten, meist über einen sehr langen Fortsatz, das Axon.
- Über Synapsen steht jede Nervenzelle mit vielen Tausend anderen Nervenzellen in Verbindung.

Hormone

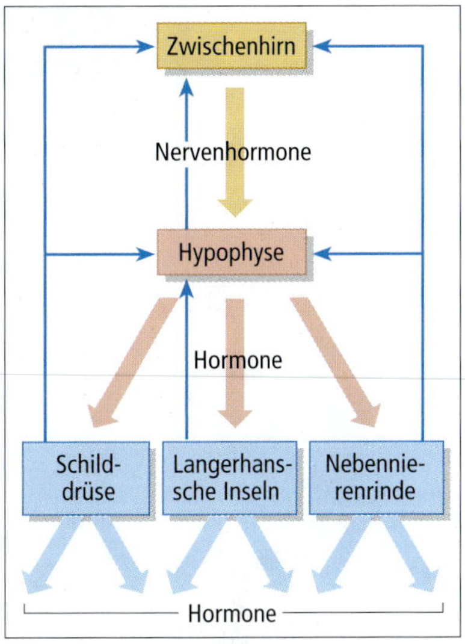

- Hormone sind chemische Botenstoffe, die viele Reaktionen unseres Körpers beeinflussen.
- Die meisten Hormone werden in speziellen Hormondrüsen gebildet, aber auch einige andere Körpergewebe können Hormone bilden.
- Vor allem über die Blutbahn werden die Hormone im Körper verteilt und erreichen so ihre Zielzellen. Das Hormonsystem reagiert daher langsamer als das Nervensystem.
- Nur die jeweiligen Zielzellen haben die zu dem jeweiligen Hormon passenden Rezeptoren. Nur sie reagieren auf die Anwesenheit der Hormone (Schlüssel-Schloss-Prinzip).
- Der Gehalt der Hormone im Blut sowie die von ihnen ausgelösten Reaktionen werden vom Gehirn überwacht und reguliert (Rückkopplung).
- Alle Hormone stehen miteinander im Gleichgewicht. Wird es gestört, hat dies negative Folgen für den Körper.

Sexualität und Partnerschaft

1 Vom Kind zum Erwachsenen

1 Auf dem Weg zum Erwachsensein

1.1 Alles ist anders – die Verantwortung wächst

Die Pubertät markiert bei Jugendlichen den Übergang vom Kindesalter zum Erwachsensein. Viele neue Fragen und Probleme ergeben sich. Was aber macht diesen Übergang aus und warum läuft er häufig so turbulent ab?
Zuerst fallen Vielen auf diese Fragen die **körperlichen Veränderungen** ein. Der Körper wächst und die Geschlechtsmerkmale entwickeln sich. Eng mit diesen Vorgängen verbunden, in ihrer Wirkung jedoch ganz anders, sind die **geistigen Veränderungen**. Sie sind äußerlich nicht sichtbar. Für das Erwachsenwerden sind sie aber mindestens ebenso wichtig wie die körperliche Entwicklung.

2 Die erste große Liebe

Die körperliche Entwicklung versetzt uns z. B. in die Lage, schneller zu laufen oder höher zu springen. Die Entwicklung der geistigen Fähigkeiten ist vergleichbar. Jugendliche lernen, in größeren Zusammenhängen zu denken und können zunehmend eigene Entscheidungen fällen. Gleichzeitig müssen sie aber auch immer mehr **Verantwortung** übernehmen. Dies kann in der Familie sein, wo sie nun stärker eingebunden werden oder es kann sich in ersten Beziehungen zeigen, die schön und aufregend sind, jedoch auch Verantwortung füreinander bedeuten.
Sportliche Höchstleistungen erfordern ein hartes Training. Auch die Übernahme von Verantwortung muss trainiert werden. Erste Versuche scheitern oft – sehr zum Ärger aller Betroffenen. Eltern, Lehrer und auch Freunde stellen vielleicht zu hohe Ansprüche an das noch wenig trainierte Verantwortungsbewusstsein

der Jugendlichen. Diese fordern mehr Freiheit, sie entwickeln **eigene Meinungen**, wollen diese immer häufiger durchsetzen und stoßen damit aus ihrer Sicht viel zu oft auf Grenzen.
Während der Pubertät wechseln sich die Freude über die neu gewonnene Unabhängigkeit mit der Angst vor der Verantwortung, dem Stolz auf schon Erreichtes und dem Frust über die eigene Unvollkommenheit ab. Dieses Auf und Ab der Gefühle gleicht einer Achterbahnfahrt und ist typisch für die turbulenten Jahre der Pubertät.

Wann der Startschuss zu dieser „Achterbahnfahrt" fällt, wann sie endet und was ihre Ergebnisse sind, ist individuell sehr verschieden. Zudem erlebt jeder die Pubertät anders. Es ist daher schwer, Regeln oder Ratschläge zu formulieren. Allerdings durchlaufen Mädchen die Pubertät meist eher als Jungen. Etwa drei bis vier Jahre sind sie ihren männlichen Altersgenossen voraus. Deswegen haben Jungen und Mädchen im Alter von etwa 10 bis 16 Jahren oft so wenig Gemeinsamkeiten und Berührungspunkte. Erst nachdem auch die Jungen die Pubertät abgeschlossen und gewissermaßen aufgeholt haben, entspannt sich auch das Verhältnis der Geschlechter wieder.

1. Fasse die Kernaussagen des Textes kurz zusammen. Stimmst du mit ihnen überein oder siehst du die Sache anders? Begründe deine Meinung an Hand von Beispielen.
2. „Die Verantwortung wächst." Untermauere die Aussage, indem du zeigst, wo Kinder, Jugendliche und Erwachsene jeweils Verantwortung übernehmen. Wo findest du hier die wachsende Verantwortung wieder?
3. „Die Pubertät ist wie eine Achterbahnfahrt!" Finde weitere Aussagen nach diesem Muster (Die Pubertät ist wie ...) und erläutere sie kurz.

EXKURS

Baustelle im Kopf

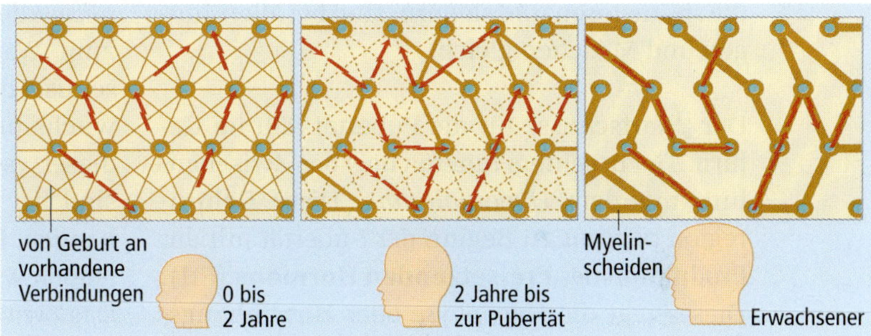

Marie ist acht Jahre alt. Wie von selbst hat sie sprechen gelernt, in der Schule dann schreiben, lesen und rechnen. Sogar ihre beiden Instrumente, Blockflöte und Geige, beherrscht sie spielend. Bei ihrer 13-jährigen Schwester Sarah war es früher genauso. Aber heute ist das ganz anders. Dabei gibt sich Sarah in der Schule durchaus Mühe. Trotzdem bekommt sie schlechte Noten und oft Ärger. Diese Probleme sind typisch für die Pubertät und mit Veränderungen im Gehirn zu erklären. Das Gehirn wird sozusagen umgebaut. Es gleicht einer Baustelle im Kopf.
Das Gehirn besteht aus Nervenzellen, die über Fortsätze verbunden sind. Bei Neugeborenen gibt es nur wenige solcher Verbindungen. Allerdings können ihre Nervenzellen neue Verbindungen knüpfen und bestehende verändern. Eingeübte Bewegungen und neu begriffene logische Zusammenhänge werden vermutlich in Form solcher Verknüpfungen gespeichert. Je mehr ein Kind lernt, um so komplexer wird das Nervennetz im Gehirn. In der Pubertät bildet das Gehirn dann verstärkt *Myelin*, eine weiße, fettähnliche Substanz. Sie umhüllt und isoliert die Nervenfortsätze, sodass die Nervenimpulse bis zu 30 mal schneller weitergeleitet werden als ohne Myelin. Gehirne von Erwachsenen können daher komplexere Zusammenhänge schneller und besser verarbeiten als Kindergehirne. Doch der Preis dafür ist hoch, denn die Umhüllung erschwert das Knüpfen neuer Verbindungen. Vokabeln lernen wird daher zum harten Kampf.
Aber auch das pubertäre Gehirn wächst noch, in der vorderen Rinde zum Beispiel. Dieser Gehirnbereich stimmt das Verhalten auf die jeweilige Situation ab. Peinliche Bemerkungen oder Wutausbrüche, wie sie für kleinere Kinder durchaus normal sind, werden unterdrückt. Ist die Entwicklung der Hirnrinde jedoch erst einmal abgeschlossen, sorgt sie für körperliche und emotionale Reaktionen, die der jeweiligen Situation angemessen sind. Man wirkt reif und erwachsen.
Jugendliche und Erwachsene denken also nicht nur schneller, sondern auch auf andere Art als Kinder.

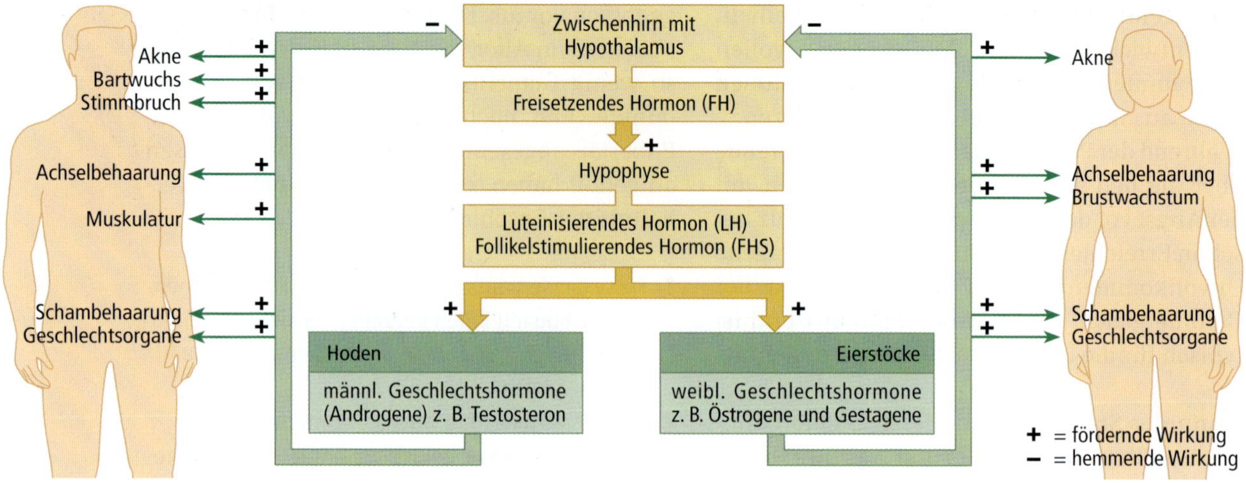

1 Hormonelle Steuerung der körperlichen Entwicklung in der Pubertät

1.2 Hormone und die Steuerung der Pubertät

So unterschiedlich Zeitpunkt und Auswirkungen der Pubertät auch sind – die Mechanismen, die sie auslösen und steuern, sind bei allen Jungen und Mädchen gleich.

Der „Startschuss“ für die Pubertät fällt im Gehirn. Tief in seinem Inneren liegt das Zwischenhirn mit dem *Hypothalamus*. Diese Gehirnregion beginnt zu Beginn der Pubertät mit der Produktion des **Freisetzenden Hormons** (FH). Dieses regt die *Hypophyse* oder Hirnanhangsdrüse zur Bildung zweier weiterer Hormone an. Sowohl das **Luteinisierende Hormon** (LH) als auch das **Follikelstimulierende Hormon** (FSH) wirken auf die Nebennierenrinde und die **Keimdrüsen.** Bei Mädchen sind dies die Eierstöcke, bei Jungen die Hoden. Sie werden zur Bildung weiterer Hormone angeregt.

Eierstöcke und Hoden werden also durch die gleichen Hormone gesteuert. Die Eierstöcke bilden allerdings die weiblichen Geschlechtshormone, die **Östrogene** und **Gestagene**, während die Hoden die männlichen, die **Androgene,** ausschütten. In allen drei Fällen handelt es sich nicht um einzelne Hormone, sondern um ganze Hormongruppen.

Auch die Nebennierenrinde bildet Geschlechtshormone, sodass sich immer auch kleinere Mengen der jeweils anderen Geschlechtshormone im Körper finden.
Das Mischungsverhältnis ist also entscheidend und nicht das bloße Vorhandensein einzelner Hormone. Überwiegen die weiblichen Hormone, werden etwa die Brüste und Beckenknochen zum Wachsen angeregt, während ein Überschuss der männlichen Hormone den Bartwuchs und Stimmbruch auslöst. Die Anlagen dieser **sekundären Geschlechtsmerkmale** sind bei allen Menschen gleichermaßen vorhanden. Die geschlechtsspezifische Auprägung jedoch wird von den Hormonen ausgelöst.
Das Zwischenhirn erhält laufend Rückmeldungen über das hormonelle Mischungsverhältnis und reguliert es laufend nach. Ist seine Funktion gestört, etwa durch Krankheiten oder unsachgemäßen Einsatz von Hormonpräparaten, können sich die falschen Geschlechtsmerkmale ausbilden oder psychische Krankheiten entstehen.

1. Vergleiche die hormonelle Steuerung bei Jungen und Mädchen. Wo gibt es Gemeinsamkeiten und wo Unterschiede? Nimm den Text und Abbildung 1 zu Hilfe.
2. Viele der als Dopingmittel eingesetzten Präparate enthalten Stoffe, die den Androgenen sehr ähnlich sind
   a) Warum eignen sich diese Stoffe als Dopingmittel?
   b) Welche Nebenwirkungen erwartest du, vor allem bei Frauen?

1.3 Vom Jungen zum Mann

Im Kindesalter sind die Körper von Jungen und Mädchen einander sehr ähnlich. Jungen sind im Durchschnitt weder größer noch kräftiger als Mädchen. Sie haben auch keine tiefere Stimmen oder andere Körperbehaarung. Erst in der Pubertät entwickeln wir uns geschlechtsspezifisch, sodass man den Körper eines Mannes meist schnell von dem einer Frau unterscheiden kann – auch ohne auf die Geschlechtsorgane zu schauen. Welches sind diese **sekundären Geschlechtsmerkmale**, die sich in der Pubertät entwickeln?

Unter dem Einfluss der männlichen Geschlechtshormone, der Androgene, wachsen Knochen und Muskeln besonders gut. Für Jungen in der Pubertät ist es daher leicht, ihre Körper zu trainieren. Schnell bauen sie Muskelmasse auf, die Schultern werden breiter, Körper und Gesicht bekommen kantigere Züge. Auch sind Männer im Durchschnitt größer als Frauen. Der Wuchs des Bartes, der Körperbehaarung und der Schamhaare sowie der Stimmbruch werden ebenfalls von dem Überschuss an Androgenen wie dem **Testosteron** ausgelöst.

Die **primären Geschlechtsmerkmale**, also die Merkmale, in denen Jungen und Mädchen sich von Geburt an unterschieden haben, entwickeln sich in der Pubertät ebenfalls weiter. Bei Jungen bedeutet dies ein erhebliches Wachstum von Hoden und Penis sowie den Beginn der Spermienproduktion.

Um aber tatsächlich fortpflanzungsfähig zu sein, bedarf es mehr als nur einer ausreichenden Spermienproduktion. Der Penis muss sich zunächst versteifen, um in die Scheide der Frau eindringen zu können. Dazu verengen sich Blutgefäße an der Peniswurzel, sodass das Blut zwar in den Penis hinein, aber kaum noch heraus fließen kann. Die Schwellkörper füllen sich mit Blut, der Penis wird steif und nimmt an Größe zu. Dieses Phänomen nennt man *Erektion*. Kommt es zum Orgasmus, werden die Spermien zusammen mit den von Vorsteher- und Bläschendrüse abgegebenen Flüssigkeiten als *Sperma* durch den Harn-Samen-Leiter gedrückt und herausgeschleudert oder *ejakuliert*. Auch **geistige Eigenschaften** ändern sich in der Pubertät. Man entdeckt die Sexualität und sucht nach Partnern. Zeitweise fällt es schwer, überhaupt an etwas anderes als an Sex zu denken und es kommt häufig z. B. zu ungewollten Erektionen.

Typische Entwicklungen	Alter in Jahren
Knochenwachstum (Wirbelsäule, Arme und Beine)	10–16
Verbreiterung der Brust und Schultern	13–18
Gesichtszüge werden kantig	13–18
Bartwuchs beginnt	15–19
Schambehaarung entsteht	11–16
Stimmbruch setzt ein	13–15
Wachstum von Penis und Hoden	10–18
Beginn der Spermienproduktion	13–15

1 Entwicklung der Geschlechtsmerkmale beim Jungen

Schließlich ändern Jungen auch ihr **Verhalten.** Man sagt ihnen nach, sich eher aggressiv oder „machohaft" zu verhalten. Inwieweit dies aber auf Hormone oder etwa auf das Überspielen von Unsicherheiten zurückgeht, ist umstritten.

1. Beschreibe die Veränderungen von Jungen während der Pubertät
2. Nenne die Aufgaben der einzelnen Teile in Abbildung 2 bei der Fortpflanzung.

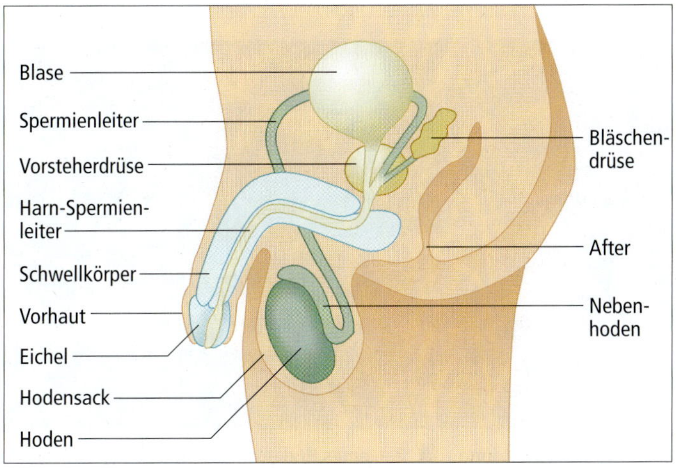

2 Männliche Geschlechtsorgane

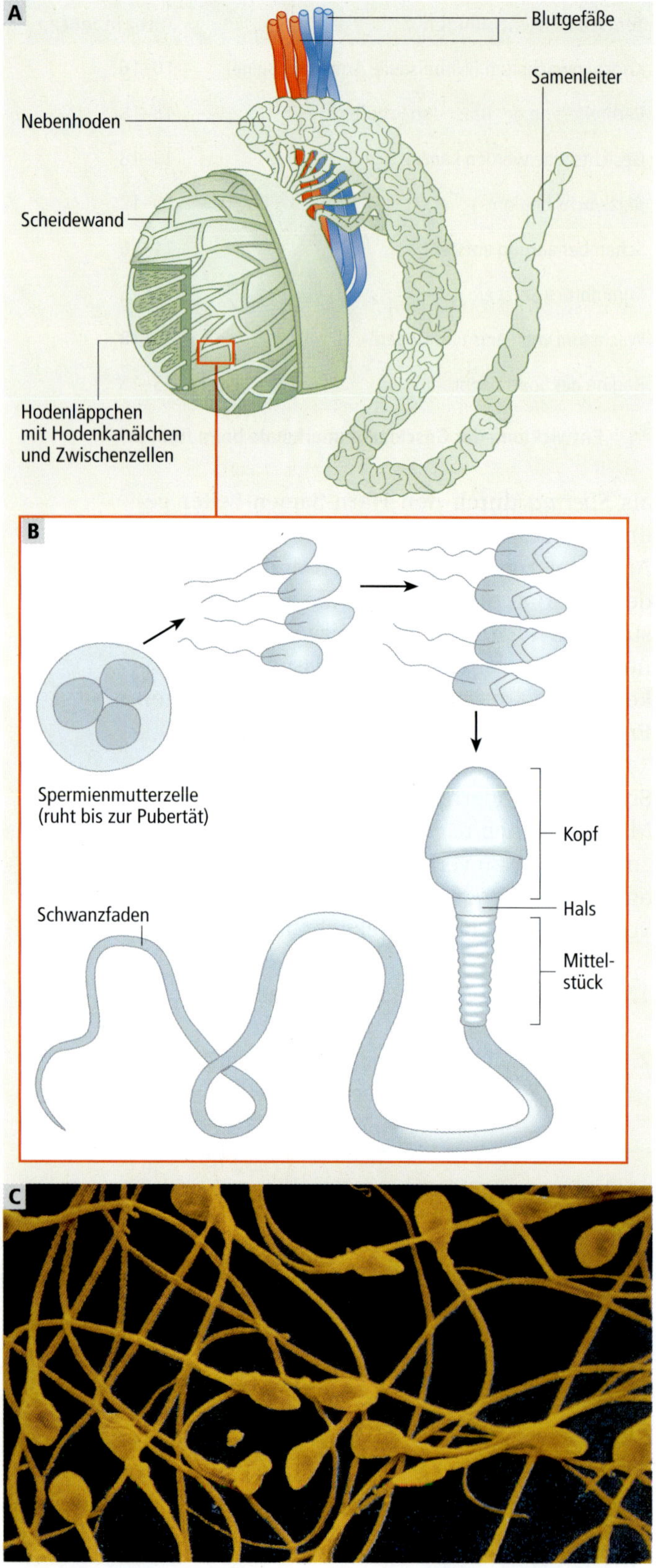

1 Spermienbildung. **A** Bau eines Hodens; **B** schrittweise Reifung der Spermien; **C** Spermien (EM-Aufnahme)

1.4 Bau und Funktion von Hoden und Spermien

Neben dem Penis ist der **Hodensack** mit den darin liegenden **Hoden** das auffälligste männliche Geschlechtsorgan. Von außen zu fühlen sind auch die halbmondförmigen **Nebenhoden**, die beiden Hoden angelagert sind, sowie die **Samenleiter**, die Hoden und Körper verbinden.

Im Hodeninneren befinden sich die Samenkanälchen. Schon vor der Geburt eines Jungen bilden sich hier die **Spermienmutterzellen**. Bis zur Pubertät bleiben sie jedoch inaktiv. Erst unter dem Einfluss von Testosteron durchlaufen sie mehrere Teilungen und bilden fertige Spermien. Unter dem Mikroskop lässt sich der Bau der Spermien erkennen. An einen eiförmigen **Kopf** schließt sich ein zylindrisches **Mittelstück** an, das in einen langen **Schwanzfaden** mündet. Der Kopf enthält das Erbgut, die Nutzlast des Spermiums. Mittelstück und Schwanzfaden dienen dem Antrieb. Spermien gehören zu den wenigen Zellen des Körpers, die sich fortbewegen können. Dazu enthält das Mittelstück viele Mitochondrien, die die Energie liefern, und den Spiralfaden, den eigentlichen „Motor". Durch ihn kann der Schwanzfaden gedreht werden und das Spermium wie eine Schiffsschraube das Schiff vorwärts schieben.

Spermien können eine Geschwindigkeit von 3 bis 4 mm pro Minute erreichen – angesichts ihrer Größe von nur 0,05 mm eine beachtliche Leistung. Zudem können Spermien auch die von einer reifen Eizelle abgegebenen Stoffe orten. So finden sie den richtigen Weg durch Scheide, Gebärmutter und Eileiter zur reifen Eizelle.
Allerdings gelangen von den 20 – 150 Millionen Spermien eines Samenergusses höchstens etwa 300 ans Ziel, während die anderen unterwegs absterben oder vom Immunsystem der Frau vernichtet werden. Diese Auslese stellt sicher, dass möglichst das stärkste Spermium das Ei befruchtet.

1. Beschreibe die Spermienbildung anhand der Abbildung 1.

1.5 Bau und Funktion der weiblichen Geschlechtsorgane

Die Pubertät bringt für Mädchen weitreichende körperliche Veränderungen mit sich. Erste Anzeichen können sich bereits ab dem neunten Lebensjahr zeigen. Aber es kann bis zum 18. Lebensjahr dauern, bis die Pubertät abgeschlossen ist. Damit pubertieren Mädchen im Durchschnitt eher, aber auch etwas länger als Jungen.

Von außen zuerst zu sehen sind das Wachstum der Brüste, des Beckens und der Schambehaarung. Für die Fortpflanzungsfähigkeit der Frau spielen diese Merkmale aber eher eine untergeordnete Rolle. Die hierfür entscheidenden Vorgänge laufen unsichtbar im Inneren des Körpers ab. Von den primären Geschlechtsorganen sind nur die großen Schamlippen sichtbar. Sie bedecken die kleinen Schamlippen und den Kitzler sowie die Harnröhrenöffnung und die Scheidenöffnung. Sie ist zunächst mit dem Hymen oder Jungfernhäutchen überspannt, das aber spätestens beim ersten Geschlechtsverkehr aufreißt.
Über der Scheide liegt die Gebärmutter. Hier entwickelt sich während der Schwangerschaft das Kind und hier laufen die Vorgänge ab, die für die Monatsblutung der Frau verantwortlich sind.

An die Gebärmutter schließen sich die beiden Eileiter an. Dies sind Verbindungsröhren zwischen der Gebärmutter und den Eierstöcken, in denen seit der Geburt des Mädchens jeweils rund 200 000 inaktive Eizellen lagern. Die mit der Pubertät einsetzende Reifung einer Eizelle alle vier Wochen ist die für die Geschlechtsreife der Frau entscheidende Änderung.

Gelangt während des Geschlechtsverkehrs Samenflüssigkeit in die Scheide, schwimmen die Spermien sofort in Richtung Gebärmutter. Wenn gerade eine reife Eizelle auf ihre Befruchtung wartet, legen die Spermien auch noch den Weg durch den Eileiter zurück. Insgesamt sind dies etwa 15 cm – eine lange Strecke für die nur 0,05 mm großen Spermien. Daher erreichen nur wenige Spermien die Eizelle und nur ein einziges kann sie befruchten. Die befruchtete Eizelle wird von dem Eileiter in die Gebärmutter gespült. Dort findet der Keim eine dicke Schleimhaut vor, in die er sich einnisten und zu einem Baby entwickeln kann. Die Schwangerschaft beginnt.

1. Im Alter von 45 bis 55 Jahren wird die Eizellenreifung gestoppt und die Frau kommt in die Wechseljahre. Berechne, wie viele Eizellen heranreifen, wenn 40 Jahre lang alle 28 Tage ein Ei heranreift. Wie viele Eizellen bleiben unreif im Körper der Frau zurück?

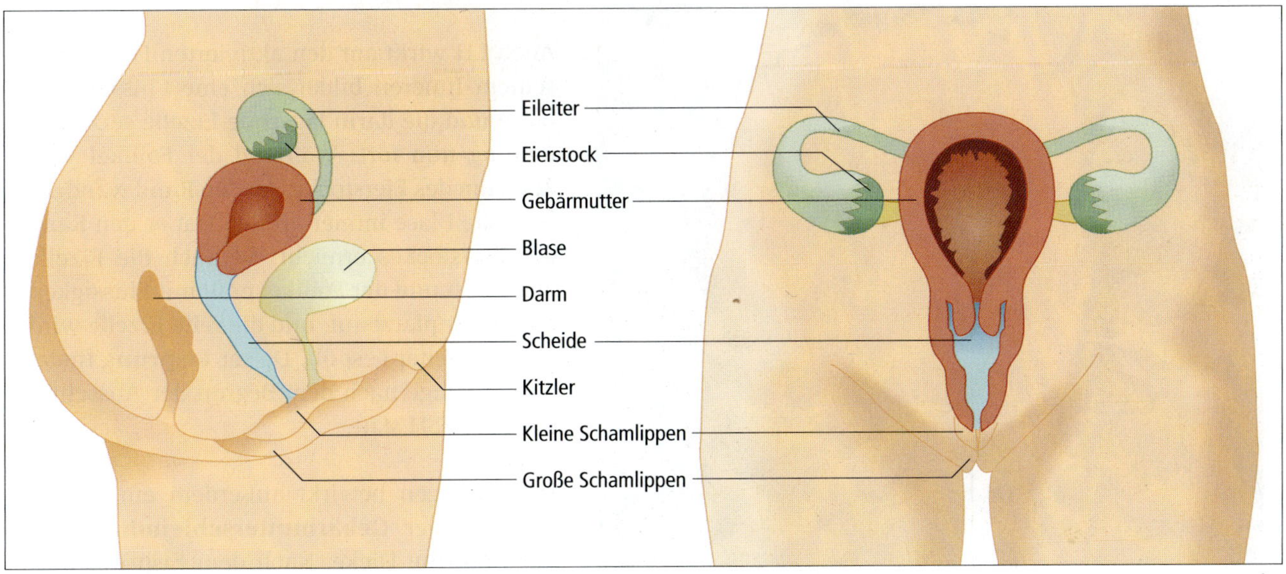

1 Die weiblichen Geschlechtsorgane

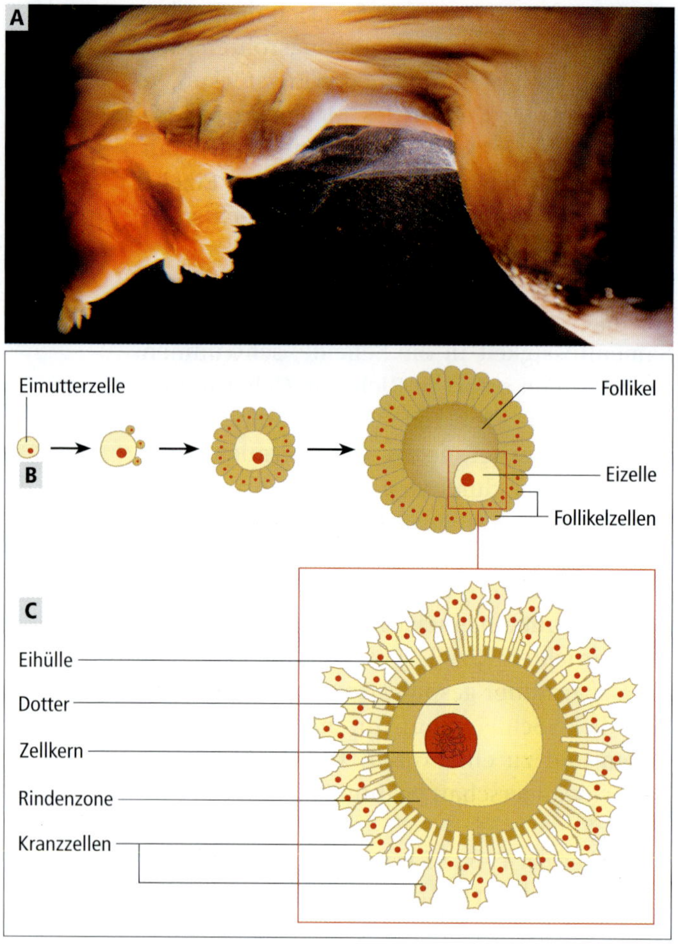

1 Eizellenbildung. A Eierstock (Microfoto); **B** Reifung (Schema); **C** Eizelle (Schema)

2 Eizelle mit Follikelzellen

2.4 Eizellbildung und Menstruation

Das Einsetzen der Monatsblutung, der **Menstruation,** markiert für viele junge Frauen einen wichtigen Abschnitt in der Pubertät. Schließlich ist sie ein deutliches Zeichen für die Geschlechtsreife der Frau. Welche Vorgänge führen zur Monatsblutung und wie werden sie gesteuert?
Schon vor der Geburt haben sich aus den Eimutterzellen des Embryos durch zahlreiche Zellteilungen etwa 200000 Eizellen entwickelt. Allerdings wird ihre Entwicklung gestoppt, bevor sie vollständig ausgereift sind. Erst in der Pubertät wird die Reifung der Eizellen fortgesetzt.

Die inaktiven Eizellen liegen in den **Eierstöcken,** jede in einem einzelnen Eibläschen oder **Follikel**. Angeregt durch das **F**ollikelstimulierende **H**ormon (**FSH**), das von der Hirnanhangsdrüse gebildet wird, beginnt in einem der beiden Eierstöcke einer der vielen Follikel zu wachsen. Wieso nur ein einziger Follikel so deutlich auf das FSH reagiert, ist unklar. Bekannt ist jedoch, dass der wachsende Follikel selbst das Hormon **Östrogen** ausschüttet. Dieses Hormon gibt eine Art Rückmeldung an die Hirnanhangsdrüse, dass die Follikelreifung begonnen hat. Sie produziert daraufhin weniger FSH und schüttet stattdessen ein weiteres Hormon, das **L**uteinisierende **H**ormon (**LH**) aus.

Auch LH wirkt auf den aktivierten Follikel. In seinem Inneren bildet sich eine Flüssigkeitsblase und die darin lagernde Eizelle setzt ihre Reifung nun fort. Während der Follikel vom Zentrum des Eierstockes an den Rand wandert, wird die Blase immer größer. Hat er den Rand des Eierstockes erreicht, ist auch die Eizelle ausgereift und der Follikel prall mit Flüssigkeit gefüllt. Er platzt auf, und die reife Eizelle wird in den Eileiter gespült. Dieser **Eisprung** findet etwa 14 Tage nach dem Beginn der Ausschüttung des FSH statt.

Das Östrogen bewirkt außerdem ein Heranwachsen der **Gebärmutterschleimhaut** auf die vierfache Dicke. Nach dem Eisprung verkümmert der verbleibende Rest des Follikels

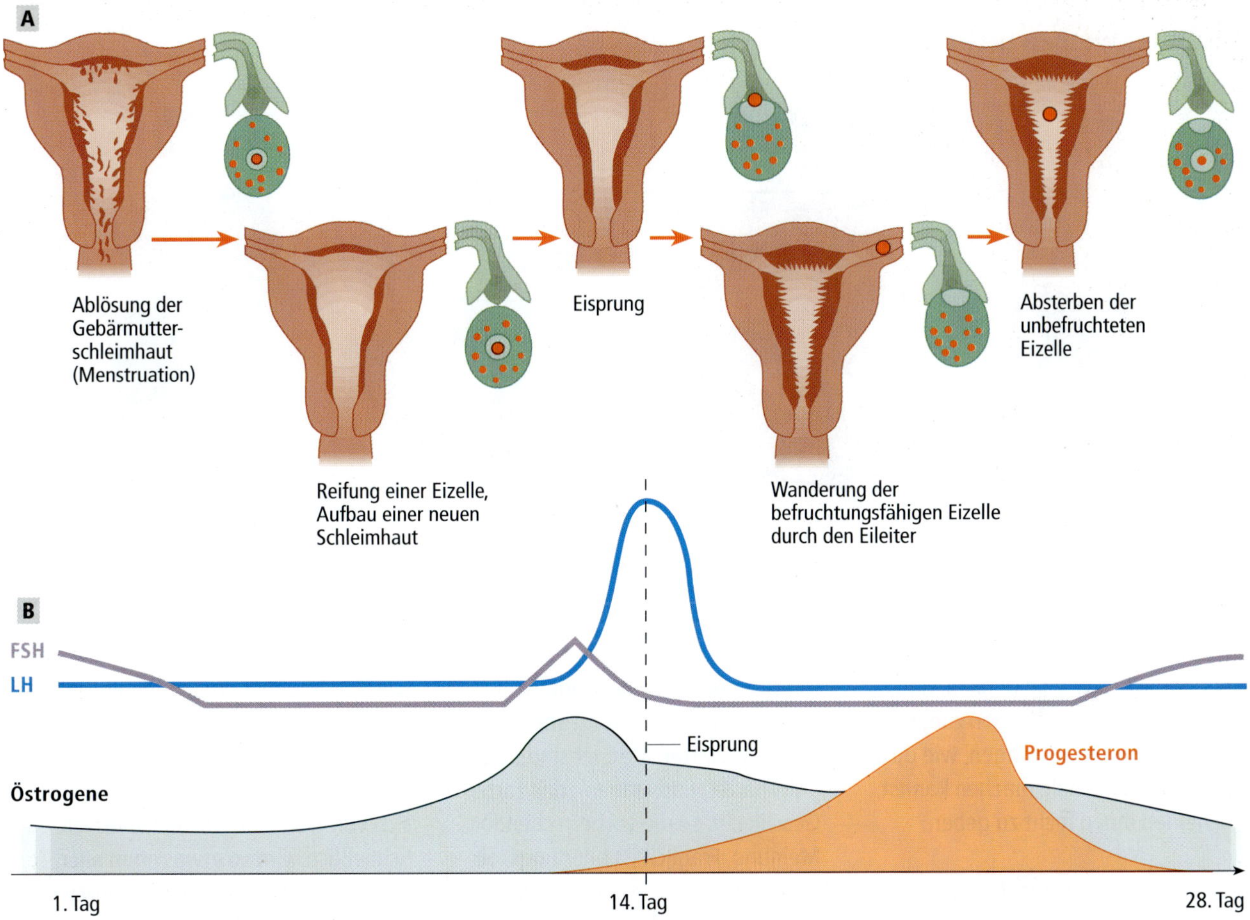

3 Der Menstruationszyklus. **A** Vorgänge in der Gebärmutter; **B** Hormonspiegel

zum Gelbkörper. Er bildet nun ein anderes Hormon, das Gelbkörperhormon **Progesteron**. Es veranlasst die Gebärmutter, zahlreiche Blutgefäße in die verdickte Schleimhaut einzulagern. So ist die Schleimhaut schließlich optimal auf die Ankunft einer befruchteten Eizelle vorbereitet. Außerdem bremst das Progesteron die weitere LH-Produktion in der Hirnanhangsdrüse. So wird das Heranreifen weiterer Follikel verhindert.

Wird die Eizelle auf ihrem Weg durch den Eileiter befruchtet, kann sich der Keim in die nun dicke, stark durchblutete Schleimhaut einnisten. Verschiedene weitere Hormone von Keim und Gelbkörper steuern dann den Beginn der Schwangerschaft. Wird die Eizelle hingegen nicht befruchtet, verkümmert sie und diese Hormonsignale bleiben aus. Die Blutgefäße der Gebärmutterschleimhaut lösen sich auf, die Schleimhaut selbst wird abgestoßen. Blut und Schleimhautreste werden durch die Scheide abgegeben.

Die Monatsblutung der Frau, die **Menstruation,** setzt ein. Da sich diese Vorgänge, angefangen von der Follikelreifung bis zur Menstruation, etwa alle 28 Tage kreislaufartig wiederholen, spricht man auch von einem **Zyklus**.
Gerade zu Beginn der Pubertät, bei Stress oder großen körperlichen Belastungen kann die Regelmäßigkeit des Zyklus aber auch gestört werden. Zudem kann seine Dauer von Frau zu Frau schwanken.

1. a) Beschreibe die in Abbildung 3 dargestellten Veränderungen der Hormonspiegel im Laufe des Menstruationszyklus.
b) Erkläre die Schwankungen der Hormonspiegel und ihre Wirkung anhand des Textes.

Männer weinen nicht …?

Jungen und Mädchen, Männer und Frauen sind verschieden. Nicht nur körperliche Merkmale, sondern auch ihr Verhalten, ihre Körpersprache und sogar die Art, wie sie denken, unterscheiden sich. Das meinen zumindest viele. Und Beobachtungen, wie du sie selbst in der Schule machen kannst, scheinen ihnen recht zu geben.

So berühren sich Mädchen und Frauen viel häufiger gegenseitig, als Jungen und Männer dies tun. Umarmungen oder Küsschen zur Begrüßung sind für Mädchen häufig ganz normal, für Jungen aber meist undenkbar. Das Gleiche gilt, wenn ein Mädchen z. B. wegen einer schlechten Note weint: Ihre Freundinnen trösten sie nicht zuletzt auch durch körperliche Nähe. Jungen fällt es in aller Regel viel schwerer, ihrem Kummer durch Tränen Ausdruck zu verleihen und der tröstende körperliche Kontakt zu Freunden ist für sie eher tabu.

Etwas Ähnliches wird auch in der Bildreihe deutlich. Frauen und Männer unterscheiden sich in der Art, wie sie sitzen oder stehen, wie sie sich bewegen und wie sie in bestimmten Situationen reagieren. Körpersprache und Verhalten sind also ebenfalls geschlechtsspezifische Merkmale. Vertauscht man wie in der rechten Hälfte der Abbildung die Rollen, sind wir oft irritiert oder auch belustigt. Ein forsches Auftreten wird eher von Männern, Zurückhaltung eher von Frauen erwartet. Männer sind also „das harte" und Frauen „das zarte" Geschlecht, so die vorherrschende Meinung. Fraglich ist allerdings, ob diese Unterschiede angeboren sind. Vieles spricht dafür, dass sie zumindest in Teilen erlernt sind. Wer sich so verhält, wie es von seinem Geschlecht erwartet wird, erntet Anerkennung. Wer sich „andersherum" verhält, muss mit Ablehnung oder Spott rechnen. So wird uns oft bereits in früher Kindheit „eingeimpft", wie wir uns zu verhalten haben und dass Abweichungen nur Schwierigkeiten bringen.

Für diese Aussage spricht z. B., dass in vielen anderen Ländern der Körperkontakt auch zwischen Männern üblich ist. Dort küssen und umarmen sich – wie bei uns nur die Frauen – auch die Männer zur Begrüßung oder zum Abschied. Sogar sexuelle Kontakte zwischen Männern sind in vielen Kulturen nichts Ungewöhnliches. Wie es scheint, leiden viele Jungen regelrecht unter den Erwartungen, die unsere Gesellschaft an sie stellt. Viele stressabhängige Krankheiten wie z. B. Asthma oder Allergien kommen nachweislich häufiger bei Jungen als bei Mädchen vor. Vielleicht haben sie zu wenige Möglichkeiten, über ihre Sorgen und Probleme zu reden und sich von Freunden trösten zu lassen. Schließlich wird so etwas eben eher von Mädchen als von Jungen erwartet. Vielleicht „fressen" viele Jungen deswegen „alles in sich hinein" und werden davon krank. So meinen zumindest manche Sozialforscher: „Das größte Problem der Jungen ist, dass sie keine Probleme haben dürfen."

Aber auch den Frauen wird von unserer Gesellschaft eine bestimmte Rolle zugewiesen. In der Regel sind sie es, die die Kinder der Familie betreuen und dafür auf die berufliche Karriere ganz oder teilweise verzichten sollen. So lag etwa der Anteil der führenden Professorinnen im Jahr 2002 bei 8%, während die Frauen über 50% der Bevölkerung ausmachen. Anders ausgedrückt: Männer können sich in der Mehrzahl der Fälle ganz auf ihre Karriere konzentrieren und erobern so neun von zehn Spitzenjobs.

Die meisten Frauen sind dagegen zumindest zeitweise mit der Kindererziehung beschäftigt. Sie schaffen es daher nur selten, eine steile berufliche Karriere zu machen.
Natürlich ist die Tatsache, dass nur die Frauen die Kinder bekommen können, von der Natur gegeben. Inwieweit dies aber auch für die Betreuung und Erziehung der Kinder gilt, darf zumindest bezweifelt werden.
In den vergangenen Jahren wurden aus diesen Gründen zahlreiche Projekte ins Leben gerufen, die sich mit der Förderung von Frauen beschäftigen. Über die Benachteiligung von Frauen in unserer Gesellschaft wurde viel diskutiert und vielerorts werden z. B. Gleichstellungsbeauftragte eingesetzt, die auf die Gleichberechtigung zwischen Männern und Frauen achten sollen.
Relativ neu sind hingegen Projekte zur Jungenförderung, die speziell auf die Probleme des „starken" Geschlechts eingehen.

1. Sicher hast du schon mal erlebt, wie sich jemand ganz „geschlechtstypisch" verhalten hat.
   a) Beschreibe die Situation.
   b) Erläutere, ob du dieses „typische" Verhalten für angeboren hältst, oder ob hier jemand nur so reagiert hat, wie es erwartet wurde.
2. „Das größte Problem der Jungen ist, dass sie keine Probleme haben dürfen." Wie ist diese Aussage gemeint und was meinst du dazu?

EXKURS

Sexueller Missbrauch

Sex hat schöne, liebevolle und zärtliche Seiten, aber es gibt auch eine dunkle Seite. Sie zeigt sich, wenn jemand mit Gewalt zu sexuellen Handlungen gezwungen, also **vergewaltigt** wird. Die Täter sind fast immer Männer, die Opfer Frauen, Mädchen und Jungen. Das ist kein Zufall, denn hier spielt der Irrglaube eine Rolle, der Mann müsse seine Stärke beweisen und die Frau müsse sich ihm hingeben und unterordnen. Es gibt sogar Männer, die ernsthaft glauben, Frauen hätten es eigentlich sogar gern, vergewaltigt zu werden. Dabei möchte niemand vergewaltigt zu werden.
Eine Vergewaltigung ist immer eine äußerst demütigende Erfahrung, eine schwere Verletzung der Menschenwürde. Sie hinterlässt in jedem Fall tiefe **seelische Wunden.**
Das gleiche gilt, wenn Erwachsene Kinder zu sexuellen Handlungen zwingen. Bei diesem **sexuellen Missbrauch** ist ebenfalls immer Gewalt im Spiel. Er beginnt oft schon, wenn die Kinder noch ganz klein sind. Sie akzeptieren dann, was der Erwachsene sagt. Sie können sich noch nicht wehren und tun, was von ihnen verlangt wird. Sie schweigen, weil ihnen der Täter Geschenke macht oder ihnen droht, es würden furchtbare Dinge geschehen, wenn sie das „kleine Geheimnis" verraten. Viele Opfer schämen sich sogar oder sind so verwirrt, dass sie ihre durcheinander geratenen Gefühle nicht in Worte fassen können. Ein solcher Missbrauch kann über Jahre andauern. Die Gewalt ist dann seelischer Natur: Der Erwachsene missbraucht das Vertrauen des Kindes und setzt es mit heimtückischen Lügen unter Druck. Früher oder später begreift das Opfer aber, was ihm angetan wird.

Egal, ob es um Vergewaltigung oder sexuellen Missbrauch geht, die Täter sind nur selten „kranke Typen", die den Frauen oder Kindern auflauern, um sie zum Sex zu zwingen. In mehr als der Hälfte der Fälle sind es Bekannte oder Verwandte. Der Onkel, der Nachbar, Trainer oder sogar der eigene Ehemann oder Vater können zum Täter werden. Das macht es für die Opfer doppelt schwer, über die Tat zu reden. Die seelischen Wunden werden dadurch immer tiefer.

Wenn du selbst so etwas erlebt hast, musst du dir Hilfe holen. Wenn du vermutest, dass eine Freundin oder ein Freund etwas derartiges durchmacht, unterstütze sie oder ihn dabei, jemanden zu finden, der helfen kann. Niemand kann damit wirklich alleine fertig werden.
Eine Anlaufstelle ist z. B. der Verein Zartbitter (www.zartbitter.de).
Hier gibt es Beraterinnen, die sich um euch kümmern.

1 Schönheitsideale im Laufe der Zeit. A 25000 v. Chr.; B 15. Jht.; C heute

2 Körperpflege und Schönheit

2.1 Wer bestimmt, was schön ist?

Was ist schön? Auf diese Frage gibt es unendlich viele verschiedene Antworten. Das Idealbild des weiblichen Körpers z. B. sieht nicht nur jeder anders, sondern es hängt vor allem auch davon ab, in welcher Zeit nach dem Schönheitsideal gefragt wurde.

Schon aus der Steinzeit gibt es Darstellungen weiblicher Schönheit wie die oben abgebildete Venus von Willendorf. Die Schönheitsideale veränderten sich aber sehr stark im Laufe der Zeit. Während früher die üppige Körperform der Frau angestrebt wurde, die Fruchtbarkeit symbolisierte, wird heute die extrem schlanke, durchtrainierte und damit sportlich-dynamische Frauenform als schön angesehen.

Im Zeitalter der Massenmedien, z. B. dem Fernsehen, werden Trends und das „In-Sein" durch Stars und Models vorgegeben. Vor allem sind Jugendliche auf der Suche nach Vorbildern und auch dem eigenen Standpunkt in der Welt. Nur weg von den Eltern und ihren „veralteten" Vorstellungen, hin zu einem eigenständigen Ich. Abgrenzung und Ausprobieren sind das Motto.
Vor allem in der Mode und dem Outfit versuchen sie, den Stars und Helden nachzueifern. Stundenlang wird geschminkt, frisiert und gestylt – und das nicht nur bei Mädchen. Sonnenstudios haben Hochkonjunktur, um die fahle Blässe gegen eine „gesunde" und dynamische Bräune einzutauschen. In Fitnessstudios versuchen die Jugendlichen ihren Körper in die perfekte Form zu bringen.

Dieses Mühen um Perfektion und Kopie der Vorbilder bringt aber nicht nur Spaß, sondern teilweise echte Probleme mit sich. Das „In-sein" in der Mode ist zudem sehr kostspielig. Deshalb greifen manche, denen das Geld für die teure Designerkleidung fehlt, zu kriminellen Methoden wie Erpressung, Einschüchterung oder gar Überfällen.

Um einem „Schönheitsideal" entsprechen zu können, nehmen nicht wenige sogar gesundheitliche Schäden in Kauf. Es kommt zu Essstörungen vor allem bei jungen Frauen, aber auch immer häufiger bei Männern. Denn von Jahr zu Jahr wird der Abstand zwischen Model-Maßen und dem Durchschnittskörper größer: Waren vor etwa 30 Jahren Mannequins nur 8% leichter als die Normalfrau, sind es heute bereits mehr als 20%. Um dem Diktat der Mode nacheifern zu können, hungern sich manche fast zu Tode, werden ess-brechsüchtig oder abhängig von Diät- und Abführmitteln.

Aussehen zu wollen wie die Menschen auf Plakatwänden, in Zeitschriften und Filmen ist für viele eine Schönheitsfalle, aus der sie nicht leicht entkommen.

Dabei hilft der Blick in die eigene Umgebung. Sich an anderen Mädchen bzw. Jungen zu orientieren korrigiert so manches verschobene Bild. Auch wenn Menschen sich verlieben und sich kennenlernen mit Hobbys, Ansichten und Träumen, spielt das äußere Erscheinungsbild nicht mehr die entscheidende Rolle. Die meisten sagen dann, dass der Charakter eines Menschen genauso wichtig sei und damit dessen Persönlichkeit. Schließlich möchte doch jeder eine eigene Persönlichkeit entwickeln und nicht nur die schlechte Kopie eines anderen Menschen sein.

1. Sammle aus Zeitschriften Bilder von Menschen, die du als schön empfindest. Versuche in Worte zu fassen, worin diese Schönheit besteht.
2. „Liebe macht blind". Beziehe Stellung zu dieser Aussage.

EXKURS

Schönheit um jeden Preis?

Zwischen den beiden Fotos der Sängerin Cher liegen mehr als 20 Jahre. Trotzdem sind auch auf dem jüngeren Foto kaum Falten zu erkennen. Zahlreiche Schönheitsoperationen haben dafür gesorgt.
Allein in Deutschland bekommen etwa 300 000 Menschen pro Jahr eine Schönheitsoperation. Jeder fünfte davon ist ein Mann. Jedes Jahr werden es 10–15% mehr. Die häufigste Operation ist das Fettabsaugen, gefolgt von Brust- und Nasenkorrekturen. Jede dieser Operationen wird unter Vollnarkose durchgeführt, die Risiken mit sich bringt. Nach den Eingriffen kommt es gelegentlich zu Narbenbildungen, aber auch zu Blutungen oder Infektionen. Manchmal wirken operierte Gesichter auch wie Masken, oder Brüste verschieben sich, weil das Implantat von körpereigenem Bindegewebe eingekapselt wird.
Einem besonders hohen Risiko setzen sich Jugendliche bei einer Schönheitsoperation aus. Sie befinden sich noch im Wachstum, so dass auch die Narben „mitwachsen", die den Körper nachhaltig entstellen können, oder die Brust verhärtet oder verformt sich durch das Implantat.

1. Werte die folgende Tabelle einer Befragung aus dem Jahr 2000 aus. Die Frage lautete: "Aus welchen Gründen könnte man eine Schönheitsoperation durchführen lassen?"
   a) Vergleiche, wie die befragten Altersgruppen entschieden haben und versuche Gründe dafür zu finden.
   b) Wie würdest du entscheiden?

	Befragte Altersgruppen		
	16–29 Jahre	45–59 Jahre	60 Jahre und älter
Wenn jemand nach einem schweren Unfall entstellt ist	96	92	89
Wenn jemand befürchtet, ohne Schönheitsoperation keinen Partner zu finden	32	18	12
Wenn eine Frau für ihren Mann schön bleiben möchte	21	16	12
Wenn eine junge Schauspielerin Karriere machen möchte	13	17	9
Wenn ein Popstar auch im fortgeschrittenen Alter Erfolg haben möchte	13	13	8
Wenn ein junger Mann in der Wirtschaft an die Spitze will	4	1	3
Rest: andere			

1 Muff oder Duft – Körperpflege ist jetzt besonders wichtig

2.2 Körperpflege statt „Stinkstiefel"

„Oh Mann, der weiß wohl nicht, wo zuhause die Seife liegt!" „Puh, die riecht auch nicht gerade nach Veilchen!"
Gerade in der Pubertät hört man solche Äußerungen nicht selten, denn die Schweißdrüsen nehmen erst jetzt durch die Hormonumstellung ihre Arbeit auf. Insbesondere das männliche Hormon Testosteron ist dafür verantwortlich, dass man in den Achselhöhlen und im Genitalbereich vermehrt schwitzt. Trifft der Schweiß auf Bakterien, wird er von ihnen zersetzt – es riecht unangenehm.
Abhilfe schafft hier nur regelmäßiges Waschen. Die tägliche Wäsche und anschließendes Benutzen von Deodorantien in den Achseln hilft, gepflegt zu sein und sich „wohl in seiner Haut" zu fühlen. Dabei muss man aber berücksichtigen, dass besonders bei Mädchen die Haut im Intimbereich empfindlich ist und einen anderen Säureschutzmantel als die übrige Haut hat. Deshalb sollte man – wenn überhaupt – dort nur milde Seifen oder Duschgels benutzen und keinesfalls Intimdeos.

Mit dem „duftenden Problem" ist es aber noch nicht genug. Besonders in der Pubertät kommt es vermehrt zu Pickeln oder gar Akne im Gesicht und auf dem Rücken. Ausgerechnet jetzt, wo das Aussehen wichtiger erscheint als je zuvor!

Ursache für die ungeliebten roten, manchmal sogar gelb-eitrigen Punkte ist wieder das Testosteron, das auf die Talgdrüsen einwirkt. Diese produzieren vermehrt Fett: Die Haut glänzt. Sind die Talgdrüsen verstopft, kommt es zu Pickeln. Viele Jugendliche rücken ihnen mit speziellen Waschlotionen, Peelings oder Cremes auf den Leib. Wenn alles das versagt, ist der Gang zu einem Hautarzt oder einer Hautärztin nicht zu vermeiden. Dort wird entschieden, ob die entzündete Haut mit Schälmitteln oder gar Antibiotika behandelt werden muss.

1. Erkundige dich (z. B. im Internet) über sinnvolle Hautpflegemittel und Kosmetika und berichte.

2 Oft hartnäckig – Pickel

Erkrankungen der Geschlechtsorgane

Geschlechtskrankheiten

Geschlechtskrankheiten sind Infektionskrankheiten, die meist durch Geschlechtsverkehr übertragen werden. Erreger sind Bakterien, Viren, Pilze oder einzellige Lebewesen wie Geißeltierchen.
Bei jedem Verdacht, sich mit einer solchen Krankheit angesteckt zu haben, sollte unbedingt ein Arzt aufgesucht werden. Rechtzeitig erkannt können sie alle behandelt werden und es werden schlimme Folgeschäden vermieden.
Regelmäßige Körperpflege, saubere Handtücher und tägliches Wechseln der Unterwäsche sollten eigentlich selbstverständlich sein. Beim Geschlechtsverkehr muss eine Ansteckung durch die Benutzung von Kondomen verringert werden.

Tripper (Gonorrhoe)

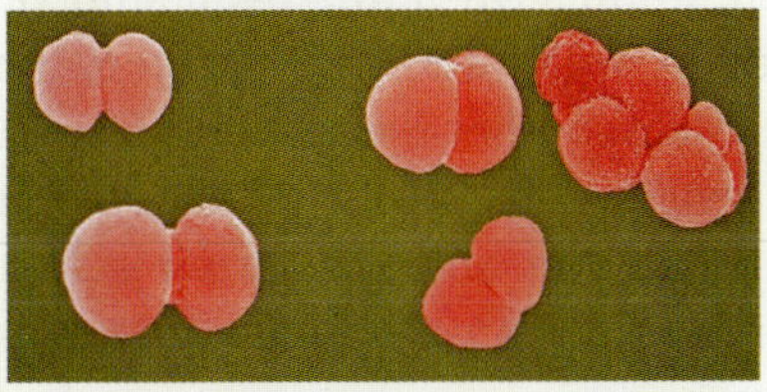

Diese Bakterieninfektion verursacht Jucken in der Harnröhre, häufig Brennen beim Wasserlassen und eitrigen Ausfluss. Bleibt die Krankheit unbehandelt, kann sie durch Verkleben der Eileiter zu Unfruchtbarkeit, aber auch zu Blutvergiftung und Herzschäden führen.

Chlamydien

Dies sind ebenfalls Bakterien. Chlamydieninfektionen gehören zu den häufigsten Geschlechtskrankheiten. Mögliche Symptome sind ähnlich wie bei Tripper. Sie werden häufig nicht erkannt und deshalb nicht behandelt. Das führt in vielen Fällen zum chronischen Auftreten der Krankheit. Rund ein Viertel der Betroffenen sind unfruchtbar.

Syphilis

Sie wird auch von Bakterien verursacht und ist sehr gefährlich, da sie unbehandelt zum Tod führt. Syphilis verläuft in drei Stadien: Zuerst treten drei Wochen nach der Ansteckung rote, centgroße, schmerzlose Geschwüre an der Infektionsstelle auf. Nach einigen Monaten erscheint als 2. Stadium ein fleckenartiger, nicht juckender Hautausschlag. Bis zu diesem Stadium ist eine Heilung möglich. Ohne Behandlung werden über mehrere Jahre im 3. Stadium verschiedene Organe schwer geschädigt.

Herpes-Viren

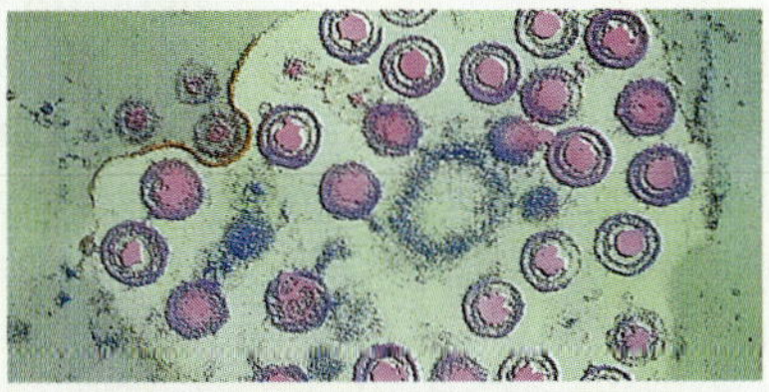

Sie werden durch Tröpfcheninfektion übertragen und verursachen sogenannte Fieberbläschen an den Geschlechtsorganen. Sie kündigen sich durch Kribbeln, Rötung oder Brennen an und entwickeln sich zu Gruppen von kleinen, eingedellten Bläschen. Die Entzündung um die Bläschen kann schmerzhaft sein. Ohne Behandlung heilen sie nach Krustenbildung nach etwa 8 Tagen ab, können aber erneut auftreten. Eine andere Form der Herpes-Viren befällt die Lippen mit ähnlichen Symptomen.

Infektionen durch HI-Viren

Eine Infektion mit HI-Viren kann lange unbemerkt bleiben. In dieser Zeit vermehren sich die Viren im Körper oder ruhen in den Abwehrzellen. Der Infizierte kann aber das Virus jederzeit an andere weitergeben. Ist später durch die massenhafte Vermehrung des Virus die Abwehrkraft des Körpers stark geschwächt, tritt AIDS auf, das bisher nicht erfolgreich behandelt werden kann und zum Tod führt.

Pilze

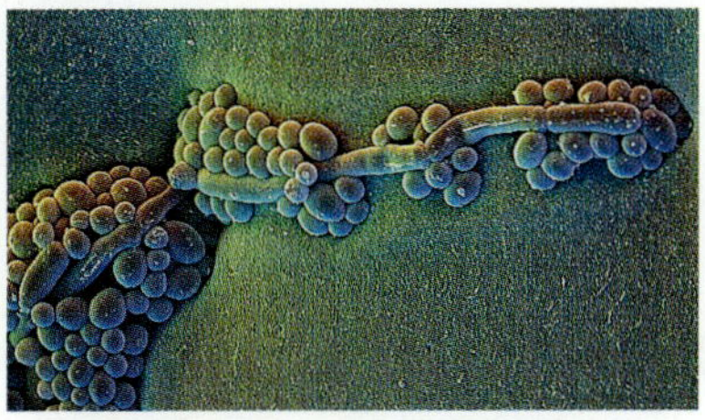

Infektionen durch Pilze können unbemerkt bleiben oder zu Juckreiz, Brennen beim Wasserlassen und Rötungen führen. Die Ansteckung erfolgt vor allem in Schwimmbädern und auf Toiletten.

Trichomonaden

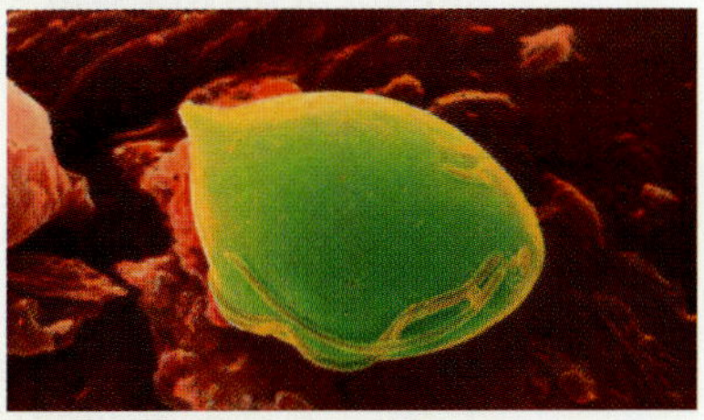

Dies sind einzellige Geißeltierchen, die nicht nur durch Sexualkontakt, sondern auch durch unsaubere Handtücher oder in Schwimmbädern und Saunen übertragen werden können. Eine Infektion führt oft zu Schmerzen beim Wasserlassen oder zu Juckreiz.

1 Der (gemeinsame?) Traum von der Zukunft

3 Vater werden – Mutter werden

3.1 Wie soll die gemeinsame Zukunft aussehen?

„Schmetterlinge im Bauch". Wer schon einmal richtig verliebt war, kennt das Gefühl in der Magengegend. Denkt man an den Partner, „hüpft" das Herz, als wolle es aus der Brust springen. An etwas anderes zu denken ist fast unmöglich. Wer will sich da schon Gedanken um die Zukunft machen oder sich gar darüber streiten?

Spätestens bei der Frage, ob man sich Kinder wünscht, sollten sich beide Partner aber nicht nur einig sein, sondern auch klären, wie sie die gemeinsame Zukunft sehen. Kinder zu haben bedeutet, eine große Verantwortung zu tragen. Sie müssen versorgt und erzogen werden und sie brauchen viel Zuwendung. Dies ist einfacher, wenn sich beide Partner daran beteiligen und sich gegenseitig unterstützen. Kinder sind außerdem genauso Teil der Familie wie die Eltern. Kommt es in der Familie zum Streit, leiden sie meist besonders. Im Falle einer Trennung gilt dies in besonderem Maße.

Das Beispiel aus Abbildung 1 zeigt, wo Probleme auftreten können: Insa und Sven sind verliebt. Im Prinzip wollen sie beide Kinder haben, aber ihre Ansichten über die gemeinsame Zukunft sind sehr unterschiedlich. Beide haben Erwartungen an den anderen. Streit scheint vorprogrammiert, wenn sie nicht über diese Dinge reden.

Insa und Sven sind 15 und 16 Jahre alt und haben noch genügend Zeit. Bevor sie sich aber vielleicht einmal entschließen, Kinder zu bekommen, sollten sie diese Dinge klären.

1. Welche Vorstellungen von der Zukunft und welche Erwartungen werden in der Abbildung 1 deutlich? Nimm Stellung dazu.

2. Es ist nicht leicht, über seine Vorstellung von der Zukunft zu reden. Die folgende Methode kann eine Hilfe sein.

a) Fertige aus Zeitungs- und Zeitschriftenbildern eine Collage zum Thema „Mein Leben mit 20, 30, 40, 50, ..." an.

b) Stelle die Collage vor und erläutere sie.

c) Vergleicht die Collagen untereinander.

Erscheinungsformen menschlicher Sexualität

Homosexualität

Dies bedeutet, dass Liebe und vor allem sexuelles Verlangen auf das gleiche Geschlecht ausgerichtet ist. Als schwul bezeichnen sich homosexuelle Männer. Homosexuelle Frauen werden lesbisch genannt. Homosexuelle können zwar eine Lebenspartnerschaft vor dem Gesetz eingehen, die aber der Ehe gesetzlich nicht gleichgestellt ist.

Sadismus

Sadisten suchen sexuelle Befriedigung, indem sie andere Menschen körperlich oder seelisch demütigen, unterdrücken oder quälen. Willigt der Partner allerdings freiwillig in diese Art der Liebe ein, liegt keine Straftat vor.

Masochismus

Masochisten sind Menschen, die zur sexuellen Befriedigung gelangen, wenn sie sich körperlich oder seelisch Schmerzen zufügen lassen.

Prostitution

Prostitutierte sind Frauen oder Männer, die gegen Bezahlung ihren Körper für sexuelle Handlungen zur Verfügung stellen. Prostituierte stehen unter gesetzlicher Obhut des Staates, womit eine Ausbeutung verhindert werden soll.

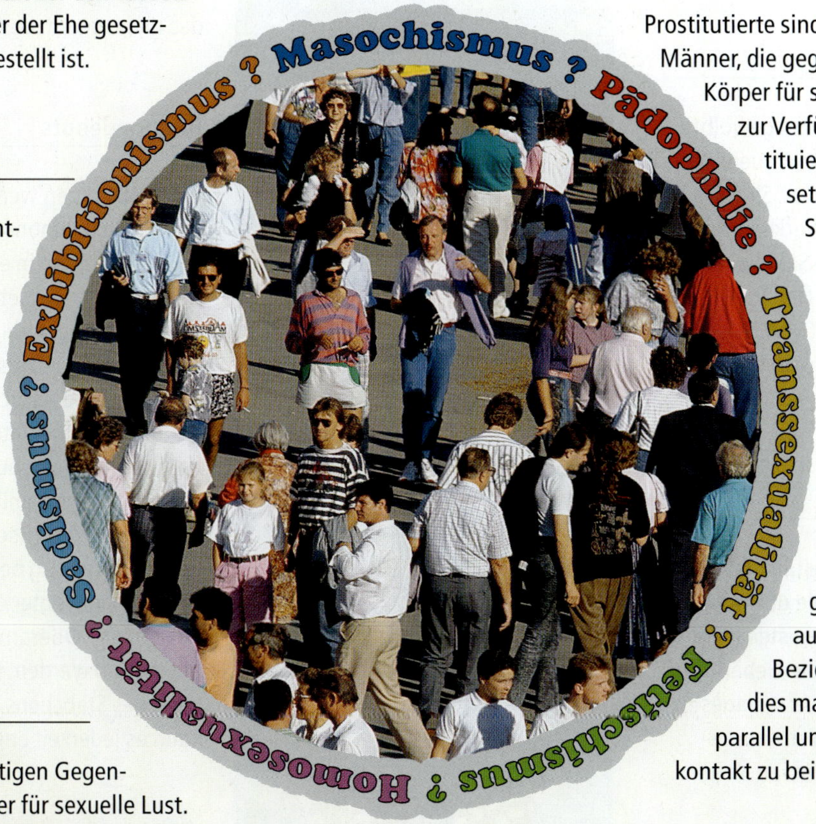

Exhibitionismus

Exhibitionisten entblößen vor fremden Menschen ihre Geschlechtsteile ganz oder teilweise und empfinden dabei einen sexuellen Reiz. Exhibitionistische Handlungen sind strafbar.

Bisexualität

Bisexuelle Menschen gehen sowohl homosexuelle (gleichgeschlechtliche) als auch heterosexuelle Beziehungen ein. Sie tun dies manchmal sogar parallel und haben Sexualkontakt zu beiden Geschlechtern.

Fetischismus

Fetischisten benötigen Gegenstände als Auslöser für sexuelle Lust. Beispiele können Lederstiefel, Unterwäsche oder Handschuhe, aber auch Militärkleidung sein. Wenn fetischistische Handlungen zwanghafte Züge annehmen oder für den Betroffenen, seinen Partner oder die Mitmenschen zum Problem werden, können sie krankhaft und damit behandlungsbedürftig sein.

Pädophilie

Pädophilie wird verharmlosend mit Kinderliebe übersetzt. Sie bezeichnet die Veranlagung von Menschen, ihre Sexualität mit Kindern auszuleben oder ausleben zu wollen. Der sexuelle Missbrauch von Kindern wird mit Freiheitsstrafe geahndet.

Transsexualität

Transsexuelle empfinden sich als Menschen, die in einem „falschen" Körper leben. Ihr Körper entspricht nicht ihrem seelisch-psychischem Zustand. Ein Mensch wird z. B. als Mädchen geboren, fühlt sich aber zeitlebens als Mann.

Verhütungsmittel

Kondom

Das Kondom (Präservativ) stellt eine Hürde für die Spermien dar, da es ihr Zusammentreffen mit der Eizelle verhindert. Es ist die einzige Möglichkeit, die Gefahr einer Ansteckung mit sexuell übertragbaren Krankheiten zu vermindern.

Diaphragma

Das Diaphragma ist eine gewölbte Gummikappe, die vom Frauenarzt angepasst werden muss. Sie wird vor dem Geschlechtsverkehr mit einer spermienabtötenden Salbe eingestrichen und auf den Gebärmuttereingang gesetzt. Dort verhindert sie das Eindringen von Spermien in die Gebärmutter.

Spirale

Die Spirale ist ein Plastikhaken, der mit einer Kupferspirale umwickelt ist. Sie verhindert das Einnisten einer befruchteten Eizelle in die Gebärmutter. Die Spirale wird vom Arzt eingesetzt und gilt als sicheres Verhütungsmittel. Aber sie führt oft zu Nebenwirkungen.

Chemische Mittel

Scheidenzäpfchen, Gels, Sprays oder Cremes werden kurz vor dem Geschlechtsverkehr in die Scheide eingeführt. Sie töten die Spermien ab. Da sie sehr unsicher verhüten, sollten sie nur zusammen mit Kondom oder einem Diaphragma benutzt werden.

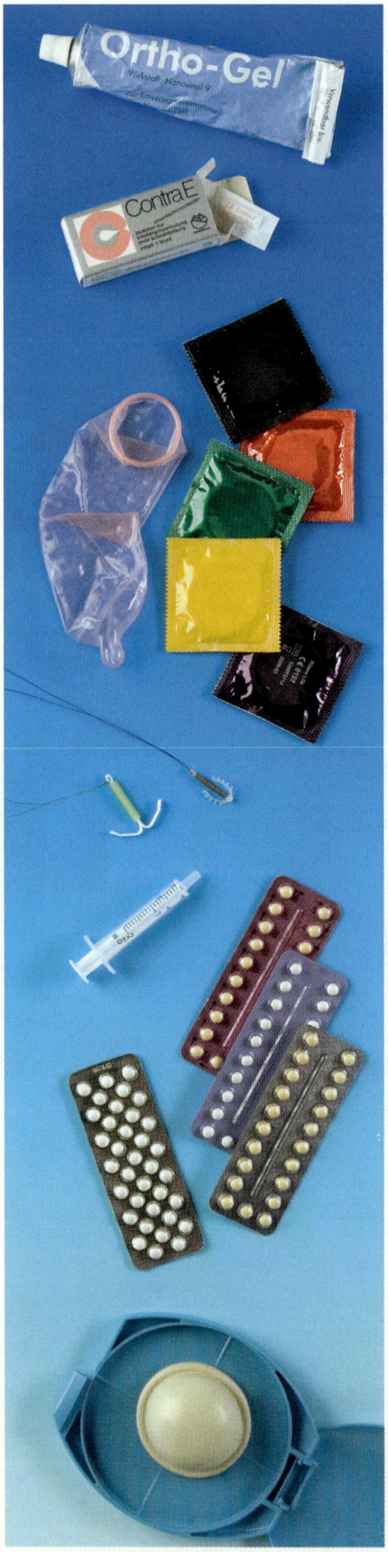

Pille

Die Anti-Baby-Pille ist eine Hormontablette und verhindert den Eisprung. Außerdem sorgt sie dafür, dass sich eine befruchtete Eizelle nicht in der Gebärmutter einnisten kann. Wird die Pille täglich zur gleichen Zeit eingenommen, verhütet sie sehr sicher. Trotz häufiger Nebenwirkungen ist sie das meist genutzte Verhütungsmittel.

Hormondepots

Hormonspritzen werden einmal monatlich (Einmonatsspritze) oder alle drei Monate in einen Muskel gespritzt. Das freigesetzte Hormon soll einen Eisprung verhindern. Da die Nebenwirkungen denen der Pille ähneln und zusätzlich die Monatsblutung stark beeinträchtigt wird, ist diese Methode nur für Frauen geeignet, die ihre Familienplanung bereits abgeschlossen haben. Eine ähnliche Wirkung besitzen Hormonstäbchen, die unter örtlicher Betäubung in den Oberarm unter die Haut geschoben werden. Obwohl die Wirkung des Stäbchens drei Jahre anhält, kann es jederzeit entfernt werden.

Sterilisation

Die Durchtrennung der Eileiter verhindert endgültig eine Schwangerschaft. Durch eine Trennung der Samenleiter wird der Mann zeugungsunfähig. Der Monatszyklus der Frau und auch die Orgasmusfähigkeit werden durch die Sterilisation nicht beeinträchtigt. Die Eizellen bzw. Spermien, die weiterhin produziert werden, nimmt das Körpergewebe auf.

Schwanger – was nun?

Ihre Freundschaft ist wunderschön. Frank und Anna haben sich bereits in der Schule kennengelernt. Frank hat eine Ausbildung als Bankkaufmann begonnen, Anna möchte gern Kinderkrankenschwester werden. Sie verstehen sich auch ohne Worte und schmieden schon Pläne für ihre Zukunft. Über Verhütung haben sie zwar geredet, aber nun ist es doch „passiert". Anna ist schwanger!
Wie soll es nun weitergehen?
Die Fragen in ihren Köpfen überstürzen sich. Fragen über Fragen – und zunächst keine Antworten. In jedem Fall wird Anna sich für oder gegen das Kind entscheiden müssen.

Neben allen ganz **persönlichen Hintergründen** gibt es weitere Entscheidungshilfen. Wichtig ist zunächst, sich mit einer Beratungsstelle in Verbindung zu setzen, die zur ungeplanten Schwangerschaft eine Beratung durch geschultes Fachpersonal anbietet. Dort werden neben den Zukunftsplänen auch die möglichen finanziellen Unterstützungen besprochen. So gehören beispielsweise das Mutterschaftsgeld und das Erziehungsgeld zu den Unterstützungen des Staates für die Eltern von Kindern. Außerdem gibt es die Möglichkeit, das Kind zur Adoption freizugeben. Dabei werden für das Kind vom Jugendamt passende Eltern ausgesucht, die es anstelle der leiblichen Eltern großziehen. Diese Möglichkeit ist besonders in den Fällen wichtig, wo Mutter und/ oder Vater nicht für das Kind sorgen können.

Über dem Recht, sich für oder gegen das Austragen einer Schwangerschaft zu entscheiden, steht das **Recht des ungeborenen Kindes auf Leben.** Da es von Anfang an menschliches Leben ist, steht es unter dem besonderen Schutz des Staates.

Daher gilt nach § 218 des Strafgesetzbuches, dass ein Schwangerschaftsabbruch, eine Abtreibung, gesetzwidrig ist. Der Staat räumt aber ein, dass er das ungeborene Kind nicht unter allen Umständen und nicht gegen den Willen der Mutter schützen kann. Deshalb bleibt eine Abtreibung unter bestimmten Bedingungen straffrei: Der Abbruch darf nur von einem Arzt durchgeführt werden und nur während der ersten 12 Wochen seit der Befruchtung. Außerdem muss eine Beratung von einer Beratungsstelle durchgeführt worden sein. Dort wurde die werdende Mutter neben Hilfsangeboten für ein Leben mit dem Kind auch über die Folgen einer Abtreibung aufgeklärt.

„Die Schwangerschaftskonfliktberatung soll sich deshalb vom Bemühen leiten lassen, die Frau zur Fortsetzung der Schwangerschaft zu ermutigen und ihr Perspektiven für ein Leben mit dem Kind zu eröffnen" heißt es im § 219 des Strafgesetzbuches.

Ein Schwangerschaftsabbruch ist straffrei nur möglich nach einer Vergewaltigung, oder wenn die körperliche und seelische Gesundheit der Frau durch die Schwangerschaft bedroht ist.

Frank und Anna stehen nun vor der schweren Entscheidung: soll Anna das Kind bekommen, das ihr gemeinsames Leben völlig verändern wird oder werden sie es abtreiben lassen?

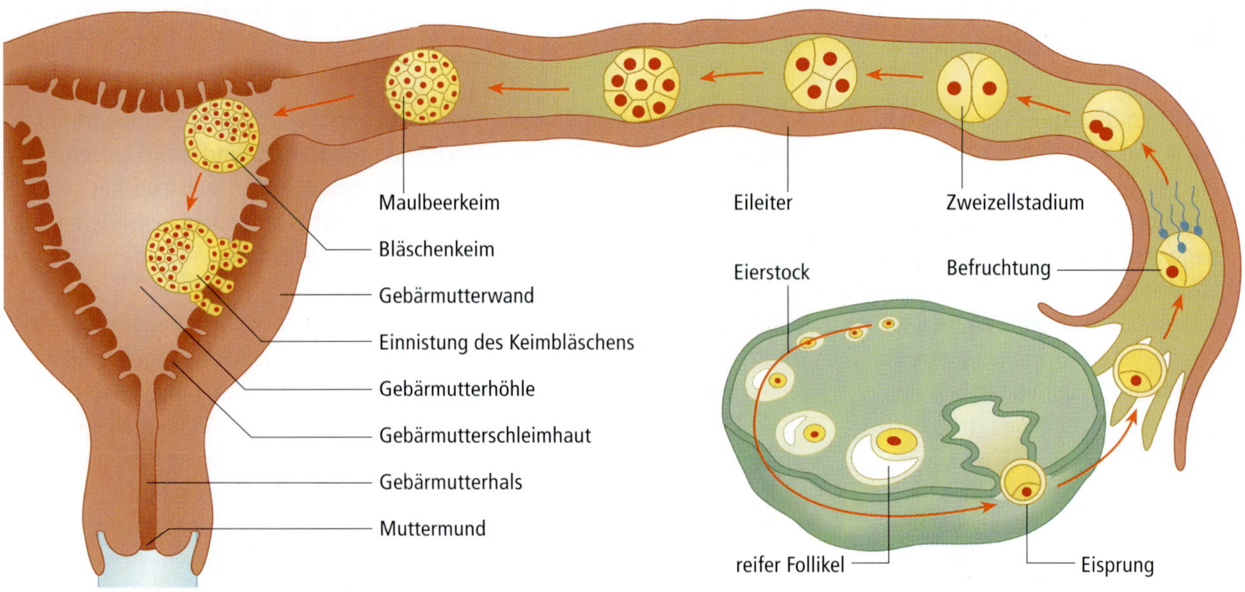

1 **Weg der befruchteten Eizelle bis zur Einnistung**

4 Schwangerschaft und Geburt

4.1 Ein neuer Mensch entsteht

Findet um die Zeit des Eisprunges ein Geschlechtsverkehr statt, kann dieser zu einer *Schwangerschaft* führen. Spermien gelangen in die Scheide und finden dort günstige Bedingungen vor, um die Eizelle im Eileiter zu erreichen. Der Schleimpfropf im Gebärmutterhals, der die übrige Zeit zäh ist, wird dünnflüssig. Dadurch können die Spermien leichter in die Gebärmutter vordringen. Etwa 200 Mio. Spermien gleiten nach einem Samenerguss durch die Gebärmutter in die Eileiter. Unterwegs gehen jedoch viele von ihnen zugrunde. Außerdem sind die Spermien nur wenige Stunden lebensfähig. In einem der beiden Eileiter bewegt sich die Eizelle in Richtung Gebärmutter. Dabei trifft die Eizelle auf Spermien.

Nur dem schnellsten Spermium gelingt es, in die Eizelle vorzudringen. Die Zellhaut wird dabei sofort für weitere Spermien undurchdringlich. Aus dem Kopf des Spermiums, das in die Eizelle vorgedrungen ist, wird der Zellkern freigesetzt und vereinigt sich mit dem Zellkern der Eizelle. Diesen Vorgang bezeichnet man als **Befruchtung.**

Etwa einen Tag nach der Befruchtung teilt sich die Eizelle. Es entstehen die ersten beiden Zellen des neuen Lebewesens. In den folgenden Tagen schließen sich weitere Zellteilungen an, durch die sich ein Zellhaufen bildet: der *Maulbeerkeim*. Flimmerhärchen des Eileiters transportieren den Maulbeerkeim zur Gebärmutter. Aus dem Maulbeerkeim entsteht ein *Bläschenkeim*. Nach einer Woche nistet sich der Bläschenkeim in der Gebärmutterschleimhaut ein. Mit dieser **Einnistung** beginnt die Schwangerschaft.

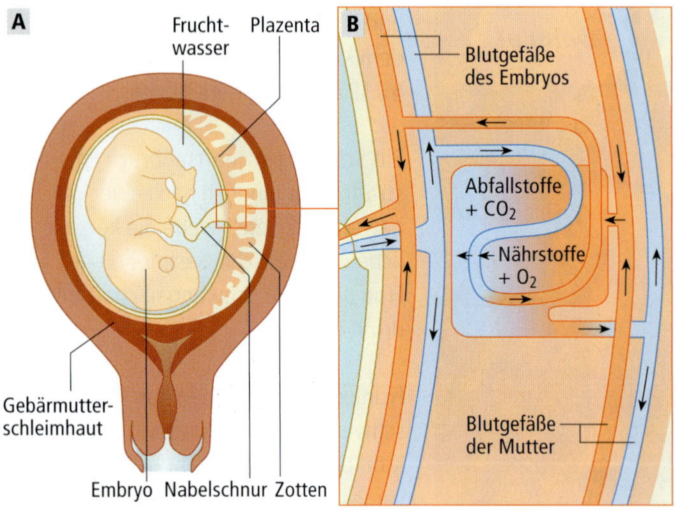

2 **Ernährung des Embryos.**
A Gebärmutter mit Embryo; **B** Plazenta (Ausschnitt)

Monat	1	2	3	4	5	6	7	8	9	10
Körpergewicht in g	6	12	41	175	500	800	1300	2300	2900	3500
Körperlänge in cm	1	4	9	16	25	30	35	40	45	51
Sexualorgane										
Niere										
Kopf										
Lunge										
Leber										
Herz										
Gehirn										
Gliedmaßen										
Gesicht										

Beginn der Entwicklung und weitere Ausprägung
voll entwickelt vorliegende Organe

3 Entwicklung von Embryo und Fetus

In den ersten Wochen entsteht aus einem bestimmten Bereich des Bläschenkeims durch Zellteilungen der **Embryo**. Aus ihm wachsen die Anlagen für die späteren Organe heran. Während der *Embryonalentwicklung* wird der Keimling über die **Plazenta** der Gebärmutter versorgt. Sie stellt die Verbindung zwischen Mutter und Embryo her. Sie besteht vorwiegend aus Blutgefäßen, die sowohl von der Gebärmutterschleimhaut als auch aus Teilen des embyonalen Gewebes, der *Zottenhaut,* gebildet wird. Embryonales sowie mütterliches Blut bleiben jedoch durch eine dünne Membran voneinander getrennt. Über diese erfolgt der Stoffaustausch. Der Stoffaustausch geschieht zunächst über einen Stiel, später über die **Nabelschnur.**

Nach ewa drei Monaten sind alle Organe angelegt. Der Keim wird nun **Fetus** genannt. Geschützt schwimmt er in der mit Fruchtwasser gefüllten *Fruchtblase.* Nach sieben Monaten ist die Entwicklung der Organe abgeschlossen. Bis zur Geburt nimmt der Fetus nur noch an Gewicht und Größe zu.

1. Die Entwicklung von Embryonen kann empfindlich gestört werden. Alkohol, Nikotin und die Infektionskrankheit Röteln sind besonders gefährlich. Erkundige dich, z. B. bei einer Krankenkasse, über Risiken und Vorsorge in der Schwangerschaft.

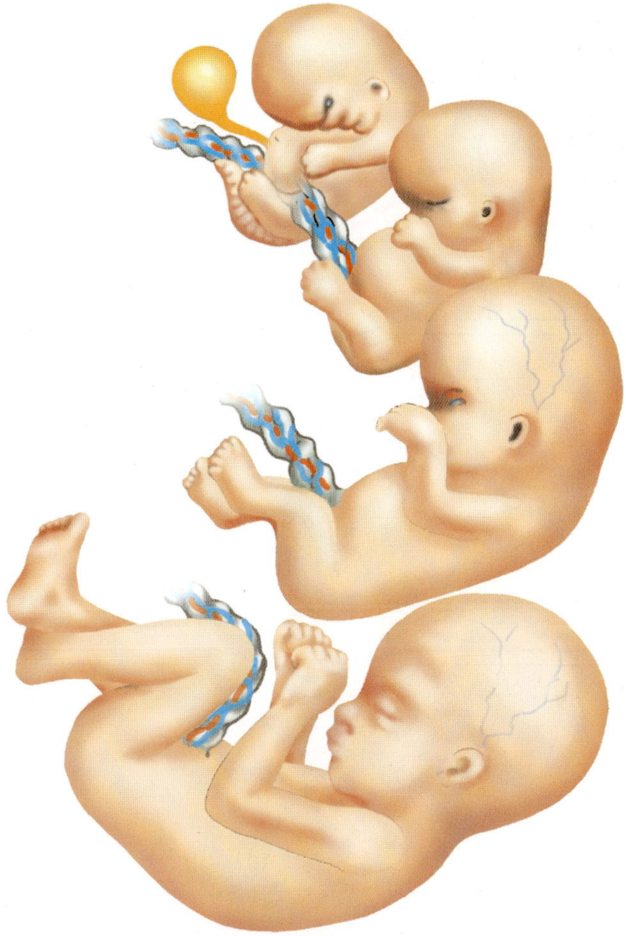

4 Wachstum von Embryo und Fetus

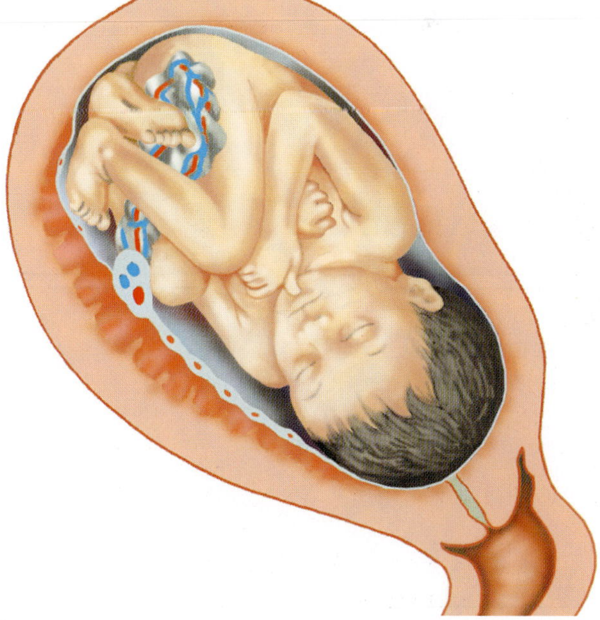

5 Fetus am Ende des 7. Monats (Körperlänge ca. 35 cm)

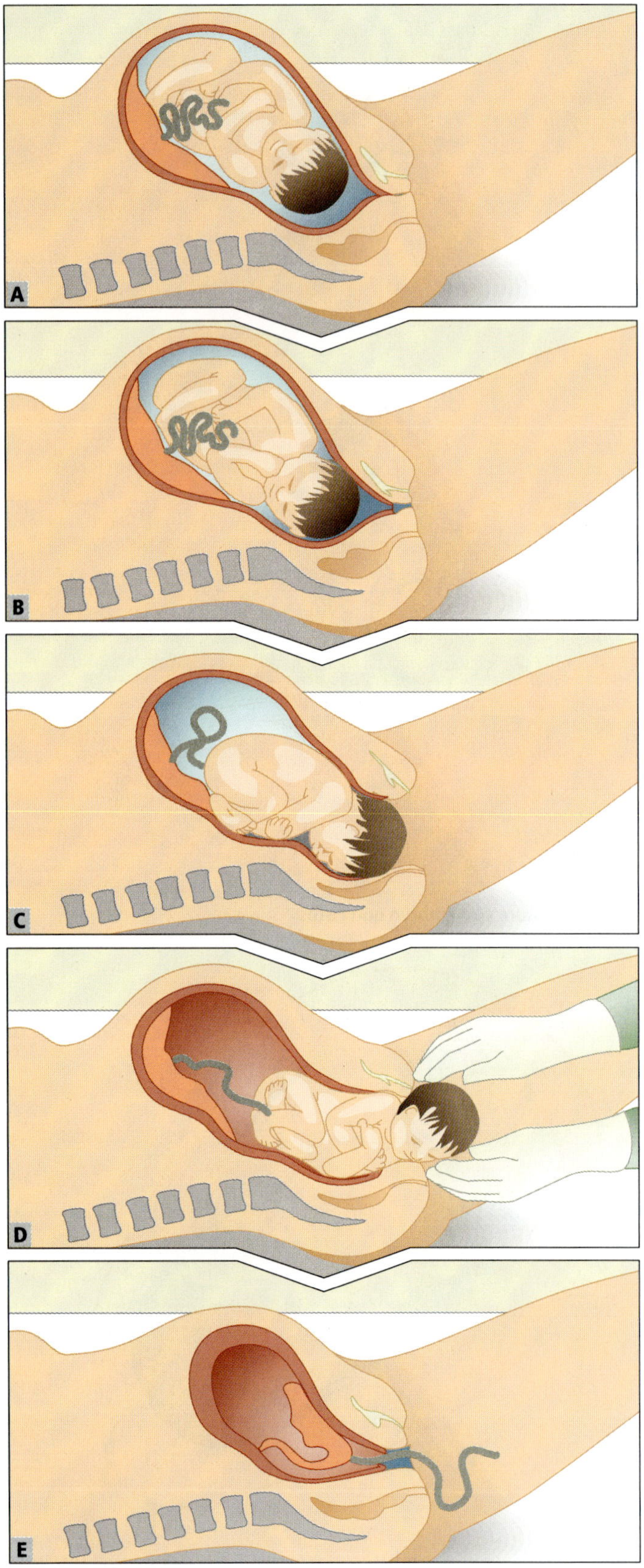

1 **Geburtsvorgang und Nachgeburtsphase**

4.2 Die Geburt

Nach etwa 9 Monaten der Entwicklung ist das Kind geburtsreif. Schon drei Wochen vor der eigentlichen Geburt verändert es seine Lage in der Gebärmutter und liegt gewöhnlich mit dem Kopf nach unten. Dabei senkt sich die Gebärmutter und das Kind gelangt dabei in den Beckenraum.

Der Geburtsvorgang kündigt sich durch **Wehen** an. Bei jeder Wehe zieht sich die Muskulatur der Gebärmutter krampfartig zusammen und entspannt sich danach wieder. Dabei wird das Kind in Richtung Scheidenausgang geschoben. Der bisher nur wenige Millimeter große Muttermund weitet sich schrittweise, damit später bei der Geburt der Kopf des Kindes hindurchpasst. In der **Eröffnungsphase** platzt die Fruchtblase und das Fruchtwasser läuft über die Scheide ab.

Die Wehen werden nun heftiger, erfolgen in kürzeren Abständen. Es sind *Presswehen.* In der nun folgenden **Austreibungsphase** wird der Körper des Kindes durch Gebärmutterhals und Scheide nach außen gepresst. Durch zusätzliches Pressen kann die Mutter mithelfen, ihr Kind zu gebären. Zunächst erscheint der Kopf. Eine Hebamme oder ein Arzt ergreift jetzt den Kopf und zieht den Körper anschließend durch eine vorsichtige Drehung aus dem „Geburtskanal“. Das Kind ist nun geboren. Seine Lunge füllt sich mit Atemluft und der **Säugling** beginnt selbständig zu atmen. Das Kind wird abgenabelt, indem die Nabelschnur abgeklemmt und danach durchtrennt wird. Den gesamten Vorgang der Geburt bezeichnet man auch als *Entbindung*. Die Mutter kann nun ihr Kind zum ersten Mal in ihre Arme schließen.

Kurz nach der Geburt löst sich in der **Nachgeburtsphase** die Plazenta von der Gebärmutterwand und wird zusammen mit der Nabelschnur und der Fruchtblase als *Nachgeburt* ausgestoßen.

1. Beschreibe anhand der Abbildung 1 die einzelnen Phasen der Geburt.

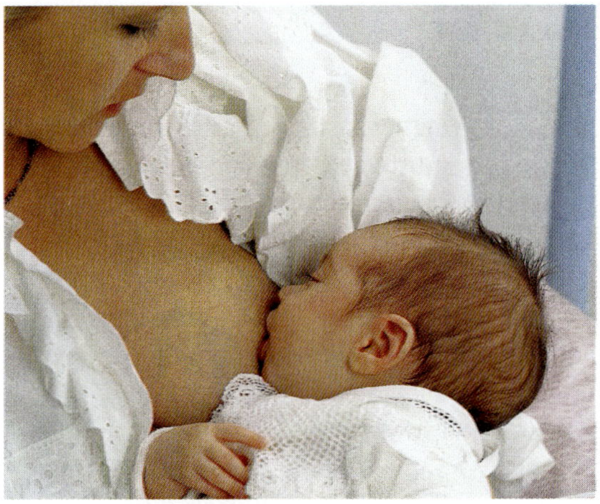

1 Nahrung und Geborgenheit

4.3 Die Entwicklung des Kindes

Nach der Geburt ist der Säugling auf die Fürsorge seiner Eltern angewiesen, denn ohne Hilfe wäre das Neugeborene nicht lebensfähig. Die Mutter ernährt es durch Stillen mit Muttermilch, die in den ersten Wochen und Monaten alle notwendigen Nährstoffe zum Wachsen liefert. Auch erfährt es eine sorgfältige Körperpflege. Trotzdem genügt es nicht, den Säugling sauber zu halten und mit Nahrung zu versorgen. Für seine gesunde körperliche, geistige und seelische Entwicklung braucht er von Anfang an die beständige Bindung an eine Pflegeperson, in der Regel die Mutter. Auch die Zuneigung des Vaters zu seinem Kind ist wichtig. Eine Trennung von diesen **Bezugspersonen** kann beim Säugling schwere seelische Störungen auslösen.

Während der ersten Monate schläft der Säugling zwischen den Mahlzeiten lange. Ist er wach, beginnt er zunehmend Gegenstände in seiner Nähe zu fixieren und zu ergreifen. Das *„Begreifen"* erfolgt auch mit dem Betasten durch den Mund. Nach dem 3. Monat nimmt die Wahrnehmungsfähigkeit deutlich zu. Im Gehirn werden die Nervenverknüpfungen immer zahlreicher. Mit der *Reifung des Gehirns* ist die gesamte Entwicklung des Kindes eng verbunden. Die Eltern können diese Reifungsprozesse unterstützen, indem sie sich viel Zeit für ihr Kind nehmen; denn gerade im ersten Lebensjahr werden die Grundlagen für die weitere Entwicklung gelegt.

1. Jahr	Durchschnittswerte
Geburt	erkennt die Stimme der Mutter; betrachtet Gesichter
1. Monat	gibt gurrende Laute von sich; lächelt Menschen an; kann Kopf noch nicht heben
2. Monat	beginnt zu lachen; gibt zunehmend mehr Laute von sich; fixiert Spielzeug
3. Monat	kann den Oberkörper in Bauchlage auf die Arme stützen
4. Monat	wendet sich Stimmen zu; lässt sich necken und lacht laut
5. Monat	kann sich im Liegen umdrehen; blickt herunter gefallenen Objekten nach
6. Monat	nimmt Klötzchen von einer Hand in die andere; unterscheidet Personen
7. Monat	sitzt ohne Hilfe; sagt ungezielt Mama oder Papa; ängstigt sich vor Fremden
8. Monat	kommt von der Bauchlage zum Sitzen; beginnt zu robben
9. Monat	klatscht in die Hände oder winkt; versteht die Bedeutung von 60 Begriffen
10. Monat	greift mit Daumen- und Zeigefingerkuppe (Pinzettengriff);
11. Monat	steht kurze Zeit, ohne sich festzuhalten; reagiert auf seinen Namen
12. Monat	geht an der Hand; erste Versuche, mit dem Löffel zu essen; versteht Verbote

2. Jahr	Durchschnittswerte
18 Monate	spricht bereits 50 Wörter; danach rasche Zunahme des Wortschatzes
24 Monate	ausgeprägtes Ich-Bewusstsein; Abgrenzung von der Umwelt

3. Jahr	Durchschnittswerte
25 Monate	Gedächtnis beginnt sich zu entwickeln
30 Monate	hat grundlegende Kenntnisse im Bereich Wortschatz und Grammatik erworben

2 Abschnitte in der Kindesentwicklung

1. Gib einen zusammenhängenden Bericht über das 1. Jahr der Entwicklung eines Kindes.
2. Zahlreiche Kontakte sind für die Entwicklung des Kindes besonders wichtig. Begründe.

Wenn kein Kind kommen will

Viele Paare wünschen sich ein Kind, bekommen jedoch keines. Das kann verschiedene Ursachen haben. Bei der Frau liegt vielleicht eine Fehlbildung der Eierstöcke, der Eileiter oder der Gebärmutter vor. Auch eine hormonelle Störung z. B. bei der Reifung von Eizellen ist möglich. Beim Mann können es z. B. zu wenige oder fehlgebildete Spermien im Ejakulat sein.

Es gibt heute aber vielfältige Möglichkeiten, kinderlosen Paaren zu einem Kind zu verhelfen. Leider sind sie nicht immer erfolgreich. Sind bei einer Frau z. B. die Eileiter undurchlässig oder entfernt, kann bei ihr vielleicht eine **In-vitro-Fertilisation (IVF)** zum Erfolg führen (lat.: in vitro = im Glas; Fertilisation = Fruchtbarmachung). Dabei werden mithilfe von Medikamenten die Eierstöcke zur gleichzeitigen Bildung mehrerer Eizellen angeregt. Zum Zeitpunkt des Eisprungs entnimmt ein Arzt einem Eierstock durch eine Follikelpunktion mehrere Eizellen.

Gleichzeitig dazu gewinnt man beim Mann Spermien. Ein Arzt bringt nun in Glasschalen, die eine Kulturflüssigkeit enthalten, Eizellen mit jeweils etwa 100000 aufbereiteten Spermien zusammen. Kommt es zu einer Befruchtung der Eizellen, entwickeln sich daraus mehrzellige Maulbeerkeime. Maximal drei Maulbeerkeime werden anschließend in die Gebärmutter übertragen. Allerdings bringt diese Methode häufig nicht den gewünschten Erfolg.

Musste einer Frau die Gebärmutter entfernt werden, gibt es die Möglichkeit, einen durch IVF gezeugten Embryo durch eine sogenannte Leihmutter austragen zu lassen. **Leihmutterschaften** sind allerdings in Deutschland, Oesterreich und der Schweiz verboten.

Bei der künstlichen Übertragung von Sperma, auch **Insemination** genannt, überträgt der Arzt das Sperma des Partners oder das bei einer anonymen **Samenspende** gewonnnene Sperma in den Gebärmutterhals, die Gebärmutter oder den Eileiter. Dies Verfahren wird z. B. angewendet, wenn das Ejakulat des Partners zu wenig bewegliche Spermien enthält.

Ei- und Samenspende an Dritte sind durch das **Embryonenschutzgesetz** in der Fassung der Bekanntmachung vom 13. Dezember 1990 in Deutschland verboten. Danach sind auch Experimente an Embryonen nicht erlaubt.

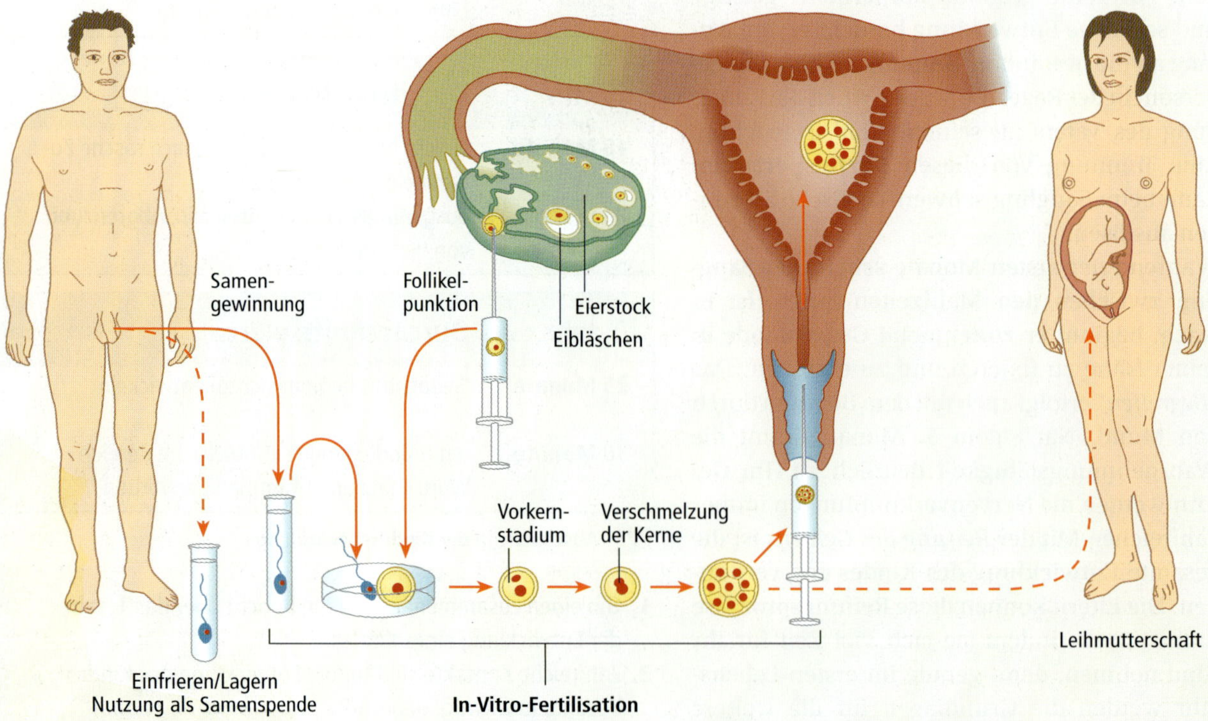

Sexualität und Partnerschaft

Erwachsen werden

- Die Pubertät ist ein aufregender und entscheidender Abschnitt im Leben eines heranwachsenden Menschen.
- Mit dem Heranwachsen wächst die Verantwortung gegenüber sich selbst und gegenüber anderen.
- Während der Pubertät verändert sich der Körper von Mädchen und Jungen unter dem Einfluss von Hormonen.
- Während der Pubertät prägen sich die sekundären Geschlechtsmerkmale aus und die primären Geschlechtsorgane nehmen ihre Funktion auf.
- Zu den Geschlechtsorganen des Mannes gehören der Penis, die paarigen Hoden, die Nebenhoden, der Samenleiter, die Vorsteherdrüse und die Bläschendrüse.
- Spermien werden unter dem Einfluss von Hormonen in den Hoden gebildet und in den Nebenhoden gespeichert.
- Ein Spermium besteht aus Kopf, Mittelstück und Schwanzfaden.
- Beim Orgasmus werden Spermien durch den versteiften Penis in einem Samenerguss ausgestoßen (ejakuliert).
- Zu den Geschlechtsorganen der Frau gehören die Schamlippen, der Kitzler, die Scheide, die Gebärmutter, die paarigen Eileiter und Eierstöcke.
- Im fortpflanzungsfähigen Alter reift bei der Frau unter dem Einfluss von Hormonen in den Eierstöcken im Rhythmus eines Monats jeweils eine Eizelle heran.
- In der Mitte eines Zyklus findet der Eisprung statt und die reife Eizelle gelangt in den Eileiter und in die Gebärmutter.
- Wird die reife Eizelle nicht durch ein Spermium befruchtet, kommt es zur Regelblutung (Menstruation).

Körperpflege und Schönheit

- Viele Jugendliche halten sich während der Pubertät für unattraktiv.
- Einem Schönheitsideal oder einer Idealfigur zu entsprechen ist oftmals Wunsch heranwachsender junger Menschen.
- Vollkommenheit im Hinblick auf ein bestimmtes Schönheitsideal ist nie zu erreichen. Jede Persönlichkeit ist mit Vorzügen und Nachteilen anders.
- Tägliche Körperpflege – auch im Intimbereich – sollte selbstverständlich sein.

Eltern werden?

- Die Sexualität des Menschen ist ein wesentliches Merkmal seiner Persönlichkeit. Sie beeinflusst sein Denken, Fühlen und Handeln.
- Heterosexualität, Homosexualität, Bisexualität sind Ausdrucksformen menschlicher Sexualtät und Lebensweisen.
- Eine Partnerschaft sollte gegenseitiges Vertrauen voraussetzen.
- Verhütungsmittel dienen dazu, ungewollte Schwangerschaften zu verhindern.
- Anerkannte Beratungsstellen können einer Schwangeren und ihrem Partner in schwierigen äußeren Umständen raten und helfen.
- Bei der Planung einer Familie müssen die Lebensplanungen von Mann und Frau aufeinander abgestimmt werden.
- Bei einer Befruchtung verschmelzen die Zellkerne von Eizelle und Spermium.
- Mit der Einnistung des Bläschenkeims in die Schleimhaut der Gebärmutter beginnt die Schwangerschaft.
- Embryo und Fetus wachsen in der Gebärmutter heran.
- Bei der Geburt wird das Kind durch Wehen aus dem Mutterleib gepresst.

Verhalten bei Tier und Mensch

1 **Verhaltensforscher E. Ziemen mit einem „seiner" Wölfe**

2 **Verhaltensweisen bei Wölfen.** **A** Drohen im Rudel; **B** Aufzucht der Jungen

1 Verhaltensweisen bei Tieren

1.1 Grundlagen der Verhaltensforschung

„Mit den Wölfen heulen" musste der Verhaltensforscher E. ZIEMEN, um die Verhaltensweisen dieser Tiere erforschen zu können. In einem weitläufigen Gehege lebte er lange mit einem Rudel von Wölfen zusammen. Da er mit den Tieren vertraut war, konnte er sie nahezu ungestört in ihrem alltäglichen Umgang miteinander beobachten. In allen Situationen des Zusammenlebens der Wölfe wurden die unterschiedlichen Körperhaltungen, Bewegungen und Lautäußerungen jedes Tieres im Rudel protokolliert. ZIEMEN beobachtete die Tiere zum Beispiel beim Jagen nach Beute, beim Fressen, bei der Aufzucht der Jungtiere und beim Zusammenleben in der Rudelgemeinschaft. Gleichzeitig erforschte und beschrieb er, auf welche Weise die Wölfe auf Veränderungen ihrer Lebensbedingungen reagieren und sich an ihre Umwelt anpassen können. Solche Aktivitäten und beobachtbaren Reaktionen werden als **Verhalten** bezeichnet.

Das Verhalten eines Tieres und auch das des Menschen setzt sich aus einzelnen *Verhaltensweisen* zusammen. Dabei zeigt jede Tierart Verhaltensweisen, die für die Art typisch und somit unverwechselbar sind. Bei ihrer Arbeit versuchen die Forscher Fragen zum Verhalten der Tiere und des Menschen zu beantworten. Ist eine bestimmte Verhaltensweise angeboren oder erlernt? Welche Ursachen kann sie haben? Wozu kann diese Verhaltensweise nützlich sein?

Um Verhaltensbeobachtungen auswerten zu können, muss zuerst der Ablauf einer Verhaltensweise erklärt werden. Für jeden leicht zu beobachten sind die Verhaltensweisen der Amseln. So kann man zum Beispiel die Beobachtung machen, wie eine Amsel über den Boden hüpft, unvermittelt stehen bleibt, mit leicht geneigtem Kopf auf den Boden starrt und

3 Ablauf des Verhaltens einer Amsel beim Fressen

nach kurzer Zeit weiterhüpft. Die Amsel hat Hunger und ist auf der Suche nach Nahrung. Solche *inneren Stimmungen* wie Hunger, Durst oder der Fortpflanzungstrieb wirken sich auf das Verhalten aus. Gleichzeitig werden diese inneren Stimmungen aber auch von bestimmten *äußeren Einflüssen* wie Tageszeit, Jahreszeit, Temperatur und Klima beeinflusst. Findet die Amsel im Winter wenig Nahrung, muss sie mehr Zeit auf die Suche nach Nahrung verwenden. Ein bestimmtes Verhalten setzt also stets eine entsprechende **Handlungsbereitschaft** voraus. Diese Handlungsbereitschaft legt fest, ob eine Verhaltensweise ausgeführt wird und mit welcher Ausdauer sie stattfindet.

Hat die Amsel bei ihrer Nahrungssuche geeignete Nahrung erblickt, pickt sie rasch mit dem Schnabel zu und frisst. Der Anblick von Insekten, Larven oder Würmern wirkt bei der hungrigen Amsel als **Reiz**. Dieser Futterreiz wirkt auf einen „inneren", **a**ngeborenen **A**uslöse**m**echanismus, kurz **AAM** genannt. Dieser „filtert" in Abhängigkeit von der vorhandenen Handlungsbereitschaft diesen einzelnen Reiz, zum Beispiel das Insekt, aus der Vielzahl anderer Umweltreize heraus. Dadurch löst dieser Reiz die entsprechende Verhaltensweise aus: Die Amsel pickt nach dem Insekt. Reize, die jeweils nur eine bestimmte Verhaltensweise auslösen können, werden als **Schlüsselreize** bezeichnet.

Amselmännchen grenzen ein bestimmtes Gebiet als ihr Revier ab, in dem sie sich aufhalten, nach Nahrung suchen, brüten und das sie gegen Feinde und Artgenossen verteidigen. Die Grenzen markieren die Revierbesitzer durch ihren Gesang. Nehmen andere Amselmännchen den Gesang wahr, wirkt dieser als Signal und sie bleiben dem Gebiet fern. Solche Signale, die von Artgenossen ausgehen und eine bestimmte Verhaltensweise bei Artgenossen auslösen können, werden als **Auslöser** bezeichnet. Dringt ein fremdes Männchen in ein besetztes Revier ein, wirkt dieses fremde Männchen als Auslöser für den Revierbesitzer. Er versucht durch lautes Zetern und aggressives Anfliegen den Eindringling zu verjagen. Solche Verhaltensweisen sind bei allen Amseln zu beobachten. Offensichtlich reagieren sie alle auf bestimmte Schlüsselreize in gleicher Weise, ohne die Reaktionen vorher gelernt zu haben. Sie verhalten sich also **instinktiv**. Durch die individuellen Erfahrungen kann jedoch das Verhalten der Tiere beeinflusst werden.

1. Beschreibe die in Abbildung 2 dargestellten Verhaltensweisen der Wölfe.
2. Betrachte die Abbildung 3.
   a) Beschreibe die Verhaltensweisen.
   b) Welche Handlungsbereitschaft und welcher Schlüsselreiz könnte zu der jeweiligen Verhaltensweise führen?
3. Nenne weitere Auslöser oder Reize, die bestimmte Verhaltensweisen der Amsel auslösen können.

1 Stichlinge

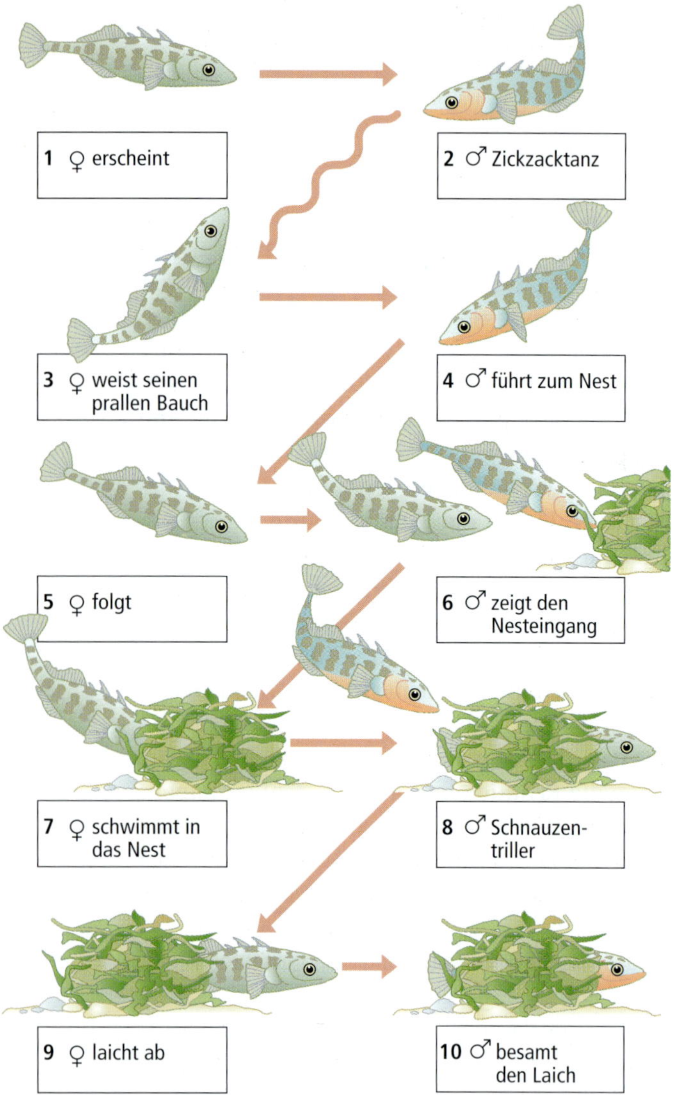

2 Fortpflanzungsverhalten

1. Beschreibe die Verhaltenskette beim Fortpflanzungsverhalten anhand der Abbildung 2.

1.2 Stichlinge im „Hochzeitsfrack"

Im Winter leben *Stichlinge* in Schwärmen. Wenn im Frühjahr die Tage länger werden und in Bächen und Teichen die Wassertemperatur steigt, wirkt sich dies auf die Handlungsbereitschaft und somit auf bestimmte Verhaltensweisen der Stichlinge aus. Die Stichlinge kommen in „Hochzeitsstimmung".
Allmählich sondern sich die Stichlingsmännchen vom Schwarm ab. Jedes Männchen sucht im Gewässer einen geeigneten Bereich und besetzt sein Revier, aus dem andere Männchen vertrieben werden. Auf dem Gewässergrund baut das Männchen ein kugeliges Nest aus Pflanzenteilen. Gleichzeitig verändert sich die Färbung des Fischkörpers. Bei den sonst unscheinbaren, oberseits olivgrün gefärbten Stichlingsmännchen glänzt jetzt der Rücken hellgrün mit bläulichem Schimmer. Kehle und Bauchseite färben sich leuchtend rot. Schließlich kann der Stichling einen regelrechten „Hochzeitsfrack" vorzeigen.

Schwimmt ein paarungsbereites Weibchen in das Revier, richtet es sich schräg auf und „präsentiert" seinen silberglänzenden, mit Eiern gefüllten Bauch. Diese Verhaltensweise kann beim Männchen als Auslöser wirken. Es schwimmt dann mit scharfen Zickzack-Wendungen heran und zeigt dabei seinen roten Bauch. Dieser *Zickzacktanz* kann wiederum als Auslöser für das Weibchen wirken. Es folgt dem Männchen zum Nest. Vor dem Nesteingang legt sich das Männchen auf die Seite, so dass der rote Bauch deutlich erkennbar wird. Er „zeigt" mit der Schnauze auf den Nesteingang, und das Weibchen schlüpft zum Ablaichen hinein. Nun stößt das Männchen in schneller Folge gegen die Schwanzwurzel des Weibchens. Dieser *Schnauzentriller* löst beim Weibchen die Eiablage aus. Nach dem Ablaichen schwimmt das Männchen in das Nest und besamt die Eier.
Das Balz- und Paarungsverhalten der Stichlinge setzt sich aus einzelnen Verhaltensweisen zusammen. Die Verhaltensweisen in einer solchen **Verhaltenskette** sind wie Glieder einer Kette aufeinander abgestimmt und voneinander abhängig.

1 Eichhörnchen beim Nüsse öffnen

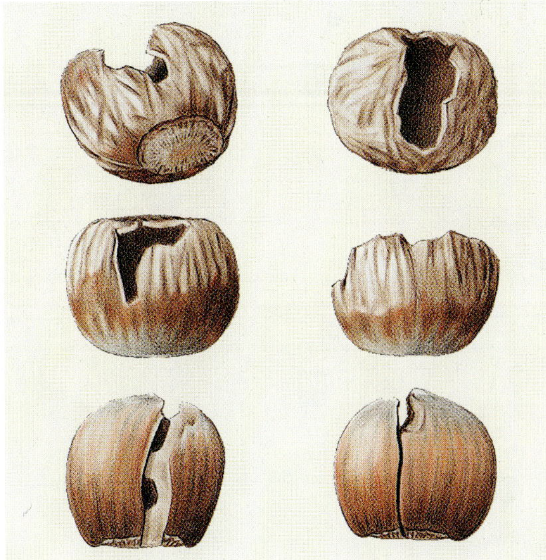

2 „Nussknackerversuche" von Eichhörnchen

1.3 Angeborenes und erlerntes Verhalten

Betrachtet man Schalenreste von Haselnüssen auf dem Waldboden, erkennt man unterschiedliche Nagespuren. Einige Nussschalen sind leicht angenagt und längsgespalten. Bei anderen sieht man ein rundes Loch. Wir finden auch Nussschalen, die ringsum angenagt sind und eine unregelmäßige Öffnung haben. Hat hier ein *Eichhörnchen* verschiedene Öffnungstechniken ausprobiert oder sind den Eichhörnchen unterschiedliche Techniken zum Öffnen von Nüssen angeboren ?

Der Verhaltensforscher I. EIBL-EIBESFELDT wollte durch verschiedene Versuche der Frage nachgehen, ob Eichhörnchen das Öffnen von Nüssen angeboren ist oder ob sie die Fähigkeiten erlernen müssen. Er zog Jungtiere isoliert von Artgenossen auf. Damit konnten die jungen Eichhörnchen das Öffnen der Nüsse nicht nachahmen. Die Versuchstiere fütterte er in den ersten Wochen nur mit breiiger Nahrung. Erst nach zwei Monaten erhielten sie die erste Nuss. Sofort drehten sie die Nuss mit den Vorderpfoten hin und her und versuchten, sie anzunagen. Gab man den Versuchstieren Tonmurmeln, war das gleiche Verhalten zu beobachten. Offenbar ist den Eichhörnchen das Annagen runder, nussgroßer Gegenstände angeboren.

Welche Technik benutzten die Eichhörnchen, um die Nuss zu öffnen? Zuerst nagten sie unregelmäßig viele Kerben in die Schale, bis diese an einer Stelle einbrach. Nach mehreren Versuchen konnten sie immer schneller und zielsicherer die Nüsse öffnen. Sie nagten nur noch bestimmte Schalenteile an. Erfahrene Eichhörnchen nagten die Schale an einer Stelle an und sprengten sie anschließend. Andere nagten ein Loch. Ihre individuelle Nagetechnik behielten die Eichhörnchen bei. Sie hatten eine zweckmäßige Methode gelernt, um möglichst schnell an den Kern zu gelangen.

Diese Versuche zeigen, dass bestimmte Verhaltensweisen aus *angeborenen und erlernten* Handlungen zusammengesetzt sind. Sie ergänzen sich zu einer Funktionseinheit. Alle Versuche, bei denen man Tiere sofort nach ihrer Geburt isoliert, bezeichnet man als **Kaspar-Hauser-Versuche**. Dieser Name bezieht sich auf das Findelkind Kaspar Hauser, das 16 Jahre lang isoliert aufgewachsen sein soll.

1. Beschreibe anhand von Abbildung 2, welche Nagetechnik die Eichhörnchen zum Öffnen der Nüsse angewandt haben.
2. Erkläre: Während der „Nussknackerversuche" nagten die Eichhörnchen nur noch Nüsse an und keine nussähnlichen Gegenstände wie zu Versuchsbeginn.

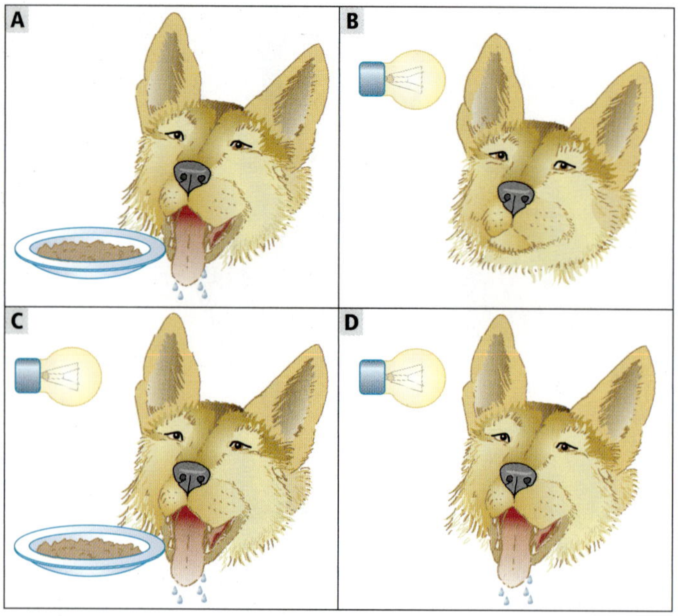

1 Versuch zur Entstehung bedingter Reflexe

1.4 Wie Tiere lernen

Der russische Mediziner I. PAWLOW führte um 1900 Fütterungsversuche bei Hunden durch. Dabei entdeckte er einen grundlegenden *Lernvorgang.* Zeigte er einem Hund Fleischbrocken, reagierte das Tier mit verstärktem Speichelfluss. Der Speichel wurde durch ein Röhrchen nach außen geleitet. So konnte die abgesonderte Speichelmenge gemessen werden. Die vermehrte Speichelabsonderung ist ein **angeborener Reflex.**

In folgenden Versuchen leuchtete kurz vor oder gleichzeitig mit der Fütterung eine Lampe auf. Leuchtete in weiteren Versuchen nur noch die Lampe, ohne dass Futter gezeigt wurde, floss ebenfalls Speichel in das Messgefäß. Der ursprüngliche Reiz „Futter" war Voraussetzung für den neuen Reiz „Lampe". PAWLOW bezeichnete dieses Verhalten als *erworbenen* oder **bedingten Reflex**. Das Tier hat durch *Erfahrung* gelernt.

Wie lernen Tiere, sich in neuen Situationen zurechtzufinden? Versuche mit *Lernboxen* können diese Frage beantworten. In einer automatisch arbeitenden Lernbox befindet sich ein Kontakt, meist ein Hebel oder ein anderer Berührungstaster. Bei Berührung des Kontaktes fällt automatisch Futter in eine Futterschale.

Setzt man eine Ratte in solch eine Lernbox, kann man beobachten, wie sie anfänglich ziellos herumläuft, schnuppert und dabei Wände und Gegenstände in der Lernbox zufällig berührt. Gerät die Ratte dabei an den Kontakt, erhält sie Futter. Die Ratte wird im weiteren Versuchsablauf bei Berühren des Kontaktes immer wieder mit Futter belohnt. Schließlich berührt die Ratte immer dann den Kontakt, wenn sie Hunger hat. Die Ratte hat also durch *Versuch und Irrtum*

EXKURS

Prägung – ein besonderer Lernvorgang

Nach dem Schlüpfen folgen Entenküken stets ihrer Mutter. Sie sind Nestflüchter. Diesen ist angeboren, kurz nach dem Schlüpfen allem zu folgen, was sich in ihrer Nähe bewegt und ähnliche Laute wie das Muttertier von sich gibt. Wie das dazugehörige „Objekt" aussieht, müssen sie jedoch lernen. Ist es nicht das Muttertier, sondern zum Beispiel ein Mensch, der dazu entsprechende Laute ausstößt, folgen die Küken diesem nach. Die Küken sind also auf ein neues „Muttertier" geprägt.

Diese Prägung auf einen Auslöser zum Nachfolgen ist ein besonderer Lernvorgang, der nur innerhalb einer kurzen Entwicklungsphase nach dem Schlüpfen stattfindet.

Aber auch Elterntiere können kurz nach der Geburt auf ihre Jungen geprägt werden. Durch den Geruch der Jungtiere finden zum Beispiel die Muttertiere vieler Huftierarten wie Gnus oder Ziegen ihr Junges innerhalb einer großen Gruppe gleichaltriger Jungtiere wieder.

gelernt. Man bezeichnet diese Art des Lernens auch als **Lernen am Erfolg**.

Durch die Erfahrungen aus dem Lernen am Erfolg können die Verhaltensweisen beeinflusst werden. Findet zum Beispiel ein Reh in seinem Lebensraum Stellen mit ergiebiger Nahrung, wird es diesen Ort bevorzugt aufsuchen. Dagegen wird ein Reh solche Stellen meiden, an denen wenig Nahrung zu finden ist oder an denen es gestört oder bedroht wurde. Durch solche „Misserfolge" können bestimmte Verhaltensweisen gehemmt werden.

Auf welche Art und Weise die Tiere in ihrer natürlichen Umgebung lernen, lässt sich nicht mit Gewissheit sagen. Junge Säugetiere zum Beispiel untersuchen die Gegenstände in ihrer Umgebung. Neugierig und furchtlos betrachten sie unbekannte Gegenstände und versuchen, diese zu berühren. Diese angeborene Neugier zeigt sich besonders im *Spielverhalten* der Jungtiere. Hierbei werden angeborene Verhaltensweisen eingeübt, miteinander kombiniert und mit Erlerntem verbunden. So lernen junge Katzen die Bewegungen eines springenden Balls nach einiger Zeit kennen und schlagen nach ihm mit angeborenen Bewegungsabläufen.

Bei vielen Tierarten kann man beobachten, dass Jungtiere ihren Eltern nachlaufen und geeignete und ungeeignete Nahrung unterscheiden lernen. Einige Vogelarten zum Beispiel führen ihre flügge gewordenen Jungen aus und zeigen ihnen Nahrung. Die Tiere lernen durch **Nachahmung**. So lernen zum Beispiel viele Singvögel auf diese Art und Weise den für die geografische Regionen typischen „Dialekt" ihres Gesangs. Gleichzeitig entstehen durch Nachahmung Traditionen im Verhalten der Tierarten.

Bestimmte Reize lösen bei Tieren instinktiv eine Fluchtreaktion aus. Viele Tiere flüchten vor Menschen. Doch kann man beobachten, dass sonst menschenscheue Greifvögel sich in Städten oder an Autobahnen aufhalten. Das Auftreten des Menschen hat für diese Vögel keine Folgen gehabt, sie gewöhnten sich an den Menschen. Die Tiere haben durch **Gewöhnung** ihr Verhalten geändert.

2 **Ratte in einer Lernbox**

3 **Spielverhalten**

4 **Lernen durch Nachahmung**

1. **a)** Was können Tiere lernen? Nenne Beispiele.
b) Erläutere, auf welche Weise sie gelernt haben könnten.

2. Die meisten Tiere lernen nur dann richtig, wenn sie von ihren Eltern aufgezogen werden. Begründe.

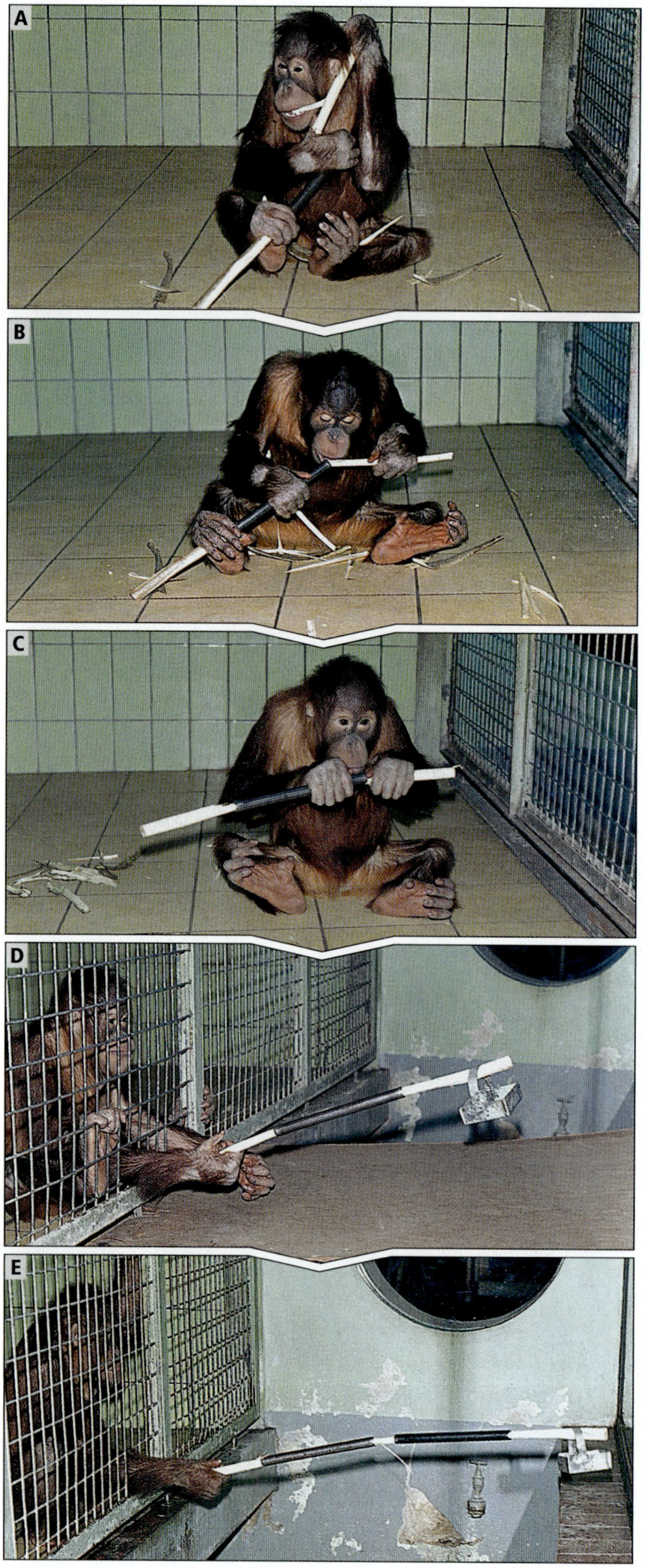

1 Werkzeugherstellung und Werkzeuggebrauch beim Orang-Utan

1.5 Tiere können einsichtig handeln

Viele Tierarten gebrauchen bei der Körperpflege oder zum Nahrungserwerb bestimmte Gegenstände als Werkzeug. Zum Beispiel können freilebende *Schimpansen* Termiten „angeln". Dazu entblättern sie Zweige, beißen sie sorgfältig glatt und stochern damit in den Öffnungen der Termitenbauten herum. Termiten, die sich an den Pflanzenteilen festgebissen haben, können so herausgezogen und verspeist werden. Erwachsene Schimpansen gehen sogar mit einer vorbereiteten „Angel" auf die Suche nach einem bewohnten Termitenbau. Alle Freilandbeobachtungen ergaben, dass Schimpansen in ihrem natürlichen Lebensraum Zweige, Halme und Blätter sinnvoll herrichten und vielseitig als Werkzeuge verwenden. Sie können harte Wurzelstücke als Hammer nutzen, um auf einem „Steinamboss" Nüsse zu öffnen oder sie tauchen eine Hand voll Blätter in Wasser und pressen sie anschließend wie einen Schwamm zum Trinken aus. Sind solche Verhaltensweisen angeboren oder erlernt?

Beobachtungen in der Natur zeigen, dass in vielen Fällen offensichtlich die Benutzung eines Werkzeuges durch Lernen am Erfolg oder durch Nachahmung erworben werden kann. Doch letztlich kann diese Frage nur in Versuchen beantwortet werden. So hat der Forscher W. KÖHLER beobachtet und erforscht, wie sich zum Beispiel ein hungriger Schimpanse verhält, wenn er außerhalb seines Geheges Futter sieht, es aber nicht mit den Händen erreichen kann. Im Käfig lagen hohle Bambusstäbe und außerhalb davon Bananen so weit vor dem Gitter, dass das Tier sein Futter mit der Hand nicht greifen konnte. Nach aussichtslosen Bemühungen gab das Tier bald auf. Es wandte sich ab und spielte mit den Bambusstäben. Bei diesem Hantieren steckte es sie zufällig ineinander, so dass ein verlängerter Stab als Werkzeug entstand. Das Tier „stutzte" plötzlich. Spontan drehte es sich um, sprang zum Gitter und angelte mit dem Doppelrohr als Verlängerung seines Armes sein Lieblingsfutter herbei. Ohne vorheriges wahlloses Ausprobieren hatte der Schimpanse die Lösung des

2 Schimpanse „angelt" Termiten

Problems „voraus geplant". Anschließend hatte er die einzelnen Handlungen ausgeführt, um zum Ziel zu gelangen. Diese Art des Verhaltens wird als **einsichtiges Handeln** bezeichnet. Anschließend hat der Schimpanse seine „Erfindung" bei gleichartigen Versuchen ohne Zögern zielsicher angewendet.

Da bei einsichtigem Handeln ein Problem „in Gedanken durchgespielt" wird, kann man zumindest bei Schimpansen und anderen Menschenaffen auf eine Vorstufe einfacher bewusster Verstandeshandlungen schließen. Sehen zum Beispiel Berberaffen, die nicht zu den Menschenaffen gehören, ihr eigenes Spiegelbild, erkennen sie sich nicht. Vielmehr nehmen sie ihr Bild im Spiegel stets als einen fremden Artgenossen wahr, den sie in manchen Fällen sogar angreifen. Bei Schimpansen dagegen kann man ein anderes Verhalten vor ihrem Spiegelbild beobachten. Malt man einem Schimpansen zum Beispiel unbemerkt einen Farbfleck auf die Stirn, dann berührt er vor dem Spiegel nicht das Spiegelbild sondern seine Stirn. Der Schimpanse zeigt also, dass er sich selbst im Spiegel erkennt. Diese **Selbsterkenntnis** zeigt sich auch dann, wenn Schimpansen sich einen Spiegel vorhalten und Grimassen schneiden, ihre Gesichtspartien mit den Händen verschieben oder mit einer Bürste ihre Haare durchkämmen.

3 Berberaffe erkennt in seinem Spiegelbild einen fremden Artgenossen

4 Schimpanse erkennt sich selbst in seinem Spiegelbild

1. Beschreibe die Abbildung 1 A-E. An welcher Verhaltensweise erkennt man einsichtiges Handeln?
2. Beschreibe das dargestellte Verhalten des Schimpansen in Abbildung 2.

1 Pavianhorde

1.6 Wie Tiere zusammenleben

Zu den Tierarten der Steppen Afrikas gehören die *Steppenpaviane*. In Horden mit bis zu 100 Tieren durchstreifen sie ihr Wohngebiet und suchen nach Nahrung. In ihrem Revier gibt es Schlafbäume, Ruheplätze und Wasserstellen. Bei den täglichen Streifzügen bleiben alle Mitglieder stets zusammen. Der Zusammenhalt in dieser *Tiergesellschaft* wird durch die engen geselligen Beziehungen zwischen den Einzeltieren hergestellt. Diese Bindung kann man besonders bei der gegenseitigen Körperpflege beobachten. Durch das gegenseitige Betasten, Beriechen und Kennenlernen wird der gesellige Zusammenhalt gefestigt. Dieses *grooming* ist also nicht nur ein „Lausen". Die Tiere in einer Horde verbringen ihr ganzes Leben in einer solchen sozialen Gesellschaft und kennen sich daher untereinander genau. Die Steppenpaviane leben in einem **individualisierten Verband** zusammen.

In einer Paviangesellschaft herrscht strenge Ordnung. Je nach Geschlecht, Alter und Fähigkeiten nimmt jedes Mitglied eine bestimmte „soziale Stellung" ein. Die Abstufung dieser Ränge ist hierarchisch geordnet. Man spricht von einer **Rangordnung**. Diese wird beim Marsch der Horde deutlich. Als Vorhut und Wache marschieren vorn weniger starke Männchen und kräftige Jünglinge. Es folgen jugendliche Paviane und ältere Weibchen. In der Mitte laufen die Mütter mit ihrem Nachwuchs. Hier halten sich auch die meisten der ranghohen Männchen auf. Dahinter laufen wieder Jugendliche und ältere Weibchen. Am Ende folgen weitere Pavianmännchen als Nachhut und Wache.

Wird die Pavianhorde von Raubtieren bedroht, stellen sich ranghohe Männchen schützend vor die Mütter mit dem Nachwuchs. Mit hoch aufgerichtetem Kopf und dem weit geöffnetem Maul mit dem kräftigen Gebiss zeigen sie ihre Angriffsbereitschaft. Mit dieser **Drohhaltung** können sie den Feind mit lautem Brüllen angreifen. Durch ihren organisierten Angriff vertreiben die Paviane meist den Feind. Ihre Drohhaltung zeigen die ranghohen Männchen auch dann, wenn andere Hordenmitglieder die Rangordnung nicht achten. Wer die Drohhaltung nicht achtet, wird mit einem leichten Biss in den Nacken bestraft.

Besonders bei ranghohen Männchen kann man beobachten, dass sie oft mit aufgerichtetem Schwanz einherschreiten. Durch eine solche **Imponierhaltung** versuchen sie ihre Rang-

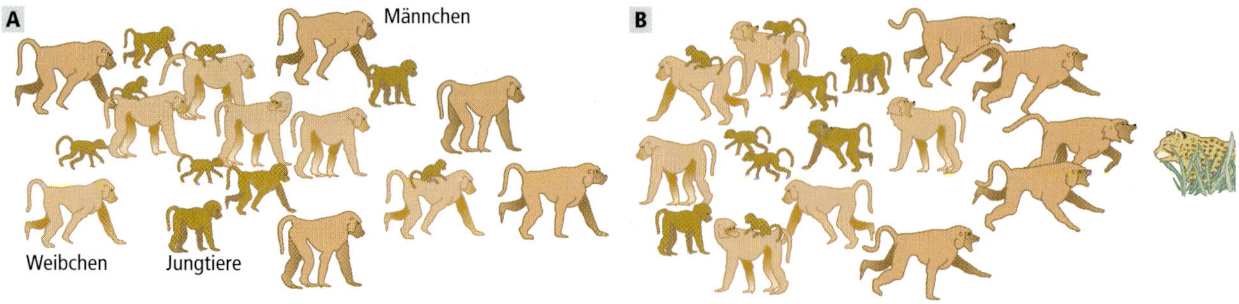

2 Steppenpaviane. **A** beim Marsch; **B** beim Angriff

3 **Verhaltensweisen von Pavianen.** A Drohhaltung; B Imponierhaltung; C Demutshaltung

stellung zu demonstrieren. Aufrechte Sitzhaltung oder das Präsentieren der Geschlechtsteile gehören zum Imponierverhalten ranghoher Männchen. Rangniedere oder Weibchen, die Sympathie oder Schutz besonders ranghöherer Männchen suchen, nehmen die **Demutshaltung** als Zeichen der Unterwerfung oder Beschwichtigung an. Sie zeigen dem Ranghöheren ihr Hinterteil. – Die Rangordnung ist jedoch nicht starr. Rangstreitigkeiten sind möglich.

Das Verhalten und Zusammenleben der Paviane ist an ihren Lebensraum angepasst. Gleichzeitig leben sie zusammen mit einer Vielzahl anderer Tierarten. Besonders an Wasserstellen müssen verschiedenste Tiere dichtgedrängt zusammensein. Die Vertreter der verschiedenen Tierarten, die hier zufällig zusammentreffen, haben jedoch keine Bindung zueinander. Eine solche Ansammlung verschiedener Tierarten bezeichnet man als **Aggregation**.
Nicht nur Säugetiere trifft man an den Wasserstellen. Dort rasten oft auch Vogelschwärme mit Hunderten von Individuen, die sich untereinander nicht kennen. Es gibt keine Rangordnung und die Individuen können zu anderen Schwärmen wechseln. Die Tiere in Schwärmen leben in einem **offenen anonymen Verband**.
Termiten und andere staatenbildende Insekten leben auch in sehr großen Verbänden und kennen sich untereinander nicht. Alle Mitglieder verbindet aber ein gemeinsames Gruppenmerkmal. Bei Termiten und Bienen ist es zum Beispiel der Geruch. Diese Sozialform wird als **geschlossener anonymer Verband** bezeichnet.

4 **Sozialformen bei Tieren.** A Aggregation; B offener anonymer Verband; C geschlossener anonymer Verband

1. Beschreibe die Darstellungen in Abbildung 2.
2. Beschreibe das Verhalten der Paviane in Abbildung 3.
3. Nenne Beispiele für Sozialformen bei Tieren.

1 Säugling

2 Verhaltensweisen beim Menschen

2.1 Was der Säugling alles kann

Ein Kind ist geboren worden. Bald hat es sich an das Licht gewöhnt und betrachtet mit wachem Blick neugierig die „neue" Umgebung. Noch ist der Säugling auf die Hilfe der Erwachsenen angewiesen. Doch er ist nicht völlig hilflos. Schon kurz nach der Geburt zeigt er, was so ein Baby alles kann.

Wird der Säugling erstmals an die Brust der Mutter gelegt, bewegt er mit leicht schmatzenden Lippenbewegungen den Kopf hin und her. Er sucht die Brustwarze. Hat er mit Mund oder Wangen die hervorstehende Warze ertastet, öffnet er den Mund und umschließt sie mit den Lippen. Mit Mund und Zunge macht er Saugbewegungen. Der Säugling ist also von Geburt an in der Lage, die Muskeln von Zunge, Mund und Hals so zu koordinieren, dass er diesen **Saugreflex** ausführen kann. Auch Berührungen an den Wangen oder der Mundregion des Säuglings lösen bei ihm den Saugreflex aus.

Berührt man mit einem Gegenstand die Handflächen des Säuglings, umschließen seine Finger den Gegenstand und halten ihn fest. Der Säugling lässt erst los, wenn man die Finger vorsichtig einzeln aus der Klammerhaltung löst oder der Säugling das Interesse verliert. Dieser **Handgreifreflex** wird auch durch die Berührung mit Haaren ausgelöst. In der frühen Menschheitsgeschichte diente dieser Reflex vermutlich zum Festklammern im Haarpelz der Mutter.

Legt man den Säugling auf den Bauch, macht er mit den Beinen Kriechbewegungen, ohne sich jedoch fortbewegen zu können. Hält man ihn so aufrecht, dass die Füße den Boden berühren, setzt er ein Bein vor das andere. Diese angeborenen Bewegungsabläufe werden in der weiteren Entwicklung durch erlernte Körperbewegungen ergänzt und miteinander verknüpft.

Auch das Schreien und Weinen des Säuglings sind angeboren. Es kann unterschiedliche Gründe für solches **Schreiweinen** geben. Dazu zählen Hunger oder auch ein Unwohlgefühl. Manchmal kann man einen weinenden Säugling auch beruhigen, indem man ihn auf den Arm nimmt. Wahrscheinlich hat er durch sein Schreiweinen ausgedrückt, dass er sich verlas-

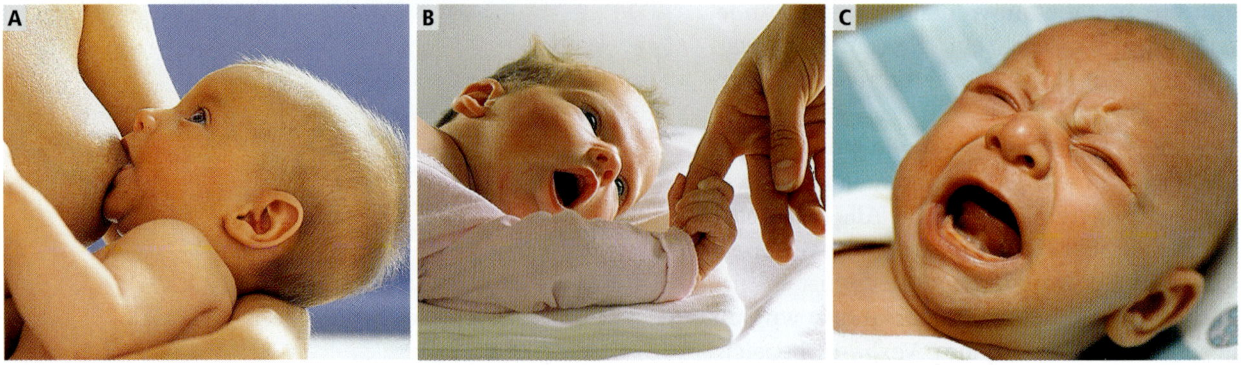

2 **Verhaltensweisen des Säuglings.** **A** Saugreflex; **B** Handgreifreflex; **C** Schreiweinen

sen gefühlt hat. Der Säugling möchte sozialen Kontakt zu seiner Umwelt aufnehmen. Er zeigt **Kontaktverhalten**. Den Wunsch nach Kontakt äußert er auch durch spontanes Lächeln. Es ist angeboren und wird nicht nachgeahmt, denn selbst blind geborene Säuglinge zeigen dieses Lächeln.

In vertrauter Umgebung und in der Nähe bekannter Personen fühlt sich der Säugling offensichtlich wohl. Oft lächelt er schon, wenn er nur die Stimme seiner Mutter oder seines Vaters hört. Seine enge Bindung an *Bezugspersonen* zeigt der Säugling dadurch, dass er versucht, sie zu beobachten und zu berühren. Er nimmt Blickkontakt auf und versucht Hautkontakt herzustellen. Das gegenseitige Anlächeln und Berühren zwischen den Bezugspersonen und dem Säugling führt zu einer frühen „Unterhaltung" und festigt die gefühlsmäßige Bindung. Der Säugling entwickelt ein *Vertrauensverhältnis* zu seiner gewohnten Umgebung.

Gelegentlich müssen Säuglinge oder Kleinkinder für längere Zeit von ihren vertrauten Bezugspersonen getrennt werden. Leben sie dann zum Beispiel in einem Heim, kann das Kontaktbedürfnis der Kinder nicht immer ausreichend erwidert werden. In solchen Fällen kann es zu seelischen und körperlichen Schäden kommen.

3 Lächeln

Die Kinder neigen zu verstärkter Teilnahmslosigkeit und Schwermut. Oft ist die Entwicklung verlangsamt und die Krankheitsanfälligkeit erhöht. Manchmal leiden solche Menschen ihr Leben lang an den Folgen dieses *Hospitalismus*.

1. Nenne angeborene Verhaltensweisen des Säuglings.
2. Warum sind feste Bezugspersonen so wichtig?

EXKURS

„Schnulleralarm" im Forschungslabor

Wenn es darum geht, die Fähigkeiten von Säuglingen zu erforschen, müssen die Forscher besonders behutsam sein. In Versuchen lassen sie die Säuglinge Gegenstände, Bilder oder Gegenstände betrachten. Man legt sie vor Lautsprecher oder setzt ihnen Kopfhörer auf. Bei den Reaktionen auf verschiedene Reize wird zum Beispiel gemessen und ausgewertet, mit welcher Ausdauer die Säuglinge etwas betrachten oder auch wie kräftig und rhythmisch sie an speziellen Schnullern saugen.

Säuglinge sind sehr früh von Gesichtern fasziniert und reagieren auf ihren Anblick. Wenn sie können, versuchen sie danach zu greifen. In Versuchen zeigte man ihnen Gesichtsattrappen. Dabei betrachten die Säuglinge die lebensnah gestalteten Darstellungen wesentlich länger als die verfremdeten Gesichtsdarstellungen. Säuglinge können also bereits nach der Geburt Details erkennen und unterscheiden. Abstrakte Strichmuster dagegen unterscheiden Kinder jedoch erst mit sechs Monaten.

Gesichtsattrappen

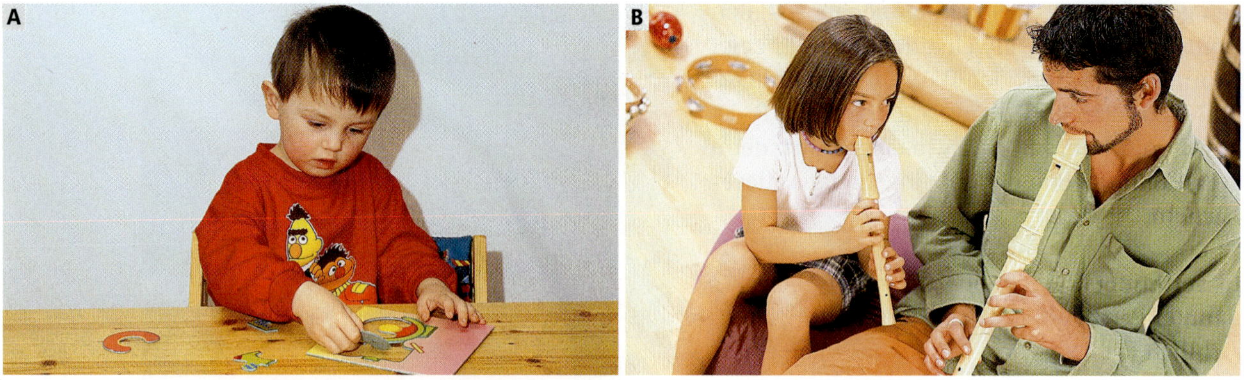

1 Formen des Lernens. A Versuch und Irrtum; **B** Nachahmung

2.2 Lernen – ein Leben lang

„Nicht für die Schule, sondern für das Leben lernen wir". Dieser Spruch macht deutlich, dass der Mensch ständig in vielen Situationen seines Lebens lernen muss. Nur durch das Lernen von Geburt an bis zum Lebensende kann der Mensch auf Veränderungen der Umwelt reagieren und sein Verhalten an die Umwelt anpassen. Lernen findet in jeder Situation des Lebens statt. Auf welche Weise kann der Mensch lernen?

Bereits Säuglinge nehmen mit wachen Sinnen die Reize aus ihrer Umwelt auf. Neugierig erforschen sie die Beschaffenheit und den Umgang mit Spielzeugen und anderen Gegenständen in ihrer Umgebung. Durch dieses angeborene *Neugier- und Spielverhalten* lernen die Säuglinge ihre Umwelt kennen.
Wenn Kleinkinder zum Beispiel versuchen, bei einem Puzzle die passenden Teile in die entsprechenden Aussparungen zu legen, machen sie anfangs mehrere Versuche. Haben sie zufällig durch *Versuch und Irrtum* Puzzleteile richtig eingepasst, empfinden die Kinder meist Freude über die Lösung des Problems. Wird solches **Lernen am Erfolg** durch zusätzliches Lob belohnt, wird die Motivation verstärkt, zukünftig ähnliche Probleme zu lösen.
Kinder beobachten auch die Personen in ihrer Umgebung sehr genau. Wie ihre erwachsenen Vorbilder versuchen sie zum Beispiel mit Werkzeugen umzugehen oder zu schreiben. Zum **Lernen durch Nachahmung** gehört auch, wenn Kinder versuchen, typische Verhaltensweisen, Ansichten oder „Sprüche" von Erwachsenen oder Gleichaltrigen nachzuahmen. Doch nicht alle Problemsituationen lassen sich direkt konkret lösen. Besonders zur Lösung von Problemen aus Technik, Wissenschaft oder Mathematik müssen vorher Lösungsstrategien entwickelt werden. Vielschichtige Probleme werden aufgegliedert und es werden Beziehungen zu ähnlichen Problemen oder anderen Wissenschaften hergestellt. Bei diesem **Lernen durch Einsicht** zeigen sich die besonders ausgeprägten Fähigkeiten des Menschen, vorausschauend planen, handeln und denken zu können.

Zum Lernen gehört besonders, dass Lernstoff ins Gedächtnis gelangt, im Gedächtnis behal-

Sage es mir, und ich vergesse es;
zeige es mir, und ich erinnere mich;
lass es mich tun, und ich behalte es.
Konfuzius

2 Wege ins Gedächtnis

1. Was bedeutet diese chinesische Weisheit für unser Leben?

ten wird und man sich daran gut erinnern kann. Alle Sinnesorgane sind Eingangskanäle für den Lernstoff. Lernt man zum Beispiel Vokabeln, kann man die Augen durch Lesen, die Ohren durch Hören oder die Hände durch Schreiben als Eingangskanäle zum Gehirn nutzen. Je nach *Lerntyp* werden bestimmte Eingangskanäle zum Lernen bevorzugt. Meist lernt man Vokabeln durch Lesen. Man kann aber auch die Vokabeln auf einer Kassette aufnehmen, das Band abhören und die Vokabeln schreiben. Durch solches *mehrkanalige Lernen* gelangt der gleiche Lernstoff auf mehreren Wegen zum Gedächtnis. Diese Kombinationen steigern meist den Lernerfolg.

Die Informationen, die von den Sinnesorganen zum Gehirn gelangen, bleiben für etwa 10 bis 20 Sekunden im Bewusstsein erhalten. In diesem **Kurzzeitspeicher** werden sie nach ihrer Bedeutung gefiltert. Informationen, die keine große Bedeutung haben, gehen verloren. Lassen sich Informationen, die für die augenblickliche Situation bedeutsam sind, mit Bekanntem verknüpfen oder bewusst machen, gelangen sie in den **mittelfristigen Gedächtnisspeicher.** Dort bleiben die Informationen der jüngsten Vergangenheit für einige Stunden bis Tage erhalten. Wenn man sie zum Beispiel regelmäßig wiederholt, einübt, anwendet und sich „durch den Kopf gehen lässt", werden sie bewusst bearbeitet. Dies führt dazu, dass die Informationen eher in den **Langzeitspeicher** übergehen können und lebenslang erhalten bleiben. Neu gespeicherte Informationen werden mit bereits gespeicherten Informationen verknüpft. Diese Verknüpfungen werden wiederum gespeichert und führen somit zu einer lebenslangen Wissenszunahme. Informationen, die nicht mit Bekanntem verknüpft werden oder keine besondere Bedeutung mehr haben, werden meist so im Gedächtnis abgelegt, dass die Erinnerung daran verblasst.
Viele Menschen entwickeln darüber hinaus auch Interesse am Erlernen von Fertigkeiten auf Gebieten der Kunst, der Musik, des Sports oder der Fremdsprachen. Im Gegensatz zum Tier kann der Mensch also auch Fertigkeiten erlernen, die über das hinausgehen, was für das tägliche Leben notwendig ist.

3 Informationsspeicherung.
A Ferienerlebnis; **B** Speicherung im Kurzzeitspeicher; **C** Speicherung im mittelfristigen Gedächtnisspeicher; **D** Speicherung im Langzeitgedächtnis

2. Nenne Situationen, in denen Menschen durch Erfolg, Nachahmung oder Einsicht lernen. Erkläre.
3. Berichte, auf welche Weise du erfolgreich Vokabeln lernst.
4. Erläutere an der Darstellung der Abbildung 3 die drei Stufen der Informationsspeicherung im Gedächtnis.
5. Der Lernerfolg kann zum Beispiel auch von dem Lernumfeld, dem persönliche Befinden, der Stimmung und Laune stark beeinflusst werden. Wodurch könnte der Lernerfolg gefördert werden? Wodurch könnte der Lernerfolg gestört werden? Bedenke auch deine persönliche Lernsituation zu Hause und in der Schule.

Lernen und Gedächtnis

Hinweis zur Partnerarbeit bei der Durchführung von V1, V2, V3:
Legt die Rollen von Testperson und Versuchsleiter fest. Tauscht danach die Rollen. Der Versuchsleiter stellt dazu ähnliche Reihen aus 12 Zeichen von Buchstaben und Zahlen zusammen.

V1 Lernen durch Lesen

Material: Stoppuhr

Durchführung: Der Versuchsleiter stoppt die Zeit. Die Testperson liest lautlos die Reihe von Buchstaben und Zahlen, bis sie die Reihe auswendig aufsagen kann:
W A 3 H 7 K B T 5 E 4 S
Wenn die Testperson „stopp" sagt, notiert der Versuchsleiter die Zeit und die Testperson sagt die Reihe fehlerfrei auswendig auf.

Aufgabe: Wie viel Zeit wird benötigt, um die Reihe fehlerfrei auswendig zu lernen?

V2 Lernen durch Hören

Material: Stoppuhr

Durchführung: Der Versuchsleiter stoppt die Zeit und liest der Testperson die Reihe von Buchstaben und Zahlen so lange langsam vor, bis sie die Reihe auswendig aufsagen kann:
8 R Z G L 2 4 M A P 1 X
Wenn die Testperson „stopp" sagt, notiert der Versuchsleiter die Zeit und die Testperson sagt die Reihe fehlerfrei auswendig auf.

Aufgabe: Wie viel Zeit wird benötigt, um die Reihe fehlerfrei auswendig zu lernen?

V3 Lernen durch Lesen und Aufschreiben

Material: Stift; Stoppuhr; Notizzettel

Durchführung: Der Versuchsleiter stoppt die Zeit. Die Testperson schreibt die Reihe von Buchstaben und Zahlen solange auf jeweils einen Notizzettel, bis sie die Reihe auswendig aufschreiben kann:
Z 7 C X 3 A 9 5 N P 8 K
Wenn die Testperson zum Beispiel „stopp" sagt, notiert der Versuchsleiter die Zeit und die Testperson schreibt die Reihe fehlerfrei auswendig auf.

Aufgaben:
a) Wie viel Zeit wird benötigt, um die Reihe fehlerfrei auswendig aufzuschreiben?
b) Vergleicht die Ergebnisse der Versuche V 1, V 2 und V 3.
c) Vergleicht die Ergebnisse mit den Ergebnissen eurer Mitschülerinnen und Mitschüler.
d) Erkläre die Ergebnisse.

V4 Lernen mit und ohne Störungen

Material: Stoppuhr; Walkman, Discman oder ähnliches Wiedergabegerät

Durchführung: *Die Aufgabe lautet: Verdopple die Summe der Zahlen in den Halbkreisen und teile diese durch die Summe der Zahlen in den Ellipsen.*
– Löse die Aufgabe in der Abbildung **A** und notiere, wie viel Zeit du zur richtigen Lösung benötigst.
– Höre anschließend ein Musikstück sehr laut über Kopfhörer, löse dabei die Aufgabe in der Abbildung **B** und notiere, wie viel Zeit du zur richtigen Lösung benötigst.

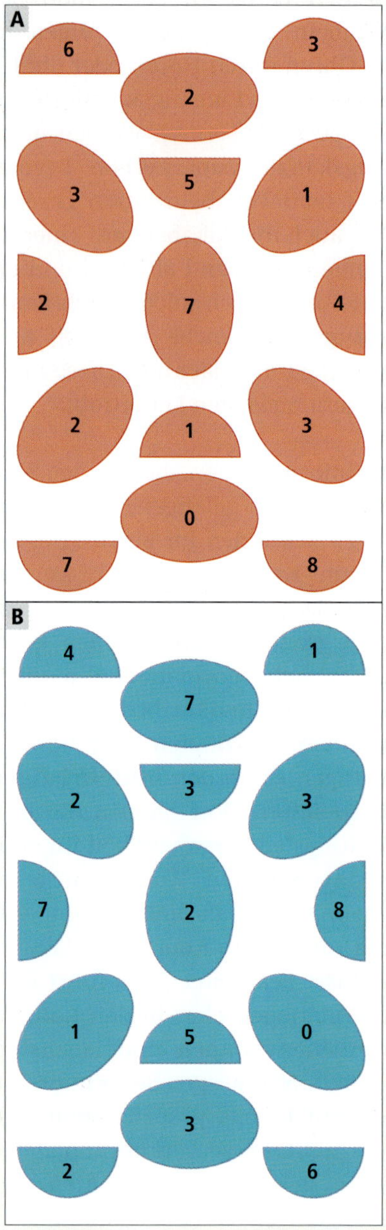

Aufgaben:
a) Vergleiche deine beiden Messwerte.
b) Vergleiche deine Messwerte mit den Ergebnissen deiner Mitschülerinnen und Mitschüler.
c) Welche Folgerung ziehst du aus den Ergebnissen für dein persönliches Lernen?

1 Werbung mit der Darstellung sexueller Reize bei der Frau und beim Mann

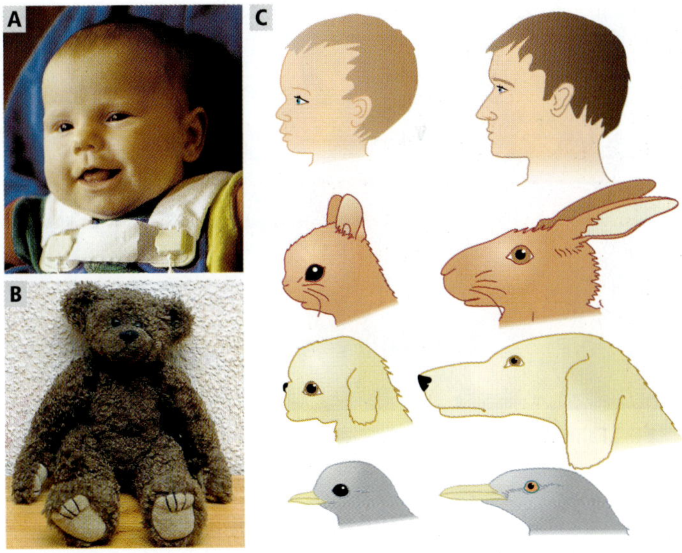

2 Kindchenschema. **A** Säugling; **B** Teddy; **C** Kopfformen von jungen und erwachsenen Tieren und dem Menschen

2.3 Der Mensch lässt sich beeinflussen

„Hey – sieht aber scharf aus!" Solche und ähnliche Ausrufe werden oft spontan geäußert, wenn man Personen erblickt, bei denen die sekundären Geschlechtsmerkmale besonders hervorgehoben sind. So rufen bei Frauen die schmale Taille, die Hüften, lange Beine, wohlgeformte Brüste sowie volle und rote Lippen Aufmerksamkeit hervor. Bei Männern dienen breite Schultern, schmale Hüften, kräftige Muskulatur, Körperbehaarung oder markante Gesichtszüge als „reizender" Blickfang. Diese sekundären Geschlechtsmerkmale von Frau oder Mann wirken als **sexuelle Reize** auf den Betrachter und lösen Aufmerksamkeit aus.

Beim Anblick eines Säuglings verdeutlichen meist unwillkürlich geäußerte Ausdrücke wie „goldig", „süß", „putzig" oder „niedlich" das Entzücken und die starke gefühlsmäßige Zuneigung. Offensichtlich besitzen Säuglinge und Kleinkinder besondere Merkmale, die dieses Verhalten auslösen. So rufen der große Kopf mit der hohen Stirn, die großen Augen, die Pausbacken und die tollpatschigen Bewegungen der kurzen „pummeligen" Gliedmaßen beim Erwachsenen Zuneigung und den Wunsch nach Streicheln und Betreuen hervor. Der Mensch lässt sich also unbewusst beeinflussen. Alle vom Kleinkind ausgehenden Reize fasst man als **Kindchenschema** zusammen.

Auch viele Tiere wie Hamster, Eichhörnchen, Kaninchen oder Koalas besitzen ausgeprägte Kindchenschema-Merkmale. Weiches und flauschiges Fell verstärken das Gefühl der Zuneigung und des „Liebhabens". Solche Gefühle können auch Puppen oder Stofftiere erwecken, wenn sie Merkmale des Kindchenschemas haben. Bei Comic-Figuren wie den Schlümpfen oder Donald Ducks Neffen werden zum Beispiel mehrere Reize hervorgehoben. Aussehen, Bewegung und auch Stimme wirken insgesamt als **überoptimale Auslöser** für Aufmerksamkeit.

Die Werbung nutzt die Tatsache aus, dass sich der Mensch unbewusst beeinflussen lässt. Neben Informationen über das Produkt fließen oft bestimmte Reize ein, die angenehme Stimmungen und Vorstellungen hervorrufen oder Wünsche erwecken sollen. So regt die verlockende Darstellung von Nahrungsmitteln die Esslust des Betrachters an. Mit Werbesprüchen wie „Duft von Sinnlichkeit" oder „Hauch von Männlichkeit" werden persönliche Wunschvorstellungen angesprochen.

1. Sammle Werbeanzeigen. Auf welche Weise wird versucht, Aufmerksamkeit zu erregen?

1 „Fahrstuhleffekt“

2.4 Menschen leben zusammen

Der Mensch lebt im sozialen Kontakt mit seinen Mitmenschen. Er ist weitgehend an Familie, Freundeskreis und bestimmte Gemeinschaften gebunden. In diesem sozialen Zusammenleben zeigt er – meist unbewusst – typische Verhaltensweisen.

Treffen Einzelpersonen, die einander fremd sind, in Fahrstühlen, auf Parkbänken, an Haltestellen oder bei anderen größeren Ansammlungen zusammen, sind sie meist bestrebt, einen bestimmten Abstand voneinander zu wahren. Wie beim „Fahrstuhleffekt“ scheint jeder einen Raum um sich zu beanspruchen, in dem er keinen Fremden „duldet“. Man achtet auf die **Individualdistanz**. Gleichzeitig vermeidet man weitgehend Blickkontakt und bevorzugt einen Steh- oder Sitzplatz in Wandnähe. Dieses **Wandkontaktverhalten** verleiht Sicherheit, da man keine „Blicke im Rücken“ hat. Solches Verhalten ist auch in Bussen, Straßenbahnen oder Lokalen zu beobachten. Im Umgang mit vertrauten Personen dagegen werden Individualdistanz und Wandkontaktverhalten aufgehoben.

2 Territorialverhalten

Schon bei Kleinkindern kann man beobachten, dass sie bestimmte Spielzeuge und Gegenstände als ihr Eigentum beanspruchen. Sie unterscheiden also zwischen „Mein“ und „Dein“. Solche Besitzwünsche werden als **Besitzverhalten** bezeichnet. Beobachtet man zum Beispiel Gruppen an Badeplätzen, so kann man feststellen, dass die einzelnen Gruppen oder Familien jeweils räumlichen Abstand voneinander einhalten. Viele markieren ihren Platz durch Handtücher, Sonnenschirme oder Sandburgen. Damit wird das Bestreben ausgedrückt, ein bestimmtes *Revier* oder *Territorium* zu beanspruchen. Solches **Territorialverhalten** zeigt sich auch dann, wenn Grundstücke und Gärten mit Zäunen, Hecken oder Mauern abgegrenzt werden.

In Kindergartengruppen, Schulklassen oder geselligen Erwachsenengruppen kann man meist beobachten, dass einzelne Mitglieder versuchen, das Interesse der anderen auf sich zu ziehen. Sie heben sich zum Beispiel durch laute oder witzige Gespräche, interessante Diskussionsbeiträge, auffälliges Benehmen, ausgefallene Kleidung oder besondere Talente hervor. Sie nehmen in der Gruppe eine bestimmte soziale Stellung ein. Dieses **Rangordnungsverhalten** sichert ihnen eine entsprechende Position innerhalb der Gruppe. Oft bewirken allein Alter und Geschlecht eine Rangstellung. Die Abfolge der Rangstellungen innerhalb der Gesellschaft ist jedoch nicht starr. Man kann in der Rangfolge auf-, aber auch absteigen. Besonders in solchen Situationen können sich Verhaltensweisen zeigen, die als **Aggressionsverhalten** zusammengefasst werden.

Eine Form von aggressivem Verhalten zeigen bereits die Menschen, die bewusst versuchen, zum Beispiel durch Äußerlichkeiten wie teure Kleidung, luxuriöse Wohnungen und Häuser oder neue, kostspielige Fahrzeuge auf sich aufmerksam zu machen. Solches **Imponierverhalten** zeigt sich auch, wenn Muskelkraft, Uniformen oder Orden und Abzeichen zur Schau gestellt werden.

Stehen sich bei einem Streit die Rivalen gegenüber, so versuchen sie sich zum Beispiel durch aufrechte Körperhaltung, Auslachen, Anschreien und Beschimpfungen gegenseitig einzuschüchtern und zu bedrohen. Solche Verhaltensweisen sind nur einige Zeichen von **Drohverhalten.** Gelegentlich kann eine „angedrohte" Kampfbereitschaft in körperliche Angriffe übergehen. Oft zeigt der Bedrohte oder Eingeschüchterte jedoch seine Unterlegenheit an, indem er sich zum Beispiel vom Rivalen abwendet, sich „klein" macht oder unterwürfig verhält. Zur Beschwichtigung zeigt er **Demutsverhalten.** Auch der Kniefall, der Handkuss oder die Verneigung waren ursprünglich Demutsgebärden.

Eine besondere Art des Aggressionsverhaltens ist die *Aggression gegen Außenseiter*. Es lässt sich beobachten, dass Kinder, die sich durch ihr Verhalten oder ihr Äußeres von den übrigen unterscheiden, Opfer von Spott oder sogar Mobbing sein können. So „lästern" Kinder oft leichtfertig über Aussehen, Kleidung oder andere Lebensgewohnheiten und Anschauungen. Daraus entstehen gelegentlich ungerechtfertigte Diskriminierungen, die zu sozialen Spannungen führen können.

Verhaltensforscher und Psychologen beantworten die Frage nach den Ursachen für Aggressionsverhalten nicht einheitlich. Die meisten glauben jedoch, dass jedem Menschen eine bestimmte Bereitschaft zu aggressivem Verhalten angeboren ist. Von der persönlichen Lebenserfahrung hängt es ab, inwieweit sich diese Aggressivität äußert. Da angeborenes und erworbenes Verhalten also miteinander verknüpft sind, kann jeder sein Aggressionsverhalten beeinflussen und kanalisieren. So lässt sich Streit auch ohne Anwendung körperlicher Gewalt mit Worten, Mimik und Gestik austragen. Meditative Übungen, körperliche Betätigungen oder sportliche Aktivitäten können ebenso dazu beitragen, aufgestaute Aggression, „Frust" und Ärger abzureagieren und „abzuleiten".

3 Szenen aus dem Zusammenleben.
A Imponieren; **B** Cliquenbildung; **C** Beschwichtigung; **D** Abbau von Aggressionen

1. Nenne Beispiele für den „Fahrstuhleffekt", für Besitzverhalten, Territorialverhalten und Individualdistanz.
2. Wie gehst du mit Wut, Enttäuschung oder „Frust" um? Nenne Beispiele und versuche eine Bewertung.
3. Häufig halten sich während der Pausen Schülerinnen und Schüler einzelner Klassen oder Jahrgangsstufen in Gruppen an den gleichen Stellen des Schulhofes auf. Versuche dies in mehreren Pausen zu beobachten. Fertige eine Skizze über solche „Reviere" auf dem Schulhof an und berichte.
4. Achte auf Auseinandersetzungen auf dem Schulhof oder auf dem Schulweg.
   a) Beobachte das Verhalten der Rivalen während des Streites. Achte besonders auf ihre Mimik, Körperhaltung und Stimmen. Mit welchen Verhaltensweisen versuchen sie sich einzuschüchtern und zu drohen?
   b) Zeigen sich während der Auseinandersetzung Zeichen von Beschwichtigung? Beschreibe.
   c) Beschreibe die unterschiedlichen Reaktionen der anderen Zuschauer während des Streites.
5. Beispiele aus dem Zusammenleben

„Tom wird auf dem Schulhof von einem Ball getroffen, mit dem jüngere Schüler spielen. Seine Freunde beginnen zu lachen, als sie Toms verdutztes Gesicht sehen. Wütend schreit Tom die Kinder an und wirft den Ball über den Zaun auf die Straße. Als Tom einige Tage später über den Schulhof geht, wird er wieder von einem Ball getroffen. Er nimmt den Ball und wirft ihn den spielenden Kindern zurück."

„Ein Schüler sticht nach der Schule einem Mitschüler ein Loch in den Fahrradreifen, weil dieser ihn nicht die Hausaufgaben abschreiben ließ."

„Peter wurde an der Bushaltestelle von einer Gruppe angetrunkener Jugendlicher angepöbelt und ins Gesicht geschlagen. – Obwohl Peter einen weiten Schulweg hat, fährt er jetzt trotz des schlechten Wetters lieber mit seinem Fahrrad."

„Sabine war mit ihren Klassenkameradinnen seit der Grundschule eng befreundet. Doch seit ihre Freundinnen nur noch diese modischen „Designerklamotten" tragen, ist es aus mit der Freundschaft. Die Mädchen versuchen Sabine bloßzustellen, wo sie nur können, denn Sabine macht den Modetrend nicht mit. Wenn sie Sabine sehen, tuscheln sie miteinander und lachen, wenn sich Sabine im Unterricht meldet. – In letzter Zeit kommt Sabine häufiger nicht zur Schule, denn wie sie sagt, leidet sie an starken Kopfschmerzen. Die Ärzte können keine organische Ursache dafür finden."

„Nachdem Markus das entscheidende Spiel beim Tischtennisturnier verloren hat, wirft er seinen Tischtennisschläger mit wutverzerrtem Gesicht auf den Boden und stampft mit dem Fuß auf den Schläger."

a) Nimm Stellung zu den einzelnen Fallbeispielen.
b) Kannst du von ähnlichen Beispielen berichten?
c) Welche Möglichkeiten siehst du, aggressives Verhalten weitgehend zu vermeiden? Erläutere.

6. Ein Vorbild?

a) Nimm Stellung zu der Aussage in dem Comic.
b) Nenne ähnliche Beispiele aus deiner Erfahrung.

Verhalten bei Mensch und Tier

Grundlagen der Verhaltensforschung

- Als Verhalten bezeichnet man die Gesamtheit aller Bewegungen, Körperhaltungen und Lautäußerungen der Lebewesen.
- Verhaltensforscher müssen mit den Lebewesen vertraut sein, wenn sie deren Verhalten erforschen.
- Das Verhalten von Tieren wird über einen längeren Zeitraum beobachtet, protokolliert und ausgewertet.
- Die Handlungsbereitschaft kann das Verhalten beeinflussen.
- Ist eine Handlungsbereitschaft vorhanden, erfolgt die Suche nach einem entsprechenden Reiz.
- Schlüsselreize wirken auf einen angeborenen Auslösemechanismus.
- Der angeborene Auslösemechanismus kann eine Verhaltensweise auslösen.
- Reize, die von Artgenossen ausgehen, werden als Auslöser bezeichnet.
- Bei einer Handlungskette ist das Verhalten des einen Artgenossen ein Auslöser für das Verhalten des anderen Artgenossen.

Verhaltensweisen bei Tieren

- Das Verhalten der Tiere setzt sich aus angeborenen und erlernten Anteilen zusammen.
- Instinktives Verhalten liegt vor, wenn eine Reaktion auf einen Reiz oder Auslöser erfolgt, ohne vorher erlernt worden zu sein.
- Tiere können durch Prägung, Erfolg, Nachahmung und Gewöhnung lernen. Die einzelnen Lernformen werden miteinander kombiniert.
- Einsichtiges Verhalten zeigt sich, wenn die Lösung eines Problems ohne vorherige Übung geplant und anschließend zielgerichtet ausgeführt wird.
- Menschenaffen besitzen die Fähigkeit, sich in ihrem Spiegelbild selbst zu erkennen.
- Viele Tiere leben mit Artgenossen in offenen oder geschlossenen anonymen Verbänden zusammen.
- Leben Tiere in einem individualisierten Verband zusammen, herrscht eine soziale Rangordnung.
- Eine Rangordnung in sozialen Tierverbänden wird weitgehend durch Imponier-, Droh- und Demutsverhalten geregelt.

Verhaltensweisen beim Menschen

- Zum angeborenen Verhalten des Menschen gehören zum Beispiel Saug- und Handgreifreflex, Lächeln und Schreiweinen.
- Der Mensch lernt sein Leben lang zum Beispiel durch Lernen am Erfolg, durch Nachahmung und besonders durch Einsicht.
- Beim Lernen gelangen Informationen vom Kurzzeitspeicher über den mittelfristigen Gedächtnisspeicher ins Langzeitgedächtnis.
- Mehrkanaliges Lernen über mehrere Sinnesorgane erleichtert das Speichern und Behalten von Informationen im Langzeitgedächtnis.
- Der Mensch reagiert auf sexuelle Reize und Merkmale des Kindchenschemas mit Aufmerksamkeit und Zuwendung.
- Im Zusammenleben von Menschen zeigen sich Verhaltensweisen wie Individualdistanz, Wandkontakt-, Besitz- und Territorialverhalten.
- In Gemeinschaften kann man auch Aggressionsverhalten in Form von Imponier- , Droh- und Demutsverhalten beobachten.
- Der Mensch kann Aggression weitgehend steuern und ohne Einsatz körperlicher Gewalt abbauen.

Grundlagen der Vererbung

1 Familienähnlichkeiten

1 Warum sehen Nachkommen ihren Eltern ähnlich?

„Der Junge sieht seinem Vater immer ähnlicher." Vielleicht hast du solche Vergleiche auch schon gehört. Auch wenn du das Familienalbum durchblätterst, werden dir wahrscheinlich Ähnlichkeiten im Aussehen der Verwandten aufgefallen sein. Genauso kann man häufig im Verhalten von Familienangehörigen Gleichartiges entdecken. Aus Erfahrung weiß man, dass bestimmte körperliche Merkmale und auch charakteristische Verhaltenweisen von Generation zu Generation übertragen werden. Solche Weitergabe von Merkmalen an die Nachkommen nennt man **Vererbung**.
Lange Zeit war es unklar, auf welche Weise Merkmale von Eltern an Kinder weitergegeben werden. Griechische Wissenschaftler um 300 v. Chr. waren der Ansicht, dass der Nachkomme bereits im Samen des Vaters vorgefertigt sei. Im Mittelalter entwickelte man die Homunculus-Theorie(lateinisch: homunculus = Menschlein). Danach sollte der Samen des Vaters schon einen winzig kleinen, vorgefertigten Menschen enthalten, der im Mutterleib nur noch heranwächst. Als man später mit dem Mikroskop die Vereinigung der Kerne von Ei- und Samenzelle beobachten konnte, vermutete man, dass der Zellkern Träger der **Erbinformation** sei.

Mitte des 19. Jahrhunderts gelang es dem Augustinermönch Gregor MENDEL, mithilfe von Versuchen Aufschlüsse über die Grundvorgänge der Vererbung zu geben. MENDEL fragte sich, ob die Weitergabe von Merkmalen nach bestimmten Gesetzmäßigkeiten abläuft. Er experimentierte dazu mit Erbsensorten, die sich nur in wenigen Merkmalen voneinander unterschieden.

Im Jahre 1866 veröffentlichte er die Ergebnisse seiner Untersuchungen. Die von ihm entdeckten Gesetzmäßigkeiten fanden bei seinen Zeitgenossen jedoch kein Interesse und gerieten bald in Vergessenheit. Sie wurden erst im Jahre 1900 neu „entdeckt". Die Botaniker CORRENS, TSCHERMAK und DE VRIES kamen unabhängig voneinander zu ähnlichen Ergebnissen, obwohl sie MENDELs Untersuchungen nicht kannten. Zu Ehren ihres Erstentdeckers nannte man später diese Erbgesetzmäßigkeiten **Mendelsche Regeln**.

1. Vergleiche die beiden Familien in Abbildung 1. Beschreibe Ähnlichkeiten und Unterschiede.
2. Nenne Ähnlichkeiten zwischen dir und deinen Eltern oder deinen Geschwistern.

Vererbung von Merkmalen

Hautfarben

Großes Erstaunen riefen diese zweieiigen Zwillinge hervor. Wider Erwarten sind ihre Hautfarben keine gleichmäßige Mischung zwischen der weißen Mutter und dem schwarzen Vater. Tatsächlich besitzt der eine Zwilling eine sehr viel hellere Hautfarbe als der andere. Die Merkmale der Eltern verteilen sich offensichtlich zufällig und ungleichmäßig auf die Nachkommen.

Ohrläppchen

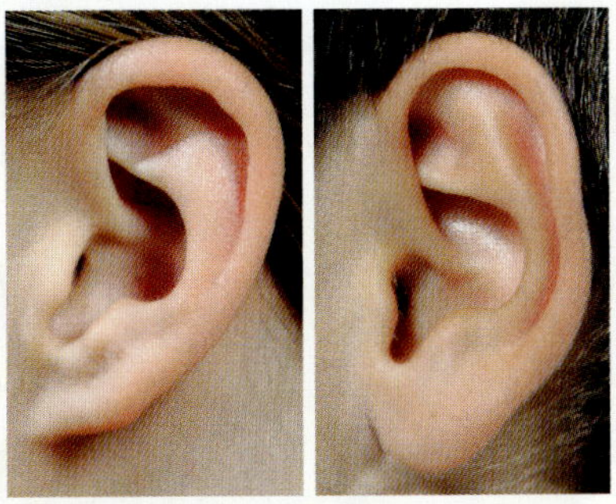

Ob Ohrläppchen angewachsen (li.) oder freistehend (re.) sind, ist vererbt.

Uringeruch nach Spargelessen

Nach dem Verzehr von Spargel bemerken einige Menschen einen auffälligen Geruch ihres Urins. Ein flüchtiger, schwefelhaltiger Stoff, das Methylmercaptan, ist die Ursache. Das Mercaptan wird durch ein bestimmtes Enzym aus Inhaltsstoffen des Spargels gebildet. Die Bildung dieses Enzyms wird von den Eltern auf die Kinder vererbt.

Daumenbiegen

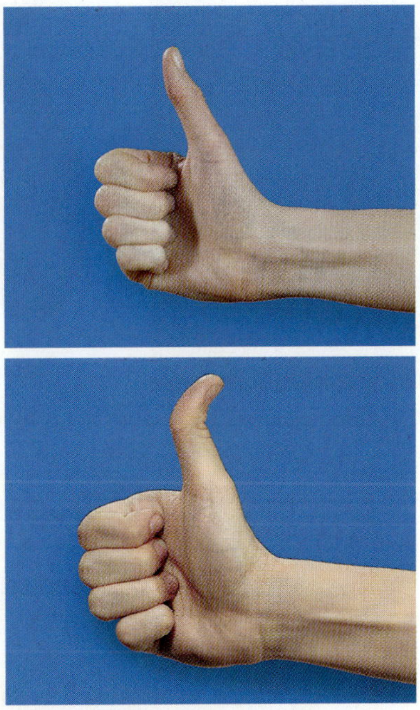

Einige Menschen können das Endglied des Daumens beinahe im rechten Winkel nach außen biegen. Auch dieses seltene Merkmal wird vererbt.

Haarfarbe und Haarform

Die Haarfarbe wird durch das Vorhandensein von bestimmten Farbstoffen, den Pigmenten, bestimmt. Bei der Vererbung können die Erbinformation verschiedener Pigmente gemischt werden. Dadurch entstehen unterschiedliche Farbtöne.
Manchmal tauchen auch Farbtöne auf, die weder beim Vater noch bei der Mutter vorkommen, sondern bei einem der Großeltern oder sogar Urgroßeltern. Haare können glatt, gewellt, gelockt oder kraus sein. Auch Mischformen sind bei der Vererbung möglich.
Auf ähnliche Weise wie die Haarfarbe wird auch die Farbe der Iris im Auge vererbt.

PTH-Schmecker

Phenylthioharnstoff (PTH) ist ein sehr giftiger Stoff, der nicht geschluckt werden darf. Kommt er mit der Zunge in Berührung, empfinden einige Menschen einen bitteren Geschmack, andere Menschen schmecken nichts. Etwa 70 Prozent der deutschen Bevölkerung können PTH erschmecken, die anderen nicht.
Die Schmeckfähigkeit ist auf ein bestimmtes Enzym zurückzuführen, das im Körper des Schmeckers vorkommt. Die Fähigkeit, dieses Enzym zu bilden, wird von den Eltern auf die Kinder vererbt.

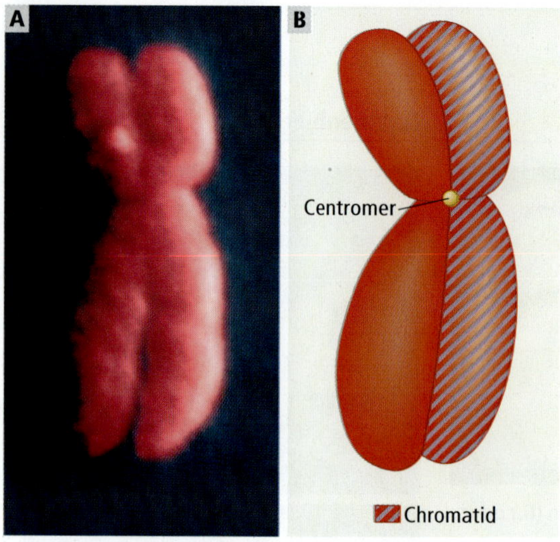

1 Chromosomen. **A** Foto (gefärbt); **B** Schema

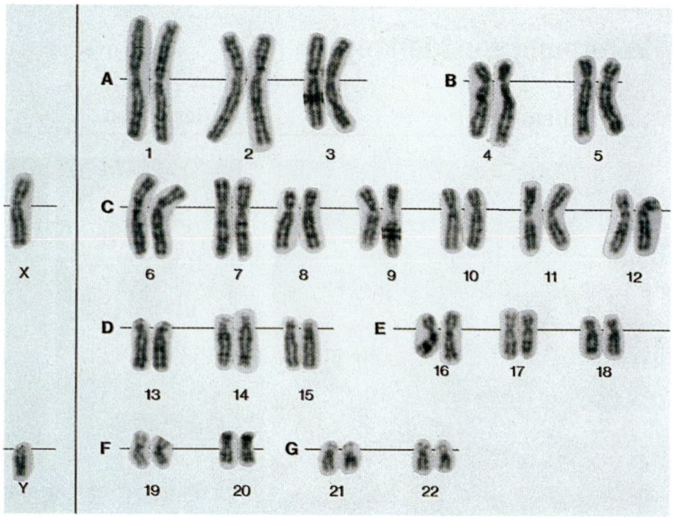

2 Karyogramm (Chromosomenkarte) des Menschen

2 Chromosomen – Träger der Erbanlagen

2.1 Chromosomen enthalten die Erbanlagen

Schon Mitte des 19. Jahrhunderts entdeckten Forscher, dass Zellbestandteile kontrastreicher hervortreten, wenn man eine Zwiebelzelle mit bestimmten Farbstoffen anfärbt. So wird zum Beispiel der **Zellkern** gut sichtbar. Bei genauerem Hinsehen erkennt man, dass das *Kernplasma* von der *Kernmembran* begrenzt wird. Im Kernplasma liegt das punktförmige **Kernkörperchen**. Besonders intensiv färben sich im Kernplasma schleifenartige Bänder. Wegen ihrer guten Färbbarkeit nannte man diese Kernschleifen **Chromsosomen** (griech.: chromos = Farbe).

Zunächst war es für die Forscher nicht klar, welche Bedeutung die Chromosomen haben. Jedes Lebewesen besitzt in den Körperzellen eine für seine Art typische Anzahl von Chromosomen. Der Mensch hat z. B. 46, die Hausmaus 40, der Mais 20 und der Farn Natternzunge 520. Dabei bilden jeweils zwei gleichartige Chromosomen ein Paar. Man nennt sie daher *homologe Chromosomen*. Die 46 Chromosomen des Menschen bilden also 23 Paare.
Bei stärkerer Vergrößerung erkennt man den Feinbau eines Chromosoms. Es ist in 2 Schenkel gegliedert, die *Chromatiden*. Etwa in der Mitte wird ein stark gefärbter Plasmabereich sichtbar, das *Centromer*. Die beiden Chromatiden enthalten 10–35 nm dicke *Kernfäden*. Diese Fäden erscheinen als perlenkettenartige Struktur. Dabei stellen Eiweißstoffe die „Perlen“ dar, während die Perlenschnur durch die Molekülketten der *Desoxyribonucleinsäure* (**DNA**) gebildet wird.

Schon im Jahre 1900 hatte der Botaniker CORRENS vermutet, dass auf den Chromosomen die *Erbanlagen* liegen. Ein Nachweis dafür gelang dem amerikanischen Biologen Thomas Hunt MORGAN. Dieser experimentierte mit der **Taufliege** Drosophila. Dieses nur 3 mm kleine Insekt ernährt sich vorwiegend von faulenden Obstresten. Es hat eine hohe Zahl von Nachkommen, die sich innerhalb von 14 Tagen entwickeln. Somit ist eine rasche Generationenfolge gewährleistet. Die Taufliege besitzt einen Chromosomensatz von nur 2 x 4 Chromosomen. Außerdem bildet sie in ihren Speicheldrüsen „Riesenchromosomen“ aus, die sich leicht untersuchen lassen. Die Taufliege wurde aufgrund dieser Vorteile zum „Haustier“ der Erbforscher.
MORGAN konnte nachweisen, dass einige Eigenschaften der Taufliege, z. B. die Körperfarbe und die Körperform, nicht unabhängig voneinander vererbt werden. Er schloss daraus, dass die *Erbanlagen* oder **Gene**, die diese Merkmale bestimmen, auf dem selben Chromosom liegen.

Bei zahlreichen Kreuzungsversuchen traten aber dennoch einige Taufliegen auf, bei denen die sonst gekoppelten Merkmale getrennt waren. Offenbar musste zwischen den Chromosomen ein Austausch von Genen stattgefunden haben. MORGAN vermutete, dass dieser Austausch durch Überkreuzung von Chromatiden homologer Chromosomen zustande kommt. Wie man heute weiß, legen sich homologe Chromosomen während der Reifeteilung vorübergehend eng aneinander und umschlingen sich an einer oder an mehreren Stellen. Diesen Vorgang bezeichnet man als **Crossing over**. Trennen sich die homologen Chromosomen am Ende der Reifeteilung wieder voneinander, so kommt es vor, dass die Chromatiden an den Überkreuzungsstellen auseinanderbrechen. Dabei können Bruchstücke aus der Chromatide des einen Chromosoms mit Bruchstücken aus der Chromatide des benachbarten Chromosoms verschmelzen.

Überkreuzungen können an verschiedenen Stellen der Chromatiden vorkommen. Gene, die an entgegengesetzten Enden der Chromosomen liegen, werden beim Chrossing over häufig getrennt. Eine Trennung benachbarter Gene tritt seltener auf.

MORGAN ermittelte, wie häufig sich gekoppelte Gene voneinander trennen. Er verglich nun diese Austauschwerte aller untersuchten Gene und bestimmte danach deren relative Entfernung auf dem Chromosom. Auf diese Weise konnte MORGAN von den Chromosomen der Taufliege Genkarten aufstellen. Diese zeigen die Anordnung der Gene auf dem Chromosom.

In späteren Jahren konnten Forscher zeigen, dass bestimmte Gene an festgelegten Genorten liegen. Sie bestrahlten Geschlechtszellen mit Röntgenstrahlen und riefen dadurch Chromosomendefekte hervor. Bei den Nachkommen der auf diese Weise behandelten Fliegen kam es zum Ausfall solcher Merkmale, deren Gene an den defekten Stellen lagen.

1. Erläutere anhand der Abbildung 3, wie es zum Genaustausch durch Crossing over kommt.
2. Beschreibe, wie man Genorte auf einem Chromosom ermitteln kann.

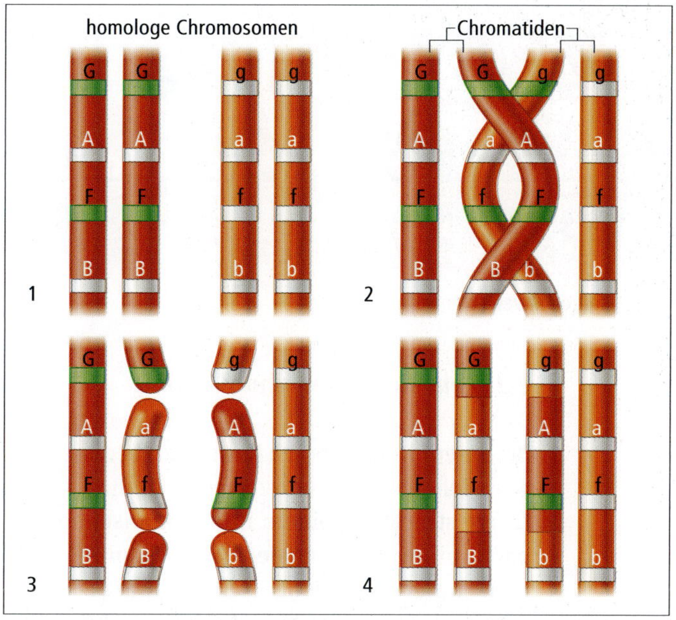

3 **Crossing over bei der Reifeteilung**

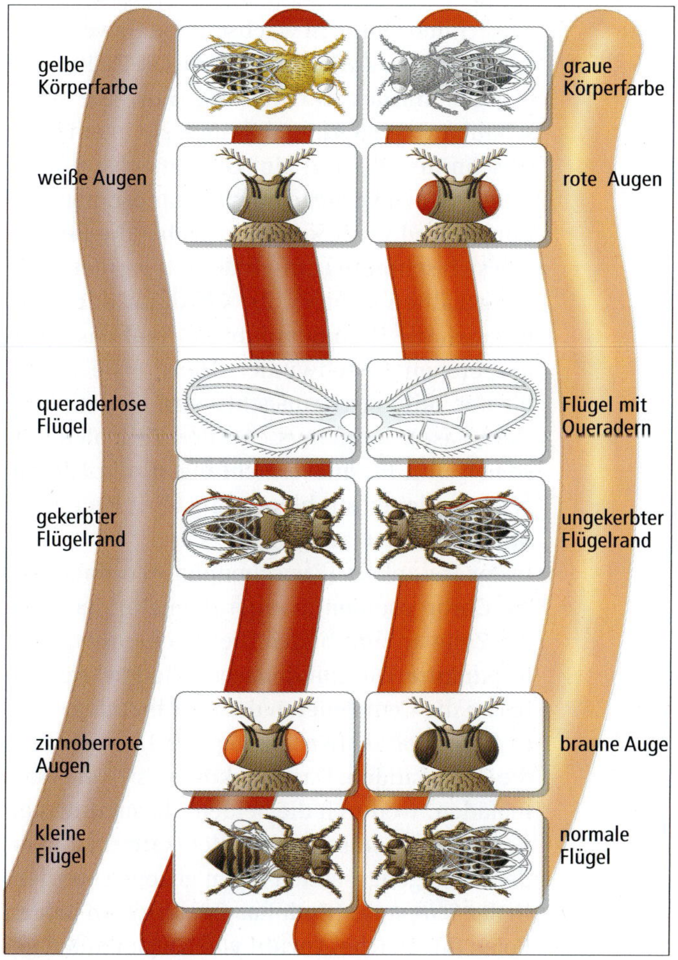

4 **Genkarte der Taufliege**

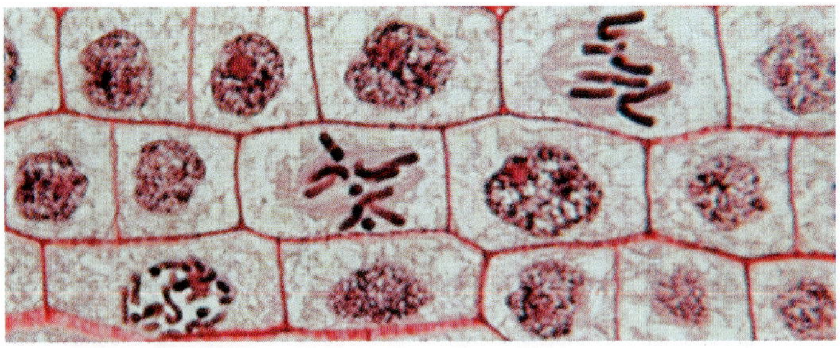

1 **Wurzelgewebe der Bohne** (angefärbt)

2.2 Kein Wachstum ohne Teilung

Bei einem Keimversuch kann man beobachten, wie sich die Keimwurzel einer Bohne in die Länge streckt. In einem mikroskopischen Präparat einer wachsenden Wurzelspitze sieht man unterschiedliche Zellen. Einige davon scheinen sich zu teilen. Wachstum durch Teilung, ist das nicht ein Widerspruch?

Tatsächlich laufen in wachsendem Gewebe ununterbrochen **Zellteilungen** ab. Die Zellteilung beginnt mit der **Kernteilung**. Für eine überschaubare Gliederung teilt man sie in einzelne Abschnitte (Phasen) ein. Die zunächst nur als dünne Fäden vorliegenden Chromosomen verkürzen und verdicken sich, wobei die Kernfäden sich schraubig aufwinden. Es werden zwei Längshälften sichtbar, die **Chromatiden**. Nun löst sich die Kernmembran auf und das Kernkörperchen verschwindet. Diese erste Phase, die der Teilung vorausgeht, wird als *Prophase* (Vorphase) bezeichnet. An den Zellpolen entstehen nun Plasmaverdichtungen, die *Polkappen*, von denen strahlenförmig feine Fäden, die **Spindelfasern**, ausgehen.

In der *Metaphase* (Zwischenphase) ordnen sich die Chromosomen in einer Ebene in der Mitte der Zelle an und bilden die sogenannte *Äquatorialplatte*. Die Spindelfasern „heften" sich dabei an die Centromeren der Chromatiden.

In der *Anaphase* (Nachfolgephase) trennen sich die Chromatiden. Dazu verkürzen sich die Plasmafäden, wodurch die beiden Chromatiden eines Chromosoms voneinander getrennt und zu den entgegengesetzten Polen gezogen werden.

In der *Telophase* (Endphase) hat sich an beiden Polen die gleiche Anzahl von Chromatiden gesammelt. Diese Zahl stimmt mit der Chromosomenzahl der Ausgangszelle überein. Es bilden sich zwei neue Tochterkerne, die jeweils dem Ausgangskern entsprechen.

Die Chromatiden entspiralisieren sich, die Kernmembran und das Kernkörperchen werden wieder sichtbar. Damit tritt der Kern in eine *Interphase* (Zwischenphase) ein. Die Chromatiden verdoppeln sich und es liegen wieder ganze Chromosomen vor.

Diese *Wachstumsteilung* wird als **Mitose** bezeichnet. Jetzt erst kommt es zur eigentlichen Zellteilung. Bei Pflanzen bildet sich auch eine neue Zellwand. Damit sind aus einer Mutterzelle zwei Tochterzellen hervorgegangen, die einen gleichartig aufgebauten Kern besitzen. Beide Tochterzellen wachsen anschließend zur Größe der Ausgangszelle heran.

1. Beschreibe mithilfe der Abbildung 2 den Ablauf der Mitose.

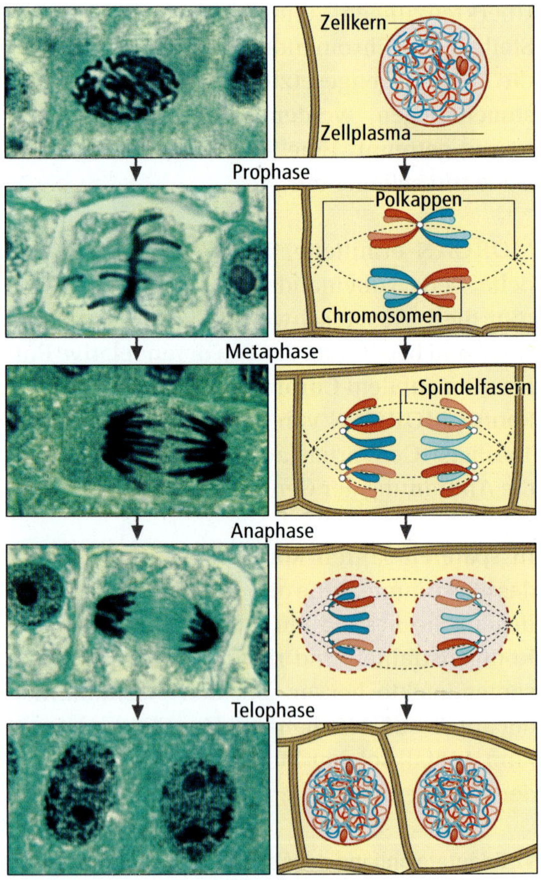

2 **Mitose** (lichtmikroskopische Aufnahmen und Schemazeichnungen)

2.3 Keimzellen werden anders gebildet als Körperzellen

Nur ein Teil der Zellen ist darauf spezialisiert, die zur Fortpflanzung notwendigen **Keimzellen** zu bilden. Während der Reifung zur Ei- bzw. zur Samenzelle werden z. B. die 46 Chromosomen des Menschen, die in jeder Körperzelle vorhanden sind, auf die Hälfte vermindert. So wird sichergestellt, dass es bei der Befruchtung einer Eizelle durch eine Samenzelle nicht zu einer Verdoppelung der Chromosomenzahl von Generation zu Generation kommt.

Jeweils zwei Chromosomen gleichen sich in Größe und Gestalt. So kann man die 46 Chromosomen des Menschen zu 23 Paaren ordnen. Man nennt sie **homologe Chromosomen**. In jedem Paar stammt ein Chromosom ursprünglich vom Vater, das andere von der Mutter.
Die Verminderung von 46 Chromosomen auf 23 erfolgt in zwei Schritten. Wie bei der Mitose löst sich bei der Keimzellbildung zunächst die Kernmembran auf. Nun allerdings ordnen sich die homologen Chromosomen paarweise nebeneinander in der Äquatorialebene an und die Spindelfasern bilden sich aus. Wieder heften sich die Spindelfasern an je ein Chromosom, verkürzen sich und ziehen die 23 Chromosomenpaare auseinander. Eines der beiden homologen Chromosomen wird zu dem einen Zellpol, das andere Chromosom zu dem entgegengesetzten Pol gezogen. Dabei werden durch die zufällige Verteilung der homologen Chromosomen auch die Erbanlagen vermischt und neu kombiniert. An jedem Zellpol bilden sich nun zwei neue Kerne aus, die nur noch je 23 Chromosomen enthalten. Der doppelte Chromosomensatz ist auf die Hälfte reduziert worden. Deshalb nennt man diese Zellteilung auch **Reduktionsteilung**.

Nach kurzer Pause schließt sich der zweite Teilungsschritt an. Jede der beiden Zellen teilt sich nun noch einmal. Da diese Teilung wie eine normale Zellteilung (Mitose) abläuft, ändert sich die Anzahl der Chromosomen nicht. Der gesamte Vorgang, der sich aus der Reduktionsteilung und der Mitose zusammensetzt, wird **Meiose** (*Reifeteilung*) genannt.

Bei der Meiose wird das Erbgut neu kombiniert. Die vom Vater und von der Mutter weitergegebenen Erbanlagen werden zufällig auf die Tochterzellen verteilt. Beispielsweise hat die Taufliege Drosophila vier Chromosomenpaare im doppelten Satz. Sie kann $2^4 = 16$ verschiedene Kombinationen bilden. Ein Mensch dagegen hat $2^{23} = 8\,388\,608$ verschiedene Kombinationsmöglichkeiten.

1. Definiere folgende Begriffe: Chromatid, homologe Chromosomen, doppelter Chromosomensatz, Reduktionsteilung.

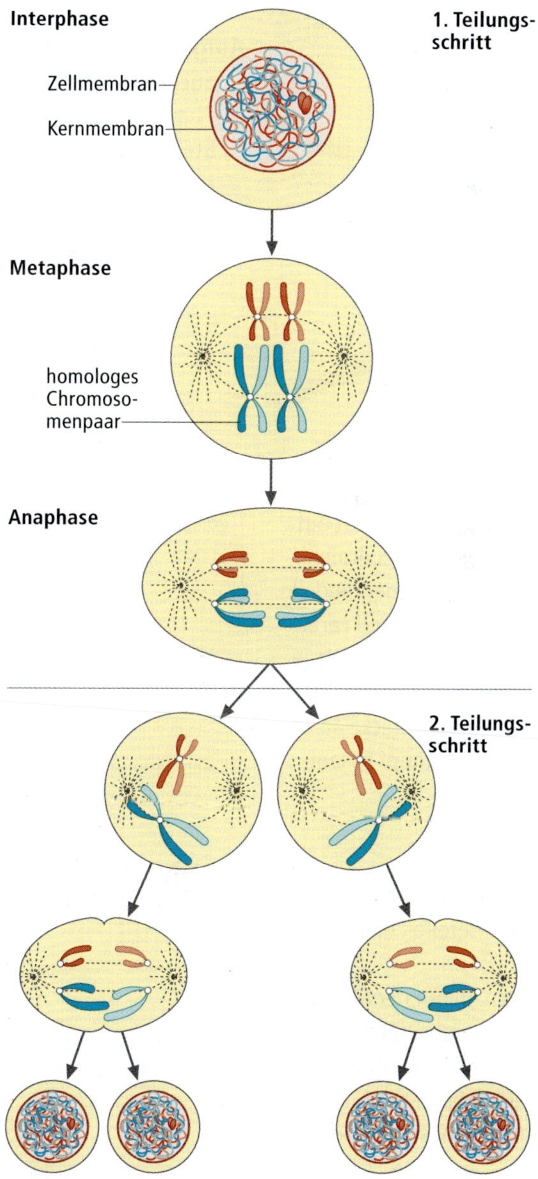

1 Meiose

Chromosomen

V1 Chromosomenmodell

Material: farbige, biegsame Drähte (z. B. Klingeldraht); große Druckknöpfe; Bleistift

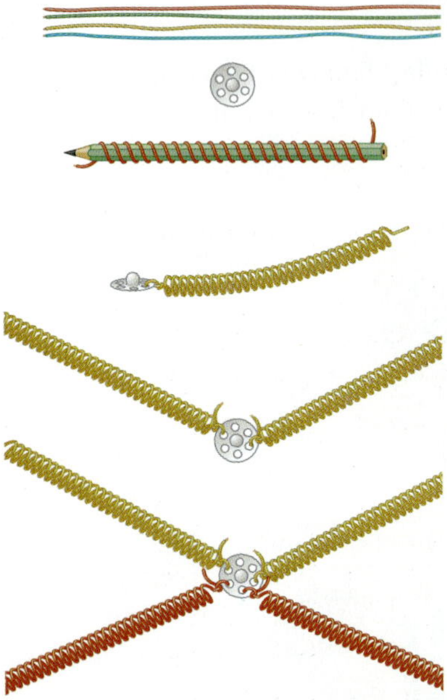

Durchführung: Rolle verschiedenfarbige Drähte über einem Bleistift auf und drehe sie so zu engen Spiralen. Baue mehrere Chromosomenmodelle aus jeweils zwei in Länge und Farbe identischen Spiralen. Befestige dazu in der Mitte jeder Spirale einen Teil eines Druckknopfes und stecke anschließend den Druckknopf zusammen.

Aufgabe:

a) Vergleiche die Teile deiner Modelle mit den Bestandteilen eines Chromosoms.

b) Vollziehe den Ablauf der Mitose an deinem Chromosomenmodell nach.

c) Vollziehe den Ablauf der Meiose an deinem Chromosomenmodell nach.

V2 Mikroskopische Untersuchung von Mitosestadien

Material: Mikroskop und Zubehör; Zeichenpapier; Bleistift; Fertigpräparat einer Wurzelspitze der Küchenzwiebel

Durchführung: Mikroskopiere das Bildungsgewebe der Wurzelspitze bei mittlerer Vergrößerung.

Aufgaben:

a) Suche vier Zellen in verschiedenen Phasen der Kernteilung.

b) Stelle die stärkste Vergrößerung ein und zeichne diese Zellen.

c) Markiere durch Ziffern die Reihenfolge der Kernteilungsstadien.

V3 Kombination von Chromosomen bei der Meiose

Material: Spielkarten

Durchführung: Nimm von Spielkarten jeweils ein Paar mit gleichen Zahlenwerten. Diese Paare stellen jeweils ein Chromosomenpaar dar. Dabei kommt z. B. Karo von der Mutter, Kreuz vom Vater.

Aufgabe:

a) Spiele mit den Spielkartenpaaren die Reduktion des Chromosomensatzes nach. Gehe von einem Lebewesen mit zwei Chromosomenpaaren im doppelten Chromosomensatz aus.

b) Wie viele Kombinationsmöglichkeiten ergeben sich für Lebewesen mit
drei Chromosomenpaaren?
vier Chromosomenpaaren?
fünf Chromosomenpaaren?

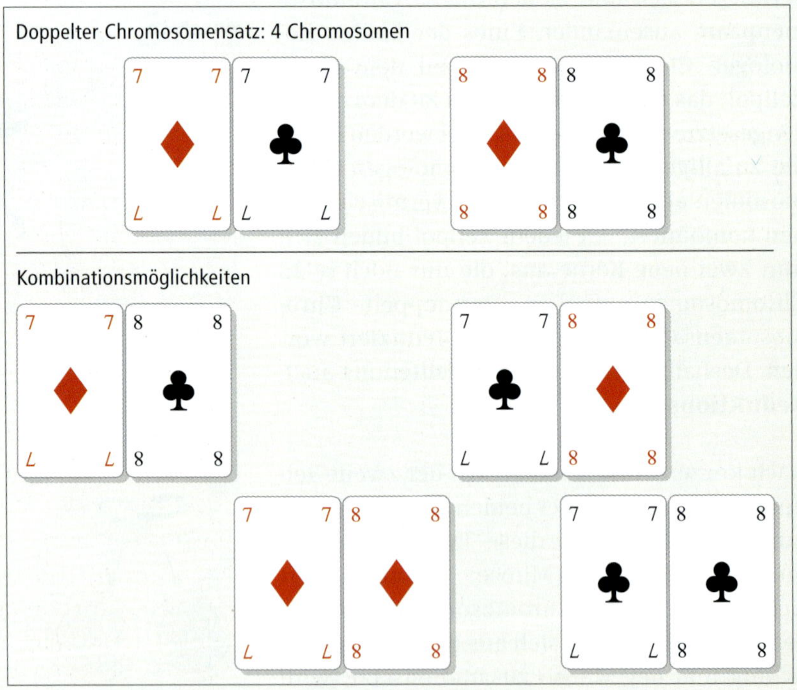

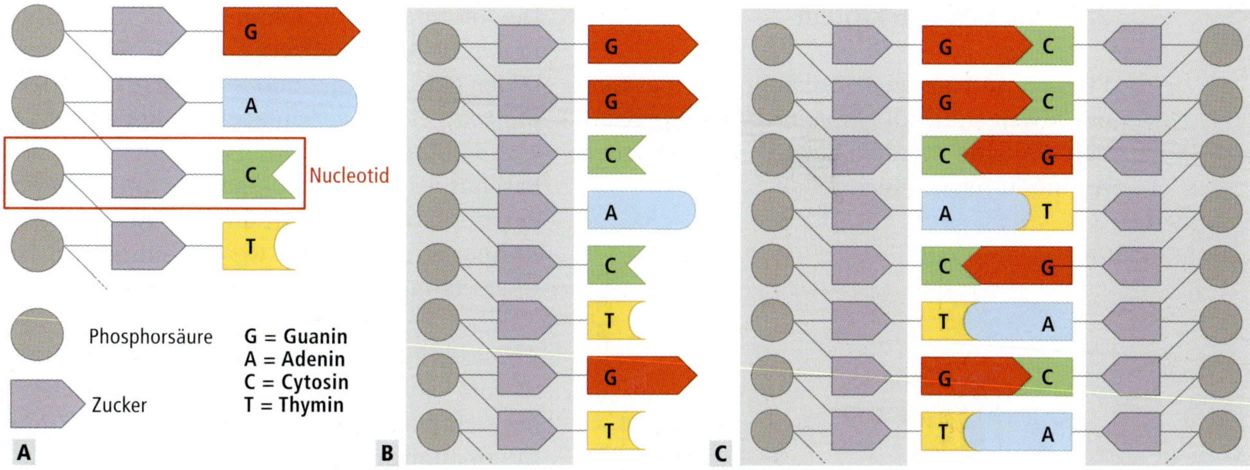

1 **DNA.** **A** Bausteine; **B** Einzelstrang; **C** Doppelstrang

2.4 Gene enthalten den Erbcode

Die Entdeckung des Bauplanes der Chromosomen hat gezeigt, dass die Erbinformation in den Genen gespeichert ist. Diese Informationen liegen verschlüsselt in den *Nucleinsäuren* im Zellkern. Nucleinsäuren sind lange, unverzweigte Molekülketten, die aus vielen tausend Baueinheiten bestehen können. Diese Grundbausteine nennt man **Nucleotide**.

Ein Nucleotid besteht immer aus drei Molekülen: einem *Zuckermolekül,* einem Molekül *Phosphorsäure* und einer stickstoffhaltigen *organischen Base.*
Handelt es sich bei dem Zucker um *Desoxyribose,* so spricht man von **Desoxyribonucleinsäure** DNS oder **DNA** (vom englischen **D**esoxyribo**n**ucleic**a**cid).
Der wichtigste Bestandteil für den Informationsgehalt der Nucleinsäuren ist die organische Base. In der DNA treten immer nur die vier verschiedenen Basen auf: **Adenin (A), Guanin (G), Cytosin (C)** und **Thymin (T).**

Bei der DNA stehen immer zwei Stränge einander gegenüber. So ergibt sich bei der DNA ein Doppelstrang, den man mit dem Bau einer Strickleiter vergleichen kann. Aufgrund der speziellen Bauweise der einzelnen Basen können jedoch nicht beliebige Kombinationen (Basenpaare) auftreten. Es liegen stets Adenin und Thymin sowie Guanin und Cytosin einander gegenüber. Durch diese Koppelung sind die beiden Stränge der DNA nicht identisch. Sie entsprechen sich wie Positiv und Negativ eines Abdruckes.

Untersuchungen durch die beiden Forscher WATSON und CRICK führten 1953 zu einem Modell, in dem der Doppelstrang der DNA nicht gestreckt, sondern spiralförmig aufgebaut ist. Man könnte diese *Doppelspirale,* auch **Doppelhelix** genannt, mit einer Wendeltreppe vergleichen, bei der die Basenpaare die Stufen darstellen. Die genetische Information wird festgelegt durch die Abfolge der Basenpaare in der Doppelhelix. Diese Erbinformation nennt man auch **genetischen Code.**

Bei der Zellteilung muss die Erbinformation exakt weitergegeben werden. Bei einer Verdoppelung der Chromosomen im Verlauf der Zellteilung muss sich auch die DNA verdoppeln. Dazu lösen sich die beiden Stränge der Doppelhelix voneinander wie zwei Hälften eines Reißverschlusses. Anschließend ergänzt jeder Einzelstrang seine fehlende Hälfte.
Hierzu lagern sich im Plasma vorhandene freie Nucleotide an die Basen der Einzelstränge an. Entsprechend der festgelegten Basenpaaarung des Einzelstranges werden nur die passenden freien Nucleotide angelagert und zu einem neuen Strang verbunden. So entstehen zwei identische DNA-Doppelstränge, die der ursprünglichen DNA völlig gleichen.

2.5 Vom Gen zum Protein

Für den Aufbau neuer Zellen braucht der Körper Eiweißstoffe, die *Proteine*. Die körpereigenen Proteine werden aus 20 verschiedenen Aminosäuren gebildet.

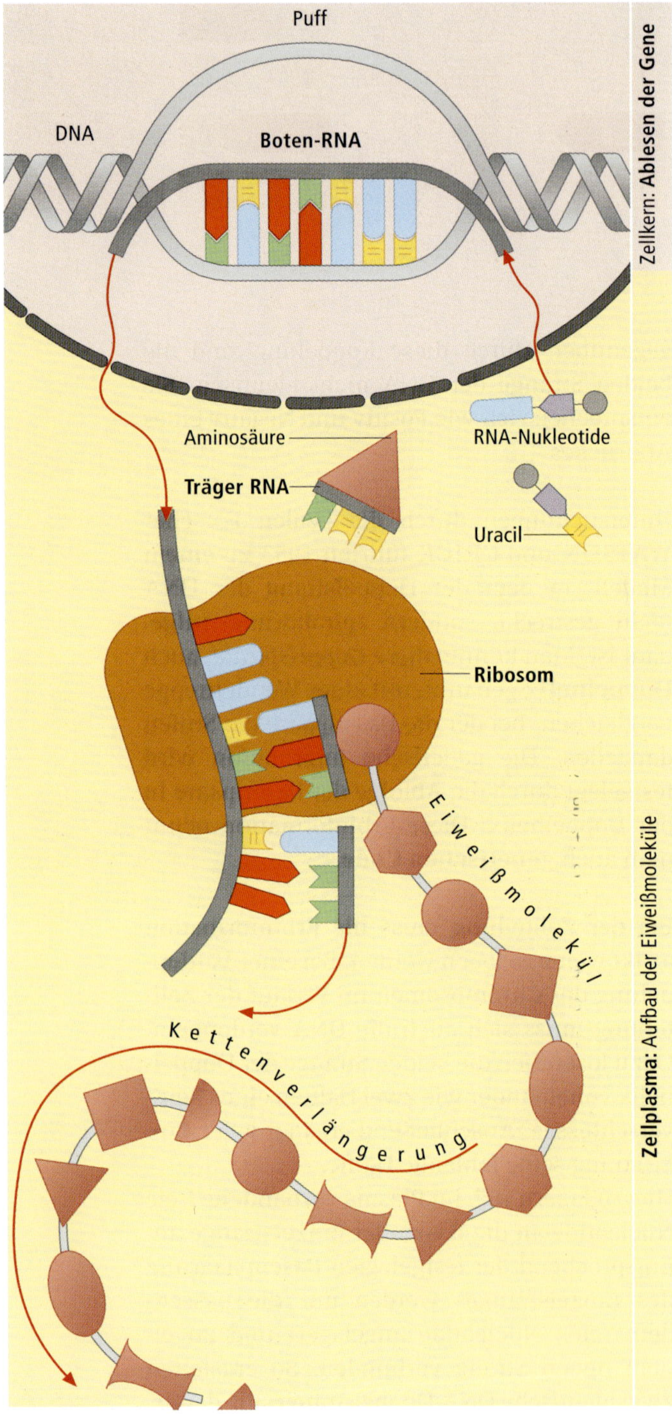

1 Ablesen der Erbinformation

Die Information zur Bildung der Proteine liegt in der DNA des Zellkerns. Jeweils drei Basen bilden eine Informationseinheit, das **Basentriplett.** Da es vier verschiedene Basen gibt, sind $4^3 = 64$ unterschiedliche Tripletts möglich. Die Basentripletts sind sozusagen die Code-Wörter der Erbinformation, die in eine Abfolge von Aminosäuren übersetzt werden müssen. Diese Übersetzung erfolgt bei der Proteinsynthese.

An bestimmten Genorten kann man im Chromosom Verdickungen, die *Puffs,* erkennen. Hier hat sich die DNA-Spirale geöffnet, sodass ihre Information anhand der Basentripletts ablesbar wird.

Dazu lagern sich an die Stickstoffbasen der DNA passende Nucleotide an. Diese stammen aus dem Zellplasma und werden freie Nucleotide genannt. Aneinandergereiht bilden sie einen neuen Nucleotid-Strang, die **Boten-RNA** (Ribonucleinsäure)**.** Bei der RNA tritt an Stelle der Base Thymin das **Uracil.** Die Boten-RNA löst sich fortlaufend von dem DNA-Strang und wandert durch die Poren der Kernmembran weiter in das Zellplasma. Hier dient sie als Vorlage für den Aufbau der körpereigenen Proteine. Die Eiweißsynthese erfolgt mithilfe von kleinen Körperchen, den **Ribosomen**, die im Zellplasma liegen. Die dazu notwendigen Aminosäuren werden von der **Träger-RNA** gebunden und herantransportiert. Für jede der 20 Aminosäuren gibt es eine eigene Träger-RNA.

An die Tripletts auf der Boten-RNA können nur die passenden Tripletts der Träger-RNA angelagert werden. So tastet die Träger-RNA die Tripletts auf der Boten-RNA ab, bis sie ein entsprechendes Triplett gefunden hat, bei dem die Kombination der drei Stickstoffbasen passt. Damit wird nach dem **Schlüssel-Schloss-Prinzip** jede Aminosäure an den jeweiligen Platz in die Eiweißkette eingebaut.

Sind die Aminosäuren an der Eiweißkette angekoppelt, löst sich die Träger-RNA von der Boten-RNA ab. Später trennt sich auch die Träger-RNA von der Eiweißkette.

Erbinformation

V1 Modell zum Aufbau der DNA

Material: weißer Zeichenkarton oder dünne Pappe; Bindfaden; Büroklammern; Papierschere; Bleistift; Buntstifte: rot, grün, blau, gelb, braun

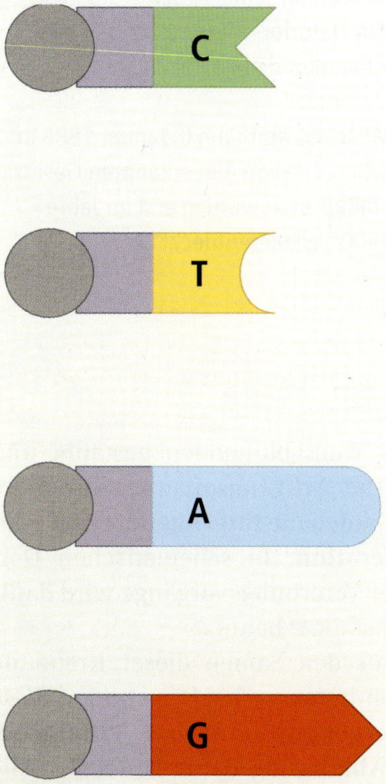

Durchführung: Zeichne die dargestellten Symbole auf Zeichenkarton. Färbe die einzelnen Bausteine entsprechend der Abbildung und schneide diese aus.
Stelle so viele Bausteine her, dass du 10 Nucleotide bauen kannst. Schneide zwei Bindfäden von etwa 60 cm Länge zu. Befestige die Nucleotide mit den Büroklammern an einem Bindfaden in beliebiger Reihenfolge.

Aufgabe: Ergänze den Einzelstrang auf die gleiche Weise zu einem Doppelstrang. Vergleiche mit Abbildung 1 C auf der Seite 285.

V2 Identische Verdopplung der DNA

Material: Doppelstrang aus V1; Symbole aus V1; 2 Bindfäden, je 60 cm lang; Büroklammern

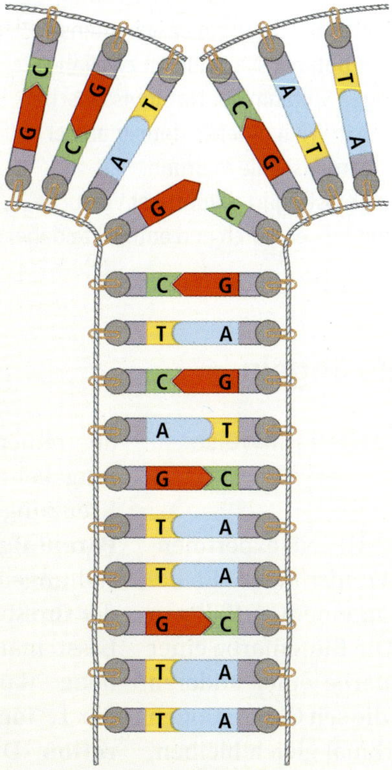

Durchführung: Nimm das Modell der DNA aus V1. Ziehe die freien Enden der Bindfäden reißverschlussartig auseinander.

Aufgaben:

a) Ergänze die Einzelstränge mit weiteren Symbolen, Büroklammern und Bindfäden zu Doppelsträngen. Vergleiche die beiden neu entstehenden Doppelstränge.

b) Erläutere die Bezeichnung „identische Verdoppelung der DNA".

V3 Kombinationsmöglichkeiten bei Basentripletts

Material: Zeichenpapier; Bleistift; verschiedene Buntstifte

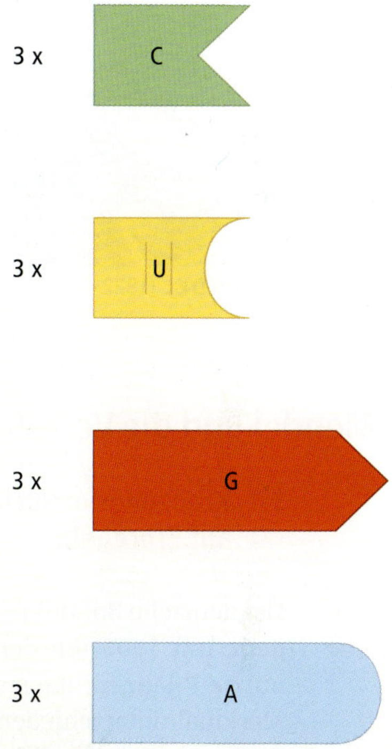

Durchführung: Durch Kombination der Symbole für die organischen Basen wird festgestellt, wie viele Basen einer Aminosäure zugeordnet sein müssen, um die 20 verschiedenen Aminosäuren festzulegen.

Aufgaben:

a) Kombiniere die Basenbausteine und stelle fest, wie viele Aminosäuren festgelegt werden könnten, wenn jede Aminosäure
- nur einer Base
- zwei Basen
- drei Basen zugeordnet wären.

b) Zeichne 20 verschiedene Träger-RNAs mit angebundener Aminosäure. Wähle die Symbole für die Aminosäuren frei aus.

EXKURS

Johann Gregor Mendel – Mönch und Erbforscher

Johann Gregor **MENDEL** (1822–1884)

Johann Gregor MENDEL wurde am 22. Juli 1822 in Heinzendorf (heute in der Tschechischen Republik) geboren. Er trat nach dem Abitur in das Augustinerkloster Brünn ein und wurde dort 1847 zum Priester geweiht. Neben seinen priesterlichen Tätigkeiten beschäftigte er sich intensiv mit Botanik. Nach einem zweijährigen Studium der Naturwissenschaften in Wien unterrichtete er an der Oberrealschule in Brünn.
Im Klostergarten führte er Versuche mit Erbsen durch und entdeckte dabei wichtige Gesetzmäßigkeiten der Vererbung. Seine Ergebnisse präsentierte er 1865 vor dem Naturforschenden Verein in Brünn und veröffentlichte sie 1866 unter dem Titel „Versuche über Pflanzen-Hybriden". Doch die Bedeutung seiner Arbeit wurde von den Naturforschern seiner Zeit nicht erkannt und blieb unbeachtet.

MENDEL starb am 6. Januar 1884 in Brünn. Die von ihm erkannten Gesetzmäßigkeiten wurden erst im Jahre 1900 „wiederentdeckt".

3 Mendel und die Vererbungsregeln

3.1 Kreuzungsversuche geben Hinweise auf Erbregeln

Der deutsche Botaniker CORRENS experimentierte um 1900 mit der *Wunderblume*. Er benutzte Pflanzen, die sich in einem auffälligen Merkmal unterschieden. Die Blütenfarbe einer Sorte war rot, die Blütenfarbe einer anderen Sorte war weiß. Pflanzen, die seit Generationen in einem bestimmten Merkmal gleich bleiben, nennt man **reinerbig.**
Bei solchen Erbversuchen werden die Narben der reinerbig rot blühenden Sorte mit Pollen der reinerbig weiß blühenden bestäubt und umgekehrt. Die Ausgangspflanzen für diese Kreuzungen bilden die **Elterngeneration** oder **Parentalgeneration**. In schematischen Darstellungen der Vererbungsvorgänge wird dafür der Großbuchstabe **P** benutzt.
Lässt man aus den Samen dieser Kreuzung neue Pflanzen heranwachsen, so bilden diese die **1. Tochtergeneration** oder **1. Filialgeneration**. Die Abkürzung dafür lautet $\mathbf{F_1}$. Alle Pflanzen dieser F_1-Generation blühen *rosa.* Da sie die Merkmale beider Eltern in sich vereinen, nennt man sie **Mischlinge**.

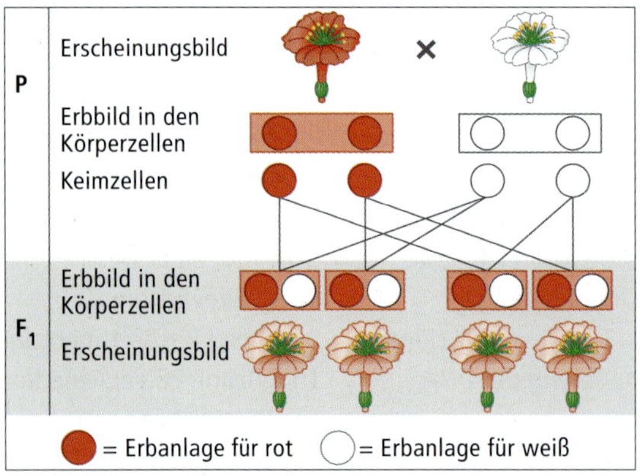

1 Intermediärer Erbgang bei reinerbigen Wunderblumen

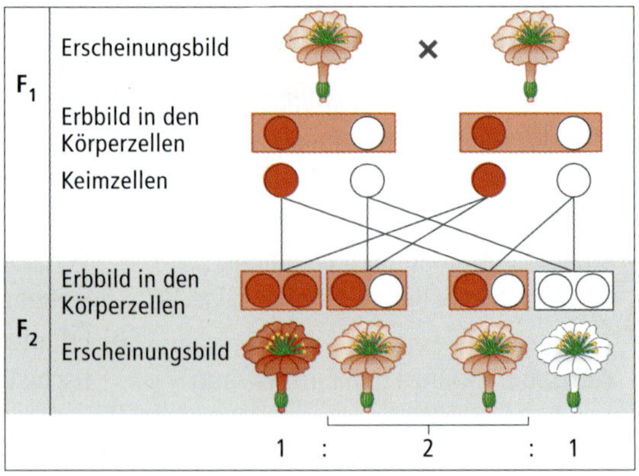

2 Intermediärer Erbgang bei mischerbigen Wunderblumen

Dass die Pflanzen der F_1-Generation alle gleich oder *uniform* aussehen, hatte schon MENDEL um 1860 bei seinen Versuchen mit Erbsen herausgefunden. So lautet die **1. MENDELsche Regel**, die *Uniformitätsregel*:

Kreuzt man zwei Individuen einer Art, die sich in einem Merkmal reinerbig unterscheiden, so sind die Nachkommen der 1. Tochtergeneration in diesem Merkmal gleich.

Weil die Blütenfarbe rosa zwischen den Blütenfarben der Eltern liegt, spricht man von einem *intermediären Erbgang*.
Kreuzt man anschließend die Mischlinge der F_1-Generation miteinander, erhält man Pflanzen, die entweder rot, weiß oder rosa blühen. Von 100 Pflanzen blühen etwa 50 rosa, 25 rot und 25 weiß. Es findet also eine Aufspaltung der Merkmale im Verhältnis 1 : 2 : 1 statt. Das entspricht der **2. MENDELschen Regel**, der *Spaltungsregel:*

Kreuzt man die Mischlinge der F_1-Generation unter sich, so spaltet die F_2-Generation in einem bestimmten Zahlenverhältnis auf. Dabei treten die Merkmale der P-Generation wieder auf.

Die Aufspaltung in der F_2-Generation gab MENDEL die Möglichkeit, Erbvorgänge zu erklären. Er wusste bereits, dass bei den Pflanzen jeweils ein Pollenkorn eine Eizelle befruchtet. Er nahm an, dass jedes Merkmal durch das *Zusammenwirken von* 2 **Erbanlagen** ausgeprägt wird. Eine der beiden Anlagen stammt von der Mutter, die andere vom Vater. Erbanlagen werden heute **Gene** genannt. Daher bezeichnet man das Erbbild auch als *Genotyp*, das Erscheinungsbild nennt man *Phänotyp*.
Das Gen für die Blütenfarbe tritt in zwei verschiedenen **Allelen** auf: ein Allel für die Blütenfarbe rot und ein Allel für weiß.

3 Parkanlage

Bei den Versuchen mit Erbsen stieß MENDEL auf einen Erbgang, der in der Natur viel häufiger vorkommt als der intermediäre Erbgang. Er kreuzte weiß blühende mit rot blühenden Erbsenrassen. In der F_1-Generation entstanden nur rot blühende Pflanzen. Offenbar hatte das Merkmal *rot* das andere Merkmal *weiß* überdeckt. Solche überdeckende Merkmale werden als **dominant** bezeichnet. In Erbschemata werden dominante Merkmale mit Großbuchstaben gekennzeichnet. Das überdeckte Merkmal nennt man **rezessiv**. Man verwendet hierfür Kleinbuchstaben.

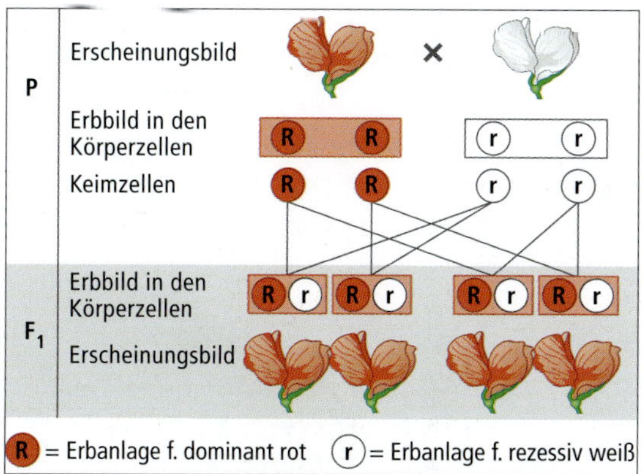

4 Dominant-rezessiver Erbgang bei reinerbigen Erbsen

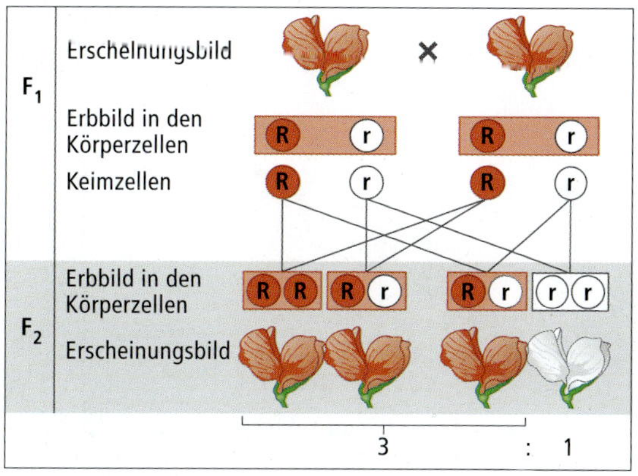

5 Dominant-rezessiver Erbgang bei mischerbigen Erbsen

Sind nun alle folgenden Generationen rot blühend? Auch in einem solchen *dominant-rezessiven Erbgang* spalten bei der F_2-Generation die Pflanzen auf. Von 4 Pflanzen blühen durchschnittlich 3 rot und 1 weiß. Das Erscheinungsbild zeigt also ein Verhältnis der Blütenfarben von 3:1. Das **Erbbild** der drei rot blühenden Pflanzen ist jedoch unterschiedlich. Vergleicht man in Abbildung 5 das Erbbild mit dem Erscheinungsbild, so erkennt man eine Aufspaltung entsprechend der Spaltungsregel im Verhältnis 1:2:1.
Diese Beobachtung liegt darin begründet, dass bei einem Zusammentreffen der Allele R und r das rezessive Allel r vom dominanten Allel R unterdrückt wird.
Sind beide Erbanlagen für ein Merkmal gleich, so sind die Nachkommen reinerbig. Die rote Blütenfarbe der Wunderblume entsteht also durch das Zusammenwirken der beiden gleichartigen Allele rot.

Die Mischfarbe rosa bildet sich durch das Zusammenwirken der beiden Allele *rot* und *weiß*. Die Pflanzen mit den rosa Blüten sind also **mischerbig.**

1. Beschreibe anhand Abbildung 1 und 2 den intermediären Erbgang der Wunderblume.
2. Beschreibe anhand Abbildung 4 und 5 den dominant-rezessiven Erbgang der Erbse. Unterscheide dabei den Erbgang nach Phänotyp und Genotyp.
3. Vergleiche den dominant-rezessiven Erbgang mit dem intermediären Erbgang. Stelle Gemeinsamkeiten und Unterschiede zusammen.
4. Erläutere die Beetanordnung mit verschiedenfarbigen Blüten in Abbildung 3 anhand der Erbregeln.

EXKURS

Rückkreuzung

Beim intermediären Erbgang kann man den Genotyp am Phänotypen ablesen. Wie lässt sich aber beim dominant-rezessiven Erbgang feststellen, welche Tiere oder Pflanzen reinerbig sind?
Planmäßiges Züchten kann nämlich nur dann erfolgreich sein, wenn man den Genotyp, z.B. den der Zuchttiere, genau kennt. Pflanzen oder Tiere, die im Phänotyp das rezessive Merkmal zeigen, müssen reinerbig sein. Von ihnen kennt man also die Erbnatur des entsprechenden Merkmals. Um den Genotyp eines Tieres, dessen Erbanlagen man nicht kennt, festzustellen, kreuzt man es mit einem reinerbig rezessiven Individuum der gleichen Art. Man nennt diesen Vorgang Rückkreuzung, weil man mit einem bestimmten Elterntier zurückkreuzt. Tritt bei einer solchen Rückkreuzung im Phänotyp ein Zahlenverhältnis 1:1 auf, so war das untersuchte Tier mischerbig (Abbildung links).

1. Übertrage die rechte Abbildung in dein Biologieheft. Vervollständige das Erbschema.
2. Die Rückkreuzung wird oft auch Testkreuzung genannt. Erkläre diesen Begriff.

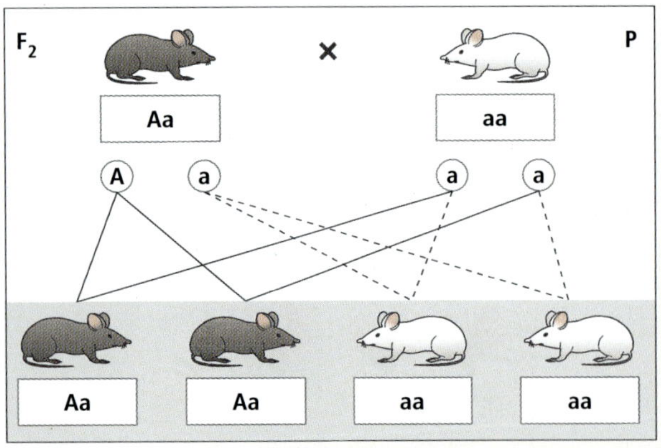

Rückkreuzung bei einer mischerbigen Maus

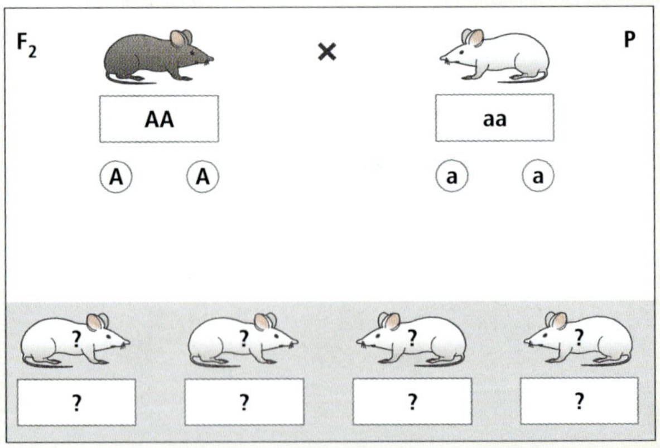

Rückkreuzung bei einer reinerbigen Maus

3.2 Erbanlagen können kombiniert werden

MENDEL interessierte sich auch dafür, wie zwei oder mehrere unterschiedliche Merkmale gleichzeitig vererbt werden.
Zur Überprüfung dieser Frage untersuchte er Erbsenrassen, die sich in den leicht festzustellenden Merkmalen *Samenform* und *Samenfarbe* deutlich unterschieden. Die Samen der einen Rasse waren *gelb* und *rund*, die der anderen Rassen *grün* und *runzlig*.
Entsprechend der Uniformitätsregel sahen die Mischlinge der F_1-Generation gleichartig aus. Ihre Samen waren gelb und rund. Die Samenform *rund* und die Samenfarbe *gelb* mussten also dominant sein. Es waren durch Vereinigung des Erbgutes beider Eltern *doppeltmischerbige* Mischlinge entstanden.

Als MENDEL die Mischlinge von 15 Pflanzen dieser F_1-Mischlinge miteinander kreuzte, entwickelten sich in der F_2-Generation 315 gelb-runde, 101 gelb-runzlige, 108 grün-runde und 32 grün-runzlige Erbsen. Es entstanden also 4 verschiedene Samenformen, die etwa in einem Zahlenverhältnis von 9 : 3 : 3 : 1 aufspalteten. Diese Aufspaltung zeigte, dass die Merkmale der Ausgangsrassen unabhängig miteinander kombiniert werden konnten. So wurde etwa grün mit rund und gelb mit runzlig kombiniert. Das Ergebnis fasste MENDEL in seiner **3. MENDELschen Regel** *(Unabhängigkeitsregel)* zusammen:

> *Kreuzt man Individuen, die sich in mehreren Merkmalen reinerbig unterscheiden, so werden die einzelnen Anlagen unabhängig voneinander vererbt.*

Bei zwei Merkmalspaaren ergeben sich in der F_2-Generation 16 Anlagekombinationen. Von den vier reinerbigen Nachkommen entsprechen zwei den Großeltern. Die beiden anderen sind neue *reinerbige* **Kreuzungsrassen.** Auf diese Weise ist es also möglich, „Neuzüchtungen" zu schaffen. Bei ihnen werden entsprechend den Züchtungszielen gewünschte Merkmale miteinander kombiniert.

1. Erkläre anhand der Abbildung 1, wie die neuen Erbsensorten entstanden sind.

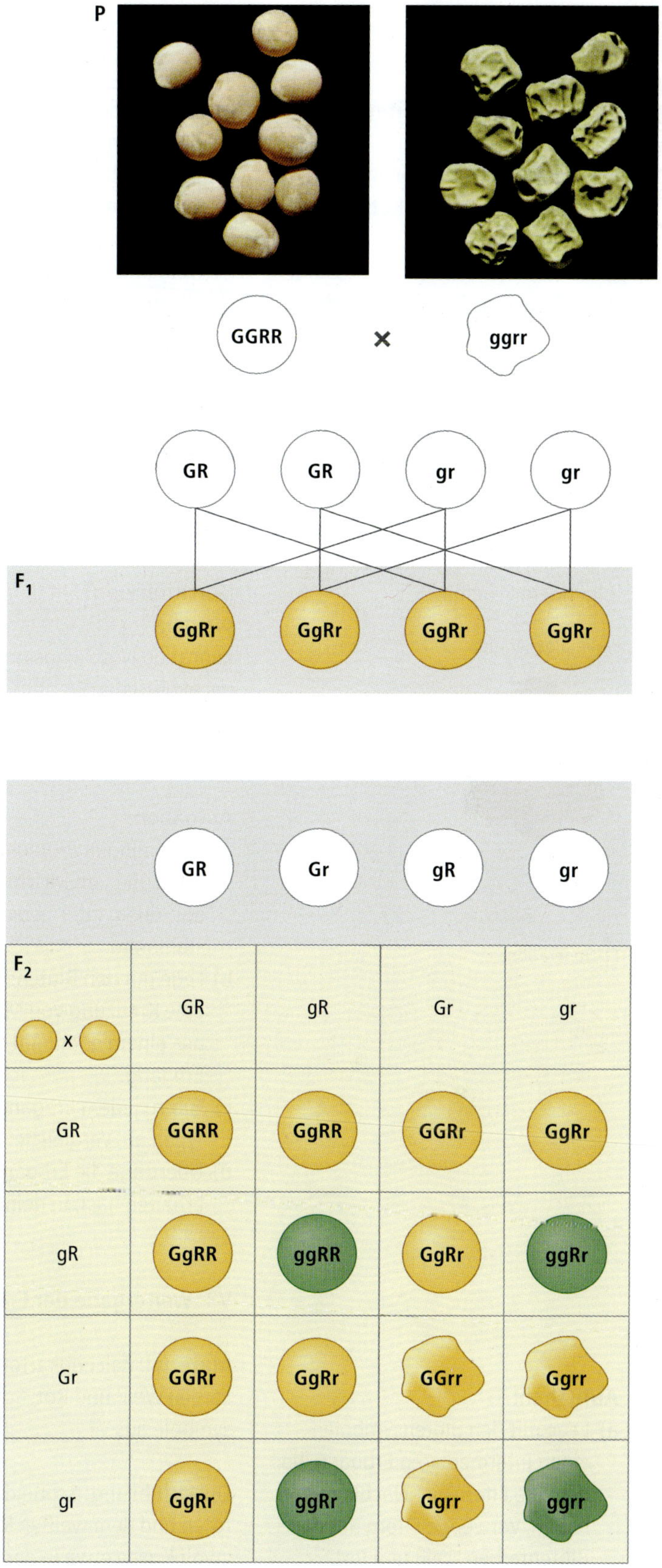

1 Erbgang mit zwei Merkmalspaaren bei der Erbse

Vererbung

V1 Vererbung von Blütenfarben

Material: Zeichenkarton in den Farben Weiß, Rosa und Rot; Schere; Stift

Durchführung: Zeichne auf jeden der drei Zeichenkartons je fünf Blütensymbole, etwa in der Größe eines 2-Euro-Stücks und schneide diese aus. Mit diesen Blütensymbolen kannst du sowohl einen intermediären als auch einen dominant-rezessiven Erbgang nachvollziehen. Lege deine Blütensymbole nach folgendem Schema:

Parentalgeneration:

F_1-Generation:

Aufgaben:

a) Lege mit den Blütensymbolen einen intermediären Erbgang, bei dem die Eltern vier Nachkommen haben. Verwende Eltern mit den Blütenfarben Weiß und Rot.

b) Lege mit den Blütensymbolen einen dominant-rezessiven Erbgang, bei dem die Eltern vier Nachkommen haben. Verwende Eltern mit den Blütenfarben Weiß und Rot.

c) Gib zu jedem Erbgang den Genotypen an. Vergleiche.

d) Übertrage die Erbgänge, die du erhalten hast, in dein Heft.

V2 Mischlingskreuzung

Material: Blütensymbole aus V1

Durchführung: Mit den Blütensymbolen der F_1-Generation aus V1 kannst du Mischlingskreuzungen nachvollziehen. Verfahre dabei wie in V1 (je 2 Blüten der F_1-Generation aus V1 sind jetzt die Eltern).

Aufgaben:

a) Lege mit den Blütensymbolen eine Kreuzung von Mischlingen, die aus einem intermediären Erbgang stammen.

b) Lege mit den Blütensymbolen eine Kreuzung von Mischlingen aus einem dominant-rezessiven Erbgang.

c) Gib zu jedem Erbgang den Genotypen an. Vergleiche.

d) Übertrage die Erbgänge, die du erhalten hast, in dein Heft.

V3 Weitergabe der Erbanlagen

Material: Zeichenkarton in den Farben Weiß und Rot; Schere; Blütensymbole aus V1

Durchführung: Schneide aus dem roten und dem weißen Karton je zwölf Kreise etwa in der Größe eines 10-Cent-Stücks aus. Mit den Blütensymbolen und den ausgeschnittenen Kreisen kannst du die Weitergabe der Erbanlagen nachvollziehen. Lege Blütensymbole und Erbanlagen nach folgendem Schema:

P

F_1:

Aufgaben:

a) Lege mit den Blütensymbolen und den Symbolen für die Erbanlagen das Schema eines intermediären Erbgangs.

b) Lege mit den Blütensymbolen das Schema eines dominant-rezessiven Erbgangs.

c) Ordne den einzelnen Blütensymbolen in jedem Erbgang je zwei Farbpunkte als Erbanlagen zu.

d) Übertrage die Erbgänge, die du erhalten hast, in dein Heft. Verbinde die Erbanlagen der Parentalgeneration und Filialgeneration mit Linien, die die jeweilige Zusammenstellung der Erbanlagen bei der Vererbung zeigen.

V4 Rückkreuzung

Material: Zeichenkarton in den Farben Weiß und Rot; Schere; Blütensymbole aus V1, ausgeschnittene Kreise aus V3

Durchführung: Vollziehe mithilfe der Blütensymbole und den Kreisen eine Rückkreuzung für eine Blüte „unbekannten" Erbbildes. Lege Blütensymbole und Erbanlagen nach folgendem Schema:

Aufgaben:

a) Lege mit den Blütensymbolen das Schema einer Rückkreuzung für eine Blüte mit dominant-rezessivem Erbgang. Welche Ergebnisse erhältst du für eine reinerbige Blüte, welche für eine mischerbige?

b) Lege mit den Blütensymbolen das Schema einer Rückkreuzung für eine Blüte mit zwischenelterlichem Erbgang.

c) Übertrage die Erbgänge, die du erhalten hast, in dein Heft.

V5 Vererbung von zwei Merkmalspaaren

Material: zwei Bogen Zeichenkarton oder dünne Pappe (DIN A4); Papier (DIN A2) oder Tapete; Farbstift schwarz; Bleistift; Schere

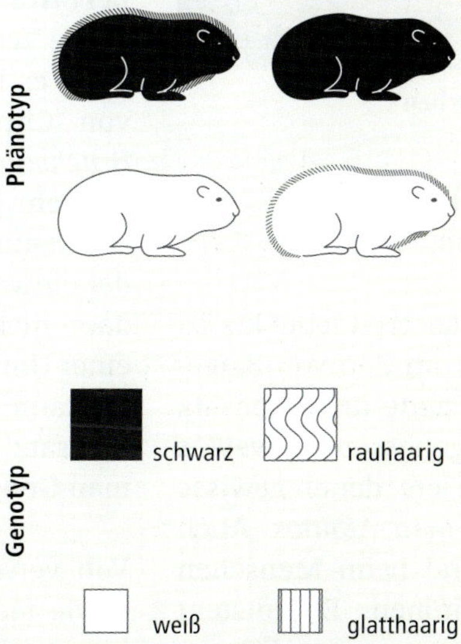

Durchführung: Zeichne die in der oben stehenden Abbildung dargestellten Symbole für das Aussehen (Phänotyp) der Meerschweinchen auf Zeichenkarton. Stelle auf gleiche Weise die Symbole für die Erbbilder (Genotyp) her. Es bedeuten: großes Quadrat = dominantes Merkmal; kleines Quadrat = rezessives Merkmal.
Zeichne auf das Papier – entsprechend der Abbildung – ein Kombinationsquadrat mit 16 Kreuzungsfeldern. Wähle die Größe der Kreuzungsquadrate so, dass die Symbole der Tiere und der Genotypen hineinpassen.

Aufgaben:

a) Erläutere den Erbgang der Kreuzung zweier reinrassiger Meerschweinchen.

b) Ermittle die möglichen Erbbilder der Meerschweinchen in der F_2-Generation. Lege dazu den Erbgang für die Kreuzung der F_1-Mischlinge mithilfe der ausgeschnittenen Symbole. Verwende ein Kombinationsquadrat entsprechend der Abbildung.

c) Welche Bedeutung hat das Ergebnis von Aufgabe b) für die Züchter? Berichte.

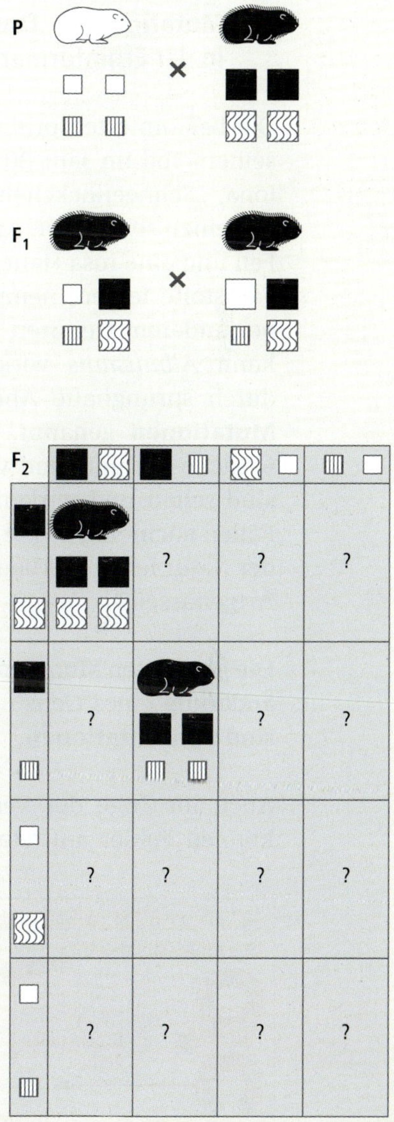

1 Gorillamann „Schneeflöckchen"

3.3 Mutationen – „Druckfehler" in der Erbinformation

Der bekannteste Gorilla der Welt lebte bis zu seinem Tod im Jahr 2003 im Zoo von Barcelona. „Schneeflöckchen" hatte im Gegensatz zu seinen schwarzen Artgenossen ein weißes Fell und eine rosa Haut. Tiere, denen gewisse Farbstoffe fehlen, nennt man *Albinos.* Auch bei anderen Tierarten und beim Menschen kann *Albinismus* vorkommen. Er entsteht durch sprunghafte Änderungen im Erbgut, **Mutationen** genannt. Diese treten zufällig Ursache auf und sind vererbbar. Mutationen sind selten und wirken sich in den meisten Fällen nachteilig aus. Albinos z. B. werden in der Natur leichter erbeutet, als normalfarbige Artgenossen.

Die häufigsten Mutationen erfolgen durch Abänderung eines Gens oder weniger Gene. Es sind **Genmutationen.**

Auch im Zuge der Verdoppelung der DNA können Fehler auftreten. Wird hierbei z. B.

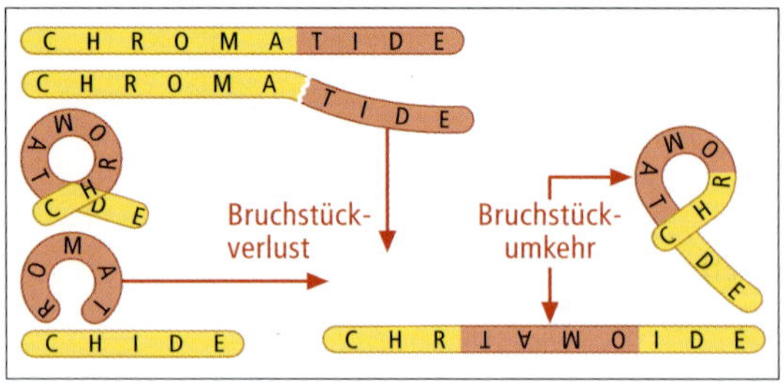

2 Chromosomenmutationen

ein falsches Nucleotid im DNA-Molekül eingebaut, ändert sich die Basenfolge auch in allen weiteren Kopien. Alle folgenden Kopien übernehmen automatisch diesen Fehler. Da die Basenfolge die Reihenfolge der Aminosäuren in einem bestimmten Protein festlegt, wird durch diesen „Druckfehler" im Text der Erbinformation ein verändertes Eiweiß aufgebaut. Tritt die Mutation in den Keimzellen auf, wird sie vererbt.

Bei **Chromosomenmutationen** werden sogar ganze Teile der Chromosomen verändert. So kann es beim *Crossing over* zum Abbrechen von Chromosomenteilen kommen. Dieser *Bruchstückverlust* führt zur Vernichtung einer sehr großen Anzahl von Erbanlagen. Die Bruchstücke können aber auch verkehrt wieder einwachsen. Die *Bruchstückumkehr* führt dann nicht zu einem Verlust, sondern nur zu einer Umkehr in der Reihenfolge der Gene.

Es kann sich auch der gesamte Chromosomensatz verändern. Solche Änderung nennt man **Genommutation.**

Von verschiedenen chemischen Substanzen sowie radioaktiver Strahlung, Röntgenstrahlung und UV-Strahlung ist bekannt, dass sie Mutationen auslösen können. Man nennt sie **Mutagene.** Man sollte deshalb das Einatmen von Lösungsmitteln, wie sie von vielen Klebstoffen und Lacken vorhanden sind, vermeiden. Ebenso sollte man sich vor übermäßiger Sonneneinstrahlung schützen und Röntgenuntersuchungen auf das absolut notwendige Maß beschränken. Besonders gefährdet sind Embryonen. Schwangere sollten sich deshalb dem Einfluss von Mutagenen möglichst entziehen.

1. Verdeutliche an einem Beispiel, wie bei Genmutationen die Erbinformation verfälscht wird. Streiche zum Beispiel aus den Basentripletts GTU GTU GTU.... eine Base. Ordne dann neu und lies ab. Verfahre ähnlich mit dem Text: WAS HAT DIE DNA MIT DIR VOR?
2. Nach Ansicht von Umweltschützern stellen Kernkraftwerke wegen der extrem langlebigen radioaktiv strahlenden Substanzen darin eine Gefährdung dar. Informiert euch über Kernkraftwerke und diskutiert in der Klasse.

3.4 Modifikationen – Einflüsse der Umwelt

Melanie kommt braungebrannt aus dem Urlaub. Vor den Ferien war sie sehr blass und hellhäutig. Ihre Mitschüler staunen, wie sehr sie sich verändert hat. – Je nachdem wie intensiv die Haut der Sonneneinstrahlung ausgesetzt wird, verändert sich die Hautfarbe. In sonnigen Gebieten bildet sich in der Haut der Farbstoff, der uns braun werden lässt. In Gebieten mit wenig intensiver Sonneneinstrahlung bleibt die Haut blass. Die jeweilige Umwelt hat also großen Einfluss auf unser Aussehen. Auch Melanies Bräune wird nach einigen Wochen wieder verschwinden. Solche Veränderungen im Erscheinungsbild von Lebewesen, die als Anpassung an die Umwelt geschehen, nennt man **Modifikationen**.

Auch bei Tieren und Pflanzen kommen Modifikationen vor. Lässt man zum Beispiel ein weißes Russenkaninchen in kalten Ställen aufwachsen, bildet sich an Pfoten, Ohren, Schwanzspitze und Schnauzenspitze ein schwarzes Fell. Die Tiere im warmen Stall dagegen bleiben unverändert weiß.

Keimen die Samen einer Löwenzahnpflanze an verschiedenen Orten, haben die im Tiefland wachsenden Pflanzen einen hohen, kräftigen Wuchs und große Blätter. Der Löwenzahn, der im Gebirge wächst, ist deutlich kleiner und wirkt kümmerlich.

Aber kann die Umwelt das Aussehen von Lebewesen beliebig ändern? Dies kann man überprüfen, wenn man z. B. alle Samen einer Bohnenpflanze erntet und deren Länge misst. Zeichnet man die Messergebnisse in einer Kurve auf, lässt sich ablesen, wie weit die Länge variiert. Die Variationskurve zeigt, dass Bohnen mit einer *mittleren* Länge am häufigsten vorkommen. Sie bilden den *Mittelwert*. Die gesamte Breite möglicher Größenunterschiede heißt **Variationsbreite.**

Kann man nun aus den großen Bohnensamen Pflanzen züchten, die ausschließlich große Bohnensamen ausbilden? In einem Versuch werden aus der Ernte einer Bohnenpflanze drei verschieden lange Bohnen ausgewählt und unter gleichen Umweltbedingungen aufgezogen. Man kann feststellen, dass alle drei Pflanzen in ihren Hülsen verschieden lange Bohnen enthalten. Genaue Messungen ergeben, dass sie die gleiche Variationsbreite haben. *Modifikationen* haben also keinen Einfluss auf das Erbgut eines Lebewesens und sind nicht vererbbar. Die Umwelt kann ein Lebewesen nur innerhalb eines Rahmens variieren, der durch die Erbanlagen vorgegeben wird. Erbgut und Umwelt gemeinsam prägen das Erscheinungsbild.

1 Melanie. **A** Vor dem Urlaub; **B** nach dem Urlaub

1. Sucht, z. B. im Internet, nach weiteren Beispielen für Modifikationen und berichte.
2. Trenne von einem großen Buchenzweig alle Blätter ab (ungefähr 100 Blätter). Ordne sie nach ihrer Länge und bilde dabei 5 Größengruppen. Beginne mit den kleinsten Blättern und lege die größten Blätter in die letzte Reihe. Stelle die Anzahl der Blätter in den einzelnen Gruppen fest. Zeichne eine Variationskurve. Vergleiche mit Abbildung 2.

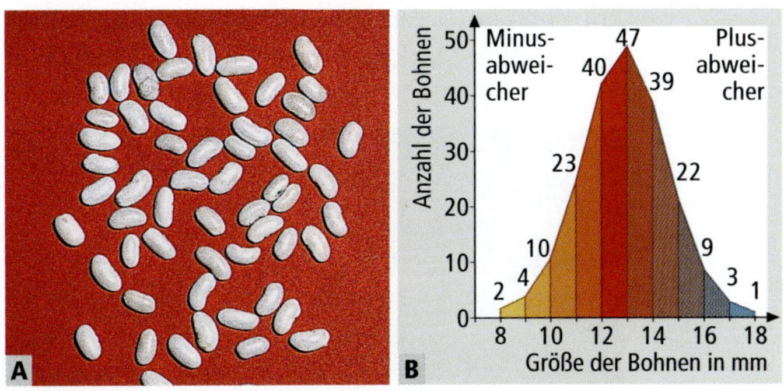

2 Variation. **A** Bohnensamen; **B** Variationskurve

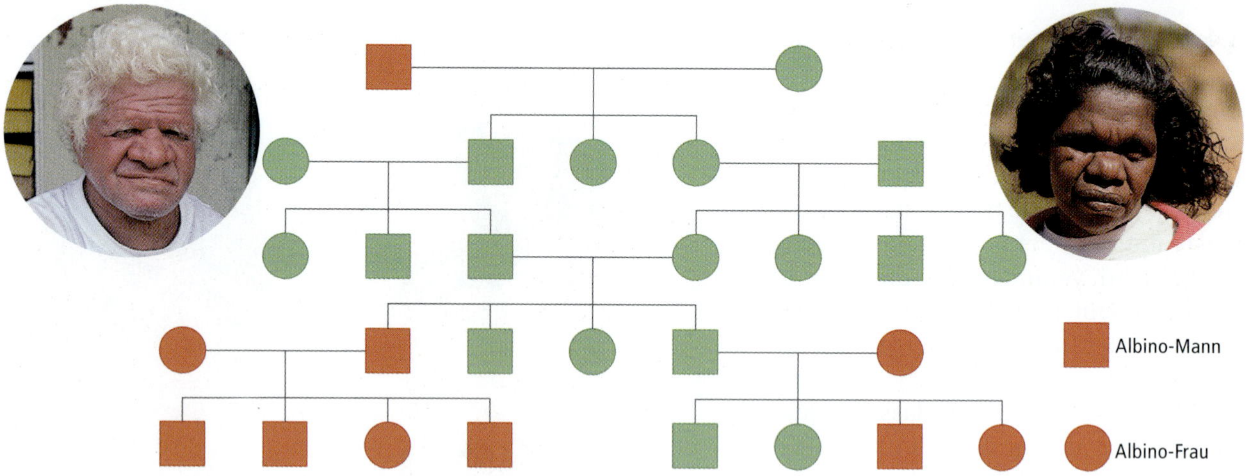

1 Stammbaum einer Aboriginesfamilie (Ureinwohner Australiens) mit Albinismus

4 Vererbung beim Menschen

4.1 Methoden der Erbforschung

Die Ureinwohner Australiens haben normalerweise eine dunkle Haut, dunkelbraune Augen und schwarze Haare. Einige dieser Aborigines besitzen aber rote Augen, weiße Haare, Augenbrauen und Wimpern sowie eine sehr helle Haut. Dies sind Merkmale von Albinos. Der Aufbau von Farbstoffen, den *Pigmenten*, ist bei diesen Menschen gestört. *Albinismus* ist eine Erscheinung, die sich auf eine defekte Erbanlage zurückführen lässt. Wie wird dieses Gen, das die Bildung des Hautfarbstoffes Melanin unterbindet, an die Nachkommen vererbt? Bei Menschen können zur Klärung dieser Frage aus ethischen Gründen keine Kreuzungsversuche durchgeführt werden. Es müssen also andere Methoden zur Erforschung genutzt werden.
Eine wichtige Methode ist die **Familienforschung** oder die **Stammbaumanalyse**. Hierbei wird über mehrere Generationen bei den Nachkommen eines Elternpaares das Auftreten eines bestimmten Merkmals untersucht. Mithilfe von *Stammbäumen* wie in Abb. 1 können Aussagen zu Erbgesetzen beim Menschen gemacht werden. Der abgebildete Stammbaum einer Aboriginesfamilie zeigt beispielsweise folgendes: Albinismus tritt sowohl bei Männern als auch bei Frauen auf. Die Krankheit erscheint nicht in jeder Generation. Hieraus lässt sich folgern, dass Albinismus durch ein rezessives Gen vererbt wird. Albinos sind also hinsichtlich des Gendefektes immer reinerbig. Auch „gesunde" Eltern können demnach ein Albinokind bekommen, wenn sie bezüglich dieses Merkmals mischerbig sind.

2 Genanalyse

Die **genetische Bevölkerungsanalyse** ist eine andere Methode zur Erforschung von Erbgesetzmäßigkeiten beim Menschen. Hierbei wird eine möglichst große Zahl von Menschen untersucht. Anschließend lassen sich Aussagen zur Häufigkeit und Verteilung von Erbkrankheiten innerhalb einer Bevölkerung machen. So können manche Erkrankungen bei ungeborenen Kindern bereits bei den Vorsorgeuntersuchungen während der Schwangerschaft erkannt und eventuell behandelt werden.
In der heutigen Erbforschung spielt auch die Untersuchung der DNA eine große Rolle. Da inzwischen viel über die Gene des Menschen erforscht ist, können bei einer **Genanalyse** auch Erbkrankheiten erkannt werden.

1. Albinismus taucht in der Aboriginesfamilie nicht in jeder Generation auf. Erkläre.

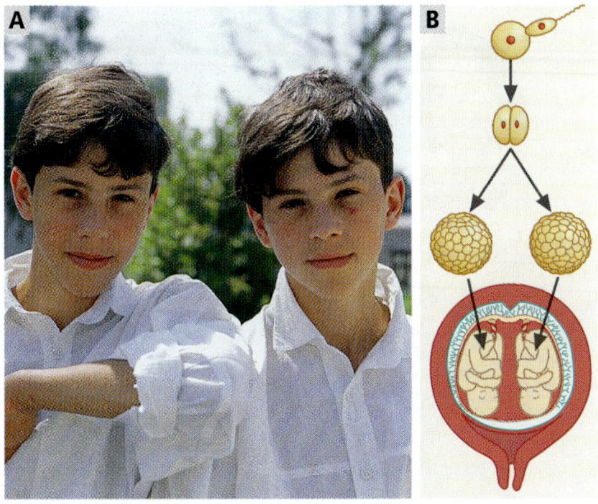

1 Eineiige Zwillinge **A** und ihre Entstehung **B**

2 Zweieiige Zwillinge **A** und ihre Entstehung **B**

4.2 Erbe oder Umwelt: Methoden der Zwillingsforschung

Blutgruppe, Augenfarbe oder Erbkrankheiten werden – wie viele andere Merkmale beim Menschen – nach bestimmten Gesetzmäßigkeiten an die Nachkommen vererbt. Diese Merkmale bleiben im Laufe des Lebens eines Menschen unverändert. Andere Eigenschaften wie beispielsweise das Körpergewicht oder die Intelligenz verändern sich. Beeinflusst die Umgebung möglicherweise die Ausbildung solcher Merkmale? Antworten auf diese oder ähnliche Fragen kann die **Zwillingsforschung** geben.

Es gibt eineiige und zweieiige Zwillinge. *Eineiige Zwillinge* entwickeln sich aus einer Eizelle. Nach der ersten Teilung der befruchteten Eizelle trennen sich die beiden Tochterzellen. Aus ihnen entstehen zwei erbgleiche Individuen. *Zweieiige Zwillinge* dagegen entwickeln sich aus zwei befruchteten Eizellen. Sie besitzen demnach keine identischen Erbanlagen, sondern haben wie normale Geschwisterpaare unterschiedliche Erbanlagen.

Um Aussagen über Erbvorgänge beim Menschen zu machen, führte man statistische Erhebungen bei ein- und zweieiigen Zwillingen durch. Bei eineiigen Zwillingen wurden auch solche befragt, die über einen möglichst langen Zeitraum nicht zusammen aufwuchsen. Der Einfluss von Erbgut und Umwelt auf bestimmte Merkmale oder Eigenschaften lässt sich bei ihnen genauer bewerten, da eineiige Zwillinge dasselbe Erbgut besitzen. Die Auswertung der Befragungen zeigt, dass das Körpergewicht von der Umwelt, z. B. der Ernährung, abhängig ist. Die Körpergröße dagegen ist überwiegend genetisch festgelegt. Beim Vergleich der Intelligenztests zeigt sich, dass Fähigkeiten wie logisches Denken, Zahlenverständnis und Merkfähigkeit überwiegend angeboren sind. Diese Fähigkeiten können aber durch die Umwelt beispielsweise durch Lernen und Erziehung begünstigt werden. Erbanlagen und die Umwelt beeinflussen also die Merkmale eines Menschen gemeinsam.

1. Welche Schlussfolgerungen ergeben sich aus dem Vergleich der Häufigkeit der aufgetretenen Krankheiten bei Zwillingen in Abbildung 3?

Zwillingspaare	Unterschiede			Übereinstimmungen		
	Körpergröße (cm)	Körpergewicht (kg)	Punkte beim Intelligenztest	Masern	Zuckerkrankheit	Tuberkulose
zweieiige Zwillinge	4,5	7,9	13,4	47	37	25
eineiige Zwillinge (getrennt aufgewachsen)	2,1	4,8	9,5	95	84	69
eineiige Zwillinge (gemeinsam aufgewachsen)	1,3	4,7	7,4			

3 Zwillinge: Merkmale und Krankheiten im Vergleich

1 Familie mit drei Töchtern

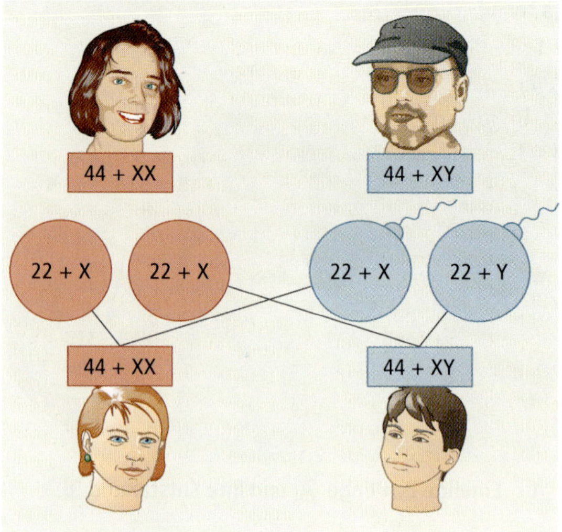

2 Entstehung des Geschlechts (Schema)

4.3 Erbregeln gelten auch für den Menschen

„Ich hätte gerne einen Sohn, aber meine Frau bringt nur Mädchen zur Welt," hört man manchmal Väter sagen, die nur Töchter haben. Liegt die Ursache hierfür wirklich bei der Frau?

Jede Körperzelle von Mann und Frau besitzt 46 Chromosomen. 44 davon lassen sich zu 22 Paaren ordnen. Die Chromosomen eines Paares sind sowohl im Aussehen als auch in der Größe gleich. Das 23. Paar ist allerdings bei Mann und Frau unterschiedlich. Bei der Frau sehen die Paarlinge gleich aus. Sie werden *X-Chromosomen* genannt. Männliche Körperzellen enthalten jedoch nur ein X-Chromosom. Das zweite, kleinere Chromosom des 23. Paares wird als Y-Chromosom bezeichnet. *X-* und *Y-Chromosomen* heißen **Geschlechtschromosomen.**
Bei der Bildung der Keimzellen entstehen bei der Frau nur Eizellen mit X-Chromosomen. Spermien dagegen können ein X- oder ein Y-Chromosom enthalten. Die Entscheidung über das Geschlecht des Kindes fällt bei der Befruchtung. Wird eine Eizelle von einem Spermium mit einem X-Chromosom befruchtet, entwickelt sich daraus ein Mädchen. Dringt ein Spermium mit einem Y-Chromosom in die Eizelle ein, entwickelt sich aus dieser befruchteten Eizelle ein Junge. Das Spermium bestimmt also das Geschlecht des Kindes.

Auch die Blutgruppe des Menschen wird vererbt. Sie bleibt zeitlebens erhalten und unterliegt keinen Umwelteinflüssen. Die **Gene A, B** oder **0** legen die jeweilige Blutgruppe fest. Jeder Mensch besitzt zwei von diesen drei möglichen Genen. Sie bestimmen seine Blutgruppe. Ein Gen stammt von der Mutter, das zweite vom Vater. Die statistische Auswertung von Familienstammbäumen hat gezeigt, dass die Gene A und B *dominant* über das Gen 0 sind. Menschen mit der Blutgruppe A können demnach unterschiedliche Erbbilder in ihren Körperzellen aufweisen. Hat ein Mensch die Blutgruppe A, so kann sein Erbbild AA oder A0 sein, da A über 0 dominant ist. Besitzt jemand die Blutgruppe B, so ist das Erbbild entweder BB oder B0. Ein Mensch mit der Blutgruppe 0 ist immer reinerbig. Bei der Blutgruppe AB, lautet auch das Erbbild AB, da sich beide Gene im Erscheinungsbild gleich stark auswirken.

Auch der *Rhesusfaktor*, eine weitere Bluteigenschaft, wird dominant-rezessiv vererbt. In Deutschland sind ca. 85 % der Bevölkerung rhesus-positiv (Rh^+) und ca. 15 % rhesus-negativ (rh^-). Das Gen für Rh^+ verhält sich also dominant gegenüber rh^-. Auch für den Rhesusfaktor besitzt jede Körperzelle zwei Gene. Ist jemand rhesus-positiv, kann das Erbbild Rh^+ Rh^+ oder Rh^+ rh^- sein. Der Rhesusfaktor ist bei der Blutübertragung eine wichtig. Die Faktoren müssen übereinstimmen.

Daneben werden auch äußerlich sichtbare Merkmale dominant-rezessiv vererbt. So weiß man z. B., dass eine dunkle Augenfarbe die helle überdeckt. Krauses Haar dominiert über welliges Haar und dieses wiederum über glattes Haar.

Körperliche Merkmale werden von Generation zu Generation weitervererbt. Wie aber verhält es sich mit anderen Eigenschaften wie beispielsweise handwerklichen, künstlerischen oder geistigen Begabungen? Der Stammbaum der Familie BACH liefert ein eindrucksvolles Beispiel für die Vererbung der Musikalität. In dieser Familie gab es über viele Generationen begabte Komponisten und Musiker. Die Ahnentafel der Familie DARWIN zeigt, dass der Naturwissenschaftler Charles DARWIN mehrere naturwissenschaftlich hochbegabte Verwandte hatte.

Im Bekanntenkreis oder in der eigenen Familie gibt es sicherlich ebenfalls Beispiele für die Vererbung von handwerklichen, pädagogischen oder musikalischen Begabungen. Die Anlage für eine bestimmte Begabung ist jedoch nicht so eindeutig auf ein Gen festgelegt wie bei körperlichen Merkmalen. Mehrere verschiedene Gene wirken hier zusammen. Umwelteinflüsse wie z. B. Erziehung und Unterricht fördern sicherlich zusätzlich die Ausbildung einer bestimmten Begabung. Auch der Wille eines Menschen seine Anlagen zu nutzen, kann sich auf die Entwicklung der Begabung positiv oder negativ auswirken.

1. Die Mutter hat die Blutgruppe AB, der Vater die Blutgruppe 0. Welche Blutgruppen können ihre Kinder haben? Zeichne dazu ein Erbschema.
2. Kann ein Kind mit der Blutgruppe 0 von Eltern mit der Blutgruppe A und B abstammen? Zeichne ein Erbbild.
3. Erkläre, warum es im Stammbaum der Familie BACH so aussieht, als ob nur Männer eine musikalische Begabung besitzen. Bedenke bei deiner Antwort, dass BACH im 18. Jahrhundert lebte.
4. Nimm Stellung zu der Aussage: „Die Plattfüße habe ich von meinem Vater geerbt, den großen Hunger von Opa und die Begabung für Sprachen von meiner Mutter."

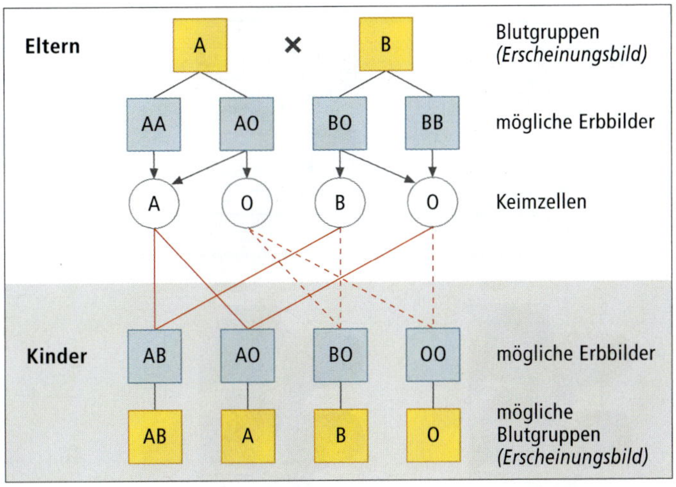

3 Vererbung der Blutgruppen

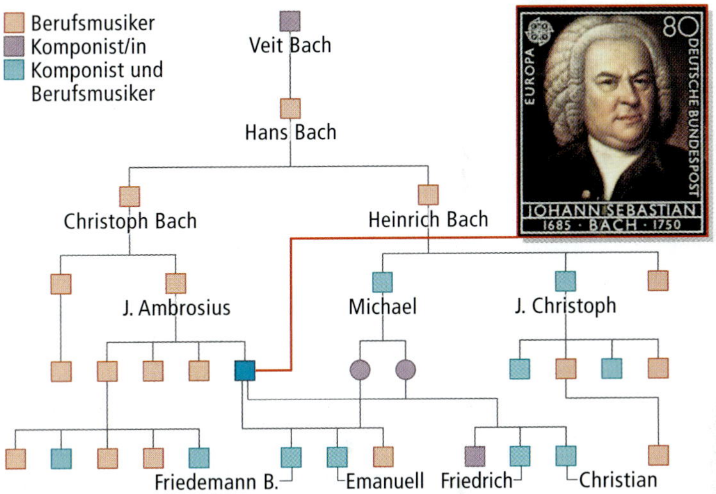

4 Stammbaum der Familie BACH

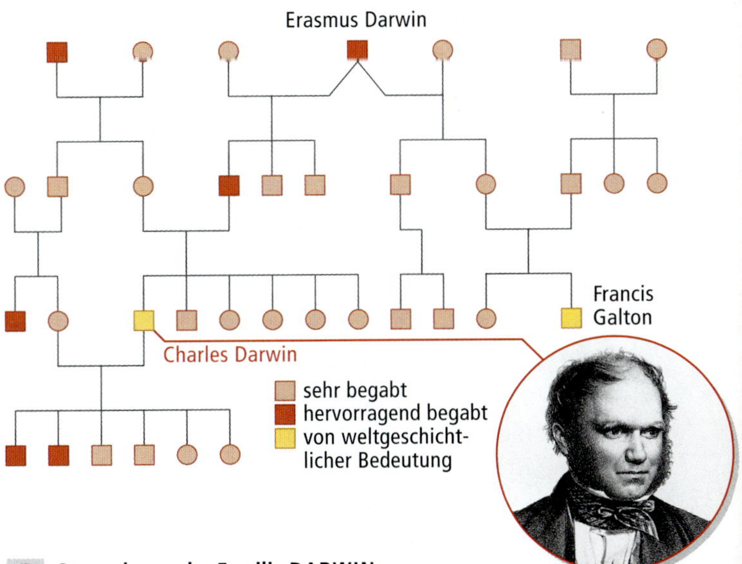

5 Stammbaum der Familie DARWIN

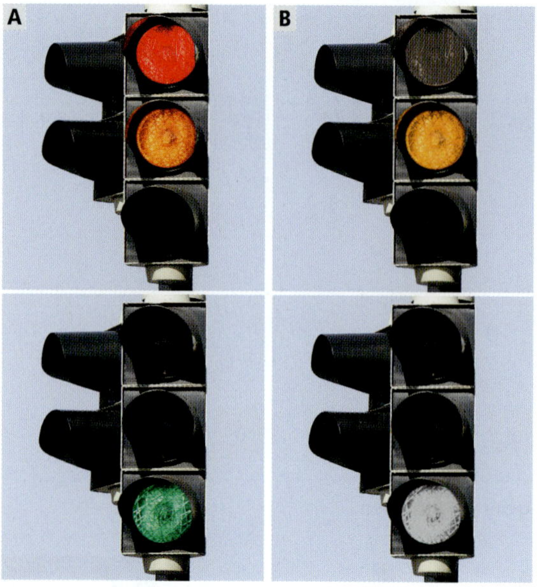

1 Farberkennen. A bei Normalsichtigen;
B bei Rot-Grün-Blinden

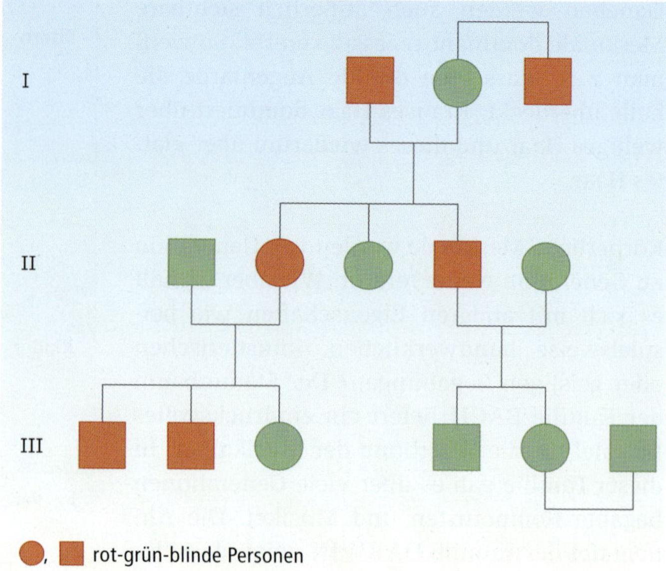

2 Erbgang der Rot-Grün-Blindheit

4.4 Veränderungen des Erbgutes – Ursachen für Erbkrankheiten und manche Behinderungen

Bei einer Ampel leuchtet der obere Kreis in der Farbe Rot, der mittlere in Gelb und der untere in Grün. Jeder kennt das, aber nicht alle können die Farben auch sehen. Ca. 8% aller Männer und 0,5% aller Frauen zeigen Schwächen bei der Unterscheidung der Farben Rot und Grün. Im Extremfall können sie statt Rot und Grün nur die Farbe Grau sehen. In der Netzhaut der Betroffenen fehlen die entsprechenden farbempfindlichen Zellen. Diese Fehlsichtigkeit bezeichnet man als **Rot-Grün-Blindheit**. Warum taucht diese Krankheit häufiger bei Männern als bei Frauen auf? Es handelt sich um eine **Erbkrankheit**, die rezessiv vererbt wird. Die Erbanlagen für die Rot-Grün-Unterscheidung liegen auf dem X-Chromosom. Auf dem zweiten Geschlechtschromosom, dem wesentlich kleineren Y-Chromosom, befinden sich keine entsprechenden Gene für das Farbsehen. Trifft bei der Befruchtung ein defektes X-Chromosom auf ein Y-Chromosom, so kommt die Krankheit bei dem männlichen Nachkommen zum Ausbruch. Frauen dagegen erkranken nur dann, wenn beide X-Chromosomen die Anlage für die Krankheit besitzen.

Eine der häufigsten Erbkrankheiten in Deutschland ist die **Mukoviszidose**. Die Drüsenfunktion der inneren Organe ist aufgrund eines Gendefektes auf dem Chromosomenpaar Nr. 7 gestört. Drüsen in den Atmungs- und Verdauungsorganen produzieren statt flüssiger Drüsenflüssigkeiten zähflüssigen Schleim, der die Organfunktionen beeinträchtigt. Vor allem der in der Lunge gebildete Schleim löst starken Husten mit Erstickungsanfällen aus. Von etwa 2500 Neugeborenen leidet eines an dieser Krankheit. Wie die Rot-Grün-Blindheit wird sie durch nur ein defektes Gen hervorgerufen und rezessiv vererbt. Zwischen 3% und 5% der Bevölkerung besitzen ein solches defektes Gen, ohne aber selbst erkrankt zu sein.
Ca. 7500 Menschen leiden in Deutschland an der **Bluterkrankheit.** Schon bei der kleinsten Verletzung können sie verbluten, da ihnen ein Blutgerinnungsfaktor fehlt. Seit 1960 gibt es Medikamente, die Gerinnungsstoffe enthalten. So können bei Verletzungen die Blutungen gestoppt werden und die Krankheit ist nicht mehr lebensbedrohlich. Ein Blick auf die Stammbäume einzelner Adelsgeschlechter zeigt, dass die Krankheit über viele Generationen hinweg immer wieder auftaucht. Es handelt sich also um eine Erbkrankheit. In der Regel erkranken nur Männer, da die Krankheit durch ein

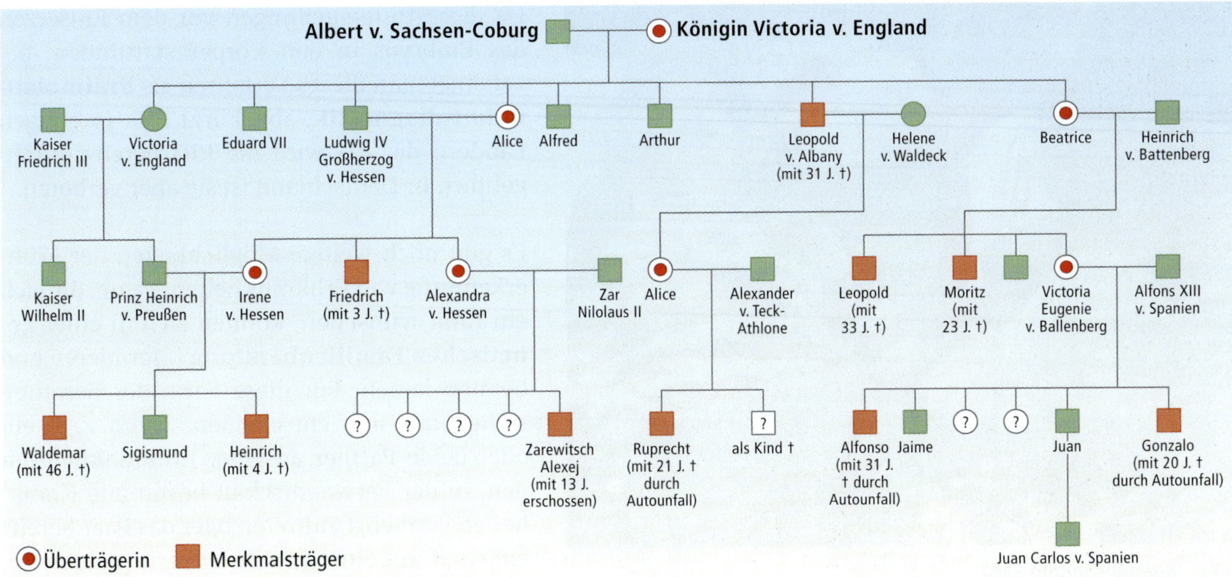

3 **Bluterkrankheit im europäischen Adel**

defektes Gen auf dem X-Chromosom rezessiv vererbt wird. Auf dem Y-Chromosom fehlt die entsprechende Erbanlage. Die beschriebenen Erbkrankheiten werden durch fehlerhafte Gene von den Eltern auf die Kinder übertragen.

Es gibt aber auch Veränderungen im Erbgut, die ganze Chromosomen oder Chromosomensätze betreffen. Beispielsweise trennt sich beim **DOWN-Syndrom** während der Meiose das Chromosom Nr. 21 nicht. Dies führt dazu, dass es nach der Befruchtung nicht wie normal zweifach, sondern dreifach vorhanden ist. Der wissenschaftliche Name der Krankheit lautet deshalb auch *Trisomie 21*. Äußere Merkmale sind ein kleiner Kopf, herabhängende, obere Augenlider, Wachstumsstörungen und eine starke Anfälligkeit für Infektionskrankheiten. Eine mit der Krankheit verbundene geistige Unterentwicklung kann durch eine frühe, intensive pädagogische Betreuung verringert werden. Das Auftreten des Down-Syndroms ist stark vom Alter der Eltern abhängig. Bei Frauen, die älter als 35 sind, nimmt das Risiko, ein Trisomie-„erkranktes" Kind zu bekommen, stark zu.

1. Zeichne ein Erbbild zur Rot-Grün-Blindheit, wenn beide Eltern Überträger der Krankheit sind.
2. Frauen können die Bluterkrankheit vererben, ohne selbst erkrankt zu sein. Erkläre.

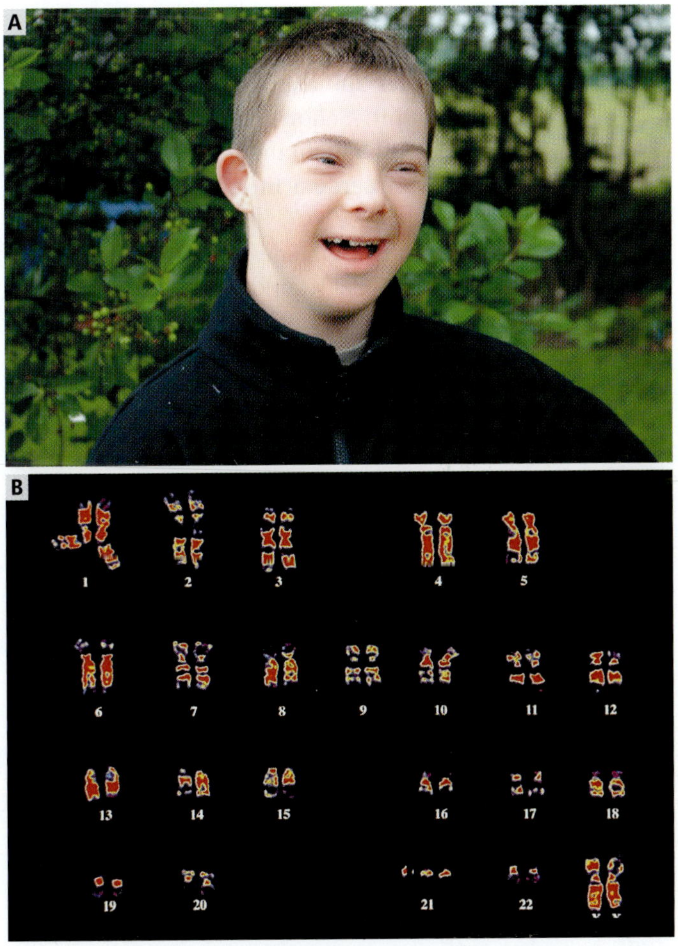

4 **Down-Syndrom.** **A** „Erkrankter" Junge; **B** Karyogramm

1 Jugendlicher mit SMA

4.5 Die Suche nach dem „vollkommenen" Menschen

Lea ist drei Jahre alt und leidet an Muskelschwund, der **S**pinalen **M**uskel**a**trophie – kurz SMA genannt. Schon Monate vor ihrem Tod konnte Lea sich nicht mehr bewegen und nicht sprechen. Außerdem musste sie künstlich ernährt werden.

Leas Eltern sind beide Überträger des Gendefekts, der diese Krankheit auslöst. Trotzdem wünschen sie sich nach dem Tod ihrer Tochter ein weiteres Kind. Gerne würden sie einen **Gentest** durchführen lassen, der zeigt, ob ihr zukünftiges Kind auch an SMA erkranken wird. Ein solcher Test kann aber nur in einer Petrischale – außerhalb des Körpers – in einem Labor durchgeführt werden. Dabei erfolgt die *künstliche Befruchtung* von Eizellen in einer Petrischale. Den entstehenden Embryonen wird nun jeweils eine Zelle entnommen. Sie enthält bereits die gesamten Erbinformationen. Eine *Genanalyse* zeigt also bereits zu diesem Zeitpunkt, ob ein Gendefekt vorliegt, der zu einer Erkrankung führt. Ergibt die Genanalyse der entnommenen Zelle keinen Hinweis auf einen möglichen Gendefekt, wird der Embryo in die Gebärmutter eingeführt, wo er sich in vielen Fällen in die Schleimhaut einnistet. Erst jetzt beginnt für die Frau die Schwangerschaft. Die anderen Embryonen werden abgetötet.

Da diese Untersuchungen vor dem Einsetzen des Embryos in den Körper stattfinden, bezeichnet man dieses Verfahren als **Präimplantationsdiagnostik**, abgekürzt *PID*. In einigen Ländern der EU wird die PID bereits durchgeführt. In Deutschland ist sie aber verboten.

Es gibt noch weitere Möglichkeiten der Früherkennung von Erbkrankheiten. Paare, die sich ein Kind wünschen, können sich in einer **genetischen Familienberatung** informieren und beraten lassen. Für diese Form der Beratung sollte man sich entscheiden, wenn z. B. ein oder beide Partner an einer Erbkrankheit leiden, in der Verwandtschaft bestimmte Krankheiten vermehrt auftreten oder das Paar bereits ein Kind mit einer genetisch verursachten Behinderung hat. Durch gezielte Untersuchungen kann dann z. B. festgestellt werden, mit welcher Wahrscheinlichkeit eine bereits bekannte Erbkrankheit auch bei den Nachkommen auftreten wird. Weiterhin informiert man Paare über Möglichkeiten von vorgeburtlichen Untersuchungen und eventuell damit verbundenen Risiken. Mithilfe einer **Fruchtwasseruntersuchung**, der *Amniozentese*, kann man z. B. im vierten Schwangerschaftsmonat auch Aussagen über mögliche Gendefekte beim Embryo machen. Aussagen zur Ausprägung und Entwicklung der Krankheit sind jedoch nicht möglich. Deshalb wird in einem solchen Fall vom Frauenarzt – auch nach dem 3. Monat – zur Abtreibung geraten.

Mithilfe der PID und anderer Gentests, die heute zwar möglich, aber nicht erlaubt sind, kann man nicht nur die Veranlagung für Krebserkrankungen, Nervenkrankheiten und gefährliche Erbkrankheiten erkennen. Es ist auch möglich, Menschen gezielt zu „züchten". Denkbar wären außerdem weitere Tests, mit deren Hilfe nicht nur z. B. die Haarfarbe, sondern auch die Intelligenz oder das Verhalten in bestimmten Situationen messbar und somit planbar wird. Die „Zucht" des „vollkommenen" Menschen für bestimmteAufgabenbereiche könnte somit möglich werden.

1. Sammle Argumente pro und contra Präimplantationsdiagnostik und fertige eine Collage an.

Stammzellenforschung – kontrovers diskutiert

Mediziner hoffen, dass Stammzellen neue Wege bei der Behandlung von bisher unheilbaren Krankheiten ermöglichen. Warum ist die Stammzellenforschung dennoch so stark umstritten?

Stammzellen sind Zellen, die zu verschiedenen Zelltypen heranwachsen können. Man unterscheidet dabei zwei Arten. Zellen, die aus künstlich befruchteten Eizellen gewonnen werden, heißen **embryonale Stammzellen.** Sie können sich zu sämtlichen Geweben und Organen des menschlichen Körpers entwickeln. Der Embryo wird bei der Gewinnung der Zellen getötet. Zur Behandlung von Krankheiten müssen embryonale Stammzellen durch *Klonen* gewonnen werden. Dazu wird der Zellkern aus einer Eizelle entfernt. Aus einer Körperzelle des zu behandelnden Patienten entnimmt man einen Zellkern und überträgt diesen in die gespendete kernlose Eizelle. Sie entwickelt sich in einer Kultur zu einem Embryo, der eine genetische Kopie des Patienten ist. Der Embryo liefert nun embryonale Stammzellen. Im Stadium des Blasenkeims entnimmt man Stammzellen, die man im Reagenzglas anregen kann, sich zu beliebigen gesunden Zellen zu differenzieren. Durch Zurückverpflanzen des gezüchteten Gewebes wäre es möglich, bisher unheilbare Krankheiten zu behandeln. Man spricht in diesem Fall von *therapeutischem Klonen.*

Adulte Stammzellen gewinnt man aus rund zwanzig Geweben von Erwachsenen oder aus dem Nabelschnurblut von Neugeborenen. Sie entwickeln sich jedoch nicht so vielseitig wie embryonale Stammzellen und vermehren sich auch nur begrenzt. Dennoch meinen einige Wissenschaftler, die Forschung mit adulten Stammzellen sollte ausgedehnt werden. So könnte das Arbeiten mit embryonalen Stammzellen in Zukunft überflüssig sein.

In Deutschland verbietet das *Embryonenschutzgesetz* von 1991 jede Form der Forschung an menschlichen Embryonen. Nach dem *Stammzellen-Gesetz* aus dem Jahr 2002 ist die Einfuhr embryonaler Stammzellen aus dem Ausland unter strengen Auflagen erlaubt.

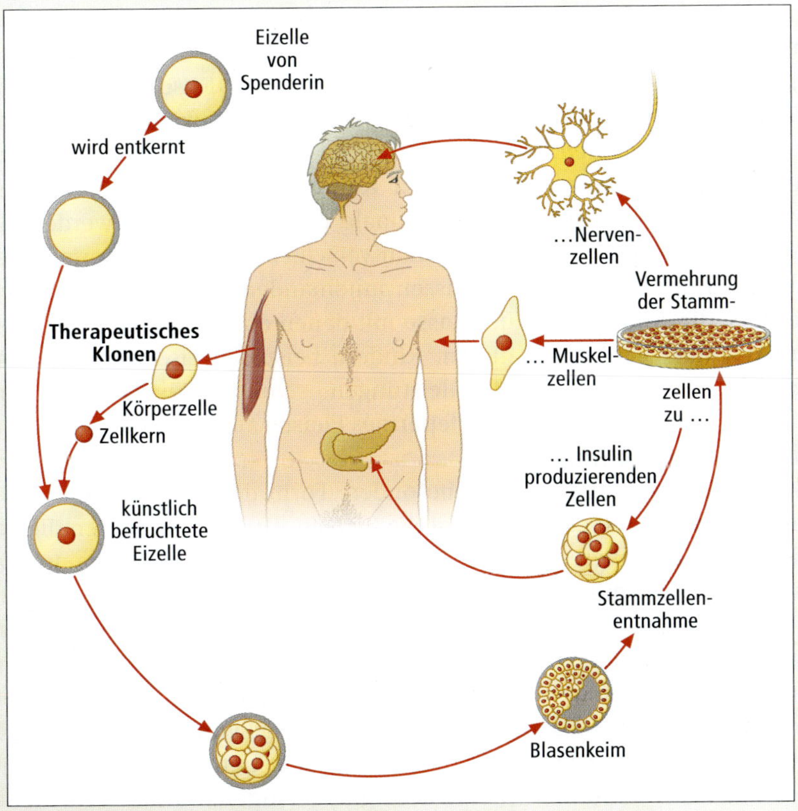

Heilung durch embryonale Stammzellen

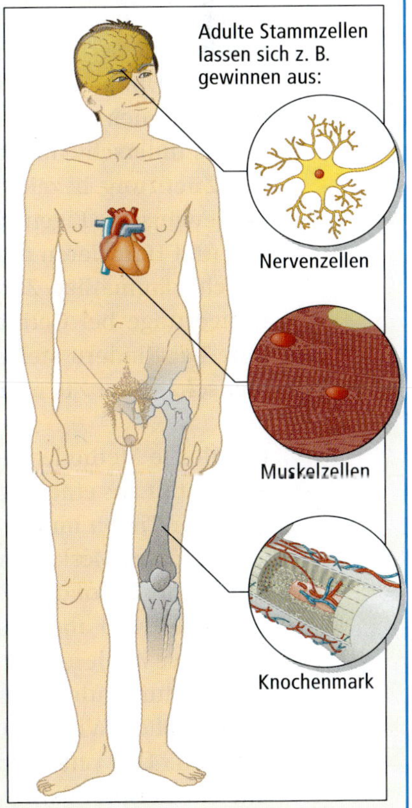

Adulte Stammzellen

1 **Kohlsorten – durch Auslesezüchtung entstanden.** **A** Blumenkohl; **B** Weißkohl; **C** Rosenkohl; **D** Broccoli; **E** Grünkohl; **F** Kohlrabi

5 Der Mensch nutzt die Kenntnisse der Erbgesetze und der Gentechnik

5.1 Züchtung durch Auslese und Kreuzung

Auf unserem Speiseplan stehen häufig Kohlarten wie Blumenkohl, Weißkohl, Rotkohl, Rosenkohl oder Grünkohl. Alle Kohlsorten wurden aus der Wildform der Kohlpflanze gezüchtet. Die heutige Vielfalt der Pflanzensorten, aber auch der Haustierrassen, sind das Ergebnis unterschiedlicher *Züchtungsmethoden*. Als **Züchtung** bezeichnet man Maßnahmen, die gewünschte Eigenschaften von Kulturpflanzen und Haustieren erhalten oder verbessern. Durch planmäßige Züchtung kann man z. B. Ernteerträge bei Getreide oder die Milchleistung bei Rindern steigern. Wie aber geht der Mensch bei der Züchtung vor?

Die älteste Methode ist die **Auslesezüchtung**. Man wählt aus einer großen Anzahl von Pflanzen oder Tieren immer diejenigen aus, die ein gewünschtes Merkmal wie z. B. einen höheren Ertrag oder besondere Blattformen zeigen. Das Zuchtziel wird aber erst dann erreicht, wenn man diese Auslese über mehrere Generationen hinweg durchführt. Ähnlichkeiten mit den ursprünglichen Wildformen gehen dabei häufig verloren. Die verschiedenen Kohlsorten sind nur ein Beispiel dafür, wie aus der Wildform eines Lebewesens durch Auslese unterschiedliche Nutzpflanzen entstanden sind.

Auch Veränderungen durch *Mutationen* werden bei der Auslesezüchtung genutzt. Beispiele hierfür sind Früchte ohne Kerne bei Apfelsinen, das Angorafell bei Katzen oder Trauerformen bei Bäumen.

Die Kenntnis der MENDELschen Regeln ermöglichte zu Beginn des letzten Jahrhunderts neue Methoden der Züchtung. Bei der sogenannten **Kombinationszüchtung** konnten nun Merkmale *gezielt* kombiniert werden. So kreuzt man verschiedene Pflanzensorten oder Tierrassen miteinander, um die Merkmale einer Rasse mit denen einer anderen zu kombinieren. Rindern beispielsweise werden große Milchleistungen, schnelle Gewichtszunahme oder fettarmes Fleisch angezüchtet.

Eine besondere Form der Kombinationszüchtung ist die *Inzucht*. Um bei Nutztieren die gewünschten Eigenschaften zu erreichen, kreuzt man zwei Tiere aus der gleichen Zuchtlinie miteinander. Da die nahe miteinander verwandten Tiere in vielen Merkmalen übereinstimmen, erhält man schnell eine Reinerbigkeit im Hinblick auf die gewünschten Merkmale. Als Folge der Inzucht treten aber auch häufig Kleinwüchsigkeit, eingeschränkte Fruchtbarkeit oder eine geringe Widerstandsfähigkeit auf. Kreuzt man nun zwei Inzuchtlinien miteinander, stellt man fest, dass die Nachkommen, *Hybriden* genannt, eine höhere Vitalität aufweisen und oft auch ertragreicher als ihre Eltern sind. Man spricht vom *Heterosis-Effekt*. Diese sogenannte **Heterosis-Züchtung** wird sowohl in der Pflanzenzucht als auch in der Tierzucht angewandt. Da sich der Heterosis-Effekt in nachfolgenden Generationen schnell wieder verliert, müssen Hybridsaatgut und Hybridnutztiere immer wieder neu durch Kreuzung von Inzuchtlinien erzeugt werden.

Die Entstehung der heutigen Kulturpflanze aus einer Wildform lässt sich gut beim Weizen nachvollziehen. Dabei nutzte man die Erscheinung der **Polyploidie** aus. Hierbei entstehen beim Einkreuzen mehrfache Chromosomensätze. Polyploide Individuen sind oft ertragreicher als solche mit einfachem Chromosomensatz. Beim Weizen entstand durch Kreuzen zweier Wildgräser mit einfachem Chromosomensatz zunächst der Wildemmer. Planmäßige Weiterzucht führte schließlich zu dem heutigen Kulturweizen mit sechsfachem Chromosomensatz. Dieser Weizen besitzt zahlreiche und größere Körner. Er hat feste Ähren und die Körner lösen sich gut von den Spelzen.

1. Beschreibe und erkläre die Entstehung polyploider Pflanzen am Beispiel des Weizens.
2. Beschreibe die Kombinationszüchtung mithilfe der Abbildung 2.

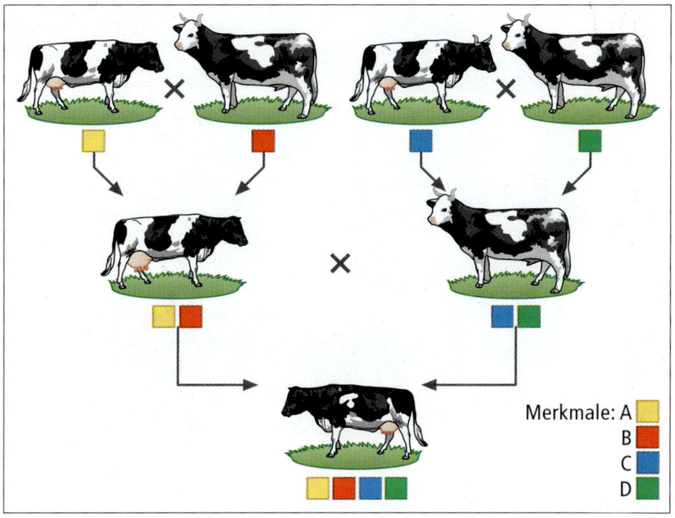

2 Kombinationszüchtung

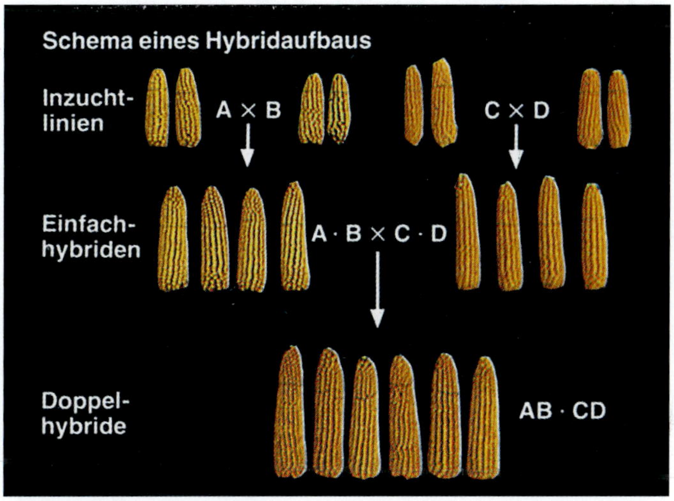

3 Heterosiszüchtung

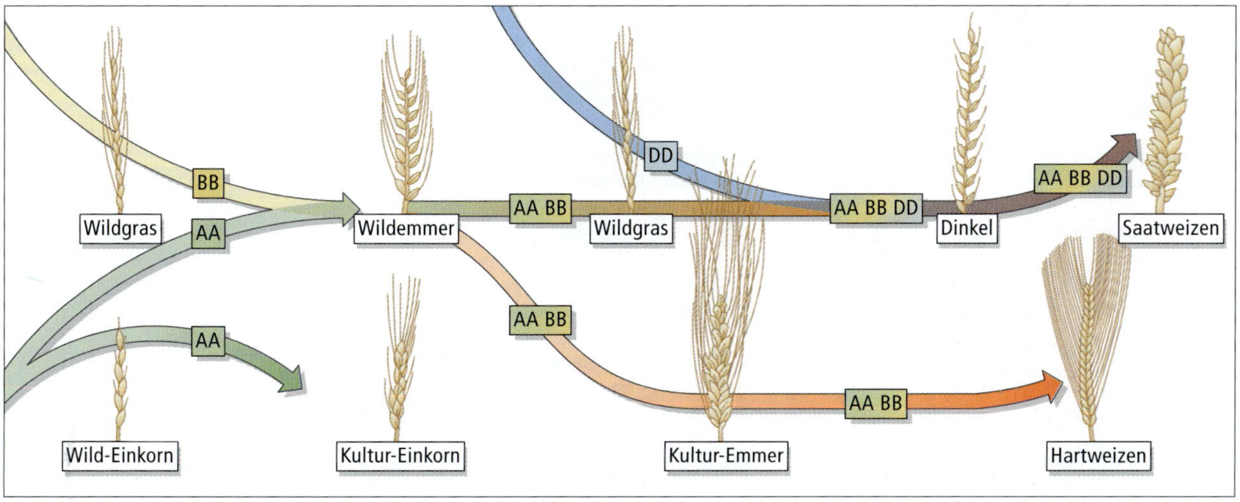

4 Weizenzüchtung aus Wildformen. AA, BB, DD – doppelte Chromosomensätze

1 Kuh mit „Zehnlingen" durch Embryotransfer

5.2 Biotechnik in der Tier- und Pflanzenzucht

Rinder bekommen in der Regel ein Kalb pro Jahr. Warum sollte eine Kuh zehn Kälber gleichzeitig haben? Man möchte z. B. von Rindern, die viel Milch geben oder deren Fleisch wenig Fett enthält, in möglichst kurzer Zeit viele Nachkommen erhalten. Mit herkömmlichen Zuchtmethoden ist dieses Ziel nicht zu erreichen. Deshalb nutzt man vermehrt auch in der Rinderzucht biotechnische Verfahren.

Unter dem Begriff **Biotechnik** fasst man Verfahren und Methoden zusammen, die biologische Prozesse bei der Herstellung und Verarbeitung z. B. von Lebensmitteln nutzen. Auch in der Tier- und Pflanzenzucht haben Wissenschaftler unterschiedliche biotechnische Verfahren entwickelt, die heute vermehrt angewandt werden.

Die **künstliche Befruchtung** ist die älteste routinemäßig angewandte Biotechnik in der Tierzucht. In Besamungsstationen werden Zuchtbullen mit den gewünschten Eigenschaften gehalten. Das von ihnen gewonnene Sperma wird tiefgefroren verschickt und von einem Tierarzt auf viele Rinder übertragen. So kann ein Bulle der Erzeuger von mehreren tausend Kälbern sein. Auf diese Weise werden heute etwa 90% aller Rinder künstlich befruchtet. Auch in der Schweinezucht ist die künstliche Befruchtung mit rund 60% weit verbreitet.

Mithilfe der künstlichen Befruchtung kann man zwar die Qualität des Nachwuchses, nicht aber seine Zahl steigern. In der Rinderzucht sorgt man deshalb heute durch eine Hormonbehandlung wertvoller Rinder dafür, dass in den Eierstöcken der behandelten Tiere nun gleichzeitig mehrere Eizellen heranreifen. Ungefähr sieben Tage nach der künstlichen Befruchtung werden die Embryonen aus der Gebärmutter entfernt und eingefroren oder sofort in die Gebärmutter sogenannter *Ammenkühe* eingesetzt. Diese gebraucht man nur, um

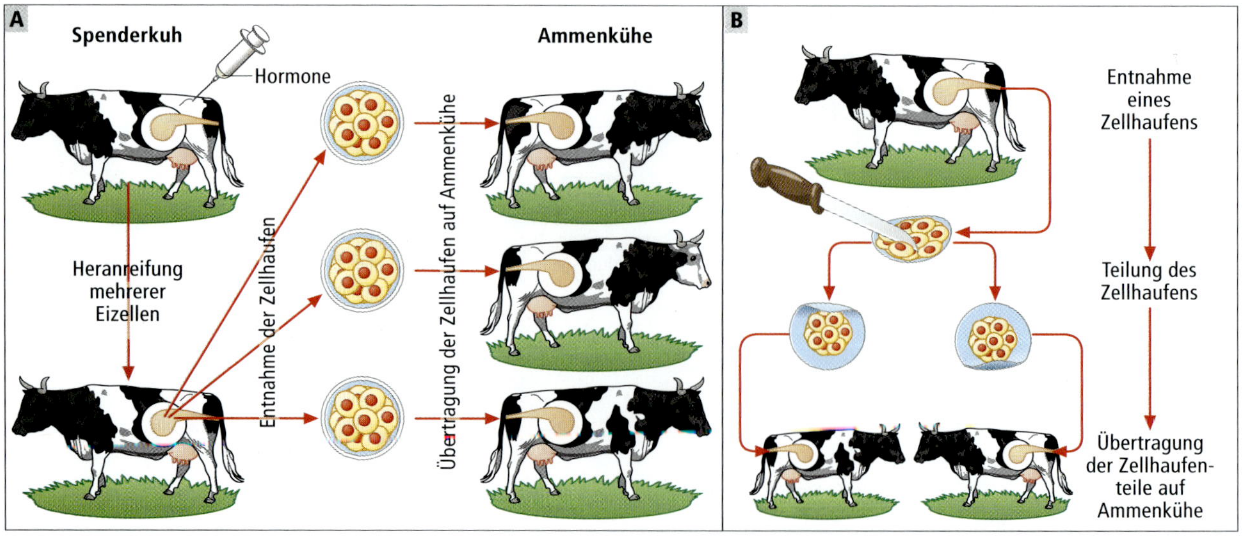

2 **Nachkommen beim Rind durch Biotechnik.** **A** Embryotransfer; **B** Klonen mit embryonalen Stammzellen

Kälber mit gewünschten Eigenschaften auszutragen. Ein solcher **Embryotransfer** steigert die Zahl der Nachkommen von Hochleistungsrindern auf 10 und mehr Nachkommen pro Jahr.

Eine weitere Vervielfachung der Nachkommen kann man durch das **Klonen mit embryonalen Zellen** erreichen. In sehr frühen Entwicklungsstadien besteht ein Embryo aus einem Zellhaufen. Unter dem Mikroskop wird dieser Zellhaufen mit einem winzigen Glasmesser geteilt. Eine solche Teilung läuft ähnlich in der Natur auch spontan bei der Entstehung eineiiger Zwillinge ab. Aus den verbliebenen Hälften entwickeln sich, nach Einpflanzung in die Gebärmutter von Ammenkühen, zwei genetisch identische Kälber, sogenannte *Klone*. Klone lassen sich aber heute auch aus Körperzellen erzeugen. Beim **Klonen aus Körperzellen** wird zuerst aus einer unbefruchteten Eizelle der Zellkern entfernt. Einer Euterzelle eines anderen erwachsenen Tieres entnimmt man den Zellkern und überträgt ihn in die kernlose Eizelle. Mithilfe eines Stromstoßes werden beide vereinigt. In einer Nährlösung entwickelt sich nun ein Embryo, der anschließend von einem Ammentier ausgetragen wird. Im Jahre 1998 gelang es bayerischen Wissenschaftlern erstmals in Europa, ein Klonkalb aus der Euterzelle einer erwachsenen Kuh zu erzeugen. Tragzeit, Geburt und die anschließende Entwicklung verliefen wie bei einem natürlich gezeugten Rind. Das 1997 geborene Klonschaf „Dolly“ war der erste Klon, der aus einer Körperzelle eines erwachsenen Tieres hergestellt wurde. Es verstarb aber bereits im Jahre 2003 an vorschneller Alterung.

In der Tierzucht hat diese Methode des Klonens bisher nur wissenschaftliche Bedeutung. In der Pflanzenzucht wird sie dagegen heute schon häufig genutzt. Usambaraveilchen, Begonien und auch Chrysanthemen klont man oft mithilfe der **Gewebekulturtechnik.** Keimfrei gemachte Blätter z.B. von Usambaraveilchen werden dabei zuerst in kleine Stücke geschnitten. Diese überträgt man anschließend auf eine Nährlösung. Nach einiger Zeit entwickeln sich aus den Blattstückchen neue Pflanzen, die mit der Mutterpflanze identisch sind.

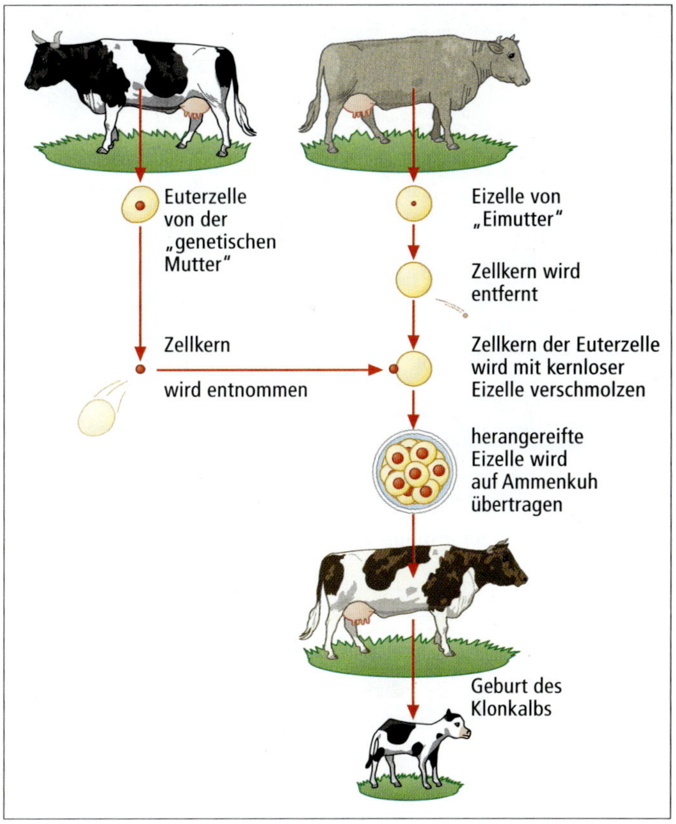

3 Klonen eines ausgewachsenen Rindes

4 Vermehrung von Zierpflanzen durch Klonen

1. Nenne Vorteile der künstlichen Befruchtung.
2. Erkläre mithilfe der Abbildung 2, warum ein Rind zehn und mehr Kälber gleichzeitig haben kann.
3. Sammle aus Zeitschriften oder suche im Internet aktuelle Beiträge zum Thema Klonen und stelle sie in der Klasse vor.

1 **Bioreaktoren zur Insulinproduktion mit gentechnisch veränderten Bakterien**

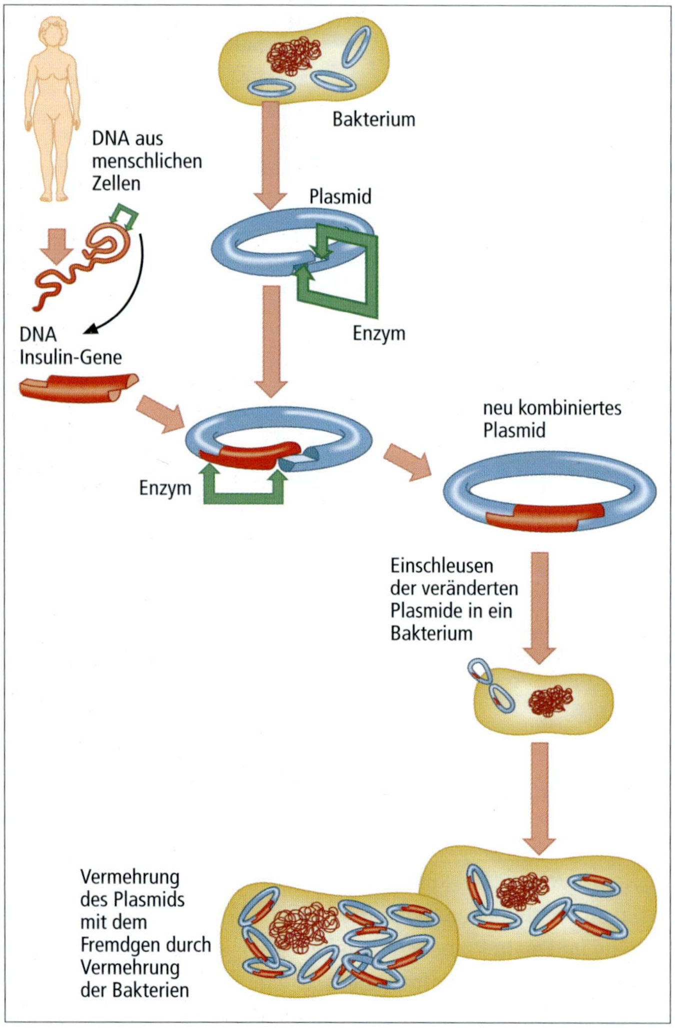

2 **Gentechnische Herstellung von Insulin**

5.3 Das Prinzip der Gentechnik

Während man bei anderen biotechnischen Verfahren mit ganzen Zellen oder Zellkulturen arbeitet, greift man mithilfe der **Gentechnik** gezielt in das Erbgut der Lebewesen ein. Mit „molekularen Scheren" zerschneidet man das Erbgut und setzt einzelne Stücke an anderen Stellen oder in andere Organismen ein. Die Gentechnik spielt nicht nur in der Pflanzen- und Tierzucht eine große Rolle. Auch in der medizinischen Diagnostik, der Therapie von Krankheiten und bei der Herstellung von Impfstoffen und Enzymen wird sie angewandt.

Gentechnische Verfahren ermöglichen heute z. B. die Herstellung von menschlichem Insulin, das in großen Mengen zur Behandlung von Diabetes erforderlich ist. Dazu gewinnt man zunächst aus menschlichen Spenderzellen DNA. Mithilfe von *„Schneide-Enzymen"*, sogenannten „molekularen Scheren", isoliert man den DNA-Abschnitt mit der Erbinformation für die Insulinbildung. Dieses Gen fügt man anschließend in das Erbgut von Kolibakterien ein.
Bei Bakterien liegt ein Teil des Erbgutes ringförmig in sogenannten **Plasmiden** vor. Ein solches Plasmid wird isoliert und ebenfalls mithilfe von „Schneide-Enzymen" aufgespalten. Anschließend setzt man in die Schnittstelle das menschliche Gen mit der Erbinformation „Insulin" ein und fügt beides mit „Binde-Enzymen" zusammen. Das Plasmid mit der neukombinierten DNA wird nun in ein Kolibakterium eingeschleust. Diesen Vorgang nennt man **Gentransfer**. Es ist jetzt ein Bakterium entstanden, das menschliches Insulin herstellt. Bei jeder Teilung entstehen nun neue Bakterien, die das menschliche Hormon Insulin produzieren. Schließlich werden die „reifen" Bakterien abgetötet und das Insulin aus der Zellmasse isoliert.

1. Erläutere das Verfahren der Gentechnik anhand von Abbildung 2 zur Einschleusung fremder Gene in Zellen.
2. Zähle Merkmale und Eigenschaften der Bakterien auf, die sie zu bevorzugten Forschungsobjekten in der Gentechnik machen.

5.4 Gentechnik – Chancen und Risiken

In Deutschland lehnen 75% der Erwachsenen den Einsatz von Gentechnik bei der Herstellung von Lebensmitteln ab. Sie fürchten durch die gentechnisch veränderten Lebensmittel u. a. negative Folgen für ihre Gesundheit. Versuchsflächen mit gentechnisch veränderten Pflanzen – z. B. Kartoffeln – gibt es in Deutschland selten. Weltweit steigt der Anbau von Gen-Pflanzen aber ständig an. Im Jahr 2003 ist er im Vergleich zum Vorjahr um 15% auf 67,7 Millionen Hektar angewachsen. Welche Vorteile hat der Anbau gentechnisch veränderter Pflanzen?
Gentechnische Verfahren werden u. a. angewandt, um eine Resistenz bestimmter Pflanzen gegen Viren zu schaffen. Beim Zuckerrübenanbau entstehen z. B. große Schäden durch das Rhizomania-Virus. Es wird durch einen Bodenpilz auf die Zuckerrübe übertragen und lässt die Hauptwurzel der Pflanze verkümmern. Chemisch kann das Virus bisher nicht bekämpft werden. Mithilfe der Gentechnik züchtete man *virusresistente Pflanzen.* Diese werden seit 1993 in Deutschland in Freilandversuchen getestet.

Wie veränderte man das Erbmaterial dieser Pflanzen? Zunächst wird die Erbinformation für das Hüllprotein des Virus vermehrt und anschließend isoliert. Der DNA – Abschnitt wird nun in das Plasmid einer Bakterienzelle eingebaut und mithilfe dieser in das Erbgut der Pflanze eingeschleust. Die virusresistente Rübe trägt jetzt in ihrem Erbgut die Informationen zum Aufbau der Hüllproteine des Virus. Diese Hüllproteine verleihen der Pflanze eine Art Immunität und schützen sie bei eventuellem Virusbefall vor der Ausbreitung der Infektion. Durch gentechnische Verfahren hat man also Gene von einer Art auf eine andere Art übertragen, auch wenn diese beiden Arten mit herkömmlichen Methoden nicht kreuzbar sind. Es entstehen dabei sogenannte **transgene Organismen**. Bei weiterhin positivem Verlauf der Tests können Rhizomania-resistente Zuckerrüben für die Landwirtschaft gezüchtet werden.
Beim Raps hat man mit der Gentechnik *transgene Pflanzen* mit einer Resistenz gegen Unkrautvernichtungsmittel, sogenannte Herbizi-

1 Versuchsfeld mit transgenen Kartoffeln

2 Zuckerrübe. A nicht virusresistente Pflanze; **B** resistente Pflanze

3 Antimatsch – Tomate

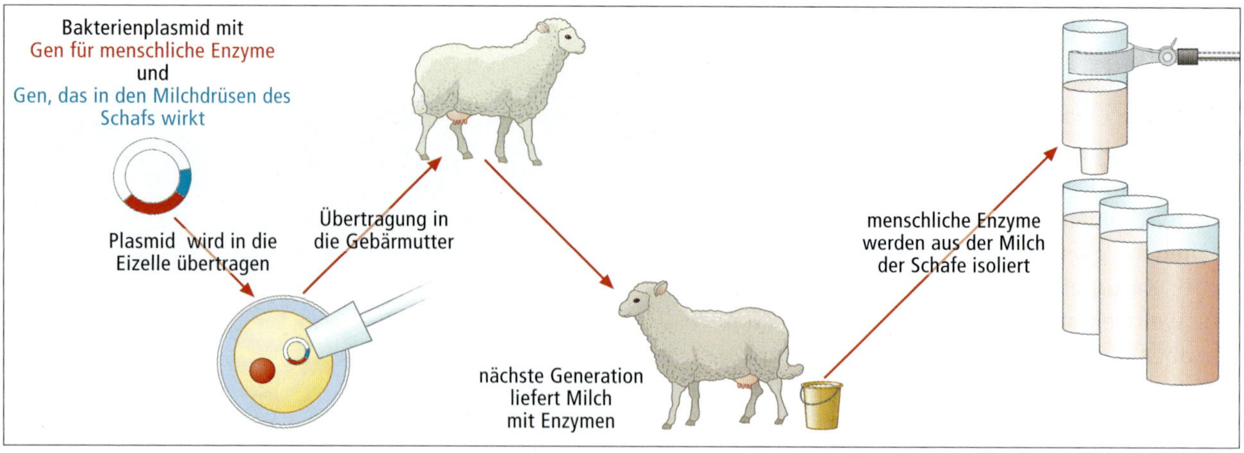

4 Herstellung menschlicher Enzyme durch transgene Schafe

de, erzeugt. Man kann nun auf den Rapsfeldern unerwünschte Wildkräuter mit Herbiziden bekämpfen, ohne die Rapspflanze zu schädigen. Auch bei Mais und Baumwolle gibt es *herbizidresistente Pflanzen.* Andere Maispflanzen hat man gentechnisch so verändert, dass sie ihr eigenes Insektengift produzieren. Fressen Schädlinge Teile der *insektenresistenten Pflanzen,* sterben sie. Gentechnikern ist es auch gelungen, die *Haltbarkeit* von Lebensmitteln zu verbessern. Bei den sogenannten „Anti-Matsch-Tomaten" wurde das Gen für das „Matschigwerden" ausgeschaltet.

In der Tierzucht werden gentechnische Verfahren ebenfalls genutzt. Mithilfe *transgener Nutztiere* versucht man z.B. eine Verbesserung der Milchqualität zu erreichen oder die Zusammensetzung der Kuhmilch so zu verändern, dass sie der Muttermilch ähnelt. Vorstellbar ist auch die Verringerung des Michzuckergehaltes, der Laktose. 60 % bis 80 % der Erwachsenen auf anderen Erdteilen leiden an einer Laktoseunverträglichkeit. Würde es gelingen, laktosefreie Milch zu produzieren, könnte sich die Versorgung mit Proteinen für viele Menschen verbessern.

Ein wichtiger Bereich der Gentechnik ist das **„Gen-Pharming"**. Hier werden landwirtschaftliche Nutztiere wie Rinder oder Schafe als „Bioreaktoren" für die Herstellung von Arzneimitteln gebraucht. Dabei wird z. B. in das Erbgut der Tiere ein Gen für ein medizinisch wirksames Protein übertragen. Die transgenen Tiere produzieren dann in ihren Milchdrüsen medizinisch wirksame Substanzen. Aus der Milch transgener Schafe hat man so bereits menschliche Blutgerinnungsfaktoren isoliert.

Ob der Einsatz gentechnischer Verfahren zweckmäßig ist oder nicht, muss in jedem Einzelfall überlegt und festgelegt werden. Bei der wirtschaftlichen Nutzung gentechnischer Verfahren sind verschiedene unerwünschte medizinische und ökologische Probleme aufgetreten. Rinder, die mit gentechnisch erzeugten Wachstumshormonen aufgezogen werden, geben diese z. B. über die Milch ab. Die daraus hergestellten Milchprodukte enthalten Spuren dieser Stoffe und können zu Fehlentwicklungen bei Kindern führen. Die Auswirkungen von insektenresistenten Pflanzen auf Nützlinge stören möglicherweise die Nahrungsketten. Gentechnisch veränderte Lebensmittel können Allergien hervorrufen. Kritisch muss auch der vermehrte Einsatz der Gentechnik beim Menschen begleitet werden.

1. Vergleiche die Gentechnik mit herkömmlichen Züchtungsmethoden.
2. Nutze das Internet zum Thema Gentechnik.
a) Berichte über neue Ergebnisse.
b) Sammle Argumente „Pro" und „Contra" Gentechnik.
c) Suche nach Argumenten, die für eine Kennzeichnung gentechnisch veränderter Lebensmittel sprechen.

Grundlagen der Vererbung

Chromosomen

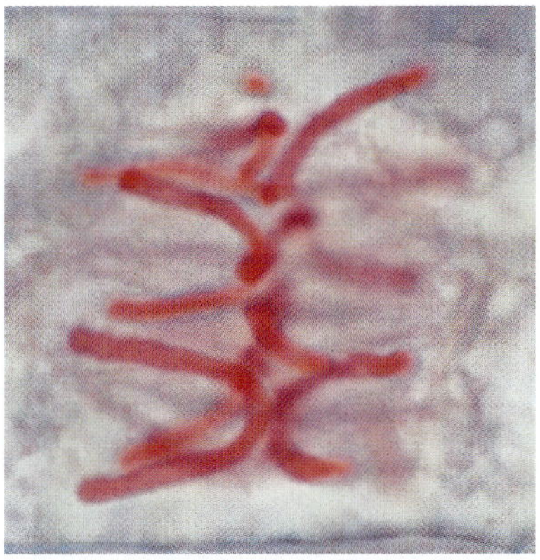

- Auf den Chromosomen liegen die Erbanlagen, auch Gene genannt.
- Die Anzahl der Chromosomen ist typisch für jede Art. Der Mensch hat z. B. 46 Chromosomen in den Körperzellen.
- Die Chromosomen bestehen aus DNA.
- Die DNA besteht aus einem Doppelstrang. Dieser kann sich identisch verdoppeln.
- Die DNA enthält die Erbinformationen

Mitose – Wachstumsteilung

- Die Mitose ist eine Zellteilung, die bei allen Wachstumsprozessen abläuft.
- Durch Verdoppelung der DNA besitzen beide Tochterzellen einen identischen, doppelten Chromosomensatz.

Meiose – Reifeteilung

- Die Meiose ist eine Reifeteilung, die bei der Bildung der Ei- und Samenzellen abläuft.
- Während der Meiose wird der doppelte Chromosomensatz halbiert. Dabei werden die Erbanlagen neu kombiniert.

MENDELsche Regeln

- Gregor Mendel entdeckte Mitte des 19. Jahrhundert bei Kreuzungsversuchen mit Erbsen die Vererbungsregeln.
- *Uniformitätsregel:* Kreuzt man zwei Individuen einer Art, die sich in einem Merkmal reinerbig unterscheiden, so sind die Nachkommen in der F_1-Generation in diesem Merkmal gleich.
- *Spaltungsregel:* Kreuzt man die Mischlinge der F_1-Generation unter sich, so treten in der F_2-Generation die Merkmale der P-Generation in einem bestimmten Zahlenverhältnis wieder auf.
- *Unabhängigkeitsregel:* Kreuzt man Individuen, die sich in mehreren Merkmalen reinerbig unterscheiden, so werden die einzelnen Anlagen unabhängig voneinander vererbt.

Mutation und Modifikation

- Mutationen werden durch mutagene Faktoren ausgelöst und verändern das Erbgut.
- Mutationen werden weiter vererbt.

- Modifikationen sind nicht vererbbare Anpassungen an die Umwelt.

Erbregeln gelten auch für den Menschen

- Die MENDELschen Regeln gelten auch für den Menschen.
- Bestimmte körperliche Merkmale wie die Haarfarbe oder die Blutgruppe werden dominant-rezessiv vererbt.
- Erbkrankheiten werden dominant oder rezessiv vererbt.
- Durch Fehler bei der Chromosomenverteilung während der Meiose entsteht z.B. das Down-Syndrom.

Pflanzen- und Tierzucht

- Durch Kreuzung und Auslesezüchtung sind viele Nutztiere und Nutzpflanzen entstanden.
- Embryonentransfer und Klonen sind biotechnische Zuchtmethoden.
- Durch gentechnische Verfahren entstehen bei der Übertragung von artfremden Genen sogenannte transgene Organismen.
- Durch die Zucht transgener Nutztiere und Nutzpflanzen erhofft man sich eine Steigerung von Qualität und Leistung.
- Folgen gentechnischer Veränderungen sind nicht immer absehbar.

Stammesgeschichtliche Entwicklung der Lebewesen

1 Fossilfund

1 Leben hat sich entwickelt

1.1 Fossilien – Zeugen von Leben vergangener Zeiten

„Gewaltige Gebeine gefunden – Aufsehenerregender Fund von versteinerten Knochen im Süden Argentiniens!“ – „Versteinerte Abdrücke in der Arktis entdeckt!“

Immer wieder kann man solche Nachrichten in den Medien verfolgen. Es ist faszinierend, Spuren von längst vergangenem Leben zu entdecken. Wissenschaftler sind in allen Teilen der Erde auf der Suche nach Resten von Leben aus vergangenen Zeiten. Sie möchten erklären, wie das Leben entstanden ist und wie es sich entwickelt hat. Dabei stoßen sie manchmal auf **Fossilien**. Wie ist es möglich, dass sich Reste von längst ausgestorbenen Lebewesen bis heute erhalten haben? Abgestorbene Organismen werden normalerweise nach ihrem Tod schnell von Bakterien zersetzt und damit zerstört. *Fossilien* entstehen nur dann, wenn kein Sauerstoff an die Überreste gelangen kann.

Starb beispielsweise eine Wasserschnecke, sank sie auf den Gewässerboden. Dort wurden ihre Weichteile zersetzt. Das Gehäuse blieb zunächst erhalten, wurde zunehmend von Schlamm und Sand bedeckt und schließlich luftdicht eingeschlossen. Von Jahr zu Jahr nahmen die Ablagerungen, das Sediment, über dem Gehäuse zu. Mineralien drangen durch den Druck aus den Ablagerungen in den Hohlraum ein.

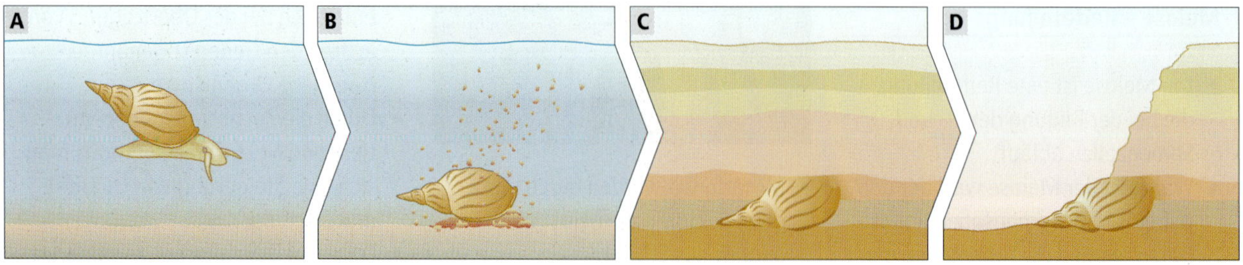

2 Entstehung eines Fossils

Dieser Ausguss des Körperinneren *versteinerte*. Wurden nun im Laufe vieler Jahrmillionen die Sedimente durch Verwitterung abgetragen, kann man die Versteinerung der Schnecke in oberen Gesteinsschichten finden.

Je nach Art ihrer *Fossilisation* unterscheidet man verschiedene Arten von Fossilien. Werden Hohlräume mit Sedimenten ausgefüllt, spricht man von einem **Steinkern**. Seine Oberfläche zeigt nun die Innenseite des ursprünglichen Raumes, der ausgefüllt wurde.
Einen **Abdruck** hinterlassen Lebewesen, wenn während der Gesteinsbildung der Ablagerungen der eingebettete Organismus durch eindringende Sickerwässer aufgelöst und durch Mineralsalze ersetzt wurde. Diese zeigen dann die äußere Struktur des Lebewesens.
Bei der Fossilisation von Pflanzen erfolgt häufig eine **Inkohlung**. Versinken Pflanzen in einem Sumpf, werden durch den Luftabschluss und unter Druck die organischen Reste im Laufe der Zeit in Kohlenstoff umgewandelt. Auf diese Weise entstanden Torf, Braunkohle und Steinkohle.

Einschlüsse von Lebewesen findet man dann, wenn beispielsweise Insekten oder Pflanzenteile im Harz von Nadelbäumen eingeschlossen wurden. Erhärtete dieses zu Bernstein, konservierte es die Lebewesen wie in einem „gläsernen Sarg“.

Bleiben Weichteile von Lebewesen erhalten, weil extreme Kälte oder Trockenheit sie vor Verwesung bewahrt haben, spricht man von **Mumifizierung**. Dazu gehören die Funde von Mammutkadavern oder dem im Gletschereis der Alpen eingebetteten Menschen aus der Steinzeit, den „Ötzi“.

Es hängt von vielen Zufällen ab, ob und in welchem Erhaltungszustand Fossilien gefunden werden. Mancher neue Fund führt dazu, die bisherige Sicht der Geschichte des Lebens auf der Erde zu korrigieren.

1. Beschreibe den Vorgang der vermutlichen Fossilisation am Beispiel des Fisches (Abb. 3).

3 **Abdruck** (Fisch)

4 **Steinkern** (Ammoniten)

5 **Einschluss** (Insekt in Bernstein)

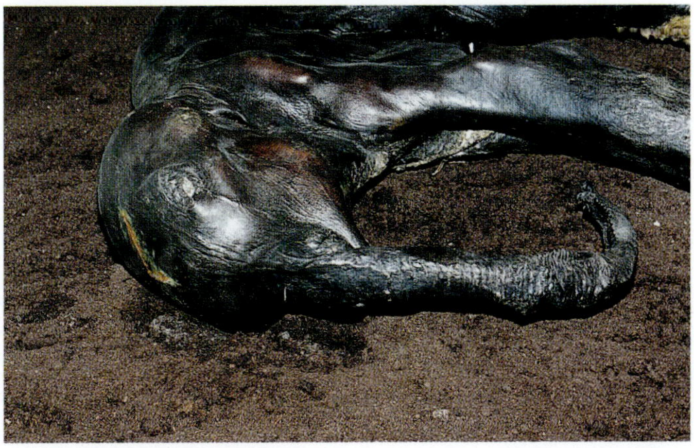

6 **Mumifizierung** (Mammut)

PRAKTIKUM

Herstellung eines Fossilienmodells

Material: Gehäuse einer Schnecke (z. B. Weinbergschnecke); Gips; Becher; Stab; Wasser; Plastikschale; Seidenpapier; Hammer; Flachmeißel

Durchführung:

1. Rühre im Becher den Gips mit kaltem Wasser und mithilfe des Stabes zu einem dicken Brei an. Gieße eine etwa 2 bis 3 cm dicke Schicht in die Form. Bedecke sie mit dem Seidenpapier. Dieses erleichtert am Ende des Versuches das Trennen der Gipsschichten.

2. Drücke das Schneckenhaus in den noch weichen Gips. Achte darauf, dass die Öffnung nach oben zeigt.

3. Ist die erste Gipsschicht ein wenig härter geworden, gieße eine zweite Schicht darüber. Bedecke alle Teile vollständig mit Gips. Lasse nun die Schichten einige Zeit aushärten.

4. Drücke nun den völlig ausgehärteten Gips aus der Form. An der Stelle, an der das Papier „eingebacken" ist, trennst du die beiden Schichten. Dazu benutzt du vorsichtig den Hammer und den Flachmeißel.

Aufgaben:

a) Welche Art eines Fossils ist in der oberen Schicht entstanden? Welche in der unteren?

b) Löse das Gehäuse vorsichtig aus der Schicht. Welcher Fossilart entspricht dies?

c) Warum ist die Entdeckung eines Fossils so unwahrscheinlich und von einer Abfolge vieler Zufälle abhängig? Nimm deine Erfahrung aus dem Versuch und den Text der Seiten 312 und 313 zur Hilfe.

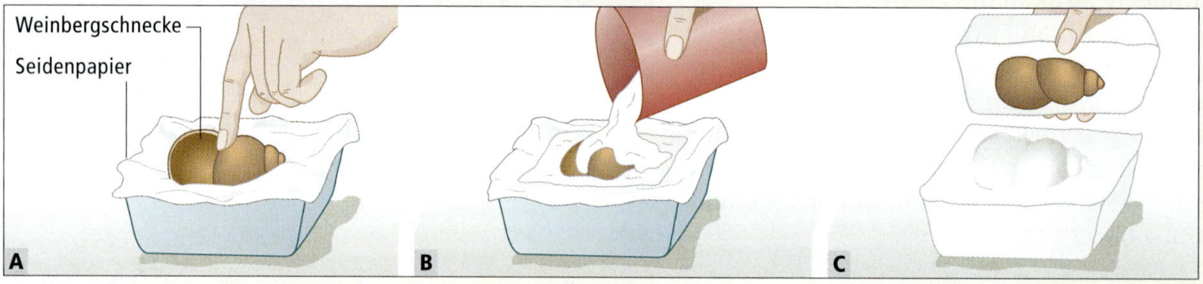

EXKURS

Altersbestimmung von Fossilien

Bei der geologischen Altersbestimmung orientiert man sich an der Tiefe der Schicht, in der das Fossil gefunden wurde. Je tiefer eine Schicht liegt, umso älter ist sie. Wenn Fossilien in unterschiedlichen Schichten übereinander gefunden werden, haben sie also ein unterschiedliches Alter.

Ein Vergleich mit heute ablaufenden Sedimentationsvorgängen ermöglicht eine Schätzung des Alters einer bestimmten Schicht und damit der in ihr liegenden Fossilien. Schätzungen führen aber zu ungenauen Zeitangaben. Eine weitere Schwierigkeit in der Bestimmung des Alters einer Schicht ist dann gegeben, wenn z. B. durch Erdbeben die Schichten verworfen wurden. Hilfreich sind dann sogenannte Leitfossilien, die für eine bestimmte Gesteinsschicht charakteristisch sind. Sie sind häufig, weit verbreitet und leicht bestimmbar.

Um das Alter einer Schicht oder eines Fossils genauer bestimmen zu können, werden zusätzlich physikalische Methoden verwendet. Sie beruhen auf der Messung radioaktiver Stoffe im Fossil oder in seiner Umgebung.

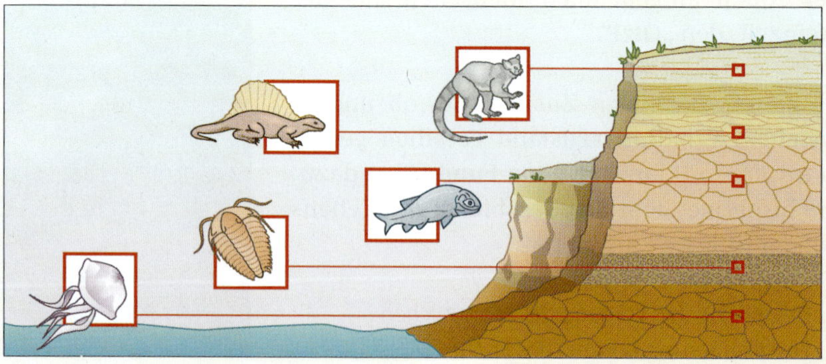

1 Die Erde – vom Mond aus gesehen

1.2 Wie könnte das erste Leben entstanden sein?

Wie könnte die Erde und alles, was sie trägt, seinen Anfang genommen haben? Viele Generationen von Wissenschaftlern haben sich in der Vergangenheit bemüht, die Entstehung des ersten Lebens auf der Erde theoretisch und sogar im Experiment nachzuvollziehen. Sie gehen in ihren Theorien davon aus, dass sich die Erde aus einem Glutball vor über 4,5 Milliarden Jahren bildete.

Dabei unterschied sich die Uratmosphäre der frühen Erde vermutlich deutlich von der heutigen. Ein Gemisch der Gase Stickstoff, Wasserstoff, Kohlenstoffmonooxid, Ammoniak und Methan umgab den sich langsam abkühlenden Himmelskörper. Da Sauerstoff fast nicht vorhanden war, konnte sich kein Ozon bilden. Damit traf die energiereiche UV-Strahlung von der Sonne ungehindert auf die Erdoberfläche. Blitze und Vulkanausbrüche bewirkten weitere Entladungen großer Energien.

Der Wasserdampf der Wolken kondensierte und es regnete auf die Erde. Die in diesem Wasser gelösten Substanzen reicherten sich in heißen Wassertümpeln zur sogenannten **Ursuppe** an.

Diese speziellen Voraussetzungen nahm im Jahre 1953 der Chemiker Stanley MILLER an. In einem Glaskolben mit nachgeahmter Uratmosphäre erzeugte er elektrische Entladungen. Nach wenigen Stunden untersuchte er seine „Ursuppe", und fand organische Substanzen wie Zucker, Basen und verschiedene Aminosäuren. Diese werden als Grundbausteine aller Proteine und der Erbinformation zur Herstellung der Zellen in Lebewesen benötigt. Zur Herstellung aller notwendigen Aminosäuren genügte die „Uratmosphäre" aber nicht.

Man vermutet, dass die Entstehung von organischen Molekülen aus anorganischen Substanzen vor 4,5 Milliarden Jahren stattfand. Dies wird als **chemische Evolution** bezeichnet. Wie allerdings aus diesen Bausteinen die für das Leben notwendige RNA entstanden ist, und damit der Beginn der **biologischen Evolution** gelegt wurde, bleibt unbekannt.

1971 überlegte sich der Nobelpreisträger Manfred EIGEN ein Modell, in dem Ketten aus diesen Bausteinen die Herstellung bestimmter Proteine organisieren. Unter diesen könnten im Verlauf von Millionen von Jahren auch einige gewesen sein, die sich zu kleinen Gebilden zusammengeschlossen haben. Vielleicht hat sich dann eine solche Eiweißhülle und ein RNA-Kern in Jahrmillionen zu einer „Urzelle" weiterentwickelt.

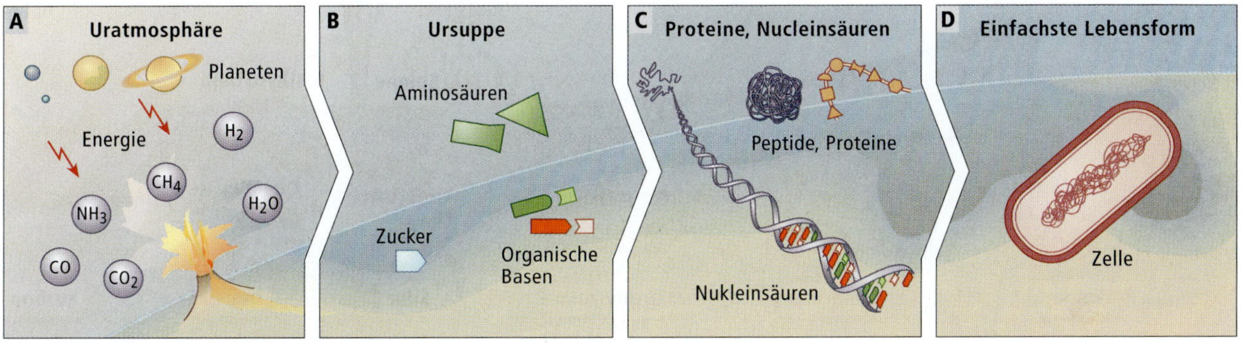

2 Die vier theoretischen Stationen auf dem Weg zur ersten Zelle

1.3 Einordnung der Funde im Erdzeitalter

Nach der vermuteten Entstehung der Erde vor mehr als 4,5 Milliarden Jahren vergingen Millionen von Jahre ohne Nachweis einer Bildung von Leben. Erste Lebensformen finden sich erst in Gesteinsschichten, die man auf ca. 3,8 Milliarden Jahre schätzt. Es sind zellkernlose Bakterien, die sich durch Gärung von organischen Substanzen ernährten.
Die ersten Zellen, die einen Kern besitzen, finden sich in etwa 600 Millionen Jahre jüngerem Gestein. Es sind *Cyanobakterien*, auch Blaualgen genannt. Mithilfe von Fotosynthese konnten sie sich ihre Nährstoffe selbst herstellen. Als „Abfallprodukt" entstand Sauerstoff, der die Ozonschicht bildete. Dadurch wurde die schädliche UV-Strahlung von der Erde abgehalten und eine Vielzahl an Lebewesen konnte sich entwickeln. Dieser erste Abschnitt der Erdgeschichte heißt **Präkambrium** und erstreckt sich über einen Zeitraum von etwa 4 Milliarden Jahren.

Im **Kambrium** vor etwa 600 Millionen Jahren erschienen geradezu explosionsartig Vertreter fast aller heute bekannter Tierstämme. Die Ursache für dieses Phänomen ist noch immer nicht geklärt. Man fand Fossilien von Algen, Schwämmen, Korallen, Krebstieren, Quallen und Schnecken. Alle diese Lebewesen lebten im Wasser.

In der nächstjüngeren Schicht mit einem Alter von etwa 500 Millionen Jahren, dem **Ordovizium**, liegen fossile Reste der ersten Wirbeltiere. Dies waren kieferlose, mit Knochenplatten gepanzerte Fische.

Erst im **Silur**, das vor etwa 440 Millionen Jahren begann, kann man die ersten Lebewesen finden, die außerhalb des Wassers leben konnten. Dazu gehören einfach gebaute Pflanzen wie Nacktfarne, Moose und Flechten, die weder Blätter noch echte Wurzeln besitzen. Ihnen folgten vermutlich als erste Landtiere Skorpione und Tausendfüßer.

Im **Devon** vor etwa 400 Millionen Jahren traten neben vielen Fischarten auch *Quastenflosser* auf. Man vermutet sie als Vorfahren der Landwirbeltiere. Einfache Amphibien wie der Urlurch *Ichthyostega* lebten bereits an Land.

Das Zeitalter des **Karbon** vor etwa 330 Millionen Jahren war geprägt von Sumpfwäldern aus Farnen, Schachtelhalmen und Bärlappgewächsen, die unsere heutige Steinkohle bildeten. Riesige Insekten und verschiedene Reptilien bevölkerten die Erde.

Die Reptilien und auch die sich entwickelten Nacktsamer waren bei ihrer Fortpflanzung vom Wasser unabhängig geworden. Deshalb konnten sie auch trockenere Lebensräume be-

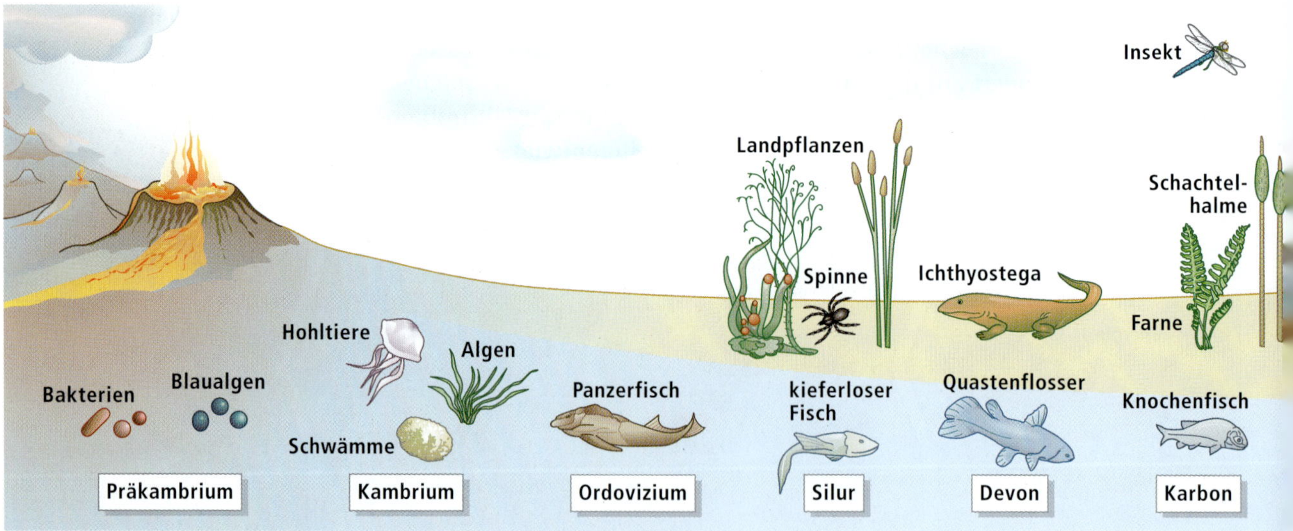

1 Die vermutliche Entwicklung der Lebewesen vom Präkambrium bis zur Gegenwart siedeln. Dies erfolgte im Zeitalter des **Perm** vor 270 Millionen Jahren. In diesen Zeitabschnitt fällt der Beginn der Entwicklung der Saurier.

Während des **Trias** vor etwa 220 Millionen Jahren besiedelten die Reptilien alle Lebensräume. Nadelbäume verbreiteten sich.

Im **Jura** entwickelten sich die *Dinosaurier* zu den größten Landwirbeltieren aller Zeiten. Fisch-, Flug- und Landsaurier beherrschten diese Zeit vor etwa 180 Millionen Jahren. Noch sehr klein waren dagegen die ersten *Urvögel* und die ersten *Säuger*. Diese hatten allerdings den Vorteil, dass sie durch ihr Federkleid oder Fell vermutlich eine gleichmäßige Körpertemperatur halten konnten. Damit waren sie in der Lage, auch nachts oder bei kühleren Temperaturen auf Nahrungssuche zu gehen. Ihre Nahrungskonkurrenten waren in dieser Zeit als wechselwarme Tiere fast bewegungsunfähig.

In der **Kreide** vor etwa 140 Millionen Jahren entwickelten sich die Säuger weiter. Beuteltiere, Halbaffen und auch Insektenfresser hat man in Kreideschichten gefunden. Allerdings herrschten noch immer die Saurier als Tiergruppe vor, ehe sie am Ende der Kreidezeit in wenigen Millionen Jahren ausstarben.

Solche Massensterben haben auch im Karbon zwischen Perm und Trias sowie zwischen Trias und Jura stattgefunden. Über die Ursachen dieser Erscheinung gibt es verschiedene Theorien. In allen Fällen ist die wahrscheinlichste Ursache eine globale Klimaveränderung als Folge von riesigen Vulkanausbrüchen oder Meteoriteneinschlägen.

Nach dem Aussterben vieler Tiergruppen entwickelten sich dann während des **Tertiär** vor etwa 65 Millionen Jahren die Vögel und Säuger zu den beherrschenden Tiergruppen. Bedecktsamige Blütenpflanzen eroberten die Erde.

Das **Quartiär** beginnt vor etwa 2 Millionen Jahren und zeichnet sich durch einen Wechsel von Warm- und Eiszeiten aus. Das Auftreten der Gattung *Homo* kennzeichnet die Entwicklung des Menschen. Durch sein besonders strukturiertes Gehirn ist er als einziges Lebewesen in der Lage, seine Umwelt zu gestalten und damit die Entwicklung aller anderen Arten mit zu verantworten.

1. Ordne den großen Zeitabschnitten Erdurzeit (Entstehung bis vor 600 Mill. Jahren), Erdaltertum (vor 600 bis 220 Mill. Jahren), Erdmittelalter (220 bis 70 Mill. Jahre) und Erdneuzeit (vor 70 Mill. Jahre bis heute) die aufgeführten Zeitalter in einer Tabelle zu.

2. Nenne mögliche Gründe für die Entwicklung neuer Lebensformen an den unterschiedlichen Zeitgrenzen.

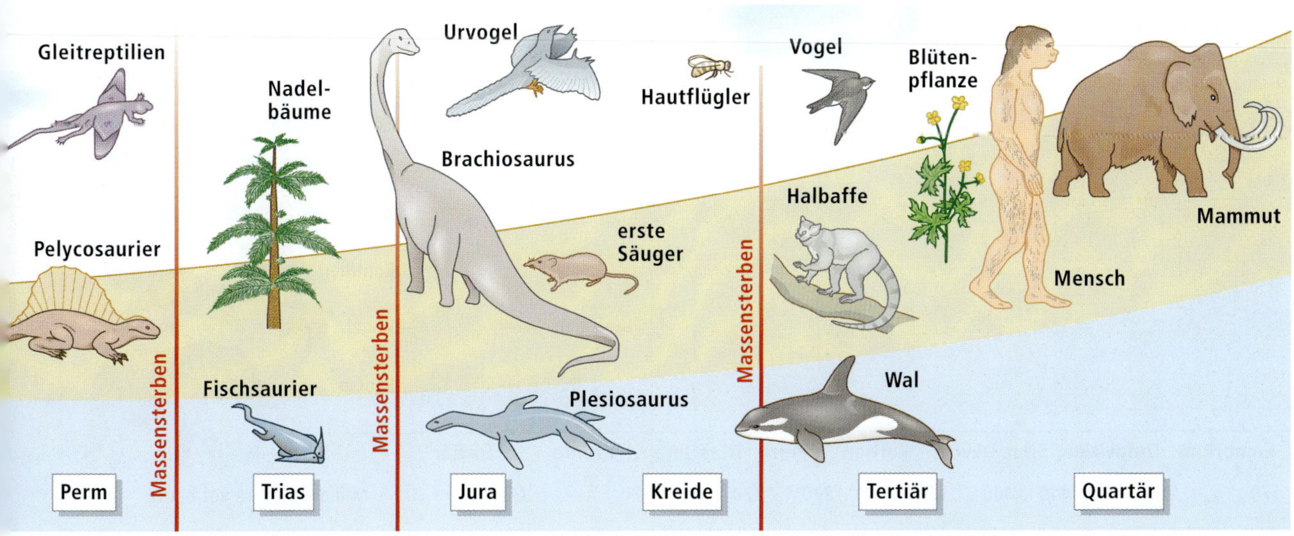

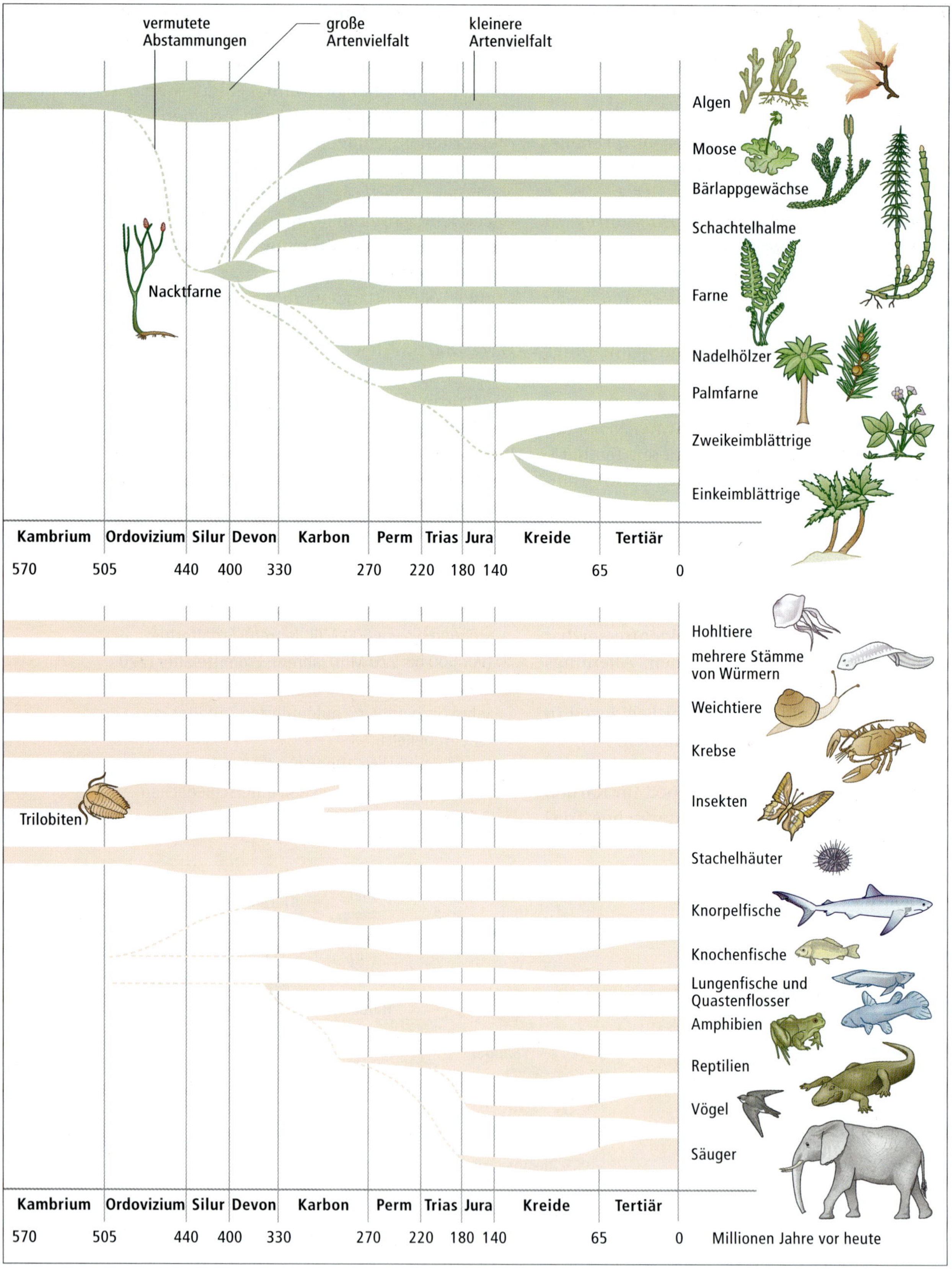

2 Stammbaum von Pflanzen und Tieren

1.4 Pflanzen erobern das Land

In der frühen Erdgeschichte gab es lediglich Wasserpflanzen, die den heutigen Grün-, Braun- und Rotalgen ähnelten. Viele von ihnen bestehen aus einem großflächigen, blattähnlichen Körper, ohne Sprossachse und Blätter. Über die große Oberfläche gelingt es diesen Pflanzen, das wenige Licht unterhalb der Wasseroberfläche optimal für die Fotosynthese auszunutzen. Die im Wasser gelösten Mineralstoffe werden ebenfalls durch die große „Oberfläche“ aufgenommen, so dass Wurzeln nicht nötig sind. Die Algen sind dadurch an die sie umgebende Umwelt ideal angepasst.

Holt man allerdings eine solche blattähnliche Alge aus dem Wasser, so fällt sie in sich zusammen und welkt. Ihr fehlt ein Stützgewebe, das sie über der Erdoberfläche hält. Da sie keine Wurzeln besitzt, kann sie sich nicht im Boden verankern und die darin gelösten Mineralstoffe aufnehmen. Auch Leitungsbahnen fehlen ihr, die danach den Transport der Stoffe in die oberirdischen Teile übernehmen könnten. Sie besitzt auch keine Einrichtungen, die sie vor übermäßiger Verdunstung schützt sowie Vorrichtungen für die Fortpflanzung an Land.
Die ersten Pflanzen, die alle diese Bedingungen für das Landleben erfüllten, waren die *Nacktfarne* im Silur. Sie besiedelten die küstennahen Gebiete. Nacktfarne hatten noch keine echten Wurzeln, konnten aber mit ihrem Kriechspross Mineralstoffe aufnehmen. Eine feste Oberhaut schützte sie vor Austrocknung. Ein Gefäßsystem und Leitbündel im Spross stützte sie und ermöglichte den Stoffwechsel. Die Nacktfarne vermehrten sich mithilfe von Sporen. Sie sind *Sporenpflanzen.*

Im Devon traten die Vorfahren der heutigen *Bärlappe* und *Schachtelhalme* auf. Die Bärlappgewächse wie Schuppen- und Siegelbäume wurden bereits 30 bis 40 m hoch und entwickelten Blätter. Sie bildeten riesige Sumpfwälder, aus denen unsere heutigen Kohlevorkommen hervorgehen.

Neben diesen Sporenpflanzen gibt es in der Schicht des Karbon auch **Nacktsamer**. Dazu gehören *Nadelhölzer* und Pflanzen, die dem noch heute existierenden *Ginkgo* ähneln.

Wie allerdings die Entwicklung zu den **Bedecktsamern** verlief, ist bis heute unbekannt. Erst in der Kreidezeit finden sich Vertreter dieser Pflanzengruppe wie *Magnolien-* und *Lorbeergewächse,* aber auch *Buchen-* und *Birkengewächse.*

1. Beschreibe die Entwicklung der Pflanzen vom Leben im Wasser zum Leben an Land. Nimm dazu den Text und Abbildung 1 zu Hilfe.
2. Nenne mindestens vier Bedingungen, die Pflanzen zur Besiedlung des Landes erfüllen mussten.

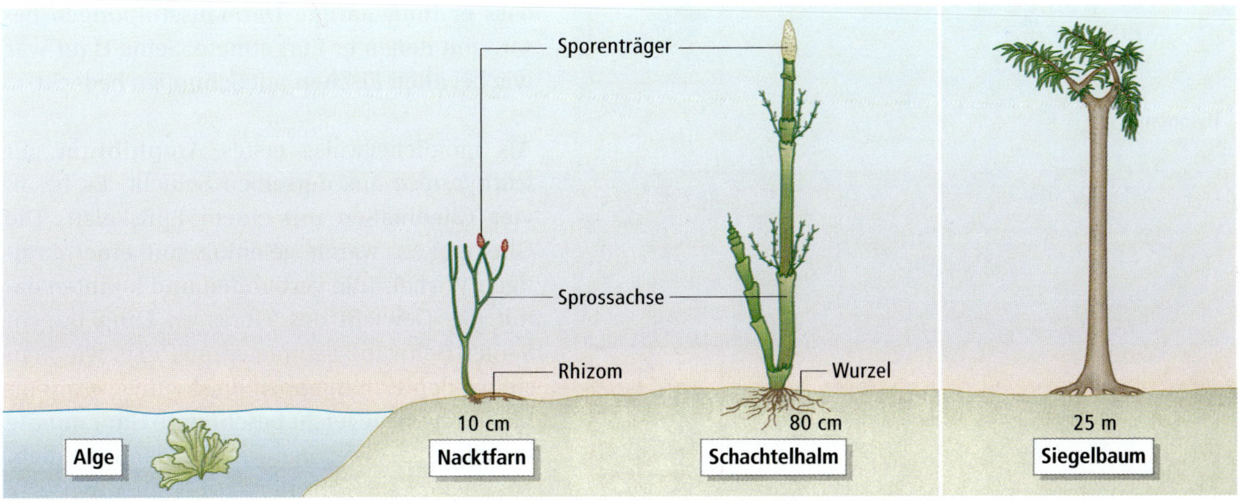

1 Mögliche Entwicklung der Landpflanzen

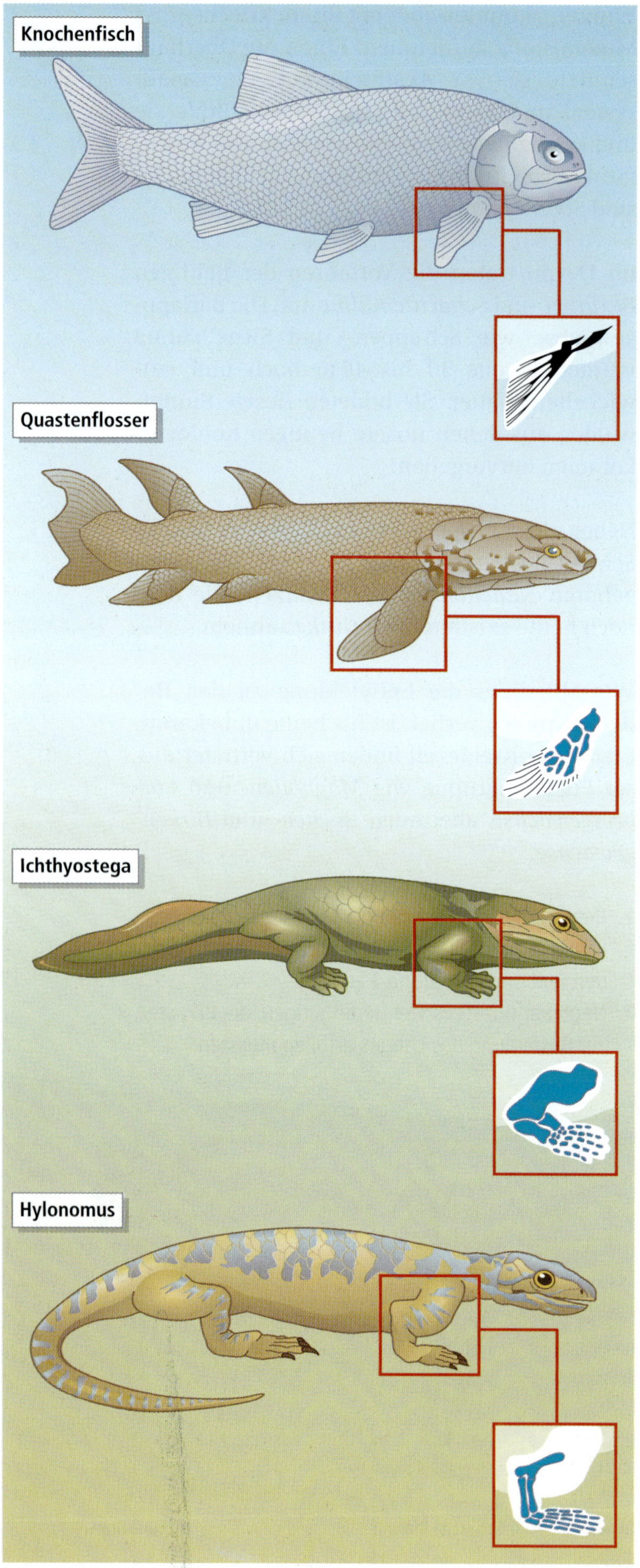

1 Wirbeltiere der Erdgeschichte

1.5 Tiere erobern das Land

Bereits vor etwa 600 Millionen Jahren gab es eine große Artenfülle unter den tierischen Lebewesen. Alle diese Tiere lebten ausschließlich im Wasser. Es waren Weichtiere, Ringelwürmer und asselartige Gliederfüßer, die schon ein Außenskelett besaßen. In Schichten des späteren *Silur* finden sich dann landlebende Spinnentiere und Insekten.

Fossilien von ersten **Fischen** und damit der ersten Wirbeltiere gibt es erst zwischen *Ordovizium* und *Silur*. Wie aber der Übergang vom Außenskelett der Gliederfüßer zu einem inneren Skelett stattenfand, ist ungeklärt. Im *Devon* traten Fische dann in großer Vielfalt auf. Fische sind mit ihrem schleimbedeckten Schuppenkleid, der Kiemenatmung und der Fortbewegung mithilfe sehr beweglicher Flossen an das Leben im Wasser angepasst. Ihr Skelett ist relativ schwach ausgeprägt, da das Wasser einen Großteil ihres Gewichtes trägt. Fische pflanzen sich durch Eier fort, die im Wasser besamt werden. Ein Leben an Land ist ihnen jedoch mit diesen Anpassungen an das Wasserleben nicht möglich.

Im fossilen **Quastenflosser** *Eusthenopteron* aus dem Devon sehen viele Wissenschaftler den Schritt vom Wasser ans Land. Dieser Quastenflosser besaß Knochen in den Flossen, die ihm vielleicht die Fortbewegung außerhalb des Wassers ermöglicht haben. Man nimmt an, dass er lungenartige Darmausstülpungen besaß, mit denen er Luft atmete. Seine Haut war wie bei allen Fischen mit Schuppen bedeckt.

Als möglicherweise erstes **Amphibium** gilt *Ichthyostega* aus derselben Schicht. Es besaß vier Gliedmaßen mit einem Fußskelett. Die Gliedmaßen waren gelenkig mit einer kräftigen Wirbelsäule verbunden und konnten damit das Gewicht des Tieres an Land tragen. Seinen Schwanz säumte eine Flosse, wie man sie bei den Kaulquappen der heutigen Amphibien findet. Die leicht beschuppte Haut musste ständig feucht gehalten werden, damit sie nicht austrocknete. Vermutlich atmete Ichthyostega durch die Haut und mithilfe von Lungen.

Als erste Tierart, die vollständig außerhalb des Wassers lebte, gilt das frühe **Reptil** *Hylonomus*, das im Karbon lebte. Es hatte eine trockene, schuppige Haut und atmete durch Lungen. Seine Eier legte es nach einer inneren Befruchtung in einer schützenden Schale an Land ab. Da es unabhängig vom Wasser war, benötigte es auch keine Schwimmhäute zwischen den langen Zehen.

1. Nenne die Voraussetzungen, die für die Wirbeltiere zur Eroberung des Landes notwendig waren.
2. Vergleiche in einer Tabelle die unterschiedliche Anpassung an ihren Lebensraum bei Fischen, Amphibien und Reptilien (Fortpflanzung, Hautoberfläche, Fortbewegung, Atmung).
3. Informiere dich über die heute lebenden Quastenflosser in Büchern oder im Internet. Halte einen Kurzvortrag.

Entwicklungstendenzen im Tierreich

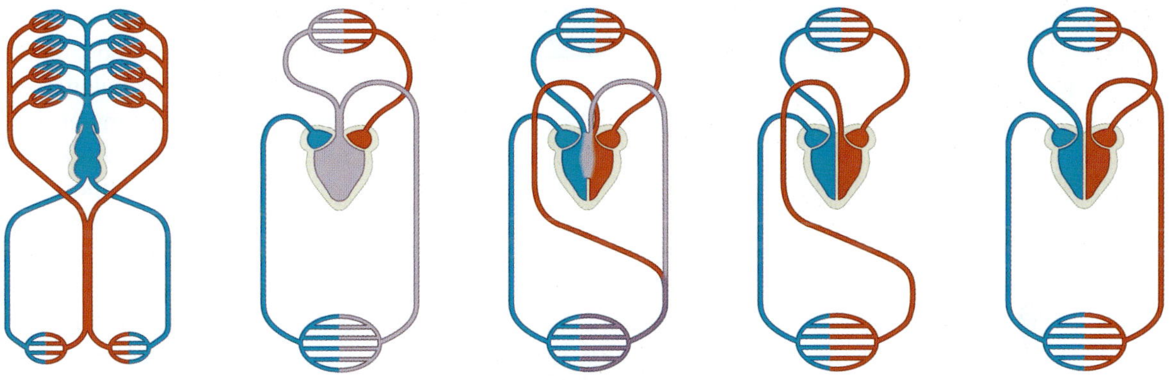

Betrachtet man das Blutkreislaufsystem der fünf Wirbeltierklassen im Vergleich, kann man feststellen, dass die Lebewesen an ihre Lebensweise optimal angepasst sind.

Das Herz bei Knochenfischen besteht aus nur einer Vor- und nur einer Herzkammer. Das kohlenstoffdioxidreiche Blut wird von der Vorkammer über die Herzkammer zu den Kiemenarterien gepumpt, dort mit Sauerstoff angereichert, und dann durch den Körper geleitet.

Ein solcher **einfacher Blutkreislauf** genügt für das Leben im Wasser, wäre für den hohen Sauerstoffbedarf bei einer Bewegung an Land aber nicht ausreichend.

Erwachsene Amphibien und alle Reptilien besitzen einen **doppelten Blutkreislauf.** Ihre Herzkammer pumpt das kohlenstoffdioxidreichere Blut im *Lungenkreislauf* zu den Lungen. Von dort kehrt das mit Sauerstoff angereicherte Blut ins Herz zurück. Hier mischen sich allerdings arterielles und venöses Blut, da die Herzkammer bei den Amphibien keine Scheidewand besitzt. Bei Reptilien ist sie nur andeutungsweise vorhanden. Dieses *Mischblut* wird nun durch den Körper gepumpt und versorgt die Organe. Mit diesem *Körperkreislauf* ist der doppelte Kreislauf geschlossen. Der Sauerstoffgehalt dis Mischblutes ist jedoch verhältnismäßig gering.
Die Blutkreislaufsysteme erwachsener Amphibien und der Reptilien liefern eine bessere Sauerstoffversorgung als die einfachen Kreisläufe der Fische. Für energieintensive Bewegungen wie z. B. das Fliegen sind jedoch auch diese nicht ausreichend.

Vögel und Säuger besitzen deshalb noch leistungsfähigere doppelte Blutkreisläufe. Sie müssen eine gleichwarme Körpertemperatur halten und haben damit einen hohen Sauerstoffbedarf zu decken. Die beiden Herzkammern sind durch eine Scheidewand vollständig voneinander getrennt. Durch den so getrennten Lungen- und Körperkreislauf kommt es nicht mehr zu einer Vermischung von venösem und arteriellem Blut, was die Sauerstoffausbeute verbessert.

1 **Archaeopteryx** (Fossilfund)

2 Belege für eine Evolution

2.1 Zwischenformen geben Rätsel auf

1861 wurde in der Nähe der bayerischen Stadt Eichstätt von Arbeitern in einem Kalksteinbruch ein Fund gemeldet, der Wissenschaftler bis heute fasziniert. Das taubengroße Fossil bekam wegen seines Federkleides den Namen **Archaeopteryx**, das heißt „alte Feder". Bei genauerer Betrachtung des Abdruckes in den Kalkplatten zeigt sich ein Lebewesen, das Merkmale von zwei Wirbeltierklassen besitzt.

Archaeopteryx ist eine **Mosaikform**, die zwischen den Reptilien und den Vögeln steht. Auffallend sind sein reptilienartig langer Schwanz, der bezahnte Kiefer sowie die Krallen an den „Vorderbeinen". Die vollständig ausgebildeten Federn, hohle Knochen und die großen Augenhöhlen sprechen wiederum dafür, das Fossil den Vögeln zuzuordnen. Wahrscheinlich war Archaeopteryx aber flugunfähig, da sein Brustbein nicht groß genug war, um eine für das Fliegen notwendige Hebemuskulatur festhalten zu können.

Vermutlich hat sich Archaeopteryx auf den Hinterbeinen laufend fortbewegt und seine Krallen zum Fangen von Beute oder zum Erklettern von Bäumen benutzt, von denen er auf den Boden zurückglitt. Das Fliegen hat er nicht „erfunden", sodass er nicht als direkter Vorfahre der heutigen Vögel bezeichnet werden kann. Archaeopteryx war somit als Urvogel vermutlich eher ein ausgestorbener Seitenarm der Vogelentwicklung. Als Mosaikform dient er aber den Wissenschaftlern als Hinweis auf eine Abstammung der Vögel von den Sauriern.

1. Stelle mithilfe des Textes und der Abbildung 2 eine Liste der Reptilien- und der Vogelmerkmale von Archaeopteryx zusammen.
2. Nenne Bedingungen, die es Vögeln ermöglichen zu fliegen und vergleiche diese mit den Körpermerkmalen von Archaeopteryx.

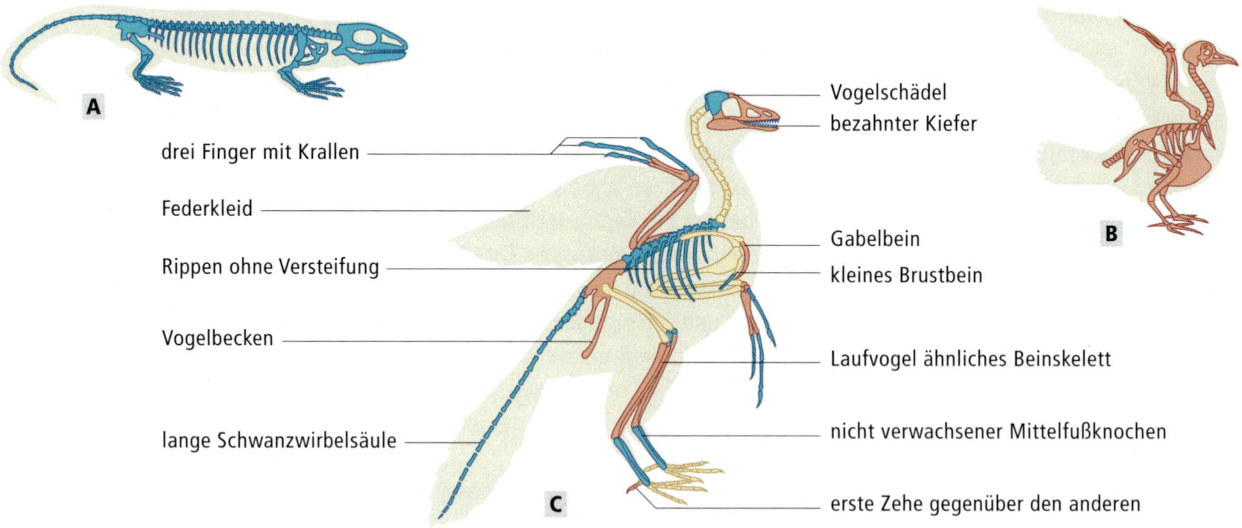

2 **Vergleich der Skelette.** **A** Reptil; **B** Vogel; **C** Archaeopteryx

Lebende Zeugen der Vergangenheit

Ein Totgesagter lebt!

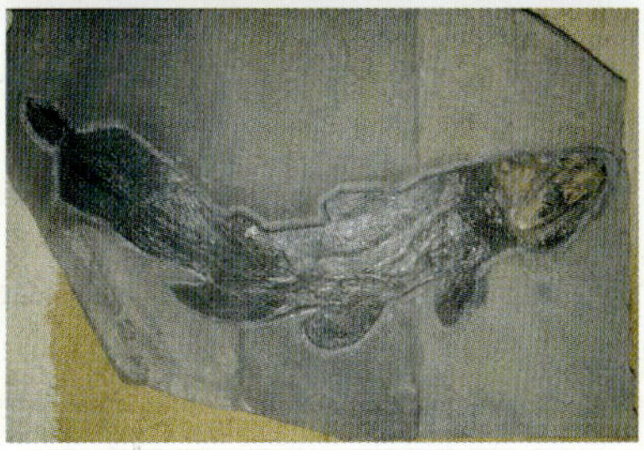

Der erste Fang eines lebenden Quastenflossers 1938 bei Südafrika war eine Sensation. Ein seit 70 Millionen Jahren als ausgestorben geltener Fisch lebt in 200 bis 700 m Tiefe vor den Komoren-Inseln. Er ähnelt im Bauplan seinen Vorfahren aus dem Devon vor 400 Millionen Jahren, gilt aber nicht als Vorfahr landlebender Wirbeltiere. Warum sich der bis 2 m lange und 100 kg schwere Fisch bis heute beinahe unverändert erhalten hat, ist unbekannt.

Schwebend in der Tiefe

Der etwa 30 cm große Tintenfisch *Nautilus,* auch Perlboot genannt, ist aus dem Erdaltertum vor etwa 500 Millionen Jahren bekannt. Er lebt noch heute als nachtaktiver Jäger zwischen 400 und 700 m Tiefe und wird bis zu 20 Jahre alt. Mithilfe seiner bis zu 90 saugnapflosen Arme kann er auf dem Meeresboden entlangkriechen. Meistens aber hält er sich schwebend im Wasser. Dies ermöglichen ihm gasgefüllte Kammern in seinem Gehäuse, deren Füllung er regulieren kann.

Gibt es ein eierlegendes Säugetier?

In Australien lebt das *Schnabeltier* an Ufern von Seen und Bächen. Im 19. Jahrhundert wurde ein Exemplar dieses etwa 50 cm großen und bis zu 1,7 kg schweren Tieres nach Europa gebracht. Man dachte dort an einen Scherz aufgrund seines unmöglich erscheinenden Aussehens: Es besitzt ein Fell wie ein Säugetier, einen entenähnlichen Schnabel und Schwimmhäute wie ein Wasservogel. Es legt wie diese Eier durch seine Hinterleibsöffnung, die Kloake. Die Eier sind ledrig weich wie bei einem Reptil. Die vom Muttertier ausgebrüteten Jungen werden gesäugt. Schnabeltiere gibt es bereits seit 100 Millionen Jahren.

Ein „Nadelbaum" mit Blättern?

Obwohl die auffälligen fächerförmigen Blätter des *Ginkgo*-Baumes an eine bedecktsamige Pflanze erinnern, gehört er zu den Nacktsamern. Ginkgogewächse traten erstmals im Perm vor über 250 Millionen Jahren auf. Sie zählen zu den ersten echten Bäumen. Mit Wurzeln, Stamm und Blättern unterschieden sie sich deutlich von den Baumfarnen. Ginkgos wachsen sehr langsam, werden bis 50 m groß und 1000 Jahre alt. Wildwachsende Gingkobäume gibt es nur noch in Südostchina. Die Bäume bei uns sind Kulturpflanzen.

Bäume wie Riesen

Die Redwoods in Kalifornien werden bis zu 100 m hoch, wiegen bis 500 Tonnen und erreichen ein Alter über 2000 Jahre. Diese immergrünen *Mammutbäume* benötigen für ihr gigantisches Wachstum reichliche Niederschläge und das gemäßigte Klima im regenreichen nebligen Nordwesten der Vereinigten Staaten. Mammutbäume gibt es seit etwa 100 Millionen Jahren auf unserer Erde. Sie haben einen großen Anteil an der Braunkohlebildung.

2.2 Vom Urpferd zum heutigen Pferd

Vermutlich kannst du bei der Betrachtung des Urpferdes mit seinen kurzen Beinen die Benennung „Pferd" nur schwer nachvollziehen. Dennoch weiß man aus vielen Fossilfunden, dass die frühen Vorfahren unserer Pferde diesem fossilen Fund aus dem Tertiär ähnelten. Auch die weitere Entwicklung bis zum heutigen Pferd ist durch Fossilfunde gut bekannt. Bei manchen Exemplaren sind außer dem Skelett auch noch Mageninhalte zu erkennen. Man kennt also nicht nur die Gestalt der Pferde-Vorfahren, sondern kann auch auf deren Lebensweise schließen.

2 Skelett eines Urpferdes aus dem Tertiär

Vor etwa 50 Millionen Jahren lebte in dichten Wäldern ein etwa katzengroßes Tier mit vier Zehen an den Vorderfüßen und drei Zehen an den Hinterfüßen. Das **Hyracotherium** besaß eine Art „Laubfressergebiss", mit dem es weiche Blätter und Früchte zerkleinerte.

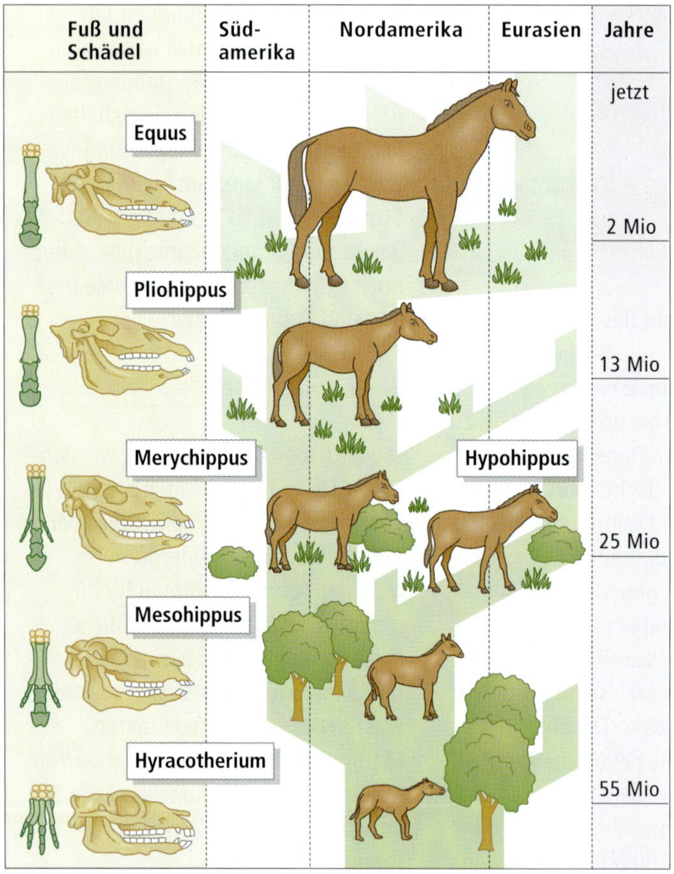

1 Stammbaum des Pferdes

Durch Klimaänderung in der folgenden Zeit verschwanden die Wälder und es breiteten sich Grassteppen aus. Es hatte sich nun eine Pferdeart mit längeren Gliedmaßen und Schnauzen durchgesetzt. Das ponygroße **Merychippus** ernährte sich zwar noch immer von Laub, hatte aber bereits flachere, mit Schmelzfalten versehene Zahnoberflächen, mit denen es auch Gräser zermahlen konnte. In dem Maße, wie sich die Tiere dem harten Untergrund der Grassteppe und den Lebensbedingungen anpassen mussten, bildeten sich die äußeren Zehen zugunsten einer kräftiger werdenden Mittelzehe zurück. Sie ist mit einem Huf besetzt. **Pliohippus** gilt als Stammvater des heutigen Pferdes, dem **Equus**. Wie dieses hatte es nur noch eine kräftige Zehe mit einem Huf. Die ersten Hauspferde gab es erst vor etwa 5000 Jahren in der Ukraine.

Die Entwicklungslinie der Pferde verläuft aber nicht geradlinig. Immer wieder gab es Formen, die z. B. wegen Klimaveränderungen ausstarben. So verschwanden auch in Nordamerika die Pferde vor ein paar tausend Jahren. Sie kamen erst im 16. Jahrhundert mit den Schiffen der spanischen Eroberer wieder ins Land.

1. Trage in eine Tabelle die Veränderung des Körperbaues der Pferde mithilfe des Textes und der Abbildung 1 ein. Gehe dabei auch auf die Lebensräume ein.
2. Beschreibe, wann und wo die Pferde und ihre Vorfahren lebten.

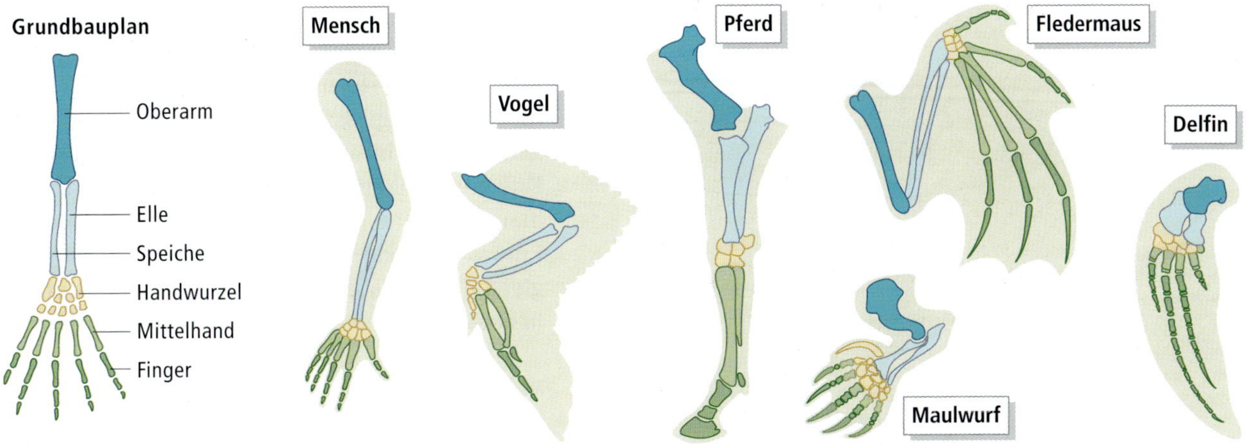

1 **Vergleich der Vordergliedmaßen verschiedener Wirbeltiere**

2.3 Nur ähnlich oder verwandt?

Wenn man die Gliedmaßen in Abbildung 1 betrachtet, stellt man deutliche Unterschiede fest. Bei näherer Untersuchung zeigen sich jedoch auch Gemeinsamkeiten.

Um ihre Theorie von Verwandtschaften und damit von gemeinsamen Vorfahren zu untermauern, suchten Wissenschaftler nach solchen Gemeinsamkeiten. Sie kamen dabei zu interessanten Ergebnissen. Äußerlich ähneln beispielsweise die Flügel von Vögeln den Armen der Menschen zwar kaum, aber das Skelett zeigt viele Gemeinsamkeiten. Bei beiden finden sich Oberarmknochen, Unterarm mit Elle und Speiche, Handwurzel-, Mittelhand- und Fingerknochen. Obwohl die Gliedmaßen dieser beiden Wirbeltierklassen unterschiedliche Funktionen erfüllen, weisen sie im Grundbauplan Übereinstimmungen auf. Solche Organe nennt man **homolog.** Sie deuten auf gemeinsame Vorfahren hin.

Homologe Organe finden sich auch bei Insekten. So sind das *Sammelbein* der Honigbiene und das *Sprungbein* der Heuschrecke homolog, denn sie sind als Insektenbeine in ihrem Grundbauplan gleich.

Allerdings bedeutet gleiches Aussehen oder gleiche Funktion nicht immer, dass die Lebewesen auch gemeinsame Vorfahren haben. Wenn man beispielsweise die Flossen des Delfins mit den Schwimmbeinen des Gelbrandkäfers vergleicht, so zeigt sich trotz gleicher Funktion ein völlig verschiedener Aufbau. Ein weiteres Beispiel dafür sind die „Geweihe" männlicher Hirschkäfer und Rothirsche. Beide werden im Rivalenkampf eingesetzt. Der Aufbau der Kopfzangen des Käfers und das Geweih des Hirsches sind aber verschieden. Organe mit unterschiedlichem Grundbauplan, aber gleicher Funktion nennt man **analoge Organe.**

Oft lässt sich beim Vorkommen analoger Organe feststellen, dass die jeweiligen Tiere unter ähnlichen Lebensbedingungen leben. Analoge Organe stellen also eine Angepasstheit an ähnliche Lebensräume dar. Sie sind kein Hinweis auf eine Verwandtschaft der Tiere.

2 **Grabschaufeln.** **A** Maulwurf; **B** Maulwurfsgrille

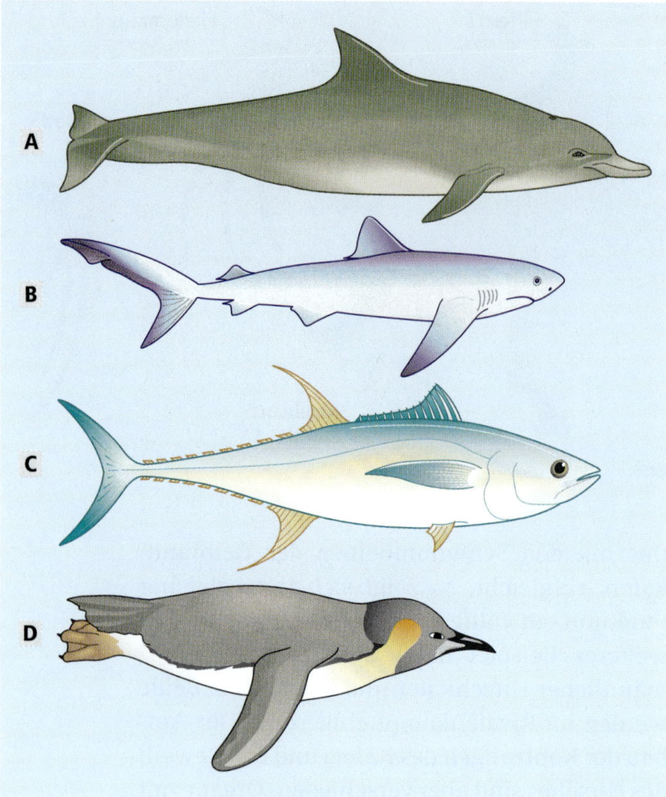

3 Konvergenz bei Tieren. A Delfin; **B** Hai; **C** Tunfisch; **D** Pinguin

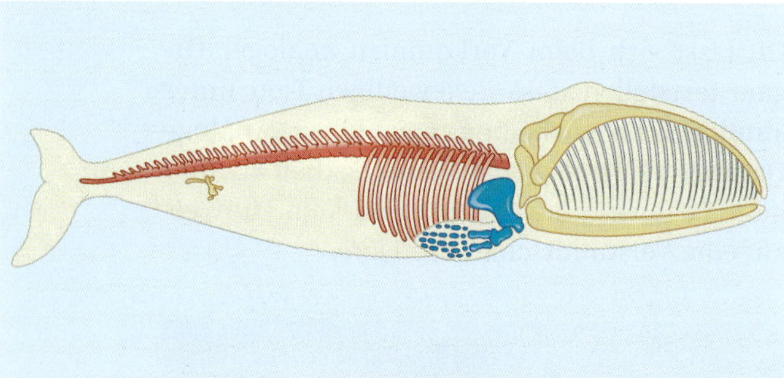

4 Rudimentäres Becken eines Bartenwals

Delfin, Hai, Hering und Pinguin leben in vergleichbaren Lebensräumen. Ihre stromlinienförmige Körperform, mit der sie an das Leben im Meer angepasst sind, könnte auf eine Verwandtschaft hinweisen. Aber auch in diesem Fall gibt es keinen gemeinsamen Grundbauplan, sondern lediglich Funktionsgleichheit. Eine solche Anpassung verschiedener Arten an gleiche Lebensbedingungen durch eine ähnliche Gestalt bezeichnet man als **Konvergenz**.

Bei einigen Lebewesen sind einzelne Organe so klein ausgebildet, dass sie ihre ursprüngliche Funktion nicht mehr erfüllen. Bei Walen zum Beispiel findet man Reste eines Beckens. Diese haben als Stütze der Bewegungsorgane keine Bedeutung, deuten aber darauf hin, dass Wale von vierbeinigen Landsäugern abstammen könnten. Ebenso finden sich bei manchen Schlangenarten Beckenreste, obwohl sie keine Gliedmaßen besitzen. Solche Organreste nennt man **rudimentäre Organe.**

1. Ordne die Knochen des Grundbauplanes in Abb. 1 der Seite 325 den Vordergliedmaßen der Lebewesen zu. Mache Aussagen über die Lebensweise der Tiere.
2. Erkläre an Beispielen die Begriffe homolog, analog, konvergent und rudimentär.
3. Handelt es sich in Abb. 2 um homologe oder analoge Organe? Begründe deine Entscheidung.
4. Welche Schlussfolgerung kann man aus dem „Becken" der Pythonschlange und den Vordergliedmaßen des Wales schließen?
5. Flugunfähige Vögel wie der afrikanische Strauß oder der neuseeländische Kiwi besitzen Flügelstummel. Erkläre.

EXKURS

Atavismen

Manchmal kommen bei Lebewesen spezielle „Missbildungen" vor, die ebenso wie rudimentäre Organe als Hinweise auf ihre Abstammung gedeutet werden können.
So gibt es beispielsweise bei Pferden die Ausbildung eines überzähligen Hufes. Beim Menschen können zusätzliche Brustwarzen oder auch eine starke Behaarung am ganzen Körper auftreten.
Diese Ausnahmeerscheinungen nennt man Atavismen. Sie werden als Beweise dafür gedeutet, dass im Erbgut der Lebewesen Gene ihrer Vorfahren liegen. Diese werden gelegentlich „aktiv" und führen dann zum Ausprägen der Atavismen.

1 **Drohen beim Rothirsch**

2 **Eckzahn des Muntjaks**

2.4 Verhaltensähnlichkeiten können auf eine Verwandtschaft hinweisen

Bei unseren heimischen Rothirschen kann man manchmal eine seltsame Verhaltensweise beobachten. Die männlichen Tiere ziehen die Oberlippe nach oben und entblößen ihre Zähne, wenn sie einem Rivalen drohen. Da Rothirsche aber keine auffällig großen Zähne haben und beim Kampf ohnehin nur ihr Geweih einsetzen, ist diese Verhaltensweise zunächst nicht zu verstehen. Die Betrachtung einiger verwandter Hirscharten wie z. B. des Moschushirsches aus Ostasien oder des südostasiatischen Muntjaks bringt die Erklärung. Bei ihnen besitzen die Männchen dolchartig verlängerte Eckzähne im Oberkiefer, die sie beim Drohen entblößen und auch beim Kampf benutzen. Man vermutet, dass aufgrund der genetischen Anlage der Rothirsch ein Verhalten zeigt, das auch seine Vorfahren besaßen.

Homologe Verhaltensweisen findet man auch bei anderen Tierarten. So scheinen Entenvögel ihr Gefieder zu putzen, wenn sie die Balz einleiten. Der Branderpel bearbeitet sein gesamtes Gefieder, während der Stockerpel nur einen Flügel putzt. Es ist der dem Weibchen zugewandte und wird auch nur an der Innenseite vom Erpel gereinigt. Das Männchen der Knäkente streicht nur noch über die Flügelaußenseite und der Mandarinerpel berührt sogar lediglich eine orangefarbene Feder seines Prachtgefieders. Das ursprüngliche Reinigen des Gefieders hat also eine andere Funktion übernommen. Es dient nun der Balz und damit dem Anlocken eines Geschlechtspartners. In einem solchen Fall spricht man von **Ritualisierung** eines Verhaltens. Der ähnliche Ablauf der ritualisierten Verhaltensweisen zeigt die Verwandtschaft der Entenarten.

Verhaltensähnlichkeiten lassen allerdings nicht immer zwangsläufig auf verwandtschaftliche Zusammenhänge schließen. So können auch ähnliche Lebensumstände ein ähnliches Verhalten erzeugen. Dazu gehört das Totstell-Verhalten vieler Tiere zum Schutz, wie zum Beispiel bei der Ringelnatter ebenso wie bei Hundewelpen oder vielen Vogelarten.

1. Zeige die Verwandtschaft des Hundes mit dem Wolf, indem du ihre Verhaltensweisen vergleichst. Nenne auch ritualisierte Verhaltensweisen des Hundes.

3 **Scheinputzen bei Entenvögeln.** **A** Brandente; **B** Stockente; **C** Knäkente; **D** Mandarinente

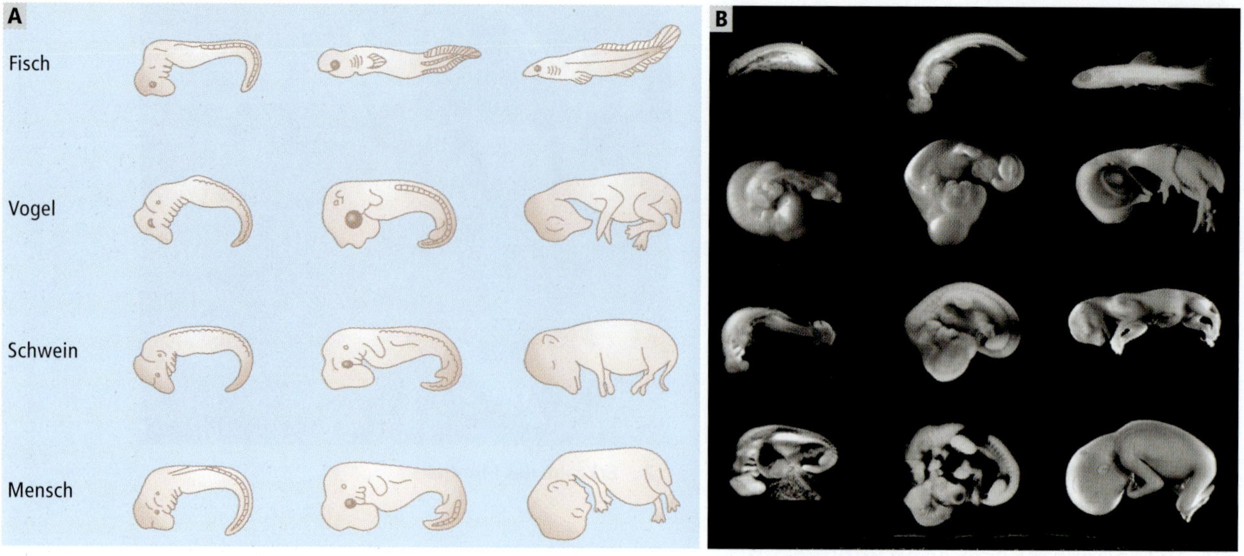

1 **Vergleich unterschiedlicher Embryonen.** **A** Zeichnungen nach HAECKEL 1866; **B** Fotografien von RICHARDSON 1997

2.5 Die Keimesentwicklung – eine verkürzte Evolution?

Wenn du die Embryonen der Abbildung 1 in den einzelnen Entwicklungsstadien sorgfältig miteinander vergleichst, was stellst du dann fest? Wissenschaftler beschäftigte seit dem Beginn des 19. Jahrhunderts die Ähnlichkeiten in der Gestalt von Embryonen, die sich in der späteren Entwicklung der Lebewesen nicht mehr zeigen.

So formulierte der Zoologe Ernst HAECKEL 1872 das **Biogenetische Grundgesetz**. Darin beschreibt er die Keimesentwicklung als eine kurze, unvollständige Wiederholung der Stammesentwicklung. Dies würde bedeuten, dass die Embryonalentwicklung so etwas wie die Stammesentwicklung im Zeitraffer ist. Mit diesem Grundgesetz wollte HAECKEL seine Überzeugung belegen, dass die Wirbeltierklassen voneinander abstammen.

Wenn diese Behauptung zutrifft, müssen die verschiedenen Tierklassen in frühen Stadien ihrer Entwicklung gleiche oder ähnliche Organe besitzen, die sie als erwachsene Tiere nicht mehr haben. Entsprechend deutete HAECKEL die Falten unter dem Kopf der jungen Embryonen von Mensch oder auch Schwein als Kiemen, wie sie auch die Fischlarven besitzen. Er bekam mit dieser Behauptung bereits zu seiner Zeit starke Kritik. HAECKEL gab dann später zu, die Zeichnungen seiner Theorie angepasst zu haben, vor allem dort, wo das Material unvollständig war. So veränderte er zeichnerisch, was nicht genau zu sehen war und benutzte dieselben Embryonen für die Zeichnungen verschiedener Wirbeltierklassen.

Heute weiß man, dass bei den Embryonen auf keinen Fall ursprüngliche Organe auftreten, wie HAECKEL behauptete, sondern in Einzelfällen die Ansätze dazu. Trotzdem hat sich das Biogenetische Grundgesetz HAECKELS als *Biogenetische Grundregel* bis in die heutige Zeit erhalten. Die Forscher nehmen es als Ansatz zur Deutung von Homologien zwischen Wirbeltierklassen. Es ist allerdings sicher, dass ein Säugerembryo während seiner Entwicklung niemals das Fischstadium durchläuft. Er zeigt zwar Ansätze von Strukturen, die auf die Verwandtschaft von Säugern und Fischen schließen lassen – die sogenannten Kiemen beim menschlichen Embryos enthalten aber nie den Fischen ähnliche Kiemen.

1. Nenne den Inhalt des Biogenetischen Grundgesetzes von HAECKEL. Welche Bedeutung hat es für die heutigen Wissenschaftler?
2. Beantworte mithilfe des Textes die Frage der Überschrift.

Biochemische Verwandtschaften

Um eine mögliche entwicklungsgeschichtliche Verwandtschaft verschiedenartiger Lebewesen festzustellen, werden auch Untersuchungen auf der molekularen Ebene durchgeführt. Dafür werden die Proteine des Blutserums benutzt. Gelangt fremdes Blut in einen Körper, so lösen diese Proteine die Entwicklung von Antikörpern aus. Wird zum Beispiel einem Kaninchen menschliches Serum gespritzt, reagiert sein Immunsystem auf die darin enthaltenen artfremden Proteine. Nach einiger Zeit entnimmt man dem Kaninchen Blut und isoliert daraus etwas Serum mit den gebildeten Antikörpern. Vermischt man dieses nun im Reagenzglas mit menschlichem Blutserum, so verklumpen die menschlichen Proteine durch die Antikörper des Kaninchenserums. Diese Reaktion wird als **Präzipitinreaktion** bezeichnet.

Bei einem weiteren Präzipitintest vermischt man das Kaninchenserum mit den gegen menschliche Proteine gebildeten Antikörpern mit dem Serum von Schimpansen. Dabei tritt ebenfalls eine Verklumpung auf. Diese ist aber nicht so stark ausgeprägt wie beim Test mit dem menschlichen Serum. Die nicht ausgefällten Proteine des Schimpansenserums unterscheiden sich demnach von denen des Menschen. Die Verklumpten sind mit dem menschlichen Serum identisch. Die Stärke der Verklumpung wird als Maß für die Verwandtschaft der Tiere mit dem Menschen gedeutet.

In jüngerer Zeit ist die Untersuchung des Baues einzelner Proteine oder auch die Isolierung von DNA aus den Zellen eines Lebewesens möglich. Mit ihrer Hilfe können genauere Aussagen zur vermuteten Verwandtschaft gemacht werden.
Proteine lassen sich durch ihren Aufbau aus Aminosäuren eindeutig voneinander unterscheiden. Jedes Protein besitzt eine andere Abfolge der Aminosäuren und auch eine eigene Länge.

Beides wird durch die erblich festgelegte Basenabfolge der DNA bestimmt, die in jeder Zelle des Lebewesens enthalten ist.

Verglichene Arten	Anzahl der Unterschiede in der Abfolge der Aminosäuren
Mensch und Rhesusaffe	1
Mensch und Pferd	12
Mensch und Huhn	13
Huhn und Pferd	11
Huhn und Rhesusaffe	12
Fisch und Pferd	19
Fisch und Rhesusaffe	21

Cytochrom c verschiedener Lebewesen

Das Protein **Cytochrom c** zum Beispiel besteht aus bis zu 112 Aminosäuren, wovon etwa ein Drittel bei den untersuchten Tierarten identisch ist. Beim Vergleich der Ketten zeigt sich, dass die von Mensch und Rhesusaffe bis auf eine Aminosäure gleich sind. Beim Vergleich zwischen Mensch und Huhn dagegen zeigen sich 13 verschiedene Besetzungen in der Kette. Jeder Aminosäureunterschied weist aber auf eine Änderung in der Basenabfolge der DNA hin. Unterschiede in der DNA sind wiederum durch Mutationen zu erklären. Das bedeutet, je geringer die Verwandtschaft, um so mehr Mutationen in der Erbsubstanz müssten in der Stammesentwicklung entstanden sein. Die Wissenschaftler gehen nun davon aus, dass eine große Übereinstimmung in der Aminosäurenabfolge auf eine nahe Verwandtschaft der untersuchten Lebewesen zurückzuführen ist.

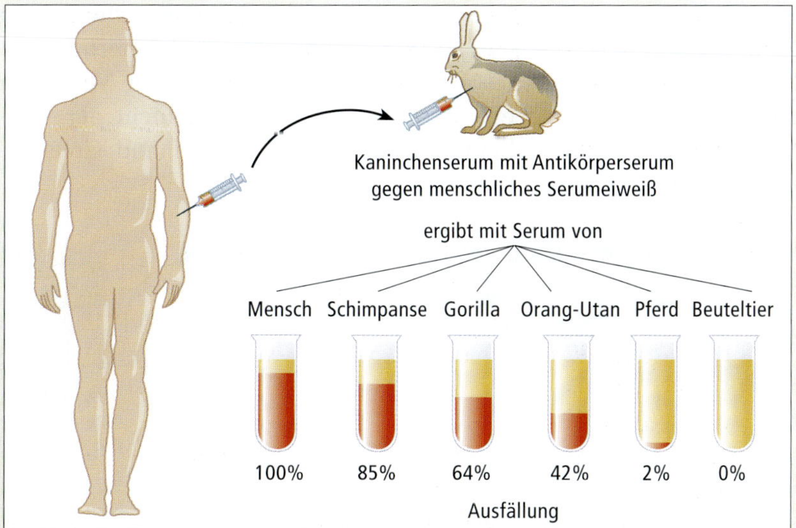

Präzipitintest mit verschiedenen Seren

1 Artenvielfalt im Barriere-Riff

3 Ursachen der Evolution

3.1 Die Evolution der Evolutionstheorien

Viele Ökosysteme zeichnen sich durch eine große Artenvielfalt aus, wie sich das am Beispiel des Barriere-Riffes vor Australien zeigt. Aber auch auf einer Bergwiese oder im heimischen Mischwald gibt es eine Vielfalt von Pflanzen- und Tierarten. Tatsächlich wird die gesamte Erde von der ungeheuren Menge weit über einer Million Tierarten und von über 500 000 Pflanzenarten bevölkert! Wie ist diese Vielfalt entstanden?

Die Überlegungen und Theorien über die Entstehung des Lebens sind schon sehr alt. So machten sich bereits die Philosophen des Altertums Gedanken über die Herkunft der Lebewesen. Sie nahmen an, dass sich zunächst das pflanzliche und später tierisches Leben entwickelt hat. Trotz solcher Denkansätze galt bis zum Ende des 18. Jahrhunderts die Lehrmeinung einer **Konstanz der Arten**. Anhänger dieser Theorie sind der Auffassung, dass sich die Arten seit dem Beginn des Lebens auf der Erde nicht verändert haben.

Auch der schwedische Naturforscher LINNÉ (1707–1778) glaubte daran. LINNÉ kannte bereits 8 500 Pflanzenarten und 4 200 Tierarten, die er nach verwandtschaftlichen Merkmalen zu einem übersichtlichen Pflanzen- und Tiersystem zusammenfasste.

Der Franzose LAMARCK (1744–1829) vertrat dagegen die Auffassung, dass sich die Pflanzen und Tiere im Laufe ihrer langen Entwicklungsgeschichte verändert haben. Nach seiner Meinung passen sich die Lebewesen den wechselnden Lebensbedingungen an und vererben die so erworbenen Anpassungen an die Nachkommen. Nach LAMARCK haben beispielsweise die Giraffen deshalb so einen langen Hals, weil ihre Vorfahren die Hälse strecken mussten, um an die Blätter der Bäume zu gelangen. Das Strecken und das „Bedürfnis" an die Nahrung zu kommen, bewirkten die Verlängerung des Halses. Diese erworbene Eigenschaft wurde weitervererbt. Sind andererseits durch den Nichtgebrauch von Organen oder Eigenschaften diese verkümmert, wurde auch dies an die Nachkommen durch Vererbung weitergegeben. Dass die Theorie der **Vererbung erworbener Eigenschaften** nicht der Wirklichkeit entspricht, wurde anhand vieler Beispiele nachgewiesen.

2 LAMARCK und seine Theorie zur Entwicklung der Arten

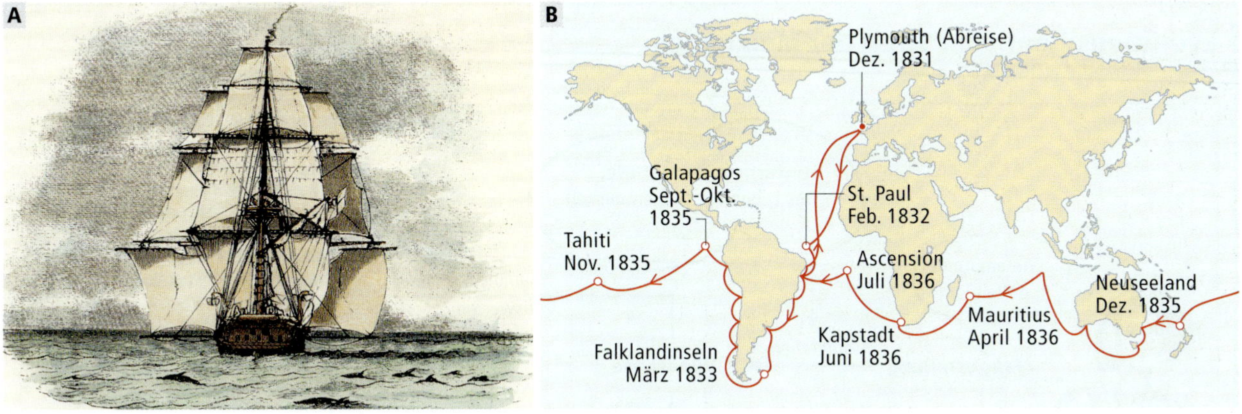

3 DARWIN´s Forschungsreisen. **A** Forschungsschiff Beagle; **B** Reiseroute

Nach der Meinung vieler Wissenschaftler ist dagegen die Theorie des Engländers Charles DARWIN (1809–1882) wesentlich besser zur Erklärung der Entstehung dieser Vielfalt des Lebens geeignet. Auf einer insgesamt fünfjährigen Forschungsreise mit einem Vermessungsschiff rund um die Welt sammelte er eine Fülle von Beobachtungen. Die Auswertung dieser geologischen, botanischen und zoologischen Daten und Funde nahm Jahrzehnte in Anspruch. 1859 veröffentlichte er sein Lebenswerk **„Über die Entstehung der Arten durch natürliche Zuchtwahl"**. Darin stellt er die Theorie auf, dass jede Art mehr Nachkommen erzeugt, als zu ihrer Erhaltung notwendig wäre. Außerdem sind die Nachkommen nicht immer völlig gleich, sondern sie weisen kaum merkliche Unterschiede in ihren Eigenschaften auf. Diese Unterschiede können für den Träger von Vor- oder Nachteil in der Auseinandersetzung mit der Umwelt sein. Es überleben dann nur diejenigen, die den jeweiligen Lebensbedingungen am besten angepasst sind.

Durch diese natürliche Auslese verändern sich Arten im Laufe von vielen Generationen. Für die Giraffen bedeutet dies nach DARWIN: Diejenigen mit nachteiligen Eigenschaften wie den kürzeren Hälsen haben eine geringere Chance zu überleben und sich zu vermehren. Von den Giraffen mit längeren Hälsen dagegen überleben mehr Tiere und vererben ihre Eigenschaften an die Nachkommen.

Seit der Zeit DARWIN´s haben insbesondere Erkenntnisse aus der Vererbungslehre das Wissen um die Mechanismen der Evolution erweitert. Somit ist diese Evolutionstheorie der Abstammung der Lebewesen einer ständigen Erweiterung und Veränderung unterworfen.

1. Erkläre, welche Veränderungen im Körperbau bei einem Radprofi und seinen Nachkommen auftreten, wenn man der Theorie LAMARCKs folgt.
2. Nenne eigene Beispiele, wie sich nach DARWIN die Anpassung der Lebewesen an ihre Umwelt zeigen lässt.

4 DARWIN und seine Theorie über die Entstehung der Arten

Evolutionstheorie im Streit der Meinungen

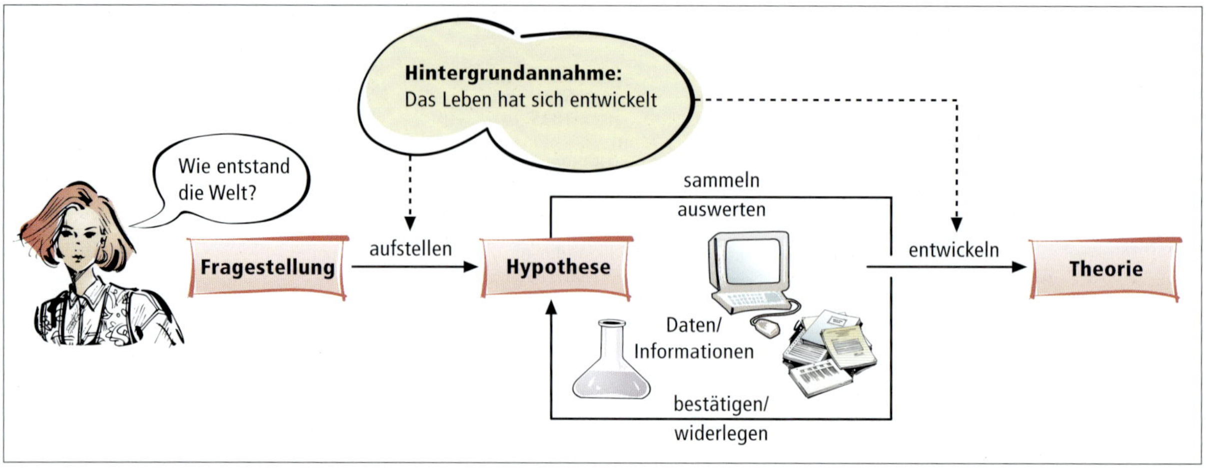

Abläufe zu einer Theoriebildung (vereinfachte Darstellung)

Wie ist das Leben auf unserem Planeten entstanden und in welcher Weise hat es sich zu einer solchen Artenvielfalt entwickelt, wie wir sie heute vorfinden? Auf diese nicht einfach zu beantwortenden Fragen gibt es gegenwärtig verschiedene Antworten. Entsprechend der *Evolutionstheorie* ist im Verlauf von mehr als einer Milliarde Jahren aus einfachen Zellen die heutige Vielfalt an Lebewesen entstanden. Nach der *Schöpfungslehre* hat es jedoch einen Schöpfer – Gott – gegeben, der Urheber allen Lebendigen ist.

Wie aber entstehen solche Theorien, die offensichtlich im Widerspruch zueinander stehen? Wissenschaftler wollen Antworten auf bisher nicht gelöste Fragen finden. Zahlreiche Funde, Beobachtungen, vergleichende Untersuchungen und Experimente führen zu einem umfangreichen Datenmaterial. Dieses werten die Wissenschaftler im Hinblick auf ihre Fragestellungen aus und versuchen diesem einen Sinn zu geben. Sie tun dies aufgrund von Annahmen oder Ideen. Es entstehen Denkmodelle, also Hypothesen der Wirklichkeit.

Fangblatt der Kannenpflanze

Diese werden anhand neuen Datenmaterials und neuer Experimente überprüft. Weisen diese Widersprüche zur angenommmenen Hypothese auf, muss sie verändert oder sogar verworfen werden. Über viele solcher Schritte gelangen z. B. die Naturwissenschaftler zu ‚bestätigten' Hypothesen, die dann als Theorien bezeichnet werden.

Die Evolutionstheorie geht auf den Naturforscher und Weltumsegler Charles DARWIN zurück. Er hat Mitte des 19. Jahrhunderts in einer zur damaligen Zeit revolutionären Weise zu beweisen versucht, was schon lange Zeit vor ihm diskutiert worden war: dass die vorhandenen Lebewesen von andersartigen Lebensformen abstammen. Über Jahrmillionen veränderten sie sich aufgrund verschiedener Faktoren und ergeben das heutige Bild der Erde, das auch noch weiter einem Wandel unterworfen ist.

DARWINs Theorie konkurrierte mit dem Gedanken an eine Entstehung des Lebens durch einen Schöpfungsakt. Auch heute gibt es zahlreiche

Anhänger dieser *Schöpfungslehre.* Diese versucht vor allem dort Antworten zu finden, wo sie Lücken in der Evolutionstheorie sieht.

Es gibt zum Beispiel Erscheinungen bei Lebewesen, die so vollkommen sind, dass nach der Schöpfungslehre eine zufällige Entstehung nur schwer vorstellbar ist. Hierzu gehört z. B. das Fangblatt einer Kannenpflanze, das keine Blüte darstellt. Es ist schlauchförmig ausgebildet und lockt mit seiner farbigen Öffnung Insekten an. Sobald sie sich an den Kannenrand gesetzt haben, rutschen sie an der glatten Oberfläche in die Kanne ab. Am Grund des Fangblattes werden sie anschließend durch ein Sekret verdaut. Übergangsformen als Vorfahren der Kannenpflanzen, wie es nach der Evolutionstheorie erforderlich wäre, kann es nach Meinung der Anhänger der Schöpfungstheorie wegen des ‚raffinierten' Fangmechanismus deshalb nicht gegeben haben.

Eine andere Schwierigkeit sehen die Anhänger der Schöpfungslehre darin, die Entstehung z. B. der einzelnen Klassen der Wirbeltiere schlüssig anhand der Evolutionsmechanismen zu erklären. Nach ihrer Meinung gibt es Erklärungsschwierigkeiten, wie sich z. B. aus wechselwarmen Reptilien gleichwarme Säugetiere mit Haaren, Milchdrüsen und anderen ‚Neuerungen' gebildet haben. Eine Antwort sehen die Anhänger der Schöpfungslehre in der Annahme, dass Grundtypen von Lebewesen geschaffen wurden. Diese konnten sich dann durch Mutationen weiter entwickelt haben, so zum Beispiel aus einem Grundtyp durch Mutationen zu den verschiedenen Hundeartigen.

Die Evolutionstheorie fußt auf der Annahme, dass die heute gültigen Naturgesetze, zu denen u.a. die natürliche Auslese gehört, auch früher gegolten haben. Diese Annahme erscheint durch die Fülle der vorhandenen Daten zwar selbstverständlich, ist jedoch letztlich bisher nicht beweisbar.
Ebenso beruht die Schöpfungslehre auf einer nicht beweisbaren Annahme, dass ein Schöpfer der Urheber alles Lebendigen ist.

Beide Theorien versuchen, die Entstehung des Lebens und seine Entwicklung auf der Erde zu erklären. Die Evolutionstheorie gilt weithin als anerkannt. Die Schöpfungslehre dagegen besitzt nur wenige Anhänger unter den heutigen Wissenschaftlern.

1. Erkläre anhand der unten stehenden Abbildung grundlegende Unterschiede der Erklärungsmodelle zur Entwicklung der Lebewesen.

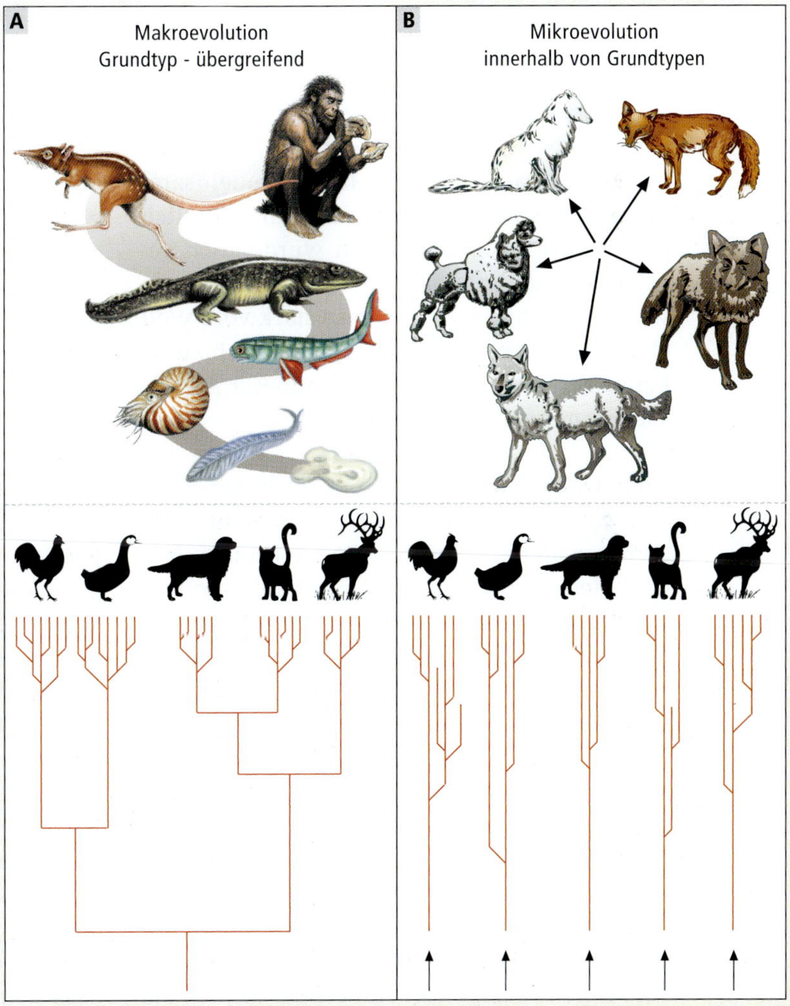

Erklärungsversuche der Entwicklung von Lebewesen.
A Evolutionstheorie; **B** Schöpfungslehre

1 Wolf und verschiedene Hunderassen

3.2 Die Entstehung neuer Arten

Die meisten Hunderassen und ihre Vorfahren, die Wölfe, haben offensichtliche Gemeinsamkeiten. Sie sind sich aber nicht nur äußerlich ähnlich, ihre Verwandtschaft wurde auch genetisch bestätigt. Manche Rassen allerdings weichen in ihrem Aussehen so stark vom Wolf ab, dass ihre Verwandtschaft kaum noch zu erkennen ist. Wie aber kam es zu dieser großen Vielfalt unterschiedlicher Rassen?

Kreuzt man beispielsweise einen Boxerrüden mit einer Schäferhündin, so entsteht eine „Promenadenmischung", die Merkmale beider Elterntiere zeigt. Die Ursache dieser Vermischung elterlicher Merkmale liegt in der **Neukombination** der Gene bei der Bildung der Keimzellen während der Meiose und ihrer Verschmelzung bei der Befruchtung. Dadurch können neue Merkmale entstehen, die vorher an den Elterntieren nicht zu sehen waren. Eine weitere Ursache der genetischen Vielfalt, und vor allem in dem Auftreten neuer Merkmale, liegt im spontanen Auftreten von Veränderungen des Erbgutes. Diese **Mutationen** treten zufällig und damit nicht zielgerichtet auf und sind seltene Ereignisse. Außerdem werden sie nur dann an die Nachkommen weitergegeben, wenn sie in den Keimzellen der Lebewesen angelegt sind.

Bei der *Zucht* von Hunderassen haben sich die Menschen diese Neukombination von aufgetretenen Mutationen zunutze gemacht. Sie wählten zur Zucht die Tiere aus, die über die gewünschten Merkmale verfügten. Eine solche Auswahl nennt man **Selektion.** Allerdings bilden sich durch Selektion in der Regel keine neuen Arten, sondern lediglich Unterarten oder Rassen. So können sich alle Hunderassen untereinander und auch mit dem Wolf fortpflanzen. Bei unterschiedlichen Arten wäre dies nicht möglich.

Zur Bildung einer neuen Art muss es also einen weiteren Faktor zusätzlich zu Mutation, Neukombination und Selektion geben. Am Beispiel von Grünspecht und Grauspecht erhalten wir einen Einblick in heutige Vorstellungen über die Entstehung einer Art.

Grünspecht und Grauspecht kommen bei uns vorwiegend in Mischwäldern oder Parkanlagen vor. Beide Arten sehen sich zum Verwechseln ähnlich. Während der Grünspecht aber ein typischer Erdspecht ist und sich seine Nahrung, meist Ameisen, vorwiegend am Boden sucht, findet man den Grauspecht hauptsächlich auf Bäumen. Obwohl sich beide Spechte auch im Verhalten sehr ähneln, handelt es sich doch um zwei Arten, da sie sich nicht untereinander paaren. Wie sind diese Arten entstanden?

Vermutlich haben Grauspecht und Grünspecht gemeinsame Vorfahren. Diese wurden aber zu Beginn der Eiszeit durch das Vorrücken der Eismassen aus dem Norden teils nach Osten, teils nach Westen verdrängt. Aus der Stammform entwickelten sich in den unterschiedlichen Lebensräumen des westlichen und östlichen Europa im Laufe langer Zeiträume voneinander getrennte Spechtpopulationen. Es entstanden im Osten die Grauspechte, im Westen die Grünspechte. Nach der Eiszeit drangen die beiden Populationen wieder nach Mitteleuropa vor. Dort allerdings stellte sich heraus, dass sich die beiden Gruppen nach der langen Trennung nicht mehr untereinander fortpflanzen können. Durch die **geografische Isolation** voneinander sind zwei neue Arten entstanden.

1. Neben der Zucht von Hunden für unterschiedliche Zwecke (Jagd, Suchhund, Spielgefährte) züchtet der Mensch auch andere Säugetierrassen, um sie für sich zu nutzen.
   a) Nenne Beispiele mit dem Zuchtziel.
   b) Welche Ursachen haben die auftretenden Merkmalsunterschiede?
2. **a)** Nenne alle Faktoren, die zur Entstehung einer neuen Art beitragen. Erläutere sie.
   b) Warum reichen einzelne Faktoren für eine Artentstehung nicht aus? Nenne Beispiele.
3. Immer wieder treten Krankheitserreger auf, die gegen Antibiotika widerstandsfähig sind. Es müssen dann neue Arzneimittel gefunden werden, die gegen diese resistenten Bakterienarten wirken. Auf welchen Evolutionsfaktor könnte die Entstehung von resistenten Krankheitserregern zurückzuführen sein?
4. Bei fast allen Tierarten treten gelegentlich Albinos auf. Diese können keine Farbstoffe für ihre Körperbedeckung bilden. Nenne Bedingungen, unter denen sich Albinos in einer Population durchsetzen würden.
5. Auf den sturmumtosten Inseln der Kerguelen am Rand der Arktis gibt es viele flugunfähige Insekten. Stelle Vermutungen dazu an, welche Faktoren zu dieser Umgestaltung am Körperbau geführt haben könnten.

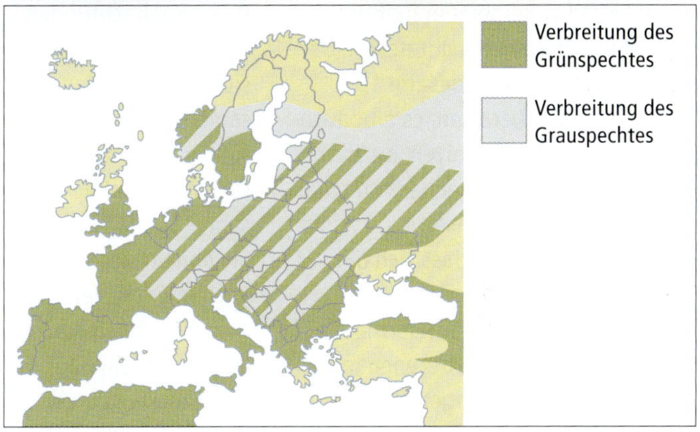

2 Verbreitung von Grünspecht und Grauspecht

EXKURS

Birkenspanner – ein interessantes Forschungsobjekt

Während der industriellen Revolution in England veränderte sich das Erscheinungsbild des Birkenspanners, eines Nachtfalters, auf bemerkenswerte Weise. Er kommt normalerweise in einer überwiegend hellen Farbvariante vor. Durch Staub und Ruß aus den Industrieschornsteinen verloren die Birken ihre helle Farbe und auch die auf ihnen wachsenden Flechten verschwanden. Nun stellten englische Forscher überrascht fest, dass immer häufiger eine dunkle Variante des Birkenspanners zu beobachten war.
Möglicherweise liegt eine Ursache im vermehrten Auftreten der dunklen Farbvariante darin, dass sie von den Fressfeinden nicht so gut entdeckt wird wie ihre normale, helle Verwandtschaft. Die dunkel gefärbten Tiere könnten sich nach dieser Theorie einer natürlichen Selektion vermehrt haben, so dass nach nur 70 Jahren die dunkle Variante die helle bei weitem an Menge übertraf. Allerdings entstand keine neue Art, sondern es lässt sich lediglich eine Verschiebung im Auftreten von vorhandenen Varianten beobachten. Nachdem nämlich durch den Einbau von Filtern auch die Birken wieder ihre normale Farbe hatten, fingen die Forscher wieder vermehrt helle Birkenspanner ein.

Unterschiedliche Farbvarianten des Birkenspanners

Darwin und die Galapagos-Inseln

Als Charles DARWIN am 27.12.1831 den englischen Hafen Plymouth mit dem Vermessungsschiff Beagle verließ, wusste er nicht, dass die Reise fast fünf Jahre dauern würde.
Darwin sammelte in dieser Zeit viele Eindrücke und Daten der Tier- und Pflanzenwelt.
Die Reise brachte ihn unter anderem zu den Galapagos–Inseln, einer vulkanischen Inselgruppe aus 14 größeren und 16 kleineren Inseln westlich von Ekuador. Bei seinem fünfwöchigen Aufenthalt beobachtete und beschrieb DARWIN insgesamt 193 Pflanzen- und Tierarten. Es gibt auch heute noch viele Tierarten, die nur dort vorkommen. Manche findet man sogar nur auf einer Insel.
So fiel DARWIN auf, dass sich die Riesenschildkröten der einzelnen Inseln im Körperbau unterschieden. Auf Española, einer trockenen Insel, besitzen sie einen langen Hals und einen Panzer, der durch eine hohe Öffnung das Heben des Kopfes nicht behindert. Die Schildkröten fressen hier die hochgewachsenen Kakteenzweige. Auf Santa Cruz dagegen finden die Schildkröten ihre Nahrung auf dem Boden. Sie besitzen kuppelförmige Panzer mit niedrigen Öffnungen. Die geografische Isolation der Inseln voneinander, getrennt durch das Meer, verhinderte eine Paarung von Schildkröten verschiedener Inseln. Sie sind demnach durch ihre Panzerform ideal an den sie umgebenden Lebensraum angepasst.
Diese Beobachtungen DARWINs führten später zu der Theorie, dass sich neue Arten aus einer gemeinsamen Stammform entsprechend der sie umgebenden Umwelt entwickeln.
DARWIN beobachtete auch insgesamt 13 unterschiedliche Finkenarten. Sie ähneln sich zwar äußerlich und auch in ihrem Verhalten, unterscheiden sich jedoch vor allem in Form und Größe der Schnäbel. Einige haben einen dicken, kurzen Schnabel, mit dem sie Samen unterschiedlicher Härte und Größe öffnen können.
Diese Finken leben hauptsächlich am Boden. Andere Arten beobachtete er vorwiegend auf Bäumen. Sie ernähren sich hauptsächlich von Insekten.
DARWIN konnte das Rätsel um ihre Verwandtschaft nicht lösen, obwohl die Finken als Darwin-Finken später weltweit bekannt wurden.
Erst etwa 100 Jahre später fand man eine Erklärung entsprechend der Theorie einer ökologischen Isolation. Vermutlich kamen erste Finken vom 1000 km entfernten Festland auf die Inseln, wo sie reichlich Nahrung vorfanden und keine Fressfeinde hatten. Durch das Anwachsen der Population machten sich die Vögel untereinander Konkurrenz. Mutationen der Gene, die die Schnabelform bestimmen, führten dazu, dass die Vögel unterschiedliche ökologische Nischen besetzen konnten. Die dadurch erlangte Anpassung wurde durch Fortpflanzung an die Nachkommen weitergegeben.
Schließlich sind die Finkenarten genetisch so unterschiedlich geworden, dass sie sich nicht mehr untereinander fortpflanzen können.

Riesenschildkröten.
A Panzer aufgebogen;
B Panzer kuppelförmig

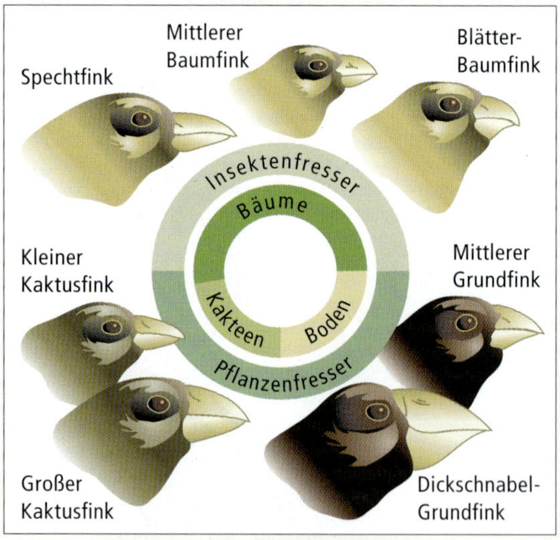

Finkenarten auf Galapagos

Unterschiedliche Finkenarten.
A Spechtfink;
B Kaktus-Grundfink

Evolutionsspiel

V1 Natürliche Selektion

Hinweis: Mithilfe dieses Spieles könnt ihr die Wirkungsweise der natürlichen Selektion „nachspielen". Bildet dazu Gruppen von mindestens 3 Personen – zwei „Räubern" und einem Protokollführer.

Material: je einen Bogen farbiges Tonpapier DIN-A4 in fünf verschiedenen Farben; zwei Bogen unterschiedlich stark gemusterter Geschenkpapiere (1 x 1 m), die möglichst gut die Farben der Tonpapiere besitzen; Scheren; fünf Briefumschläge

Durchführung:
Schneidet von den Tonpapierbogen jeweils 100 Plättchen der Größe 1x1cm aus und verwahrt sie bis zum Spielbeginn in den Briefumschlägen. Fertigt ein Protokoll nach folgendem Muster an.

Der Protokollführer (oder eine andere Person, die nicht „Räuber" ist), verteilt auf dem ausgelegten Geschenkbogen („Umwelt") je 20 Plättchen („Beute") jeder Farbe. Die „Räuber" stehen dabei mit dem Rücken zum Spielfeld.

Sind die Plättchen verteilt, drehen sich die zwei „Räuber" schnell um und ziehen wahllos einzeln je 10 Plättchen vom Spielfeld. Danach drehen sie sich um und wechseln die Plätze. Nach dem erneuten Umdrehen ziehen die Spieler wieder je 10 Plättchen usw. Das geschieht so lange, bis nur noch 20 Plättchen auf dem Feld übrig sind. (Sollten mehr als 2 „Räuber" in der Gruppe mitspielen, ist die zurückbleibende Zahl von 20 Plättchen entsprechend schneller erreicht. Es ist auch möglich, eine „Überlebendenzahl" von 30 zu haben – der weitere Spielverlauf muss dann entsprechend verändert werden.)

Der Protokollführer notiert das Ergebnis der übriggebliebenen Plättchen. Diese „vermehren" sich nun, indem zu jedem fünf gleichfarbige dazu gelegt werden. Diese werden vermischt auf das Papier verteilt. Sie bilden die F_1-Generation.
Die Selektion beginnt aufs Neue und wird anschließend protokolliert. Eine F_2-Generation und danach F_3-Generation wird ergänzt.
Spielt dasselbe mit dem zweiten Geschenkpapier – also einer veränderten Umwelt durch.

Aufgaben:
Wertet die beiden Spielprotokolle aus. Beachtet dabei die unterschiedliche „Tarnwirkung" der „Beute" auf der verschiedenen „Umwelt". Welche Bedeutung hat dies im natürlichen Umfeld?
Verändert die Merkmale eurer „Beute", indem ihr beispielsweise runde Plättchen schneidet.

	Dunklerer Untergrund					Hellerer Untergrund				
Farbe der Plättchen	grün									
Anfangs-population	20	20	20	20	20	20	20	20	20	20
nach Selektion										
F_1 nach Vermehrung										
nach Selektion										
F_2 nach Vermehrung										
nach Selektion										
F_3 nach Vermehrung										

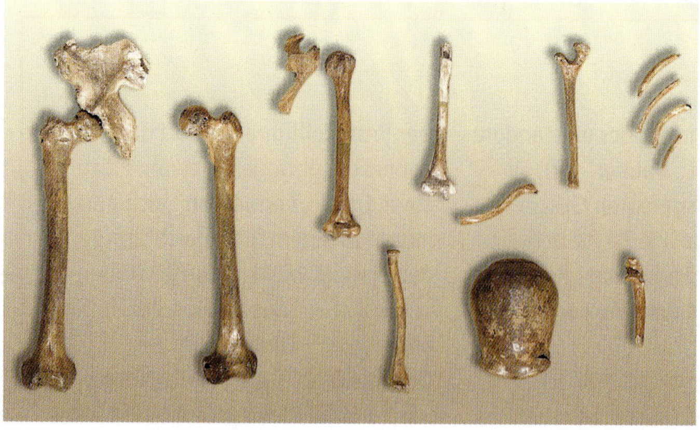

1 Knochenfund im Neandertal

4 Die Abstammung des Menschen

4.1 Der Neandertaler – ein Epoche machender Fund

„Höhlenbär oder Urmensch? – Ein überraschender Fund der letzten Tage im benachbarten Neandertal gibt Rätsel auf.“

So oder ähnlich könnten Zeitungsmeldungen im August des Jahres 1856 gelautet haben. Damals entdeckten nämlich Steinbrucharbeiter im Neandertal bei Düsseldorf beim Graben in einer Höhle Knochen, die sie für Bärenknochen hielten und wegwarfen. Die Arbeiter erzählten aber dem Steinbruchbesitzer davon, der größere Stücke wieder aufsammeln ließ. Er gab die Nachricht an den Lehrer Johann Carl FUHLROTT weiter, einem begeisterterten Naturforscher und Sammler.

Dieser erkannte sofort, dass es sich bei den Knochen um ein menschliches Skelett handelte. Allerdings deuteten die kräftigen Oberschenkelknochen und die ungewöhnlich flache Kopfform mit den Vorwölbungen über den Augen darauf hin, dass es sich um einen ausgestorbenen Menschentyp handeln musste. Vielleicht war es sogar das Skelett eines Urmenschen. Von ihm würden die heute lebenden Menschen abstammen.

Mit dieser Behauptung stand FUHLROTT aber weitgehend allein. Namhafte Wissenschaftler widersprachen seiner Vermutung, einen Vorfahren des heutigen Menschen gefunden zu haben. So behauptete beispielsweise der Mediziner Rudolf VIRCHOW, dass es sich bei dem Fund um das entstellte Skelett eines kranken Menschen gehandelt haben muss. Die Theorie über die Entstehung des Lebens aus einfacheren Vorstufen, wie sie DARWIN in seinem Werk „Über die Entstehung der Arten“ 1859 veröffentlicht hat, war zu dieser Zeit noch wenig anerkannt. Dass FUHLROTT recht hatte, bestätigten erst spätere Untersuchungen. Das Alter des Fundes wurde dann auf etwa 60 000 Jahre festgelegt.

Erst nach weiteren Funden ähnlicher Art und genaueren Untersuchungsmethoden setzte sich die wahre Bedeutung des Fundes des **Neandertalers** durch: der Jetztmensch stammt von anders aussehenden Vorfahren ab.

1. Woraus schloss FUHLROTT, dass es sich bei dem Fund um einen urtümlichen Menschen handelt?
2. Nenne Gründe für die große Bedeutung des Fundes eines Neandertalers im 19. Jahrhundert.

2 **Lebensbild vom Neandertaler** (Rekonstruktion)

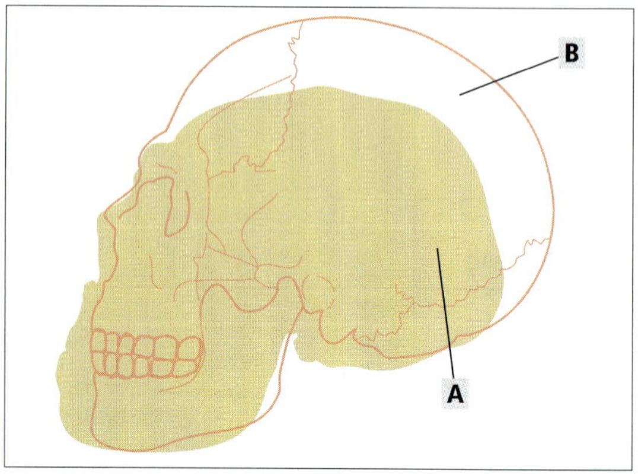

3 **Schädelvergleich; A** Neandertaler; **B** Jetztmensch

4.2 Von Menschenaffen und Menschen

Menschenaffen gehören im Zoo zu den beliebtesten Tieren. Ein Grund dafür ist ihre Ähnlichkeit, auch im Verhalten mit dem Menschen. Bei vergleichenden Untersuchungen des Erbgutes von Zwergschimpansen und Menschen stellte sich heraus, dass dieses zu 98% identisch ist.

Neben diesen Ähnlichkeiten, die auf eine nahe Verwandtschaft schließen lassen, gibt es aber auch viele Unterschiede. So ist nur der Mensch in der Lage, längere Zeit auf zwei Beinen zu stehen oder zu gehen. Dazu befähigen ihn seine Füße, die als *Standfüße* ausgebildet sind. Außerdem verhilft ihm seine doppelt-s-förmig gebogene *Wirbelsäule*, das Gleichgewicht zu halten. Dadurch liegt der Schwerpunkt des Körpers in der Körpermitte über den Beinen.

Beim Schimpansen sind die Füße als *Greiffüße* an sein Leben in den Bäumen durch Klettern und Schwingen angepasst. Seine Wirbelsäule ist c-förmig gebogen. Deshalb liegt der Körperschwerpunkt beim Affen außerhalb des Körpers, sodass er eine große Kraftanstrengung braucht, um aufrecht stehen zu können.

Auch der Bau der *Schädel* unterscheidet sich stark. Beim Menschen fällt auf, dass der Hirnschädel gegenüber dem Gesichtsschädel sehr ausgeprägt ist. Damit bietet er viel Platz für das Gehirn. Das Gebiss ist relativ klein, das Kinn zurückgezogen. Der Schädel des Schimpansen zeigt eine vorstehende Schnauze, ein kräftiges Gebiss und große Überaugenwülste.

Seine *Hände* sind für den Vierfüßergang auf dem Erdboden oder auch zum Greifen und Klettern gut geeignet. Ihm fehlt allerdings die Möglichkeit, den Daumen den anderen Fingern genau gegenüber zu stellen. Dieser Präzisionsgriff ist nur dem Menschen möglich.

1. Nenne Gemeinsamkeiten und Unterschiede von Menschenaffen und Mensch. Berücksichtige auch Verhaltensweisen.

2. Lege eine Tabelle an, in der du mithilfe der Abb. 1 und 2 Hände, Füße, Schädel und Wirbelsäule von Mensch und Schimpanse vergleichst.

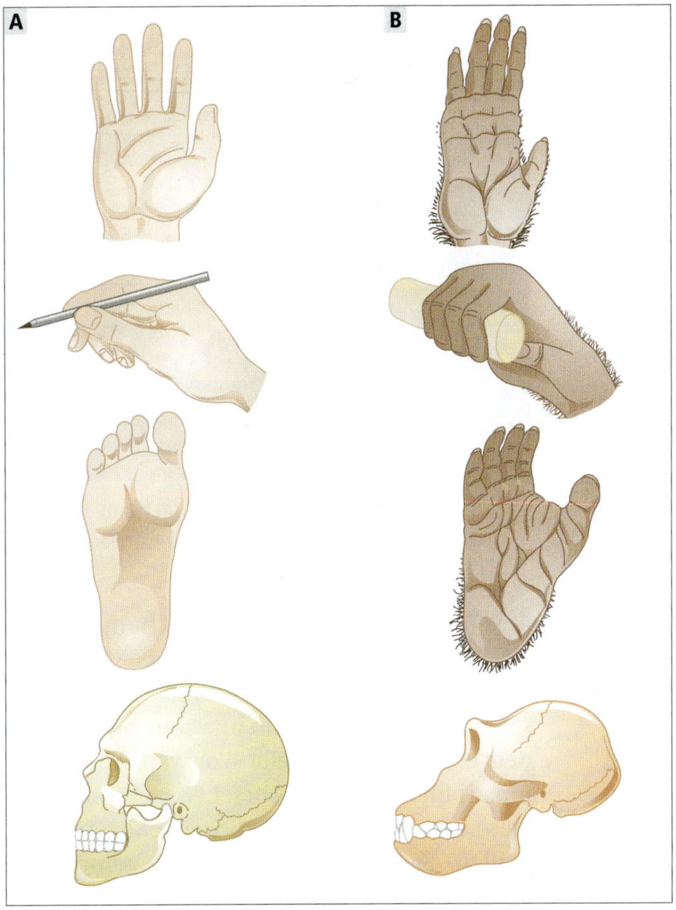

1 Vergleich von Gliedmaßen und Schädel.
A Mensch; **B** Schimpanse

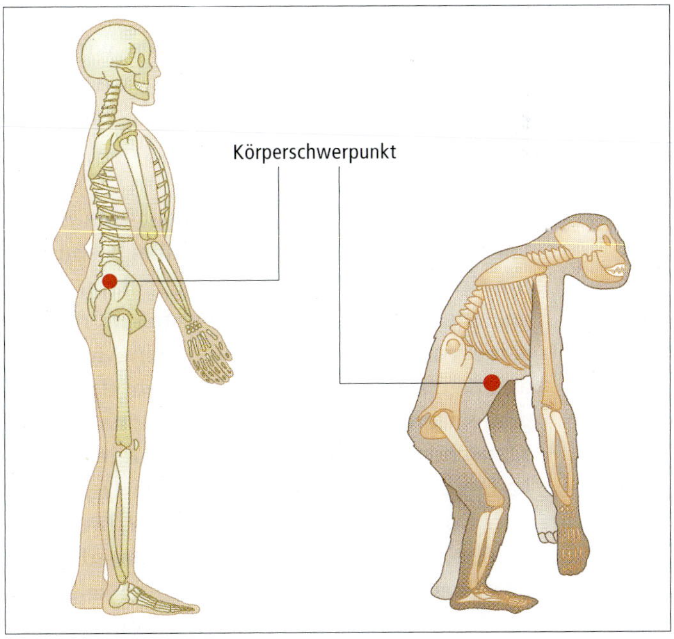

2 Skelett von Mensch und Schimpanse

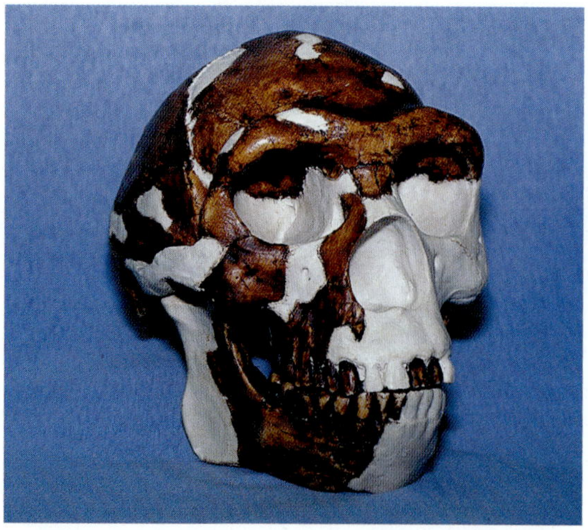

1 Rekonstruktion eines Schädels von Homo erectus (braun: Originalfundstück; weiß: rekonstruierte Teile)

4.3 Wege zum heutigen Menschen

Stelle dir vor, du sollst ein Puzzle zusammensetzen, von dem du nicht alle Teile hast und zu dem es keine Vorlage gibt. Vor weit schwierigeren Problemen stehen Forscher, wenn sie Lebewesen aus fossilen Fundstücken rekonstruieren wollen. Sie versuchen dann aus gefundenen einzelnen Zähnen oder Knochenteilen auf die Lebewesen zu schließen. Weitere ähnliche Funde helfen im Laufe vieler Jahre, ein immer genaueres Bild des fossilen Lebewesens zu gewinnen. Dazu muss die bisherige Vorstellung oft überarbeitet werden. So haben wir heute eine ungefähre Vorstellung davon, wie sich das Leben von Pflanzen und Tieren in Millionen Jahren entwickelt haben könnte.

Die Frage nach der Entwicklung des Menschen fasziniert die Wissenschaftler dabei besonders. Sie sind zunächst zufällig, später dann durch gezielte Suche auf Fossilien gestoßen, die verschiedene Wege bis zum heutigen Menschen aufzeigen. Ein möglicher Weg geht dabei von gemeinsamen Vorfahren der Menschaffen und Menschen aus, deren Fossilien man in Ostafrika fand. Zu den etwa paviangroßen Tieren, die dort vor ungefähr 20 Millionen Jahren vorkamen, zählt beispielsweise **Proconsul**. Seine Fossilien besitzen im Körperbau eine Reihe von Merkmalen heutiger Menschenaffen. Vermutlich entstanden Gorillas, Schimpansen, Bonobos und Orang Utans aus diesen auf Bäumen lebenden Tieren.

Vor etwa 7,5 Millionen Jahren veränderte sich das Klima in Afrika. Die offenen Savannenlandschaften nahmen zu und erforderten von den Tieren eine Anpassung an die veränderten Lebensbedingungen. So fand man im Jahre 2001 im sandigen Sediment des Tschad-Sees den Schädel eines Lebewesens, das vor etwa 6 Millionen Jahren lebte. Es besitzt sowohl Merkmale von Menschenaffen als auch von Menschen. Ob dieser **Sahelanthropus tchadensis** allerdings bereits als aufrecht gehender erster *Vormensch* gelten kann, ist noch umstritten.
Der aufrechte Gang zählt zu den wesentlichen Merkmalen des Menschen. Warum die Lebewesen vom Vierfüßergang zum aufrechten Gang übergingen, weiß man bisher nicht sicher. Es gibt auch dafür verschiedene Theorien. Ein Grund könnte darin liegen, die Hände für verschiedene neue Aufgaben nutzen zu können, wie z. B. für den Gebrauch von Werkzeugen.

Bei jüngeren Funden ist der aufrechte Gang wegen des Knochenbaus wahrscheinlicher. Sie sind etwa 4,4 bis 1 Millionen Jahre alt und werden dem Typ von Vormenschen zurechnet, der den Namen **Australopithecus** *(„Südaffe")* trägt. Bei den Australopithecinen unterscheidet man aufgrund unterschiedlicher Merkmale und ihres Fundortes verschiedene Formen.

2 Lebensbild von Australopithecus afarensis

So lebte beispielsweise **Australopithecus afarensis** („Südaffe aus Afar“) zur gleichen Zeit wie **Australopithecus africanus** („Afrikanischer Südaffe“). Die Australopithecinen wurden nur etwa 1,2 bis 1,5 m groß und ernährten sich vermutlich ausschließlich von Pflanzen.

Zur gleichen Zeit, nämlich vor 2,5 Millionen Jahren, lebten allerdings auch schon Lebewesen, die man den echten Menschen zurechnet. Dieser Gattung **Homo** gehören auch wir an.

Homo rudolfensis („Mensch vom Rudolf-See“ in Kenia) konnte nicht nur aufrecht gehen, sondern hatte auch ein größeres Gehirn als die Australopithecinen. Mit einfachen Steinwerkzeugen, die man an den Lagerplätzen fand, konnte er sowohl pflanzliche als auch tierische Nahrung besser „zubereiten“.

Homo erectus („aufrecht gehender Mensch“) trat vor etwa 1,8 Millionen Jahren als andere Homo-Art auf. Funde von Speeren lassen darauf schließen, dass er in Gruppen jagte und Absprachen mithilfe einfacher Laute treffen konnte. Brandspuren an Lagerplätzen sowie Feuerstein-Werkzeuge zeigen, dass er als erster Mensch das Feuer nutzte. Sowohl Homo rudolfensis als auch Homo erectus wurden ungefähr so groß wie die heutigen Menschen. Angehörige dieser Art wanderten aus Afrika bis nach Europa und Asien ein.

Die ältesten Funde menschlicher Fossilien der Art Homo erectus in Europa sind etwa 800 000 Jahre alt und stammen aus Spanien. 1907 wurde bei Heidelberg ein massiver Unterkiefer ohne Vorsprung gefunden. Er gehört zu **Homo heidelbergensis** („Mensch aus Heidelberg“), dessen Alter auf etwa 650 000 Jahre bestimmt wurde.

Vermutlich entwickelte sich Homo erectus weiter und es entstand eine neue Art. So begann mit dem Auftauchen des **Homo neanderthalensis** („Mensch aus dem Neanderthal“) vor etwa 220 000 Jahren eine neue Epoche in der Geschichte des Menschen. Der Neandertaler wurde etwa so groß wie heutige Menschen, besaß aber ein viel kräftigeres Skelett. Sein Schädel war zum Teil größer als heutige Schädel, hatte jedoch eine andere Form. Die starken Überaugenwülste, die nach hinten verlaufende Stirn und das flache Kinn ließen die Forscher zunächst vermuten, dass er ein primitiver Mensch war. Aber Funde von speziell gelagerten Skeletten, durchbohrten Tierzähnen und unterschiedlich bearbeitetes Werkzeug veränderten diese Sicht. Der Neandertaler war vielmehr ein soziales Wesen, das in Gruppen lebte und mit den Steinspitzen an seinen Speeren sogar große Tiere wie Mammute erlegte. Er besaß eine recht weit entwickelte Kultur mit Totenbestattungen, Schmuck und aufwändigen Bearbeitungstechniken unterschiedlicher Materialien.

3 Lebensbild von Homo erectus

4 Lebensbild von Homo sapiens

Seine Fossilien fand man nur in Europa, im Nahen Osten und Vorderasien. Er überlebte die Eiszeit, da er mit Feuer umgehen konnte, Behausungen baute und sich mit Fellen kleidete. Warum er aber trotzdem vor etwa 30 000 Jahren ausstarb, ist noch ungeklärt. Die hoch entwickelte Kultur des Neandertalers und seine eindeutige Fähigkeit zur Sprache ließ die Forscher vermuten, dass es sich um einen Vorfahren des modernen Menschen **Homo sapiens** („verständiger Mensch") handelte.

In Europa wurden Angehörige dieser Art aber bereits aus der Zeit vor dem Aussterben des Neandertalers gefunden. Der *Cro-Magnon-Mensch*, benannt nach seinem Fundort in einer Höhle von Cro-Magnon in Südfrankreich, tauchte vor etwa 40 000 Jahren auf. Er besaß ein zarteres Skelett als der Neandertaler. Sein runder Schädel mit der steilen Stirn und dem vorspringenden Kinn gleicht dem des heutigen Menschen. Seine Kultur war noch fortschrittlicher als die des Neandertalers. Er pflegte beispielsweise seine Kranken und hinterließ in den Höhlen, in denen er in Gruppen lebte, kunstvolle Höhlenmalereien. Man fand Schmuck und Waffen, die aus Knochen oder Elfenbein gefertigt waren.

Die ältesten Funde des modernen Menschen stammen allerdings nicht aus Europa. Wieder ist es Afrika, wo Fossilien des Homo sapiens mit einem Alter von etwa 130 000 Jahren gefunden wurden. Daraus schließen viele Forscher, dass die Entstehung des Jetztmenschen **Homo sapiens sapiens** in Afrika liegt. Von dort aus habe er sich über die verschiedenen Erdteile verbreitet. Diese Theorie des afrikanischen Ursprungs des modernen Menschen ist aber nicht die einzig mögliche. Vielleicht ist er auch gleichzeitig in mehreren Regionen der Erde aus dem Homo erectus entstanden.

Alle diese Vermutungen machen es nicht einfacher, einen Stammbaum des Menschen zu erstellen. Die abgebildete Zeittafel stellt deswegen lediglich eine Momentaufnahme des gegenwärtigen Forschungsstandes dar.

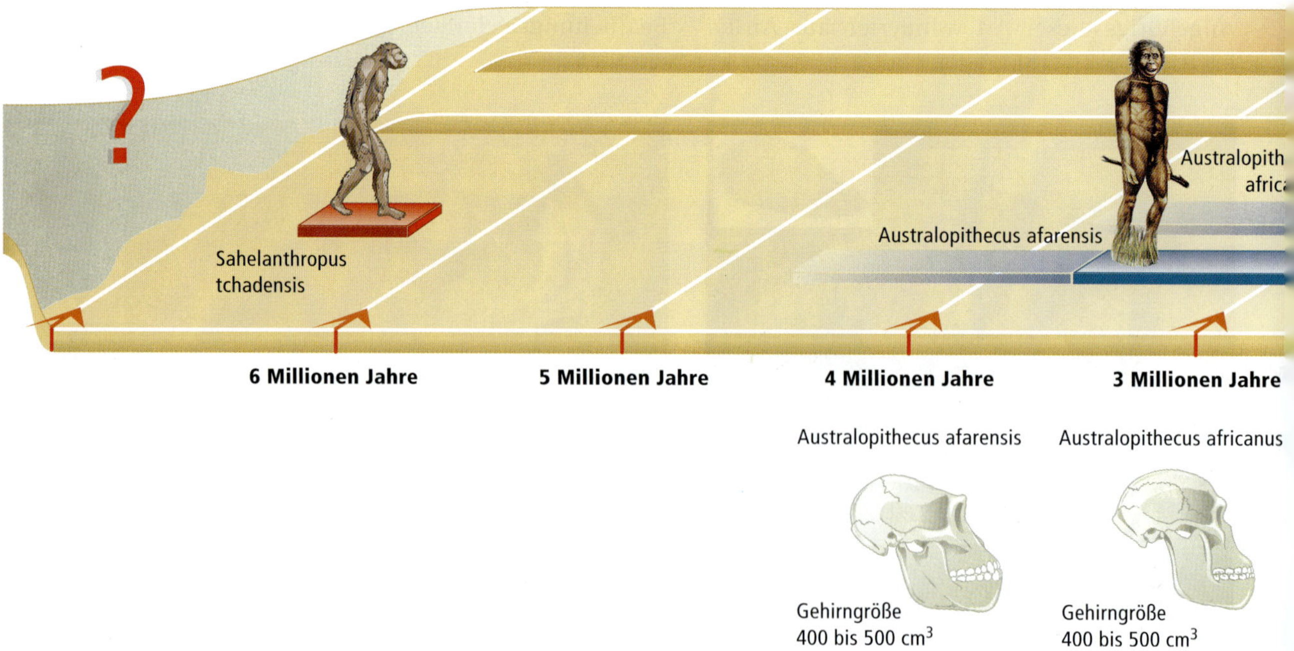

5 Viele Wege zum heutigen Menschen

1. Die Arbeit mit Fossilien stellt Forscher vor manche Rätsel. Erkläre diese Aussage an einem Beispiel.
2. Die versteinerten Fußspuren im Bild rechts wurden in Afrika von Forschern 1978 entdeckt. Ihr Alter beträgt 3,7 Millionen Jahre.
   a) Bestimme mithilfe des Textes und Abb. 5, zu welchem menschlichen Vorfahren die Spur gehört.
   b) Wie viele Lebewesen sind hier gegangen?
3. a) Nenne die Änderungen in der Lebensweise der Lebewesen, die in Abbildung 2 bis 4 gezeigt sind.
   b) Gib Beispiele an, welche Fundarten zu den Lebensbildern geführt haben könnten.
4. Beschreibe anhand der Abb.5 die Entwicklung zum heutigen Menschen. Nenne auch Veränderungen an den Schädeln.
5. Der Neandertaler galt früher als primitiver Vorfahre der heutigen Menschen.
   a) Welche Gründe kannst du anführen, dass er im Gegenteil sehr weit entwickelt war?
   b) Weshalb geht man heute davon aus, dass er sogar nicht einmal direkter Vorfahre des heutigen Menschen war?
6. Beziehe Stellung zu der Aussage: „Die Wiege der Menschheit liegt in Afrika".

6 Spuren aus Laetoli

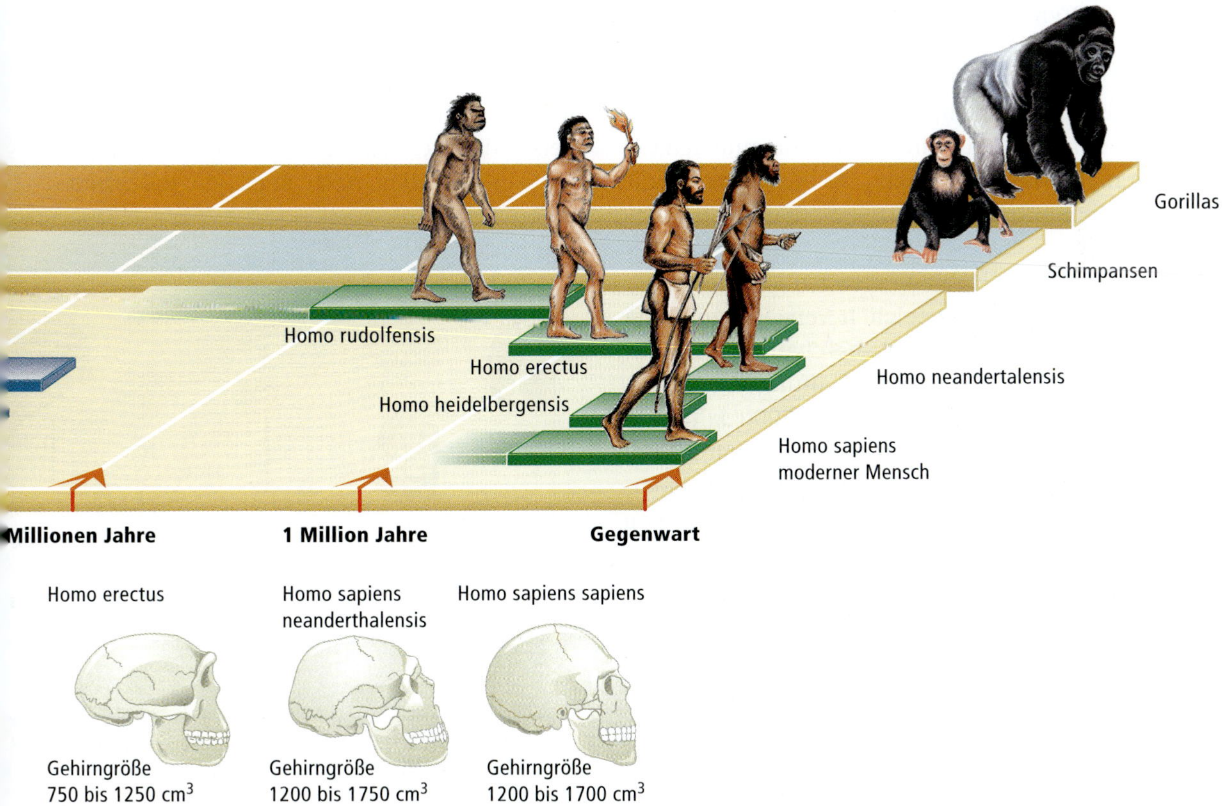

1 Steinzeitliche Höhlenmalerei

4.4 Die kulturelle Entwicklung des Menschen

Die Besonderheit des Menschen zeigt sich in seiner Fähigkeit, seine Gedanken und Emotionen, Pläne und Erfahrungen, aber auch Gegenstände mithilfe der **Sprache** anderen mitzuteilen. Dazu befähigt ihn der Bau von Lippen, Zunge, Gaumen und Kehlkopf, die durch eine ausgeprägte Muskulatur zu vielfältigen Bewegungen in der Lage sind. Außerdem enthält nur das Großhirn des Menschen ein sehr leistungsfähiges Sprachzentrun. Dieses Gehirn ermöglicht ihm nicht nur die Herstellung und den Gebrauch von Werkzeugen, sondern ebenso die Entwicklung einer abstrakten Symbolsprache.

Steinzeitliche Höhlenmalereien beispielsweise sind Zeugnis einer solchen Verständigung der Menschen über Nahrungsbeschaffung, Abwehr von Feinden oder auch Schaffung von Unterkünften. Bildzeichen vor etwa 5000 Jahren in Ägypten oder China entwickelten sich zu Bilderschriften. Die **Schrift** ermöglichte die dauerhafte Speicherung und auch Weitergabe von Informationen. So konnten die Nachkommen von den Erfahrungen der Vorfahren profitieren. Kein Tier ist dazu in der Lage.

Die entstehende Fülle von Fähigkeiten und Kenntnissen wird als **Kulturgut** bezeichnet. Die kulturelle Entwicklung umfasst neben der Schrift und Sprache alle Vorgänge, die zur Ausbildung dieses Kulturgutes führen.

Durch den aufrechten Gang war es den Menschen möglich geworden, ihre Hände zum Gebrauch von **Werkzeugen** einzusetzen. Steine und Knochen dienten dabei zur Verarbeitung von Nahrung oder als Waffen. Mit Steinwerkzeugen konnten sie ihre Beute erlegen, deren Felle zerschneiden und als Kleidung nutzen, sowie das Fleisch verarbeiten.

Eine weitere wichtige Errungenschaft in der Entwicklung der Menschen war die Nutzung des **Feuers**. Mit seiner Hilfe und dem Aufenthalt in Wohnhöhlen konnten die Menschen über die tropischen Zonen hinaus in Gebiete mit gemäßigtem Klima vordringen. Da Tiere das Feuer meiden, diente es den Menschen nicht nur zum Wärmen oder zur Nahrungsbereitung, sondern es bot ihnen auch Schutz vor den Tieren.

Ein weiterer Unterschied zum Tier zeigt sich in der Ausbildung von **religiösen Vorstellungen**. Die frühen Höhlenmalereien könnten neben der Darstellung von Alltagsszenen auch die Hoffnung auf Jagdglück bedeuten. Die Neandertaler pflegten dazu beispielsweise einen Höhlenbärenkult, indem sie die Schädel erlegter Tiere stapelten und nach bestimmten Regeln beisetzten. Totenbestattungen von Menschen weisen dagegen darauf hin, dass Vorstellungen von einem Leben nach dem Tod vorhanden waren.

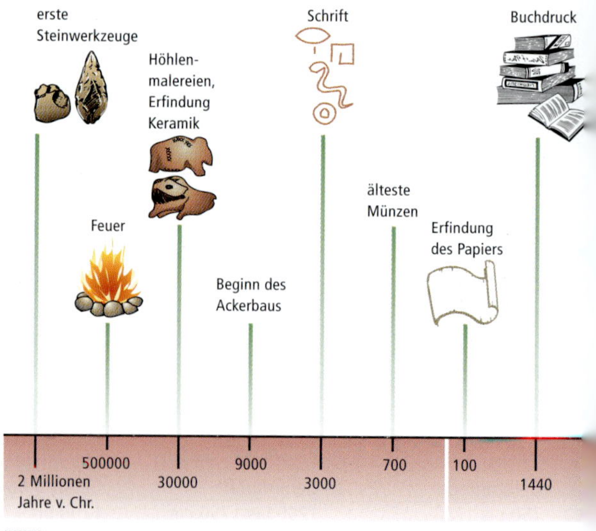

2 Meilensteine in der kulturellen Entwicklung

Neandertalergräber besitzen außerdem beispielsweise Grabbeigaben. Den Toten wurden Nahrungsmittel, Waffen und Werkzeuge in die Gräber mitgegeben. Auch trugen sie Fellbekleidung.

Weitere Zeugnisse früher religiöser Vorstellungen findet man beispielsweise auch in Südengland bei Stonehenge in Gestalt beeindruckender Steinzeitbauten. Dabei ist aber noch immer nicht geklärt, was diese bedeuteten und wie die damaligen Menschen in der Lage waren, diese enormen Felsbrocken zu Bauwerken zusammenzufügen. Später erbauten die Menschen riesige Kathedralen, Tempel oder Moscheen, um ihren religiösen Überzeugungen Ausdruck zu verleihen.

Sogar einfache **medizinische Kenntnisse** lassen sich bei unseren Vorfahren durch Funde belegen. Man hat bei Grabfunden festgestellt, dass um die Toten Pflanzenreste lagen. Anhand von Blütenpollen ließ sich nachweisen, dass es sich um Arten handelte, die heute noch in der Medizin Anwendung finden.

Ein wichtiger Schritt für die Weitergabe aller Erkenntnisse von einer Generation zur nächsten war zunächst die Erfindung der Schrift. Danach aber war es vor allem das vereinfachte Vervielfältigen von Geschriebenem mithilfe des **Buchdrucks**.

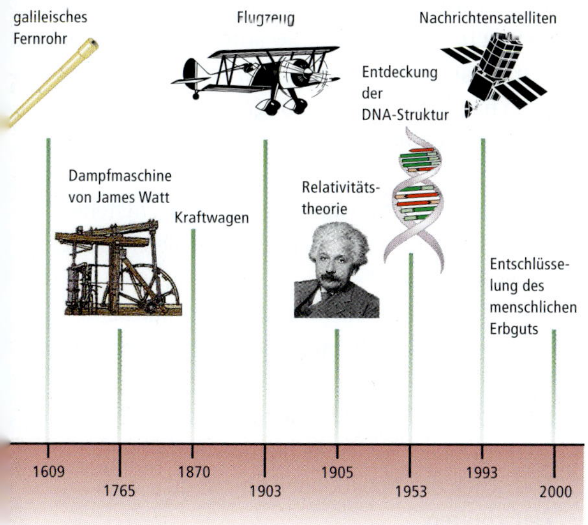

3 Astronauten im Weltall

Heute übernehmen **Computer** an vielen Stellen nicht nur die Funktion von Büchern, sondern zum Teil sogar Aufgaben des menschlichen Gehirns. Sie nehmen dem Menschen Arbeit und selbst Entscheidungen ab, die er vorher mit hohem Zeitaufwand noch selbst verrichten musste.

Zunehmend ist der Mensch in der Lage, sich seine Umwelt so zu gestalten und zu beeinflussen, wie er es möchte. Die **Gentechnologie** beispielsweise versetzt ihn in die Lage, Erbinformationen zu manipulieren und für seine Zwecke zu verändern.

Mit seiner Sonderstellung innerhalb der Lebewesen hat der Mensch Möglichkeiten der Gestaltung und Beeinflussung erworben. Aber damit besitzt er auch die Aufgabe, mit dem Leben auf der Erde verantwortlich umzugehen.

1. Nenne körperliche Voraussetzungen, die dem Menschen seine Sonderstellung innerhalb der Lebewesen ermöglichen.
2. Nenne Beispiele aus der Vergangenheit und der Gegenwart, die die Bedeutung der Schrift deutlich machen.
3. Weshalb sind Grabbeigaben ein Hinweis auf eine Vorstellung von einem Leben nach dem Tod?
4. Abbildung 2 zeigt einige Erfindungen des Menschen der vergangenen Jahrtausende. Finde mithilfe entsprechender Nachschlagewerke noch weitere, z. B. aus der Medizin.

„Niemand darf wegen seines Geschlechts, seiner Abstammung, seiner Rasse, seiner Sprache, seiner Heimat und Herkunft, seines Glaubens, seiner religiösen oder politischen Anschauungen benachteiligt oder bevorzugt werden. Niemand darf wegen seiner Behinderung benachteiligt werden."

1 Artikel 3, Absatz 3 des Grundgesetzes der Bundesrepublik Deutschland

4.5 Die heutige Vielfalt der Menschen

Jeder von uns weiß aus Erfahrung, dass sich Menschen aus verschiedenen geografischen Regionen unserer Erde voneinander unterscheiden. Wir leben mit Menschen weißer, brauner, schwarzer, gelblicher und gemischter Hautfarbe zusammen. Aber Menschen unterscheiden sich nicht nur in der *Farbe ihrer Haut und Haare*, sondern auch durch ihren *Gesichtsausdruck*. Aber so verschieden die Menschen dieser Erde auch aussehen, sie gehören genetisch der gleichen Art *Homo sapiens sapiens*, dem **Jetztmenschen**, an und können sich untereinander fortpflanzen. Wie ist aber trotz der gemeinsamen Artzugehörigkeit die große Vielfalt zu erklären?

Bei der Besiedlung der verschiedenen Lebensräume von ihrer Urheimat Afrika aus mussten die Menschen weite Strecken zurücklegen. In Gruppen besiedelten sie nach und nach neue Lebensräume. Diese sind später oft durch Gebirge, Meere oder Wüsten getrennt worden, wurden also voneinander **isoliert**. In den neuen Lebensräumen trafen die Menschen auf Umweltbedingungen, an die sie durch **Mutation** und **Selektion** angepasst wurden. In heißen Kontinenten ist beispielsweise eine stark pigmentierte, dunkle Haut ein guter Schutz gegen die UV-Strahlung der Sonne. So könnte die dunkle Hautfarbe der Schwarzafrikaner oder auch der Ureinwohner Australiens und Inder entstanden sein. In anderen Gebieten der Erde setzten sich andere Angepasstheiten durch. Die so an ihre jeweiligen Umweltbedingungen angepassten Menschengruppen blieben aber nicht für immer voneinander getrennt. Handelskontakte, aber auch Eroberungszüge und Sklavenhandel führten zur Vermischung der verschiedenen Völker in den Regionen der Erde. Die Nachkommen waren schon bald nicht mehr nur einer Volksgruppe eindeutig zuzuordnen. Die heutige weltweite Verknüpfung durch Flugreisen, Tourismus oder auch wirtschaftliche Beziehungen verstärken den Kontakt zwischen den Menschengruppen noch weiter.

So haben sich die Unterschiede im Aussehen der verschiedenen Menschengruppen immer mehr verwischt. Die Merkmale sind dabei fließend und lassen sich nicht nur einer Völkergemeinschaft zuordnen. So sind Vorurteile, die oft zu **Rassenkonflikten** werden, weder biologisch noch rechtlich zu begründen und damit völlig unberechtigt.

1. Nenne die Evolutionsfaktoren, die zum Entstehen der unterschiedlichen Menschengruppen geführt haben könnten.
2. Trotz vieler Unterschiede gibt es wesentliche Gemeinsamkeiten heutiger Menschen. Nenne sie.
3. Weshalb lehnen die meisten Wissenschaftler eine Unterteilung der Menschheit in Rassen ab?
4. Stelle in einem Poster die heutige Vielfalt der Menschen dar. Abbildungen findest du u. a. in Zeitschriften.

Fremdenfeindlichkeit und ethnische Konflikte

Alberto Adriano aus Dessau

Im Dessauer Stadtpark erinnern Blumen und ein Foto an Alberto Adriano, der an dieser Stelle in der Nacht des 14. 6. 2000 von drei Neonazis zu Tode geprügelt wurde.

P. sagt: „Die Leute, die Ausländer zusammenschlagen, wollen nur zeigen, dass die nicht hierher gehören". Er ist Anfang zwanzig, ehemaliger Skinhead und bei der Polizei bekannt durch Überfälle auf Menschen. Er gehört zu einer immer größer werdenden Zahl von meist Jugendlichen, die ihre **rassistische Gesinnung** durch Worte und körperliche Gewalt ausdrücken. Sie sind der Meinung, dass bestimmte Gruppen von Menschen aufgrund naturgegebener Merkmale, ihrer fremden Kultur oder Religion minderwertig seien. Den Maßstab für eine solche Behauptung setzt dabei in der Regel die eigene Gruppe.

Manchmal führt die Ablehnung bestimmter Volksgruppen sogar zu Kriegen zwischen Nationen oder Völkern. Als **Völkermord** wird dabei das Verbrechen bezeichnet, wenn eine nationale, ethnische oder religiöse Gruppe vernichtet werden soll. Zu der Frage, wo Rassismus anfängt, haben Forscher folgendes herausgefunden:

Diejenigen, die sich als sehr rassistisch bezeichnen, sind unzufrieden mit ihren Lebensumständen, haben Angst vor Arbeitslosigkeit oder sind davon betroffen. Sie sehen der Zukunft angstvoll entgegen und haben nur wenig Vertrauen in die Politik, Parteien und Parlamente. Zusammen mit oft mangelndem Selbstvertrauen und wenig Kenntnissen über die Zusammenhänge und Hintergründe von Migration und ethnischen Gruppen führt diese Unzufriedenheit dann manchmal zu Missachtung der Grundrechte anderer.

1. **a)** Definiere mithilfe des Textes und anderer Literatur die Begriffe Rassismus, Migration, Völkermord und ethnische Gruppe.
b) Berichte über Beispiele von Rassismus oder Völkermord aus der jüngeren Vergangenheit und ihren möglichen Ursachen.

2. Es gibt Einrichtungen, die die Einhaltung der Menschenrechte überwachen. Finde einige z. B. mithilfe des Internets und beschreibe ihre Arbeit.

3. Ausländerfeindliche Gruppierungen behaupten oft, dass Ausländer für den Mangel an Arbeitsplätzen verantwortlich sind. Nimm dazu Stellung.

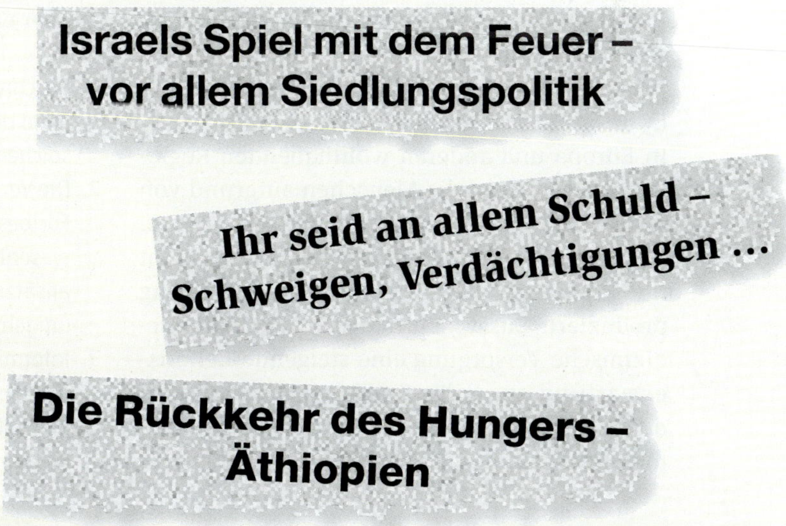
Israels Spiel mit dem Feuer – vor allem Siedlungspolitik

Ihr seid an allem Schuld – Schweigen, Verdächtigungen …

Die Rückkehr des Hungers – Äthiopien

Zeitungsüberschriften

1 Warten auf Nahrung

4.6 Die Zukunft der Menschheit

Dass bei uns Menschen um Nahrungsmittel anstehen müssen, um nicht zu verhungern, können wir uns kaum vorstellen. Während in Europa die Zahl der Übergewichtigen ständig steigt und auf der Welt ausreichend Nahrung produziert wird, hungern in vielen Ländern der Erde die Menschen. Davon sind vor allem die Bewohner der armen Länder Afrikas und Ostasiens betroffen. Hunger ist oft eine Folge von **Armut**, denn arme Menschen können sich ausreichende Nahrung nicht leisten.

Die ungleiche **Bevölkerungsentwicklung** auf der Welt verschlechtert zusätzlich die gleichmäßige Versorgung mit lebensnotwendigen Gütern. Denn vor allem in den armen Ländern der südlichen Erdhalbkugel „explodiert" die Zahl der Menschen geradezu. So wächst beispielsweise die Zahl der Einwohner Kenias jährlich um 4%, während die Steigerung in Europa nur noch bei 0,3% liegt.
In Europa und anderen wohlhabenden Regionen der Erde sind die Menschen aufgrund von ertragreicher Landwirtschaft und modernen Methoden der Nahrungsmittelherstellung nicht nur gut versorgt, es wird sogar zuviel Nahrung produziert. Zusätzlich hat eine sehr gute medizinische Versorgung eine steigende **Lebenserwartung** zur Folge. Auch sonst macht sich der Mensch in den Industrienationen zunehmend von seiner Umwelt unabhängig. Moderne Technik und Verkehrsmittel ermöglichen es ihm, sich beispielsweise ganzjährig mit frischem Obst zu versorgen. Aber warum kostet die tropische Banane in der Regel weniger als ein einheimischer Apfel? Die Arbeit in Bananenplantagen von z. B. Südamerika wird oft unter Missachtung grundlegender Menschen- und Arbeitsrechte geleistet. Die eingesetzten giftigen Pestizide gefährden nicht nur den Menschen, sondern verseuchen auch die Umwelt. Doch die dort arbeitenden Menschen sind so arm, dass sie diese erbärmlichen Umstände und die sehr geringe Entlohnung in Kauf nehmen. So kommt es, dass Bananen trotz der weiten Transportwege so billig sind und die Unternehmen, die den Bananenmarkt kontrollieren, trotzdem gut verdienen.

Durch wirtschaftliche und technische Hilfen sowie besondere Handelsabkommen wie dem **„Fairen Handel"** wird versucht, diesem Missstand zu begegnen. Eine andere Lösung wird in der Anwendung von **Gentechnik** gesehen. Mit ihrer Hilfe soll u. a. geeignetes Saatgut für Kulturpflanzen produziert werden, das gegen Schädlinge resistent ist. So soll es möglich werden, noch mehr Menschen ernähren zu können. Es wird sich erst in Zukunft zeigen, ob der Mensch sich seiner **Verantwortung** für seine Mitmenschen bewusst wird, für eine gerechtere Verteilung der Güter sorgt und damit der Welt, auf der er lebt, eine Zukunft ermöglicht.

1. Beschreibe die Bevölkerungsentwicklung anhand der Abb. 2. Überlege, wie es zu einer solchen Entwicklung kommen kann.
2. Die Verantwortung der Menschen für einen Fortbestand der Erde ist groß. Nenne einige wesentliche Schwierigkeiten und Lösungsansätze, mit denen die Menschheit heute umgeht.
3. Informiere dich über die Handelskampagnen des fairen Handels und berichte an einem Beispiel über ihre Arbeitsweise.

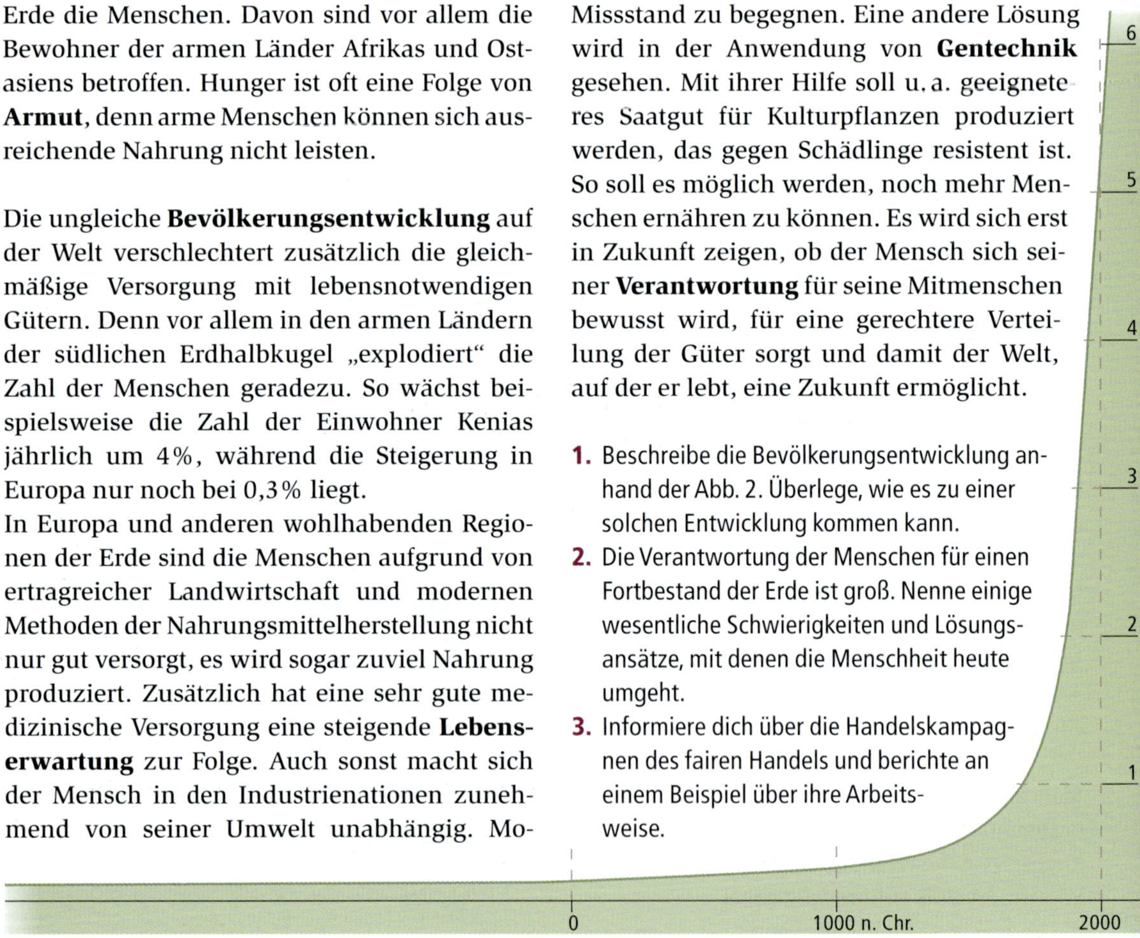

2 Bevölkerungsentwicklung

Stammesgeschichtliche Entwicklung der Lebewesen

Fossilien sind Zeugen vergangener Zeiten

- Fossilien sind die erhaltenen Überreste von Tieren und Pflanzen vergangener Zeiten der Erdgeschichte.
- Man unterscheidet je nach Art der Fossilisation Steinkern, Abdruck, Inkohlung, Einschlüsse und Mumifizierung.

Funde und ihre Einordnung in Erdzeitalter

- Vor etwa 4,5 Mrd. Jahren entstand vermutlich die Erde.
- Bakterien, danach Blaualgen und erste Zellen mit Zellkern bildeten sich während der ersten 4 Mrd. Jahre im Präkambrium.
- Vor 600 Mio. Jahren, im Kambrium, gab es bereits Algen, Schwämme, Korallen, Krebstiere, Quallen und Schnecken.
- Vor 500 Mio. Jahren, im Ordovizium, lebten die ersten Fische.
- Im Silur (vor 440 Mio. Jahren) finden sich die ersten Landpflanzen wie Moose und Farne und Landtiere wie Skorpione.
- Landwirbeltiere (Quastenflossser) gab es erst im Devon vor 400 Mio. Jahren.
- Das folgende Karbon vor 330 Mio. Jahren war das Zeitalter der Steinkohlewälder.
- Im Perm und Trias (vor 270 bis 200 Mio.) entwickeln sich die Saurier sowie die Nadelbäume.
- Im Jura vor 180 Mio. Jahren beherrschen die Dinosaurier die Erde.
- Am Ende der Kreidezeit (Beginn vor 140 Mio. Jahren) sterben die Dinosaurier aus.
- Im Tertiär vor 65 Mio. Jahren gibt es die ersten Vögel und Säuger.
- Erst im Quartiär vor 2 Mio. Jahren beginnt die Entwicklung des Menschen.

Belege für die Evolutionstheorie

- Merkmale von verschiedenen Tierklassen bei einem Tier sind Mosaikformen. Sie weisen auf die Abstammung von anders gebauten Vorfahren hin.
- Übereinstimmungen trotz unterschiedlicher Funktion im Grundbauplan von Lebewesen nennt man homolog.
- Organe mit unterschiedlichem Grundbauplan bei gleicher Funktion heißen analog.

- Unter Konvergenz versteht man eine ähnliche Gestalt verschiedener Arten von Lebewesen aufgrund gleicher Lebensbedingungen.
- Rudimentäre Organe sind Organreste, die ohne Funktion sind und auf die Abstammung von stammesgeschichtlichen Vorfahren hindeuten.

Mögliche Ursachen für die Evolution

- Durch Neukombination, also Vermischung der elterlichen Gene bei der Befruchtung, können neue Merkmale entstehen, die bei Ausgangslebewesen nicht in Erscheinung getreten waren.
- Mutationen sind spontan auftretende Veränderungen im Erbgut, die nur zufällig und nicht zielgerichtet sind.
- Unter Selektion versteht man die Auswahl von Lebewesen aufgrund ihrer besseren Angepasstheit an die Umwelt.
- Isolation durch räumliche Trennung bewirkt oft eine Entwicklung in unterschiedliche Richtungen.

Abstammung des Menschen

- Ein möglicher Weg zum Menschen beginnt vor 200 Mio. Jahren mit dem paviangroßen affenähnlichen Proconsul.
- Bedingt durch Klimaveränderungen vor 6 Mio. Jahren entstehen in Afrika Lebensmöglichkeiten für den Vormenschen.
- Australopithecinen lebten seit etwa 4 Mio. Jahren und gingen aufrecht.
- Der echte Mensch Homo tritt vor etwa 2,5 Mio. Jahren erstmals auf.

Mensch und Umwelt

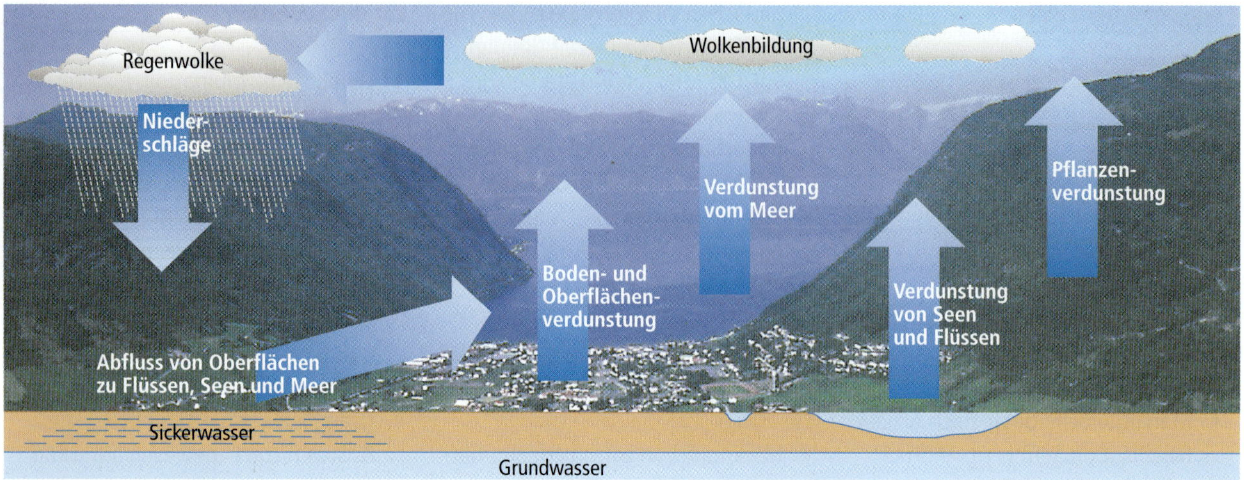

1 Kreislauf des Wassers

1 Die Welt, in der wir leben

1.1 Wasser fließt in einem Kreislauf

Bei uns fallen jährlich etwa 800 Liter Wasser auf einen Quadratmeter Boden. Das entspricht einer Wassermenge von 80 Eimern mit je zehn Litern Inhalt. Wo bleibt diese Wassermenge?

Ein Teil der Niederschläge, die bei uns als Regen, Schnee oder Hagel fallen, fließt als *Oberflächenwasser* ab. Es gelangt in Kanäle, Bäche und Flüsse und strömt schließlich dem Meer zu. Ein weiterer großer Teil dringt als *Sickerwasser* in den Boden ein, bis es auf eine wasserundurchlässige Schicht trifft. Hier sammelt es sich als *Grundwasser* und bildet unterirdische Wasserspeicher. Es fließt zwischen den Erdschichten und tritt als Quelle wieder aus. Große Mengen werden von Wasserwerken hoch gepumpt und als Trink- und Brauchwasser verwendet. Das dabei entstandende Abwasser muss gereinigt werden und wird dann den Flüssen zugeleitet. Eine bestimmte Menge des Sickerwassers wird jedoch in den oberen Bodenschichten festgehalten. Dieses *Haftwasser* nehmen die Pflanzenwurzeln auf und geben es größtenteils als Wasserdampf über die Spaltöffnungen an die Luft ab.

Ein großer Teil der Niederschläge verdunstet, Regenwasser, das z.B. auf Blättern haften bleibt, „verflüchtigt" sich dort. Ein weiterer Teil verdunstet am Erdboden. Aber auch von Seen und Flüssen steigt Wasserdampf auf. Über dem Meer ist die Verdunstung am größten. So wird der Lufthülle unserer Erde ständig Feuchtigkeit zugeführt. Der Wasserdampf steigt auf, bis er abkühlt, und schließlich bilden sich Wolken. Der Wind treibt sie über unseren Planeten, bis irgendwo das verdunstete Wasser als Niederschlag auf die Erdoberfläche zurückkehrt.

Diesen **Kreislauf des Wassers** stört der Mensch empfindlich, wenn z. B. Feuchtgebiete entwässert und Wälder abgeholzt werden. Wenn die Landschaft zunehmend mit Häusern und Straßen zugebaut wird, kann weniger Wasser versickern. Dann bildet sich nicht genug Grundwasser. Durch hohen Wasserverbrauch entziehen wir ihm eine größere Menge als durch Sickerwasser ersetzt wird. Dadurch sinkt der Grundwasserspiegel.

1. Nenne Beispiele zu Goethes Sprichwort: „Alles ist aus dem Wasser entsprungen, alles wird durch Wasser erhalten."

Lebensgrundlage Wasser

Immerfeuchtes Klima

In den Tropen z. B. Südamerikas herrschen das ganze Jahr über Temperaturen von 24 – 28 °C. Der Jahresniederschlag beträgt über 2000 Liter pro Quadratmeter. Er verteilt sich gleichmäßig über das ganze Jahr. Häufig treten nachmittags Gewitter mit heftigen Schauern auf.
Ein Grund dafür ist, dass sich der Boden ständig erwärmt und feuchte Luftmassen aufsteigen. Dennoch ist die Verdunstung geringer als die Wasserzufuhr durch Regen. Daher ist die Luft das ganze Jahr hindurch feucht.
Unter diesen Klimaverhältnissen entwickelt sich der immergrüne Regenwald, ein artenreicher, in mehrere Stockwerke gegliederter Wald. Nie ist er ganz kahl, denn es gibt keine Jahreszeiten. Stets sind es nur einige Bäume, die Blätter verlieren, während die anderen Laub, Blüten oder Früchte tragen.
Flüsse dienen in dem undurchdringlichen „ Urwald " oft als Verkehrswege. An den Ufern sind daher kleine Siedlungen anzutreffen. Sie werden vereinzelt noch von Ureinwohnern bewohnt, von denen es viele kleine Völker gibt. Das Regenwasser benutzen sie als Trinkwasser. Leider wird der Regenwald durch Menschen zerstört, die Tropenholz fällen, Plantagen anlegen und Schneisen für Straßen und Pipelines schlagen.

Feucht-gemäßigtes Klima

Im Jahresdurchschnitt herrschen bei uns in West- und Mitteleuropa Temperaturen von 8 °C. Es treten starke Schwankungen zwischen Sommer- und Wintertemperaturen auf. Wasser steht reichlich zur Verfügung und ist über das Jahr günstig verteilt. Die mittlere Niederschlagsmenge beträgt etwa 800 Liter pro Quadratmeter. Besonderheiten des Klimas sind Frost, bei dem Wasser zu Eis gefriert, und Hochwasser nach heftigen Regenfällen und Schneeschmelzen.
Die Wachstumszeit der Pflanzen beträgt etwa sechs Monate. In der kalten Jahreszeit sind die Laubbäume kahl, da sie wegen des Frostes kein Wasser aus dem Boden aufnehmen können.

Die Bevölkerung lebt in Gebieten, die mit Wasser sehr gut versorgt sind. Sie hat genug Trinkwasser von sehr guter Qualität. Viele Menschen sind sich über die Bedeutung des Wassers gar nicht im Klaren und verbrauchen es sorglos. Sie erlauben sich sogar den Luxus, Trinkwasser für die Toilette zu benutzen.
Neuerdings fängt man Regenwasser auf, um es als Brauchwasser für die Bewässerung der Gärten, zum Wäschewaschen und für die WC-Spülung zu benutzen.

Heißes Wüstenklima

Die Temperaturen in der Sahara Nordafrikas liegen im Jahresmittel bei über 18 °C. Es kann tagsüber bis zu 40 °C heiß werden und sich nachts bis auf 0 °C abkühlen. Wenn Niederschläge überhaupt auftreten, dann fallen sie als wolkenbruchartige Regenfälle in unregelmäßigen Zeitabständen.
Dabei ergießt sich das Wasser in die Trockentäler, die sich dann für kurze Zeit in Flüsse verwandeln.
Aber bald versickern und verdunsten sie wieder. Pflanzen haben nur eine kurze Zeit zur Verfügung, um Blüten und Früchte zu bilden. Als Schutz vor dem Austrocknen sind ihre Blätter sehr klein, behaart oder von einer Wachsschicht überzogen.

Wo das Grundwasser in geringer Tiefe erreichbar ist, befinden sich in den Senken oder Flusstälern Oasen. Das Wasser wird aus Brunnen geschöpft oder mit Pumpen heraufgeholt und kann zum Trinken genutzt werden. Jedem Bauern steht nur eine begrenzte Wassermenge für die künstliche Bewässerung kleiner Obstgärten oder Felder zur Verfügung. Der Charakterbaum der Oase ist die Dattelpalme mit ihren tief ins Grundwasser reichenden Wurzeln. Sie ist die wichtigste Nutzpflanze der Oasenbewohner und liefert Nahrung, Flechtmaterial und Bauholz.

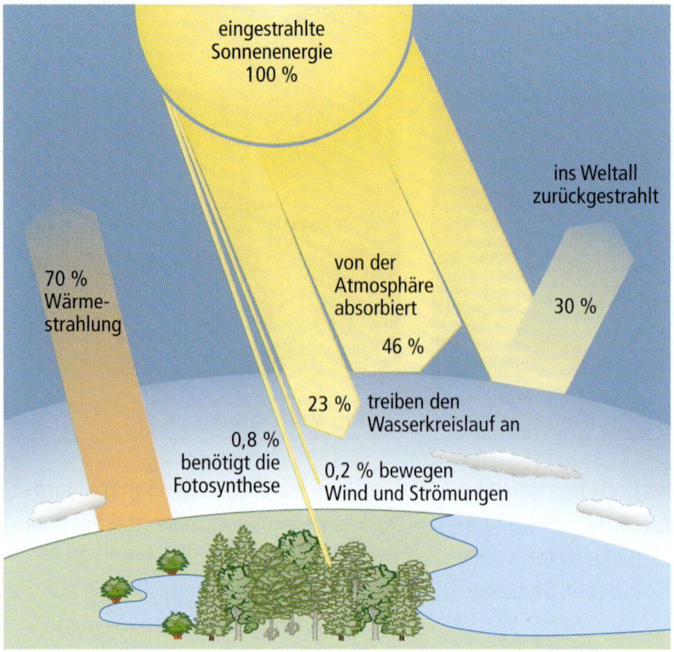

1 **Verteilung der Sonnenenergie**

1.2 Die Sonne treibt die Stoffkreisläufe an

Die Sonne ist die größte Energiequelle der Erde. Von ihrer fast 6000 °C heißen Oberfläche strahlt sie gigantische Mengen an Energie ab. Davon trifft nur ein Bruchteil auf die Erde, der jedoch ausreicht, um unseren Planeten bewohnbar zu machen. Etwa ein Drittel der Sonneneinstrahlung wird bereits in den oberen Luftschichten reflektiert. Einen weiteren Teil der Strahlen absorbiert die Atmosphäre. Die Sonnenenergie, die auf die Erdoberfläche gelangt, wird größtenteils als Wärmeenergie zurückgestrahlt. Dabei treffen die Wärmestrahlen in der oberen Lufthülle auf sogenannte *Treibhausgase* wie Kohlenstoffdioxid, Methan und Wasserdampf. Sie halten die Wärme zurück und reflektieren sie auf die Erde. Dieser *natürliche Treibhauseffekt* ist lebensnotwendig, denn er schützt die Erde davor, zu einer Eiswüste abzukühlen.

Ein weiterer Teil der Sonnenenergie treibt den *Wasserkreislauf* an, denn ohne den Einflusss der Wärme könnte kein Wasser verdunsten. Auch *Winde* entstehen durch Einwirkung der Sonne. Da warme Luft leichter ist als kalte, steigt sie nach oben. Unten strömt von den Seiten kalte Luft nach. Diese Luftströmung bezeichnen wir als Wind, der den Luftaustausch, das Klima und die Meeresströmungen beeinflusst. Weniger als ein Prozent der Sonnenenergie nehmen alle Pflanzen als Licht bei der *Fotosynthese* auf. Dieser Prozess, bei dem Kohlenstoffdioxid verbraucht und Sauerstoff erzeugt wird, ist Voraussetzung für alles Leben auf der Erde. Zusätzlich wird die Sonnenenergie beim Aufbau von *Biomasse* in allen Pflanzenteilen chemisch gebunden und damit gespeichert. Ein Buchenwald z. B. stellt einen enorm großen Energiespeicher dar, der durch Wachstum ständig zunimmt. Aber auch *fossile Brennstoffe* wie z. B. Braun- und Steinkohle entstanden aus Wäldern. Sie enthalten daher gespeicherte Sonnenenergie aus Jahrmillionen vergangener Erdzeitalter. Bei ihrer Verbrennung wird diese Energie wieder frei. Dabei entsteht Kohlenstoffdioxid, das Pflanzen zur Fotosynthese nutzen können. Tiere und Menschen, die Pflanzen aufnehmen, verwerten die Sonnenenergie indirekt. Bei ihrem Stoffwechsel wird die Energie der Nahrung im Körper wieder freigesetzt und es entsteht Kohlenstoffdioxid, das ausgeatmet wird. Die Speicherung von Sonnenenergie in Pflanzen ist also der Anfang für weitere Kreisläufe, die das Leben auf der Erde ermöglichen.

1. Erläutere, warum eine Pflanze bei mehr Sonne nicht in jedem Fall besser wächst (s. S. 67).
2. Begründe, warum es dringend notwendig ist, sich auf erneuerbare Energien umzustellen. Benutze dazu die folgenden Bioskope auf S. 354/355.

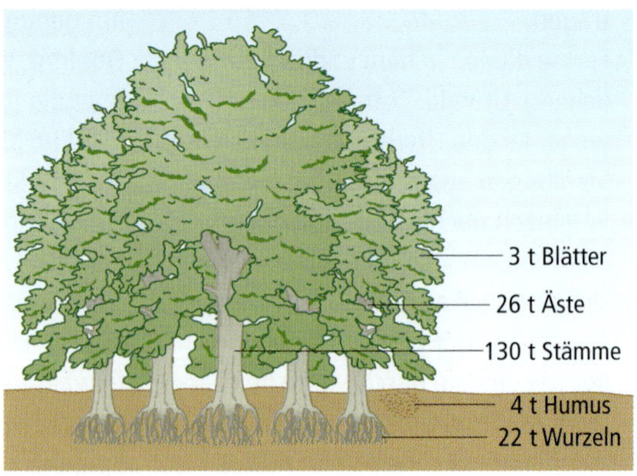

2 **Zunahme von Biomasse eines Buchenwaldes auf einem Hektar im Jahr**

Biomasse

V1 Erzeugung von Biomasse

Material: Rasen; Rasenschere; Plastikbeutel; Zollstock; Haushaltswaage; Schreibzeug

Durchführung: Miss einen Quadratmeter Rasenfläche aus und schneide ihn mit der Schere 14 Tage nach dem letzten Mähen so kurz wie mit dem Rasenmäher. Sammle das Gras im Beutel ein und wiege es mit der Küchenwaage. Stelle auch die Größe der gesamten Rasenfläche fest.

Aufgaben:

a) Ermittle das Gewicht des Rasenschnitts von einem Quadratmeter. Errechne entsprechend das Gesamtgewicht des Rasenschnitts der übrigen Fläche.
b) Welches Gewicht hat der Rasenschnitt, wenn in einer Saison 15 Mal gemäht wird?
c) Nenne Bedingungen, die das Rasenwachstum beeinflussen.
d) Rasenschnitt lässt sich unterschiedlich nutzen. Gib Beispiele an.

V2 Wachstumsfaktor Sonnenlicht

Material: Kressesamen; Erbsen; Bohnen; lichtundurchlässiger Karton; Untertassen; Watte; Wasser
Durchführung: Lege Watte auf die Untertassen, feuchte sie an und streue die Samen darauf. Setze jeweils zwei Keimversuche mit gleichen Samen an. Stülpe einen Karton darüber, so dass kein Licht eindringt. Kontrolliere täglich und gieße eventuell etwas Wasser nach. Stelle nach etwa einer Woche eine Keimschale jeweils einer Sorte ans Licht und lasse die andere im Dunkeln.

Aufgaben:

a) Vergleiche über eine Woche die Größe und das Aussehen der Pflanzen, die im Dunkeln gehalten wurden mit denen, die im Licht wuchsen und beschreibe sie.
b) Begründe die Veränderungen der Pflanzen.

V3 Grundstoff von Biomasse

Material: je ein Esslöffel Zucker, Mehl, Gras und Sägespäne; 4 Reagenzgläser; 1 Reagenzglashalter; Bunsenbrenner oder Campinggaskocher

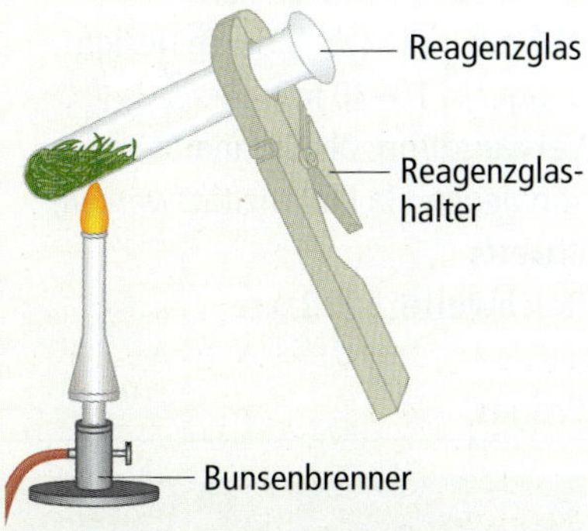

Durchführung: Gib die Proben in je ein Reagenzglas. Halte nacheinander jeweils ein Glas mit dem Reagenzglashalter in die Flamme und beobachte den Inhalt beim Durchglühen. Betrachte nach etwa 3 Minuten die jeweiligen Reste im Reagenzglas.

Aufgaben:

a) Beschreibe deine Beobachtungen während der Versuche.
b) Reibe die kalten Reste zwischen den Fingern und deute sie.
c) Stelle fest, woraus Grillkohle hergestellt wird. Erläutere, woher die Wärmeenergie glühender Grillkohle stammt.

V4 Umwandlung von Biomasse in Gas

Material: 300 g Früchte z. B. Erdbeeren, Kirschen, Weintrauben; Schale; Stampfer; Backhefe; Wasser; 1,5 l Flasche mit dazu passendem Verschluss; 20 cm Band; 35 cm Plastikschlauch; 1 Bohrer Ø 10 mm; Waage; Teelöffel; Kalkwasser aus der Chemiesammlung

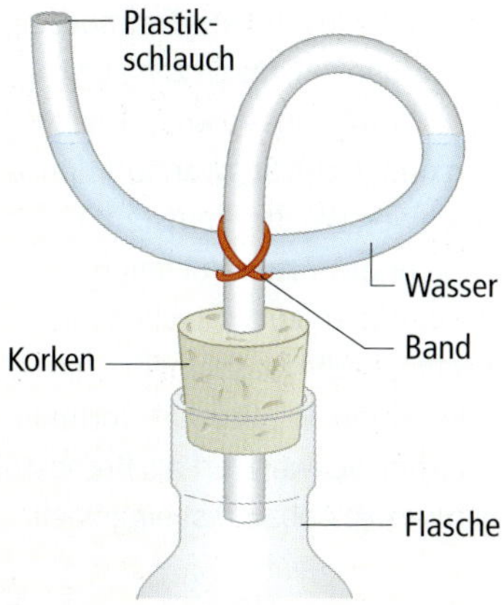

Durchführung: Zerstampfe die Früchte in der Schale und gib etwa einen halben Liter Wasser hinzu. Löse einen Teelöffel Hefe in etwas Wasser auf und rühre sie in den Fruchtsaft. Fülle diesen in die Flasche und lasse oberhalb etwa ein Drittel Luft. Bohre in den Verschluss ein Loch und stecke den Schlauch stramm hinein. Forme das herausragende Ende zu einem Kreis und binde ihn zusammen (vgl. Abb.). Fülle etwa 10 Teelöffel Wasser hinein. Stelle die Flasche an einen warmen Platz.

Aufgabe:
Wechsle, wenn die Gärung heftiger wird, das Wasser im Schlauch gegen Kalkwasser aus. Beobachte und begründe die Versuchsergebnisse.

Fossile Brennstoffe

Torf

Entstehung: vor 5000–10000 Jahren, vorwiegend aus Torfmoosen; abgestorbene Pflanzen zersetzen sich unter Luftabschluss wenig; Weißtorf braun und leicht, Schwarztorf dunkel und schwer; Weißtorf entsteht heute noch in ungestörten Hochmooren
Abbau: früher durch Stechen mit der Hand, heute maschinell
Verwendung: Weißtorf als Torfmull für Gärten, Schwarztorf als Brennstoff
Reichweite: Abbau fast eingestellt

Braunkohle

Entstehung: vor 60 Mill. Jahren aus Wäldern von Siegel- und Schuppenbäumen, die im Sumpf versanken; von Sand und Geröll überdeckt; unter Luftabschluss umgewandelt; Vorstufe der Bildung von Steinkohle
Abbau: im Tagebau durch riesige Bagger in 10–30 m Tiefe
Verwendung: als Brennmaterial vorwiegend in Elektrizitätswerken; Briketts
Reichweite: 500 Jahre

Steinkohle

Entstehung: vor 340 Mill. Jahren aus sumpfigen Wäldern der Farn-, Schachtelhalm- und Bärlappgewächse; zuerst Umwandlung zu Braunkohle; durch Absinken oberer Schichten in große Tiefe verlagert und stark zusammengepresst; Verkohlung in langen Zeiträumen
Abbau: in Bergwerken untertage
Verwendung: Brennstoff, Ausgangsmaterial für Kunststoffe, Lacke
Reichweite: 150 Jahre

Erdöl

Entstehung: vor 500 Mill. Jahren aus pflanzlichem und tierischem Plankton; am Grund der Meere abgelagert; von Bakterien unter Luftabschluss bei starkem Druck und hohen Temperaturen in Öl umgewandelt
Abbau: durch Bohrungen an Land und auf dem Meer aus großer Tiefe
Verwendung: Kraftstoffe für Motoren, Heizöl, Schmier- und Kunststoffe
Reichweite: etwa 40 Jahre

Erdgas

Entstehung: gleichzeitig mit Erdöl und Steinkohle aus pflanzlichen und tierischen Ablagerungen; Zersetzung unter Luftabschluss, starkem Druck und hoher Erdwärme
Abbau: Tiefbohrungen an Land und im Meer; Reinigung erforderlich
Verwendung: Brennstoff für Heizungsanlagen und Motoren
Reichweite: 70 Jahre

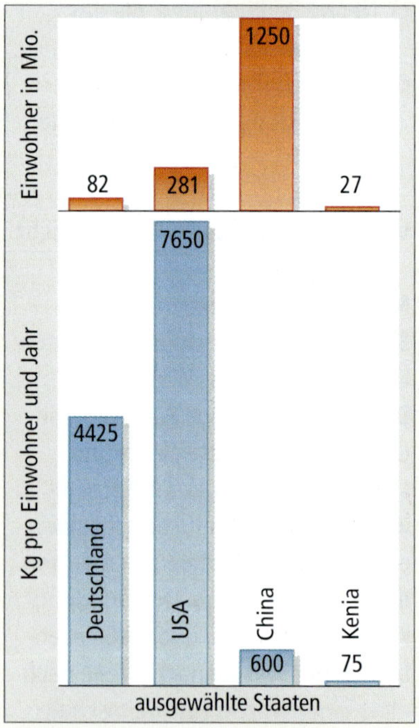

Verbrauch fossiler Brennstoffe pro Einwohner

Erneuerbare Energien

Solarwärme

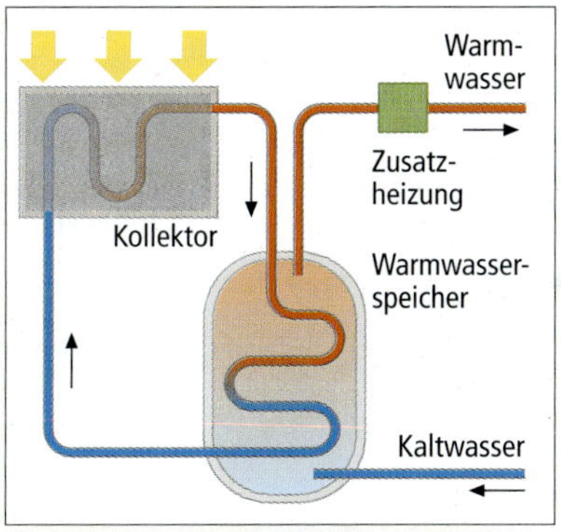

In dunklen Kollektoren auf einem nach Süden gerichteten Dach wird von der Sonne eine Flüssigkeit erwärmt. Eine Umwälzpumpe transportiert diese zum Warmwasserspeicher. Dort gibt sie die Wärme an das Brauch- und Heizungswasser ab. Eine Zusatzheizung sorgt für gleichmäßige Wärme, wenn die Sonneneinstrahlung zu gering ist.

Solarstrom

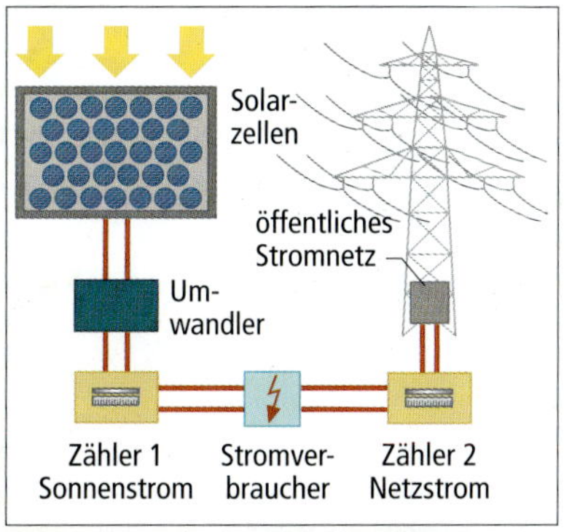

In bläulichen Platten auf Süddächern erzeugt Sonnenlicht in Fotozellen aus Silicium elektrischen Strom. Ein Umwandler formt den Gleichstrom in Wechselstrom um. Dieser Solarstrom durchfließt einen Zähler und wird in das öffentliche Stromnetz eingespeist. Der Besitzer bezahlt die Differenz aus entnommenem und eingeleitetem Strom.

Windenergie

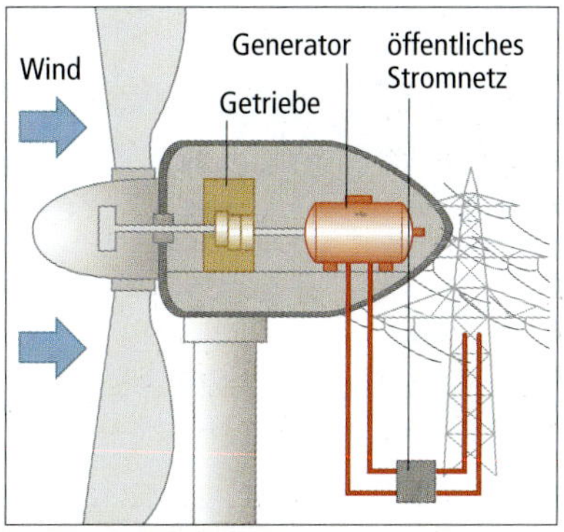

Der Wind drückt gegen die besonders geformten Flügel und bringt den Rotor in Drehung. Ein Getriebe übersetzt die langsame Drehung in einen schnelleren Umlauf. Damit wird ein Generator angetrieben und elektrischer Strom für das öffentliche Stromnetz erzeugt. Eine Steuerung regelt die Ausrichtung der Flügel und stoppt sie bei Sturm.

Biodiesel

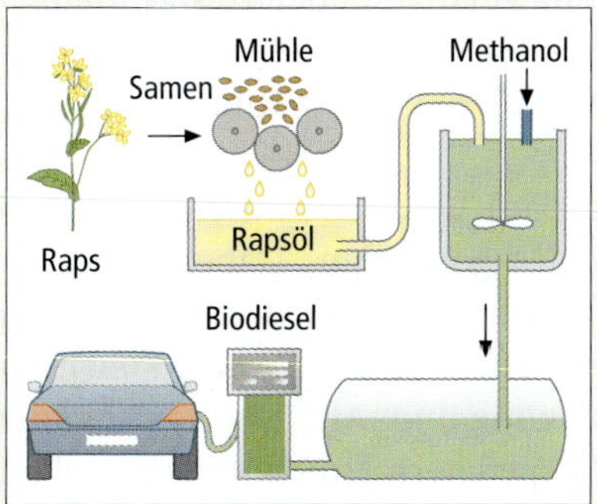

Vom Raps, einem gelb blühenden Kreuzblütler auf unseren Feldern, werden ölhaltige Samen geerntet. Nach dem Mahlen und Auspressen entsteht Rapsöl. Durch chemische Veränderung unter Zusatz von Methanol entsteht „Rapsmethylester", das die Bezeichnung Biodiesel erhielt. Wegen günstiger Abgaswerte wird er als Kraftstoff in Dieselmotoren verwendet.

Biogas

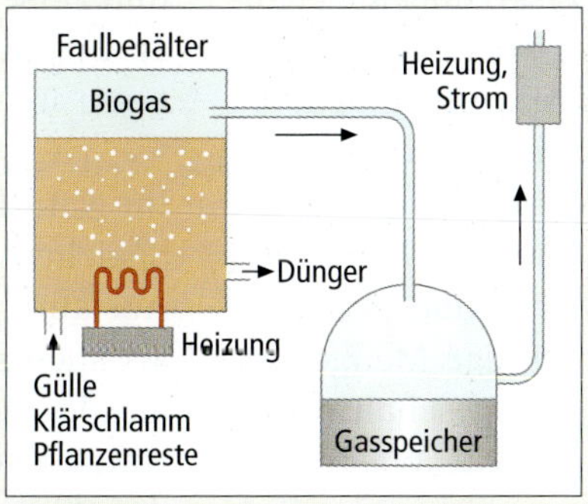

Pflanzenreste, Gülle oder Klärschlamm bringt man in einen geschlossenen Faulbehälter. Dort verrotten die Ausgangsstoffe mithilfe eingesetzter Bakterien. Es entsteht brennbares Methan-Gas, das in einem Gasspeicher gesammelt wird. Man verwendet es in Heizungsanlagen oder Gasmotoren, die Strom und Wärme erzeugen.

Holz

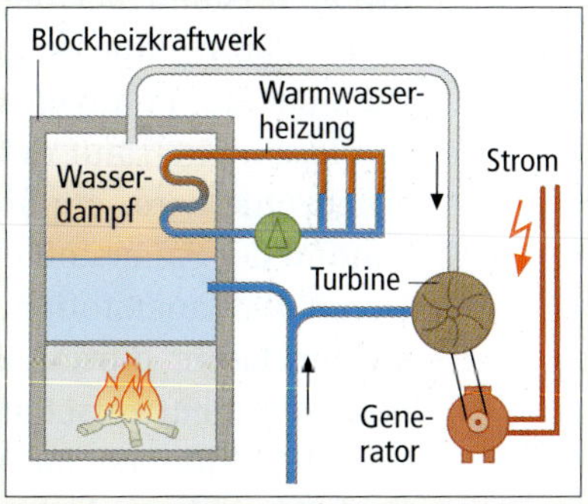

Die Nutzung von Holz als Brennstoff ist seit alters her bekannt. Als nachwachsender Rohstoff gewinnt Holz zunehmend an Bedeutung. In waldreichen Gebieten nutzt man das Restholz wie Äste, Rinde, dünne Stämme oder Holzabfälle der Industrie zum Heizen von Blockheizkraftwerken, die gleichzeitig Strom und Wärme erzeugen.

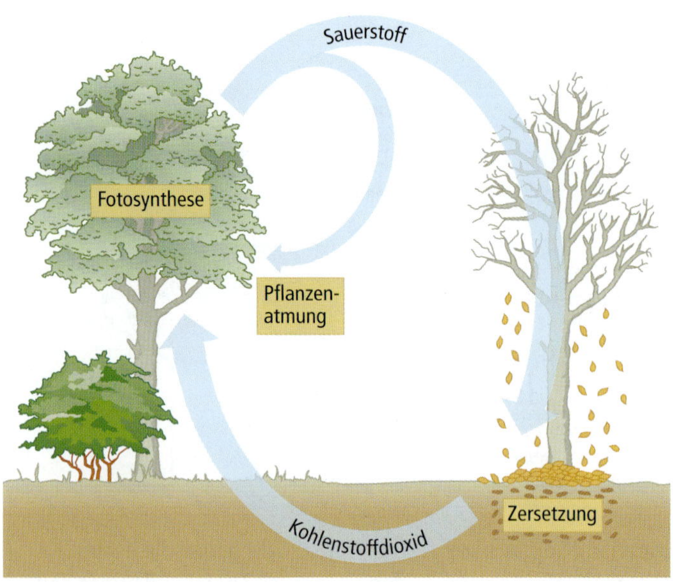

1 Sauerstoff-Kohlenstoff-Kreislauf der Pflanzen

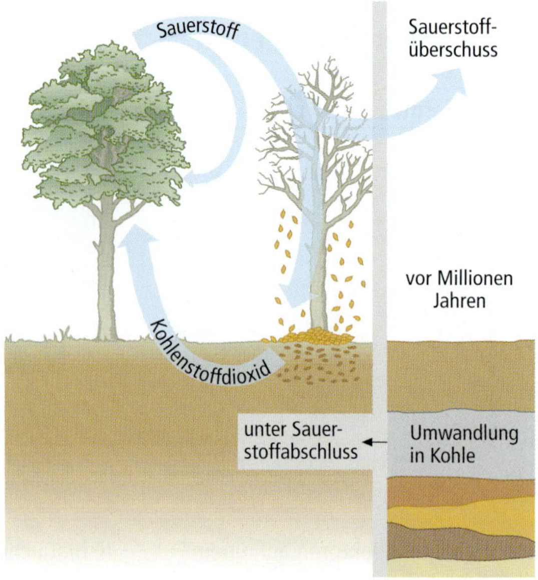

2 Entstehung des Sauerstoffs der Luft

1.3 Der globale Sauerstoff-Kohlenstoff-Kreislauf

Bei der Fotosynthese der grünen Pflanzen wird *Kohlenstoffdioxid* (CO_2) verbraucht und Sauerstoff freigesetzt. Diesen *Sauerstoff* (O_2) benötigen die Pflanzen zu einem Drittel selbst für ihre Atmung. Die übrige Menge nehmen Mikroorganismen bei der Zersetzung abgestorbener Pflanzenmasse auf. Dabei erzeugen sie CO_2, das die Pflanzen wieder aufnehmen. Da in diesem Kreislauf der Sauerstoff vollständig aufgezehrt wird, ergibt sich die Frage: Woher stammt der Sauerstoff der Luft?

Damit der Sauerstoffanteil der Atmosphäre ansteigen kann, dürfen sich riesige Mengen an Pflanzen nicht zersetzen. Dies geschah vor etwa 340 Millionen Jahren, als die Wälder des Karbonzeitalters durch Bewegungen der Erdkruste in die Tiefe sanken und verschüttet wurden. Damit waren sie von der Luftzufuhr abgeschnitten und konserviert. Diese Biomasse konnte sich ohne Sauerstoff nicht zersetzen und wurde dem Kreislauf entzogen.

Durch hohen Druck und Wärme verwandelte sich die Biomasse im Laufe der Zeit in Kohle. So entstand ein *Sauerstoff-Überschuss*, der in der Atmosphäre verblieb. Heute beträgt der Sauerstoffanteil der erdnahen Luftschicht 21 % und ist seit langem stabil geblieben.

Diesen Sauerstoff benötigen außer Pflanzen noch Tiere und Menschen zum Atmen. Er liefert bei der „Verbrennung" der Nährstoffe im Stoffwechsel der Lebewesen die lebensnotwendige Energie, um die Körperfunktionen aufrecht zu erhalten. Als „Abfallprodukt" entsteht Kohlenstoffdioxid, das von den Organismen an die Luft ausgeatmet wird. Außer durch Atmung und Zersetzung gelangen noch riesige Mengen an CO_2 durch biologische und chemische Prozesse aus den Meeren in die Atmosphäre.

Im Naturkreislauf wird CO_2 durch natürliche Speicher wieder gebunden. Dabei findet ein Austausch sowohl zwischen Luft und Boden als auch zwischen Luft und Wasser statt. Den aus der Zersetzung und Atmung stammenden Anteil an CO_2 speichern größtenteils die lebenden Pflanzen mithilfe der *Fotosynthese*. Der aus den Ozeanen abgegebene Anteil wird mit dem Regen aus der Luft ausgewaschen und ins Meerwasser zurückgegeben. Die Weltmeere sind die größten **Kohlenstoff-Speicher** der Erde. Aufgrund der Wasserlöslichkeit von CO_2 ist in den unvorstellbar großen Wassermengen viel Kohlenstoffdioxid gebunden. Pflanzen, vor allem Plankton, nehmen es auf und wandeln es in Biomasse um. Später wird es als totes Material am Boden abgelagert und dem Kreislauf entzogen. Auch in den Kalkschalen vieler Meeres-

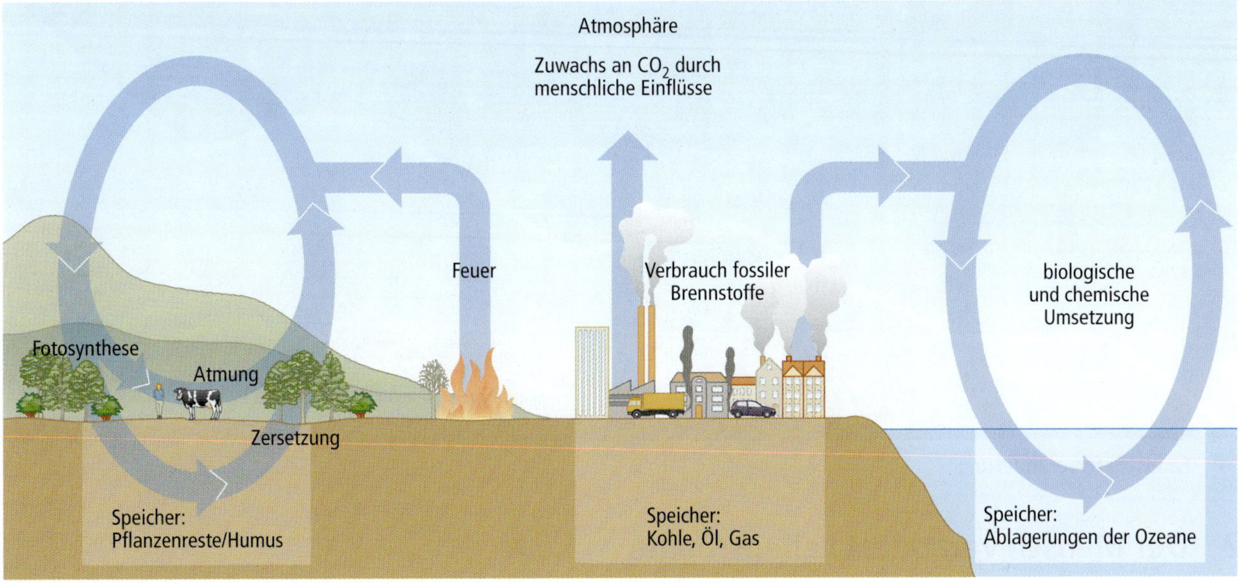

3 Kohlenstoffdioxid-Kreislauf und Kohlenstoffspeicher

tiere ist Kohlenstoff eingelagert. Beim Absterben sinken die Kalkreste auf den Grund und bilden Kalkstein, wodurch Kohlenstoff aus dem Kreislauf entnommen wird. In den oberen Schichten des Erdmantels liegen die zweitgrößten Kohlenstoffvorräte in den Lagerstätten von Kohle, Erdöl und Erdgas. Diese sind als *fossile Brennstoffe* bekannt. Dagegen ist die im Erdreich vorkommende, abgestorbene Biomasse wie Humus oder Torf als gering einzustufen. Das kleinste CO_2-Reservoir ist die Atmosphäre, in der Kohlenstoff als Gas vorliegt. Der Volumenanteil von Kohlenstoffdioxid an der Luft beträgt nur 0,04 %. Als Bestandteil der Atmosphäre ist CO_2 ständig für alle Lebewesen verfügbar. Es ist deshalb eines ihrer wichtigsten Elemente.

Allerdings ist die CO_2-Konzentration in der Luft seit der Industrialisierung im 19. Jahrhundert um 30 % angestiegen, da sich der Mensch verstärkt eingeschaltet hat, indem er bis heute die fossilen Brennstoffe nutzt. Der in Kohle, Erdgas und Erdölprodukten gebundene Kohlenstoff wird durch die Verbrennung in Heizungen und Motoren in CO_2 umgewandelt und an die Luft abgegeben. Eine weitere problematische Quelle des CO_2-Ausstoßes ist die *Brandrodung* der tropischen Regenwälder. Durch das von Menschen zusätzlich produzierte Kohlenstoffdioxid nimmt der CO_2-Gehalt der Erdatmosphäre ständig zu. Die natürlichen Kohlenstoffdioxid-Speicher können den industriellen Ausstoß an CO_2 nicht mehr in dem Maße aufnehmen, wie er erzeugt wird. Dadurch ist der natürliche Kreislauf zwischen CO_2-Bindung und CO_2-Freisetzung empfindlich gestört.

Bisher ist bekannt, dass etwa die Hälfte des vom Menschen verursachten Kohlenstoffdioxids in der Atmosphäre bleibt. Von der anderen Hälfte vermutet man, dass entweder Ozeane oder Landpflanzen das CO_2 speichern. Forscher haben festgestellt, dass Bäume durch den erhöhten CO_2-Gehalt der Luft gegenüber früher an Biomasse zugenommen haben. Man spricht daher von *CO_2-Düngung*. Neben diesem positiven Effekt verstärkt der Überschuss an CO_2 den *Treibhauseffekt* mit seinen Klimaveränderungen.

1. Nenne Ursachen und Folgen des CO_2-Überschusses in der Atmosphäre (siehe auch S. 367).
2. Mache Vorschläge, wie man den CO_2-Ausstoß durch Menschen drosseln kann.
3. Schreibe einige organische Verbindungen auf, in denen hauptsächlich C und O vorkommt. Welche Schlussfolgerungen lassen sich daraus ziehen?

1 Landschaftsveränderung

2 Der Mensch verändert Lebensräume

2.1 Bedrohte und geschädigte Landschaft

Bei vielen Menschen, insbesondere bei Stadtbewohnern, wächst das Bedürfnis, die Freizeit in der „freien Natur“ zu verbringen. Dieser Wunsch ist offenbar eine Reaktion auf die unnatürliche Lebensweise und gesundheitlichen Belastungen infolge Lärm und Abgase der Großstadt. Immer mehr Menschen suchen Ausgleich und Erholung in der belebten Natur. Doch wo finden wir noch diese Landschaften, die uns die erhoffte Abwechslung ermöglichen?

Die natürliche Landschaft ist vom Menschen seit langem umgestaltet worden. An die Stelle von Wäldern sind Äcker, Wiesen und Gebäude getreten. Heute schreitet die **Ausdehnung der Städte** so schnell voran, dass die Ballung der Bevölkerung der Umwelt zu schaffen macht. Die wachsende Verstädterung dringt immer weiter in die freie Landschaft vor. Wenn jemand heutzutage die Stadt verlässt, um „auf dem Lande“ Erholung zu suchen, muss er stets größere Entfernungen zurücklegen. Immer mehr Wohngebiete, Einkaufszentren, Gewerbe- und Industriegebiete befinden sich am Rand der Städte. Viele Menschen ziehen von der Stadt in die Dörfer um. Sie wohnen dort in Einfamilienhäuser mit Gärten, wodurch der Platzbedarf ständig steigt.

Der Bau der **Verkehrswege** in Deutschland zählt zu den größten Verbrauchern an Landschaft. Eine Untersuchung ergab, dass 80 % der Landesfläche von Autobahnen, Straßen, Schienen und Kanälen zerschnitten ist. Über den reinen Flächenbedarf hinaus verursachen diese Bauwerke tiefgreifende Belastungen der Landschaft. Es werden Lebensräume von Pflanzen und Tieren getrennt und ihre Lebensgemeinschaften zerstört. Veränderte Wind-, Temperatur- und Lichtverhältnisse sowie schädliche Auswirkungen durch Bodenverdichtung und Abgase beeinträchtigen ihre Existenz. Nicht nur durch *Bodenversiegelung* und Verstädterung wird die Landschaft geschädigt. In der noch naturnahen Landschaft werden Hecken gerodet oder Weiher trocken gelegt. Durch jede dieser Maßnahmen geht Landschaft unwiederbringbar verloren. Und trotzdem wird täglich eine Fläche von 160 Fußballfeldern zugebaut. Bei der **Flussbegradigung** wurden Wasserläufe und Flusstäler derart verändert, dass landschaftlich wertvolle Uferbäume, alte Flussarme und Auwälder zerstört wurden. Heute hat man aus den Fehlern gelernt und die künstlichen Uferbefestigungen und Stauanlagen werden durch *Rückbau* wieder in einen naturnahen Zustand versetzt.

1. Betrachte Abb. 1 und beschreibe die Auswirkungen der Ausdehnung der Städte auf die Landschaft.
2. Warum ist es sinnvoll, Produktions- und Erholungslandschaften voneinander abzugrenzen? Verwende dazu das Bioskop auf S. 359.

Landschaftsformen

Stadtlandschaft

Über 80 % unserer Bevölkerung lebt in Städten. Entsprechend groß ist die Ausdehnung dieser Ballungsräume. Die Bebauung ist sehr dicht. Industrieanlagen und Gewerbegebiete nehmen viel Platz ein. In den Innenstädten ist das Bild durch Hochhäuser geprägt. Hier decken Beton und Asphalt den größten Teil des Bodens ab. Der Pflanzenwuchs ist spärlich. Unter denTieren finden sich viele Spezialisten, die in ihrer Lebensweise an die Bauten angepasst sind. Stadtauswärts ist die Bebauung aufgelockert. Bäume, Rasenflächen und Blumenbeete prägen das Bild zwischen den Häusern. Auf den Zufahrtsstraßen herrscht dichter Verkehr. Lärmschutzwände und Wälle schützen die Anwohner vor dem Verkehrslärm. In der inneren Randzone liegen Parkanlagen, die zur Erholung und für Spiel und Sport dienen. Neben Villen sieht man kleine bepflanzte Wohnanlagen. Dazwischen gibt es Friedhöfe und Laubenkolonien. Diese Grünanlagen üben einen positiven Einfluss auf das Stadtklima aus. Sie spenden Sauerstoff und filtern Staub aus der Luft. In der äußeren Randzone der Stadt sind die Trabantenstädte mit vielen Wohnhäusern entstanden. Ferner befinden sich in den Außenbezirken Industrieanlagen, Gewerbebetriebe, Lagerhallen und Einkaufszentren.

Produktionslandschaft

Durch eine hochentwickelte, voll mechanisierte und rationelle Landwirtschaft hat sich eine auf ihre wirtschaftlichen Interessen ausgerichtete Landschaft entwickelt. In ihr fehlen oft Bäume, Hecken, kleine Gehölze und Tümpel. Solche Landschaftselemente stören beim Umgang mit den Maschinen in einer intensiven Landwirtschaft. Dadurch sind zahllose Lebensstätten von Pflanzen und Tieren zerstört und ihre Rückzugsgebiete verloren gegangen. Diese „ ausgeräumte Landschaft" wird beherrscht von Monokulturen auf den Feldern und ausgedehnten Wiesen und Weiden. Hier werden unter Einsatz von Kunstdünger und Pflanzenschutzmitteln Höchsterträge erzielt. Bei der Bodenbearbeitung verdichten schwere Schlepper und Landmaschinen den Untergrund. Wenn übermäßig viel Gülle auf kleinen Flächen ausgefahren wird, kann das Grundwasser belastet werden. Durch Überdüngung und Bekämpfung verschwinden viele seltene Wildkräuter und damit Nahrungspflanzen für Kleintiere und Insekten. Nach der Ernte, wenn die Felder kahl sind, tritt für das Wild ein „Ernteschock" auf. Rehe, Hasen, Rebhühner oder Fasanen fehlt einerseits die Nahrung. Andererseits wird ihnen die Deckung genommen, weil Rückzugsgebiete fehlen.

Erholungslandschaft

Etwa 50–80 % der Großstädter zieht es an Wochenenden hinaus „aufs Land". Bevorzugt sind Gegenden von landschaftlicher Schönheit, die durch den Wechsel von Wäldern, Feldern, Hecken und Wiesen geprägt sind. Auch großräumige Landschaften mit weitem Blick über Täler oder Seen üben einen besonderen Reiz auf Feriengäste aus. Solche Landschaften stellen eine echte Alternative zur Produktionslandschaft dar. Die landwirtschaftlichen Betriebe werden nicht verdrängt, sondern erfüllen zur Erhaltung des Landschaftsbildes eine wichtige Aufgabe. Fremdenverkehr und Tourismus – z. B. Ferien auf dem Bauernhof – bieten den Landwirten zusätzliche Einnahmequellen.
In der Erholungslandschaft stehen oft Teile oder ganze Landstriche unter Natur-oder Landschaftsschutz. Es soll der natürliche Zustand bewahrt bleiben, der sowohl der Tier- und Pflanzenwelt als auch dem Erholungssuchenden dient. Von Rad- und Wanderwegen aus können die Gäste die Natur erkunden.
Vom Massentourismus z. B.in den Wintersportgebieten heben sich Erholungslandschaften dadurch ab, dass sie auf „sanften Tourismus " setzen und eine landschaftlich verträgliche Form des Fremdenverkehrs anbieten.

- Entwässerung von Feuchtgebieten
- Beseitigung von Kleingewässern
- Umbruch von Grünland
- Verdrahtung durch Stromleitungen

- Einsatz von Unkrautvernichtungsmitteln
- Überdüngung der Felder
- verbesserte Saatgutreinigung
- tiefere Bodenbodenbearbeitung

1 Geschützte Arten und Ursachen des Artenrückgangs

ROTE LISTE

	Anzahl der Tierarten	davon gefährdet, vom Aussterben bedroht oder schon augestorben
Kriechtiere	12	75 %
Fische	70	70 %
Lurche	19	58 %
Säugetiere	94	47 %
Schnecken	270	21 %
Muscheln	31	32 %

2 Auszug aus der Roten Liste

2.2 Pflanzen und Tiere in Gefahr

In der Vergangenheit hat der Mensch bei der Nutzung der Natur für seine Zwecke wenig Rücksicht auf die wildwachsenden und wildlebenden Tiere genommen. Durch Zersiedlung, Entwässerung und Rodung wurden die Lebensräume vieler Pflanzen- und Tierarten stark geschädigt oder sogar zerstört. Das führte zu einer **Artenverarmung** in unserer Landschaft. Aber auch Lebensräume wie Gewässer und Boden wurden durch schädliche Umwelteinflüsse in Mitleidenschaft gezogen.

Um diese Entwicklung wenigstens teilweise zu stoppen und die letzten naturnahen Räume zu retten, wurden Verbände zur Erhaltung der Natur gegründet. Sie bemühen sich, Pflanzen und Tiere für die Nachwelt zu erhalten.

Außer der moralischen Verpflichtung zur Erhaltung einer vielfältigen Natur gibt es noch weitere wichtige Argumente. Die Erbanlagen aller Lebewesen bilden einen fast unerschöpflichen Speicher oder *Genpool* für die Entdeckung neuer Nahrungsmittel und Rohstoffe. So entstanden z. B. Neuzüchtungen von Nutzpflanzen und -tieren durch Einkreuzung von Wildarten. Zahlreiche Tiere und Pflanzen sind wichtige Quellen zur Herstellung von Medikamenten, Hormonen und Impfstoffen.

Aus diesen Gründen lässt sich schließen, welch große Bedeutung der **Artenschutz** für die menschliche Zukunft hat. In den jährlich aktualisierten „Roten Listen" wird aufgeführt, welche Pflanzen und Tiere ausgestorben, bedroht oder gefährdet sind. Für diese Arten hat der Mensch eine besondere Verantwortung, um sie für die Zukunft in Schutz zu nehmen. Artenschutz ist jedoch nur im Zusammenhang mit der Erhaltung der zugehörigen Lebensräume möglich. In diesen **Biotopschutz** sind alle, auch die nicht geschützten Lebewesen, einbezogen, damit sich stabile Lebensgemeinschaften erhalten können. Solche besonders bedrohten Lebensräume sind Feuchtgebiete, Kleingewässer, Trockenrasen, Dünengebiete und hohe Gebirgsregionen.

1. Nenne Hilfen für den Schutz von Weißstorch und Kornrade.
2. Naturschutz und Fortschritt schließen sich gegenseitig aus. Nimm dazu Stellung.
3. Warum sollen wir Pflanzen und Tieren hinterhertrauern, die schon ausgestorben sind?

Artenvielfalt auf dem Schulgelände und im Garten

V1 Blumenecke für Schmetterlinge

Material: Beet (ca. 3 m x 3 m); Spaten; Harke; Frühblüher z. B.: Märzbecher, Krokus, Narzisse; Sommerflieder (Buddleia); Herbstblüher: z. B. Fetthenne, Astern, Goldrute; Bestimmungsbuch für Schmetterlinge; Schreibzeug; Buntstifte

Durchführung: Grabe an einem sonnigen Platz im Herbst das Beet um. Pflanze den Strauch in einer Ecke ein. Setze die Stauden im Abstand von 50–70 cm und stecke die Zwiebeln der Frühblüher dazwischen.

Aufgabe: Beobachte im folgenden Jahr die Schmetterlinge, die die Blüten besuchen. Bestimme sie mithilfe des Bestimmungsbuches und fertige farbige Skizzen von ihnen an.

V2 Wildkräuterbeet

Material: Gesamtfläche (2,5 m x 2,5 m); 14 Kanthölzer (6 cm x 12 cm) 60 cm lang; 4 gehobelte Bretter (25 cm x 2,5 cm x 250 cm); 4 Rauhspundbretter (7 cm x 2 cm x 250 cm) Säge; Spaten; Schraubendreher; Schrauben; Wasserwaage; heimische Kräuter (z. B. Rainfarn, Taubnessel, Leinkraut, Schafgabe, Glockenblume, Kamille, Kornblume)

Durchführung: Baut gemeinsam mit Erwachsenen eine quadratische Sitzbank, indem ihr die Kanthölzer 30 cm tief eingrabt. Verbindet sie mit den schmalen Brettern und schraubt oben die Sitzbretter auf. Grabt den Innenraum tief um, damit der humusreiche Boden nach unten kommt. Sammelt heimische Kräuter und pflanzt sie in Gruppen ein.

Aufgabe: Fertigt einen Plan eures Kräuterbeetes an. Jede Pflanze bekommt ein Symbol von Blatt oder Blüte. Bestimmt sie und sammelt über sie Informationen aus Büchern oder dem Internet.

V3 Lesesteinhaufen

Material: Fläche (1,5 m x 1,5 m); Feld- oder Natursteine verschiedener Größe; grober Bauschutt; 5 Eimer feiner Sand; Spaten; Harke; Bestimmungsbuch: Tierspuren

Durchführung: Hebt an einem sonnigen Platz den Boden etwa 20 cm tief aus. Häuft zuerst den Bauschutt auf und legt dann die anderen Steine darüber. Sie müssen fest liegen. Füllt Sand darüber. Es sollen aber Ritzen und Höhlen erhalten bleiben. Schüttet den feinen Sand als Streifen rund um den Haufen und glättet ihn regelmäßig.

Aufgabe: Kontrolliert nach einigen Tagen den Sandstreifen auf Spuren und stellt mithilfe des Bestimmungsbuches fest, welche Tiere sich dort aufhalten.

V4 Vogeltränke

Material: starke Folie (1 m x 1 m); 2 Eimer Kies; Steine verschiedener Größe; Bestimmungsbuch für Vögel

Durchführung: Hebe an einem Platz, der weit von Sträuchern oder Bäumen entfernt ist, eine Mulde von 15 cm Tiefe und 50 cm Durchmesser aus. Lege die Folie hinein, bedecke sie mit Kies und verteile die Steine so, dass Vögel von dort aus trinken und baden können. Fülle regelmäßig Wasser nach.

V5 Nisthilfe für Höhlenbrüter

Material: Kiefer- oder Fichtenholzbretter 2 cm stark (14 cm x 180 cm); Säge; Zollstock; Bleistift; Schraubendreher; Schrauben (30 x 5 mm); Holzbohrer 10 mm; Forstnerbohrer 25 mm, 30 mm; Holzraspel

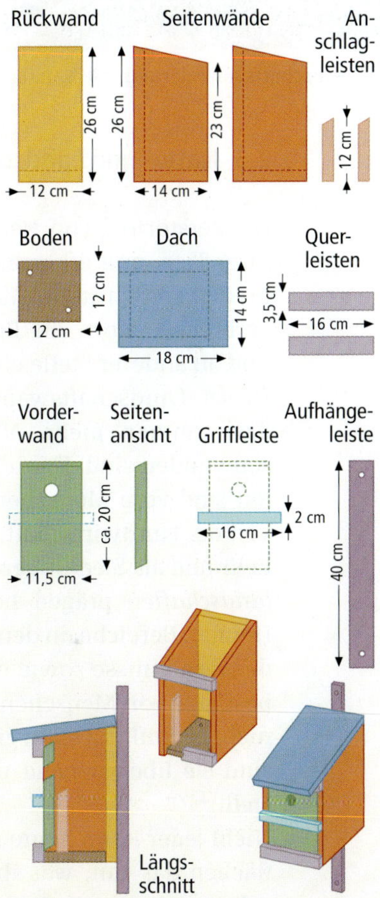

Durchführung: Übertrage die Maße der einzelnen Teile des Nistkastens auf die Bretter und säge sie zurecht. Das Flugloch soll 28–32 mm Durchmesser haben.

Aufgabe: Baue den Nistkasten nach Plan und hänge ihn spätestens im April in etwa 2,5 m Höhe auf. Beobachte und bestimme die Vogelarten.

1 Landschaftsveränderung. **A** Naturlandschaft (Auwald); **B** Autobahnkreuz; **C** Sand- und Kiesabbau; **D** begradigter Fluss

2.3 Natur- und Landschaftsschutz

Die Zerstörung von Natur und Landschaft mit ihrer Tier- und Pflanzenwelt vollzieht sich oft in kleinen Schritten. Hier wird eine Autobahn verbreitert, dort ein Baggerloch ausgehoben und an anderer Stelle ein Bach begradigt.

Dieser Landschaftswandel hat dazu geführt, dass immer mehr *Naturlandschaften* verschwunden sind. Fast alle heutigen Landschaften sind vom Menschen gestaltet. Sie werden von der Landwirtschaft, den Forsten, dem Verkehr und als Siedlungen genutzt. Diese *Kulturlandschaften* prägen heute das Bild unserer Heimat. Bereiche, in denen die Wasser- und Bodenverhältnisse sowie die Pflanzen- und Tierbestände von Menschen wenig oder überhaupt nicht beeinflusst sind, gibt es selten. Dann aber sind sie überwiegend unter **Naturschutz** gestellt.

Nicht jeder kann heute mehr mit seinen Landflächen das tun, was ihm gefällt. Das **Naturschutzgesetz** auf Bundes- und Landesebene regelt, dass Natur und Landschaft im besiedelten und unbesiedelten Bereich zu schützen und zu pflegen sind. Sie gehören zu den Lebensgrundlagen aller Menschen und müssen als Voraussetzung für seine Erholung gesichert werden. Wenn sich Eingriffe in die Landschaft nicht vermeiden lassen, so sind sie durch naturfördernde Maßnahmen auszugleichen. Diese *Eingriffsregelung* bestimmt, dass ein Baggersee z. B. später wieder zu bepflanzen ist. Damit soll gewährleistet sein, dass die Landschaft nicht noch mehr an Pflanzen und Tieren verarmt. Um Lebensräume dauerhaft zu sichern, sind alle darin vorkommenden Pflanzen- und Tierarten und deren Lebensgemeinschaften geschützt. Damit dieses Ziel erreicht werden kann, erklärt man besondere Gebiete zu **Schutzgebieten**. Sie dienen dazu, dass sich überlebensfähige und ausreichend große Bestände bilden und wieder ausbreiten können. Ziel ist es ferner, alles in den Schutzgebieten zu vermeiden, was den Pflanzen und Tieren schaden und was die Erholung des Menschen stören könnte. Damit Pflanzen und Tiere eine Chance haben dauerhaft zu überleben, muss zwischen den geschützten Lebensräumen ein Austausch aller Lebewesen möglich sein. Das ist nur durch *Vernetzung* zu erreichen, indem Hecken, Baumreihen oder Feld- und Ufergehölze eine Verbindung der Lebensräume herstellen.

Der **Natur- und Landschaftsschutz** wird durch Behörden geregelt und beaufsichtigt. Das Erreichen der Ziele ist aber abhängig von einem entsprechenden Umweltbewusstsein in der Bevölkerung. So kann z. B. jeder, der sich für die Erhaltung der Natur einsetzen möchte, in einem *Naturschutzverband* mitwirken.

1. Jährlich stirbt bisher eine Tierart aus. Was kann man für die Erhaltung der Arten tun?
2. Informiere dich im Internet über die Arbeit von Naturschutzverbänden und berichte über eine ihrer Aktionen zur Erhaltung der Natur.

Natur in Schutz nehmen

Naturschutzgebiete

Sie sind Reste der ursprünglichen Naturlandschaft und von allen unter Schutz gestellten Gebieten am strengsten geschützt. In ihnen sollen die Lebensräume bestimmter wild wachsender Pflanzen und wild lebender Tiere wegen ihrer Seltenheit, Eigenart und Schönheit erhalten werden. Sie sind Erholungsraum für die Pflanzen und Tiere und erst in zweiter Linie für den Menschen. Außerhalb der Wege dürfen die unter Schutz gestellten Flächen deshalb nicht betreten werden. In diesen Gebieten ist es verboten, die Natur zu verändern, zu beschädigen oder zu zerstören.
Anzahl: 5400 **Größe:** 2% der Fläche der Bundesrepublik Deutschland

Nationalparks

Sie umfassen großräumige, besonders seltene und schöne Naturlandschaften und dienen der Erhaltung einer möglichst artenreichen, heimischen Tier- und Pflanzenwelt. Sie sollen in einem weitgehend natürlichen und vom Menschen unberührten Zustand erhalten bleiben . Nationalparks erfüllen größtenteils die strengen Schutzbestimmungen eines Naturschutzgebietes. In Teilen dienen bestimmte Flächen dem Tourismus. Beispiele: Wattenmeer, Müritz, Bayrischer Wald, Harz, Hainich
Anzahl: 13 **Größe:** 2% der Fläche der Bundesrepublik Deutschland

Landschaftsschutzgebiete

Sie dienen vorrangig dazu, die Leistungsfähigkeit des Naturhaushaltes zu erhalten. Darunter versteht man den Schutz von Wasser, Klima, Luft und Boden als Lebensgrundlagen für alle Lebewesen. Auch die Vielfalt und die Schönheit des Landschaftsbildes gilt es zu schützen. Landschaftsschutzgebiete werden häufig als Erholungsgebiete genutzt.
Anzahl: 5900 **Größe:** 25% der Fläche der Bundesrepublik Deutschland

Naturparks

Sie sind Gebiete von großer Ausdehnung, die überwiegend aus Landschaftsschutz- und Naturschutzgebieten bestehen. Naturparks dienen besonders der Erholung und dem Fremdenverkehr.
Anzahl: 68 **Größe:** 16 % der Fläche der Bundesrepublik Deutschland

Biospärenreservate

Dies sind großräumige Gebiete mit bestimmten Landschaftstypen und umfassen Natur- und Landschaftsschutzgebiete. Außerdem beziehen sie wertvolle Kulturlandschaften mit ein. Reservate dienen der Erforschung der Beziehungen zwischen Mensch und Umwelt, wie z. B. der Umweltbeobachtung und der Umweltbildung. Deutsche Reservate sind Teil eines internationalen Netzes von Schutzgebieten in Europa.
Anzahl: 13 **Größe:** 3,4 % der Fläche der Bundesrepublik Deutschland.

Naturdenkmale

Einzelne Naturschöpfungen wie z. B. alte Bäume, markante Felsgruppen, kleine Standorte seltener Pflanzenarten werden zu Naturdenkmalen erklärt, wenn sie wegen ihrer Seltenheit, Schönheit und Bedeutung für die Heimat und Wissenschaft von Bedeutung sind.

EU-Richtlinien

Jeder Mitgliedstaat der EU erklärte sich bereit, bestimmte Gebiete zu benennen, die innerhalb der EU von überstaatlicher Bedeutung für die Erhaltung der Tier- und Pflanzenwelt wichtig sind. Sie werden nach der **FFH-Richtlinie** ausgewählt, d. h. **F**auna (Tierwelt), **F**lora (Pflanzen), **H**abitat (Lebensraum). Es handelt sich überwiegend um Lebensräume und Arten, die von gemeinschaftlichem Interesse sind. Hierzu gehören Pflanzen und Tiere, die innerhalb der EU vom Aussterben bedroht sind. Für Zugvögel z. B. ist beabsichtigt, ein Netz von Lebensräumen über alle Mitgliedstaaten zu legen und alle **FFH-** und **EU-Vogelschutzgebiete** zusammenzufassen.

Washingtoner Artenschutzübereinkommen

Es sieht die Kontrolle des internationalen Handels mit gefährdeten Tier- und Pflanzenarten vor. Deshalb dürfen keine vom Aussterben bedrohten Pflanzen und Tiere sowie deren Produkte nach Deutschland eingeführt oder von dort ausgeführt werden.

Geschütze Pflanzen und Tiere im Hochmoor

Sonnentau

Aussehen: Der Rundblättrige Sonnentau liegt als Blattrosette flach auf Moos oder Torf; 5–6 runde, etwas ausgehöhlte Blätter sitzen an langen Stielen; Blattoberseite mit roten Drüsenhaaren besetzt, die kleine, klebrige und glitzernde Tröpfchen abscheiden; weißblühend
Lebensweise: An den Haaren bleiben kleine Insekten kleben; die Blätter rollen sich ein und sondern Verdauungssaft ab; die Tiernahrung dient der Versorgung der Pflanze mit Stickstoff
Rote Liste: gefährdet

Blumensimse

Aussehen: schmale 10–20 cm lange Blätter; gelbgrüne, langgestielte Blüten in lockeren Trauben; Stängel gebogen; lange unterirdische Ausläufer
Lebensweise: auf schlammigen, überschwemmten Torfböden; wärmeliebend; sehr empfindlich gegen Austrocknung, daher durch Trockenlegung der Moore zurückgegangen; Samen sind mit eiförmigen Luftkammern umgeben und schwimmen daher auf dem Wasser
Rote Liste: stark gefährdet

Rosmarinheide

Aussehen: langgestielte, rosenrote, hängende Blüten, die zu kleinen Dolden vereint sind; schmale lanzettliche Blätter, die wechselständig angeordnet sind; 15–20 cm hoch; Früchte giftig
Lebensweise: Lange blühend, da wenig bestäubende Insekten im Hochmoor vorkommen; Blätter sind oberseits glänzend und unten filzig; rollen sich bei starker Sonneneinstrahlung ein; schützen sich dadurch vor Austrocknung
Rote Liste: gefährdet

Moorfrosch

Aussehen: Oberseite hellbraun bis dunkelbraun, mit kleinen dunklen Flecken; Bauchseite gelblichweiß; auffäliger dunkler Fleck hinter dem Auge; etwa 7 cm lang; spitze Schauze; Schwimmhäute zwischen den Zehen wenig ausgebildet
Lebensweise: Jungfrösche sind tagaktiv, erwachsene Frösche nachtaktiv; zur Laichzeit sind die Männchen blau gefärbt; Überwinterung im Bodenschlamm oder Torf
Rote Liste: stark gefährdet

Kreuzotter

Aussehen: Braun bis schwarz gefärbte Schlange mit dunklem Zick-Zack-Band auf dem Rücken; Zeichen eines Kreuzes auf dem Kopf; etwa 80 cm lang; hat als Viper senkrechte, spaltförmige Pupillen und Giftzähne
Lebensweise: Bringt lebende Junge zur Welt; jagt in der Dämmerung Eidechsen und Mäuse; greift nur an, wenn sie bedroht wird; Gift ist für Menschen, vor allem für Kinder gefährlich
Rote Liste: stark gefährdet

Hochmoor-Mosaikjungfer

Aussehen: Die Hochmoor-Mosaikjungfer ist eine Großlibelle von etwa 8 cm Länge; dunkler Hinterleib mit kleinen Ringen und blassblauen Mosaikflecken; schmale, dunkle Flecken auf den Flügeln
Lebensweise: Vorkommen an Mooren mit Torfmoosen; Flugzeit Juli–Oktober; geschickte Flieger, ergreifen Beute in der Luft; Eier werden auf Torfmoos abgelegt; Larven entwickeln sich in nassen Torfstichen
Rote Liste: stark gefährdet

Das Tister Bauernmoor – eine Landschaft wird gerettet

Hochmoore sind einzigartige Lebensräume in Norddeutschland und im Alpenvorland. Sie entwickelten sich über einen Zeitraum von ca. 10 000 Jahren vorwiegend aus Torfmoosen, die sich nicht zersetzten. Doch Hochmoore sind bis auf wenige Reste durch Entwässerung und Torfgewinnung zerstört worden. Noch erhaltene Reste stellte man deshalb unter Naturschutz, um sie wieder in einen naturnahen Zustand zu versetzen und damit zu retten.

Das Naturschutzgebiet „Tister Bauernmoor" in Norddeutschland zeigt, dass solche Maßnahmen erfolgreich sind. Das Moor hatte für die Geschichte des Dorfes Tiste seit 200 Jahren eine wirtschaftliche Bedeutung. Beim Torfstechen gewann man Brenntorf. Später baute man den Torf maschinell ab und stellte daraus Gartentorf her. Auf den abgetorften Flächen entstanden Weiden und Felder.

Seit 1999 ist der Torfabbau eingestellt. Der Landkreis erwarb die 570 ha großen Abbauflächen und stellte sie unter Naturschutz. Als erstes begann eine Wiedervernässung, denn Hochmoore werden aus mineralstoffarmem Regenwasser gespeist. Deshalb verschloss man die alten Moorgräben, so dass die Niederschläge im Moor zurück gehalten wurden.

Das Wasser sammelte sich in den Moorkuhlen und bildet heute eine Wasserfläche von 260 ha. Die bisherige Pflanzendecke wurde überflutet. Birken und Kiefern starben im Wasser ab oder wurden abgeholzt. Überraschend schnell entwickelte sich das Moor wieder zu einem Lebensraum für eine artenreiche Vogelwelt, denn einsame Moorseen üben eine starke Anziehungskraft auf Sumpf- und Wasservögel aus. Die am häufigsten anzutreffenden Vogelarten sind Stock- und Krickenten sowie Kanada- und Graugänse, die auch hier brüten. Als besonders seltene Arten halten sich hier Silberreiher, See- und Fischadler sowie Wanderfalke und Uhu auf. Etwa 4000 Kraniche nutzen das Naturschutzgebiet als Rast- und Schlafplatz auf ihrem Durchzug zwischen Nord- und Südeuropa. So ist dieses Moor ein international bedeutsames Gebiet für die Erhaltung dieser störungsempfindlichen Großvögel. Deshalb wurde das Tister Bauernmoor zusammen mit vier weiteren Mooren im engeren Umkreis von der Europäischen Union zum EU-Vogelschutzgebiet erklärt. Aber nicht nur Vögel finden hier einen weitgehend ungestörten Lebensraum, sondern auch andere Tiere und Pflanzen. Mehrere Libellenarten und typische Hochmoorpflanzen wie Wollgras und Sonnentau siedelten sich wieder an und breiten sich von Jahr zu Jahr weiter aus. Torfmoose eroberten die alten Torfstiche. Sie wachsen an der Spitze und sterben dann am Grunde ab. Jedes Jahr kommt eine Schicht von ca. 1 mm aus abgestorbenen Moosen dazu, denn sie werden im Moorwasser nicht zersetzt.

Ein weiteres Ziel des Naturschutzes ist es, den Menschen diese Landschaft nahe zu bringen. Deshalb ist das Tister Bauernmoor zum Teil für Besucher erschlossen. Es gibt einen Wanderweg und Informationstafeln geben Auskunft über die Entstehung des Moores, die vielfältige Tier- und Pflanzenwelt sowie Hinweise, wie sich die Besucher im Naturschutzgebiet verhalten sollen. In einer Moorerlebniszone kann man die typische Flora und Fauna aus der Nähe betrachten. Außerdem gibt es ein Haus der Natur, das den Besuchern für Vorträge und Ausstellungen zur Verfügung steht.

Torfabbau um 1900

Wiedervernässung

Beobachtungsturm im Moor

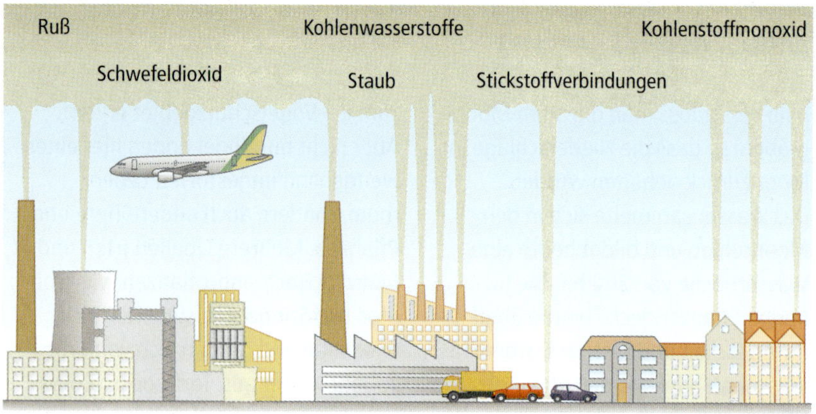

1 Emissionen in der Luft und ihre Verursacher

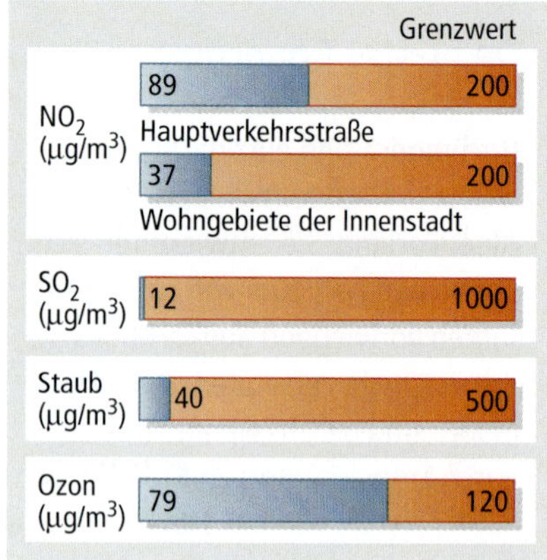

2 Messwerte der Luft in der Großstadt

3 Der Mensch greift in die Stoffkreisläufe ein

3.1 Saubere Luft für alle!

In der kalten Jahreszeit sehen wir die Abgaswolken aus den Auspuffrohren und Schornsteinen aufsteigen. Außer Wasserdampf treten Staub und Ruß sowie unsichtbare *Schadstoffgase* aus wie Schwefeldioxid (**SO_2**), Stickstoffoxide (**NO_X**), Kohlenstoffmonooxid (**CO**) und Kohlenwasserstoffe (**CH_X**). Diese Gase vermischen sich mit der Luft, werden dabei verdünnt und verteilen sich mit dem Wind.

Im Winter unterbleibt die Verdünnung der Luftschadstoffe gelegentlich. Dann sammeln sie sich bei bestimmten Wetterlagen unter einer warmen Luftschicht an und legen sich als Dunstglocke über die Stadt. Ein solcher **Wintersmog** breitet sich wie Nebel über die Wohngebiete aus. In Bodennähe kann die Konzentration der Luftschadstoffe so groß werden, dass besonders Kinder und ältere Menschen darunter leiden. Sie können davon Atemnot sowie Herz- und Kreislaufbeschwerden bekommen. In den letzten Jahren führten allerdings Katalysatoren bei Kraftfahrzeugen, schwefelarmer Kraftstoff, Entschwefelungsanlagen in Kraftwerken sowie abgasarme Heizungsanlagen zu einem deutlichen Rückgang der Smoggefahr.

Im Sommer droht eine andere Gefahr durch schädliche Abgase. Dann entsteht **Sommersmog,** bei dem ein Reizgas gebildet wird, das *Ozon*. Es entweicht nicht direkt aus den Verbrennungsmotoren, sondern bildet sich aus Autoabgasen und Sauerstoff unter Einwirkung des Sonnenlichtes. Da bodennahes Ozon gesundheitsschädlich ist, wird die Bevölkerung über die Medien vor hohen Ozonwerten gewarnt. Autofahrer müssen dann mit Tempobeschränkungen oder gar mit Fahrverbot rechnen.

Für die Überwachung der Luft stehen in den Zentren großer Städte Messstellen. Sie zeigen auf Tafeln die aktuellen Messwerte und die Grenzwerte an, die nicht überschritten werden sollten. Zur Reinhaltung der Luft regelt das *Bundesemissionsgesetz*, wieviel Luftschadstoffe z.B. aus Fahrzeugen, Haushalten, Betrieben, Kraftwerken usw. entweichen dürfen. Es legt bestimmte Grenzwerte fest, die als gesundheitlich unbedenklich gelten.

1. Informiere dich in Lexika oder im Internet über Luftschadstoffe, ihre Ursachen und ihre Wirkung auf die Umwelt. Berichte.
2. Oben zu wenig Ozon, unten zu viel. Erläutere diesen Widerspruch. Siehe auch S. 367.

- **Öfter mal umsteigen, vom Auto auf Bahn, Bus oder Fahrrad.**
- **Nicht allein fahren, sondern Fahrgemeinschaften bilden.**
- **Mit Sonnenkollektoren und Solarzellen Energie sparen und CO_2-Ausstoß vermindern.**
- **Wer ein schadstoffarmes Auto fährt, zahlt weniger Steuern.**
- **Den Temperaturregler der Heizung nur um 1 Grad niedriger stellen, spart 6% der Heizkosten.**

3 Umwelttipps zur Reinhaltung der Luft

Klimawandel

Treibhauseffekt

Noch streiten sich Klimaforscher darüber, ob der **Klimawandel** der vergangenen Jahrzehnte auf veränderte Sonnenaktivitäten oder menschliche Einflüsse zurückzuführen ist. Endgültige Beweise gibt es für beide Theorien nicht. Bei vielen Wissenschaftlern hat sich die folgende Erklärung durchgesetzt: Sie betrachten die Erde mit der sie umgebenden Lufthülle als ein riesiges Treibhaus. Die Sonnenstrahlen heizen es auf und bestimmte Gase in der Atmosphäre verhindern, dass die Wärme wieder vollständig in den Weltraum entweicht. Die *Treibhausgase* wirken also wie die Scheiben eines Glashauses. Dieser **natürliche Treibhauseffekt** wird durch Kohlenstoffdioxid, Methan und andere Spurengase hervorgerufen. Gäbe es diesen Effekt nicht, hätten wir Dauerfrost und ein Leben auf der Erde wäre nicht möglich. Durch den ständig steigenden Energieverbrauch verstärken wir

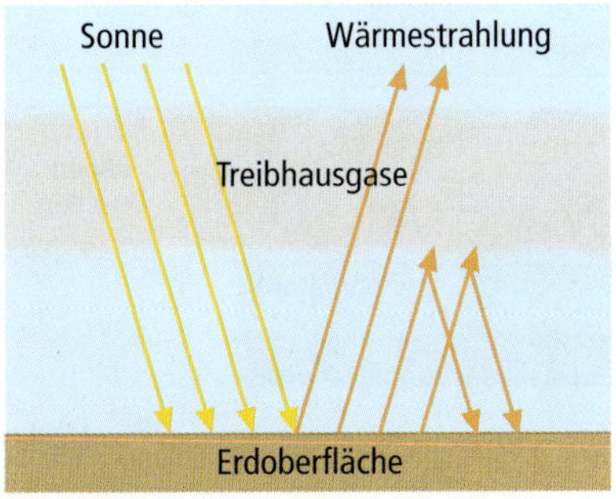

die Erwärmung der Lufthülle und lösen damit den *von Menschen verursachten Treibhauseffekt* aus.
Das bei jeder Verbrennung entstehende CO_2 sammelt sich in der Erdatmosphäre an und führt zur Aufheizung der Luft. Das Weltklima erwärmt sich voraussichtlich in den nächsten 100 Jahren um bis zu fünf Grad Celsius, wenn der Energieverbrauch so weiter steigt wie bisher.
Wissenschaftler befürchten dann ein weiteres Abschmelzen der Polkappen und Gletscher. Das würde zu einem Anstieg des Meeresspiegels und Überflutung der fruchtbaren Küstenstreifen und Inseln führen. Dürregebiete würden sich ausbreiten.
All das hätte zur Folge, dass unsere Nahrungsmittel knapper würden.
Bereits heute mehren sich die Anzeichen eines Klimawandels. In der Antarktis brechen in letzter Zeit mehr Eisberge ab als vorher. Die Sommer haben längere Trockenzeiten und im übrigen Jahr nehmen starke Regenfälle, Überschwemmungen und Stürme zu. Das Jahr 2003 war das zweitwärmste in Deutschland seit Beginn der Wetteraufzeichnungen im Jahre 1860.
Wenn der verheerende Klimawandel nicht eintreten soll, muss der Ausstoß von Kohlenstoffdioxid erheblich gesenkt werden. Dazu kann jeder Bewohner der Erde beitragen, indem er weniger Energie verbraucht, um die CO_2-Bildung zu verringern.

Ozonabbau

Einer Zeitungsmeldung zufolge ist die Menschheit nur sehr knapp einer Katastrophe durch die vollständige Zerstörung der Ozonschicht entgangen. Wie konnte es dazu kommen?
In 15 km Höhe hält eine gasförmige Hülle aus **Ozon** die gefährliche ultraviolette Strahlung der Sonne zurück. Wird diese Schutzschicht zerstört, gelangen mehr UV-Strahlen auf die Erde. Als Folge treten vermehrt Hautkrebs und schwere Augenleiden auf. Ferner wird die Fotosynthese beeinträchtigt, wodurch die Ernteerträge unserer Nutzpflanzen zurückgehen.
Die Ursachen für den Ozonabbau waren Treibgase aus Spraydosen und Kältemittel aus Kühlanlagen. Sie enthielten eine für Menschen harmlose chemische Substanz, das *FCKW*, eine Verbindung aus Fluor, Chlor und Kohlenwasserstoff.
Steigt dieses Gas jedoch in die Luft auf, zerstört es die Ozonteilchen, die

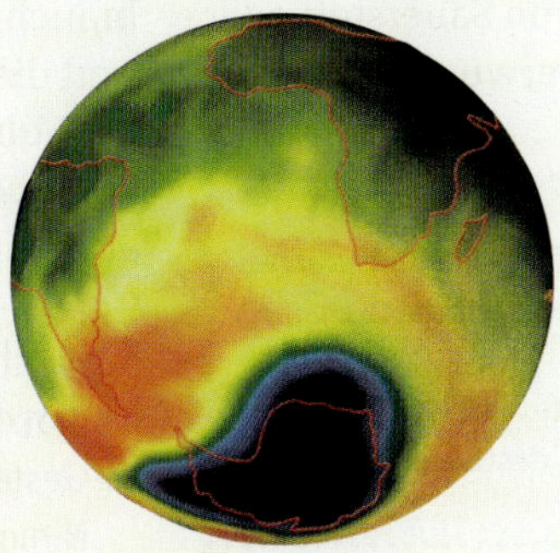

die gefährliche UV- Strahlung abhält. Spezielle Aufnahmen aus dem Weltraum machten Zonen geringer Ozonkonzentration sichtbar, besonders auf der südlichen Erdhalbkugel. Dort zeigte sich, dass die UV-Strahlung bereits zu vermehrtem Hautkrebs bei Menschen und Schädigungen bei Tieren und Pflanzen geführt hat. Durch ein weltweites Verbot der Herstellung von FCKW konnte die vollständige Zerstörung der Ozonschicht aufgehalten und eine Katastrophe verhindert werden. Aber immer noch setzt das FCKW sein zerstörerisches Werk fort und es wird noch Jahrzehnte dauern, bis auch die letzten Reste verschwunden sind.

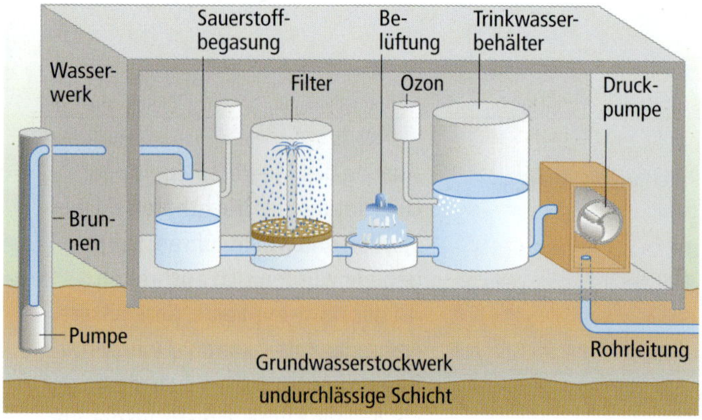

1 Wasserwerk

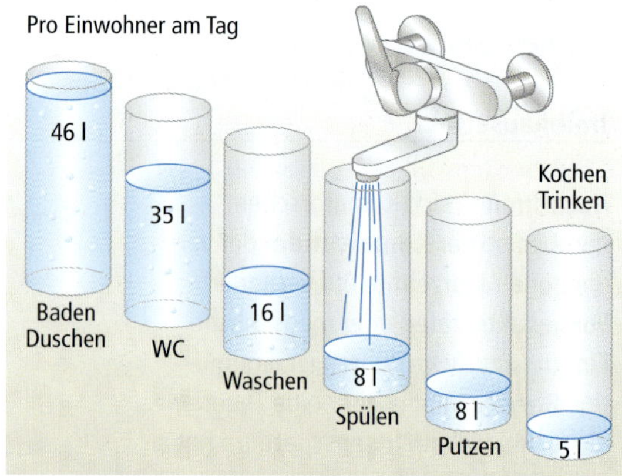

2 Trinkwasserverbrauch im Haushalt

3.2 Haltet das Wasser sauber!

Was früher Gold und Öl waren, könnte bald das Trinkwasser werden, ein kostbares, knappes und teures Gut. Mehr als ein Drittel der Weltbevölkerung hat keinen Zugriff auf sauberes Trinkwasser und die übrigen Wasservorräte nehmen ständig ab.

Noch verfügen wir in Deutschland über ausreichende Süßwasservorräte. Genügend Niederschläge speisen die Quellen, Talsperren und Flüsse, aus denen wir unser Trinkwasser beziehen. Unser Wasser wird jedoch hauptsächlich aus dem *Grundwasser* gewonnen. Es bildet sich aus den Niederschlägen, die von Oberflächen, Flüssen und Seen im Erdreich versickern. Dabei durchläuft das Sickerwasser mehrere Bodenschichten, die wie Filter wirken und es reinigen. Es staut sich über einem undurchlässigen Untergrund und wird aus Brunnen hoch gepumpt.

Im **Wasserwerk** erfolgt die Aufbereitung des *Rohwassers*. Durch Zugabe von Sauerstoff oder Flockungsmittel werden unerwünschte Stoffe gebunden und anschließend herausgefiltert. Nach dem Belüften begast man das Wasser mit *Ozon*, um es keimfrei zu machen. Eine starke Pumpe drückt das fertige Trinkwasser in die Rohrleitungen, die zu den Verbrauchern führen. Doch bevor es das Wasserwerk verlässt, wird es streng kontrolliert. Unser Trinkwasser ist das am besten untersuchte Lebensmittel. Es ist hygienisch einwandfrei, klar, farb- und geruchlos.

Damit wir auch in Zukunft sauberes Wasser trinken können, muss die Verschmutzung des Grundwassers verhindert werden. Einige Brunnen sind schon geschlossen worden, weil Kraftstoffe, Pflanzenschutz- oder Düngemittel ins Grundwasser gelangten und es verunreinigten. Damit die Filterwirkung des Bodens sich nicht erschöpft, hat man **Wasserschutzgebiete** eingerichtet, wo strenge Auflagen für die Landwirtschaft und den Verkehr gelten. Diese Vorsorge allein reicht nicht aus, denn allgemein wird festgestellt, dass der Grundwasserspiegel fällt. Schuld daran ist der hohe Wasserverbrauch, das Verschwinden von Feuchtgebieten und die Entwässerung der Felder und Wiesen. In Wohngebieten wird durch die *Versiegelung* der Böden das *Oberflächenwasser* zu schnell abgeleitet und kann nicht versickern.

- Duschen ist sparsamer als ein Vollbad.
- Ein tropfender Wasserhahn füllt in einer Nacht fast eine Badewanne.
- Durchflussbegrenzer in Wasserhähnen helfen, den Verbrauch zu senken.
- Wasche nur dann, wenn die Waschtrommel richtig voll ist.
- Je weniger Schadstoffe ins Abwasser gelangen, desto einfacher ist es zu klären.

3 Umwelttipps zum Schutz des Trinkwassers

1. Beschreibe die Auswirkungen, wenn im Haushalt plötzlich Trinkwasser fehlt.
2. Gestalte ein Plakat zum Schutz des Trinkwassers. Nimm Abb. 3 zu Hilfe.

Reinigung des Abwassers

Wir machen uns oft keine Gedanken darüber, wohin alles verschwindet, was durch den Abfluss unserer Spülbecken, Duschen oder Toiletten abfließt.
Das gebrauchte Wasser ist zu **Abwasser** geworden und gelangt über die Kanalisation zur Kläranlage. Dort wird es in mehreren Stufen gereinigt. Die *mechanische Reinigungsstufe* erfolgt durch einen Rechen, der den groben Unrat zurückhält. Im Sandfang setzen sich Bodenteilchen ab und der Fettabscheider nimmt Öl und Fett auf. Dann fließt das vorgereinigte Abwasser zur *biologischen Reinigungsstufe*, die häufig aus mehreren großen Becken besteht. Im Belebtschlammbecken nehmen Bakterien die organischen Schmutzteilchen des Abwassers als Nahrung auf und zersetzen sie in ihre Grundbestandteile. Dabei müssen sie mit Sauerstoff versorgt werden. Deshalb wird das Wasser ständig belüftet. In einem Nachklärbecken setzen sich die noch verbliebenen Reste ab.
Dann durchläuft das Abwasser eine *chemische Reinigungsstufe*, weil immer noch umweltbelastende Stoffe darin enthalten sind. Das können z. B. Pflanzennährstoffe wie Nitrate oder Phosphate in hoher Konzentration sein. Sie werden durch Zugabe eines Flockungsmittels aus dem Wasser ausgefällt. Nachdem das Abwasser ein Nachklärbecken durchlaufen hat, wird es in einen Vorfluter wie Bach oder Fluss geleitet.
Die festen Stoffe aus der ersten Reinigung kommen auf die Deponie. Der Klärschlamm wird in Faultürmen aufbereitet. Er fault, wobei Biogas entsteht, das in der Kläranlage zum Heizen verwendet wird. Danach bringt man den entwässerten Schlamm, der viel Humus und Mineralstoffe enthält, auf die Felder. Oft ist er jedoch durch schwer abbaubare oder auch giftige Chemikalien verunreinigt. Er kommt dann auf eine Deponie oder wird verbrannt.

Die Mengen an Klärschlamm wachsen, weil wir ständig mehr Abwasser produzieren. Auch die Kosten der Abwasserreinigung steigen, da immer mehr Stoffe ins Abwasser gelangen, die dort nicht hinein gehören.
Niemals dürfen giftige Stoffe, Pflanzenschutzmittel, Medikamente oder Öl über die Toilette entsorgt werden. Auch Speisereste, Windeln, Tampons oder Wattestäbchen bereiten den Kläranlagen unnötige Schwierigkeiten. Jeder kann also durch umweltbewusstes Verhalten dazu beitragen, das Abwasser nicht zusätzlich zu belasten.

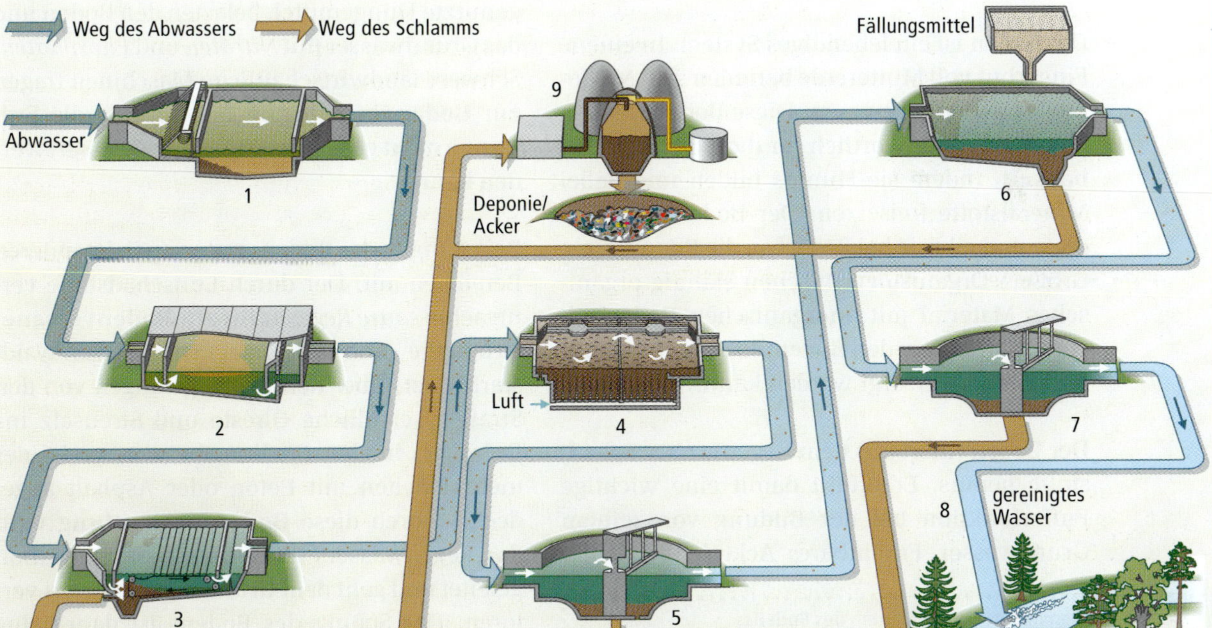

Aufbau einer Kläranlage. ① Sandfang; ② Fettabscheider; ③ Vorklärbecken; ④ Belebtschlammbecken; ⑤ Nachklärbecken; ⑥ Flockungsbecken; ⑦ Nachklärbecken; ⑧ Vorfluter; ⑨ Entwässerung/Faulturm

1 Schüler untersuchen den Boden

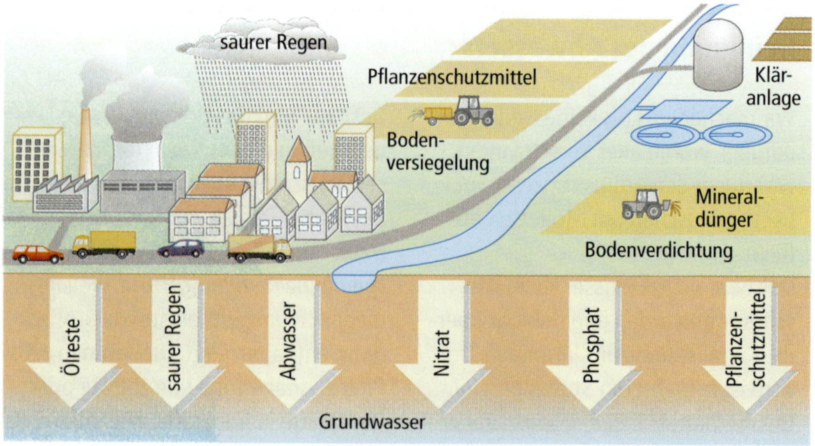

2 Belastungen des Bodens und ihre Auswirkungen

3.3 Rettet den Boden!

So unscheinbar der Boden auch aussieht, diese dünne Schicht der Erdkruste gehört zu einer unserer wichtigsten Lebensquellen. Der Boden ist ein besonderes Ökosystem, in dem die meisten Lebensprozesse für uns unsichtbar ablaufen. Ohne Boden gäbe es keinen Mineralstoffkreislauf und die Kreisläufe von Wasser, Sauerstoff und Kohlenstoffdioxid wären ohne ihn empfindlich gestört.

Der Boden ist ein lebendiges System. In einem Fingerhut voll Muttererde befinden sich Millionen von Kleinlebewesen. Diese Bodenorganismen sind verantwortlich für die **Bodenfruchtbarkeit,** indem sie Humus bilden und dabei Mineralstoffe freisetzen. Der Boden speichert diese und gibt sie bei Bedarf an die Pflanzen ab. Größere Organismen mischen ständig organisches Material mit anorganischen Bodenteilchen. Sie lockern den Boden, so dass er mit Luft und Wasser versorgt werden kann.

Der Boden filtert aus dem Regenwasser Schadstoffe heraus. Er erfüllt damit eine wichtige Pufferfunktion bei der Bildung von reinem Grundwasser. Fruchtbares Ackerland ist eine der knappsten Ressourcen auf unserem Planeten. Trotz des täglichen Verlustes von 120 ha Wirtschaftsfläche für Siedlungen und Verkehr ist unsere Landwirtschaft in der Lage, insgesamt steigende Erträge zu erzielen. Das ist jedoch nur durch leistungsfähigere Pflanzensorten und steigenden Verbrauch an *Mineraldünger* und *Pflanzenschutzmitteln* zu erzielen. Dies wiederum birgt die Gefahr, dass der Boden geschädigt wird. Die **Überdüngung,** d.h. auf die Felder gebrachte und von Pflanzen nicht genutzte Düngemittel, belasten den Boden und das Grundwasser mit *Nitraten* und *Phosphaten*. Schwere landwirtschaftliche Maschinen tragen zur **Bodenverdichtung** bei, so dass die Erdkrume nicht genug belüftet und bewässert werden kann.

Belastungen des Bodens treten auch in anderen Bereichen auf. Der durch Luftschadstoffe verursachte *saure Regen* führt zur **Bodenversauerung**, die eine der Ursachen für das Waldsterben ist. Über den Regen gelangen von den Straßen schädliche Ölreste und Streusalz ins Erdreich. In den Siedlungen werden immer mehr Flächen mit Beton oder Asphalt abgedeckt. Durch diese **Bodenversiegelung** wird das Regenwassers schnell in die Kanalisation geleitet und geht dem Grundwasser vor Ort verloren. Der Schutz des Bodens ist daher eine wichtige Aufgabe für die Zukunft.

- Verwendet Kompost zur Verbesserung des Bodens.
- Geht sparsam mit Mineraldünger und Pflanzenschutzmitteln um.
- Pflastern nur dort, wo es unbedingt nötig ist.
- Schützt die Bodenlebewesen.

3 Regeln zum Schutz des Bodens

1. Erläutere Abbildung 2.
2. Wie lässt sich die Bodenfruchtbarkeit erhalten?

Bodenuntersuchungen

V1 Keimversuche in belasteten Böden

Material: 3 Blumentöpfe; 3 Untersetzer; Kresse- bzw. Ackersenfsamen; Blumenerde; 2 Gläser (500 ml); 3 Esslöffel Kochsalz; Mineraldünger (Pflanzendünger);Leitungswasser; 5 Aufkleber; Lineal; 1 Teelöffel; Schreibmaterial

Durchführung: Fülle die Blumentöpfe mit Blumenerde bis etwa 1 cm unter dem Rand. Verteile gleichmäßig 20 Samen auf den Oberflächen und drücke sie leicht in die Erde ein. Löse in einem Glas Leitungswasser einen Teelöffel Salz und beschrifte es. Gieße den Rest des Salzes in das Wasser des anderen Glases und beschrifte den Aufkleber. Begieße regelmäßig und gleichzeitig alle Töpfe: Topf 1 mit reinem Leitungswasser, Topf 2 mit der schwachen Mischung aus Salz und Leitungswasser, Topf 3 mit dem starken Wasser-Salzgemisch.

Aufgaben:

a) Beschreibe nach etwa 3 Tagen in täglichen Abständen das Aussehen der Keimlinge. Miß dabei die Höhe der Pflanzen und trage die Ergebnisse in ein Versuchsprotokoll ein.

b) Welche Folgen hat Streusalz für Pflanzen an Straßenrändern?

c) Verwende anstatt Kochsalz die gleiche Menge Mineraldünger und führe die Versuche durch. Berichte und erkläre.

V2 Nachweis von Nitrat im Boden und im Sickerwasser

Material: 3 Bodenproben (Acker oder Garten) aus 30 cm Tiefe; 3 Blumentöpfe; 6 Marmeladen- bzw. Honiggläser; 3 Proben aus Entwässerungsrohren in Gräben; 1 Dose Nitrat-Teststäbchen (Apotheke); $^3/_4$ Liter dest. Wasser; flüssiger Blumendünger; 6 Aufkleber; Schreibmaterial

Durchführung: Fülle die Blumentöpfe dreiviertel mit Boden und stelle sie auf passende Gläser. Gieße in Abständen die gleiche Menge destilliertes Wasser auf die Proben. Untersuche nach Anleitung auf der Packungsbeilage das durchgesickerte Wasser auf Nitrat. Führe die gleichen Untersuchungen mit den Wasserproben aus den Rohren durch.

Aufgaben:

a) Stelle die Nitratwerte fest und notiere sie auf dem jeweiligen Aufkleber.

b) Normal sind auf abgeernteten Feldern 50–70 mg NO_3/l, auf bestellten Äckern 100–120 mg NO_3/l. Welche Abweichungen stellst du fest? Begründe sie. Folgender Versuch kann dir dabei helfen:
Gib eine Kappe voll flüssigen Blumendünger in $^1/_4$ Liter Wasser. Gieße es in einen mit Gartenerde gefüllten Blumentopf. Stelle die Nitratwerte im Sickerwasser fest und erläutere.

V3 Untersuchungen zur Bodenversiegelung

Material: 3 gleiche Obstkisten aus Spanholz; 2 m² Kunststoff-Folie; 5 cm dicke Rasenstücke; 1 Eimer Bausand; kleine, 5 cm hohe Pflastersteine; Gießkanne; 5 l Plastikeimer; 3 x 50 cm lange Plastikschläuche von 1 cm Durchmesser; Messbecher 1 l; 3 Mauersteine; Schere

Durchführung: Lege die Obstkisten bis zum Rand mit Folie aus. Bohre an der schmalen Seite ein Loch von 1 cm Durchmesser durch Folie und Holz in den Boden und stecke einen Schlauch hinein. Fülle die erste Kiste mit Rasenstücken aus und die zweite 5 cm hoch mit Bausand. Setze in die dritte Pflastersteine und schlämme die Fugen mit Bausand aus. Stelle die Kisten mit einer Kante auf die Mauersteine und gieße langsam je 5 l Wasser auf die Oberflächen. Fange das Sickerwasser im Eimer auf und stelle die Mengen fest.

Aufgaben:

a) Begründe, warum die Ergebnisse unterschiedlich ausfallen.

b) Übertrage die Versuchsergebnisse auf euren Schulhof mit den Anlagen und erläutere die Auswirkungen.

c) Sieh dich auf dem Schulhof um und mache Vorschläge, wie die Bodenversiegelung verringert werden kann.

1 Zusammensetzung von Hausmüll

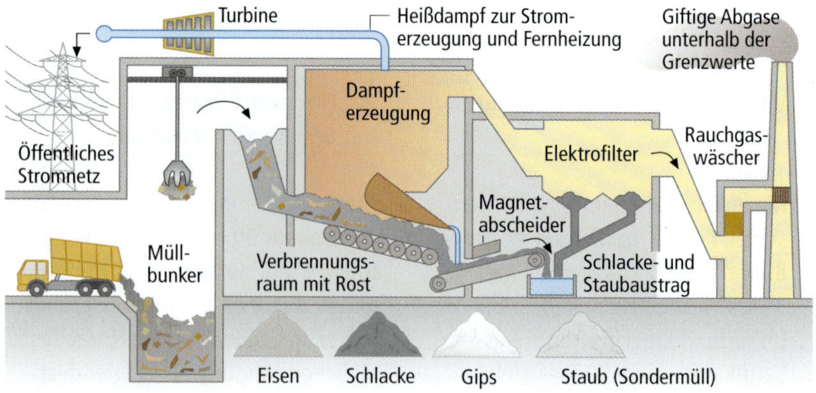

2 Müllverbrennungsanlage

3.4 Für eine saubere Umwelt!

Würde unser Haushaltsmüll nicht abgeholt, hätten wir bald einen riesigen Berg Abfall vor der Tür. 500 kg Müll fallen pro Jahr für jeden Bürger an, wobei sich der **Hausmüll** aus ganz verschiedenen Materialien und in unterschiedlichen Mengen zusammensetzt. Zum größten Teil sind es Verpackungsmaterialien, Verbrauchsgüter und organische Reste aus der Küche und dem Garten. Neben dem Hausmüll entsteht noch **Sperrmüll** z. B. aus gebrauchten Möbeln und Matratzen. In Fabriken und Gewerbebetrieben fällt noch eine viel größere Menge an Müll an, der **Industriemüll** wie z. B. Produktionsabfälle oder Bauschutt. Bisher wurde der meiste Abfall auf **Mülldeponien** gelagert. Inzwischen ist die Aufnahmefähigkeit der Deponien weitgehend erschöpft. Außerdem lehnen Gemeinden die Errichtung neuer Anlagen wegen möglicher Umweltbelastungen ab. Man bringt heute den Abfall vorwiegend in **Müllverbrennungsanlagen.** Die Rückstände aus der Verbrennung sind platzsparender auf Deponien unterzubringen als normaler Müll. Außerdem fallen in solchen Anlagen wiederverwertbare Stoffe wie Eisen, Schlacke und Gips an. Die entstehende Wärme wird für Fernheizungen von Wohngebieten oder zur Stromerzeugung genutzt. Jedoch ist diese Art der Müllbeseitigung nicht ungefährlich. Es gelangen trotz Filteranlagen geringe Mengen gesundheitsschädlicher Abgase in die Luft.

Zum **Sondermüll** gehören Abfälle, die die Gesundheit, die Luft oder das Wasser gefährden z. B. Farbstoffe, Medikamente, Batterien, Öle, Abfälle aus Krankenhäusern und Labors. Diese müssen in speziellen Anlagen gesammelt und umweltschonend entsorgt werden.

Da alle Verfahren zur Müllbeseitigung Umweltprobleme bereiten, ist es am besten, Abfall gar nicht erst entstehen zu lassen. Das **Abfallbeseitigungs-Gesetz** verpflichtet alle Bürger, dass sie Müll vermeiden müssen. Wenn dies nicht möglich ist, gilt es, den Abfall zu sortieren und zu verwerten. Erst dann, wenn alle diese Möglichkeiten ausgeschöpft sind, darf der Restmüll deponiert oder verbrannt werden.

1. Wie kannst du zu Hause die Müllmenge so gering wie möglich halten?
2. Beschreibe an einem Beispiel die Vorteile des Recycling-Verfahrens (vgl. S. 373).

- Beim Einkaufen Produkte mit wenig Verpackungsaufwand vorziehen.
- Langlebige Produkte kaufen.
- Netzgeräte statt Akkugeräte verwenden.
- Wo Batteriebetrieb unumgänglich ist, möglichst Akkus verwenden.
- Nur Elektrogeräte erwerben, die möglichst wenig umweltgefährdendes Material enthalten und gut recyclebar sind.
- Bei Wasch- und Putzmitteln Nachfüllbeutel statt Originalverpackung nehmen.
- Textiltaschen statt Plastikbeutel benutzen.
- Pflanzliche Abfälle kompostieren wo möglich.
- Abfall konsequent trennen um die Menge nicht verwendbaren Restmülls gering zu halten.

3 Umwelttipps zur Müllvermeidung

Was ist Recycling?

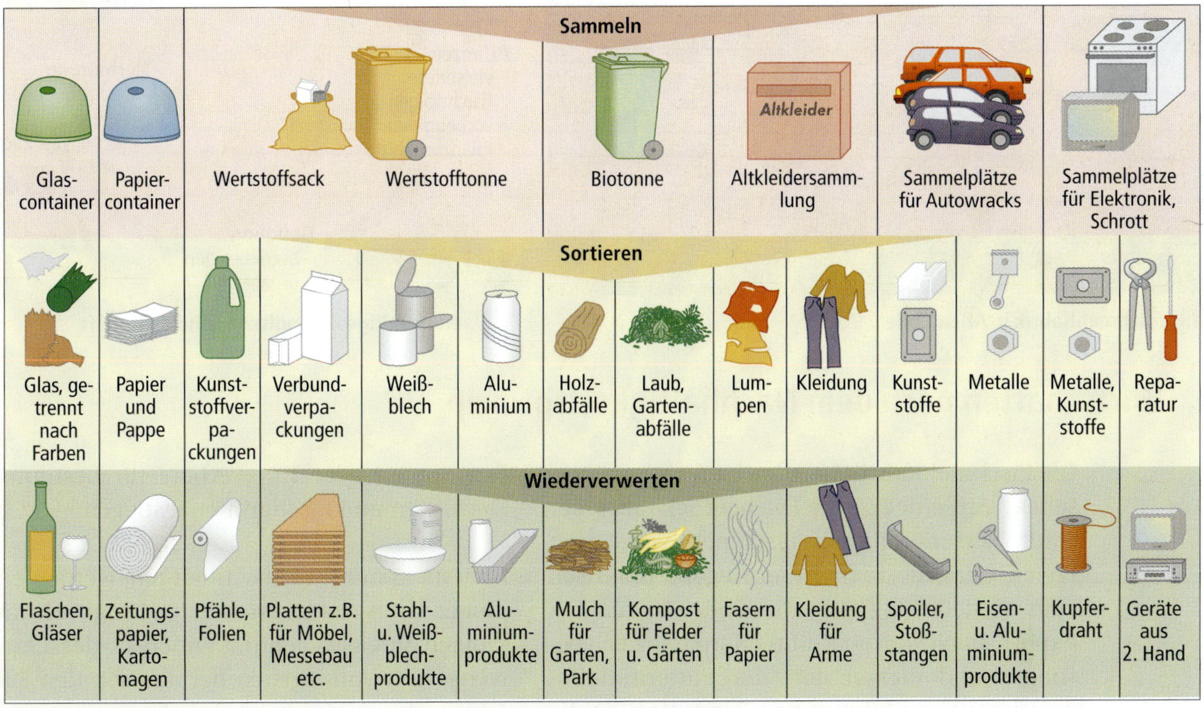

Die Natur ist für uns in vielerlei Hinsicht ein Vorbild – auch bei der Müllverwertung. Betrachten wir z. B. die Biotonne mit ihren Abfällen aus Küche und Garten. Aus ihnen stellen Mikroorganismen Kompost her. Das organische Material wird von Bakterien in seine Grundstoffe zerlegt und die Pflanzen nehmen die Mineralstoffe wieder zum Wachsen auf. Der Kreislauf ist somit geschlossen. Dieses Prinzip lässt sich auch auf große Anteile häuslichen Abfalls übertragen. Flaschen und Gläser bringen wir zum Sammelcontainer und sortieren sie nach Buntglas und Weißglas ein. Aus den gebrauchten Glaswaren wird wieder Rohglas gewonnen und zu neuen Produkten verarbeitet. Dabei spart man viel Energie im Vergleich zur Produktion neuer Gläser. Diese Verfahren der Wiederverwertung von Altstoffen zur Produktion neuer Fertigerzeugnisse nennt man **Recycling.** Die Glasabfälle werden also in den Stoffkreislauf zurückgeführt und wieder verwendet. Etwa ein Drittel aller Flaschen und Gläser werden bereits auf diese Weise aus Altglas hergestellt.

Aus Altpapier und gebrauchter Pappe entsteht neues Gebrauchspapier z. B. für die Zeitungsherstellung. Dadurch spart man einen Teil des Rohstoffes Holz ein und erzeugt weniger belastetes Abwasser. Das Recycling ist so ausgereift, dass selbst Verbundstoffe aus Pappe, Aluminium und Kunststoff getrennt und einzeln wiederverwertet werden können. Der Erfolg aber hängt davon ab, ob der Wertstoff sauber und ohne Beimischung zu gewinnen ist. Das Recycling-Verfahren verringert die Abfallmenge, schont die ohnehin knappen Rohstoffreserven, spart Energie und schützt uns vor Umweltbelastungen.
Auf allen Verpackungen ist ein grüner Punkt zu sehen, der zwei im Kreis angeordnete Pfeile zeigt. Solche Behälter müssen nach dem Abfallvermeidungs-Gesetz vom Händler zurück genommen werden. Nach dem *Verursacherprinzip* hat derjenige die Kosten einer Maßnahme zum Schutz der Umwelt zu tragen, der eine Umweltbelastung herbeiführt.
Die Händler haben jedoch das Einsammeln und Verwerten an Unternehmen abgegeben und bezahlen dafür Lizenzgebühren. Neben der allgemeinen Müllentsorgung transportieren andere Entsorger den Verpackungsmüll getrennt in gelben Säcken oder Containern ab. Dieses *Duale System* hat die Verpflichtung, die gebrauchten Verpackungen zu recyceln und die Grundstoffe wieder dem Hersteller für neue Verpackungen zur Verfügung zu stellen. Diese **Kreislaufwirtschaft** hat die Menge des Hausmülls um ein Drittel vermindert und zusätzlich nachhaltig, d. h. zukunftsbezogen und umweltschonend, verwertet.

1 Fischmehlfabrik in Arica/Chile

2 Nachhaltige ökologische Landwirtschaft

4 Wirtschaften nach dem Nachhaltigkeitsprinzip

Die Fischmehlfabrik in Arica ist nicht zu übersehen. Außerdem liegt Fischgeruch über der Stadt. Tausende Tonnen Fischmehl werden im Freien gelagert, da in dieser Gegend praktisch kein Niederschlag fällt. Sie sind u.a. für den Export nach Europa und Nordamerika bestimmt und dienen dort der Futtermittelindustrie zur Produktion von Tierfutter für die Tiermast. Fangschiffe sind darauf spezialisiert, Fische in großen Mengen nur zur Fischmehlgewinnung zu fangen.

In Binnengewässern und Meeren wurden bis in die jüngste Vergangenheit fast ausschließlich Speisefische gefangen. Sie dienten vorwiegend der Ernährung von großen Teilen der Bevölkerung. In manchen Gebieten der Erde sind sie für die Bevölkerung von existenzieller Bedeutung. Der Fischbestand war in der Vergangenheit nie ernsthaft bedroht. Seit in den letzten 50 Jahren jedoch neue Fangmethoden und Fanggeräte eingesetzt wurden, kam es weltweit zu einer Überfischung der Fischbestände. Es werden mehr Fische gefangen als durch natürlichen Nachwuchs wieder ausgeglichen werden können. Es besteht daher die Gefahr, dass das **Ökosystem Meer** auf Dauer geschädigt und die Lebensgrundlage künftiger Generationen zerstört wird.
Nicht die Ausbeutung der natürlichen Ressourcen in der Gegenwart, sondern eine *nachhaltige Wirtschaftsform* soll auch die Lebensgrundlage künftiger Generationen sichern helfen. So gibt es jetzt internationale Abkommen, die jährliche Fangquoten oder Fangverbote für bestimmte Fischarten und Fischgrößen festlegen.

Aber nicht nur Meere wurden und werden z.T. immer noch trotz bestehender Fangbeschränkungen intensiv genutzt. Auch in der **Landwirtschaft** vollzog sich bei uns seit den 50er Jahren des vorigen Jahrhunderts ein grundlegender Wandel. Immer mehr Menschen sollten ausreichend mit preiswerten Nahrungsmitteln versorgt werden. Die vorhandenen Flächen reichten hierfür nicht aus oder waren dazu nicht geeignet. Hinzu kam, dass Flächen für Verkehrswege, Industrieflächen, Gewerbeansiedlungen und Wohnbebauungen verloren gingen. Dies erforderte eine Steigerung der Produktivität auf den vorhandenen landwirtschaftlich nutzbaren Flächen.
Es setzte sich zunehmend die *industriell geprägte Landwirtschaft* durch. Mit leistungsfähigen Maschinen und kombinierten Ackergeräten werden mit nur wenigen Arbeitskräften große Flächen bewirtschaftet. Da die Landwirte ihre Produkte preisgünstig auf den Markt bringen müssen, sind sie bestrebt, die Flächenerträge ständig zu erhöhen. Deshalb bauen Agrarbetriebe oft nur zwei oder drei Fruchtarten an, die hohe Erträge garantieren. Um die Bodenfruchtbarkeit zu erhalten, muss dem Boden ständig Mineraldünger zugeführt werden. Weil die Kulturpflanzen in großflächigen Monokulturen wachsen, sind sie gegenüber Schädlingen besonders anfällig. Daher müssen vorbeugend Pflanzenschutzmittel eingesetzt

3 **Wärmekraftwerk in Neuseeland**

werden. Durch solche Methoden verändert sich aber nach und nach die Zusammensetzung der Bodenorganismen.

Viele landwirtschaftliche Betriebe haben sich auf eine *Massentierhaltung* spezialisiert. In den Ställen können häufiger Krankheiten oder auch Seuchen auftreten. Um Infektionen zu vermeiden, werden vorbeugend Antibiotika verabreicht.

Da langfristig die negativen Folgen einer industriell geprägten Landwirtschaft nicht absehbar sind, gehen immer mehr Landwirte zu einer *ökologisch orientierten Landwirtschaft* über. Ihr Ziel ist es, gesunde Nahrungsmittel unter Schonung der Umwelt zu erzeugen. An die Stelle von Massentierhaltung setzen sie eine artgerechte Tierhaltung. Während bei der industriellen Landwirtschaft in das **Ökosystem Acker** eingegriffen wird, steht bei der ökologischen Landwirtschaft der Erhalt der natürlichen Lebensgrundlagen im Vordergrund.

Gegenwärtig wird weltweit täglich mehr **fossile Energie** aus Kohle, Erdgas und Erdöl verbraucht als in 1000 Jahren Erdgeschichte entstehen könnte. Nach Schätzungen der *World Energy Council* reichen diese Vorräte jedoch nur noch eine begrenzte Zeit. Wir müssen daher sparsamer mit diesen Ressourcen umgehen, damit nachfolgende Generationen noch die Möglicheit haben, diese zu nutzen. Sie werden trotzdem in Zukunft nicht mehr reichen, um den Bedarf an Energie zu decken. Die nicht erneuerbaren Naturgüter dürfen daher nicht schneller verbraucht werden, als sie

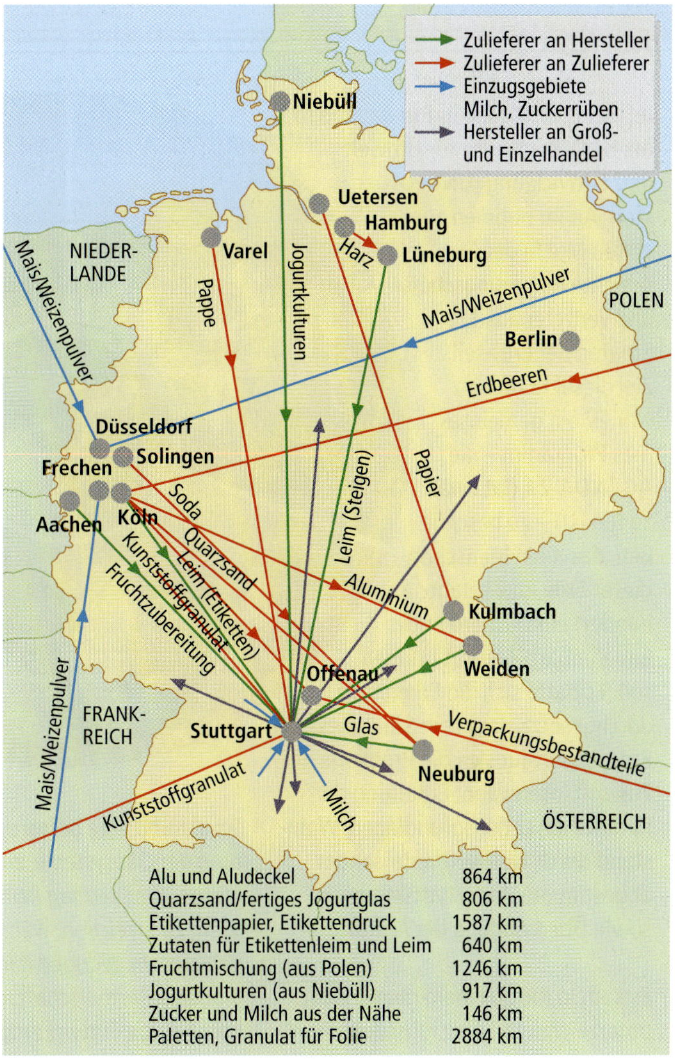

4 **Fahrtstreckenbilanz eines Jogurts**

durch dauerhafte *erneuerbare Ressourcen* ersetzt werden können. Dazu müssen neue Energiequellen erschlossen werden. Die Gewinnung elektrischer Energie aus Wind-, Wasser- und Sonnenkraft sowie aus Biogasanlagen gewinnt daher zunehmend an Bedeutung. Hierzu gehören ebenso Blockheizkraftwerke, die mit Holzabfällen betrieben werden. Auch aus Erdwärme lässt sich Energie gewinnen. Diese ist praktisch unerschöpflich und gehört ebenso zu den erneuerbaren Energiequellen.

1. **a)** Werte Abb. 4 unter dem Gesichtspunkt nachhaltigen Wirtschaftens aus.
   b) Mache Vorschläge, wie Transportwege und damit Energie gespart werden könnten.

AGENDA 21

Im Jahre 1992 fand in Rio de Janeiro die UNO-Konferenz für Umwelt und Entwicklung (UNCED) statt. An ihr nahmen zum ersten Mal in der Geschichte Regierungschefs und Vertreter aus 179 Staaten der Erde teil. Ziel dieser Konferenz war es, ein gemeinsames Programm – die AGENDA 21 (lat.: was zu tun ist) – zu beschließen, das allen Menschen dieser Erde im 21. Jahrhundert eine sichere und annehmbare Zukunft bringen soll. Es hatte sich die Erkenntnis durchgesetzt, dass kein Staat dieser Erde isoliert für sich die Probleme der Zukunft lösen kann: Erhaltung der natürlichen Lebensgrundlagen, Wohlstand durch weltweit aufeinander abgestimmte Wirtschaftsformen sowie Überwindung der Armut.

Es kam in Rio zu einem gemeinsam unterzeichneten Abschlussdokument. In der Präambel dieser AGENDA 21 heißt es:

„*...Die Menschheit steht an einem entscheidenden Punkt ihrer Geschichte. Wir erleben eine zunehmende Ungleichheit zwischen den Völkern und innerhalb von Völkern, eine immer größere Armut, immer mehr Hunger, Krankheit und Analphabetentum sowie eine fortschreitende Schädigung der Ökosysteme, von denen unser Wohlergehen abhängt. Durch eine Vereinigung von Umwelt- und Entwicklungsinteressen und ihre stärkere Beachtung kann es uns gelingen, die Deckung der Grundbedürfnisse, die Verbesserung des Lebensstandards aller Menschen, einen größeren Schutz und eine bessere Bewirtschaftung der Ökosysteme zu gewährleisten. Dies vermag keine Nation allein zu erreichen, während es uns gemeinsam gelingen kann: in einer globalen Partnerschaft, die auf eine nachhaltige Entwicklung ausgerichtet ist. ...*“

In dem Abschlussdokument werden dringende Probleme der Menschheit sowie Lösungsmöglichkeiten für eine nachhaltige Entwicklung genannt und Wege zu ihrer Umsetzung aufgezeigt, so u. a.:

- Bekämpfung der Armut
- Eindämmung des Bevölkerungswachstums
- Schutz und Förderung der menschlichen Gesundheit
- Änderung der Konsumgewohnheiten
- nachhaltige Bewirtschaftung der Bodenressourcen
- Bekämpfung der Entwaldung
- Schutz der Erdatmosphäre
- Erhaltung der biologischen Vielfalt
- Schutz und Nutzung der Ozeane und Süßgewässer
- umweltverträglicher Umgang mit Biotechnologien

Die Umsetzung der in der AGENDA 21 getroffenen Vereinbarungen erweisen sich jedoch schwieriger als angenommen. So scheiterten z. B. im Jahre 2000 die Klimaverhandlungen in Kyoto, die als Ergebnis eine Reduzierung der Treibhausgas-Emissionen bis zum Jahre 2012 um 5% vorsahen. Einige führende Industrieländer wollen ihren Verpflichtungen bisher nicht nachkommen.

Auch das Festhalten an Schutzzöllen und die Gewährung hoher Subventionen in den führenden Industrieländern wirken bei der Bekämpfung der Armut kontraproduktiv. So sind z. B. mehr als 10 Mio. Menschen in West- und Zentralafrika von der Baumwollproduktion direkt abhängig. Sie produzieren Baumwolle zu etwa 50% billiger als ihre Konkurrenten z. B. in den USA. Diese gewähren ihren Produzenten jährlich rund 4 Mrd. Dollar an Subventionen. Dies führt zum Preisverfall bei Baumwolle auf den Weltmärkten und bringt die afrikanischen Staaten um etwa ein Zehntel ihrer Exporteinnahmen.

1. Erläutere die drei Sektoren in der obigen Abbildung.
2. Global denken – lokal handeln. Nenne hierfür Beispiele.

Mensch und Umwelt

Die Welt, in der wir leben

- Wasser ist Lebensgrundlage für Menschen, Pflanzen und Tiere.
- Riesige Wassermassen werden global in einem Wasserkreislauf bewegt.
- Niederschläge, Sickerwasser, Oberflächenwasser, Grundwasser, verdunstendes Wasser sind Teile des Wasserkreislaufs.
- Der Wasserkreislauf wird empfindlich durch Abholzungen von Wäldern und Entwässerungen von Feuchtgebieten gestört.
- Die Sonne treibt die Kreisläufe von O_2, CO_2 und H_2O an.
- Fosslle Brennstoffe slnd Torf, Braun- und Steinkohle, Erdöl, Erdgas.
- Erneuerbare Energien ersetzen die nur begrenzt vorhandenen fossilen Energieträger.
- Pflanzen setzen bei der Fotosynthese Sauerstoff frei.
- Pflanzen, Tiere und organisches Material abbauende Mikroorganismen bewirken Kreisläufe des Sauerstoffs und Kohlenstoffs.
- Im Naturkreislauf wird CO_2 durch verschiedene Speicher wie Meere oder in Pflanzen gebunden.
- Durch Industrialisierung in der Vergangenheit ist die CO_2-Konzentration in der Luft angestiegen, die zur Störung des Kohlenstoffkreislaufs geführt hat.
- Hohe CO_2-Konzentrationen in der Luft verstärken den Treibhauseffekt und führen langfristig zu Klimaveränderungen.

Der Mensch verändert Lebensräume

- Der Mensch vernichtet durch Landwirtschaft, Besiedlung, Industrien und Verkehrswege ursprüngliche Lebensräume.
- Als Maßnahme für verloren gegangene Lebensräume schafft der Mensch Ersatzlebensräume.
- Die Artenverarmung geht auf Rodungen, Entwässerungen, Zersledlung von ursprünglIchen Lebensräumen zurück
- Bedrohte Lebensräume sind u. a. Feuchtgebiete, Kleingewässer, Trockenrasen, Dünengebiete, hohe Gebirgsregionen.
- Artenschutz ist nur in Verbindung mit Biotopschutz erfolgreich.
- Rote Listen enthalten gefährdete, vom Aussterben bedrohte und bereits ausgestorbene Tier- und Pflanzenarten.
- Natur- und Landschaftsschutz dienen dem Erhalt schützenswerter Lebensräume.

Der Mensch greift in Stoffkreisläufe ein.

- Schadstoffbelastete Emissionen verunreinigen die Luft.
- Schadstoffgase sind u. a. SO_2, CO, NO_x, CH_x.
- Die Konzentration von Luftschadstoffen in Bodennähe führt zu Smog.
- Smog kann gesundheitliche Schäden bewirken.
- Die Reinhaltung der Luft regelt das Bundes-Emissionsgesetz, das Grenzwerte für Luftschadstoffe festlegt.
- Der vom Menschen durch Schadstoffgase verursachte Treibhauseffekt führt zum Klimawandel.
- Süßwasservorräte lassen sich für die Zukunft nur durch sparsamen Umgang mit Trinkwasser und Vermeidung von Wasserverschmutzung sichern.
- Der Schutz des Bodens vor schädlichen Belastungen ist eine wichtige Aufgabe für die Zukunft.
- Müllvermeidung und Recycling schützen uns vor Umweltbelastungen.

WIrtschaften nach dem Nachhaltigkeitsprinzip

- Nachhaltiges Wirtschaften vermeidet die Ausbeutung natürlicher Ressourcen zur Sicherstellung der Lebensgrundlagen künftiger Generationen.
- Die in Rio de Janeiro von der UNO beschlossene AGENDA 21 verpflichtet alle Staaten der Erde, zur Sicherung der Lebensgrundlagen und des Wohlstandes sowie zur Überwindung der Armut in aller Welt beizutragen.

Register

Fette Seitenzahlen weisen auf ausführliche Behandlung im Text oder auf Abbildungen hin. f. = die folgende Seite; ff. = die folgenden Seiten

K

L

M

N

O

P

Q

R

S

Bildquellenverzeichnis

Trotz entsprechender Bemühungen ist es nicht in allen Fällen gelungen, den Rechtsinhaber ausfindig zu machen.Gegen Nachweis der Rechte zahlt der Verlag für die Abdruckerlaubnis die gesetzlich geschuldete Vergütung.

Titel-Inset (Aurora-Falter): Vanessa/Mauritius, Mittenwald; Titel-Inset (Schildkröte): Wothe/Okapia, Frankfurt; 8.1A: Minkus, Isernhagen; 8.1 Inset: Schroedel Archiv; 8.2: Minkus, Isernhagen; 8.2B: Tegen, Hambühren; 8.3: Minkus, Isernhagen; 8.3B: Tegen, Hambühren; 9.1A: Reinhard/Okapia, Frankfurt; 9.1B: Dr. Nittinger/Xeniel-Dia, Neuhausen; 10.1: Lange/Okapia, Frankfurt; 10.2: Michler/Okapia, Frankfurt; 10.3: Moll/Okapia, Frankfurt; 10.4: Ca. Biological/ Phototake/Okapia, Frankfurt; 10.5-6: Lange/Okapia, Frankfurt; 11.1A: Schroedel Archiv; 11.2: Lieder, Ludwigsburg; 11.3: Michler/Okapia, Frankfurt; 11.4: Lieder, Ludwigsburg; 12.3: Carl Zeiss Jena/Optisches Museum Jena; 14.1: Schroedel Archiv; 14.2: Minkus, Isernhagen; 15.6: Schroedel Archiv; 16.1: Prof. Dr. Wanner/Karly, München; 16.2A: Günter/Silvestris, Kastl; 16.2B: Kage/Okapia, Frankfurt; 17.2A: Schroedel Archiv; 18.3A, 18.4A, 19.5A: Okapia, Frankfurt; 19.6A: Biophoto Ass./ScienceSou./Okapia, Frankfurt; 20.1A: Phototake/Mauritius, Mittenwald; 21.1A: Dr. Sauer/Hecker/Xeniel-Dia, Neuhausen; 21.1B: Lichtbild-Archiv Dr. Keil, Neckargemünd; 22.1A: Lieder, Ludwigsburg; 23.1: Lichtbild-Archiv Dr. Keil, Neckargemünd; 23.3A: Lichtbild-Archiv Dr. Keil, Neckargemünd; 24.1: Schroedel Archiv; 25.1: Lichtbild-Archiv Dr. Keil, Neckargemünd; 25.2: Kage/Okapia, Frankfurt; 25.3: Lange/Okapia, Frankfurt; 25.4: Birke/Okapia, Frankfurt; 25.5: Lieder, Ludwigsburg; 26.1: Dr. Sauer/Okapia, Frankfurt; 26.2: Dr. Sauer/Hecker/Xeniel-Dia, München; 26.3: Walker/Science Source/Okapia, Frankfurt; 27.3: Lange/Okapia, Frankfurt; 28.1: Willner/Silvestris, Kastl; 29.2: Das Luftbildarchiv Ingrid Dunse, Kasseburg; 31.3A: Roth/Okapia, Frankfurt; 31.3B-C: Pfletschinger/Angermayer, Holzkirchen; 33.1: Aitken/Silvestris, Kastl; 33.2: Cramm/Okapia, Frankfurt; 33.3: Hecker/Silvestris, Kastl; 33.4: A.N.T./Silvestris, Kastl; 33.5: Fox/OSF/Okapia, Frankfurt; 34.1A: Rohdich/Silvestris, Kastl; 35.2A: Nill/Silvestris, Kastl; 35.2B-C: Pfletschinger/Angermayer, Holzkirchen; 35.3: Lenz/Silvestris, Kastl; 35.4:Lummer/Okapia, Frankfurt; 36.1: Behrens, Lehrte; 36.2: Pfletschinger/Angermayer, Holzkirchen; 37.1: Angermayer, Holzkirchen; 39.1: Fleetham/Silvestris, Kastl; 39.2: Amsler/Okapia, Frankfurt; 39.3: Hecker/Okapia, Frankfurt; 39.4: Göthel/Okapia, Frankfurt; 39.5: Fleetham/ Silvestris, Kastl; 40.1A: Kalden/Silvestris, Kastl; 41.2A: Robba/Silvestris, Kastl; 42.1A, 44.1: Pfletschinger/Angermayer, Holzkirchen; 44.2: Nill/Silvestris, Kastl; 44.3: Pfletschinger/Angermayer, Holzkirchen; 44.4A: Mayer/Mauritius, Mittenwald; 44.4B: Morris/OSF/Okapia, Frankfurt; 45.1: Minkus, Isernhagen; 46.1A: Pfletschinger/Angermayer, Holzkirchen; 46.1C: Hapo/Okapia, Frankfurt; 46.1D: Pfletschinger/Angermayer, Holzkirchen; 46.1E: Henseler/Mauritius, Mittenwald; 46.1F, 47.4: Pfletschinger/Angermayer, Holzkirchen; 48.1: Bühler/Silvestris, Kastl; 48.2: Pfletschinger/Angermayer, Holzkirchen; 48.3: Angermayer, Holzkirchen; 49.4: Wisnieski/Silvestris, Kastl; 49.5:Heppner/Silvestris, Kastl; 51.2: Dr. Philipp, Berlin; 52.1: Pfletschinger/Angermayer, Holzkirchen; 54.1A: Brockhaus/Silvestris, Kastl; 54.1B: Reinhard/Okapia, Frankfurt; 54.1C: Hapo/Okapia, Frankfurt; 55.1: Dr. Philipp, Berlin; 55.2: Superbild, Berlin; 55.3: Pfletschinger/ Angermayer, Holzkirchen; 55.4: blickwinkel, Witten; 55.5: Groß/Okapia, Frankfurt; 55.6: Havel/Mauritius, Mittenwald; 56.1A: Schroedel Archiv; 57.2A: Pfletschinger/Angermayer, Holzkirchen; 57.3: Angermayer, Holzkirchen; 58.1: Pfletschinger/Angermayer, Holzkirchen; 58.2: Gross/Silvestris, Kastl; 59.1: Switak/Okapia, Frankfurt; 59.2: Blume Bild/Mauritius, Mittenwald; 59.3: Pfletschinger/Angermayer, Holzkirchen; 59.4: Dr. Tschapka, Universität Ulm; 59.5: Pfletschinger/Angermayer, Holzkirchen; 59.6: Angermayer, Holzkirchen; 60.1A: Dr. Sauer/Okapia, Frankfurt; 60.1B: Havel/Mauritius, Mittenwald; 62.1: Lange/Okapia, Frankfurt; 62.2: Havel/Mauritius, Mittenwald; 62.3-4: Dr. Gaugler/Okapia, Frankfurt; 64.1: Hanneforth/Silvestris, Kastl; 65.4A, 64.4B: Lange/ Okapia, Frankfurt; 67.1: Curtis/Mauritius, Mittenwald; 68.1A: Reinhard/Okap ia, Frankfurt; 70.1: Schroedel Archiv; 70.2A: Dayanandan/Science Source/Okapia, Frankfurt; 70.2B: Prof. Dr. Wanner/Karly, München; 70.3: Tegen, Hambühren; 71.4: Schroedel Archiv; 71.5A, 71.5B, 71.6: Tegen, Hambüren; 72.2: Dr. Bäsemann/ Okapia, Frankfurt; 74.2: Kuchlbauer/Mauritius, Mittenwald; 74.3: Krakauer/Mauritius, Mittenwald; 75.1: Taylor/OSF/Okapia, Frankfurt; 76.1-2, 77.4: Dobers, Walsrode; 77.5: Prof. Weber, Reutlingen; 77.6: Dr. Philipp, Berlin; 78.1: Tönnies, Laatzen; 78.2: Dr. Philipp, Berlin; 78.3: Wellinghorst, Quakenbrück; 79.5: Dr. Philipp, Berlin; 79.6: Dobers, Walsrode; 79.7, 80.1: Dr. Philipp, Berlin; 81.1: Dass/Helga Lade, Frankfurt; 82.1: Reinhard/Okapia, Frankfurt; 83.1 (ob., Mi., un.), 84.1A: Dr. Philipp, Berlin; 84.1B: Reinhard/Okapia, Frankfurt; 85.1: Prof. Weber, Reutlingen; 85.2: Reinhard-Tierfoto, Heiligkreuzsteinach; 85.3: Soder/Okapia, Frankfurt; 86.1A: Tönnies, Laatzen; 86.1B-C: Wellinghorst, Quakenbrück; 87.1D: Eckstein/Okapia, Frankfurt; 87.2: Reinhard/Okapia, Frankfurt; 88.1B: Lieder, Ludwigsburg; 90.1: Kuch/Silvestris, Kastl; 91.1: Thonig/Mauritius, Mittenwald; 91.2A: Kratz/Helga Lade, Frankfurt; 92.1A: Chrile/Mauritius, Mittenwald; 93.1: Reinhard/Okapia, Frankfurt; 93.2: Radtke, Hilchenbach; 93.3: Geyer/Silvestris, Kastl; 93.4: Reinhard/Okapia, Frankfurt; 93.5: Nill/Silvestris, Kastl; 93.6: Reinhard/Angermayer, Holzkirchen; 93.7: Nill/Silvestris, Kastl; 94/95.1: Tönnies, Laatzen; 96.1: Partsch/Silvestris, Kastl; 97.4: Günter/Silvestris, Kastl; 97.5: Martinez/Silvestris, Kastl; 98.1: Janicek/Silvestris, Kastl; 98.2A: Walter/Silvestris, Kastl; 98.3: Willner/Silvestris, Kastl; 99.1: Brandl/Silvestris, Kastl; 99.2: Pfletschinger/Angermayer, Holzkirchen; 99.5: Helwig/Okapia, Frankfurt; 99.6: Brockhaus/Silvestris, Kastl; 101.2: Cooke/ OSF/Okapia, Frankfurt; 106.1: Wellinghorst, Quakenbrück; 107.4: Scholz/Mauritius, Mittenwald; 108.1, 108.2A: Dr. Philipp, Berlin; 108.2B: Albinger/Silvestris, Kastl; 108.2C-D: Dr. Philipp, Berlin; 108.3: Heitmann/Silvestris, Kastl; 110.1: Niedersächsische Landesforsten; 110.2: Hecker/Silvestris, Kastl; 111.3: Soder/Okapia, Frankfurt; 111.4: Wendler/Silvestris, Kastl; 112.1A: Dobers, Walsrode; 112.1B: Ekholm/Mauritius, Mittenwald; 112.2A: Dr. Philipp, Berlin; 112.2B: Wellinghorst, Quakenbrück; 113.3: Dr. Philipp, Berlin; 114.2: Wellinghorst, Quakenbrück; 116.4: Beuck, Helvesiek; 117.1: Wilmshurst/Silvestris, Kastl; 119.1: FLPA/Silvestris, Kastl; 120.1: Eckstein/Okapia, Frankfurt; 121.4A: Rauschenbach/Mauritius, Mittenwald; 121.4B: Brockhaus/Silvestris, Kastl; 121.4C: Lenz/Silvestris, Kastl; 121.4D: Hecker/Silvestris, Kastl; 121.4E: Pieper/Silvestris, Kastl; 121.5: Pelka/Silvestris, Kastl; 121.6: Hecker/Okapia, Frankfurt; 122.1: Hecker/Silvestris, Kastl; 123.1: Pfletschinger/Angermayer, Holzkirchen; 123.2: Reinhard-Tierfoto, Heiligkreuzsteinach; 123.3: Pfletschinger/Angermayer, Holzkirchen; 123.4: Hecker/Silvestris, Kastl; 123.5: Sauer/Okapia, Frankfurt; 123.6: Hecker/Silvestris, Kastl; 124.1A: Birke/Okapia, Frankfurt; 124.1B: Birke/Okapia, Frankfurt; 124.1C: Partsch/ Silvestris, Kastl; 124.1D: Hartl/Okapia, Frankfurt; 124.1E: Walz/Silvestris, Kastl; 127.1: Beuck, Helvesiek; 128.1: Pega/Mauritius, Mittenwald; 128.2A: Dobers, Walsrode; 129.3: Radtke/Silvestris, Kastl; 129.4: Hecker/Silvestris, Kastl; 130.1: Dobers, Walsrode; 130.2-3: Hecker/Silvestris, Kastl; 130.4: Guerrier/ Nature/ Okapia, Frankfurt; 131.1B-C: Pott/Okapia, Frankfurt; 131.1D: Wanecek/Okapia, Frankfurt; 132.1A: Quedens, Norddorf/Amrum; 132.2: Pott/Okapia, Frankfurt; 132.3A: Hecker/Silvestris, Kastl; 136.1: BIM/Helga Lade, Frankfurt; 138.1: Förster/Natur im Bild/Okapia, Frankfurt; 138.4: Dobers, Walsrode; 139.1: Dr. Nowak/ Silvestris, Kastl; 139.2: Prof. Weber, Reutlingen; 139.3: Reinhard-Tierfoto, Heiligkreuzsteinach; 140.1: Hardenberg/Silvestris, Kastl; 142.1A, 142.2A, 142.3A, 143.1-3, 144.1: Tegen, Hambühren; 146.1: Minkus, Isernhagen; 147.2: Telegraph Colour/Silvestris, Kastl; 148.1: Minkus, Isernhagen; 158.1: Palais/ Mauritius, Mittenwald; 159.1: Dr. Reinbacher, Kempten; 164.3: Minkus, Isernhagen; 165.1: Gadomski/Science Sou./Okapia, Frankfurt; 165.3A: London Science Films/ Okapia, Frankfurt; 165.3B: Abbey/Okapia, Frankfurt; 166.1A: Mulvehill/Okapia, Frankfurt; 166.1B: Minkus, Isernhagen; 166.1C: Lichtbild-Archiv Dr. Keil, Neckargemünd; 167.3: Kage/Okapia, Frankfurt; 167.5: Phototake/Mauritius, Mittenwald; 171.1A-B, 171.2: Behrens, Lehrte; 172.1A: DRK-Blutspendedienst, Springe; 176.1: Minkus, Isernhagen; 176.2A: Dr. Reinbacher, Kempten; 177.1: Friedrichs/Okapia, Frankfurt; 177.2: Stock Image/Mauritius, Mittenwald; 177.3: Otto/Okapia, Frankfurt; 178.1: Uselmann/Okapia, Frankfurt; 179.2A: Reik/Mauritius, Mittenwald; 179.2B: Rose/Okapia, Frankfurt; 179.2C: Kerscher/Mauritius, Mittenwald; 179.2D: Hackenberg/Silvestris, Kastl; 179.2E: Baier/Helga Lade, Frankfurt; 179.2F: The Telegraph Colour Library/Silvestris, Kastl; 179.2G:

Pokorski/Mauritius, Mittenwald; 179.2H: AGE/Mauritius, Mittenwald; 179.2I: Tönnies, Laatzen; 180.1: Voigt/Okapia, Frankfurt; 181.2A: dpa, Frankfurt; 181.2B: Okapia, Frankfurt; 182.1: Fergusson/Mauritius, Mittenwald; 183.4: agk-images GmbH, Berlin; 184.1: Robba/Silvestris, Kastl; 185.3: Dr. Reinbacher, Kempten; 186.1: Minkus, Isernhagen; 187.1: Hubatka/Mauritius, Mittenwald; 188.1: Solvay Arzneimittel GmbH, Hannover; 190.1: McCoy/Rainbow/Okapia, Frankfurt; 192.1: Tönnies, Laatzen; 194.1: Bundeszentrale für gesundheitliche Aufklärung, Bonn; 195.1: Minkus, Isernhagen; 196.1: AFIP/Silvestris, Kastl; 197.1: Schmidt/Mauritius, Mittenwald; 197.2: Kuch/Silvestris, Kastl; 197.3: Kiepke/Naturbild/Okapia, Frankfurt; 197.4: Kratz/Mauritius, Mittenwald; 198.1: Comet Photo AG/Silvestris, Kastl; 199.6: Minkus, Isernhagen; 200.1: MAN/Helga Lade, Frankfurt; 200.2: Behrens, Lehrte; 200.3: Jiri/Mauritius, Mittenwald; 201.1: age/Mauritius, Mittenwald; 202.1: Minkus, Isernhagen; 203.4: Meckes/Focus, Hamburg; 203.5: Pfletschinger/Angermayer, Holzkirchen; 203.6: Aitken/Silvestris, Kastl; 204.1: Tönnies, Laatzen; 206.1A-B: Minkus, Isernhagen; 206.2A-B, 207.3: Tönnies, Laatzen; 209.1E, 210.2: Minkus, Isernhagen; 210.3: Fabian, Hannover; 214.1: Lenz/Silvestris, Kastl; 216.1: Minkus, Isernhagen; 216.3: Fabian, Hannover; 217.1: Dr. Reinbacher, Kempten; 217.2A: Biophoto Ass./Science Source/Okapia, Frankfurt; 217.2B: Institut für Wissenschaftliche Fotografie Kage, Lauterstein; 218.1: Eckstein/Okapia, Frankfurt; 219.2: Behrens, Lehrte; 220.1, 221.1: Minkus, Isernhagen; 222.1: dpa, Frankfurt; 226.1A: Phototake/Mauritius, Mittenwald; 229.1: Pokorski/Mauritius, Mittenwald; 229.2: Dr. Reinbacher, Kempten; 229.3: Abaca Archiv/dpa, Frankfurt; 234.1A: age/Mauritius, Mittenwald; 234.1B: Friedrichs/Okapia, Frankfurt; 234.1C: Enzinger/Mauritius, Mittenwald; 234.1D: Fichtl/ Mauritius, Mittenwald; 234.2: Kerscher/ Silvestris, Kastl; 238.1C: Phototake/Mauritius, Mittenwald; 240.1A: Ein Kind entsteht/Lennart Nilsson/Bonnier Verlag; 240.2: Prof. Motta/ Acchiarelli/Nottola/Science Photo Library/Focus, Hamburg; 242.1: Minkus, Isernhagen; 243.1: Cover Laurie Halse Anderson, Sprich, 2003 Beltz & Gelberg in der Verlagsgruppe Beltz, Weinheim & Basel; 244.1A: Lessing/agk-images GmbH, Berlin; 244.1B: SST/Mauritius, Mittenwald; 244.1C: all american tv br/dpa, Frankfurt; 245.1A-B: dpa, Frankfurt; 246.1A-B, 246.2: Minkus, Isernhagen; 247.1: Phototake/Mauritius, Mittenwald; 247.2: CDC/PR Science Source/Okapia, Frankfurt; 247.3: Scharf/Arnold, Inc./Okapia, Frankfurt; 247.4: Focus, Hamburg; 248.1: Kerscher/Silvestris, Kastl; 248.1B: Grasser/Mauritius, Mittenwald; 248.1C: Mischke/ Okapia, Frankfurt; 249.1: Kuchelbauer/Silvestris, Kastl; 250.1, 251.1: Minkus, Isernhagen; 255.1: Güther/Mauritius, Mittenwald; 257.1: Minkus, Isernhagen; 257.2: Mischke/Okapia, Frankfurt; 257.3: Minkus, Isernhagen; 258.1: Kopp; 258.2A: Walz/Silvestris, Kastl; 258.2B: Vezo/Okapia, Frankfurt; 260.1: Lenz/Silvestris, Kastl; 261.1: Zupanc/Okapia, Frankfurt; 262.2A: FLPA/Silvestris, Kastl; 262.2B: Kalas, Pöndorf; 263.2: Dawn/NAS/Okapia, Frankfurt; 263.3: Müller/Silvestris, Kastl; 263.4: Reinhard/Mauritius, Mittenwald; 264.1: Prof. Lethmate, Ibbenbüren; 265.2: NHPA, Susesx/England; 265.3A-B: Dr. Paul, Bovenden-Lenglern; 265.4A: Rutz/Mauritius, Mittenwald; 265.4B: Prof. Lethmate, Ibbenbüren; 266.1: Sohns/Silvestris, Kastl; 267.3A: Tierpark Hellabrunn/Angermayer, Holzkirchen; 267.3B: Lacz/Silvestris, Kastl; 267.3C: Angermayer, Holzkirchen; 267.4A: Wolf/ Silvestris, Kastl; 267.4B: Walz/Silvestris, Kastl; 267.4C: Root/Okapia, Frankfurt; 268.1: Boddy/ Picture Press, Hamburg; 268.2A: Leiber/ Mauritius, Mittenwald; 268.2B: Raith/Mauritius, Mittenwald; 268.2C: Vogt/Okapia, Frankfurt; 269.3: Lenz/Okapia, Frankfurt; 269.4: Stephan Elleringmann; 270.1A: Behrens, Lehrte; 270.1B: Fichtl/Mauritius, Mittenwald; 273.1: Lenz/Silvestris, Kastl; 273.2A: Tönnies, Laatzen; 273.2B: Behrens, Lehrte; 274.1: Minkus, Isernhagen; 274.2: BIM/Helga Lade, Frankfurt; 275.3A-D: Minkus, Isernhagen; 277.1: Willner/Silvestris, Kastl; 277.2: NAS/Reardon/Okapia, Frankfurt; 277.3: Kerscher/Silvestris, Kastl; 278.1: Minkus, Isernhagen; 279.1: Ossinger/dpa/picture-alliance, Frankfurt; 279.2-4: Minkus, Isernhagen; 280.1A: Meckes/Focus, Hamburg; 280.2: Lieder, Ludwigsburg; 282.1: Ca. Biological/Phototake/ Okapia, Frankfurt; 282.2: Lichtbild-Archiv Dr. Keil, Neckargemünd; 288.1: Deutsches Museum, München; 289.3: Dobers, Walsrode; 294.1: Okapia, Frankfurt; 295.1A-B: Kerscher/Silvestris, Kastl; 295.2A: Behrens, Lehrte; 296.1B: Jonkmanns/Bilderberg, Hamburg; 296.1C: Damm/ zefa, Düsseldorf; 296.2: Goetgheluck/Science Photo Library/Focus, Hamburg; 297.1A: Kerscher/ Silvestris, Kastl; 297.2A: age/Mauritius, Mittenwald; 298.1: Minkus, Isernhagen; 299.5: Dobers, Walsrode; 300.1A-B: Minkus, Isernhagen; 301.4A: Groth, Ibbenbüren; 301.4B: Biophoto Ass./ScienceSou./Okapia, Frankfurt; 302.1: Düren/dpa, Frankfurt; 304.1: Ernst, Basel; 304.1A-F: CMA, Bonn; 306.1: Nordrind GmbH, Verden; 308.1: Boehringer Ingelheim Pharma GmbH & Co. KG, Ingelheim; 309.1: Zillmann/Okapia, Frankfurt; 309.2A-B: agrar-press, Nörvenich; 309.3: NAS/Myers/Okapia, Frankfurt; 311.1: Lieder, Ludwigsburg; 311.2: Gellie/Focus, Hamburg; 311.3A-B: Meyer Blumenvertrieb, Oldenburg; 312.1: NAS/Amos/Okapia, Frankfurt; 313.3: Forschungsinstitut Senckenberg/Abt. Messelforschung, Frankfurt; 313.4: Stammers/OSF/Okapia, Frankfurt; 313.5: Silvestris, Kastl; 313.6: Hessisches Landesmuseum, Darmstadt; 315.1: Astrofoto, Sörth; 322.1: Gohier/Okapia, Frankfurt; 323.1A: Lacs/Mauritius, Mittenwald; 323.1B: Forschungsinstitut Senckenberg/Abt. Messelforschung, Frankfurt; 323.2: NAS/Faulkner/Okapia, Frankfurt; 323.3: Root/Okapia, Frankfurt; 323.4A: Konopka, Schwerte; 323.4B: Sandved/Okapia, Frankfurt; 324.2: Forschungsinstitut Senckenberg/Abt. Messelforschung, Frankfurt; 325.2A: Danegger/Okapia, Frankfurt; 325.2B: Dr. Sauer/Okapia, Frankfurt; 326.5: Sail/action press, Hamburg; 327.1: Janes F.R..P.S./Silvestris, Kastl; 327.2: Maier/Okapia, Frankfurt; 328.1B: Richardson; 330.1: Fleetham/Silvestris, Kastl; 330.2A: Deutsches Museum, München; 331.3A: agk-images GmbH, Berlin; 331.4A: Deutsches Museum, München; 332.2: Sohns/Silvestris, Kastl; 334.1 Mi.: Walz/Silvestris, Kastl; 334.1B: Prenzel/Silvestris, Kastl; 334.1C: Reinhard-Tierfoto, Heiligkreuzsteinach; 334.1D: Dr. Wagner/Silvestris, Kastl; 334.1E: Kent & Dannen/Okapia, Frankfurt; 335.2A-B: Schmidt/ Angermayer, Holzkirchen; 336.1A-B: fm/Mauritius, Mittenwald; 336.3A: Root/Okapia, Frankfurt; 336.3B: Cramm/Silvestris, Kastl; 337.1: Behrens, Lehrte; 338.1: Eulner, Haan; 338.2: Schnaubelt - WILD LIFE ART/Bilderberg, Hamburg; 340.1: Prof. Bräuer, Hamburg; 341.3B, 341.4B: Hessisches Landesmuseum, Darmstadt; 343.6: Reader/Focus, Hamburg; 344.1: agk-images GmbH, Berlin; 345.3: Photri/Mauritius, Mittenwald; 346.1: BAV/Helga Lade, Frankfurt; 347.1A: Winkler/Mitteldeutsche Zeitung/dpa, Frankfurt; 347.1B: Grubitzsch/dpa, Frankfurt; 348.1: Telegraph Colour/Silvestris, Kastl; 349.1: Cancalosi/Okapia, Frankfurt; 349.2A: Fleetham/Silvestris, Kastl; 349.2B: LaczAgende/Silvestris, Kastl; 350.1: Schulz, Thalheim; 351.1: Heine/Silvestris, Kastl; 351.2: Wellinghorst, Quakenbrück; 351.3: Weyer/Silvestris, Kastl; 354.1: Dr. Pott/Okapia, Frankfurt; 354.2: TH Foto-Werbung/Silvestris, Kastl; 354.3: Hackenberg/Silvestris, Kastl; 354.4: Voigt/Okapia, Frankfurt; 354.5: Deutsche Steinkohle AG, Herne; 358.1A: Möller/Okapia, Frankfurt; 358.1B: Wellinghorst, Quakenbrück; 359.1: Dr. Philipp, Berlin; 359.2: Möller/Okapia, Frankfurt; 359.3: Weinhäupl/Okapia, Frankfurt; 360.1A: Walz/Silvestris, Kastl; 360.1B: Dr. Philipp, Berlin; 362.1A: Richner/ Silvestris, Kastl; 362.1B: Schmied/Mauritius, Mittenwald; 362.1C: Lawrence/Mauritius, Mittenwald; 362.1D: Dr. Philipp, Berlin; 363.1: Hackenberg/Mauritius, Mittenwald; 364.1: Reinhard-Tierfoto, Heiligkreuzsteinach; 364.2: Wisniewski/Silvestris, Kastl; 364.4: Wilmshurst/ Silvestris, Kastl; 364.5: Reinhard/Okapia, Frankfurt; 364.6: Skibbe/Silvestris, Kastl; 365.1-3: Beuck, Helvesiek; 367.2: ESOC, Darmstadt; 370.1: Beuck, Helvesiek; 372.1: Minkus, Isernhagen; 374.1, 375.3: Dobers, Walsrode; 376.1A: Schnürer/Mauritius, Mittenwald; 376.1B: Dr. Philipp, Berlin; 376.1C: Lughofer/Silvestris, Kastl; 377.1-2: Dobers, Walsrode

EPOCHEN DER ERDGESCHICHTE UND IHRE LEBENSFORMEN

vor ... Mio Jahren

Erdaltertum

270

Perm

Zeitalter erster Wirbeltiere und Nadelhölzer

220

Erdmittelalter

Trias

Zeitalter der Entfaltung der Reptilien

180

Jura

Zeitalter der Ammoniten, Saurier und Nadelhölzer